U0417026

控制理论基础

Kongzhi Lilun Jichu

康 宇 王 俊 杨孝先 编著

中国科学技术大学出版社

内 容 简 介

本书力图对控制理论的数学工具、重要理论结果与应用给予综合介绍，使读者对控制理论的发展、应用以及控制系统的设计有一个基本了解. 全书内容共分为三部分：第一部分（第 1～6 章）介绍了控制系统的数学模型、运动分析、能控性、能观性、结构分解、实现与稳定性；第二部分（第 7 章）介绍了自适应控制与自校正设计；第三部分（第 8～9 章）介绍了最优控制与逆最优控制. 本书强调基础性、严谨性和前沿性，对主要结果尽可能从基本概念出发作详尽论述.

本书可作为高等学校数学类、自动化类等专业高年级本科生的教材，也可作为普通高校控制科学与工程学科研究生的教材，也可供有关人员参考和自学.

图书在版编目(CIP)数据

控制理论基础/康宇，王俊，杨孝先编著. —合肥：中国科学技术大学出版社，2014.4

ISBN 978-7-312-03094-9

Ⅰ. 控…　Ⅱ. ①康… ②王… ③杨…　Ⅲ. 控制论—高等学校—教材　Ⅳ. O231

中国版本图书馆 CIP 数据核字(2014)第 007426 号

出版　中国科学技术大学出版社
安徽省合肥市金寨路 96 号，230026
http://press.ustc.edu.cn

印刷　合肥现代印务有限公司

发行　中国科学技术大学出版社

经销　全国新华书店

开本　710 mm×960 mm　1/16

印张　21.5

字数　349 千

版次　2014 年 4 月第 1 版

印次　2014 年 4 月第 1 次印刷

定价　36.00 元

前　　言

本书是以中国科学技术大学数学科学学院、少年班与 2000 班的应用数学专业开设的选修课“控制论”的讲义为基础, 再加上近年来控制系统优化方面的最新研究成果编写而成的. 该课程从 2000 年开始一直讲授至今, 每学期大约 60 学时.

N. Wiener 于 1948 年出版的专著《控制论 (或关于在动物和机器中控制与通信的科学)》, 标志着控制论作为科学的一门重要分支正式诞生. 借助控制论的研究热潮, 一个重要的分支研究领域 —— 控制理论迅猛发展起来了, 本书的目的就是介绍这一理论. 这是因为, 一方面在当今世界各国的高等学校已设有专门研究控制理论的专业, 另一方面在中国学术界把控制论的理论与控制理论等同起来. 控制理论的特点是以数学模型化方法为主, 并应用于自动控制领域. 它基本上略去了 Wiener《控制论》中神经生理学和神经病理学的范畴, 因而专注于数学与控制问题的处理技术和设计方法. 全书共分 9 章. 第 1 章是概论, 介绍了控制理论的产生、发展、意义、作用与基本模型；第 2 章讨论了控制系统的数学模型；第 3 章讨论了线性控制系统的能控性、能观性与结构分解；第 4 章讨论了系统的稳定性与控制；第 5 章讨论了线性定常系统的实现；第 6 章讨论了最优控制问题；第 7 章讨论了自适应控制问题的提出与自校正设计；第 8 章介绍了与非线性系统稳定、镇定、逆最优控制有关的一些基本概念、基本定理与数学基础; 第 9 章讨论了逆最优控制问题. 书中配有习题. 读者通过对本书的学习, 了解控制问题的来源与形成过程, 对数学在其中的作用有着基本的认识, 掌握控制理论最基本的知识, 为今后实际运用控制论的方法与结果打下一定的基础.

本书第 1~2 章由杨孝先编著, 第 3~5 章由康宇编著, 第 6~9 章由合肥学院自动化教研室王俊编著. 全书由杨孝先统稿. 在本书的编写过程中, 我们得到了中国科学技术大学自动化系丛爽教授的指导, 也得到了研究生钱坤宏、付欣欣、杨红广三位同学的帮助, 在此对他们表示衷心的感谢!

因经验与水平的关系, 本书难免有错漏或不妥之处, 热切期望专家与读者批评指正.

编著者

2013 年 12 月

目　次

第 1 章　概　　论

1.1　控制理论的产生与发展

据传约在公元前 300 年, 古希腊就把控制理论中的反馈控制原理应用于水钟与油灯之中. 我国古代的中医名著《黄帝内经》就早已体现了控制理论的朴素思想, 并且我国在公元前就早已发明了铜壶滴漏计时器、指南车及多种天文仪器. 这些控制装置的发明都促进了当时社会的政治、军事及经济等的发展和进步.

控制理论是自动控制理论的简称. 它产生于 18 世纪中叶英国的第一次技术革命, 当时在工程界用控制理论来研究调速系统的稳定性问题. 由于加工精度的提高, 调速系统的稳定性反而变差了！ 1868 年, J. C. Maxwall 提出调速系统可用三阶常微分方程来描述, 其稳定性能用特征根的位置与形式来研究. 此后, E. J. Routh 等人先后得到能用常微分方程描述的系统的特征根具有负实部的充要条件. 1892 年, A. M. Lyapunov 给出用能量函数, 即 Lyapunov 函数的正定性与它关于时间一阶导数的负定性来判别的系统稳定性准则, 从而总结与发展了系统稳定的古典时间域分析法, 简称时域法. 随着通信与信息处理技术的迅速发展, H. Nyguist 给出以实验为基础的稳定性频率响应分析法, 简称频率法, 并给出判别稳定性的 Nyguist 判据.

二次世界大战期间, 由于军事上的需要, 雷达及火力等控制系统有较大发展. 频率法被推广到离散系统、非线性系统与随机系统中. 20 世纪 40 年代, 在工程上发展了自动控制、通信工程、计算技术等, 生物方面发展了神经生理学与神经病理学等. 不过相互之间还存在着专业的“鸿沟”, 几乎没有什么交流和往来. 然而, 以著名数学家 N. Wiener 为首的一批科学家认识到, 动物和机器中的控制与通信过程存在着许多共性, 尤其是信息的传输、变换处理过程有许多共同规律, 如反馈控制原理等, 并认为客观世界存在着三大要素: 物质、能量、信息. 虽然在物质构造与能量转换方面, 动物与机器有着显著的不同, 但在信息传输、变换处理方面有着惊人的相似之处. 经不同学科、不同专业学者的相互交流、相互启发, 大家共同感到有必要也有可能建立一门综合性的边缘学科, 研究各种不同的控制系统如动物或机器, 或社会经济等控制过程中的共同规律和方法. N. Wiener 在系统地总结了前人成果的基础上, 于 1948 年出版了名著《控制论 (或关于动物与机器中控制与通信的科学)》. 该书的问世, 对现代科学与生活的各个方面产生了重要影响. 控制、反馈、信息、通信等这些来源于《控制论》中的术语, 不仅出现在许多学科之中, 而且已成为人们日常生活中的用语. 书中论述了控制论的一般术语, 推广了反馈控制的概念, 为控制论这门学科的形成奠定了基础.

控制论是一门典型的横向学科, 即着重于研究控制过程的数学关系, 它是由自动控制、通信工程、计算技术、神经生理学、神经病理学、数学等有关学科相互结合而产生的, 突破了工程技术与生物科学之间的传统界限, 跨越了两大领域之间的“鸿沟”. 不过控制论仍然按照“分久必合, 合久必分”的规律向前发展. 1954 年, 钱学森的名著《工程控制论》问世了, 这对推动控制论的应用起了很大的作用. 其后, 又相继分化出生物控制论、经济控制论及数学控制论等. 它们都是将控制论的思想、观点、方法用于工程、生物学、经济学、社会和教育等各方面进行纵向深入发展. 控制理论是借助于控制论的热潮而进一步迅猛发展的研究领域, 一般可分为三个阶段.

第一阶段: 早期控制装置. 时间为英国的第一次技术革命之前, 都是付诸实践的早期控制装置, 都属于自动控制技术问题, 还没有上升为理论.

第二阶段: 古典控制理论时期. 时间为 19 世纪末到 20 世纪初的这个阶段, 主要集中于研究系统的稳定性. 1868 年, J. C. Maxwell 发表了论文《论调节器》, 文中他用三阶常微分方程来描述一类蒸汽机的飞球调节器的动态性能. 在 1877 年和 1896 年, 数学家 Routh 与 Hurwitz 分别独立地提出了两种等价代数形式的系统稳定判据. 直到 1940 年, 这些结果基本上满足了控制工程师的需要. 1892 年, Lyapunov 发表了论文《运动稳定性的一般问题》, 并在数学上给出了稳定的精确定义, 提出了著名的研究系统稳定性问题的 Lyapunov 稳定性方法, 该方法为线性与非线性系统理论奠定了坚实的理论基础, 已成为后来一切有关稳定性问题研究的出发点. 1932 年, Nyguist 发表了《线性系统的稳定性判据》, 把频率分析法引进了控制理论的领域. 该分析方法不仅为控制工程师们提供了一种研究系统稳定性的有力武器, 也推动了控制理论的发展. 1945 年, Bode 发表了《网络分析与反馈放大器设计》, 提出了闭环负反馈系统. 文中将反馈放大器原理应用于控制系统之中, 这是一个重大突破. 1948 年, Evans 发表了《根轨迹法》, 为控制理论提供了一个简单有效的方法. 于是控制理论的第二个阶段基本上完成了, 即建立在 Lyapunov 稳定性概念、 Nyguist 判据以及 Evans 根轨迹法上的控制理论, 常称为古典控制理论.

第三阶段：现代控制理论时期. 时间为 20 世纪 50 年代至今. 1954 年, 钱学森用英文发表了《工程控制论》. 它是由古典控制理论向现代控制理论发展的启蒙著作, 影响很大, 1957 年被译成俄文与德文, 1958 年才被译成中文, 1959 年又被译成日文. 它是自动控制领域中引用率最高的名著. 1957 年, R. Bellman 发表了《动态规划论》, 解决了多阶段决策问题. 1960 年, Pontryagin 发表了《最优控制的极大值原理》, 阐述了最优控制的必要条件；同年, R. Kalman 发表了《最优滤波与线性最优调节器》, 提出了著名的 Kalman 滤波器. 控制理论的重点从单变量控制转到多变量控制, 从自动调节控制转向最优控制, 由线性系统转向非线性系统, 从定常系统转向时变系统. 这就形成了现代控制理论, 而他们的工作就奠定了现代控制理论的基础. 从 1960 年到 1980 年这一段时间内, 无论是确定系统与随机系统的最优控制, 还是复杂的自适应与学习控制, 都得到了充分的研究. 从 1980 年至今, 现代控制理论的进展集中于稳健 (robust) 控制、 H_∞ 控制及其相关课题, 并向着大系统理论、智能控制与量子控制等方向发展.

总之, 控制理论目前还在急速地向更纵深处发展. 无论在数学工具、理论基础, 还是在研究方法上, 它都不只是古典控制理论的简单延伸与推广, 更是认识上的一次飞跃.

控制理论是一门多学科性的技术科学，其任务是对各类系统中的信息传输与转换关系进行定量分析，并由这些定量关系预测整个系统的行为. 没有定量分析，就没有控制理论. 故在控制理论的研究中广泛地利用各种数学工具，几乎所有的数学分支的理论都渗透到控制理论的研究中. 因此，控制理论可作为应用数学的一个分支. 数学在控制理论的研究中有着双重作用：其一是利用数学建立合理的数学模型来精确描述系统；其二是建立数学模型后，利用数学理论解决所提出的控制系统，并期望提出新的数学问题.

今后，一旦某个系统被一组数学方程 (确定的或随机的) 所描述，并被处理成一种适当的数学形式，而不管系统是什么，其分析方法就与系统属性无关，这有助于找出各种系统之间的相似性. 当掌握了所介绍的控制理论的种种基本方法后，由于各种方法的应用都不是绝对的，按一个控制系统的已知因素与复杂程度，可只使用其中的一种方法或将若干种方法结合起来使用，且可最大限度地利用各种方法的优点. 从控制理论的整个发展史不难发现，数学家大多是推动控制理论发展的积极参与者，他们都将自己擅长的专业领域的理论作为研究控制理论的基础，取长补短，把控制理论推向不同的方向.

1.2 控制的意义与作用

1.2.1 控制系统

在种种生产过程及生产设备中，总要使某些物理量（如温度、速度、压力、位置等，称为控制量或者受控量）保持恒定或按照一定规律变化. 为此，应在生产过程中或生产设备在无人直接参与的情形下，利用控制器进行及时的调整，以消除外界干扰与影响而达到所要求的结果. 这就称为控制.

控制理论研究的对象是系统，它是控制系统的简称. 系统是由多个具有一定特性的物理体或元部件作为其构成要素，并按一定的规律组合而成的有着特殊功能的有序整体. 它可以是工程的、生物的、经济的、社会的等等. 但在控制理论中, 总是抽去系统的具体属性, 如物理的、社会的, 将其抽象为一般意义下的系统进行研究. 于是, 系统就是受控制的对象或控制的过程, 如化学过程、经济学过程、生物学过程.

控制器或控制装置　是使控制对象具有期望的性能或状态的控制设备. 它接收输入信号或偏差信号, 再按控制器给定的规律给出控制量或操作量, 送到控制对象或执行元件.

系统输出或受控量　即受到控制的量. 它表征受控对象或控制过程的性能与状态, 并称系统输出为对系统输入的响应. 操作量是一种由控制装置改变的量值或状态, 是施加在控制对象上的量, 也可称为控制量.

目标值　即控制目的, 是人为给定的, 使系统具有预定性能或预定输出的激发信号.

外部干扰或外部扰动　是干扰和破坏系统具有预定性能与预定受控量的干扰信号, 当扰动来自系统外部时, 就称为外部干扰, 它也是系统的输入量之一.

检测装置或测量元件　是观测或测量控制对象的某种性能和特征的机构.

比较点　是将检测装置测量到的值（称为观测量）与目标值进行比较, 从而计算出与目标值之间的差值, 即误差或偏差.

特性　是指系统的输入与输出之间关系, 可用特性曲线来直观地描述和观察系统, 并分为静态特性与动态特性. 静态特性是指系统稳定后, 表现出来的输入与输出之间的关系. 在控制系统中, 静态是指各参数或信号的变化率为零, 静态特性表现为静态放大倍数. 动态特性是输入和输出处于变化过程中表现出来的特性, 即从一个平衡状态过渡到另一个平衡状态的过程.

方框图　控制系统是由各种固有功能的子控制系统构成的, 表示各个子控制系统之间的结合情况及各子系统的输入和输出, 且知道作为控制系统的整体行为会受到怎样的影响, 并把各个子控制系统都用一个方框来表示, 同时注上文字或代号, 由各个方框之间的信息来传递关系, 用有向线段把它们依次连接起来, 标明相应的信息, 就得到整个控制系统的方框图.

1.2.2 恒值系统与随动系统

恒值系统是指给定的输入一经设定就保持不变, 期望输出维持在某一个特定值上. 其主要任务是当被控制的量受到某种干扰而偏离期望值时, 通过控制作用使之尽可能地恢复到期望值. 若由于结构的原因不能完全恢复到期望值, 则误差应不超过规定允许的范围, 例如, 液位控制系统、离心调速器等都属于这一类型的系统. 易见, 克服干扰的影响是该类型控制系统设计中要解决的主要问题.

随动系统是指按给定信号（即事先不能确定的随机信号）的变化规律, 主要任务是使输出快速、准确地随给定值的变化而变化, 也称为随动控制系统. 易见, 由于输入给定值在不断地变化, 设计好控制系统的跟随性能就成为这类控制系统中要解决的主要问题. 当然, 随动系统的抗干扰性能也不能被忽视, 但与跟随性能相比应放在第二位来解决, 如加热炉温度控制系统、军事上的雷达跟踪控制系统、航天的自动导航控制系统等.

1.2.3 线性系统与非线性系统

线性系统是指系统中各元件的输入、输出特性都呈线性特性, 控制系统的状态和性能可用线性微分或差分方程来描述. 若控制系统的微分或差分方程的系数都是常数, 就称为线性定常系统；若微分或差分方程的系数为时间的函数, 则称为线性时变系统. 由于线性系统理论, 特别是线性定常系统比较成熟, 因此, 当系统参数随时间的变化不太大、可用常值来对待时, 为了分析、设计的方便, 常常视之为线性定常系统.

控制系统中只要存在一个非线性元件, 控制系统就由非线性微分方程或差分方程来描述, 这种控制系统就称为非线性系统.

1.2.4 连续系统与离散系统

连续系统是指控制系统中的各个元件的输入、输出信号都是时间的连续函数. 这类控制系统是用微分方程来描述的.

当控制系统的状态和性能用差分方程来描述时, 称为离散系统. 在实际物理系统中, 信号的表现形式为离散信号的情形并不多见, 常常是因控制上的需要, 人为地将连续信号离散化 (并称为采样). 由于离散系统的数学描述与连续系统不同, 故分析研究方法也不同. 随着计算机控制的广泛应用, 离散系统理论也越来越显得重要.

1.2.5 单变量系统与多变量系统

不同控制系统的输入与输出的数目是不同的. 仅有一个输入与一个输出的系统称为单输入 – 单输出系统, 简称为单变量系统. 这只是从外部变量的数目而言, 但系统内部变量可以是多种形式的. 当系统的输入或输出变量的数目多于一个时, 就称为多变量系统. 它是现代控制理论研究的主要对象. 在数学上, 以状态空间法为基础来研究与分析多变量系统.

1.3 控制系统的基本模型

在以各种各样的目的进行自动控制的系统中, 归纳起来有两种基本模型. 一种是开环控制系统模型, 它是一种最简单的控制模型或控制方式, 其特点是控制量或输入与受控制量或输出之间只有前向通路, 而无反向通路, 即控制作用的传递路线不是闭合的. 这时控制系统的输出量对控制作用无任何影响, 故称为开环控制系统, 简称开环控制, 其方框图如图 1.1 所示.

要预知外部干扰, 并在控制过程中对干扰进行观测是困难的, 即要预先考虑到外部干扰而决定控制量或输入是不可能的. 这时, 开环控制便无能为力, 故它的精度不高, 从而大大地限制了这种控制模型的应用范围. 但因其结构简单、造价低廉, 且系统的稳定性不是重要问题, 故在精度要求不高的情形下仍被广泛应用, 例如十字路口的红绿灯控制系统. 这时, 输入量是红绿灯开关的时间, 总的车流量是此系统的输出, 一般情形下二者之间的关系可满足要求. 不过, 有时会出现一种情况, 即在一个方向, 如东西方向上, 无车辆或行人通过, 可仍然是绿灯, 而另外一个方向, 如南北方向上, 有很多的车辆或行人要通过却是红灯时间. 由于输出量不能影响输入量, 故效果不佳.

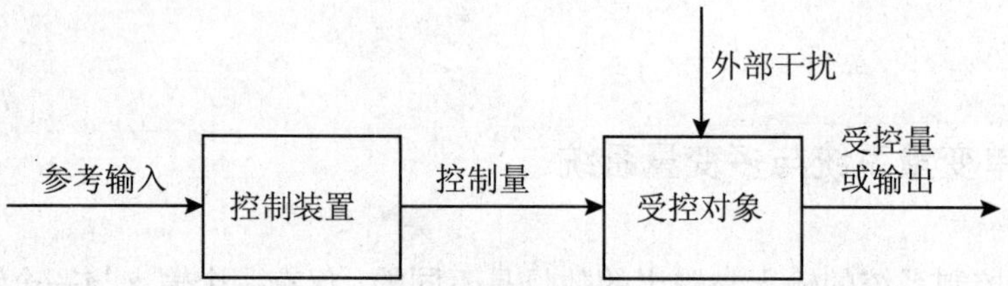

图 1.1 开环控制方框图

另一种是闭环控制系统模型. 这时系统的输出量经过合适的检测装置将观测值的全部或一部分返回到输入端, 使之与输入量进行比较 (称为反馈). 输出量或受控量的反馈值与输入量或目标值之差, 就是系统的检测偏差. 由此检测偏差产生对系统受控量的控制. 若系统是按检测偏差的大小和方向进行工作的, 并使偏差减小或消除, 使输出量复现输入量, 则把建立在反馈基础上的 "检测偏差用来纠正偏差" 的原理称为反馈控制原理. 由反馈控制原理组成的控制系统称为反馈控制系统. 它的特点是, 控制作用不是直接来自给定的输入, 而是来自系统的检测偏差. 由于这种自成循环的控制作用, 信息的传输路径形成一个闭合环路, 故称为闭环. 总之, 凡是系统的输出信号对控制作用能有直接影响的系统, 就称为闭环控制系统. 这种能把系统的输出信息反送到系统的输入的装置或元件, 就称为反馈元件, 使输入发生所需要的变化的信号称为反馈信号. 反馈控制系统或闭环系统是普遍存在的. 例如, 人体本身就是一种反馈控制系统, 人体的体温和血压等都是经过生理反馈的方式保持常态. 反馈的作用使得人体对外界干扰相当不敏感, 从而使人体在变化的环境中仍能正常地活动，如空调、高层建筑的电梯等等．虽然闭环控制系统的优点是采用了反馈，对外部干扰与系统内部参数的变化产生的偏差能自动纠正，能组成一个精确的控制系统，但闭环控制系统的稳定性却是一个重要的问题，当参数选择不当时系统就会发生振荡甚至完全失去控制．今后，我们主要研究闭环控制系统，即着重研究实现反馈控制的理论和方法．其方框图如图 1.2 所示．

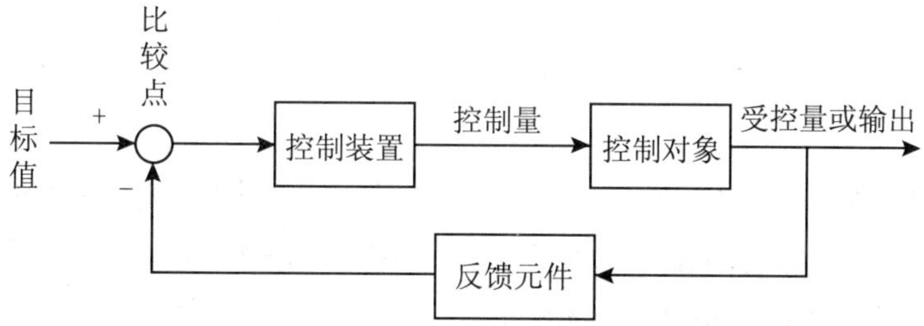

图 1.2　闭环控制系统方框图

另外，若某些外界干扰可观测，就可预测它对输出变量的影响．为了消除这种影响，也可决定选择适当的控制变量，这种控制方式称为前馈控制．总之，反馈控制是在测量输出变量之后再来修正控制变量，而前馈控制是在有外界干扰的情况下，预先测出其影响而迅速加以消除，故前馈控制更能迅速地做出决策．不过，在实际中并非所有的外界干扰都是可以预测的．因此采用前馈控制时，常常还同时采用反馈控制．

习　题　1

1. 请举一些日常生活中控制系统的例子．

2. 请分析高层建筑中电梯控制的过程和原理．

3. 请举实例说明，对同一个控制对象采用开环控制和闭环控制产生的效果是不同的．

第 2 章　控制系统的数学模型

为了对控制系统进行分析与设计, 必须充分了解控制对象及控制系统内一切元件的运动规律, 即它们在一定内外条件下必然产生的相应运动. 内外条件与运动之间存在着固定的因果关系, 这种关系对实际中的许多控制系统, 不管是机械的、电气的、热力的, 还是经济的、生物的, 其动态特性都可用微分方程或差分方程来描述. 这就是控制系统的运动变化规律的数学描述, 称为控制系统的数学模型. 当然, 建立控制系统的数学模型也是研究和解决这类问题的第一步, 是控制理论的基础.

时域上的数学描述, 是指数学模型以时间 t 作为自变量. 这种数学描述主要有两种基本类型：一种是只研究控制系统输入 $\boldsymbol{u}(t)$ 与输出 $\boldsymbol{y}(t)$ 的相互关系, 并不需要控制系统内部的信息. 这时, 把系统内部看作一个并不了解的黑箱, 称为黑箱模型. 另一种一般是由较复杂的控制系统构成的. 这时, 输入与输出往往通过控制系统内部的某些特征量相互联系着, 故只要给出特征量的初始值和系统的输入, 就可以完全描述以后控制系统的输出或响应. 为了精确地描述控制系统, 选取一组能反映该系统内部特征的最小数目的变量 $x_1(t), x_2(t), \cdots, x_n(t)$, 称为状态变量, 记成向量形式： $\boldsymbol{x}(t)=[x_1(t), x_2(t), \cdots, x_n(t)]^{\mathrm{T}}$. 状态变量的选择一般不是唯一的, 但可用一定的关系相互转换. 此外, 状态变量未必是物理上可测量的量, 它可能是纯数学量. 控制系统的状态可定义为信息的集合. 但通常总倾向于选择易于控制与观测的量作为状态变量. 为了在 $t \geqslant 0$ 的时刻决定控制系统的输出或响应 $\boldsymbol{y}(t)$, 除了在时间区间 $[0,\ t]$ 内的输入 $\boldsymbol{u}(t)$ 之外, 必备的内部信息就是控制系统的状态变量 $\boldsymbol{x}(t)$. 这时, 常把输入变量记为 $\boldsymbol{u}(t)=[u_1(t), u_2(t), \cdots, u_m(t)]^{\mathrm{T}}$, 而把相应的输出变量记为 $\boldsymbol{y}(t)=[y_1(t),y_2(t),\cdots,y_r(t)]^{\mathrm{T}}$. 这种描述既刻画了控制系统的内部特性, 又描述了其外部行为, 称之为控制系统的状态空间描述或控制系统的状态空间模型. 控制系统的黑箱模型仅对控制系统的外部进行了描述, 是一种不完全描述, 它不能反映控制系统内部的全部活动. 状态空间描述是对控制系统内部的描述, 是一种完全描述. 不过, 在一定的条件下, 这两种描述之间是可以相互转换的.

另外一种对线性定常系统的数学描述形式是频率模型, 其数学工具是 Laplace 变换或 z 变换. 频率域中最基本的数学模型就是传递函数矩阵 $\boldsymbol{F}(s)$ 或者脉冲响应矩阵 $\boldsymbol{F}(z)$.

对于给定的控制系统, 在实际应用中究竟采用哪种数学描述, 要看所研究的问题的需要. 上述三种描述在不同的讨论中有各自的优越性. 同样一个系统有各种描述, 故还要关心各种描述之间是否可以相互转换. 当掌握了互换关系之后, 就可按问题的需要从一种描述形式转化到另一种描述形式.

对于线性定常系统, 采用 Laplace 变换可以把输入、输出描述转换成传递函数矩阵描述; 反之, 采用 Laplace 逆变换又可把传递函数矩阵描述转换成输入、输出描述. 其次, 采用 Laplace 变换, 可把状态空间描述转换成传递函数矩阵描述; 反之亦然. 再次, 可采用实验的方法确定系统的输入、输出描述, 从而得到传递函数矩阵. 把传递函数矩阵描述转换成状态空间描述的问题是控制理论中的一个专题, 称为实现问题.

2.1　状态空间模型

2.1.1　动态方程

控制系统的状态空间描述建立在状态概念的基础上. 状态概念曾在古典力学中得到过应用. 20 世纪 60 年代, Kalman 把它引入到控制理论中, 用来描述控制系统, 使状态概念从此有了新的意义. 系统在 t_0 时刻的状态, 是指在 t_0 时刻的一组个数最少的内部变量. 它们与系统的输入 $\boldsymbol{u}(t)$ $(t \geqslant t_0)$ 一起可唯一地确定系统在 $t(t > t_0)$ 时刻的行为. 例如, 某一质点在外力的作用下做直线运动. 这个系统在 t_0 时刻受到外力, 即输入的作用, 仍无法确定 $t > t_0$ 时质点的运动, 即系统的输出. 不过, 若已知 t_0 时刻质点所处的位置与速度这两个最小的内部信息, 则 $t > t_0$ 时刻的质点运动, 即系统的输出就可唯一确定. 因此, 可把 t_0 时刻质点的位置与速度作为该系统的状态变量.

如何选择系统的状态变量? 对于物理系统, 通常选择该系统的储能元件的输出物理量作为状态变量; 然后, 按照物理定律得到系统的动态方程. 常见的控制系统按照其能量属性可分为电气、机械、机电、液压等等, 并由相应的 Kirchhoff 定律、Newton 定律、能量守恒定律、物质不灭定律等建立系统的状态方程. 在指出系统的输出后, 也很容易写出系统的输出方程, 并和状态方程一起组成系统的动态方程, 即系统的状态空间模型或状态空间描述. 将一些常见的储能元件及其相应的能量方程与物理变量列于表 2.1.

表 2.1 常见的储能元件及其相应的能量方程与物理变量

储能元件	能量方程	物 理 量
电容 C	$CV^2/2$	端电压 V 或电量 q
电感 L	$LI^2/2$	电流 I
质量 M	$Mv^2/2$	直线速度 v
转动惯量 J	$J\omega^2$	角速度 ω
弹簧 K	$Kx^2/2$	位移或长度变化 x

若一个控制系统或受控对象是由 m 个输入变量 $u_1(t),\cdots,u_m(t)$ 与 r 个输出变量 $y_1(t),\cdots,y_r(t)$, 以及 n 个状态变量 $x_1(t),\cdots,x_n(t)$ 组成的 n 维系统, 则它可由微分方程组 (即状态方程)

$$\dot{\boldsymbol{x}}(t) = \boldsymbol{f}(t,\boldsymbol{x}(t),\boldsymbol{u}(t)), \quad \boldsymbol{x}(t_0) = \boldsymbol{x}_0$$

与函数关系 (即输出方程或量测方程)

$$\boldsymbol{y}(t)=\boldsymbol{g}(t,\boldsymbol{x}(t),\boldsymbol{u}(t)) \quad (t \geqslant t_0)$$

来描述, 其中

$$\boldsymbol{x}(t)=[x_1(t),\cdots,x_n(t)]^{\mathrm{T}}, \quad \boldsymbol{u}(t)=[u_1(t),\cdots,u_m(t)]^{\mathrm{T}}, \quad \boldsymbol{y}(t)=[y_1(t),\cdots,y_r(t)]^{\mathrm{T}}$$

而

$$\begin{aligned}\boldsymbol{f}(t,\boldsymbol{x}(t),\boldsymbol{u}(t))&=[f_1(t,\boldsymbol{x}(t),\boldsymbol{u}(t)),\cdots,f_n(t,\boldsymbol{x}(t),\boldsymbol{u}(t))]^{\mathrm{T}}\\ \boldsymbol{g}(t,\boldsymbol{x}(t),\boldsymbol{u}(t))&=[g_1(t,\boldsymbol{x}(t),\boldsymbol{u}(t)),\cdots,g_r(t,\boldsymbol{x}(t),\boldsymbol{u}(t))]^{\mathrm{T}}\end{aligned}$$

为了对任何初始状态 $\boldsymbol{x}_0$ 与任何给定的连续或分段连续输入 $\boldsymbol{u}(t)(t \geqslant t_0)$, 使状态方程存在唯一确定的解, 总可假设 f_i, $\partial f_i/\partial x_j(i,j=1,2,\cdots,n)$ 与 $g_k(k=1,2,\cdots,r)$ 都是时间 t 的连续函数. 这时, 由 $\boldsymbol{u}(t)$ 与 $\boldsymbol{x}(t_0)=\boldsymbol{x}_0$ 就可唯一确定 $\boldsymbol{x}(t)$ 与 $\boldsymbol{y}(t)(t \geqslant t_0)$.

特别地, 由状态方程与输出方程组成的动态系统是线性时, 向量函数 $\boldsymbol{f}(t,\boldsymbol{x}(t),\boldsymbol{u}(t))$ 与 $\boldsymbol{g}(t,\boldsymbol{x}(t),\boldsymbol{u}(t))$ 的所有分量 $f_i(t,\boldsymbol{x}(t),\boldsymbol{u}(t))(i=1,2,\cdots,n)$ 与 $g_k(t,\boldsymbol{x}(t),\boldsymbol{u}(t))(k=1,2,\cdots,r)$ 都是 $\boldsymbol{x}(t)$ 与 $\boldsymbol{u}(t)$ 的线性函数. 此时系统的状态空间描述或动态方程为

$$\begin{cases}\dot{\boldsymbol{x}}(t)=\boldsymbol{A}(t)\boldsymbol{x}(t)+\boldsymbol{B}(t)\boldsymbol{u}(t), & \boldsymbol{x}(t_0)=\boldsymbol{x}_0\\ \boldsymbol{y}(t)=\boldsymbol{C}(t)\boldsymbol{x}(t)+\boldsymbol{D}(t)\boldsymbol{u}(t) & (t \geqslant t_0)\end{cases}$$

其中 $\boldsymbol{A}(t)$, $\boldsymbol{B}(t)$, $\boldsymbol{C}(t)$ 与 $\boldsymbol{D}(t)$ 分别是 $n\times n, n\times m, r\times n$ 与 $r\times m$ 函数矩阵, 并分别称为系统的动态矩阵、输入矩阵、输出矩阵与直接传输矩阵. 它们的元素都假设是时间 t 的连续函数, 故上述线性时变方程组存在唯一解.

当矩阵 $\boldsymbol{A}(t)$, $\boldsymbol{B}(t)$, $\boldsymbol{C}(t)$, $\boldsymbol{D}(t)$ 都与时间 t 无关时, 系统的动态方程可写成

$$\begin{cases}\dot{\boldsymbol{x}}(t)=\boldsymbol{A}\boldsymbol{x}(t)+\boldsymbol{B}\boldsymbol{u}(t), & \boldsymbol{x}(t_0)=\boldsymbol{x}_0\\ \boldsymbol{y}(t)=\boldsymbol{C}\boldsymbol{x}(t)+\boldsymbol{D}\boldsymbol{u}(t) & (t \geqslant t_0)\end{cases}$$

其中 $\boldsymbol{A},\boldsymbol{B},\boldsymbol{C},\boldsymbol{D}$ 都是常值矩阵, 称之为线性定常系统.

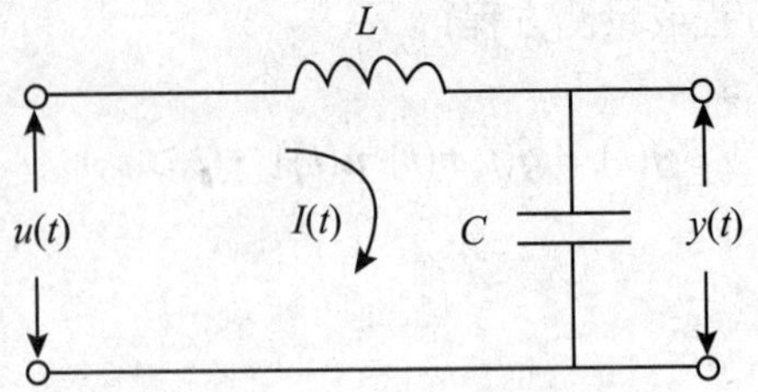

图 2.1　感容电路

例 2.1　由电感 (L)、电容 (C) 与电源 ($u(t)$) 串联而成的电路, 称为感容电路, 如图 2.1 所示. 这时把电容这个储能元件的端电压 $y(t)$ 作为输出.

解　由于这个电路有两个储能元件电感和电容. 今取电容上的电压降 $x_1(t)=\dfrac{1}{C}\int_0^t I(s)\mathrm{d}s$ 为一个状态变量, 而电感中的电流 $x_2(t)=I(t)$ 是另一个状态变量. 按 Kirchhoff 定律, 有

$$u(t)=L\dot{x_2}(t)+\dot{x_1}(t)$$

于是, 状态方程为

$$\begin{cases}\dot{x_1}(t)=\dfrac{1}{C}x_2(t)\\ \dot{x}_2(t)=-\dfrac{1}{L}x_1(t)+\dfrac{1}{L}u(t)\end{cases}$$

观测方程为 $y(t)=x_1(t)$.

若记 $\boldsymbol{x}(t)=[x_1(t),x_2(t)]^{\mathrm{T}}$, 则动态方程为

$$\dot{\boldsymbol{x}}(t)=\begin{bmatrix}0 & \dfrac{1}{C}\\ -\dfrac{1}{L} & 0\end{bmatrix}\boldsymbol{x}(t)+\begin{bmatrix}0\\ \dfrac{1}{L}\end{bmatrix}\boldsymbol{u}(t)$$

$y(t)=[1,0]\boldsymbol{x}(t)$.

例 2.2　考虑由图 2.2 描述的线性电路, 它的储能元件为电容 $\mathrm{C}_1,\mathrm{C}_2$ 及电感 L. 故应选择电容 $\mathrm{C}_1,\mathrm{C}_2$ 的端电压 $x_1(t)=\dfrac{1}{C_1}\int_0^t I_1(s)\mathrm{d}s$ 与 $x_2(t)=\dfrac{1}{C_2}\int_0^t I_2(s)\mathrm{d}s$, $x_3(t)=I_2(t)=C_2\dot{x}_2(t)$ 为状态变量. 由 Kirchhoff 回路定律与节点方程, 在节点 A 处有 $I(t)=I_1(t)+I_2(t)=C_1\dot{x}_1(t)+C_2\dot{x}_2(t)$. 由第一个回路导出: $u(t)=RI(t)+\dfrac{1}{C_1}\int_0^t I_1(s)\mathrm{d}s$, 由第二个回路导出: $\dfrac{1}{C_1}\int_0^t I_1(s)\mathrm{d}s=L\dot{I}_2t+\dfrac{1}{C_2}\int_0^t I_2(s)\mathrm{d}s$, 从而得到

$$u(t)=R[C_1\dot{x}_1(t)+C_2\dot{x}_2(t)]+x_1(t)$$

$$x_1(t) = L\dot{x}_3(t) + x_2(t)$$

或者有

$$\begin{cases} \dot{x}_1(t) = -\dfrac{1}{RC_1}x_1(t) - \dfrac{1}{C_1}x_3(t) + \dfrac{1}{RC_1}u(t) \\ \dot{x}_2(t) = \dfrac{1}{C_2}x_3(t) \\ \dot{x}_3(t) = \dfrac{1}{L}x_1(t) - \dfrac{1}{L}x_2(t) \end{cases}$$

以及 $y(t) = x_2(t)$.

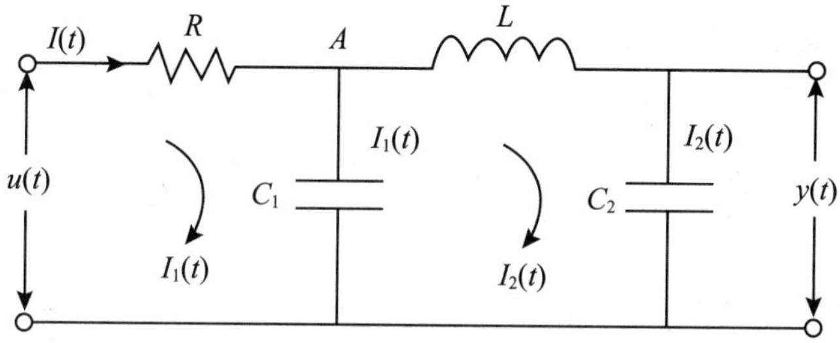

图 2.2 线性电路

若记 $\boldsymbol{x}(t) = [x_1(t), x_2(t), x_3(t)]^{\mathrm{T}}$, 则有

$$\dot{\boldsymbol{x}}(t) = \begin{bmatrix} -\dfrac{1}{RC_1} & 0 & -\dfrac{1}{C_1} \\ 0 & 0 & \dfrac{1}{C_2} \\ \dfrac{1}{L} & -\dfrac{1}{L} & 0 \end{bmatrix} \boldsymbol{x}(t) + \begin{bmatrix} \dfrac{1}{RC_1} \\ 0 \\ 0 \end{bmatrix} \boldsymbol{u}(t)$$

以及 $y(t) = [0,\ 1,\ 0]\boldsymbol{x}(t)$.

例 2.3 写出如图 2.3 所示的机械运动系统的状态方程与观测方程, 其中 K 是弹簧 (劲度系数为 K), M 是质量块 (质量为 M), B 是缓冲器 (用 B 表示其阻尼系统), $f(t)$ 是外力, 处于平滑水平面.

解 此系统由质量块 M、弹簧 K 以及缓冲器 B 组成, 而弹簧 K 及质量块 M 都是储能元件, 它们输出的物理量分别为 K 的可动端位移 $x_1(t)$ 与 M 的运动速度 $v(t)$. 故可把 $x_1(t)$ 和 $v(t)$ 作为状态变量, 即令位移为 $x_1(t)$, 速度 $x_2(t) = \dot{x}_1(t) = v(t)$, 输入是外力 $u(t) = f(t)$, 而 $\dot{x}_2(t) = \dot{v}(t) = a(t)$ 是加速度. 由牛顿第二定律, 知其运动方程为

$$Ma(t) + Bv(t) + Kx_1(t) = f(t)$$

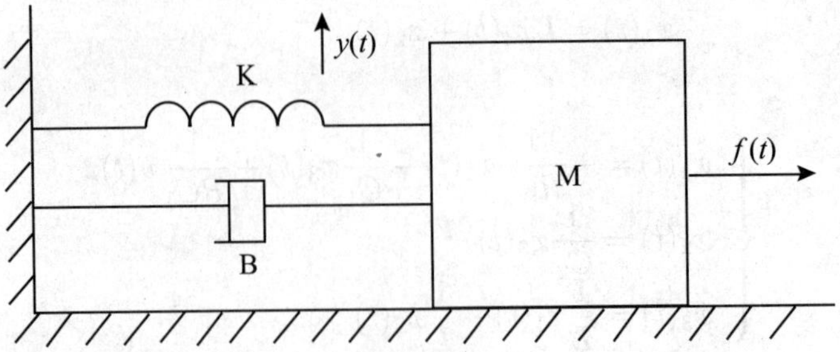

图 2.3 机械运动

或者状态方程为

$$\begin{cases} \dot{x}_1(t) = x_2(t) \\ \dot{x}_2(t) = -\dfrac{K}{M}x_1(t) - \dfrac{B}{M}x_2(t) + \dfrac{1}{M}f(t) \end{cases}$$

观测方程为 $y(t) = x_1(t)$.

若记 $\boldsymbol{x}(t) = [x_1(t), x_2(t)]^{\mathrm{T}}$, 则有

$$\dot{\boldsymbol{x}}(t) = \begin{bmatrix} 0 & 1 \\ -\dfrac{K}{M} & -\dfrac{B}{M} \end{bmatrix} \boldsymbol{x}(t) + \begin{bmatrix} 0 \\ \dfrac{1}{M} \end{bmatrix} u(t)$$

以及 $y(t) = [1,\ 0]x(t)$.

例 2.4 考虑一个串联萃取过程. 设混合物质中含有浓度为 x_0 的溶质, 按常速 q 进入萃取槽, 此溶质要用第二种溶剂来萃取. 萃取液带有浓度为 s 的溶质离开萃取槽, w 为进入萃取槽内溶剂的重量, 用 q 表示溶剂的流速. 于是第 n 个萃取槽关于溶质的物料平衡是

$$x_{n-1} = x_n + v_n y_n$$

其中 $v_n = w_n/q$, 这里的 w_n 为进入第 n 个萃取槽内溶剂的重量. 若 y_n 与 x_n 有关系式: $y_n = \varphi(x_n)$, 就得到此萃取过程的差分方程为

$$x_{n-1} = x_n + v_n\varphi(x_n) \quad (n \geqslant 1)$$

这一般是非线性差分方程, 当 $\varphi(x_n)$ 是 x_n 的线性函数时才是线性的.

例 2.5 若控制系统是高阶常系数微分方程所描述的单输入 – 单输出系统:

$$z^{(n)} + a_1 z^{(n-1)} + \cdots + a_n z(t) = u(t) \quad (t \geqslant 0)$$

试选取该系统的状态变量, 并写出状态方程.

解 若已知给定初始值 $z(0),\dot{z}(0),\cdots,z^{(n-1)}(0)$ 及 $t\geqslant 0$ 时的输入 $u(t)$, 则上述 n 阶常系数线性方程的解存在且唯一, 从而可完全确定 $t\geqslant 0$ 时系统的行为. 因此, 可取 $x_1(t)=z(t),x_2(t)=\dot{z}(t),\cdots,x_n(t)=z^{(n-1)}(t)$ 为此系统的一组状态变量, 故有动态方程

$$\begin{cases}\dot{x}_1(t)=x_2(t)\\ \dot{x}_2(t)=x_3(t)\\ \cdots\\ \dot{x}_n(t)=-x_1(t)-x_2(t)-\cdots-x_n(t)+u(t)\end{cases}$$

以及 $y(t)=x_1(t)$.

若 $\boldsymbol{x}(t)=[x_1(t),\cdots,x_n(t)]^{\mathrm{T}}$,

$$\boldsymbol{A}=\begin{bmatrix}0 & 1 & 0 & \cdots & 0\\ 0 & 0 & 1 & \cdots & 0\\ \vdots & \vdots & \vdots & & \vdots\\ -a_n & -a_{n-1} & -a_{n-2} & \cdots & -a_1\end{bmatrix}$$

$\boldsymbol{b}=[0,\cdots,0,1]^{\mathrm{T}}$, $\boldsymbol{c}^{\mathrm{T}}=[1,0,\cdots,0]$, 则有矩阵形式的动态方程

$$\begin{cases}\dot{\boldsymbol{x}}(t)=\boldsymbol{A}\boldsymbol{x}(t)+\boldsymbol{b}\boldsymbol{u}(t)\\ \boldsymbol{y}(t)=\boldsymbol{c}^{\mathrm{T}}\boldsymbol{x}(t)\end{cases}$$

例 2.6 考虑地球轨道上的人造卫星或其他飞行器, 如图 2.4 所示. 设其质量为 M(常数), 在任何时刻 t, 位置由球坐标 $\gamma(t)$、经度 $\theta(t)$、纬度 $\varphi(t)$ 确定; 而控制量为 $u_\gamma(t)$, $u_\theta(t)$, $u_\varphi(t)$, 分别是大小火箭及发动机在三个正交方向上各自施加的推力. 设地球相对于卫星是静止的. 这个控制系统的状态变量就是人造地球卫星上的位置及其变化率, 即 $\gamma(t),\theta(t),\varphi(t)$ 与 $\dot{\gamma}(t),\dot{\theta}(t),\dot{\varphi}(t)$. 这样可以得到状态方程为一阶微分方程组的标准形式, 而方程组中方程的个数恰是独立状态变量的个数, 输入就是推力 $u_\gamma(t)$, $u_\theta(t)$, $u_\varphi(t)$, 它们也是此控制系统的控制变量, 其输出变量可规定为位置变量 $\gamma(t)$, $\theta(t)$ 和 $\varphi(t)$. 将这个控制系统看作一个一般的力学系统, 应用 Hamilton 正则方程, 可导出状态方程. 为此, 写出它的动能

$$V=\frac{1}{2}Mv^2=\frac{1}{2}M[\dot{\gamma}^2+(\gamma\dot{\varphi})^2+(\gamma\dot{\theta}\cos\varphi)^2]$$

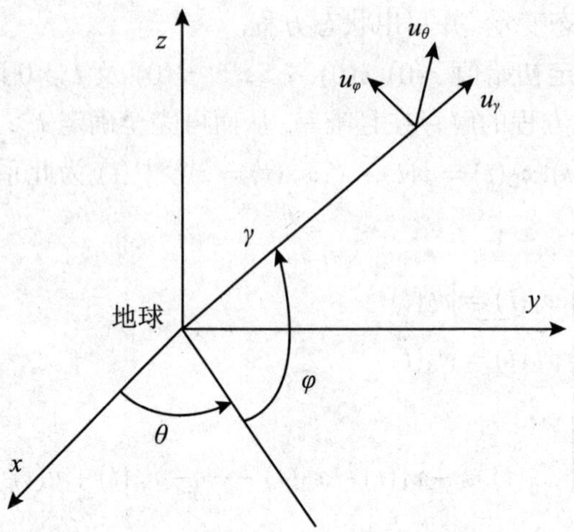

图 2.4

其中 v 是人造地球卫星运动速度的大小, 即有速度向量

$$\boldsymbol{v}(t)=[\dot{r}(t),r(t)\dot{\varphi}(t),\ r(t)\dot{\theta}(t)\cos\varphi(t)]$$

而它的势能为 $V=-GM/r$, 其中 G 是万有引力常量. 于是 Hamilton 函数为

$$H=U+V$$

因而有正则方程

$$\begin{cases}\dfrac{\mathrm{d}}{\mathrm{d}t}\left(\dfrac{\partial H}{\partial\dot{\gamma}}\right)=\dfrac{\partial H}{\partial\gamma}+u_\gamma\\ \dfrac{\mathrm{d}}{\mathrm{d}t}\left(\dfrac{\partial H}{\partial\dot{\theta}}\right)=\dfrac{\partial H}{\partial\theta}+(\gamma\cos\varphi)u_\theta\\ \dfrac{\mathrm{d}}{\mathrm{d}t}\left(\dfrac{\partial H}{\partial\dot{\varphi}}\right)=\dfrac{\partial H}{\partial\varphi}+\gamma u_\varphi\end{cases}$$

或者有

$$\begin{cases}M\left[\ddot{\gamma}(t)-\gamma(t)\dot{\theta}(t)\cos^2\varphi(t)-\gamma(t)\dot{\varphi}^2(t)+\dfrac{k}{\gamma^2(t)}\right]=u_\gamma(t)\\ M[\ddot{\theta}(t)\gamma^2(t)\cos^2\varphi(t)+2\gamma(t)\dot{\gamma}(t)\dot{\theta}(t)\cos^2\varphi(t)-\gamma^2(t)\dot{\theta}(t)\dot{\varphi}(t)\sin2\varphi(t)]\\ \quad=\gamma(t)\cos\varphi(t)u_\theta(t)\\ M\left[\ddot{\varphi}(t)\gamma^2(t)+\dfrac{1}{2}\gamma^2(t)\dot{\theta}^2(t)\sin2\varphi(t)+2\gamma(t)\dot{\gamma}(t)\dot{\varphi}(t)\right]=\gamma(t)u_\varphi(t)\end{cases}$$

若记 $\boldsymbol{x}(t)=[\gamma(t),\dot{\gamma}(t),\theta(t),\dot{\theta}(t),\varphi(t),\dot{\varphi}(t)]^{\mathrm{T}}$, $\boldsymbol{u}(t)=[u_\gamma(t),u_\theta(t),u_\varphi(t)]^{\mathrm{T}}$, $\boldsymbol{y}(t)=[\gamma(t),\theta(t),\varphi(t)]^{\mathrm{T}}$, 则有

$$\dot{\boldsymbol{x}}(t)=\begin{bmatrix}\dot{\gamma}(t)\\ \ddot{\gamma}(t)\\ \dot{\theta}(t)\\ \ddot{\theta}(t)\\ \dot{\varphi}(t)\\ \ddot{\varphi}(t)\end{bmatrix}=\begin{bmatrix}\dot{\gamma}(t)\\ \gamma(t)\dot{\theta}(t)\cos^2\varphi(t)+\gamma(t)\dot{\varphi}^2(t)-\dfrac{k}{\gamma^2(t)}+\dfrac{u_\gamma(t)}{M}\\ \dot{\theta}(t)\\ -2\dfrac{\dot{\gamma}(t)\dot{\theta}(t)}{\gamma(t)}+2\dot{\theta}(t)\dot{\varphi}(t)\tan\varphi(t)+\dfrac{u_\theta(t)}{M\gamma(t)\cos\varphi(t)}\\ \dot{\varphi}(t)\\ -\dfrac{1}{2}\dot{\theta}^2(t)\sin 2\varphi-\dfrac{2\dot{\gamma}(t)\dot{\varphi}(t)}{\gamma(t)}+\dfrac{u_\varphi(t)}{M}\end{bmatrix}$$

$$=\boldsymbol{f}(t,\boldsymbol{x}(t),\boldsymbol{u}(t))$$

$$\boldsymbol{y}(t)=\begin{bmatrix}1&0&0&0&0&0\\0&0&1&0&0&0\\0&0&0&0&1&0\end{bmatrix}\boldsymbol{x}(t)$$

这是一个非线性系统.

通过以上六个例子可以看出, 能用微分方程、差分方程或方程组来描述受控对象或控制系统. 由于不同时刻状态值未必相同, 故状态总是一组变量. $\boldsymbol{x}(t)=[x_1(t),\cdots,x_n(t)]^{\mathrm{T}}(t\geqslant t_0)$ 称为系统的状态变量, 简称为状态, 其个数称为系统的维数, 它的取值空间记为 $\mathcal{X}$, 称为状态空间. 对于某个确定的时刻, 状态表示为状态空间中的一个点, 即有 $\boldsymbol{x}(t)\in\mathcal{X}$. 随时间的变化, 状态的运动就形成状态空间中的一条曲线. 通常刻画系统内部特征变量的个数可以比 n 大, 但其中相互独立的只有 n 个. 另外, 系统的状态变量的选择不是唯一的, 它可随分析方法不同而不同. 但一个系统的任意选取的两个状态向量 $\boldsymbol{x}(t)$ 与 $\tilde{\boldsymbol{x}}(t)$, 不仅维数相同, 而且它们之间必存在转换关系. 系统的状态变量不要求像系统输出那样必须是物理上可测量的量. 它可以是与物理量相关的量, 如位置、速度、电压降或电流强度等等, 也可以是由于数学的需要而引出的, 但是这些状态变量在物理上是难以理解的.

2.1.2　非线性动态系统的线性化

实际中存在的绝大多数系统都是非线性的, 例 2.4 与例 2.6 中的系统都是非线性的动态系统. 对一些并非本质的非线性系统, 可近似地按线性系统来处理, 其

所得的结果在一定精度下接近于系统的实际运动状态. 若把系统的状态变量限制在设定点, 即标称解或平衡值上, 即在 $\dot{\boldsymbol{x}}(t)=\boldsymbol{f}(t,\boldsymbol{x}(t),\boldsymbol{u}(t))=\boldsymbol{0}$ 的解 $\boldsymbol{x}^*(t),\boldsymbol{u}^*(t)$ 的一个邻域内变化, 则任何一个非线性系统都可用一个线性系统来近似. 设有非线性系统:

$$\begin{cases}\dot{\boldsymbol{x}}(t)=\boldsymbol{f}(t,\boldsymbol{x}(t),\boldsymbol{u}(t)), & \boldsymbol{x}(t_0)=\boldsymbol{x}_0\\ \boldsymbol{y}(t)=\boldsymbol{g}(t,\boldsymbol{x}(t),\boldsymbol{u}(t)) & (t\geqslant t_0)\end{cases}$$

令 $\boldsymbol{x}^*(t),\boldsymbol{u}^*(t),\boldsymbol{y}^*(t)$ 是此系统的标称解, 则有

$$\begin{cases}\dot{\boldsymbol{x}}^*(t)=\boldsymbol{f}(t,\boldsymbol{x}^*(t),\boldsymbol{u}^*(t)), & \boldsymbol{x}^*(t_0)=\boldsymbol{x}_0^*\\ \boldsymbol{y}^*(t)=\boldsymbol{g}(t,\boldsymbol{x}^*(t),\boldsymbol{u}^*(t)) & (t\geqslant t_0)\end{cases}$$

再令标称解附近的摄动解为 $\boldsymbol{x}(t)=\boldsymbol{x}^*(t)+\varepsilon\tilde{\boldsymbol{x}}(t)$, $\boldsymbol{u}(t)=\boldsymbol{u}^*(t)+\varepsilon\tilde{\boldsymbol{u}}(t)$, $\boldsymbol{y}(t)=\boldsymbol{y}^*(t)+\varepsilon\tilde{\boldsymbol{y}}(t)$, 其中摄动量 ε 是正实数, 且 $0<\varepsilon<1$, 于是有

$$\begin{aligned}\boldsymbol{f}(t,\boldsymbol{x}(t),\boldsymbol{u}(t))=&\boldsymbol{f}(t,\boldsymbol{x}^*(t),\boldsymbol{u}^*(t))+\left(\frac{\partial\boldsymbol{f}}{\partial\boldsymbol{x}^{\mathrm{T}}}\right)\bigg|_{[\boldsymbol{x}^*(t),\boldsymbol{u}^*(t)]}\varepsilon\tilde{\boldsymbol{x}}(t)\\&+\left(\frac{\partial\boldsymbol{f}}{\partial\boldsymbol{u}^{\mathrm{T}}}\right)\bigg|_{[\boldsymbol{x}^*(t),\boldsymbol{u}^*(t)]}\varepsilon\tilde{\boldsymbol{u}}(t)+o(\varepsilon)\\ \boldsymbol{g}(t,\boldsymbol{x}(t),\boldsymbol{u}(t))=&\boldsymbol{g}(t,\boldsymbol{x}^*(t),\boldsymbol{u}^*(t))+\left(\frac{\partial\boldsymbol{g}}{\partial\boldsymbol{x}^{\mathrm{T}}}\right)\bigg|_{[\boldsymbol{x}^*(t),\boldsymbol{u}^*(t)]}\varepsilon\tilde{\boldsymbol{x}}(t)\\&+\left(\frac{\partial\boldsymbol{g}}{\partial\boldsymbol{u}^{\mathrm{T}}}\right)\bigg|_{[\boldsymbol{x}^*(t),\boldsymbol{u}^*(t)]}\varepsilon\tilde{\boldsymbol{u}}(t)+o(\varepsilon)\end{aligned}$$

这里

$$\frac{\partial\boldsymbol{f}}{\partial\boldsymbol{x}^{\mathrm{T}}}\bigg|_{[\boldsymbol{x}^*(t),\boldsymbol{u}^*(t)]}=\begin{bmatrix}\partial f_1/\partial x_1 & \cdots & \partial f_1/\partial x_n\\ \vdots & & \vdots\\ \partial f_n/\partial x_1 & \cdots & \partial f_n/\partial x_n\end{bmatrix}\Bigg|_{[\boldsymbol{x}^*(t),\boldsymbol{u}^*(t)]}=\boldsymbol{A}(t)$$

$$\frac{\partial\boldsymbol{f}}{\partial\boldsymbol{u}^{\mathrm{T}}}\bigg|_{[\boldsymbol{x}^*(t),\boldsymbol{u}^*(t)]}=\begin{bmatrix}\partial f_1/\partial u_1 & \cdots & \partial f_1/\partial u_m\\ \vdots & & \vdots\\ \partial f_n/\partial u_1 & \cdots & \partial f_n/\partial u_m\end{bmatrix}\Bigg|_{[\boldsymbol{x}^*(t),\boldsymbol{u}^*(t)]}=\boldsymbol{B}(t)$$

$$\frac{\partial\boldsymbol{g}}{\partial\boldsymbol{x}^{\mathrm{T}}}\bigg|_{[\boldsymbol{x}^*(t),\boldsymbol{u}^*(t)]}=\begin{bmatrix}\partial g_1/\partial x_1 & \cdots & \partial g_1/\partial x_n\\ \vdots & & \vdots\\ \partial g_r/\partial x_1 & \cdots & \partial g_r/\partial x_n\end{bmatrix}\Bigg|_{[\boldsymbol{x}^*(t),\boldsymbol{u}^*(t)]}=\boldsymbol{C}(t)$$

$$\left.\frac{\partial \boldsymbol{g}}{\partial \boldsymbol{u}^{\mathrm{T}}}\right|_{[\boldsymbol{x}^*(t),\boldsymbol{u}^*(t)]} = \left.\begin{bmatrix} \partial g_1/\partial u_1 & \cdots & \partial g_1/\partial u_m \\ \vdots & & \vdots \\ \partial g_r/\partial u_1 & \cdots & \partial g_r/\partial u_m \end{bmatrix}\right|_{[\boldsymbol{x}^*(t),\boldsymbol{u}^*(t)]} = \boldsymbol{D}(t)$$

若略去关于 ε 的高阶项后, 则有

$$\varepsilon\dot{\tilde{\boldsymbol{x}}}(t) = \dot{\boldsymbol{x}}(t) - \dot{\boldsymbol{x}}^*(t) = \boldsymbol{f}(t,\boldsymbol{x}(t),\boldsymbol{u}(t)) - \boldsymbol{f}(t,\boldsymbol{x}^*(t),\boldsymbol{u}^*(t)) = \boldsymbol{A}(t)\varepsilon\tilde{\boldsymbol{x}}(t) + \boldsymbol{B}(t)\varepsilon\tilde{\boldsymbol{u}}(t)$$

$$\varepsilon\tilde{\boldsymbol{y}}(t) = \boldsymbol{y}(t) - \boldsymbol{y}^*(t) = \boldsymbol{g}(t,\boldsymbol{x}(t),\boldsymbol{u}(t)) - \boldsymbol{g}(t,\boldsymbol{x}^*(t),\boldsymbol{u}^*(t)) = \boldsymbol{C}(t)\varepsilon\tilde{\boldsymbol{x}}(t) + \boldsymbol{D}(t)\varepsilon\tilde{\boldsymbol{u}}(t)$$

消去 $\varepsilon > 0$, 得到

$$\begin{cases} \dot{\tilde{\boldsymbol{x}}}(t) = \boldsymbol{A}(t)\tilde{\boldsymbol{x}}(t) + \boldsymbol{B}(t)\tilde{\boldsymbol{u}}(t), & \tilde{\boldsymbol{x}}(t_0) = \tilde{\boldsymbol{x}}_0 \\ \tilde{\boldsymbol{y}}(t) = \boldsymbol{C}(t)\tilde{\boldsymbol{x}}(t) + \boldsymbol{D}(t)\tilde{\boldsymbol{u}}(t) & (t \geqslant t_0) \end{cases}$$

这就是描述摄动 $\tilde{\boldsymbol{x}}(t),\tilde{\boldsymbol{u}}(t),\tilde{\boldsymbol{y}}(t)$ 的线性动态方程. 当摄动发生在标称解 $\tilde{\boldsymbol{x}}^*(t),\tilde{\boldsymbol{u}}^*(t)$, $\tilde{\boldsymbol{y}}^*(t)$ 的附近且相当小时, 它能以很高的精度接近于原来的非线性系统.

例如, 当用例 2.6 中的非线性系统描述实际中特别有意义的通信卫星时, 根据动量守恒定律, 它的运动为一个圆形的赤道轨迹, 即纬度 $\varphi = 0$, 经度 $\theta = \omega t$, 其中 ω 是自旋角速度, 故 θ 是自旋角度. 从而应有标称解为 $\boldsymbol{x}^*(t) = [r_0, 0, \omega t, \omega, 0, 0]^{\mathrm{T}}$, $u^*(t) = 0$, $\boldsymbol{y}^*(t) = [r_0, \omega t, 0]^{\mathrm{T}}$. 由于这时的速率 $v = r_0\omega$, 且 $\dfrac{1}{2}Mr_0^2\omega^2 = \dfrac{GM}{2r_0}$, 故有 $G = r_0^3\omega^2$. 这表明只要无外部干扰, 人造卫星将不需要控制, 即可自由地保持在这个轨道上运行. 不过, 因外部干扰总是无法避免的, 故受到外部干扰后, 人造卫星将从轨道上漂移, 这样就出现了控制问题, 即要使人造卫星返回圆形轨道上, 应当施加什么样的输入呢? 这时, 应考虑摄动变量 $\boldsymbol{x}(t) = \boldsymbol{x}^*(t) + \varepsilon\tilde{\boldsymbol{x}}(t)$, $\boldsymbol{u}(t) = \boldsymbol{u}^*(t) + \varepsilon\tilde{\boldsymbol{u}}(t)$, $\boldsymbol{y}(t) = \boldsymbol{y}^*(t) + \varepsilon\tilde{\boldsymbol{y}}(t)$. 若 $0 < \varepsilon < 1$, 则可以将这个非线性方程围绕标称解进行线性化, 经计算, 有

$$\left.\frac{\partial \boldsymbol{f}}{\partial \boldsymbol{x}^{\mathrm{T}}}\right|_{[\boldsymbol{x}^*(t),\boldsymbol{u}^*(t)]} = \begin{bmatrix} 0 & 1 & 0 & 0 & 0 & 0 \\ 3\omega & 0 & 0 & r_0 & 0 & 0 \\ 0 & 0 & 0 & 1 & 0 & 0 \\ 0 & -\dfrac{2\omega}{r_0} & 0 & 0 & 0 & 0 \\ 0 & 0 & 0 & 0 & 0 & 1 \\ 0 & 0 & 0 & 0 & -\omega^2 & 0 \end{bmatrix} = \boldsymbol{A}$$

$$\left.\frac{\partial \boldsymbol{f}}{\partial \boldsymbol{u}^{\mathrm{T}}}\right|_{[\boldsymbol{x}^*(t),\boldsymbol{u}^*(t)]}=\begin{bmatrix}0&0&0\\ \dfrac{1}{M}&0&0\\ 0&0&0\\ 0&\dfrac{1}{Mr_0}&0\\ 0&0&0\\ 0&0&\dfrac{1}{Mr_0}\end{bmatrix}=\boldsymbol{B}$$

$$\left.\frac{\partial \boldsymbol{g}}{\partial \boldsymbol{u}^{\mathrm{T}}}\right|_{[\boldsymbol{x}^*(t),\boldsymbol{u}^*(t)]}=[1,0,1,0,1,0]=\boldsymbol{C}$$

$$\left.\frac{\partial \boldsymbol{g}}{\partial \boldsymbol{u}^{\mathrm{T}}}\right|_{[\boldsymbol{x}^*(t),\boldsymbol{u}^*(t)]}=\boldsymbol{0}=\boldsymbol{D}$$

若再将单位标准化, 令 $M=r_0=1$, 就有线性定常系统

$$\dot{\tilde{\boldsymbol{x}}}(t)=\begin{bmatrix}0&1&0&0&0&0\\ 3\omega&0&0&1&0&0\\ 0&0&0&1&0&0\\ 0&-2\omega&0&0&0&0\\ 0&0&0&0&0&1\\ 0&0&0&0&-\omega^2&0\end{bmatrix}\tilde{\boldsymbol{x}}(t)+\begin{bmatrix}0&0&0\\ 1&0&0\\ 0&0&0\\ 0&1&0\\ 0&0&0\\ 0&0&1\end{bmatrix}\tilde{\boldsymbol{u}}(t)$$

$$\tilde{\boldsymbol{y}}(t)=\begin{bmatrix}1&0&0&0&0&0\\ 0&0&1&0&0&0\\ 0&0&0&0&1&0\end{bmatrix}\tilde{\boldsymbol{x}}(t)$$

只要离开圆形轨道的偏差保持很小, 就可用上述线性定常系统来分析控制人造卫星的问题.

2.2 状态转移矩阵的一般提法

本节考虑无控制系统的解及状态转移矩阵.

定理 2.1 无控制的系统 $\dot{\boldsymbol{x}}(t)=\boldsymbol{A}(t)\boldsymbol{x}(t),\boldsymbol{x}(t_0)=\boldsymbol{x}_0(t\geqslant t_0)$ 的解组成一个实数域上的 n 维线性空间.

证明　设 $\boldsymbol{e}_i(i=1,2,\cdots,n)$ 是 $\mathbb{R}^n$ 的一个基向量, 对初始值问题

$$\begin{cases}\dot{\boldsymbol{x}}_i(t)=\boldsymbol{A}(t)\boldsymbol{x}_i(t)\\ \boldsymbol{x}_i(t_0)=\boldsymbol{e}_i \quad (i=1,2,\cdots,n,t\geqslant t_0)\end{cases}$$

按微分方程的存在定理, 存在解 $\boldsymbol{x}_i(t)(i=1,2,\cdots,n)$. 若有 n 个实数 $\alpha_i(i=1,2,\cdots,n)$, 使 $\sum\limits_{i=1}^{n}\alpha_i\boldsymbol{x}_i(t)=0$, 则有 $\sum\limits_{i=1}^{n}\alpha_i\boldsymbol{x}_i(t_0)=\sum\limits_{i=1}^{n}\alpha_i\boldsymbol{e}_i=\boldsymbol{0}$. 由假设知, 必有 $\alpha_i=0(i=1,2,\cdots,n)$, 故这 n 个解是线性无关的.

另外, 若 $\boldsymbol{x}(t)$ 是此问题的任一个解, 则必存在常数 $\beta_i(i=1,2,\cdots,n)$, 使

$$\boldsymbol{x}(t_0)=\sum_{i=1}^{n}\beta_i\boldsymbol{e}_i=\sum_{i=1}^{n}\beta_i\boldsymbol{x}_i(t_0)$$

按微分方程的初始值问题解的唯一性, 可知

$$\boldsymbol{x}(t)=\sum_{i=1}^{n}\beta_i\boldsymbol{x}_i(t)$$

即 $\boldsymbol{x}_i(t)(i=1,2,\cdots,n)$ 是一组基. □

如果 $\boldsymbol{x}_i(t)(i=1,2,\cdots,n)$ 是初值问题解空间的一组基, 则 $n\times n$ 矩阵 $\boldsymbol{X}(t)=[\boldsymbol{x}_1(t),\cdots,\boldsymbol{x}_n(t)]^{\mathrm{T}}$ 称为它的一个基本解方阵, 且显然有如下性质:

(1) 对 $\forall t\geqslant t_0,\mathrm{rank}\boldsymbol{X}(t)=n$;

(2) $\dfrac{\mathrm{d}}{\mathrm{d}t}\boldsymbol{X}(t)=\boldsymbol{A}(t)\boldsymbol{X}(t)$.

定义 2.1　若有方阵 $\boldsymbol{\Phi}(t,s)$ 满足条件:

$$\begin{cases}\dfrac{\mathrm{d}}{\mathrm{d}t}\boldsymbol{\Phi}(t,s)=\boldsymbol{A}(t)\boldsymbol{\Phi}(t,s)\\ \boldsymbol{\Phi}(s,s)=\boldsymbol{I} \quad (\text{单位矩阵})\end{cases}$$

则称 $\boldsymbol{\Phi}(t,s)$ 是线性方程 $\dot{\boldsymbol{x}}(t)=\boldsymbol{A}(t)\boldsymbol{x}(t),\boldsymbol{x}(t_0)=\boldsymbol{x}_0$ 的状态转移矩阵, 或系数矩阵 $\boldsymbol{A}(t)$ 的状态转移矩阵. 它表示在无控制的作用下, 即 $\boldsymbol{u}(t)=\boldsymbol{0}$, 系统从时刻 s 到 t 的状态转移的情况.

定理 2.2　状态转移矩阵 $\boldsymbol{\Phi}(t,s)$ 具有如下性质:

(1) $\boldsymbol{\Phi}(t,t_0)=\boldsymbol{\Phi}(t,s)\boldsymbol{\Phi}(s,t_0)$;

(2) $\boldsymbol{\Phi}(t,s)$ 是非奇异矩阵, 且有 $\boldsymbol{\Phi}^{-1}(t,s)=\boldsymbol{\Phi}(s,t)$;

(3) $\dot{\boldsymbol{\Phi}}(s,t)=\dfrac{\mathrm{d}}{\mathrm{d}t}\boldsymbol{\Phi}(s,t)=-\boldsymbol{\Phi}(s,t)\boldsymbol{A}(t)$.

证明　(1) 考虑两种情况: 初始值分别为 $x(t_0)$ 与 $x(s)$. 由解的唯一性得到

$$\boldsymbol{x}(t)=\boldsymbol{\Phi}(t,t_0)\boldsymbol{x}(t_0)=\boldsymbol{\Phi}(t,s)\boldsymbol{x}(s)$$

此外, 又有 $\boldsymbol{x}(s)=\boldsymbol{\Phi}(s,t_0)\boldsymbol{x}(t_0)$, 代入上式后有

$$\boldsymbol{x}(t)=\boldsymbol{\Phi}(t,t_0)\boldsymbol{x}(t_0)=\boldsymbol{\Phi}(t,s)\boldsymbol{\Phi}(s,t_0)\boldsymbol{x}(t_0)$$

由 $x(t_0)$ 的任意性, 有 $\boldsymbol{\Phi}(t,t_0)=\boldsymbol{\Phi}(t,s)\boldsymbol{\Phi}(s,t_0)$.

(2) 由 (1) 可知 $\boldsymbol{\Phi}(t,s)\boldsymbol{\Phi}(s,t)=\boldsymbol{I}$, 故 $\det\boldsymbol{\Phi}(t,s)\det\boldsymbol{\Phi}(s,t)=1$, 即 $\det\boldsymbol{\Phi}(t,s)\neq 0$. 因此 $\boldsymbol{\Phi}(t,s)$ 是非奇异的, 从而可知 $\boldsymbol{\Phi}^{-1}(t,s)$ 存在, 且有 $\boldsymbol{\Phi}^{-1}(t,s)[\boldsymbol{\Phi}(t,s)\boldsymbol{\Phi}(s,t)]=\boldsymbol{\Phi}(s,t)=\boldsymbol{\Phi}^{-1}(t,s)$.

(3) 根据 (2), 有 $\boldsymbol{\Phi}^{-1}(t,s)=\boldsymbol{\Phi}(s,t)$, 而 $\dot{\boldsymbol{\Phi}}(s,t)=\dfrac{\mathrm{d}}{\mathrm{d}t}\boldsymbol{\Phi}(s,t)=\dot{\boldsymbol{\Phi}}^{-1}(t,s)$ $=-\boldsymbol{\Phi}^{-1}(t,s)\boldsymbol{A}(t)\boldsymbol{\Phi}(t,s)\boldsymbol{\Phi}^{-1}(t,s)=-\boldsymbol{\Phi}^{-1}(t,s)\boldsymbol{A}(t)=-\boldsymbol{\Phi}(s,t)\boldsymbol{A}(t)$. □

现考虑线性定常系统的状态转移矩阵, 有

$$\dot{\boldsymbol{x}}(t)=\boldsymbol{A}\boldsymbol{x}(t),\quad \boldsymbol{x}(t_0)=\boldsymbol{x}_0\quad (t\geqslant t_0)$$

当 $n=1$ 时, $\boldsymbol{A}$ 为数量 a, 且已知：一个数量的常微分方程 $\dot{x}(t)=ax(t)$ 具有初始值 $x(t_0)=x_0$, 其解为 $x(t)=\mathrm{e}^{a(t-t_0)}x_0(t\geqslant t_0)$.

若将它与 $\dot{\boldsymbol{x}}(t)=\boldsymbol{A}\boldsymbol{x}(t),\boldsymbol{x}(t_0)=\boldsymbol{x}_0$ 作比较, 可知其解应有类似的形式：$\boldsymbol{x}(t)=\mathrm{e}^{\boldsymbol{A}(t-t_0)}\boldsymbol{x}_0$.

由于 $\mathrm{e}^{a(t-t_0)}=1+a(t-t_0)+\dfrac{(t-t_0)^2}{2!}a^2+\cdots$, 故方阵 $\boldsymbol{A}$ 的类似指数函数矩阵定义为

$$\mathrm{e}^{\boldsymbol{A}(t-t_0)}=\boldsymbol{I}+\boldsymbol{A}(t-t_0)+\frac{(t-t_0)^2}{2!}\boldsymbol{A}^2+\cdots$$

对一切有限 t 和一切 $n\times n$ 矩阵 $\boldsymbol{A}$ 有有限元素, 上式右端的级数是绝对一致收敛的, 且当 $t=t_0$ 时, 有 $\mathrm{e}^{\boldsymbol{A}0}=\mathrm{e}^{\boldsymbol{0}}=\boldsymbol{I}$ (单位矩阵). 对有限 t, 级数可逐项求导, 得

$$\frac{\mathrm{d}}{\mathrm{d}t}[\mathrm{e}^{\boldsymbol{A}(t-t_0)}]=\boldsymbol{A}+(t-t_0)\boldsymbol{A}^2+\cdots+\frac{(t-t_0)^n}{n!}\boldsymbol{A}^{n-1}+\cdots=\boldsymbol{A}\mathrm{e}^{\boldsymbol{A}(t-t_0)}$$

另外, 有 $\dfrac{\mathrm{d}}{\mathrm{d}t}[\mathrm{e}^{\boldsymbol{A}(t-t_0)}x_0]=\boldsymbol{A}\mathrm{e}^{\boldsymbol{A}(t-t_0)}x_0$.

综上, 可知 $\boldsymbol{x}(t)=\mathrm{e}^{\boldsymbol{A}(t-t_0)}\boldsymbol{x}_0$ 是满足初始条件 $\boldsymbol{x}(t_0)=\boldsymbol{x}_0$ 的无控制系统 $\dot{\boldsymbol{x}}(t)=\boldsymbol{A}\boldsymbol{x}(t)$ 的解, 从而可导出线性定常的无控制系统 $\dot{\boldsymbol{x}}(t)=\boldsymbol{A}\boldsymbol{x}(t)$ 的状态转移矩阵 $\boldsymbol{\Phi}(t,t_0)=\mathrm{e}^{\boldsymbol{A}(t-t_0)}$.

当取初始时刻 $t_0=0$ 时, $\boldsymbol{\Phi}(t)=\boldsymbol{\Phi}(t,0)=\mathrm{e}^{\boldsymbol{A}t}$.

线性定常无控制系统状态转移矩阵 $\boldsymbol{\Phi}(t)$ 有下列重要性质：

(1) $\boldsymbol{\Phi}(0)=\mathrm{e}^{\boldsymbol{A}0}=\boldsymbol{I}$;

(2) $\boldsymbol{\Phi}(t+s)=\boldsymbol{\Phi}(t)\boldsymbol{\Phi}(s)=\boldsymbol{\Phi}(s)\boldsymbol{\Phi}(t)$;

(3) $\boldsymbol{\Phi}(-t)=\boldsymbol{\Phi}^{-1}(t)$;

(4) $\boldsymbol{\Phi}(t)\boldsymbol{\Phi}^{-1}(s)=\boldsymbol{\Phi}(t-s)$;

(5) $\dfrac{\mathrm{d}}{\mathrm{d}t}(\mathrm{e}^{\boldsymbol{A}t})=\boldsymbol{A}\mathrm{e}^{\boldsymbol{A}t}=\mathrm{e}^{\boldsymbol{A}t}\boldsymbol{A}$, 即 $\dot{\boldsymbol{\Phi}}(t)=\boldsymbol{A}\boldsymbol{\Phi}(t)=\boldsymbol{\Phi}(t)\boldsymbol{A}$;

(6) 若 k 是常数, 则 $[\boldsymbol{\Phi}(t)]^k=\boldsymbol{\Phi}(kt)$.

证明　(1) 是明显的.

(2) 由 $\boldsymbol{\Phi}(t+s)=\mathrm{e}^{\boldsymbol{A}(t+s)}=\mathrm{e}^{\boldsymbol{A}t}\mathrm{e}^{\boldsymbol{A}s}=\boldsymbol{\Phi}(t)\boldsymbol{\Phi}(s)$, 可知

$$\begin{aligned}\mathrm{e}^{\boldsymbol{A}(t+s)}&=\boldsymbol{I}+(t+s)\boldsymbol{A}+\frac{(t+s)^2}{2!}\boldsymbol{A}^2+\cdots+\frac{(s+t)^n}{n!}\boldsymbol{A}^n+\cdots\\&=\boldsymbol{I}+(s+t)\boldsymbol{A}+\cdots+\frac{(s+t)^n}{n!}\boldsymbol{A}^n+\cdots\\&=\mathrm{e}^{\boldsymbol{A}(s+t)}=\mathrm{e}^{\boldsymbol{A}s}\mathrm{e}^{\boldsymbol{A}t}=\boldsymbol{\Phi}(s)\boldsymbol{\Phi}(t)\end{aligned}$$

(3) 由于 $\boldsymbol{\Phi}(-t)=\mathrm{e}^{-\boldsymbol{A}t}$, 且 $\boldsymbol{\Phi}(-t)\boldsymbol{\Phi}(t)=\mathrm{e}^{-\boldsymbol{A}t}\mathrm{e}^{\boldsymbol{A}t}=\mathrm{e}^{\boldsymbol{A}0}=\boldsymbol{I}$, 故有 $\boldsymbol{\Phi}^{-1}(t)=\boldsymbol{\Phi}(-t)$.

(4) $\boldsymbol{\Phi}(t)\boldsymbol{\Phi}^{-1}(s)=\mathrm{e}^{\boldsymbol{A}(t-s)}=\boldsymbol{\Phi}(t-s)$.

(5) 由 $\mathrm{e}^{\boldsymbol{A}t}=\boldsymbol{I}+t\boldsymbol{A}+\dfrac{t^2}{2!}\boldsymbol{A}^2+\cdots+\dfrac{t^{n+1}}{(n+1)!}\boldsymbol{A}^{n+1}+\cdots$, 可知

$$\begin{aligned}\frac{\mathrm{d}}{\mathrm{d}t}(\mathrm{e}^{\boldsymbol{A}t})&=\boldsymbol{A}+t\boldsymbol{A}+\cdots+\frac{t^n}{n!}\boldsymbol{A}^{n+1}+\cdots=\boldsymbol{A}\left(\boldsymbol{I}+t\boldsymbol{A}^2+\cdots+\frac{t^n}{n!}\boldsymbol{A}^n+\cdots\right)\\&=\left(\boldsymbol{I}+t\boldsymbol{A}+\cdots+\frac{t^n}{n!}\boldsymbol{A}^n+\cdots\right)\boldsymbol{A}=\boldsymbol{A}\mathrm{e}^{\boldsymbol{A}t}=\mathrm{e}^{\boldsymbol{A}t}\boldsymbol{A}\end{aligned}$$

因为 t 是有限的, 级数绝对一致收敛, 故可逐项求导.

(6) 按假设, 可得 $[\boldsymbol{\Phi}(t)]^k=(\mathrm{e}^{\boldsymbol{A}t})^k=\mathrm{e}^{\boldsymbol{A}kt}=\boldsymbol{\Phi}(kt)$. □

对一般的线性控制系统, 有如下定理:

定理 2.3　初始值问题

$$\dot{\boldsymbol{x}}(t)=\boldsymbol{A}(t)\boldsymbol{x}(t)+\boldsymbol{B}(t)\boldsymbol{u}(t),\quad \boldsymbol{x}(t_0)=\boldsymbol{x}_0\quad (t\geqslant t_0)$$

有解 $\boldsymbol{x}(t)=\boldsymbol{\Phi}(t,t_0)\boldsymbol{x}_0+\int_{t_0}^t\boldsymbol{\Phi}(t,s)\boldsymbol{B}(s)\boldsymbol{u}(s)\mathrm{d}s$.

证明　令 $\boldsymbol{x}(t)=\boldsymbol{\Phi}(t,t_0)\boldsymbol{h}(t)$, 其中 $\boldsymbol{h}(t)$ 是新的可微变量, $\boldsymbol{\Phi}(t,t_0)$ 是状态转移矩阵. 把 $\boldsymbol{x}(t)$ 代入方程, 有

$$\begin{aligned}\dot{\boldsymbol{x}}(t)&=\dot{\boldsymbol{\Phi}}(t,t_0)\boldsymbol{h}(t)+\boldsymbol{\Phi}(t,t_0)\dot{\boldsymbol{h}}(t)=\boldsymbol{A}(t)\boldsymbol{\Phi}(t,t_0)\boldsymbol{h}(t)+\boldsymbol{\Phi}(t,t_0)\dot{\boldsymbol{h}}(t)\\&=\boldsymbol{A}(t)\boldsymbol{x}(t)+\boldsymbol{\Phi}(t,t_0)\dot{\boldsymbol{h}}(t)=\boldsymbol{A}(t)\boldsymbol{x}(t)+\boldsymbol{B}(t)\boldsymbol{u}(t)\end{aligned}$$

从而得 $\boldsymbol{\Phi}(t,t_0)\dot{\boldsymbol{h}}(t)=\boldsymbol{B}(t)\boldsymbol{u}(t)$, 或写为 $\dot{\boldsymbol{h}}(t)=\boldsymbol{\Phi}^{-1}(t,t_0)\boldsymbol{B}(t)\boldsymbol{u}(t)=\boldsymbol{\Phi}(t_0,t)\boldsymbol{B}(t)\boldsymbol{u}(t)$, 且有 $\boldsymbol{x}(t_0)=\boldsymbol{\Phi}(t_0,t_0)\boldsymbol{h}(t_0)=\boldsymbol{h}(t_0)=\boldsymbol{x}_0$, 积分后得到

$$\boldsymbol{h}(t)=\boldsymbol{x}_0+\int_{t_0}^t\boldsymbol{\Phi}(t_0,s)\boldsymbol{B}(s)\boldsymbol{u}(s)\mathrm{d}s$$

于是得到问题的解为

$$\begin{aligned}\boldsymbol{x}(t)&=\boldsymbol{\Phi}(t,t_0)\left[\boldsymbol{x}_0+\int_{t_0}^{t}\boldsymbol{\Phi}(t_0,s)\boldsymbol{B}(s)\boldsymbol{u}(s)\mathrm{d}s\right]\\&=\boldsymbol{\Phi}(t,t_0)\boldsymbol{x}_0+\int_{t_0}^{t}\boldsymbol{\Phi}(t,t_0)\boldsymbol{\Phi}(t_0,s)\boldsymbol{B}(s)\boldsymbol{u}(s)\mathrm{d}s\\&=\boldsymbol{\Phi}(t,t_0)\boldsymbol{x}_0+\int_{t_0}^{t}\boldsymbol{\Phi}(t,s)\boldsymbol{B}(s)\boldsymbol{u}(s)\mathrm{d}s\end{aligned}$$

□

若再将 $\boldsymbol{x}(t)$ 代入输出方程, 则输出方程的解为

$$\boldsymbol{y}(t)=\boldsymbol{C}(t)\boldsymbol{\Phi}(t,t_0)\boldsymbol{x}_0+\int_{t_0}^{t}\boldsymbol{C}(t)\boldsymbol{\Phi}(t,s)\boldsymbol{B}(s)\boldsymbol{u}(s)\mathrm{d}s+\boldsymbol{D}(t)\boldsymbol{u}(t)$$

由此看出, 输出 $\boldsymbol{y}(t)$ 可表示成两部分之和, 第一部分是输出方程右端的第一项 $\boldsymbol{u}(t)=\boldsymbol{0}(t\geqslant t_0)$, 仅给定 $\boldsymbol{x}_0$ 时产生的输出部分, 称为无控制响应; 第二部分是剩下的第二项与第三项当 $\boldsymbol{x}_0=\boldsymbol{0}$ 时仅给出控制变量 $\boldsymbol{u}(t)(t\geqslant t_0)$ 产生的输出部分, 故称为零状态响应.

如何求状态转移矩阵 $\boldsymbol{\Phi}(t,s)$ 成为关键问题.

2.2.1 线性时变系统的状态转移矩阵

方法 1 由习题 2 第 6 题, 有 $\boldsymbol{\Phi}(t,t_0)=\boldsymbol{X}(t)\boldsymbol{X}^{-1}(t_0)$, 其中 $\boldsymbol{X}(t)$ 是系统 $\dot{\boldsymbol{x}}(t)=\boldsymbol{A}(t)\boldsymbol{x}(t)$ 的基本解方阵.

例 2.7 若 $\boldsymbol{A}(t)=\begin{bmatrix}0&1\\0&t\end{bmatrix}$, 求 $\boldsymbol{\Phi}(t,t_0)$.

解 根据条件有

$$\begin{cases}\dot{\boldsymbol{x}}_1(t)=\boldsymbol{x}_2(t)\\\dot{\boldsymbol{x}}_2(t)=t\boldsymbol{x}_2(t)\end{cases}$$

其通解为

$$\begin{cases}\boldsymbol{x}_1(t)=C_1\int_0^t\exp(s^2/2)\,\mathrm{d}s+C_2\\\boldsymbol{x}_2(t)=C_1\exp(t^2/2)\end{cases}$$

取 $\boldsymbol{x}_1(0)=\begin{bmatrix}1\\0\end{bmatrix}$, 则 $\boldsymbol{x}_1(t)=\begin{bmatrix}1\\0\end{bmatrix}$; 取 $\boldsymbol{x}_2(0)=\begin{bmatrix}0\\1\end{bmatrix}$, 则 $\boldsymbol{x}_2(t)=\begin{bmatrix}\int_0^t\exp(s^2/2)\,\mathrm{d}s\\\exp(t^2/2)\end{bmatrix}$.

因而有基本解方阵

$$X(t)=\begin{bmatrix}1 & \int_0^t \exp\left(\frac{s^2}{2}\right)\mathrm{d}s\\ 0 & \exp\left(\frac{t^2}{2}\right)\end{bmatrix}$$

又

$$X^{-1}(t)=\begin{bmatrix}1 & -\int_0^t \exp\left(\frac{s^2}{2}-\frac{t^2}{2}\right)\mathrm{d}s\\ 0 & \exp\left(-\frac{t^2}{2}\right)\end{bmatrix}$$

于是有

$$\begin{aligned}\boldsymbol{\Phi}(t,t_0)&=\begin{bmatrix}1 & \int_0^t \exp\left(\frac{s^2}{2}\right)\mathrm{d}s\\ 0 & \exp\left(\frac{t^2}{2}\right)\end{bmatrix}\begin{bmatrix}1 & -\int_0^{t_0} \exp\left(\frac{s^2}{2}-\frac{t_0^2}{2}\right)\mathrm{d}s\\ 0 & \exp\left(-\frac{t_0^2}{2}\right)\end{bmatrix}\\ &=\begin{bmatrix}1 & -\int_{t_0}^t \exp\left(\frac{s^2}{2}-\frac{t_0^2}{2}\right)\mathrm{d}s\\ 0 & \exp\left(-\frac{t_0^2}{2}+\frac{t^2}{2}\right)\end{bmatrix}\end{aligned}$$

方法 2　设 $n=1$ 时的标量方程为

$$\dot{x}(t)=a(t)x(t),\quad x(t_0)=x_0\quad (t\geqslant t_0)$$

其解可表示为 $x(t)=\exp[\int_{t_0}^t a(s)\mathrm{d}s]x_0$, 能否就像线性定常系统一样推广到 $n>1$ 时一般向量方程组的情形, 即对于线性时变系统

$$\dot{\boldsymbol{x}}(t)=\boldsymbol{A}(t)\boldsymbol{x}(t),\quad \boldsymbol{x}(t_0)=\boldsymbol{x}_0\quad (t\geqslant t_0)$$

是否有解

$$\boldsymbol{x}(t)=\exp\left[\int_{t_0}^t \boldsymbol{A}(s)\mathrm{d}s\right]x_0$$

其中

$$\exp\left[\int_{t_0}^t \boldsymbol{A}(s)\mathrm{d}s\right]=\boldsymbol{I}+\int_{t_0}^t \boldsymbol{A}(s)\mathrm{d}s+\frac{1}{2!}\int_{t_0}^t \boldsymbol{A}(s)\mathrm{d}s\int_{t_0}^t \boldsymbol{A}(\tau)\mathrm{d}\tau+\cdots$$

一般来说这未必成立！这是因为矩阵 $\boldsymbol{A}(t)$ 不同于标量 $a(t)$, 矩阵的乘积通常是不能交换的. 因此, 标量的线性时变系统的解与矩阵的线性时变系统之间通常无直接的相似性.

实际上, 有

$$\begin{aligned}\dot{\boldsymbol{x}}(t)&=\left[\boldsymbol{A}(t)+\frac{\boldsymbol{A}(t)}{2!}\int_{t_0}^{t}\boldsymbol{A}(\tau)\mathrm{d}\tau\right]+\frac{1}{2!}\int_{t_0}^{t}\boldsymbol{A}(\tau)\mathrm{d}\tau\boldsymbol{A}(t)+\cdots\\&\neq\boldsymbol{A}(t)\exp[\int_{t_0}^{t}\boldsymbol{A}(s)\mathrm{d}s]\boldsymbol{x}_0\end{aligned}$$

不过, 如果 $\boldsymbol{A}(t)$ 与 $\int_{t_0}^{t}\boldsymbol{A}(\tau)\mathrm{d}\tau$ 可交换, 则有 $\boldsymbol{A}(t)\int_{t_0}^{t}\boldsymbol{A}(\tau)\mathrm{d}\tau-\int_{t_0}^{t}\boldsymbol{A}(\tau)\mathrm{d}\tau\boldsymbol{A}(t)=\int_{t_0}^{t}[\boldsymbol{A}(t)\boldsymbol{A}(\tau)-\boldsymbol{A}(\tau)\boldsymbol{A}(t)]\mathrm{d}\tau=0$, 即对任何时刻 t_1 与 t_2, 有 $\boldsymbol{A}(t_1)\boldsymbol{A}(t_2)=\boldsymbol{A}(t_2)\boldsymbol{A}(t_1)$, 这就是使上述等式成立的充要条件. 若对任意的 $t_1,t_2\in[t_0\ ,t]$, 有 $\boldsymbol{A}(t_1)\boldsymbol{A}(t_2)=\boldsymbol{A}(t_2)\boldsymbol{A}(t_1)$, 则有

$$\boldsymbol{\Phi}(t,t_0)=\exp\left[\int_{t_0}^{t}\boldsymbol{A}(s)\mathrm{d}s\right]=\boldsymbol{I}+\int_{t_0}^{t}\boldsymbol{A}(s)\mathrm{d}s+\frac{1}{2!}\int_{t_0}^{t}\boldsymbol{A}(\tau)\mathrm{d}\tau\int_{t_0}^{t}\boldsymbol{A}(s)\mathrm{d}s+\cdots$$

若可交换条件不成立, 应该考虑如何求线性时变系统的状态转移矩阵. 当给定初始条件 $\boldsymbol{x}(t_0)=\boldsymbol{x}_0$ 时, 有等价的积分方程

$$\boldsymbol{x}(t)=\boldsymbol{x}_0+\int_{t_0}^{t}\boldsymbol{A}(s)\boldsymbol{x}(s)\mathrm{d}s$$

并依次代入右端 $\boldsymbol{x}(s)$, 有

$$\boldsymbol{x}(t)=\boldsymbol{x}_0+\int_{t_0}^{t}\boldsymbol{A}(s)[\boldsymbol{x}_0+\int_{t_0}^{\tau}\boldsymbol{A}(\tau)\boldsymbol{x}(\tau)\mathrm{d}\tau]\mathrm{d}s$$

记积分算子为

$$Q(\cdot)=\int_{t_0}^{t}(\cdot)\mathrm{d}\tau$$

且不断地使用积分算子 $Q(\cdot)$, 可得到

$$\boldsymbol{x}(t)=[\boldsymbol{I}+Q(\boldsymbol{A})+Q(\boldsymbol{A}Q(\boldsymbol{A}))+Q(\boldsymbol{A}Q(\boldsymbol{A}Q(\boldsymbol{A})))+\cdots]\boldsymbol{x}_0$$

设 $\boldsymbol{A}(t)$ 的元素在积分区间 $[t_0,\ t]$ 内有界, 这个级数是绝对一致收敛的, 且有矩阵函数

$$G[\boldsymbol{A}(t)]=\boldsymbol{I}+Q(\boldsymbol{A})+Q(\boldsymbol{A}Q(\boldsymbol{A}))+\cdots$$

因而可得到

$$\frac{\mathrm{d}}{\mathrm{d}t}G[\boldsymbol{A}(t)]=\boldsymbol{A}(t)+\boldsymbol{A}(t)Q(\boldsymbol{A})+\boldsymbol{A}(t)Q(\boldsymbol{A}Q(\boldsymbol{A}))+\cdots=\boldsymbol{A}(t)G[\boldsymbol{A}(t)]$$

故矩阵函数 $G[\boldsymbol{A}(t)]$ 就是线性时变系统 $\dot{\boldsymbol{x}}(t)=\boldsymbol{A}(t)\boldsymbol{x}(t),\boldsymbol{x}(t_0)=\boldsymbol{x}_0(t\geqslant t_0)$ 的一个解, 并可导出它的状态转移矩阵应为 $\boldsymbol{\Phi}(t,t_0)=G[\boldsymbol{A}(t)]$, 且其解为 $\boldsymbol{x}(t)=G[\boldsymbol{A}(t)]\boldsymbol{x}_0=\boldsymbol{\Phi}(t,t_0)\boldsymbol{x}_0$.

但是, 一般无法写出它的解析形式. 这时, 可按一定精度求其近似解.

方法 3　若 $\boldsymbol{A}(t)=\begin{bmatrix}\boldsymbol{A}_{11}(t) & \boldsymbol{A}_{12}(t)\\ \boldsymbol{0} & \boldsymbol{A}_{22}(t)\end{bmatrix}\in\mathbb{R}^{n\times n}$, 令 $\boldsymbol{A}(t)$ 的状态转移矩阵为 $\boldsymbol{\Phi}(t,t_0)$. 设

$$\boldsymbol{\Phi}(t,t_0)=\begin{bmatrix}\boldsymbol{\Phi}_{11}(t,t_0) & \boldsymbol{\Phi}_{12}(t,t_0)\\ \boldsymbol{\Phi}_{21}(t,t_0) & \boldsymbol{\Phi}_{22}(t,t_0)\end{bmatrix}$$

$$\boldsymbol{\Phi}(t_0,t_0)=\boldsymbol{I}_n=\begin{bmatrix}\boldsymbol{I}_k & \boldsymbol{0}\\ \boldsymbol{0} & \boldsymbol{I}_l\end{bmatrix}$$

其中 $k+l=n$. 计算得

$$\begin{aligned}\dot{\boldsymbol{\Phi}}(t,t_0)&=\begin{bmatrix}\dot{\boldsymbol{\Phi}}_{11}(t,t_0) & \dot{\boldsymbol{\Phi}}_{12}(t,t_0)\\ \dot{\boldsymbol{\Phi}}_{21}(t,t_0) & \dot{\boldsymbol{\Phi}}_{22}(t,t_0)\end{bmatrix}=\begin{bmatrix}\boldsymbol{A}_{11}(t) & \boldsymbol{A}_{12}(t)\\ \boldsymbol{0} & \boldsymbol{A}_{22}(t)\end{bmatrix}\begin{bmatrix}\boldsymbol{\Phi}_{11}(t,t_0) & \boldsymbol{\Phi}_{12}(t,t_0)\\ \boldsymbol{\Phi}_{21}(t,t_0) & \boldsymbol{\Phi}_{22}(t,t_0)\end{bmatrix}\\ &=\begin{bmatrix}\boldsymbol{A}_{11}(t)\boldsymbol{\Phi}_{11}(t,t_0)+\boldsymbol{A}_{12}(t)\boldsymbol{\Phi}_{12}(t,t_0) & \boldsymbol{A}_{11}(t)\boldsymbol{\Phi}_{12}(t,t_0)+\boldsymbol{A}_{12}(t)\boldsymbol{\Phi}_{22}(t,t_0)\\ \boldsymbol{A}_{22}(t)\boldsymbol{\Phi}_{21}(t,t_0) & \boldsymbol{A}_{22}(t)\boldsymbol{\Phi}_{22}(t,t_0)\end{bmatrix}\end{aligned}$$

于是, 有

$$\begin{cases}\dot{\boldsymbol{\Phi}}_{21}(t,t_0)=\boldsymbol{A}_{22}(t)\boldsymbol{\Phi}_{21}(t,t_0)\\ \boldsymbol{\Phi}_{21}(t_0,t_0)=\boldsymbol{0}\end{cases}$$

这是关于 $\boldsymbol{\Phi}_{21}(t,t_0)$ 的线性时变方程, 因初始值为零, 故只有零解, $\boldsymbol{\Phi}_{21}(t,t_0)=\boldsymbol{0}(t\geqslant t_0)$, 从而导出

$$\begin{cases}\dot{\boldsymbol{\Phi}}_{11}(t,t_0)=\boldsymbol{A}_{11}(t)\boldsymbol{\Phi}_{11}(t,t_0)\\ \boldsymbol{\Phi}_{11}(t_0,t_0)=\boldsymbol{I}_k\end{cases}\qquad(t\geqslant t_0)$$

这表明 $\boldsymbol{\Phi}_{11}(t,t_0)$ 就是 $\boldsymbol{A}_{11}(t)$ 的状态转移矩阵. 又从

$$\begin{cases}\dot{\boldsymbol{\Phi}}_{22}(t,t_0)=\boldsymbol{A}_{22}(t)\boldsymbol{\Phi}_{22}(t,t_0)\\ \boldsymbol{\Phi}_{22}(t_0,t_0)=\boldsymbol{I}_l\end{cases}\qquad(t\geqslant t_0)$$

可知 $\boldsymbol{\Phi}_{22}(t,t_0)$ 是 $\boldsymbol{A}_{22}(t)$ 的状态转移矩阵. 最后, 有

$$\begin{cases}\dot{\boldsymbol{\Phi}}_{12}(t,t_0)=\boldsymbol{A}_{11}(t)\boldsymbol{\Phi}_{12}(t,t_0)+\boldsymbol{A}_{12}(t)\boldsymbol{\Phi}_{22}(t,t_0)\\ \boldsymbol{\Phi}_{12}(t_0,t_0)=\boldsymbol{0}\end{cases}\qquad(t\geqslant t_0)$$

这是关于 $\boldsymbol{\Phi}_{12}(t,t_0)$ 的线性非齐次矩阵微分方程, 且初始条件为零. $\boldsymbol{A}_{11}(t)$ 有状态转移矩阵为 $\boldsymbol{\Phi}_{11}(t,t_0)$, 因此

$$\boldsymbol{\Phi}_{12}(t,t_0)=\int_{t_0}^{t}\boldsymbol{\Phi}_{11}(t,s)\boldsymbol{A}_{12}(s)\boldsymbol{\Phi}_{22}(s,t_0)\mathrm{d}s$$

必定就是上述矩阵微分方程的解.

实际上

$$\begin{aligned}\dot{\boldsymbol{\Phi}}_{12}(t,t_0)&=\int_{t_0}^{t}\dot{\boldsymbol{\Phi}}_{11}(t,s)\boldsymbol{A}_{12}(s)\boldsymbol{\Phi}_{22}(s,t_0)\mathrm{d}s+\boldsymbol{A}_{12}(t)\boldsymbol{\Phi}_{22}(t,t_0)\\&=\boldsymbol{A}_{11}(t)\int_{t_0}^{t}\boldsymbol{\Phi}_{11}(t,s)\boldsymbol{A}_{12}(s)\boldsymbol{\Phi}_{22}(s,t_0)\mathrm{d}s+\boldsymbol{A}_{12}(t)\boldsymbol{\Phi}_{22}(t,t_0)\\&=\boldsymbol{A}_{11}(t)\boldsymbol{\Phi}_{12}(t,t_0)+\boldsymbol{A}_{22}(t)\boldsymbol{\Phi}_{22}(t,t_0)\end{aligned}$$

且 $\boldsymbol{\Phi}_{12}(t_0,t_0)=\mathbf{0}$.

另外, 若

$$\boldsymbol{A}(t)=\begin{bmatrix}\boldsymbol{A}_{11}(t) & \mathbf{0}\\ \boldsymbol{A}_{21}(t) & \boldsymbol{A}_{22}(t)\end{bmatrix}$$

则有 $\boldsymbol{\Phi}_{12}(t,t_0)=\mathbf{0}$, $\boldsymbol{\Phi}_{11}(t,t_0)$ 与 $\boldsymbol{\Phi}_{22}(t,t_0)$ 不变, 而 $\boldsymbol{\Phi}_{21}(t,t_0)=\int_{t_0}^{t}\boldsymbol{\Phi}_{22}(t,s)\boldsymbol{A}_{21}(s)\boldsymbol{\Phi}_{11}(s,t_0)\mathrm{d}s$.

例 2.8 下列矩阵函数是否为状态转移矩阵? 为什么?

(1) $\boldsymbol{\Phi}(t,0)=\begin{bmatrix}1&0&0\\0&\sin t&\cos t\\0&-\cos t&\sin t\end{bmatrix}$;

(2) $\boldsymbol{\Phi}(t,s)=\begin{bmatrix}1&\dfrac{t-s}{(t+1)(s+1)}\\0&1\end{bmatrix}$;

(3) $\boldsymbol{\Phi}(t,0)=\begin{bmatrix}\mathrm{e}^t&\left(t+\dfrac{t^2}{2}\right)\mathrm{e}^t&0\\0&\mathrm{e}^t&0\\0&\left(t+\dfrac{t^2}{2}\right)\mathrm{e}^t&\mathrm{e}^t\end{bmatrix}$.

解 (1) 这时 $\boldsymbol{\Phi}(0,0)=\begin{bmatrix}1&0&0\\0&0&1\\0&-1&0\end{bmatrix}\neq\boldsymbol{I}$, 故 $\boldsymbol{\Phi}(t,0)$ 不是状态转移矩阵.

(2) 这时, 有 $\boldsymbol{\Phi}(s,s)=\boldsymbol{I}$, 且应有 $\dot{\boldsymbol{\Phi}}(t,s)=\boldsymbol{A}(t)\boldsymbol{\Phi}(t,s)$, 故得到

$$\boldsymbol{A}(t)=\dot{\boldsymbol{\Phi}}(t,s)|_{s=t}=\begin{bmatrix}0 & \dfrac{1}{(t+1)^2}\\ 0 & 0\end{bmatrix}$$

现给予验证, 即求 $\boldsymbol{A}(t)$ 的状态转移矩阵.

方法 1　根据条件有

$$\begin{cases}\dot{\boldsymbol{x}}_1(t)=\dfrac{1}{(t+1)^2}\boldsymbol{x}_2(t)\\ \boldsymbol{x}_2(t)=\boldsymbol{0}\end{cases}$$

当 $\boldsymbol{x}_1(0)=\begin{bmatrix}1\\0\end{bmatrix}$ 时, $\boldsymbol{x}_1(t)=\begin{bmatrix}1\\0\end{bmatrix}$; 当 $\boldsymbol{x}_2(0)=\begin{bmatrix}0\\1\end{bmatrix}$ 时, $\boldsymbol{x}_2(t)=\begin{bmatrix}-\dfrac{1}{t+1}\\1\end{bmatrix}$. 因而 $\boldsymbol{X}(t)=\begin{bmatrix}1 & -\dfrac{1}{t+1}\\0 & 1\end{bmatrix}$ 且 $\boldsymbol{X}^{-1}(t)=\begin{bmatrix}1 & \dfrac{1}{t+1}\\0 & 1\end{bmatrix}$, 于是得到

$$\begin{aligned}\boldsymbol{\Phi}(t,s)&=\begin{bmatrix}1 & -\dfrac{1}{t+1}\\0 & 1\end{bmatrix}\begin{bmatrix}1 & \dfrac{1}{s+1}\\1 & 1\end{bmatrix}=\begin{bmatrix}1 & \dfrac{1}{s+1}-\dfrac{1}{t+1}\\0 & 1\end{bmatrix}\\&=\begin{bmatrix}1 & \dfrac{t-s}{(t+1)(s+1)}\\0 & 1\end{bmatrix}\end{aligned}$$

方法 2　由于 $\boldsymbol{A}(t_1)\boldsymbol{A}(t_2)=\boldsymbol{A}(t_2)\boldsymbol{A}(t_1)$, 故交换条件成立, 于是有

$$\begin{aligned}\boldsymbol{\Phi}(t,s)&=\begin{bmatrix}1 & 0\\0 & 1\end{bmatrix}+\int_s^t\boldsymbol{A}(\tau)\mathrm{d}\tau+\frac{1}{2!}[\int_s^t\boldsymbol{A}(\tau)\mathrm{d}\tau]^2+\cdots\\&=\begin{bmatrix}1 & 0\\0 & 1\end{bmatrix}+\begin{bmatrix}0 & \dfrac{1}{s+1}-\dfrac{1}{t+1}\\0 & 0\end{bmatrix}+\boldsymbol{0}\\&=\begin{bmatrix}1 & \dfrac{t-s}{(t+1)(s+1)}\\0 & 1\end{bmatrix}\end{aligned}$$

方法 3　由 $\boldsymbol{A}(t)=\begin{bmatrix}1 & \dfrac{1}{(t+1)^2}\\0 & 0\end{bmatrix}$, 有 $\boldsymbol{\Phi}_{11}(t,s)=\boldsymbol{\Phi}_{22}(t,s)=1$, 而 $\boldsymbol{\Phi}_{12}(t,s)=$

$\int_s^t \frac{1}{(\tau+1)^2}\mathrm{d}\tau = \frac{t-s}{(t+1)(s+1)}$, 于是得到

$$\boldsymbol{\Phi}(t,s) = \begin{bmatrix} 1 & \frac{t-s}{(t+1)(s+1)} \\ 0 & 1 \end{bmatrix}$$

(3) 易知 $\boldsymbol{\Phi}(0,0) = \begin{bmatrix} 1 & 0 & 0 \\ 0 & 1 & 0 \\ 0 & 0 & 1 \end{bmatrix}$, 且有

$$\begin{aligned}\boldsymbol{A}(t) = \dot{\boldsymbol{\Phi}}(t,0)\boldsymbol{\Phi}(0,t) &= \begin{bmatrix} \mathrm{e}^t & \left(t+\frac{t^2}{2}\right)\mathrm{e}^t & 0 \\ 0 & \mathrm{e}^t & 0 \\ 0 & \left(t+\frac{t^2}{2}\right)\mathrm{e}^t & \mathrm{e}^t \end{bmatrix} \begin{bmatrix} \mathrm{e}^{-t} & -\frac{t^2}{2}\mathrm{e}^{-t} & 0 \\ 0 & \mathrm{e}^{-t} & 0 \\ 0 & -\frac{t^2}{2}\mathrm{e}^{-t} & \mathrm{e}^{-t} \end{bmatrix} \\ &= \begin{bmatrix} 1 & t & 0 \\ 0 & 1 & 0 \\ 0 & t & 1 \end{bmatrix}\end{aligned}$$

用方法 3 来验证. 这时 $\boldsymbol{\Phi}_{11}(t,0) = \begin{bmatrix} \mathrm{e}^t & \frac{t^2}{2}\mathrm{e}^t \\ 0 & \mathrm{e}^t \end{bmatrix}$, $\boldsymbol{\Phi}_{22}(t,0) = \mathrm{e}^t$, 而 $\boldsymbol{\Phi}_{21}(t,0) =$ $\int_0^t \mathrm{e}^{t-s}[0,s] \begin{bmatrix} \mathrm{e}^s & \frac{s^2}{2}\mathrm{e}^s \\ 0 & \mathrm{e}^s \end{bmatrix} \mathrm{d}s = \int_0^t \mathrm{e}^t[0,s]\mathrm{d}s = [0,(t^2/2)\mathrm{e}^t]$, 故得

$$\boldsymbol{\Phi}(t,0) = \begin{bmatrix} \mathrm{e}^t & \frac{t^2}{2}\mathrm{e}^t & 0 \\ 0 & \mathrm{e}^t & 0 \\ 0 & \frac{t^2}{2}\mathrm{e}^t & \mathrm{e}^t \end{bmatrix}$$

求 $\boldsymbol{\Phi}^{-1}(t,0) = \boldsymbol{\Phi}(0,t)$, 只要将积分的上限改为 0, 下限改为 t 即可.

2.2.2 线性定常系统的解

由定理 2.3 知, 若令 $t_0 = 0$, 则线性定常系统的状态方程的解为

$$\boldsymbol{x}(t) = \mathrm{e}^{\boldsymbol{A}t}\left[x_0 + \int_0^t \mathrm{e}^{-\boldsymbol{A}s}\boldsymbol{B}\boldsymbol{u}(s)\mathrm{d}s\right]$$

$$
\begin{aligned}
&= \mathrm{e}^{\boldsymbol{A}t}x_0 + \int_0^t \mathrm{e}^{\boldsymbol{A}(t-s)}\boldsymbol{B}\boldsymbol{u}(s)\mathrm{d}s \\
&= \boldsymbol{\Phi}(t)\boldsymbol{x}_0 + \int_0^t \boldsymbol{\Phi}(t-s)\boldsymbol{B}\boldsymbol{u}(s)\mathrm{d}s
\end{aligned}
$$

而输出方程为

$$
\boldsymbol{y}(t) = \boldsymbol{C}\mathrm{e}^{\boldsymbol{A}t}\boldsymbol{x}_0 + \int_0^t \boldsymbol{C}\mathrm{e}^{\boldsymbol{A}(t-s)}\boldsymbol{B}\boldsymbol{u}(s)\mathrm{d}s + \boldsymbol{D}\boldsymbol{u}(t)
$$

因此, 求解的关键是如何计算 $\mathrm{e}^{\boldsymbol{A}t}$. 常用的方法有如下五种.

方法 1　利用本节习题第 6 题, 这时有 $\boldsymbol{\Phi}(t-s) = \boldsymbol{X}(t)\boldsymbol{X}^{-1}(s)$, 其中 $\boldsymbol{X}(t)$ 是 $\dot{\boldsymbol{x}}(t) = \boldsymbol{A}x(t), \boldsymbol{x}(t_0) = \boldsymbol{x}_0$ 的基本解方阵, 且有 $\boldsymbol{\Phi}(t) = \mathrm{e}^{\boldsymbol{A}t}$.

方法 2　利用 $\mathrm{e}^{\boldsymbol{A}t}$ 的无穷级数表示法, 一般无法得到解析表达式.

方法 3　将 $\boldsymbol{A}$ 化为对角型、Jordan 型或 $\begin{bmatrix} \boldsymbol{A}_{11} & \boldsymbol{A}_{12} \\ \boldsymbol{0} & \boldsymbol{A}_{22} \end{bmatrix}$ 的形式. 这时, 存在非奇异的矩阵 $\boldsymbol{P}$, 使

$$
\boldsymbol{P}^{-1}\boldsymbol{A}\boldsymbol{P} = \begin{cases} \boldsymbol{\Lambda} & (\text{对角型矩阵}) \\ \boldsymbol{J} & (\text{Jordan 型矩阵}) \\ \begin{bmatrix} \boldsymbol{A}_{11} & \boldsymbol{A}_{12} \\ \boldsymbol{0} & \boldsymbol{A}_{22} \end{bmatrix} \end{cases}
$$

且有

$$
\mathrm{e}^{\boldsymbol{A}t} = \begin{cases} \boldsymbol{P}\mathrm{e}^{\boldsymbol{\Lambda}t}\boldsymbol{P}^{-1} \\ \boldsymbol{P}\mathrm{e}^{\boldsymbol{J}t}\boldsymbol{P}^{-1} \\ \boldsymbol{P}\exp\left(\begin{bmatrix} \boldsymbol{A}_{11} & \boldsymbol{A}_{12} \\ \boldsymbol{0} & \boldsymbol{A}_{22} \end{bmatrix} t\right)\boldsymbol{P}^{-1} \end{cases}
$$

方法 4　利用 Cayley-Hamliton 定理. 根据 Cayley-Hamliton 定理, 从矩阵 $\boldsymbol{A}$ 的特征方程

$$
\det(\lambda \boldsymbol{I} - \boldsymbol{A}) = \lambda^n + a_{n-1} + \cdots + a_1\lambda + a_0 = 0
$$

得到

$$
\boldsymbol{A}^n = -(a_{n-1}\boldsymbol{A}^{n-1} + \cdots + a_n\boldsymbol{I}_n)
$$

且对一切 $m \geqslant n$, $\boldsymbol{A}^m$ 也成立, 故有 $\boldsymbol{\Phi}(t,0) = \mathrm{e}^{\boldsymbol{A}t} = \sum\limits_{k=0}^{n-1} \alpha_k(t)\boldsymbol{A}^k$, 其中, n 是方阵的阶数.

下面计算系数函数 $\alpha_k(t)(k=0,1,2,\cdots,n-1)$.

第一种情形: $\boldsymbol{A}$ 的特征值 $\lambda_1,\lambda_2,\cdots,\lambda_n$ 是互异的. 此时有

$$\begin{bmatrix}\alpha_0(t)\\ \alpha_1(t)\\ \vdots\\ \alpha_k(t)\end{bmatrix}=\begin{bmatrix}1 & \lambda_1 & \lambda_1^2 & \cdots & \lambda_1^{n-1}\\ 1 & \lambda_2 & \lambda_2^2 & \cdots & \lambda_2^{n-1}\\ \vdots & \vdots & \vdots & & \vdots\\ 1 & \lambda_n & \lambda_n^2 & \cdots & \lambda_n^{n-1}\end{bmatrix}^{-1}\begin{bmatrix}e^{\lambda_1 t}\\ e^{\lambda_2 t}\\ \vdots\\ e^{\lambda_n t}\end{bmatrix}$$

证明 根据 $e^{\boldsymbol{A}t}=\alpha_0(t)\boldsymbol{I}+\alpha_1(t)\boldsymbol{A}+\cdots+\alpha_{n-1}(t)\boldsymbol{A}^{n-1}$, 应用方法 3, 将等式两端作非奇异变换 P, 使

$$\boldsymbol{P}^{-1}e^{\boldsymbol{A}t}\boldsymbol{P}=e^{\boldsymbol{P}^{-1}\boldsymbol{AP}t}=\exp\left(\begin{bmatrix}\lambda_1 & & \\ & \ddots & \\ & & \lambda_n\end{bmatrix}t\right)=\begin{bmatrix}e^{\lambda_1 t} & & \\ & \ddots & \\ & & e^{\lambda_n t}\end{bmatrix}$$

故有线性方程组 $\sum\limits_{k=0}^{n-1}\lambda_j^k\alpha_k(t)=e^{\lambda_j t}\ (j=1,2,\cdots,n)$ 写成矩阵形式, 并对 $\alpha_0(t),\cdots$ $\alpha_{n-1}(t)$ 求解, 即得到所要的结果.

第二种情形: $\boldsymbol{A}$ 具有 n 重特征值. 此时有

$$\begin{bmatrix}\alpha_0(t)\\ \alpha_1(t)\\ \vdots\\ \alpha_{n-3}(t)\\ \alpha_{n-2}(t)\\ \alpha_{n-1}(t)\end{bmatrix}=\begin{bmatrix}0 & 0 & 0 & \cdots & 0 & 1\\ 0 & 0 & 0 & \cdots & 1 & (n-1)\lambda\\ \vdots & \vdots & \vdots & & \vdots & \vdots\\ 0 & 0 & 1 & \cdots & \dfrac{(n-2)(n-3)}{2!}\lambda^{n-4} & \dfrac{(n-1)(n-2)}{2!}\lambda^{n-3}\\ 0 & 1 & 2\lambda & \cdots & (n-2)\lambda^{n-3} & (n-1)\lambda^{n-2}\\ 1 & \lambda & \lambda^2 & \cdots & \lambda^{n-2} & \lambda^{n-1}\end{bmatrix}^{-1}$$

$$\cdot\begin{bmatrix}\dfrac{t^{n-1}}{(n-1)!}e^{\lambda t}\\ \dfrac{t^{n-2}}{(n-2)!}e^{\lambda t}\\ \vdots\\ \dfrac{t^2}{2!}e^{\lambda t}\\ te^{\lambda t}\\ e^{\lambda t}\end{bmatrix}$$

证明　这时, 有 $\alpha_0(t)+\lambda\alpha_1(t)+\cdots+\lambda^{n-1}\alpha_{n-1}(t)=\mathrm{e}^{\lambda t}$, 依次对 λ 求 $1,2,\cdots,n-1$ 次导数后, 有

$$\alpha_1(t)+2\lambda\alpha_2(t)+3\lambda^2\alpha_3(t)+\cdots+(n-2)\lambda^{n-3}\alpha_{n-2}(t)+(n-1)\lambda^{n-2}\alpha_{n-1}(t)=t\mathrm{e}^{\lambda t}$$

$$2!\alpha_2(t)+2\cdot 3\lambda\alpha_3(t)+\cdots+(n-3)(n-2)\lambda^{n-4}\alpha_{n-2}(t)+(n-2)(n-1)\lambda^{n-3}\alpha_{n-1}(t)=t^2\mathrm{e}^{\lambda t}$$

$$\cdots$$

$$(n-2)!\alpha_{n-2}(t)+(n-1)\cdots 3\cdot 2\lambda\alpha_{n-1}(t)=t^{n-2}\mathrm{e}^{\lambda t}$$

$$(n-1)!\alpha_{n-1}(t)=t^{n-1}\mathrm{e}^{\lambda t}$$

或者

$$\alpha_{n-1}(t)=\frac{t^{n-1}}{(n-1)!}\mathrm{e}^{\lambda t}$$

$$\alpha_{n-2}(t)+(n-1)\alpha_{n-1}(t)=\frac{t^{n-2}}{(n-2)!}\mathrm{e}^{\lambda t}$$

$$\cdots$$

$$\alpha_2(t)+\cdots+\frac{(n-2)(n-3)}{2!}\lambda^{n-4}\alpha_{n-2}(t)+\frac{(n-1)(n-2)}{2!}\lambda^{n-3}\alpha_{n-1}(t)=\frac{t^2}{2!}\mathrm{e}^{\lambda t}$$

$$\alpha_1(t)+2\lambda\alpha_2(t)+\cdots+(n-2)\lambda^{n-3}\alpha_{n-2}(t)+(n-1)\lambda^{n-2}\alpha_{n-1}(t)=t\mathrm{e}^{\lambda t}$$

$$\alpha_0(t)+\lambda\alpha_1(t)+\lambda^2\alpha_2(t)+\cdots+\lambda^{n-2}\alpha_{n-2}(t)+\lambda^{n-1}\alpha_{n-1}(t)=\mathrm{e}^{\lambda t}$$

写成矩阵形式, 再对 $\alpha_0(t),\cdots,\alpha_{n-1}(t)$ 求解就得到所要的结果.

第三种情形: 方阵 $\boldsymbol{A}$ 的特征值 λ_1 是 m 重的, 而 $\lambda_{m+1},\cdots,\lambda_n$ 都是单特征值. 这时关于 $\alpha_j(t)(j=0,1,\cdots,n-1)$ 的计算公式, 只要把第一与第二种情形结合起来就可以得到了, 且有

$$\begin{bmatrix}\alpha_0(t)\\ \alpha_1(t)\\ \vdots\\ \alpha_{m-1}(t)\\ \alpha_m(t)\\ \vdots\\ \alpha_{n-1}(t)\end{bmatrix}=\begin{bmatrix}0 & 0 & 0 & \cdots & 0 & 1 & 0 & \cdots & 0\\ 0 & 0 & 0 & \cdots & 1 & (m-1)\lambda_1 & 0 & \cdots & 0\\ \vdots & \vdots & \vdots & & \vdots & \vdots & \vdots & & \vdots\\ 1 & \lambda_1 & \lambda_1^2 & \cdots & \lambda_1^{m-2} & \lambda_1^{m-1} & 0 & \cdots & 0\\ 1 & \lambda_{m+1} & \lambda_{m+1}^2 & \cdots & \lambda_{m+1}^{m-2} & \lambda_{m+1}^{m-1} & \lambda_{m+1}^{m} & \cdots & \lambda_{m+1}^{n-1}\\ & \vdots & \vdots & & \vdots & \vdots & \vdots & & \vdots\\ 1 & \lambda_n & \lambda_n^2 & \cdots & \lambda_n^{m-2} & \lambda_n^{m-1} & \lambda_n^{m} & \cdots & \lambda_n^{n-1}\end{bmatrix}^{-1}$$

$$\begin{bmatrix} \dfrac{t^{m-1}}{(m-1)!}\mathrm{e}^{\lambda_1 t} \\ \dfrac{t^{m-2}}{(m-2)!}\mathrm{e}^{\lambda_1 t} \\ \vdots \\ \mathrm{e}^{\lambda_1 t} \\ \mathrm{e}^{\lambda_{m+1} t} \\ \vdots \\ \mathrm{e}^{\lambda_n t} \end{bmatrix}$$

使用时, 应从下往上推.

方法 5 使用 Laplace 变换. 若 $z(t)$ 是时间 $t \in [0,+\infty]$ 的连续有界函数, 线性 n 阶定常系统

$$z^{(n)}(t)+a_1 z^{(n-1)}(t)+\cdots+a_{n-1}\dot{z}(t)+a_n z(t)=0$$

有初始值 $z(0),\dot{z}(0),\cdots,z^{(n-1)}(0)(t \geqslant 0)$, 对它的两边作 Laplace 变换, 得

$$L[z^{(k)}(t)]=s^k \tilde{z}(s)-s^{k-1}z(0)-\cdots-z^{(k-1)}(0)$$

其中 $\tilde{z}(s)$ 是 $z(t)$ 的 Laplace 变换,

$$\tilde{z}(s)=L[z(t)]=\int_0^{+\infty} z(t)\mathrm{e}^{-st}\mathrm{d}t$$

且 s 为复数. 于是, 有

$$(s^n+a_1 s^{n-1}+\cdots+a_{n-1}s+a_n)\tilde{z}(s)=b_0(s)z(0)+\cdots+b_{n-1}z^{(n-1)}(0)$$

这里, $b_0(s)=s^{n-1}+a_1 s^{n-2}+\cdots+a_{n-1},\cdots,b_{n-2}(s)=s+a_{n-2},b_{n-1}=a_{n-1}$.

从例 2.5 知, 这个系统与 $\dot{\boldsymbol{x}}(t)=\boldsymbol{A}\boldsymbol{x}(t),\boldsymbol{x}(0)=\boldsymbol{x}_0(t \geqslant 0)$ 是等价的. 对 $\dot{\boldsymbol{x}}(t)=\boldsymbol{A}\boldsymbol{x}(t)$ 作 Laplace 变换后, 有 $s\tilde{\boldsymbol{x}}(s)-\boldsymbol{x}_0=\boldsymbol{A}\tilde{\boldsymbol{x}}(s)$, 故得 $\tilde{\boldsymbol{x}}(s)=(s\boldsymbol{I}-\boldsymbol{A})^{-1}\boldsymbol{x}_0$. 再作 Laplace 逆变换后, 有解 $\boldsymbol{x}(t)=L^{-1}[(s\boldsymbol{I}-\boldsymbol{A})^{-1}]\boldsymbol{x}_0=\mathrm{e}^{\boldsymbol{A}t}\boldsymbol{x}_0$. 由 x_0 的任意性, 知 $\boldsymbol{\Phi}(t,0)=\mathrm{e}^{\boldsymbol{A}t}=L^{-1}[(s\boldsymbol{I}-\boldsymbol{A})^{-1}]$.

在使用上述介绍的方法时, 应从中选择最简单的.

例 2.9 求由 $\ddot{z}(t)+\dot{z}(t)=u(t),z(0)=z_0,\dot{z}(0)=\dot{z}_0,z(t)(t \geqslant 0)$ 表示的控制系统的状态方程的解. 设 $u(t)=\begin{cases}1 & (t>0) \\ 0 & (t \leqslant 0)\end{cases}$ 为阶跃函数.

解　由例 2.5 知, 可取状态变量 $\boldsymbol{x}_1(t)=\boldsymbol{z}(t)$, $\boldsymbol{x}_2(t)=\dot{\boldsymbol{z}}(t)$, 故状态方程为 $\dot{\boldsymbol{x}}(t)=\boldsymbol{A}\boldsymbol{x}(t)+\boldsymbol{B}u(t)$, $\boldsymbol{x}(0)=[\boldsymbol{x}_1(0),\boldsymbol{x}_2(0)]^{\mathrm{T}}=\boldsymbol{x}_0$, 且 $\boldsymbol{A}=\begin{bmatrix}0&1\\0&-1\end{bmatrix}$, $\boldsymbol{B}=\begin{bmatrix}0\\1\end{bmatrix}$.

方法 1　若 $\boldsymbol{X}(t)$ 是 $\dot{\boldsymbol{x}}(t)=\boldsymbol{A}\boldsymbol{x}(t)$ 的基本解方阵, 则有 $\mathrm{e}^{\boldsymbol{A}t}=\boldsymbol{X}(t)\boldsymbol{X}^{-1}(0)=\boldsymbol{X}(t)$. 取 $\boldsymbol{x}_1(0)=\begin{bmatrix}1\\0\end{bmatrix}$, $\boldsymbol{x}_2(0)=\begin{bmatrix}1\\0\end{bmatrix}$, 有 $\boldsymbol{X}(t)=\begin{bmatrix}1&1-\mathrm{e}^{-t}\\0&\mathrm{e}^{-t}\end{bmatrix}=\mathrm{e}^{\boldsymbol{A}t}$, 且 $\boldsymbol{X}(0)=\boldsymbol{I}$.

方法 2　这时, 有

$$\mathrm{e}^{\boldsymbol{A}t}=\begin{bmatrix}1&0\\0&1\end{bmatrix}+t\begin{bmatrix}0&1\\0&-1\end{bmatrix}+\frac{t^2}{2}\begin{bmatrix}0&1\\0&-1\end{bmatrix}^2+\cdots$$
$$=\begin{bmatrix}1&t-\dfrac{t^2}{2!}+\dfrac{t^3}{3!}-\dfrac{t^4}{4}+\cdots\\0&1-t+\dfrac{t^2}{2!}-\dfrac{t^3}{3!}+\cdots\end{bmatrix}=\begin{bmatrix}0&1-\mathrm{e}^{-t}\\0&\mathrm{e}^{-t}\end{bmatrix}$$

虽然一般很难得到解析表达式, 但因计算步骤简单, 适合用计算机计算.

方法 3　因 $\boldsymbol{A}$ 有不同的特征值 $\lambda_1=-1$ 与 $\lambda_2=0$, 可令 $\boldsymbol{P}=\begin{bmatrix}1&1\\-1&0\end{bmatrix}$, 使 $\boldsymbol{P}^{-1}\boldsymbol{A}\boldsymbol{P}=\begin{bmatrix}-1&0\\0&0\end{bmatrix}$, 且有 $\boldsymbol{\Phi}_{11}(t)=\mathrm{e}^{-t}$,$\boldsymbol{\Phi}_{22}(t)=1$, 而 $\boldsymbol{\Phi}_{12}(t)=\boldsymbol{\Phi}_{21}(t)=\boldsymbol{0}$, 从而 $\mathrm{e}^{\boldsymbol{P}^{-1}\boldsymbol{A}\boldsymbol{P}t}=\begin{bmatrix}\mathrm{e}^{-t}&0\\0&1\end{bmatrix}$.

因此 $\mathrm{e}^{\boldsymbol{A}t}=\boldsymbol{P}\begin{bmatrix}\mathrm{e}^{-t}&0\\0&1\end{bmatrix}\boldsymbol{P}^{-1}=\begin{bmatrix}1&1-\mathrm{e}^{-t}\\0&\mathrm{e}^{-t}\end{bmatrix}$. 也可以直接用 $\boldsymbol{A}=\begin{bmatrix}0&1\\0&-1\end{bmatrix}$, 这时, 应用 $\boldsymbol{\Phi}_{11}(t)=1$,$\boldsymbol{\Phi}_{22}(t)=\mathrm{e}^{-t}$, 而 $\boldsymbol{\Phi}_{12}=\int_0^t\mathrm{e}^{-\tau}\mathrm{d}\tau=1-\mathrm{e}^{-t}$, 可得 $\mathrm{e}^{\boldsymbol{A}t}=\boldsymbol{P}\begin{bmatrix}\mathrm{e}^{-t}&0\\0&1\end{bmatrix}\boldsymbol{P}^{-1}=\begin{bmatrix}1&1-\mathrm{e}^{-t}\\0&\mathrm{e}^{-t}\end{bmatrix}$.

方法 4　因为 $\boldsymbol{A}$ 有互异的特征值: $\lambda_1=-1,\lambda_2=0$, 所以

$$\begin{bmatrix}\alpha_0(t)\\\alpha_1(t)\end{bmatrix}=\begin{bmatrix}1&-1\\1&0\end{bmatrix}^{-1}\begin{bmatrix}\mathrm{e}^{-t}\\1\end{bmatrix}=\begin{bmatrix}1\\1-\mathrm{e}^{-t}\end{bmatrix}$$

于是

$$\Phi(t)=\begin{bmatrix}1&0\\0&1\end{bmatrix}+(1-\mathrm{e}^{-t})\begin{bmatrix}0&1\\0&-1\end{bmatrix}=\begin{bmatrix}1&1-\mathrm{e}^{-t}\\0&\mathrm{e}^{-t}\end{bmatrix}$$

方法 5 这时, 有 $sI-A=\begin{bmatrix} s & -1 \\ 0 & s+1 \end{bmatrix}$, 则 $(sI-A)^{-1}=\begin{bmatrix} \frac{1}{s} & \frac{1}{s}-\frac{1}{s+1} \\ 0 & \frac{1}{s+1} \end{bmatrix}$,

于是

$$\boldsymbol{\Phi}(t)=\mathrm{e}^{\boldsymbol{A}t}=\begin{bmatrix} L^{-1}\left(\frac{1}{s}\right) & L^{-1}\left(\frac{1}{s}\right)-L^{-1}\left(\frac{1}{s+1}\right) \\ 0 & L^{-1}\left(\frac{1}{s+1}\right) \end{bmatrix}=\begin{bmatrix} 1 & 1-\mathrm{e}^{-t} \\ 0 & \mathrm{e}^{-t} \end{bmatrix}$$

最后, 所给的控制系统的解为

$$\begin{aligned} \boldsymbol{x}(t) &= \begin{bmatrix} 1 & 1-\mathrm{e}^{-t} \\ 0 & \mathrm{e}^{-t} \end{bmatrix}\left\{\boldsymbol{x}_0+\int_0^t \begin{bmatrix} 1 & 1-\mathrm{e}^{\tau} \\ 0 & \mathrm{e}^{\tau} \end{bmatrix}\begin{bmatrix} 0 \\ 1 \end{bmatrix} 1\mathrm{d}\tau\right\} \\ &= \begin{bmatrix} 1 & 1-\mathrm{e}^{-t} \\ 0 & \mathrm{e}^{-t} \end{bmatrix}\boldsymbol{x}_0+\begin{bmatrix} -1+t-\mathrm{e}^{-t} \\ 1-\mathrm{e}^{-t} \end{bmatrix} \end{aligned}$$

2.3 离散时间控制系统

2.3.1 线性控制系统的离散化

数字计算机只能输入离散时间变量 $u(t_k)=u_k$, 输出离散时间变量 $y(t_k)=y_k(k=k_0,k_0+1,\cdots)$. 为了使这两部分能够联系起来, 要经采样器把连续时间的变量 $u(t)$ 转换成离散时间的变量 u_k, 且输出为 y_k, 并用 $x(t_k)=x_k$ 表示其离散时间的状态向量. 这就组成以 x_k,u_k 与 y_k 为变量的离散控制系统. 假设以常数 θ 为周期做等间隔采样, 采样瞬时为 $t_k=k\theta(k=k_0,k_0+1,\cdots)$. 先讨论 $x(t_{k+1})=x_{k+1},x_k$ 与 u_k 之间的关系. 考虑线性时变控制系统

$$\begin{cases} \dot{\boldsymbol{x}}(t)=\boldsymbol{A}(t)\boldsymbol{x}(t)+\boldsymbol{B}(t)u_k, & \boldsymbol{x}(t_k)=\boldsymbol{x}_k \\ \boldsymbol{y}(t)=\boldsymbol{C}(t)\boldsymbol{x}(t)+\boldsymbol{D}(t)u_k & (k=k_0,k_0+1,\cdots) \end{cases}$$

这时, 其解为 $\boldsymbol{x}(t)=\boldsymbol{\Phi}(t,k)\boldsymbol{x}_k+\int_{t_k}^t \boldsymbol{\Phi}(t,\tau)\boldsymbol{B}(\tau)\mathrm{d}\tau u_k$. 令 $t=t_{k+1}=(k+1)\theta$, 得到

$$\boldsymbol{x}_{k+1}=\boldsymbol{x}(t_{k+1})=\boldsymbol{\Phi}(t_{k+1},t_k)\boldsymbol{x}_k+\int_{t_k}^{t_{k+1}}\boldsymbol{\Phi}(t_{k+1},\tau)\boldsymbol{B}(\tau)\mathrm{d}\tau u_k$$

若记 $\boldsymbol{A}_k=\boldsymbol{A}(k\theta)=\boldsymbol{\Phi}(t_{k+1},t_k)$, $\boldsymbol{B}_k=\boldsymbol{B}(k\theta)=\int_{t_k}^{t_{k+1}}\boldsymbol{\Phi}(t_{k+1,\tau})\boldsymbol{B}(\tau)\mathrm{d}\tau$, 则导出

$$\boldsymbol{x}_{k+1}=\boldsymbol{A}_k x_k+\boldsymbol{B}_k u_k,\quad \boldsymbol{x}(k_0)=\boldsymbol{x}_0$$

若记 $\boldsymbol{y}_k=\boldsymbol{y}(k\theta),\boldsymbol{C}_k=\boldsymbol{C}(k\theta),\boldsymbol{D}_k=\boldsymbol{D}(k\theta)$, 则有

$$\boldsymbol{y}_k=\boldsymbol{C}_k\boldsymbol{x}_k+\boldsymbol{D}_k\boldsymbol{u}_k\quad (k=k_0,k_0+1,\cdots)$$

这时, 有

$$\begin{aligned}
&\boldsymbol{x}_{k_0+1}=\boldsymbol{A}_{k_0}\boldsymbol{x}_0+\boldsymbol{B}_{k_0}\boldsymbol{u}_{k_0}\\
&\boldsymbol{x}_{k_0+2}=\boldsymbol{A}_{k_0+1}\boldsymbol{A}_{k_0}\boldsymbol{x}_0+\boldsymbol{A}_{k_0+1}\boldsymbol{B}_{k_0}\boldsymbol{u}_{k_0}+\boldsymbol{B}_{k_0+1}\boldsymbol{u}_{k_0+1}\\
&\cdots
\end{aligned}$$

今记 $\boldsymbol{\Phi}(k,k_0)=\boldsymbol{A}_{k-1}\boldsymbol{A}_{k-2}\cdots\boldsymbol{A}_{k_0}=\prod\limits_{i=k_0}^{k-1}\boldsymbol{A}_i$, 称之为离散时间系统 $\boldsymbol{x}_{k+1}=\boldsymbol{A}_k\boldsymbol{x}_k$ 或 $\boldsymbol{A}_k$ 的状态转移矩阵, 而 $\boldsymbol{A}_k=\boldsymbol{\Phi}(t_{k+1},t_k)$ 是连续时间系统 $\dot{\boldsymbol{x}}(t)=\boldsymbol{A}(t)\boldsymbol{x}(t)$ 或 $\boldsymbol{A}(t)$ 的状态转移矩阵, 且有如下性质:

(1) $\begin{cases}\boldsymbol{\Phi}(k+1,k_0)=\boldsymbol{A}_k\boldsymbol{\Phi}(k,k_0),\\ \boldsymbol{\Phi}(k,k)=\boldsymbol{I};\end{cases}$

(2) $\boldsymbol{\Phi}(k_0,k)=\boldsymbol{\Phi}^{-1}(k,k_0)$;

(3) $\boldsymbol{\Phi}(k,k_0)=\boldsymbol{\Phi}(k,k_1)\boldsymbol{\Phi}(k_1,k_0)(k\geqslant k_1\geqslant k_0)$(作为习题).

于是, 有

$$\begin{aligned}
\boldsymbol{x}_k&=\boldsymbol{\Phi}(k,k_0)\left[\boldsymbol{x}_0+\sum_{i=k_0}^{k-1}\boldsymbol{\Phi}(k_0,i+1)\boldsymbol{B}_i u_i\right]\\
&=\boldsymbol{\Phi}(t_k,t_{k_0})\boldsymbol{x}_0+\sum_{i=k_0}^{k-1}\boldsymbol{\Phi}(t_k,t_{i+1})\boldsymbol{B}_i u_i\quad (k=k_0,k_0+1,\cdots)
\end{aligned}$$

特别地, 若 $\boldsymbol{A}(t)=\boldsymbol{A},\boldsymbol{B}(t)=\boldsymbol{B},\boldsymbol{C}(t)=\boldsymbol{C},\boldsymbol{D}(t)=\boldsymbol{D}$, 则有 $\boldsymbol{A}_k=\mathrm{e}^{\boldsymbol{A}\theta},\boldsymbol{B}_k=\int_{k\theta}^{(k+1)\theta}\mathrm{e}^{\boldsymbol{A}[(k+1)\theta-\tau]}\boldsymbol{B}\mathrm{d}\tau=\int_0^{\theta}\mathrm{e}^{\boldsymbol{A}s}\mathrm{d}s\boldsymbol{B}$.

这时, 得到

$$\begin{aligned}
&\boldsymbol{x}_{k+1}=\mathrm{e}^{\boldsymbol{A}\theta}\boldsymbol{x}_k+\int_0^{\theta}\mathrm{e}^{\boldsymbol{A}s}\mathrm{d}s\boldsymbol{B}u_k\\
&\boldsymbol{y}_k=\boldsymbol{C}\boldsymbol{x}_k+\boldsymbol{D}u_k\quad (k=k_0,k_0+1,\cdots)
\end{aligned}$$

若 $\theta=1$, 令 $A=\mathrm{e}^{\boldsymbol{A}},B=\int_0^1\mathrm{e}^{\boldsymbol{A}s}\mathrm{d}s\boldsymbol{B}$, 则有

$$\boldsymbol{x}_{k+1}=\boldsymbol{A}\boldsymbol{x}_k+\boldsymbol{B}u_k,\quad \boldsymbol{x}_{k_0}=\boldsymbol{x}_0$$

$$\boldsymbol{y}_k = \boldsymbol{C}\boldsymbol{x}_k + \boldsymbol{D}u_k \quad (k = k_0, k_0+1, \cdots)$$

2.3.2 离散线性定常控制系统的解法

易见

$$\begin{aligned}
&\boldsymbol{x}_{k_0+1} = \boldsymbol{A}\boldsymbol{x}_0 + \boldsymbol{B}u_{k_0} \\
&\boldsymbol{x}_{k_0+2} = \boldsymbol{A}^2\boldsymbol{x}_0 + \boldsymbol{A}\boldsymbol{B}u_{k_0} + \boldsymbol{B}u_{k_0+1} \\
&\cdots
\end{aligned}$$

$$\boldsymbol{x}_k = \boldsymbol{A}^{k-k_0}\boldsymbol{x}_0 + \sum_{i=k_0}^{k-1} \boldsymbol{A}^{k-1-i}\boldsymbol{B}u_i$$

$(k = k_0, k_0+1, \cdots)$. 今定义 $\boldsymbol{\Phi}(k, k_0) = \boldsymbol{A}^{k-k_0}$ 为离散时间线性定常系统或 $\boldsymbol{A}$ 的状态转移阵, 则有

$$\boldsymbol{x}_k = \boldsymbol{\Phi}(k, k_0)\left[\boldsymbol{x}_0 + \sum_{i=k_0}^{k-1} \boldsymbol{\Phi}(k_0, i+1)\boldsymbol{B}u_i\right] \quad (k = k_0, k_0+1, \cdots)$$

由 $\boldsymbol{\Phi}(k, k_0)$ 的定义, 容易导出下列性质:

(1) $\boldsymbol{\Phi}(k+1, k_0) = \boldsymbol{A}\boldsymbol{\Phi}(k, k_0)$, $\boldsymbol{\Phi}(k, k) = \boldsymbol{I}$;

(2) $\boldsymbol{\Phi}(k_0, k) = \boldsymbol{\Phi}^{-1}(k, k_0)$;

(3) $\boldsymbol{\Phi}(k, k_0) = \boldsymbol{\Phi}(k, k_1)\boldsymbol{\Phi}(k_1, k_0)(k \geqslant k_1 \geqslant k_0)$.

这时, 矩阵 $\boldsymbol{A}^{k-k_0}$ 可用 Cayley-Hamliton 定理来确定, 且 $\boldsymbol{A}$ 总是非奇异的.

例 2.10 设有离散时间线性定常系统

$$\boldsymbol{x}_{k+1} = \boldsymbol{A}\boldsymbol{x}_k \quad (k = 0, 1, 2, \cdots)$$

其中 $\boldsymbol{A} = \begin{bmatrix} 2 & -4 \\ 4 & -6 \end{bmatrix}$. 试确定 $\boldsymbol{\Phi}(k, 0)$.

解 由于 $\det(\lambda\boldsymbol{I} - \boldsymbol{A}) = (\lambda+2)^2 = 0$, 故 $\boldsymbol{A}$ 有相等的特征值 $\lambda_1 = \lambda_2$. 按 Cayley-Hamliton 定理, 有

$$\boldsymbol{A}^k = r_0\boldsymbol{I} + r_1\boldsymbol{A}$$

从而得

$$\begin{cases} r_0 + r_1(-2) = (-2)^k \\ r_1 = k(-2)^{k-1} \end{cases}$$

于是, 有 $r_0=(-2)^{k-1}(2k-2), r_1=k(-2)^{k-1}$, 可导出

$$\boldsymbol{\Phi}(k,0)=\boldsymbol{A}^k=(-2)^{k-1}\left(\begin{bmatrix}2k-2 & 0\\ 0 & 2k-2\end{bmatrix}+\begin{bmatrix}2k & -4k\\ 4k & -6k\end{bmatrix}\right)$$

$$=(-2)^{k-1}\begin{bmatrix}4k-2 & -4k\\ 4k & -4k-2\end{bmatrix}$$

对离散时间线性定常系统, 还可以用 z 变换求解. 设 $x_k(k=0,1,2,\cdots)$ 是标量函数, 定义它的 z 变换为 $\tilde{x}(z)=z\{x_k\}=\sum\limits_{k=0}^{+\infty}x_kz^{-k}$.

而 $z\{x_{k+i}\}=z^i\tilde{x}(z)-z^ix_0-\cdots-zx_{i-1}$.

特别地, 当 $i=1$ 时, 有 $z\{x_{k+1}\}=z[\tilde{x}(z)-x_0]$.

例 2.11 求解差分方程 $x_{k+2}+5x_{k+1}+6x_k=0$, 且有初始条件 x_0 与 x_1.

解 作 z 变换, 得到

$$z^2\tilde{x}(z)-z^2x_0-zx_1+5z\tilde{x}(z)-5zx_0+6\tilde{x}(z)=0$$

于是, 有 $\tilde{x}(z)=z\left[-\dfrac{(2x_0+x_1)}{z+3}+\dfrac{(3x_0+x_1)}{z+2}\right]$. 再作逆 z 变换, 得到

$$x_k=-(2x_0+x_1)(-3)^k+(3x_0+x_1)(-2)^k\quad(k\geqslant 2)$$

或者, 此差分方程的特征方程为 $z^2+5z+6=0$, 由此得 $z_1=-3, z_2=-2$, 故原方程有通解

$$x_k=C_1(-3)^k+C_2(-2)^k$$

由初始条件, 有

$$\begin{cases}x_0=C_1+C_2\\ x_1=-3C_1-2C_2\end{cases}$$

从而解得 $C_1=-(2x_0+x_1)$, $C_2=3x_0+x_1$, 从而特解为 $x_k=-(2x_0+x_1)(-3)^k+(3x_0+x_1)(-2)^k$.

例 2.12 证明: 若离散时间线性定常系统 $\boldsymbol{x}_{k+1}=\boldsymbol{A}\boldsymbol{x}_k(k\geqslant 0)$ 的初始条件为 $\boldsymbol{x}_0$, 则有

$$\boldsymbol{\Phi}(k,0)=\boldsymbol{A}^k=z^{-1}[z(z\boldsymbol{I}-\boldsymbol{A})^{-1}]$$

证明 作 z 变换, 有 $z\tilde{\boldsymbol{x}}_k(z)-z\boldsymbol{x}_0=\boldsymbol{A}\tilde{\boldsymbol{x}}_k(z)$, 从而有 $(z\boldsymbol{I}-\boldsymbol{A})\tilde{\boldsymbol{x}}_k(z)=z\boldsymbol{x}_0$, 或 $\tilde{\boldsymbol{x}}_k(z)=z(z\boldsymbol{I}-\boldsymbol{A})^{-1}\boldsymbol{x}_0$.

再作逆 z 变换, 得

$$\boldsymbol{x}_k = z^{-1}[\tilde{\boldsymbol{x}}_k(z)] = z^{-1}[z(z\boldsymbol{I}-\boldsymbol{A})^{-1}]\boldsymbol{x}_0 = \boldsymbol{\Phi}(k,0)\boldsymbol{x}_0$$

由 $\boldsymbol{x}_0$ 的任意性, 知 $\boldsymbol{\Phi}(k,0) = \boldsymbol{A}^k = z^{-1}[z(z\boldsymbol{I}-\boldsymbol{A})^{-1}]$.

2.4 传递函数模型

将 Laplace 变换应用于线性定常控制系统, 可得到传递函数 $G(s)$. 令 $s = \mathrm{i}\omega(-\infty<\omega<+\infty)$, 则有频率特性 $G(\mathrm{i}\omega) = U(\omega)+\mathrm{i}V(\omega)$. 它可表示以 $U(\omega)$ 为实轴、$V(\omega)$ 为虚轴的直角坐标复平面 $G(\mathrm{i}\omega)$ 上的一个点或一个向量, 以频率 ω 为参变量. 当 ω 由 $-\infty$ 变到 $+\infty$ 时, 可画出频率特性 $G(\mathrm{i}\omega)$ 的轨迹, 称为频率特性曲线或 Nyquist 图或幅相特性图.

考虑一阶线性控制系统: $T\dot{x}(t)+x(t) = Ku(t)$, 称为一阶惯性环节, 这表示在输入 $u(t)$ 的作用下, 输出 $x(t)$ 应满足的关系. 令 $x_0 = 0$, 作 Laplace 变换, 则有 $\dot{x}(t) = sx$, 它表示 s 是微分算子, 故得 $Tsx+x = Ku$ 或 $x = \dfrac{K}{Ts+1}u$, 并称 s 的函数 $\dfrac{K}{Ts+1}$ 是此一阶惯性环节的传递函数. 这恰是这个系统的另一种描述, 且有图 2.5.

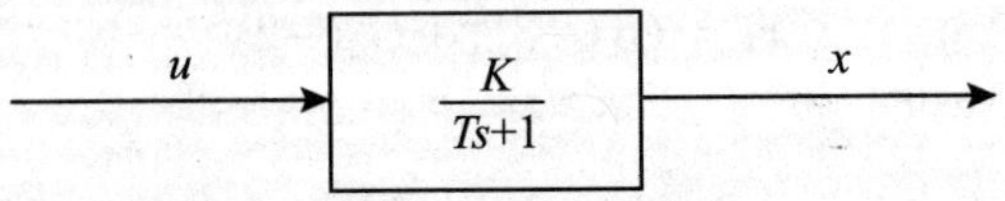

图 2.5　一阶惯性环节

当 $u(t) = \cos\omega t$ 时, 由 $A = -\dfrac{1}{T}$, $B = \dfrac{K}{T}$, 得 $\Phi(t) = \exp(-t/T)$. 于是, 有特解

$$\begin{aligned} x_0(t) &= \exp(-t/T)\frac{K}{T}\int_0^t \exp(\tau/T)\cos\omega\tau\,\mathrm{d}\tau \\ &= -\frac{K\omega\exp(-t/T)}{1+\omega^2T^2}+\frac{K}{1+\omega^2T^2}(\cos\omega t+\omega T\sin\omega t) \end{aligned}$$

这时, 系统的解为

$$\bar{x}(t) = \frac{K}{1+\omega^2T^2}(\cos\omega t+\omega T\sin\omega t) = \frac{K}{\sqrt{1+\omega^2T^2}}\cos(\omega t-\varphi)$$

周期为 $2\pi/\omega$, 振幅为 $K/\sqrt{1+\omega^2T^2}$, 而相位差为 $\varphi=\arccos\dfrac{1}{\sqrt{1+\omega^2T^2}}$, 且 $\lim\limits_{t\to+\infty}[x_0(t)-\bar{x}(t)]=0$; 并称 $\bar{x}(t)$ 是稳定的周期解, 或称之为此一阶控制系统在余弦输入下的输出. 它反映系统在 $\cos\omega t=\mathrm{Re}(\mathrm{e}^{\mathrm{i}\omega t})$ 输入下的特性. 从而有 $\bar{x}(t)=\mathrm{Re}\left(\dfrac{K}{1+\mathrm{i}\omega T}\mathrm{e}^{\mathrm{i}\omega t}\right)$, 其中 $\mathrm{i}=\sqrt{-1}$, 故复函数 $G(\mathrm{i}\omega)=\dfrac{K}{1+\mathrm{i}\omega T}$ 刻画了此一阶惯性系统在余弦输入下的特性.

当 $u(t)=\sin\omega t=\mathrm{Im}(\mathrm{e}^{\mathrm{i}\omega t})$ 时, 系统又有另一特解 $y_0(t)=\dfrac{K\omega T\exp(-t/T)}{1+\omega^2T^2}+\dfrac{K}{1+\omega^2T^2}(\sin\omega t-\omega T\cos\omega t)$, 且有周期解

$$\bar{y}(t)=\frac{K}{1+\omega^2T^2}(\sin\omega t-\omega T\cos\omega t)=\mathrm{Im}\left(\frac{K}{1+\mathrm{i}\omega T}\mathrm{e}^{\mathrm{i}\omega t}\right)$$

因而 $G(\mathrm{i}\omega)$ 也刻画了一阶惯性系统在正弦输入下的特征. 因此, $G(\mathrm{i}\omega)$ 称为一阶惯性环节的频率特性, 且恰是此一阶惯性环节的传递函数 $G(s)=\dfrac{K}{1+Ts}$ 在 $s=\mathrm{i}\omega$ 处的值, 且有图 2.6.

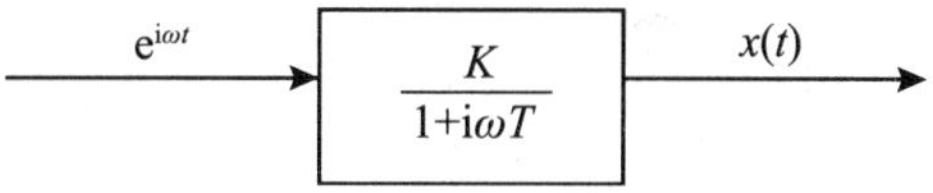

图 2.6　频率特性 $G(\mathrm{i}\omega)$

因此, 只要知道一阶惯性环节的频率特性, 就可知道它的输入与输出之间的关系.

对于一般的 n 阶线性定常控制系统, 有

$$x^{(n)}(t)+a_1x^{(n-1)}(t)+\cdots+a_nx(t)=b_0u^{(m)}(t)+b_1u^{(m-1)}(t)+\cdots+b_mu(t)$$

其中 $a_1,a_2,\cdots,a_n$ 与 $b_0,b_1,\cdots,b_m$ 都是实常数, $u(t)$ 是系统的输入, $x(t)$ 是系统的输出. 假设 $u(t)$ 与 $x(t)$ 足够光滑, 且各初始值为零. 作 Laplace 变换, 则有 $x^{(k)}(t)=s^kx(k=0,1,2,\cdots)$, 从而得到

$$(s^n+a_1s^{n-1}+\cdots+a_n)x=(b_0s^m+b_1s^{m-1}+\cdots+b_m)u$$

或

$$x=\frac{b_0s^m+b_1s^{m-1}+\cdots+b_m}{s^n+a_1s^{n-1}+\cdots+a_n}u=G(s)u$$

并称

$$G(s)=\frac{b_0s^m+b_1s^{m-1}+\cdots+b_m}{s^n+a_1s^{n-1}+\cdots+a_n}$$

为此 n 阶线性定常系统的传递函数.

若令 $s=\mathrm{i}\omega$, 则得此系统的频率特性为

$$G(\mathrm{i}\omega)=\frac{b_0(\mathrm{i}\omega)^m+b_1(\mathrm{i}\omega)^{m-1}+\cdots+b_m}{(\mathrm{i}\omega)^n+a_1(\mathrm{i}\omega)^{n-1}+\cdots+a_n}$$

并称 $G(0)=b_m/a_n$ 为此系统的静态放大倍数.

若 $u(t)=\mathrm{e}^{\mathrm{i}\omega t}$, 则此系统有周期解 $x(t)=G(\mathrm{i}\omega)\mathrm{e}^{\mathrm{i}\omega t}$.

实际上, 将 $x(t)=G(\mathrm{i}\omega)\mathrm{e}^{\mathrm{i}\omega t}$ 与 $u(t)=\mathrm{e}^{\mathrm{i}\omega t}$ 代入原系统, 就得到

$$G(\mathrm{i}\omega)[(\mathrm{i}\omega)^n+a_1(\mathrm{i}\omega)^{n-1}+\cdots+a_n]\mathrm{e}^{\mathrm{i}\omega t}=[b_0(\mathrm{i}\omega)^m+\cdots+b_m]\mathrm{e}^{\mathrm{i}\omega t}$$

故有

$$G(\mathrm{i}\omega)=\frac{b_0(\mathrm{i}\omega)^m+b_1(\mathrm{i}\omega)^{m-1}+\cdots+b_m}{(\mathrm{i}\omega)^n+a_1(\mathrm{i}\omega)^{n-1}+\cdots+a_n}$$

即有

$$x(t)=G(\mathrm{i}\omega)\mathrm{e}^{\mathrm{i}\omega t}$$

这就是此 n 阶线性定常系统在输入 $\mathrm{e}^{\mathrm{i}\omega t}$ 之下的周期输出.

应当注意: 如果 $G(s)$ 的分母多项式与分子多项式有公因子, 则两个多项式有相同的零点, 故在传递函数中有可能出现因子与零点相消. 这时, 因子不能约去, 否则相消后的传递函数不能完美地表达原来的 n 阶线性定常系统. 一般有如下结果:

定理 2.4 设 $a(s)=a_0(s)(s-s_0), b(s)=b_0(s)(s-s_0)$, 则 $a(s)x=b(s)u$ 与 $a_0(s)x=b_0(s)u$ 是不等价的.

证明 现有 $a_0(s)x=b_0(s)u$, 从 $a_0(s)(s-s_0)x=b_0(s-s_0)u$, 知 $a(s)x=b(s)u$ 成立; 反之, 取 $u=0$, 令 x 满足 $a_0(s)x=\mathrm{e}^{s_0t}\neq 0$, 则 x 不是 $a_0(s)x=b_0(s)u=0$ 的解, 但有 $a(s)x=(s-s_0)a_0(s)x=(s-s_0)\mathrm{e}^{s_0t}=s\mathrm{e}^{s_0t}-s_0\mathrm{e}^{s_0t}=\dfrac{\mathrm{d}}{\mathrm{d}t}(\mathrm{e}^{s_0t})-s_0\mathrm{e}^{s_0t}=s_0\mathrm{e}^{s_0t}-s_0\mathrm{e}^{s_0t}=0=b(s)u$. 故 x 是 $a(s)x=b(s)u$ 的解, 从而它们是不等价的. □

若传递函数 $G(s)=\dfrac{b_0s^m+b_1s^{m-1}+\cdots+b_m}{s^n+a_1s^{n-1}+\cdots+a_n}$ 是既约分式, 采用传递函数来描述的系统与用微分方程所描述的系统就不会产生上述问题.

2.5　传递函数矩阵

对一般的多输入、多输出的线性定常系统可得到传递函数矩阵, 简称为传递矩阵. 此时, 有动态方程

$$\begin{cases}\dot{\boldsymbol{x}}(t)=\boldsymbol{A}\boldsymbol{x}(t)+\boldsymbol{B}\boldsymbol{u}(t), \quad \boldsymbol{x}(0)=\boldsymbol{x}_0\\ \boldsymbol{y}(t)=\boldsymbol{C}\boldsymbol{x}(t)+\boldsymbol{D}\boldsymbol{u}(t) \quad (t\geqslant 0)\end{cases}$$

其中 $\boldsymbol{A}\in\mathbb{R}^{n\times n}$, $\boldsymbol{B}\in\mathbb{R}^{n\times m}$, $\boldsymbol{C}\in\mathbb{R}^{r\times n}$, $\boldsymbol{D}\in\mathbb{R}^{r\times m}$. 对状态空间作 Laplace 变换, 即令 $\dot{\boldsymbol{x}}(t)=s\boldsymbol{x}$, 得

$$s\boldsymbol{x}-\boldsymbol{x}_0=\boldsymbol{A}\boldsymbol{x}+\boldsymbol{B}\boldsymbol{u}$$
$$\boldsymbol{y}=\boldsymbol{C}\boldsymbol{x}+\boldsymbol{D}\boldsymbol{u}$$

其中 $\boldsymbol{x},\boldsymbol{y},\boldsymbol{u}$ 是 $\boldsymbol{x}(t),\boldsymbol{y}(t),\boldsymbol{u}(t)$ 的 Laplace 变换. 由这些方程解出

$$\boldsymbol{y}=\boldsymbol{C}(s\boldsymbol{I}-\boldsymbol{A})^{-1}\boldsymbol{x}_0+[\boldsymbol{C}(s\boldsymbol{I}-\boldsymbol{A})^{-1}\boldsymbol{B}+\boldsymbol{D}]\boldsymbol{u}$$

对于线性定常系统 $\{\boldsymbol{A},\boldsymbol{B},\boldsymbol{C},\boldsymbol{D}\}$, 其传递函数矩阵定义为

$$\boldsymbol{F}(s)=\boldsymbol{C}(s\boldsymbol{I}-\boldsymbol{A})^{-1}\boldsymbol{B}+\boldsymbol{D}\in\mathbb{R}^{r\times m}$$

而系统 $\{\boldsymbol{A},\boldsymbol{B},\boldsymbol{C},\boldsymbol{D}\}$ 的脉冲响应为

$$\boldsymbol{F}(t)=\boldsymbol{C}\mathrm{e}^{\boldsymbol{A}t}\boldsymbol{B}+\delta(t)\boldsymbol{D}$$

其中, 应用到 $L[\mathrm{e}^{\boldsymbol{A}t}]=(s\boldsymbol{I}-\boldsymbol{A})^{-1}$.

因此, $L[\boldsymbol{F}(t)]=\boldsymbol{F}(s)$. 易见, $\boldsymbol{F}(s)$ 除 $\boldsymbol{A}$ 的特征值之外, 处处是解析的.

当 $\boldsymbol{x}_0=\boldsymbol{0}$ 时, 输入 $\boldsymbol{u}(t)$ 的 Laplace 变换与输出 $\boldsymbol{y}(t)$ 的 Laplace 变换之间的关系为

$$\boldsymbol{y}=\boldsymbol{F}(s)\boldsymbol{u}$$

这时, 有 $\boldsymbol{y}(t)=\int_0^t\boldsymbol{F}(t-\tau)\boldsymbol{u}(\tau)\mathrm{d}\tau$.

当取输入 $\boldsymbol{u}(t)=\boldsymbol{u}_0\mathrm{e}^{\mathrm{i}\omega t}$ 时, 有动态系统

$$\begin{cases}\dot{\boldsymbol{x}}(t)=\boldsymbol{A}\boldsymbol{x}(t)+\boldsymbol{B}\boldsymbol{u}_0\mathrm{e}^{\mathrm{i}\omega t}\\ \boldsymbol{y}(t)=\boldsymbol{C}\boldsymbol{x}(t)+\boldsymbol{D}\boldsymbol{u}_0\mathrm{e}^{\mathrm{i}\omega t}\end{cases}$$

这时, 上述系统有一个周期为 $2\pi/\omega$ 的周期解

$$\bar{\boldsymbol{y}}(t)=[\boldsymbol{C}(\mathrm{i}\omega\boldsymbol{I}-\boldsymbol{A})^{-1}\boldsymbol{B}+\boldsymbol{D}]\boldsymbol{u}_0\mathrm{e}^{\mathrm{i}\omega t}$$

这里的 $\boldsymbol{C}(\mathrm{i}\omega\boldsymbol{I}-\boldsymbol{A})^{-1}\boldsymbol{B}+\boldsymbol{D}$ 恰是传递函数矩阵在 $s=\mathrm{i}\omega$ 处的值. 它将输入与输出的关系在频率 s 域中变成简单的乘积关系. 故只要能找到传递矩阵, 对每个给定的输入 $\boldsymbol{u}(t)$, 就可方便地得到输出 $\boldsymbol{y}(t)$.

虽然传递矩阵由系数矩阵 $\boldsymbol{A},\boldsymbol{B},\boldsymbol{C},\boldsymbol{D}$ 确定, 但不存在一一对应关系, 故不同的 $\boldsymbol{A},\boldsymbol{B},\boldsymbol{C},\boldsymbol{D}$ 可组成相同的传递矩阵. 这表明传递函数矩阵仅表示输入与输出之间的数学关系, 并不能表示系统内部不受输入影响部分及不受输出影响部分. 因此, 把用传递函数矩阵描述的系统成为黑箱模型.

在传递函数矩阵的讨论中, 要考虑 $(s\boldsymbol{I}-\boldsymbol{A})^{-1}$, 称系数矩阵 $\boldsymbol{A}$ 的特征值为传递函数矩阵的极点, 或叫作此线性定常系统的极点. 自然也会出现如在讨论传递函数时指出的零点与极点对消的问题. 若给定线性定常系统的传递函数矩阵, 且它的元素都是 s 的既约有理分式函数, 期望能用 $\boldsymbol{A},\boldsymbol{B},\boldsymbol{C},\boldsymbol{D}$ 为系数矩阵的线性定常系统的传递函数矩阵恰为 $\boldsymbol{C}(s\boldsymbol{I}-\boldsymbol{A})^{-1}\boldsymbol{B}+\boldsymbol{D}$, 称为线性定常系统的实现问题.

2.6 传递函数矩阵相互连接的模型

2.6.1 串联环节的传递函数矩阵

设有两个环节的传递函数矩阵分别为 $\boldsymbol{F}_1(s)$ 与 $\boldsymbol{F}_2(s)$, 把它们串联起来, 则 $\boldsymbol{F}_{串}=\boldsymbol{F}_2(s)\boldsymbol{F}_1(s)$.

证明 根据方框图 2.7, 对 $\boldsymbol{F}_1(s)$, 有

$$\begin{cases}\dot{\boldsymbol{x}}_1(t)=\boldsymbol{A}_1\boldsymbol{x}_1(t)+\boldsymbol{B}_1\boldsymbol{u}_1(t)=\boldsymbol{A}_1\boldsymbol{x}_1(t)+\boldsymbol{B}_1\boldsymbol{u}(t)\\ \boldsymbol{y}_1(t)=\boldsymbol{C}_1\boldsymbol{x}_1(t)+\boldsymbol{D}_1\boldsymbol{u}(t)\end{cases}$$

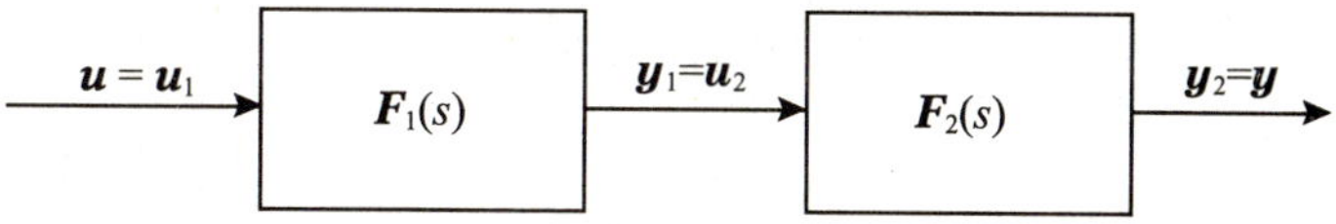

图 2.7　串联环节的传递函数矩阵

对 $\boldsymbol{F}_2(s)$, 有

$$
\begin{aligned}
\dot{\boldsymbol{x}}_2(t) &= \boldsymbol{A}_2\boldsymbol{x}_2(t)+\boldsymbol{B}_2\boldsymbol{u}_2=\boldsymbol{A}_2\boldsymbol{x}_2(t)+\boldsymbol{B}_2\boldsymbol{y}_1(t)\\
&=\boldsymbol{A}_2\boldsymbol{x}_2(t)+\boldsymbol{B}_2[\boldsymbol{C}_1\boldsymbol{x}_1(t)+\boldsymbol{D}_1\boldsymbol{u}(t)]\\
&=\boldsymbol{B}_2\boldsymbol{C}_1\boldsymbol{x}_1(t)+\boldsymbol{A}_2\boldsymbol{x}_2(t)+\boldsymbol{B}_2\boldsymbol{D}_1\boldsymbol{u}(t)
\end{aligned}
$$

且

$$
\begin{aligned}
\boldsymbol{y}(t) &= \boldsymbol{y}_2(t)=\boldsymbol{C}_2\boldsymbol{x}_2(t)+\boldsymbol{D}_2\boldsymbol{u}_2(t)=\boldsymbol{C}_2\boldsymbol{x}_2(t)+\boldsymbol{D}_2\boldsymbol{y}_1(t)\\
&=\boldsymbol{D}_2\boldsymbol{C}_1\boldsymbol{x}_1(t)+\boldsymbol{C}_2\boldsymbol{x}_2+\boldsymbol{D}_2\boldsymbol{D}_1\boldsymbol{u}(t)
\end{aligned}
$$

若记 $\boldsymbol{x}(t)=[\boldsymbol{x}_1(t)\quad \boldsymbol{x}_2(t)]^{\mathrm{T}}$, 则得到

$$
\begin{aligned}
\dot{\boldsymbol{x}}(t) &= \begin{bmatrix} \boldsymbol{A}_1 & \boldsymbol{0}\\ \boldsymbol{B}_2\boldsymbol{C}_1 & \boldsymbol{A}_2\end{bmatrix}\boldsymbol{x}(t)+\begin{bmatrix}\boldsymbol{B}_1\\ \boldsymbol{B}_2\boldsymbol{D}_1\end{bmatrix}\boldsymbol{u}(t)\\
\boldsymbol{y}(t) &= [\boldsymbol{D}_2\boldsymbol{C}_1\quad \boldsymbol{C}_2]\boldsymbol{x}(t)+\boldsymbol{D}_2\boldsymbol{D}_1\boldsymbol{u}(t)
\end{aligned}
$$

于是

$$
\begin{aligned}
\boldsymbol{F}_{串}(s) &= [\boldsymbol{D}_2\boldsymbol{C}_1\quad \boldsymbol{C}_2]\begin{bmatrix} s\boldsymbol{I}_1-\boldsymbol{A}_1 & \boldsymbol{0}\\ -\boldsymbol{B}_2\boldsymbol{C}_1 & s\boldsymbol{I}_2-\boldsymbol{A}_2\end{bmatrix}^{-1}\begin{bmatrix}\boldsymbol{B}_1\\ \boldsymbol{B}_2\boldsymbol{D}_1\end{bmatrix}+\boldsymbol{D}_2\boldsymbol{D}_1\\
&=[\boldsymbol{D}_2\boldsymbol{C}_1\quad \boldsymbol{C}_2]\begin{bmatrix} (s\boldsymbol{I}_1-\boldsymbol{A}_1)^{-1} & \boldsymbol{0}\\ (s\boldsymbol{I}_2-\boldsymbol{A}_2)^{-1}\boldsymbol{B}_2\boldsymbol{C}_1(s\boldsymbol{I}_1-\boldsymbol{A}_1)^{-1} & (s\boldsymbol{I}_2-\boldsymbol{A}_2)^{-1}\end{bmatrix}\\
&\quad\cdot\begin{bmatrix}\boldsymbol{B}_1\\ \boldsymbol{B}_2\boldsymbol{D}_1\end{bmatrix}+\boldsymbol{D}_2\boldsymbol{D}_1\\
&=\boldsymbol{D}_2\boldsymbol{C}_1(s\boldsymbol{I}_1-\boldsymbol{A}_1)^{-1}\boldsymbol{B}_1+\boldsymbol{C}_2(s\boldsymbol{I}_2-\boldsymbol{A}_2)^{-1}\boldsymbol{B}_2\boldsymbol{C}_1(s\boldsymbol{I}_1-\boldsymbol{A}_1)^{-1}\boldsymbol{B}_1\\
&\quad+\boldsymbol{C}_2(s\boldsymbol{I}_2-\boldsymbol{A}_2)^{-1}\boldsymbol{B}_2\boldsymbol{D}_1+\boldsymbol{D}_2\boldsymbol{D}_1\\
&=[\boldsymbol{C}_2(s\boldsymbol{I}_2-\boldsymbol{A}_2)^{-1}\boldsymbol{B}_2+\boldsymbol{D}_2]\times[\boldsymbol{C}_1(s\boldsymbol{I}_1-\boldsymbol{A}_1)^{-1}\boldsymbol{B}_1+\boldsymbol{D}_1]\\
&=\boldsymbol{F}_2(s)\boldsymbol{F}_1(s)
\end{aligned}
$$

□

注意：串联环节传递函数矩阵的排列顺序与它们在串联系统中的连接顺序恰好相反.

例 2.13 设 $\boldsymbol{F}_1(s)=\begin{bmatrix}\dfrac{1}{s+1} & \dfrac{1}{s+2}\\ 0 & \dfrac{s+1}{s+2}\end{bmatrix}$, $\boldsymbol{F}_2(s)=\begin{bmatrix}\dfrac{1}{s+3} & \dfrac{1}{s+4}\\ \dfrac{1}{s+1} & 0\end{bmatrix}$. 求它们串联后的传递函数矩阵.

解 直接计算得

$$\boldsymbol{F}_{串}(s)=\boldsymbol{F}_2(s)\boldsymbol{F}_1(s)=\begin{bmatrix}\dfrac{1}{(s+3)(s+1)} & \dfrac{1}{(s+3)(s+2)}+\dfrac{1}{(s+4)(s+2)}\\ \dfrac{1}{(s+1)^2} & \dfrac{1}{(s+1)(s+2)}\end{bmatrix}$$

2.6.2 并联环节的传递函数矩阵

设并联系统的两个环节有共同的输入 $\boldsymbol{u}(t)$, 它们的输出分别是 $\boldsymbol{y}_1(t)$ 与 $\boldsymbol{y}_2(t)$, 而并联系统的最后输出是 $\boldsymbol{y}(t)=\boldsymbol{y}_1(t)+\boldsymbol{y}_2(t)$. 若两个环节的传递函数矩阵分别是 $\boldsymbol{F}_1(s)$ 与 $\boldsymbol{F}_2(s)$, 则此并联系统的传递函数矩阵 $\boldsymbol{F}_{并}(s)=\boldsymbol{F}_1(s)+\boldsymbol{F}_2(s)$.

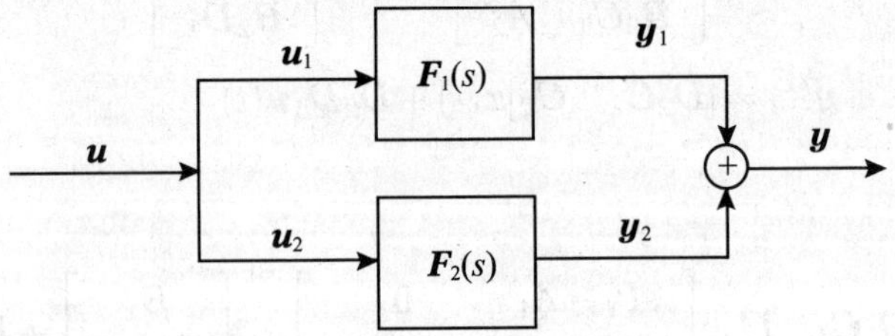

图 2.8 并联环节的传递函数矩阵

证明 两个并联环节组成的系统动态方程为

$$\begin{cases}\dot{\boldsymbol{x}}_i(t)=\boldsymbol{A}_i\boldsymbol{x}_i(t)+\boldsymbol{B}_i\boldsymbol{u}_i(t)\\ \boldsymbol{y}_i(t)=\boldsymbol{C}_i\boldsymbol{x}_i(t)+\boldsymbol{D}_i\boldsymbol{u}_i(t)\end{cases}\quad(i=1,2)$$

按假设, 有 $u_1(t)=u_2(t)=u(t), y(t)=y_1(t)+y_2(t)$. 若记 $\boldsymbol{x}(t)=[\boldsymbol{x}_1(t)\quad \boldsymbol{x}_2(t)]^{\mathrm{T}}$, 则它们并联后的系统为

$$\begin{cases}\dot{\boldsymbol{x}}(t)=\begin{bmatrix}\boldsymbol{A}_1 & \boldsymbol{0}\\ \boldsymbol{0} & \boldsymbol{A}_2\end{bmatrix}\boldsymbol{x}(t)+\begin{bmatrix}\boldsymbol{B}_1\\ \boldsymbol{B}_2\end{bmatrix}\boldsymbol{u}(t)\\ \boldsymbol{y}(t)=[\boldsymbol{C}_1\quad \boldsymbol{C}_2]\boldsymbol{x}(t)+(\boldsymbol{D}_1+\boldsymbol{D}_2)\boldsymbol{u}(t)\end{cases}$$

于是

$$\begin{aligned}\boldsymbol{F}_{\text{并}}(s)&=[\boldsymbol{C}_1\quad \boldsymbol{C}_2]\left(s\boldsymbol{I}-\begin{bmatrix}\boldsymbol{A}_1 & \boldsymbol{0}\\ \boldsymbol{0} & \boldsymbol{A}_2\end{bmatrix}^{-1}\right)\begin{bmatrix}\boldsymbol{B}_1\\ \boldsymbol{B}_2\end{bmatrix}+(\boldsymbol{D}_1+\boldsymbol{D}_2)\\ &=[\boldsymbol{C}_1\quad \boldsymbol{C}_2]\begin{bmatrix}(s\boldsymbol{I}-\boldsymbol{A}_1)^{-1} & \boldsymbol{0}\\ \boldsymbol{0} & (s\boldsymbol{I}-\boldsymbol{A}_2)^{-1}\end{bmatrix}\begin{bmatrix}\boldsymbol{B}_1\\ \boldsymbol{B}_2\end{bmatrix}+(\boldsymbol{D}_1+\boldsymbol{D}_2)\\ &=\boldsymbol{C}_1(s\boldsymbol{I}_1-\boldsymbol{A}_1)^{-1}\boldsymbol{B}_1+\boldsymbol{D}_1+\boldsymbol{C}_2(s\boldsymbol{I}_2-\boldsymbol{A}_2)^{-1}\boldsymbol{B}_2+\boldsymbol{D}_2\\ &=\boldsymbol{F}_1(s)+\boldsymbol{F}_2(s).\end{aligned}$$

例如, 对于图 2.9, 有 $G(s)=1-\dfrac{2}{s+2}+\dfrac{1}{s+1}=\dfrac{s^2-s+2}{s^2-1}$.

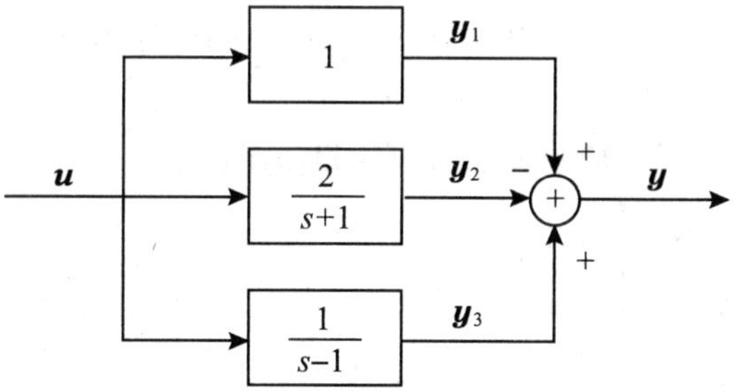

图 2.9

2.6.3　反馈环节的传递函数矩阵

设反馈环节的方框图如图 2.10 所示.

从方框图可知, 系统与反馈环节的传递函数矩阵分别为 $\boldsymbol{F}(s)$ 与 $\boldsymbol{H}(s)$. 再由反馈环节的特征, 有 $\boldsymbol{y}=\boldsymbol{y}_1=\boldsymbol{F}(s)\boldsymbol{u}_1=\boldsymbol{F}(s)(\boldsymbol{u}-\boldsymbol{y}_2)=\boldsymbol{F}(s)[\boldsymbol{u}-\boldsymbol{H}(s)\boldsymbol{u}_2]=\boldsymbol{F}(s)\boldsymbol{u}-\boldsymbol{F}(s)\boldsymbol{H}(s)\boldsymbol{y}$, 或 $[\boldsymbol{I}+\boldsymbol{F}(s)\boldsymbol{H}(s)]\boldsymbol{y}=\boldsymbol{F}(s)\boldsymbol{u}$.

若 $[\boldsymbol{I}+\boldsymbol{F}(s)\boldsymbol{H}(s)]^{-1}$ 存在, 则得

$$\boldsymbol{y}=[\boldsymbol{I}+\boldsymbol{F}(s)\boldsymbol{H}(s)]^{-1}\boldsymbol{F}(s)\boldsymbol{u}$$

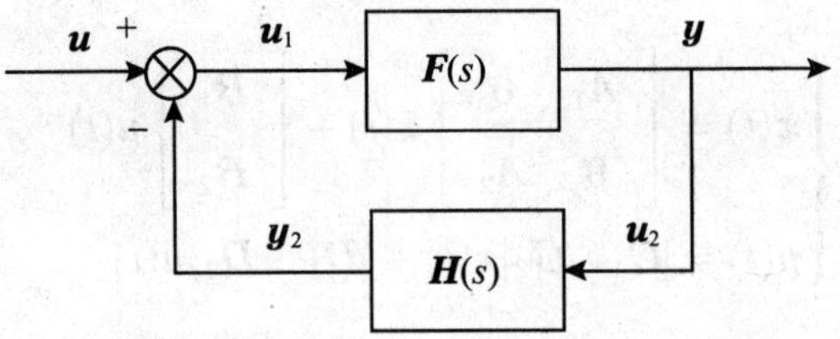

图 2.10 反馈环节的传递函数矩阵

于是, 反馈系统的传递函数矩阵为

$$\tilde{\boldsymbol{F}}(s)=[\boldsymbol{I}+\boldsymbol{F}(s)\boldsymbol{H}(s)]^{-1}\boldsymbol{F}(s)$$

另外, 有 $\boldsymbol{u}_1=\boldsymbol{u}-\boldsymbol{y}_2=\boldsymbol{u}-\boldsymbol{H}(s)\boldsymbol{u}_2=\boldsymbol{u}-\boldsymbol{H}(s)\boldsymbol{y}_1=\boldsymbol{u}-\boldsymbol{H}(s)\boldsymbol{F}(s)\boldsymbol{u}_1$, 或者 $[\boldsymbol{I}+\boldsymbol{H}(s)\boldsymbol{F}(s)]\boldsymbol{u}_1=\boldsymbol{u}$.

若 $[\boldsymbol{I}+\boldsymbol{H}(s)\boldsymbol{F}(s)]^{-1}$ 存在, 则得到

$$\boldsymbol{u}_1=[\boldsymbol{I}+\boldsymbol{H}(s)\boldsymbol{F}(s)]^{-1}\boldsymbol{u}$$

而 $\boldsymbol{y}=\boldsymbol{y}_1=\boldsymbol{F}(s)\boldsymbol{u}_1=\boldsymbol{F}(s)[\boldsymbol{I}+\boldsymbol{H}(s)\boldsymbol{F}(s)]^{-1}\boldsymbol{u}$, 从而可导出反馈系统的传递函数矩阵的另一种形式为

$$\tilde{\boldsymbol{F}}(s)=\boldsymbol{F}(s)[\boldsymbol{I}+\boldsymbol{H}(s)\boldsymbol{F}(s)]^{-1}$$

例 2.14 设 $\boldsymbol{F}(s)=\begin{bmatrix}\dfrac{1}{s+1} & 0\\ \dfrac{1}{s+1} & \dfrac{1}{s+1}\end{bmatrix}$, $\boldsymbol{H}(s)=\begin{bmatrix}1 & 0\\ 0 & 1\end{bmatrix}$. 求其闭环的传递函数矩阵.

解 这时, 有

$$\begin{aligned}\tilde{\boldsymbol{F}}(s)&=\left(\begin{bmatrix}1 & 0\\ 0 & 1\end{bmatrix}+\begin{bmatrix}\dfrac{1}{s+1} & 0\\ \dfrac{1}{s+1} & \dfrac{1}{s+1}\end{bmatrix}\right)^{-1}\begin{bmatrix}\dfrac{1}{s+1} & 0\\ \dfrac{1}{s+1} & \dfrac{1}{s+1}\end{bmatrix}\\
&=\begin{bmatrix}\dfrac{s+2}{s+1} & 0\\ \dfrac{1}{s+2} & \dfrac{2}{s+1}\end{bmatrix}^{-1}\begin{bmatrix}\dfrac{1}{s+1} & 0\\ \dfrac{1}{s+1} & \dfrac{1}{s+1}\end{bmatrix}\\
&=\begin{bmatrix}\dfrac{1}{s+2} & 0\\ \dfrac{s+1}{(s+2)^2} & \dfrac{1}{s+2}\end{bmatrix}\end{aligned}$$

或者

$$\tilde{\boldsymbol{F}}(s)=\begin{bmatrix}\dfrac{1}{s+1} & 0\\ \dfrac{1}{s+1} & \dfrac{1}{s+1}\end{bmatrix}\left(\begin{bmatrix}1 & 0\\ 0 & 1\end{bmatrix}+\begin{bmatrix}\dfrac{1}{s+1} & 0\\ \dfrac{1}{s+1} & \dfrac{1}{s+1}\end{bmatrix}\right)^{-1}$$

$$=\begin{bmatrix}\dfrac{1}{s+1} & 0\\ \dfrac{1}{s+1} & \dfrac{1}{s+1}\end{bmatrix}\begin{bmatrix}\dfrac{s+2}{s+1} & 0\\ \dfrac{1}{s+2} & \dfrac{2}{s+1}\end{bmatrix}^{-1}$$

$$=\begin{bmatrix}\dfrac{1}{s+2} & 0\\ \dfrac{s+1}{(s+2)^2} & \dfrac{1}{s+2}\end{bmatrix}$$

2.6.4　一般的传递函数矩阵

首先, 用方程 $\boldsymbol{x}(t)=\boldsymbol{K}\boldsymbol{u}(t)(t\geqslant 0)$ 描述系统, 称为放大环节, 它的传递函数 $G(s)=K$. 因方程是零阶微分方程, 故也称为零阶环节, 其中 K 为常数, 即放大倍数.

其次, 用方程 $\boldsymbol{x}(t)=K\dot{\boldsymbol{u}}(t)(t\geqslant 0)$ 描述系统. 由于输出是输入的微分, 因此称为微分环节, 它的传递函数 $G(s)=Ks$, 这里 K 是常数.

再次, 用 $\dot{\boldsymbol{x}}(t)=K\boldsymbol{u}(t)(t\geqslant 0,\ K$ 为常数) 描述系统, 因为 $\boldsymbol{x}(t)=\boldsymbol{x}_0+K\cdot\int_0^t\boldsymbol{u}(\tau)\mathrm{d}\tau(t\geqslant 0)$, 输出是输入的积分, 故称为积分环节, 且 $G(s)=K/s$.

最后, 用 $T^2\ddot{x}(t)+2\zeta T\dot{x}(t)+x(t)=Ku(t)(t\geqslant 0,T>0,\zeta\in(0,1)$, K 都是常数) 描述系统. 由于输出是振幅为 $E\mathrm{e}^{-\frac{\zeta}{T}}$($E$ 为任意常数)、周期是 $2\pi T/\sqrt{1-\zeta^2}$ 的衰减振动, 故称为振动环节, 且 $G(s)=K/(T^2s^2+2\zeta Ts+1)$.

对于一般的单输入、单输出系统而言, 这时有传递函数 $G(s)=P(s)/Q(s)$, 其中 $P(s)$ 与 $Q(s)$ 是既约的实系数多项式, 且 $P(s)$ 的次数不高于 $Q(s)$ 的次数, 而 $Q(s)=\prod\limits_{j=1}^{n}(s-s_j)$. 一般来说, 有分解式

$$G(s)=G(\infty)+\sum_{j=1}^{M}\sum_{k=1}^{k_j}\frac{C_{jk}}{(s-s_j)^k}+\sum_{l=1}^{L}\sum_{k=1}^{\bar{k}_l}\frac{\prod\limits_{\theta=1}^{k}(s-\lambda_l^{\theta}k)}{(s^2-2\alpha_l s+\alpha_l^2+\beta_l^2)k}$$

其中 k_j 与 $\bar{k}_l$ 分别是实根 $s_j(j=1,2,\cdots,M)$ 的重复度与复根 $\alpha_l+\mathrm{i}\beta_l(l=1,2,\cdots)$ 的重复度. 这就是有理分式函数的部分分式. 其右端的第一个和式的各项可看作若干个一阶环节的串联, 第二个和式的各项可看作二阶环节的串联, 然后将它们再并联起来, 故只要清楚这些环节之后, 就可把一般的情形弄清楚了.

至于通常的传递函数矩阵, 它的元素也是由既约实系数多项式组成的有理分式函数, 且分子多项式的次数不高于分母多项式的次数.

习 题 2

1. 考虑二级感容电路 (图 2.11), 写出相应的状态方程和观测方程.

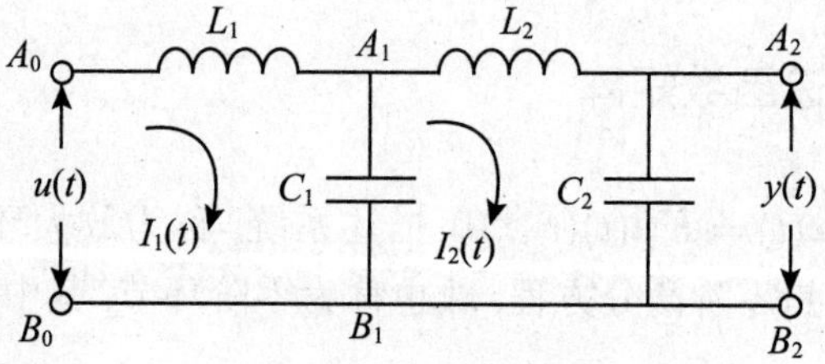

图 2.11 二级感容电路

2. 写出图 2.12 所示的 RLC 串联电路的状态方程和输出方程.

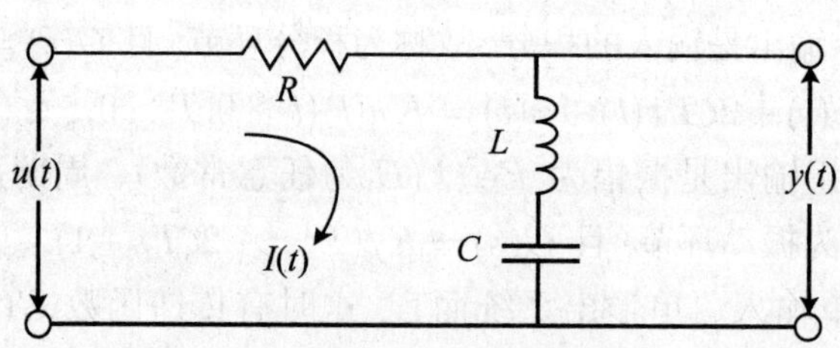

图 2.12 RLC 串联电路

3. 求如图 2.13 所示的串联回路的状态方程和输出方程.

4. 由位于光滑水平面上的两个物块构成的机械运动系统, 如图 2.14 所示, 用两条弹簧固定维持着, 外力 $u(t)$ 作用于最右边的物块. 试写出此系统的状态方程和输出方程.

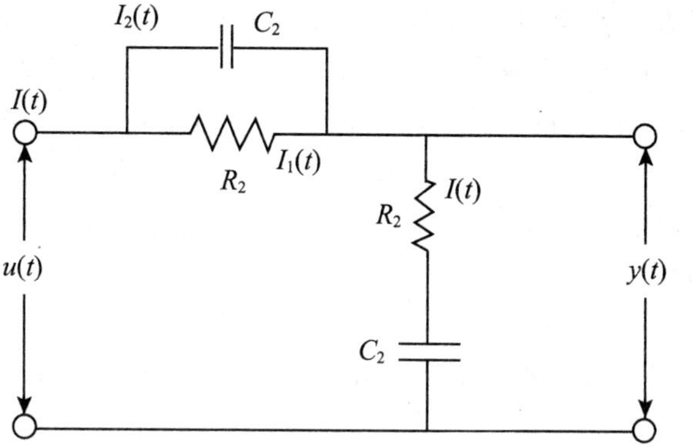

图 2.13　串联回路

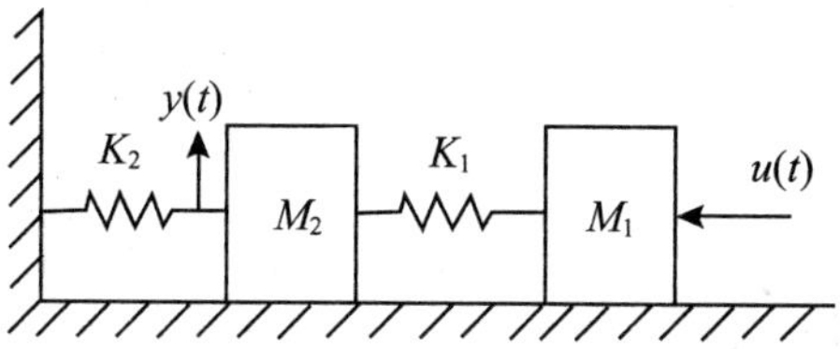

图 2.14

5. 试将非线性系统

$$2\ddot{z}(t)+\frac{1}{2}\ddot{\theta}(t)\cos\theta(t)=\frac{1}{2}\dot{\theta}^2(t)\sin\theta(t)+u(t)$$
$$\frac{1}{2}\ddot{z}(t)\cos\theta(t)+\frac{1}{3}\ddot{\theta}(t)=\frac{1}{2}\sin\theta(t)$$

及 $y(t)=\dot{z}(t)$, 在标称解 $\dot{z}(t)=0$, $\theta(t)=0$ 及 $\dot{\theta}(t)=0$ 处线性化, 并取状态变量为 $x_1(t)=\dot{z}(t)$, $x_2(t)=\theta(t)$, $x_3(t)=\dot{\theta}(t)$.(假定 $2/3-(1/4)\cos\theta(t)\neq 0$).

6. 对于 $\dot{\boldsymbol{x}}(t)=\boldsymbol{A}(t)\boldsymbol{x}(t)$, $\boldsymbol{x}(t_0)=\boldsymbol{x}_0(t\geqslant t_0)$, 证明: 若 $\boldsymbol{A}(t)$ 对于 $t\geqslant t_0$ 是连续的, 则有唯一的基本解方阵 $\boldsymbol{X}(t)$, 且满足矩阵微分方程 $\dot{\boldsymbol{X}}=\boldsymbol{A}(t)\boldsymbol{X}(t)$, $\boldsymbol{X}(t_0)=\boldsymbol{I}$, 则有 $\boldsymbol{\Phi}(t,t_0)=\boldsymbol{X}(t)\boldsymbol{X}^{-1}(t)$.

7. 应用 $\mathrm{e}^{\boldsymbol{A}t}=\boldsymbol{I}+t\boldsymbol{A}+\dfrac{t^2}{2!}\boldsymbol{A}^2+\dfrac{t^3}{3!}\boldsymbol{A}^3+\cdots$, 证明: 若 $\boldsymbol{A}$ 与 $\boldsymbol{B}$ 是两个方阵, 且 $\boldsymbol{AB}=\boldsymbol{BA}$, 则有 $\mathrm{e}^{\boldsymbol{A}+\boldsymbol{B}}=\mathrm{e}^{\boldsymbol{A}}\mathrm{e}^{\boldsymbol{B}}$.

8. 证明:(1) 设有 $n\times n$ 矩阵, 则 $\det\boldsymbol{A}=\mathrm{e}^{\lambda_1+\cdots+\lambda_n}$, 其中 $\lambda_i(i=1,2,\cdots,n)$ 是 $\boldsymbol{A}$ 的特征值, 把 l 重根当作 l 个相同的特征值;

(2) $\mathrm{e}^{\boldsymbol{A}}$ 对任意的方阵 $\boldsymbol{A}$ 都是非奇异的.

9. 设 $\boldsymbol{A}$ 与 $\boldsymbol{B}$ 是已知的两个常数方阵, 证明: 矩阵微分方程 $\dot{\boldsymbol{W}}(t)=\boldsymbol{AW}(t)+\boldsymbol{W}(t)\boldsymbol{B}$ 及 $\boldsymbol{W}(t_0)=\boldsymbol{C}$ 的解是 $\boldsymbol{W}(t)=\mathrm{e}^{\boldsymbol{A}(t-t_0)}\boldsymbol{C}\mathrm{e}^{\boldsymbol{B}(t-t_0)}$.

10. 设 $\boldsymbol{\Phi}(t,t_0)$ 是 $\dot{\boldsymbol{x}}(t)=\boldsymbol{A}(t)\boldsymbol{x}(t),\boldsymbol{x}(t_0)=\boldsymbol{x}_0(t\geqslant t_0)$ 的状态转移矩阵. 若 $\boldsymbol{A}^{\mathrm{T}}(t)=-\boldsymbol{A}(t)$, 则称此系统是伴随的. 试证明: $\boldsymbol{\Phi}(t,t_0)$ 是正交的.

11. 若 $\boldsymbol{\Phi}(t,t_0)$ 是 $\dot{\boldsymbol{x}}(t)=\boldsymbol{A}(t)\boldsymbol{x}(t),\boldsymbol{x}(t_0)=\boldsymbol{x}_0(t\geqslant t_0)$ 的状态转移矩阵, 证明: $[\boldsymbol{\Phi}^{-1}(t,t_0)]^{\mathrm{T}}$ 是伴随系统 $\dot{\boldsymbol{z}}(t)=-\boldsymbol{A}^{\mathrm{T}}(t)\boldsymbol{z}(t),\boldsymbol{z}(t_0)=\boldsymbol{z}_0$ 的状态转移矩阵.

12. 若 $\boldsymbol{\Phi}(t,t_0)$ 是系统 $\dot{\boldsymbol{x}}(t)=\boldsymbol{A}(t)\boldsymbol{x}(t),\boldsymbol{x}(t_0)=\boldsymbol{x}_0(t\geqslant t_0)$ 的状态伴随矩阵, 证明: 矩阵微分方程

$$\dot{\boldsymbol{W}}(t)=\boldsymbol{A}(t)\boldsymbol{W}(t)+\boldsymbol{W}(t)\boldsymbol{A}^{\mathrm{T}}(t),\quad \boldsymbol{W}(t_0)=\boldsymbol{C}$$

的解是 $\boldsymbol{W}(t)=\boldsymbol{\Phi}(t,t_0)\boldsymbol{C}\boldsymbol{\Phi}^{\mathrm{T}}(t,t_0)$.

13. 下面的矩阵函数是否都是状态转移矩阵？为什么？若是, 请做验证.

(1) $\begin{bmatrix} 0 & -t \\ 0 & \mathrm{e}^{-t} \end{bmatrix}$; (2) $\begin{bmatrix} \mathrm{e}^{-t} & 0 \\ t\mathrm{e}^{-t} & (1+2t)\mathrm{e}^{-2t} \end{bmatrix}$;

(3) $\begin{bmatrix} 1 & t(t-s) \\ 0 & t/s \end{bmatrix}$; (4) $\mathrm{e}^{2t}\begin{bmatrix} 1+2t & -4t & -22t \\ t & 1-2t & -11t \\ 0 & 0 & 1 \end{bmatrix}$.

14. 已知:

(1) $\mathbf{A}=\begin{bmatrix} 1 & 2 \\ 0 & 1 \end{bmatrix}$; (2) $\boldsymbol{A}=\begin{bmatrix} 3 & -1 & 1 \\ 2 & 0 & 1 \\ 1 & -1 & 2 \end{bmatrix}$.

求 $\mathrm{e}^{\boldsymbol{A}t}$.

15. 设有连续时间的线性定常系统

$$\dot{\boldsymbol{x}}(t)=\begin{bmatrix} -3 & 2 & 0 \\ 2 & -6 & 0 \\ 0 & 0 & -1 \end{bmatrix}\boldsymbol{x}(t)+\begin{bmatrix} 1 & 0 \\ 0 & 0 \\ 0 & 1 \end{bmatrix}\boldsymbol{u}(t)$$

$\boldsymbol{x}(0)=\boldsymbol{x}_0=[5,0,1]^{\mathrm{T}},\boldsymbol{u}(t)=[0,1]^{\mathrm{T}}(t\geqslant 0)$. 试求解的表达式.

16. 设有离散时间的线性定常控制系统

$$\boldsymbol{x}_{k+1}=\begin{bmatrix} -3 & 2 & 0 \\ 2 & -6 & 0 \\ 0 & 0 & -1 \end{bmatrix}\boldsymbol{x}_k+\begin{bmatrix} 1 & 0 \\ 0 & 0 \\ 0 & 1 \end{bmatrix}\boldsymbol{u}_k \quad (k=0,1,2,\cdots)$$

$\boldsymbol{x}(0)=\boldsymbol{x}_0=[5,0,1]^{\mathrm{T}}$, 且 $\boldsymbol{u}(t)=[10,-20]^{\mathrm{T}},u_k=0(k\neq 1)$. 试求 $\boldsymbol{A}^k$ 与 $\boldsymbol{x}_k(k\geqslant 2)$.

17. 设采样周期 $\theta > 0$, 试将如下的连续时间系统离散化:

$$\begin{cases} \dot{\boldsymbol{x}}_1(t) = \boldsymbol{x}_2(t) \\ \dot{\boldsymbol{x}}_2(t) = -2\boldsymbol{x}_1(t) - 3\boldsymbol{x}_2(t) + 5\boldsymbol{u}(t), \end{cases}$$

其中 $\boldsymbol{x}_1(0) = \boldsymbol{x}_{10}, \boldsymbol{x}_2(0) = \boldsymbol{x}_{20} (t \geqslant 0)$.

18. 求下列离散时间系统的特解:

(1) $x_{k+2} + 4x_{k+1} + 2x_k = 0$, 已知 x_0 与 x_1;

(2) $8x_{k+3} - 4x_{k+2} - 2x_{k+1} + x_k = 0$, 已知 x_0, x_1, x_2.

19. 求下列各系统的传递函数、频率特性和静态放大倍数:

(1) $\ddot{y}(t) + 5\dot{y}(t) + 6y(t) = u(t)(t \geqslant 0), y(0) = \dot{y}(0) = 0$;

(2) $y^{(3)}(t) + 9\ddot{y}(t) + 5\dot{y}(t) + y(t) = \ddot{u}(t) + \dot{u}(t) + u(t)(t \geqslant 0), y(0) = \dot{y}(0) = \ddot{y}(0) = \dot{u}(0) = u(0) = 0$.

20. 求第 2~5 题线性化后系统的传递函数和极点.

21. 证明: 线性定常系统的传递函数矩阵在非奇异的线性变换下是不变的.

22. 已知两个子系统为

(a) $\boldsymbol{A}_1 = \begin{bmatrix} 0 & -\dfrac{3}{5} & 0 \\ 0 & 0 & 1 \\ 0 & \dfrac{12}{5} & 0 \end{bmatrix}$, $\boldsymbol{B}_1 = \begin{bmatrix} \dfrac{4}{5} \\ 0 \\ -\dfrac{6}{5} \end{bmatrix}$, $\boldsymbol{C}_1 = [1,0,0]$;

(b) $\boldsymbol{A}_2 = \sqrt{6}/2, \boldsymbol{B}_2 = 1, \boldsymbol{C}_2 = 1$.

(1) 将系统 (a) 在前、系统 (b) 在后做串联, 求此组合系统的传递函数;

(2) 将系统 (a) 与 (b) 做并联, 求其传递函数;

(3) 将系统 (a) 放在主通道上, 系统 (b) 放在反馈通道上进行反馈连接, 求此反馈系统的传递函数.

23. 讨论二阶线性定常系统

$$\ddot{x}(t) + a\dot{x}(t) + bx(t) = c\dot{u}(t) + du(t), \quad x(0) = \dot{x}(0) = 0, u(0) = 0 \quad (t \geqslant 0)$$

其中 a, b, c, d 都是实常数.

第 3 章 线性控制系统的能控性与能观性

第 2 章介绍了如何用状态变量描述系统. 当我们对这类系统进行定性分析时, 会产生这样两个问题. 其一, 在有限的时间内, 要对系统施加控制作用, 目的是实现某种既定的要求, 就是要把系统从一个初始状态转移到另一个给定的状态. 此问题是指控制对状态变量的作用能力, 即系统的状态能控性问题. 这不仅涉及系统的输出是否能按照要求进行控制, 而且还要考虑系统的状态是否可以进行控制的问题, 到底哪些状态是能控制的, 哪些状态是不能控制的. 其二, 在有限的时间内, 由系统的输出或观测值 $y(t)$ 可以了解到系统的状态到什么程度, 哪些状态是完全可以了解的, 哪些状态是根本无法了解的. 此问题的实质是指系统的输出或观测值能否用来确定系统的初始状态, 这就是系统的能观测性或能观性问题, 由美国数学家 Kalman 于 1960 年提出. 能观性与能控性这对概念深刻地描述了线性系统的结构特性, 它还与系统的最优控制等紧密关联. 若一个系统具有能控性与能观性, 就可实行最优控制, 并可建立从系统的内部运动来分析系统行为的观点. 它使控制理论得到飞跃, 被认为是现代控制理论诞生的标志之一.

3.1 线性控制系统的能控性

为了有助于对能控性概念的理解, 现考虑如图 3.1 所示的系统. 对于状态 $x_1(t)$, 总能选择适当的控制变量 $u(t)$, 使系统状态 $x_1(t)$ 经过一段时间之后达到期望的状态. 由于状态变量 $x_2(t)$ 完全不受控制输入 $u(t)$ 的影响, 故状态 $x_2(t)$ 是不能控制的.

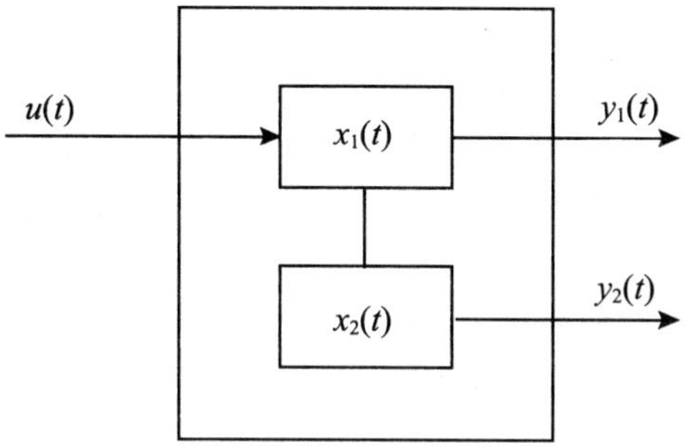

图 3.1

设有线性时变系统

$$\dot{\boldsymbol{x}}(t)=\boldsymbol{A}(t)\boldsymbol{x}(t)+\boldsymbol{B}(t)\boldsymbol{u}(t),\quad \boldsymbol{x}(t_0)=\boldsymbol{x}_0\quad (t\geqslant t_0)$$

其中 $\boldsymbol{A}(t)\in\mathbb{R}^{n\times n},\boldsymbol{B}(t)\in\mathbb{R}^{n\times m}$, 状态向量 $\boldsymbol{x}(t)\in\mathbb{R}^n$, 控制向量 $\boldsymbol{u}(t)\in\mathbb{R}^m$. 设 $\boldsymbol{\Phi}(t,t_0)$ 是 $\boldsymbol{A}(t)$ 的状态转移矩阵. 于是系统有解

$$\boldsymbol{x}(t)=\boldsymbol{\Phi}(t,t_0)\boldsymbol{x}_0+\int_{t_0}^{t}\boldsymbol{\Phi}(t,s)\boldsymbol{B}(s)\boldsymbol{u}(s)\mathrm{d}s$$

对于终止时间 $t_{\mathrm{f}}>t_0$, 给定一个指定的终止状态 $x(t_{\mathrm{f}})=x_{\mathrm{f}}$. 现希望对此系统确定出达到这个终止状态的充要条件.

不失一般性, 设 $\boldsymbol{x}_{\mathrm{f}}=\boldsymbol{0}\in\mathbb{R}^n$. 若 $\boldsymbol{x}_{\mathrm{f}}\neq\boldsymbol{0}$, 可以用线性时变系统

$$\dot{\boldsymbol{\xi}}(t)=\boldsymbol{A}(t)\boldsymbol{\xi}(t)+\boldsymbol{B}(t)\boldsymbol{u}(t),\quad \xi(t_0)=0\quad (t\geqslant t_0)$$

以及 $\xi(t_{\mathrm{f}})=0$ 来代替原来的系统, 这时有

$$\boldsymbol{x}(t)=\boldsymbol{\xi}(t)+\boldsymbol{\Phi}(t,t_{\mathrm{f}})\boldsymbol{x}_{\mathrm{f}}\quad (t_0\leqslant t\leqslant t_{\mathrm{f}})$$

这样一来, 达到 $\xi(t_{\mathrm{f}})=0$ 的充要条件和达到 $\boldsymbol{x}(t_{\mathrm{f}})=\boldsymbol{x}_{\mathrm{f}}$ 的充要条件是完全等价的.

定义 3.1　若对任意的 t_0 和任意的初始状态 $\boldsymbol{x}_{t_0}=\boldsymbol{x}_0$, 都存在一个有限的终止时间 $t_{\mathrm{f}}>t_0$ 和一个控制向量 $\boldsymbol{u}(t)(t_0\leqslant t\leqslant t_{\mathrm{f}})$, 使得 $\boldsymbol{x}(t_{\mathrm{f}},\boldsymbol{x}_0,\boldsymbol{u}(\cdot))=\boldsymbol{x}_{\mathrm{f}}=\boldsymbol{0}$, 即有

$$\boldsymbol{x}_{\mathrm{f}}(t)=\boldsymbol{\Phi}(t_{\mathrm{f}},t_0)\boldsymbol{x}_0+\int_{t_0}^{t_{\mathrm{f}}}\boldsymbol{\Phi}(t_{\mathrm{f}},s)\boldsymbol{B}(s)\boldsymbol{u}(s)\mathrm{d}s=0$$

则称系统是能控的，它是系统在 $[t_0,t_{\rm f}]$ 上完全能控的简称.

如何判断一个线性时变系统是否能控呢？这就要求在定义 3.1 之下找出能控的充要条件. 考虑如下定理.

定理 3.1 若 $\boldsymbol{\Phi}(t,t_0)$ 是线性时变控制系统

$$\dot{\boldsymbol{x}}(t)=\boldsymbol{A}(t)\boldsymbol{x}(t)+\boldsymbol{B}(t)\boldsymbol{u}(t),\quad \boldsymbol{x}(t_0)=\boldsymbol{x}_0\quad (t\geqslant t_0)$$

的状态转移矩阵，则下列命题是等价的：

(1) 系统在 $[t_0,t_{\rm f}]$ 上是完全能控的;

(2) $\boldsymbol{\Phi}(t,s)\boldsymbol{B}(s)$ 在 $[t_0,t_{\rm f}]$ 上的行向量是线性无关的，其中 $t,s\in[t_0,t_{\rm f}]$;

(3) $\boldsymbol{W}(t_0,t_{\rm f})=\int_{t_0}^{t_{\rm f}}\boldsymbol{\Phi}(t_0,s)\boldsymbol{B}(s)\boldsymbol{B}^{\rm T}(s)\boldsymbol{\Phi}^{\rm T}(t_0,s){\rm d}s$ 是非奇异的.

证明 (1) ⇒ (2) 若系统在 $[t_0,t_{\rm f}]$ 上是完全能控的，则必存在控制输入

$$\boldsymbol{u}(t)=-\boldsymbol{B}^{\rm T}\boldsymbol{\Phi}^{\rm T}(t_0,t)\boldsymbol{\alpha}$$

其中 $\boldsymbol{\alpha}$ 是待定的向量，使

$$\boldsymbol{x}(t_{\rm f},\boldsymbol{x}_0,\boldsymbol{u}(\cdot))=\boldsymbol{\Phi}(t_{\rm f},t_0)\boldsymbol{x}_0-\int_{t_0}^{t_{\rm f}}\boldsymbol{\Phi}(t_{\rm f},s)\boldsymbol{B}(s)\boldsymbol{B}^{\rm T}(s)\boldsymbol{\Phi}^{\rm T}(t_0,s){\rm d}s\boldsymbol{\alpha}=\boldsymbol{0}$$

或者

$$\int_{t_0}^{t_{\rm f}}\boldsymbol{\Phi}(t_0,s)\boldsymbol{B}(s)\boldsymbol{B}^{\rm T}(s)\boldsymbol{\Phi}^{\rm T}(t_0,s){\rm d}s\boldsymbol{\alpha}=\boldsymbol{x}_0$$

故此非齐次线性方程组有非零解 $\boldsymbol{\alpha}$ 的充要条件是，系数矩阵 $\int_{t_0}^{t_{\rm f}}\boldsymbol{\Phi}(t_0,s)\boldsymbol{B}(s)\cdot\boldsymbol{B}^{\rm T}(s)\boldsymbol{\Phi}^{\rm T}(t_0,s){\rm d}s$ 是非奇异的. 若矩阵 $\boldsymbol{\Phi}(t_0,s)\boldsymbol{B}(s)(t_0\leqslant s\leqslant t_{\rm f})$ 在 $[t_0,t_{\rm f}]$ 上的行向量为 $\boldsymbol{f}_1(s),\cdots,\boldsymbol{f}_n(s)$，考虑线性组合

$$\sum_{i=1}^{n}\beta_i\boldsymbol{f}_i(s)=\boldsymbol{0}$$

其中 $\beta_i(i=1,2,\cdots,n)$ 是实数. 再用 $\boldsymbol{f}_i^{\rm T}(s)$ 右乘上述等式两端，并从 t_0 到 $t_{\rm f}$ 积分，得到

$$\left[\sum_{i=1}^{n}\int_{t_0}^{t_{\rm f}}\boldsymbol{f}_i(s)\boldsymbol{f}_i^{\rm T}(s){\rm d}s\right]\boldsymbol{\beta}=\int_{t_0}^{t_{\rm f}}\boldsymbol{\Phi}(t_0,s)\boldsymbol{B}(s)\boldsymbol{B}^{\rm T}(s)\boldsymbol{\Phi}^{\rm T}(t_0,s){\rm d}s\boldsymbol{\beta}=\boldsymbol{0}$$

其中 $\boldsymbol{\beta}=[\beta_1,\cdots,\beta_n]^{\rm T}$.

由于 $\int_{t_0}^{t_{\rm f}}\boldsymbol{\Phi}(t_0,s)\boldsymbol{B}(s)\boldsymbol{B}^{\rm T}(s)\boldsymbol{\Phi}^{\rm T}(t_0,s){\rm d}s$ 是非奇异的, 故有 $\boldsymbol{\beta}=\boldsymbol{0}$. 因此, $\boldsymbol{f}_1(s),\cdots,\boldsymbol{f}_n(s)$ 是线性无关的, 即 $\boldsymbol{\Phi}(t_0,s)\boldsymbol{B}(s)$ 的行向量在 $[t_0,t_{\rm f}]$ 上是线性无关的, 且由 t_0 的任意性, 可知 $\boldsymbol{\Phi}(t,s)\boldsymbol{B}(s)$ 的行向量在 $[t_0,t_{\rm f}]$ 上是线性无关的.

(2) ⇒ (3)　若 $\boldsymbol{\Phi}(t,s)\boldsymbol{B}(s)$ 的行向量在 $[t_0,t_{\rm f}]$ 上是线性无关的, 则 $\boldsymbol{\Phi}(t_0,s)\boldsymbol{B}(s)$ 的行向量也是线性无关的, 这时, 对 $\boldsymbol{\Phi}(t_0,s)\boldsymbol{B}(s)$ 的行向量也成立, 故齐次线性方程组

$$\boldsymbol{W}(t_0,t_{\rm f})\boldsymbol{\beta}=\int_{t_0}^{t_{\rm f}}\boldsymbol{\Phi}(t_0,s)\boldsymbol{B}(s)\boldsymbol{B}^{\rm T}(s)\boldsymbol{\Phi}^{\rm T}(t_0,s){\rm d}s\boldsymbol{\beta}=\boldsymbol{0}$$

就只有零解, 即 $\boldsymbol{W}(t_0,t_{\rm f})$ 是非奇异的.

(3) ⇒ (1)　若某个 $t_{\rm f}$, 矩阵 $\boldsymbol{W}(t_0,t_{\rm f})$ 是非奇异的, 对任意的 $\boldsymbol{x}(t_0)=\boldsymbol{x}_0$, 取

$$\boldsymbol{u}(t)=-\boldsymbol{B}^{\rm T}(t)\boldsymbol{\Phi}^{\rm T}(t_0,t)\boldsymbol{W}^{-1}(t_0,t_{\rm f})\boldsymbol{x}_0$$

则有

$$\begin{aligned}\boldsymbol{x}(t_{\rm f},\boldsymbol{x}_0,\boldsymbol{u}(\cdot))&=\boldsymbol{\Phi}(t_{\rm f},t_0)\boldsymbol{x}_0-\int_{t_0}^{t_{\rm f}}\boldsymbol{\Phi}(t_{\rm f},s)\boldsymbol{B}(s)\boldsymbol{B}^{\rm T}(s)\boldsymbol{\Phi}^{\rm T}(t_0,s){\rm d}s\times\boldsymbol{W}^{-1}(t_0,t_{\rm f})\boldsymbol{x}_0\\&=\boldsymbol{\Phi}(t_{\rm f},t_0)\boldsymbol{x}_0-\boldsymbol{\Phi}(t_{\rm f},t_0)\boldsymbol{x}_0=\boldsymbol{0}\end{aligned}$$

从而系统在 $[t_0,t_{\rm f}]$ 上是完全能控的. □

下面再给出一个简单的充分条件.

设系数矩阵 $\boldsymbol{A}(t)$ 关于时间 t 是 $k-1$ 次可微的, $\boldsymbol{B}(t)$ 关于时间 t 是 $k-2$ 次可微的. 对 $t\geqslant t_0$, 定义矩阵序列 $\boldsymbol{M}_i(t)\in\mathbb{R}^{n\times m}$, 且 $\boldsymbol{M}_i(t)$ 是矩阵微分方程

$$\begin{cases}\boldsymbol{M}_{i+1}=-\boldsymbol{A}(t)\boldsymbol{M}_i(t)+\dot{\boldsymbol{M}}_i(t)\quad(i=0,1,\cdots,k-2)\\\boldsymbol{M}_0(t)=\boldsymbol{B}(t)\quad(t\geqslant t_0)\end{cases}$$

的解. 于是, 有

$$\begin{cases}\dfrac{\rm d}{{\rm d}t}[\boldsymbol{\Phi}(t_0,t)\boldsymbol{B}(t)]=\boldsymbol{\Phi}(t_0,t)[-\boldsymbol{A}(t)\boldsymbol{B}(t)+\dot{\boldsymbol{B}}(t)]=\boldsymbol{\Phi}(t_0,t)\boldsymbol{M}_1(t)\\\dfrac{{\rm d}^i}{{\rm d}t^i}[\boldsymbol{\Phi}(t_0,t)\boldsymbol{B}(t)]=\boldsymbol{\Phi}(t_0,t)\boldsymbol{M}_i(t)\quad(t\geqslant t_0;i=0,1,\cdots,k-1)\end{cases}$$

定理 3.2　设系统的系数矩阵 $\boldsymbol{A}(t)$ 关于 t 是 $k-1$ 次可微的, 而 $\boldsymbol{B}(t)$ 关于 t 是 $k-2$ 次可微的, 对一切 $t\geqslant t_0$, 若对一些正整数 k 和每个 $t_{\rm f}>t_0$, 存在

$t\in[t_0,t_{\mathrm{f}}]$, 使

$$\operatorname{rank}[\boldsymbol{M}_0(t)\quad \boldsymbol{M}_1(t)\quad \cdots\quad \boldsymbol{M}_{k-1}(t)]=n$$

则线性时变控制系统在 $[t_0,t_{\mathrm{f}}]$ 上是完全能控的.

证明 若线性系统时变是不能控的, 则存在非零向量 $\boldsymbol{\alpha}$, 且 $t_{\mathrm{f}}\geqslant t_0$, 使

$$\boldsymbol{\alpha}^{\mathrm{T}}\boldsymbol{\Phi}(t_0,t)\boldsymbol{B}(t)=0\quad (t_0\leqslant t\leqslant t_{\mathrm{f}})$$

将上式关于 t 求导数, 得到

$$\begin{cases}\boldsymbol{\alpha}^{\mathrm{T}}\boldsymbol{\Phi}(t_0,t)\boldsymbol{M}_0(t)=0\\ \boldsymbol{\alpha}^{\mathrm{T}}\boldsymbol{\Phi}(t_0,t)\boldsymbol{M}_1(t)=0\\ \cdots\\ \boldsymbol{\alpha}^{\mathrm{T}}\boldsymbol{\Phi}(t_0,t)\boldsymbol{M}_{k-1}(t)=0\quad (t_0\leqslant t\leqslant t_{\mathrm{f}})\end{cases}$$

因此 $\boldsymbol{\alpha}^{\mathrm{T}}\boldsymbol{\Phi}(t_0,t)[\boldsymbol{M}_0(t)\quad \boldsymbol{M}_1(t)\quad \cdots\quad \boldsymbol{M}_{k-1}(t)]=\boldsymbol{0}$, 但 $\boldsymbol{\Phi}^{\mathrm{T}}(t_0,t)\boldsymbol{\alpha}\neq\boldsymbol{0}$, 故有

$$\operatorname{rank}[\boldsymbol{M}_0(t)\quad \boldsymbol{M}_1(t)\quad \cdots\quad \boldsymbol{M}_{k-1}(t)]<n$$

这与假设矛盾, 于是定理 3.2 得证. □

当定理 3.1 不好用时, 定理 3.2 给出的判别方法还是有效的.

例如

$$\dot{\boldsymbol{x}}(t)=\begin{bmatrix}t^3 & t\\ t^2 & t^4\end{bmatrix}\boldsymbol{x}(t)+\begin{bmatrix}t^2\\ t^3\end{bmatrix}\boldsymbol{u}(t)$$

$\boldsymbol{x}(0)=\boldsymbol{x}_0$, 在 $[0,\varepsilon]$ 上是完全能控的.

由于 $\boldsymbol{\Phi}(t,0)$ 难求, 所以定理 3.1 不好用. 此时, 因 $\boldsymbol{M}_0(0)=\boldsymbol{B}(0)=\begin{bmatrix}0\\0\end{bmatrix}$, $\boldsymbol{M}_1(0)=\begin{bmatrix}0\\0\end{bmatrix}$, 而 $\boldsymbol{M}_2(0)=\begin{bmatrix}2\\0\end{bmatrix}$, $\boldsymbol{M}_3(0)=\begin{bmatrix}0\\6\end{bmatrix}$, 故 $[\boldsymbol{M}_2(0)\quad \boldsymbol{M}_3(0)]$ 的秩为 2, 根据连续性对任意的 $t\in[0,\varepsilon]$ 成立. 再由定理 3.2 知, 此系统在 $[0,\varepsilon]$ 上是完全能控的.

对于线性定常系统的能控性, 有如下判别定理.

定理 3.3　线性定常系统

$$\dot{\boldsymbol{x}}(t)=\boldsymbol{A}\boldsymbol{x}(t)+\boldsymbol{B}\boldsymbol{u}(t),\quad \boldsymbol{x}(0)=\boldsymbol{x}_0\quad (t\geqslant 0)$$

是能控的充要条件是下列条件之一成立:

(1) 不存在状态的线性变换 $\boldsymbol{x}(t)=\boldsymbol{P}\boldsymbol{z}(t)$, 使系统变成

$$\begin{bmatrix}\dot{\boldsymbol{z}}_1(t)\\ \dot{\boldsymbol{z}}_2(t)\end{bmatrix}=\begin{bmatrix}\boldsymbol{A}_1 & \boldsymbol{A}_2\\ \boldsymbol{0} & \boldsymbol{A}_3\end{bmatrix}\begin{bmatrix}\boldsymbol{z}_1(t)\\ \boldsymbol{z}_2(t)\end{bmatrix}+\begin{bmatrix}\boldsymbol{B}_1\\ \boldsymbol{0}\end{bmatrix}\boldsymbol{u}(t)$$

其中 $\boldsymbol{z}_1(t)\in\mathbb{R}^{n-k}$, $\boldsymbol{z}_2(t)\in\mathbb{R}^k(1\leqslant k\leqslant n)$;

(2) 对 $t>0$, 不存在 $\boldsymbol{x}_0\neq\boldsymbol{0}$, 使 $\boldsymbol{x}_0^{\mathrm{T}}\mathrm{e}^{-\boldsymbol{A}s}\boldsymbol{B}\equiv 0$ 对任意的 $s\in[0,t]$ 成立;

(3) $\operatorname{rank}[\boldsymbol{B}\quad \boldsymbol{A}\boldsymbol{B}\quad \cdots\quad \boldsymbol{A}^{n-1}\boldsymbol{B}]=n$;

(4) 对 $t>0$, 矩阵 $\boldsymbol{W}(t)=\int_0^t \mathrm{e}^{-\boldsymbol{A}s}\boldsymbol{B}\boldsymbol{B}^{\mathrm{T}}\mathrm{e}^{-\boldsymbol{A}^{\mathrm{T}}s}\mathrm{d}s$ 是正定的.

证明　(4) ⇒ (2)　设 (4) 成立, 则 $\boldsymbol{W}^{-1}(t)$ 存在. 对 $\boldsymbol{x}_0\in\mathbb{R}^n$, 取控制作用 $\boldsymbol{u}(s)=-\boldsymbol{B}^{\mathrm{T}}\mathrm{e}^{-\boldsymbol{A}^{\mathrm{T}}s}\boldsymbol{W}^{-1}(t)\boldsymbol{x}_0(s\geqslant 0)$, 则有

$$\begin{aligned}\boldsymbol{x}(t;\boldsymbol{x}_0,\boldsymbol{u}(\cdot))&=\mathrm{e}^{\boldsymbol{A}t}\boldsymbol{x}_0-\mathrm{e}^{\boldsymbol{A}t}\int_0^t \mathrm{e}^{-\boldsymbol{A}s}\boldsymbol{B}\boldsymbol{B}^{\mathrm{T}}\mathrm{e}^{-\boldsymbol{A}^{\mathrm{T}}s}\mathrm{d}s\boldsymbol{W}^{-1}(t)\boldsymbol{x}_0\\&=\mathrm{e}^{\boldsymbol{A}t}[\boldsymbol{x}_0-\boldsymbol{W}(t)\boldsymbol{W}^{-1}(t)\boldsymbol{x}_0]=\boldsymbol{0}\end{aligned}$$

故此线性定常系统是能控的. 若不然, 假定 (2) 不成立, 则存在 $\boldsymbol{x}_0\neq\boldsymbol{0},\boldsymbol{x}_0\in\mathbb{R}^n$, 使 $\boldsymbol{x}_0^{\mathrm{T}}\mathrm{e}^{-\boldsymbol{A}s}\boldsymbol{B}\equiv 0$ 对任意的 $s\in[0,\ t]$ 均成立. 于是对任意的控制作用 $\boldsymbol{u}(\cdot)$, 有 $\boldsymbol{x}_0^{\mathrm{T}}\int_0^t \mathrm{e}^{-\boldsymbol{A}s}\boldsymbol{B}\boldsymbol{u}(s)\mathrm{d}s=0$, 故得到内积 $\langle \mathrm{e}^{-\boldsymbol{A}^{\mathrm{T}}t}\boldsymbol{x}_0,\boldsymbol{x}(t;\boldsymbol{x}_0,\boldsymbol{u}(\cdot))\rangle=\langle \mathrm{e}^{-\boldsymbol{A}^{\mathrm{T}}t}\boldsymbol{x}_0,\mathrm{e}^{\boldsymbol{A}t}\boldsymbol{x}_0\rangle=\boldsymbol{x}_0^{\mathrm{T}}\boldsymbol{x}_0>0$, 即不存在控制作用 $\boldsymbol{u}(\cdot)$, 使 $\boldsymbol{x}(t;\boldsymbol{x}_0,\boldsymbol{u}(\cdot))=\boldsymbol{0}$, 因此 $\boldsymbol{x}_0$ 关于此线性定常系统是不能控的, 这显然与此系统是能控的矛盾. 这就证明了: 若此线性定常系统是能控的, 则 (2) 成立.

(2) ⇒ (3)　设 (2) 成立. 将 $\boldsymbol{x}_0^{\mathrm{T}}\mathrm{e}^{-\boldsymbol{A}s}\boldsymbol{B}\equiv 0$ 关于 s 求导数, 得到

$$\boldsymbol{x}_0^{\mathrm{T}}\mathrm{e}^{-\boldsymbol{A}s}\boldsymbol{A}\boldsymbol{B}\equiv 0,\quad \cdots,\quad \boldsymbol{x}_0^{\mathrm{T}}\mathrm{e}^{-\boldsymbol{A}s}\boldsymbol{A}^{n-1}\boldsymbol{B}=0$$

对任意的 $s\in[0,t]$. 令 $s=0$, 有

$$\boldsymbol{x}_0^{\mathrm{T}}[\boldsymbol{B}\quad \boldsymbol{A}\boldsymbol{B}\quad \cdots\quad \boldsymbol{A}^{n-1}\boldsymbol{B}]\equiv 0$$

这表明上述齐次方程只有零解, 故 $\operatorname{rank}[\boldsymbol{B}\quad \boldsymbol{A}\boldsymbol{B}\quad \cdots\quad \boldsymbol{A}^{n-1}\boldsymbol{B}]=n$.

$(3) \Rightarrow (4)$ 设 (3) 成立. 由 Cayley–Hamliton 定理, 得 $\boldsymbol{x}_0^{\mathrm{T}}\mathrm{e}^{-\boldsymbol{A}s}\boldsymbol{B} = \sum\limits_{n=0}^{+\infty}(-1)^n\dfrac{s^n}{n!}$ $\boldsymbol{x}_0^{\mathrm{T}}\boldsymbol{A}^n\boldsymbol{B} = 0$, 对任意的 $s \in [0,t]$. 因此有

$$\boldsymbol{x}_0^{\mathrm{T}}\int_0^t \mathrm{e}^{-\boldsymbol{A}s}\boldsymbol{B}\boldsymbol{B}^{\mathrm{T}}\mathrm{e}^{-\boldsymbol{A}^{\mathrm{T}}s}\mathrm{d}s = 0$$

对任意的 $t>0$, 上述齐次方程只有零解, 故 $\boldsymbol{W}(t) = \int_0^t \mathrm{e}^{-\boldsymbol{A}s}\boldsymbol{B}\boldsymbol{B}^{\mathrm{T}}\mathrm{e}^{-\boldsymbol{A}^{\mathrm{T}}s}\mathrm{d}s$ 是非奇异的. 对任给定的 $t>0$ 及 $\boldsymbol{x}(t)\in\mathbb{R}^n$, 且 $\boldsymbol{x}(t)\neq\boldsymbol{0}$, 有

$$\langle \boldsymbol{W}(t)\boldsymbol{x}(t),\boldsymbol{x}(t)\rangle = \int_0^t \boldsymbol{x}^{\mathrm{T}}(t)\mathrm{e}^{-\boldsymbol{A}s}\boldsymbol{B}\boldsymbol{B}^{\mathrm{T}}\mathrm{e}^{-\boldsymbol{A}^{\mathrm{T}}s}\boldsymbol{x}(t)\mathrm{d}s = \int_0^t ||\boldsymbol{x}^{\mathrm{T}}(t)\mathrm{e}^{-\boldsymbol{A}s\boldsymbol{B}}||^2\mathrm{d}s > 0$$

即 $\boldsymbol{W}(t)$ 是正定的.

$(4) \Rightarrow (1)$ 设线性定常系统是能控的. 若不然, 设 (1) 不成立. 假定存在状态变换 $\boldsymbol{x}(t) = \boldsymbol{P}\boldsymbol{z}(t)$, 将系统变成

$$\dot{\boldsymbol{z}}(t) = \boldsymbol{P}^{-1}\boldsymbol{A}\boldsymbol{P}\boldsymbol{z}(t) + \boldsymbol{P}^{-1}\boldsymbol{B}\boldsymbol{u}(t) = \tilde{\boldsymbol{A}}\boldsymbol{z}(t) + \tilde{\boldsymbol{B}}\boldsymbol{u}(t)$$

其中 $\tilde{\boldsymbol{A}} = \begin{bmatrix} \boldsymbol{A}_1 & \boldsymbol{A}_2 \\ \boldsymbol{0} & \boldsymbol{A}_3 \end{bmatrix}$, $\tilde{\boldsymbol{B}} = \begin{bmatrix} \boldsymbol{B}_1 \\ \boldsymbol{0} \end{bmatrix}$ 且有解 $\boldsymbol{z}_2(t) = \mathrm{e}^{\boldsymbol{A}_3t}\boldsymbol{z}_2(0)$, 故控制作用无法影响状态变量 $\boldsymbol{z}_2(t)$, 即控制作用不能把 $\begin{bmatrix} \boldsymbol{0} \\ \boldsymbol{z}_2(0) \end{bmatrix} \neq \boldsymbol{0}$ 的初始状态转移到 $\boldsymbol{0}$, 从而新的系统是不能控的. 由习题第 4 题可知, 原来的系统也是不能控的, 这与它是能控的假设矛盾. 因而 (1) 必定成立.

反之, 设 (1) 成立. 若不然, 又假定系统是不能控的. 由 (3), 可知 $\operatorname{rank}[\boldsymbol{B}\quad \boldsymbol{A}\boldsymbol{B}\quad \cdots\quad \boldsymbol{A}^{n-1}\boldsymbol{B}] = p < n$. 用 X_1 表示由 $[\boldsymbol{B}\quad \boldsymbol{A}\boldsymbol{B}\quad \cdots\quad \boldsymbol{A}^{n-1}\boldsymbol{B}]$ 的列向量生成的线性子空间, 且是 p 维的. 令 $\boldsymbol{\xi}_1,\cdots,\boldsymbol{\xi}_p$ 是 X_1 的一组基, 将它扩充为 $\mathbb{R}^n$ 的一组基 $\boldsymbol{\xi}_1,\cdots,\boldsymbol{\xi}_p,\boldsymbol{\xi}_{p+1},\cdots,\boldsymbol{\xi}_n$, 使 $\mathbb{R}^n = X_1 \bigoplus X_2$, 其中 X_1 是由 $\boldsymbol{\xi}_1,\cdots,\boldsymbol{\xi}_p$ 生成的, X_2 是由 $\boldsymbol{\xi}_{p+1},\cdots,\boldsymbol{\xi}_n$ 生成的. 按照 X_1 的定义与 Cayley–Hamliton 定理, 可知 X_1 是 $\boldsymbol{A}$ 的一个不变子空间, 即 $\boldsymbol{A}X_1 \subset X_1$, 故有

$$\boldsymbol{A}(\boldsymbol{\xi}_1,\cdots,\boldsymbol{\xi}_p,\boldsymbol{\xi}_{p+1},\cdots,\boldsymbol{\xi}_n) = [\boldsymbol{\xi}_1\quad \cdots\quad \boldsymbol{\xi}_p\quad \boldsymbol{\xi}_{p+1}\quad \cdots\quad \boldsymbol{\xi}_n]\begin{bmatrix} \boldsymbol{A}_1 & \boldsymbol{A}_2 \\ \boldsymbol{0} & \boldsymbol{A}_3 \end{bmatrix}$$

另外, 因 $\boldsymbol{B}$ 的一切列向量都在 $\boldsymbol{X}_1$ 中, 故有

$$\boldsymbol{B} = [\boldsymbol{\xi}_1\quad \cdots\quad \boldsymbol{\xi}_p\quad \boldsymbol{\xi}_{p+1}\quad \cdots\quad \boldsymbol{\xi}_n]\begin{bmatrix} \boldsymbol{B}_1 \\ \boldsymbol{0} \end{bmatrix}$$

若令非奇异线性变换

$$P=[\boldsymbol{\xi}_1 \quad \cdots \quad \boldsymbol{\xi}_p \quad \boldsymbol{\xi}_{p+1} \quad \cdots \quad \boldsymbol{\xi}_n]$$

这时 $\boldsymbol{P}^{-1}$ 存在, 且有 $\boldsymbol{AP}=\boldsymbol{P}\begin{bmatrix}\boldsymbol{A}_1 & \boldsymbol{A}_2\\ \boldsymbol{0} & \boldsymbol{A}_3\end{bmatrix}$, $\boldsymbol{B}=\boldsymbol{P}\begin{bmatrix}\boldsymbol{B}_1\\ \boldsymbol{0}\end{bmatrix}$. 于是, 有 $\boldsymbol{P}^{-1}\boldsymbol{AP}=\begin{bmatrix}\boldsymbol{A}_1 & \boldsymbol{A}_2\\ \boldsymbol{0} & \boldsymbol{A}_3\end{bmatrix}$, $\boldsymbol{P}^{-1}\boldsymbol{B}=\begin{bmatrix}\boldsymbol{B}_1\\ \boldsymbol{0}\end{bmatrix}$ 成立. 这与 (1) 成立矛盾, 从而 (1) 也是系统能控的充要条件. □

例 3.1　验证系统

$$\dot{\boldsymbol{x}}(t)=\begin{bmatrix}0 & 1\\ 0 & t\end{bmatrix}\boldsymbol{x}(t)+\begin{bmatrix}0\\ 1\end{bmatrix}\boldsymbol{u}(t), \quad \boldsymbol{x}(0)=\boldsymbol{x} \quad (t\geqslant 0)$$

的能控性.

解法 1　应用定理 3.1. 因为 $\boldsymbol{A}(t)=\begin{bmatrix}0 & 1\\ 0 & t\end{bmatrix}$ 的状态转移矩阵 $\boldsymbol{\Phi}(t,0)=\begin{bmatrix}1 & \int_0^t \mathrm{e}^{s^2/2}\mathrm{d}s\\ 0 & t^2/2\end{bmatrix}$, 以及 $\boldsymbol{\Phi}(t,0)\begin{bmatrix}0\\ 1\end{bmatrix}=[\int_0^t \exp(s^2/2)\mathrm{d}s, \exp(t^2/2)]^{\mathrm{T}}$ 的行是线性无关的, 所以线性时变系统在 $t\geqslant 0$ 时是完全能控的.

解法 2　应用定理 3.2. 因为 $\boldsymbol{M}_0(t)=\begin{bmatrix}0\\ 1\end{bmatrix}$, 而 $\boldsymbol{M}_1(t)=-\begin{bmatrix}0 & 1\\ 0 & t\end{bmatrix}\boldsymbol{M}_0(t)+\dot{\boldsymbol{M}}_0(t)=\begin{bmatrix}1\\ t\end{bmatrix}$, 所以得 $\mathrm{rank}[\boldsymbol{M}_0(t) \quad \boldsymbol{M}_1(t)]=\mathrm{rank}\begin{bmatrix}0 & 1\\ 1 & t\end{bmatrix}=2$. 于是此系统在 $t\geqslant 0$ 上是完全能控的.

例 3.2　设给定的线性定常系统为

$$\dot{\boldsymbol{x}}(t)=\begin{bmatrix}-1 & -4 & -2\\ 0 & 6 & -1\\ 1 & 7 & -1\end{bmatrix}\boldsymbol{x}(t)+\begin{bmatrix}2 & 0\\ 0 & 1\\ 1 & 1\end{bmatrix}\boldsymbol{u}(t), \quad \boldsymbol{x}(0)=\boldsymbol{x}_0 \quad (t\geqslant 0)$$

讨论其能控性.

解　因为 $n=3$, 故有

$$[\boldsymbol{B} \quad \boldsymbol{AB} \quad \boldsymbol{A}^2\boldsymbol{B}]=\begin{bmatrix}2 & 0 & -4 & *** \\ 0 & 1 & -1 & *** \\ 1 & 1 & 1 & ***\end{bmatrix}$$

由于上述判别矩阵的前三列已可判定, 因此后面的各列无需计算, 故用星号替代后面的各列即可. 这时, 有

$$\det\begin{bmatrix} 2 & 0 & -4 \\ 0 & 1 & -1 \\ 1 & 1 & 1 \end{bmatrix} = 8 \neq 0$$

$\operatorname{rank}[\boldsymbol{B} \quad \boldsymbol{AB} \quad \boldsymbol{A}^2\boldsymbol{B}] = 3$, 因而系统是能控的.

例 3.3 考虑系统

$$\dot{\boldsymbol{x}}(t) = \begin{bmatrix} -1 & 0 \\ 0 & -1 \end{bmatrix}\boldsymbol{x}(t) + \begin{bmatrix} 1 \\ 1 \end{bmatrix}u(t), \quad \boldsymbol{x}(0) = \boldsymbol{x}_0 = [\boldsymbol{x}_{10} \quad \boldsymbol{x}_{20}]^{\mathrm{T}} \quad (0 \leqslant t \leqslant t_{\mathrm{f}})$$

的能控性.

解 因为 $n = 2$, 故有

$$[\boldsymbol{B} \quad \boldsymbol{AB}] = \begin{bmatrix} 1 & -1 \\ 1 & -1 \end{bmatrix}$$

且 $\operatorname{rank}[\boldsymbol{B} \quad \boldsymbol{AB}] = 1 < n$, 故此系统在 $[0, t_{\mathrm{f}}]$ 上是不完全能控的. 实际上, 虽然取 $u(t) = -\mathrm{e}^{-t}x_{10}/t_{\mathrm{f}}$, 可把 $x_1(t)$ 控制到 0, 但对 $x_2(t)$ 无能为力; 若取 $u(t) = -\mathrm{e}^{-t}x_{20}/t_{\mathrm{f}}$, 也可把 $x_2(t)$ 控制到 0, 但对 $x_1(t)$ 无能为力.

例 3.4 考虑系统

$$\dot{\boldsymbol{x}}(t) = \begin{bmatrix} -1 & 1 & -1 \\ 0 & -1 & \alpha \\ 0 & -1 & 3 \end{bmatrix}\boldsymbol{x}(t) + \begin{bmatrix} 0 \\ 2 \\ 1 \end{bmatrix}u(t)$$

问实参数 α 为何值时, 此系统是不能控的?

解 因为 $n = 3$, 故有

$$[\boldsymbol{B} \quad \boldsymbol{AB} \quad \boldsymbol{A}^2\boldsymbol{B}] = \begin{bmatrix} 0 & 1 & \alpha-4 \\ 2 & \alpha-2 & 2 \\ 1 & 1 & 5-\alpha \end{bmatrix}$$

且 $\det[\boldsymbol{B} \quad \boldsymbol{AB} \quad \boldsymbol{A}^2\boldsymbol{B}] = -(\alpha-4)(\alpha-6) = 0$. 当 $\alpha = 4$ 或 6 时, 有 $\operatorname{rank}[\boldsymbol{B} \quad \boldsymbol{AB} \quad \boldsymbol{A}^2\boldsymbol{B}] < 3 = n$, 故系统不能控.

3.2　线性控制系统的能观性

对线性系统的输出进行一段时间观测后，能否通过所观测得到的输出变量 $y(t)$ 知道此系统的状态 $x(t)$？这就是能观性问题. 如图 3.2 所示，输入为 $u(t)$，输出仅有 $y_1(t)$，而内部的状态为 $x_1(t)$ 与 $x_2(t)$. 由于输出为 $y_1(t)$，其中不会含有状态 $x_2(t)$ 的信息，故系统是不能观的.

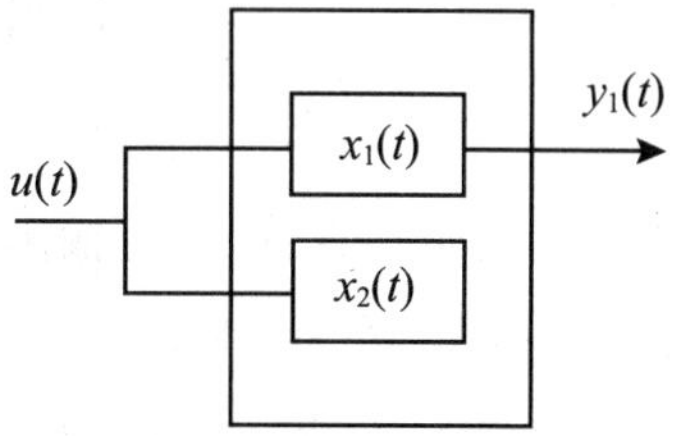

图 3.2

设系统的动态方程为

$$\begin{cases} \dot{\boldsymbol{x}}(t)=\boldsymbol{A}(t)\boldsymbol{x}(t)+\boldsymbol{B}(t)\boldsymbol{u}(t), \quad \boldsymbol{x}(t_0)=\boldsymbol{x}_0 \\ \boldsymbol{y}(t)=\boldsymbol{C}(t)\boldsymbol{x}(t)+\boldsymbol{D}(t)\boldsymbol{u}(t) \quad (t \geqslant t_0) \end{cases}$$

令 $\boldsymbol{z}(t)=\boldsymbol{y}(t)-\boldsymbol{D}(t)\boldsymbol{u}(t)$ 也是能观测的. 因为观测量 $\boldsymbol{y}(t)$ 与控制作用 $\boldsymbol{u}(t)$ 都是能观测的，于是得到 $\boldsymbol{z}(t)=\boldsymbol{C}(t)\boldsymbol{x}(t)$，故总可假设观测方程中的 $\boldsymbol{D}(t)=\boldsymbol{0}$，而并不失去一般性. 可设观测方程为 $\boldsymbol{y}(t)=\boldsymbol{C}(t)\boldsymbol{x}(t)$.

现设已知 $\boldsymbol{y}(\cdot)$ 在 $[t_0,\ t]$ 上的取值，并通过它来确定系统的状态 $\boldsymbol{x}(t)$ 或初始值 $\boldsymbol{x}_0$. 自然，此时动态系统方程中的系数矩阵 $\boldsymbol{A}(\cdot)\in\mathbb{R}^{n\times n}$，$\boldsymbol{B}(\cdot)\in\mathbb{R}^{n\times m}$，$\boldsymbol{C}(\cdot)\in\mathbb{R}^{r\times n}$ 及控制作用 $\boldsymbol{u}(\cdot)$ 与观测变量 $\boldsymbol{y}(\cdot)$ 在 $[t_0,\ t]$ 上的取值都是已知的，但不知道初始值 $\boldsymbol{x}_0$. 若在同一控制作用下，不同的初始状态产生相同的观测值，就无法用观测 $\boldsymbol{y}(t)$ 来唯一确定系统的初始状态，此时称系统

$$\begin{cases} \dot{\boldsymbol{x}}(t)=\boldsymbol{A}(t)\boldsymbol{x}(t)+\boldsymbol{B}(t)\boldsymbol{u}(t), \quad \boldsymbol{x}(t_0)=\boldsymbol{x}_0 \\ \boldsymbol{y}(t)=\boldsymbol{C}(t)\boldsymbol{x}(t) \quad (t \geqslant t_0) \end{cases}$$

是不能观的. 不过，由于是线性系统，这种情形等价于控制作用为零时的情形. 由非零的初始状态可导出零观测，故讨论线性系统的能观性时，总可取控制变量

$\boldsymbol{u}(\cdot)=\boldsymbol{0}$. 这时原系统就等价于系统

$$\begin{cases}\dot{\boldsymbol{x}}(t)=\boldsymbol{A}(t)\boldsymbol{x}(t), \quad \boldsymbol{x}(t_0)=\boldsymbol{x}_0\\ \boldsymbol{y}(t)=\boldsymbol{C}(t)\boldsymbol{x}(t) \quad (t\geqslant t_0)\end{cases}$$

的能观性.

定义 3.2 对于动态系统

$$\begin{cases}\dot{\boldsymbol{x}}(t)=\boldsymbol{A}(t)\boldsymbol{x}(t), \quad \boldsymbol{x}(t_0)=\boldsymbol{x}_0\\ \boldsymbol{y}(t)=\boldsymbol{C}(t)\boldsymbol{x}(t) \quad (t\geqslant t_0)\end{cases}$$

若任意的初始值 $\boldsymbol{x}_0$ 能由输出数据 $\boldsymbol{y}(t)$ $(t_0\leqslant t\leqslant t_{\mathrm{f}})$ 唯一确定, 则称此动态系统在 $[t_0,\ t_{\mathrm{f}}]$ 上是完全能观的, 简称为能观的.

定理 3.4 若 $\boldsymbol{\Phi}(t,t_0)$ 是线性时变动态系统

$$\begin{cases}\dot{\boldsymbol{x}}(t)=\boldsymbol{A}(t)\boldsymbol{x}(t), \quad \boldsymbol{x}(t_0)=\boldsymbol{x}_0\\ \boldsymbol{y}(t)=\boldsymbol{C}(t)\boldsymbol{x}(t) \quad (t\geqslant t_0)\end{cases}$$

的状态转移矩阵, 则下列命题是等价的:

(1) 系统在 $[t_0,\ t_{\mathrm{f}}]$ 上是完全能观的;

(2) $\boldsymbol{C}(s)\boldsymbol{\Phi}(s,t)$ 在 $[t_0,\ t_{\mathrm{f}}]$ 上的列向量是线性无关的, 其中 $t,s\in[t_0,\ t_{\mathrm{f}}]$;

(3) $V(t_0,t_{\mathrm{f}})=\int_{t_0}^{t_{\mathrm{f}}}\boldsymbol{\Phi}^{\mathrm{T}}(s,t_0)\boldsymbol{C}^{\mathrm{T}}(s)\boldsymbol{C}(s)\boldsymbol{\Phi}(s,t_0)\mathrm{d}s$ 是非奇异的.

证明 (1) $\Rightarrow$ (2) 若系统在 $[t_0,\ t_{\mathrm{f}}]$ 上是完全能观的, 则 $\boldsymbol{y}(t)=\boldsymbol{C}(t)\boldsymbol{\Phi}(t,t_0)\boldsymbol{x}_0$ 或 $\boldsymbol{C}(s)\boldsymbol{\Phi}(s,t_0)\boldsymbol{x}_0=\boldsymbol{y}(s)(t_0\leqslant s\leqslant t_{\mathrm{f}})$.

以 $\boldsymbol{\Phi}^{\mathrm{T}}(s,t_0)\boldsymbol{C}^{\mathrm{T}}(s)$ 左乘上式的两端, 并从 t_0 到 t_{f} 积分, 得到

$$\int_{t_0}^{t_{\mathrm{f}}}\boldsymbol{\Phi}^{\mathrm{T}}(s,t_0)\boldsymbol{C}^{\mathrm{T}}(s)\boldsymbol{C}(s)\boldsymbol{\Phi}(s,t_0)\mathrm{d}s\boldsymbol{x}_0=\int_{t_0}^{t_{\mathrm{f}}}\boldsymbol{\Phi}^{\mathrm{T}}(s,t_0)\boldsymbol{C}^{\mathrm{T}}(s)\boldsymbol{y}(s)\mathrm{d}s$$

故此非齐次线性方程组有非零解 $\boldsymbol{x}_0$ 的条件是, 系数矩阵 $\int_{t_0}^{t_{\mathrm{f}}}\boldsymbol{\Phi}^{\mathrm{T}}(s,t_0)\boldsymbol{C}^{\mathrm{T}}(s)\boldsymbol{C}(s)$ $\cdot\boldsymbol{\Phi}(s,t_0)\mathrm{d}s$ 是非奇异的.

若矩阵 $\boldsymbol{C}(s)\boldsymbol{\Phi}(s,t_0)(t_0\leqslant s\leqslant t_s)$, 在 $[t_0,t_{\mathrm{f}}]$ 上的列向量为 $\boldsymbol{g}_1(s),\boldsymbol{g}_2(s),\cdots,\boldsymbol{g}_n(s)$, 考虑线性组合

$$\sum_{i=1}^{n}\alpha_i\boldsymbol{g}_i(s)=\boldsymbol{0}$$

其中 $\alpha_i(i=1,2,\cdots,n)$ 是实数. 现用 $\boldsymbol{g}_i^{\mathrm{T}}(s)$ 右乘上述等式的两端, 再从 t_0 到 t_{f} 积分, 有

$$\left(\sum_{i=1}^{n}\int_{t_0}^{t_{\mathrm{f}}}\boldsymbol{g}_i^{\mathrm{T}}\boldsymbol{g}_i(s)\mathrm{d}s\right)\boldsymbol{\alpha}=\int_{t_0}^{t_{\mathrm{f}}}\boldsymbol{\Phi}^{\mathrm{T}}(s,t_0)\boldsymbol{C}^{\mathrm{T}}(s)\boldsymbol{C}(s)\boldsymbol{\Phi}(s,t_0)\mathrm{d}s\boldsymbol{\alpha}=\mathbf{0}$$

这里 $\boldsymbol{\alpha}=[\boldsymbol{\alpha}_1\quad\cdots\quad\boldsymbol{\alpha}_n]^{\mathrm{T}}$. 由于矩阵 $\int_{t_0}^{t_{\mathrm{f}}}\boldsymbol{\Phi}^{\mathrm{T}}(s,t_0)\boldsymbol{C}^{\mathrm{T}}(s)\boldsymbol{C}(s)\boldsymbol{\Phi}(s,t_0)\mathrm{d}s$ 是非奇异的, 故有 $\boldsymbol{\alpha}=\mathbf{0}$, 因此 $\boldsymbol{g}_1(s),\cdots,\boldsymbol{g}_n(s)$ 是线性无关的, 即 $\boldsymbol{C}(s)\boldsymbol{\Phi}(s,t_0)$ 的列向量在 $[t_0,t_{\mathrm{f}}]$ 上是线性无关的, 且由 t_0 的任意性可知, $\boldsymbol{C}(s)\boldsymbol{\Phi}(s,t)$ 的列向量在 $[t_0,\ t_{\mathrm{f}}]$ 上是线性无关的.

(2) ⇒ (3)　若 $\boldsymbol{C}(s)\boldsymbol{\Phi}(s,t)$ 的列向量在 $[t_0,\ t_{\mathrm{f}}]$ 上是线性无关的, 则齐次线性方程组

$$\boldsymbol{V}(t_0,t_{\mathrm{f}})\boldsymbol{\alpha}=\mathbf{0}$$

只有零解, 即 $\boldsymbol{V}(t_0,t_{\mathrm{f}})$ 是非奇异的.

(3) ⇒ (1)　若对某 t_{f}, 矩阵 $\boldsymbol{V}(t_0,\ t_{\mathrm{f}})$ 是非奇异的, 则对观测值 $\boldsymbol{y}(s)$, 有

$$\boldsymbol{V}(t_0,t_{\mathrm{f}})\boldsymbol{x}_0=\int_{t_0}^{t_{\mathrm{f}}}\boldsymbol{\Phi}^{\mathrm{T}}(s,t_0)\boldsymbol{C}^{\mathrm{T}}(s)y(s)\mathrm{d}s$$

且能唯一确定初始值 $\boldsymbol{x}_0$, 故系统在 $[t_0,\ t_{\mathrm{f}}]$ 上是完全能观的. □

若系数矩阵 $\boldsymbol{A}(t)$ 关于时间 t 是 $k-1$ 次可微的, $\boldsymbol{C}(t)$ 关于时间 t 是 $k-2$ 次可微的, 则对 $t\geqslant t_0$, 定义矩阵序列 $\boldsymbol{N}_i(t)\in\mathbb{R}^{r\times n}$, 且 $\boldsymbol{N}_i(t)$ 是矩阵微分方程

$$\begin{aligned}&\boldsymbol{N}_{i+1}(t)=\boldsymbol{N}_i(t)\boldsymbol{A}(t)+\dot{\boldsymbol{N}}_i(t)\quad(i=0,1,2,\cdots,k-2)\\&\boldsymbol{N}_0(t)=\boldsymbol{C}(t)\quad(t\geqslant t_0)\end{aligned}$$

的解. 于是, 有 $\dfrac{\mathrm{d}}{\mathrm{d}t}[\boldsymbol{C}(t)\boldsymbol{\Phi}(t,t_0)]=\boldsymbol{N}_1(t)\boldsymbol{\Phi}(t,t_0)$,

$$\frac{\mathrm{d}^i}{\mathrm{d}t^i}[\boldsymbol{C}(t)\boldsymbol{\Phi}(t,t_0)]=\boldsymbol{N}_i(t)\boldsymbol{\Phi}(t,t_0)\quad(i=0,1,2,\cdots,k-1)$$

定理 3.5　设系统的 $\boldsymbol{A}(t)$ 关于 t 是 $k-1$ 次可微的, 而 $\boldsymbol{C}(t)$ 关于 t 是 $k-2$ 次可微的 $(t\geqslant t_0)$. 若对一些正整数 k 和每个 $t_{\mathrm{f}}>t_0$ 存在 $t\in[t_0,t_{\mathrm{f}}]$, 使

$$\operatorname{rank}[\boldsymbol{N}_0(t)\quad\boldsymbol{N}_1(t)\quad\cdots\quad\boldsymbol{N}_{k-1}(t)]^{\mathrm{T}}=n$$

则线性时变系统 $\dot{\boldsymbol{x}}(t)=\boldsymbol{A}(t)\boldsymbol{x}(t)$ 及 $\boldsymbol{y}(t)=\boldsymbol{C}(t)\boldsymbol{x}(t)$ 在 $[t_0,t_\mathrm{f}]$ 上是完全能观的.

证明 采用反证法. 假定系统是不能观的, 则存在非零向量 $\boldsymbol{\alpha}$, 且 $t_\mathrm{f}\geqslant t_0$, 使

$$\boldsymbol{C}(t)\boldsymbol{\Phi}(t,t_0)\boldsymbol{\alpha}=\boldsymbol{0}\quad(t_0\leqslant t\leqslant t_\mathrm{f})$$

将上述等式对 t 求导数, 有

$$\begin{gathered}\boldsymbol{N}_0(t)\boldsymbol{\Phi}(t,t_0)\boldsymbol{\alpha}=\boldsymbol{0}\\ \boldsymbol{N}_1(t)\boldsymbol{\Phi}(t,t_0)\boldsymbol{\alpha}=\boldsymbol{0}\\ \cdots\\ \boldsymbol{N}_{k-1}(t)\boldsymbol{\Phi}(t,t_0)\boldsymbol{\alpha}=\boldsymbol{0}\quad(t_0\leqslant t\leqslant t_\mathrm{f})\end{gathered}$$

或者

$$\begin{bmatrix}\boldsymbol{N}_0(t)\\ \boldsymbol{N}_1(t)\\ \vdots\\ \boldsymbol{N}_{k-1}(t)\end{bmatrix}\boldsymbol{\Phi}(t,t_0)\boldsymbol{\alpha}=\boldsymbol{0}$$

但 $\boldsymbol{\Phi}(t,t_0)\boldsymbol{\alpha}\neq\boldsymbol{0}$, 故必有 $\operatorname{rank}[\boldsymbol{N}_0(t)\quad \boldsymbol{N}_1(t)\quad\cdots\quad \boldsymbol{N}_{k-1}(t)]^\mathrm{T}<n$. 这与假设矛盾, 于是就证明了定理 3.5. □

例如, 令 $\boldsymbol{A}(t)=\begin{bmatrix}0&-1\\1&0\end{bmatrix}$, $\boldsymbol{C}(t)=[\cos t,\sin t]$, 则此系统在 $[0,t_\mathrm{f}]$ 上是不能观的.

证明 这时, 有 $\boldsymbol{N}_0(t)=\boldsymbol{C}(t)=[\cos t,\sin t]$, 而 $\boldsymbol{N}_1(t)=\boldsymbol{N}_0(t)\boldsymbol{A}(t)+\dot{\boldsymbol{N}}_0(t)=[\sin t,-\cos t]+[-\sin t,\cos t]=[0,0]$, 故 $\operatorname{rank}\begin{bmatrix}\cos t&\sin t\\0&0\end{bmatrix}<2$. 由定理 3.5 知, 此系统在 $[0,t_\mathrm{f}]$ 上是不能观的. □

对线性定常系统: $\dot{\boldsymbol{x}}(t)=\boldsymbol{A}\boldsymbol{x}(t),\boldsymbol{x}(t_0)=\boldsymbol{x}_0,\boldsymbol{y}(t)=\boldsymbol{C}\boldsymbol{x}(t)(t\geqslant t_0)$, 有如下的判别定理.

定理 3.6 对线性定常系统的能观性, 有下列等价的结果:

(1) 线性定常系统是能观的;

(2) $\operatorname{rank}[\boldsymbol{C}\quad \boldsymbol{CA}\quad\cdots\quad \boldsymbol{CA}^{n-1}]^\mathrm{T}=n$;

(3) 矩阵 $\tilde{\boldsymbol{V}}(t_0,t_\mathrm{f})=\int_{t_0}^{t_\mathrm{f}}\mathrm{e}^{\boldsymbol{A}^\mathrm{T}(s-t_0)}\boldsymbol{C}^\mathrm{T}\boldsymbol{C}\mathrm{e}^{\boldsymbol{A}(s-t_0)}\mathrm{d}s$ 是非奇异的;

(4) 由 $\boldsymbol{C}\mathrm{e}^{\boldsymbol{A}(s-t_0)}\boldsymbol{x}_0=0(t_0\leqslant s\leqslant t_\mathrm{f})$, 可导出 $\boldsymbol{x}_0=\boldsymbol{0}$.

证明　(1) ⇒ (2)　设线性定常系统是能观的, 即当且仅当 $\boldsymbol{y}(s)\equiv\boldsymbol{0}$, 对任意的 $s\in[t_0,t_{\mathrm{f}}]$ 可导出 $\boldsymbol{x}_0=\boldsymbol{0}$, 故有 $\boldsymbol{C}\mathrm{e}^{\boldsymbol{A}(s-t_0)}\boldsymbol{x}_0=\boldsymbol{0}$. 对任意的 $s\in[t_0,t_{\mathrm{f}}]$, 将上述等式关于 s 求导数, 再令 $s=t_0$, 得到关于 $\boldsymbol{x}_0$ 的线性齐次方程组

$$[\boldsymbol{C}\quad \boldsymbol{CA}\quad \cdots\quad \boldsymbol{CA}^{n-1}]^{\mathrm{T}}\boldsymbol{x}_0=0$$

可解出 $\boldsymbol{x}_0=\boldsymbol{0}$, 从而有 $\operatorname{rank}[\boldsymbol{C}\quad \boldsymbol{CA}\quad \cdots\quad \boldsymbol{CA}^{n-1}]^{\mathrm{T}}=n$. 若不然, 假定 $\operatorname{rank}[\boldsymbol{C}\quad \boldsymbol{CA}\quad \cdots\quad \boldsymbol{CA}^{n-1}]^{\mathrm{T}}<n$, 则关于 $\boldsymbol{x}_0$ 的方程组存在非零解 $\boldsymbol{x}_0\neq\boldsymbol{0}$. 再由 Cayley-Hamliton 定理知, 必有 $\boldsymbol{CA}^k\boldsymbol{x}_0\equiv\boldsymbol{0}(k=0,1,2,\cdots)$. 于是

$$\boldsymbol{y}(s)=\boldsymbol{Cx}(s)=\boldsymbol{C}\mathrm{e}^{\boldsymbol{A}(s-t_0)}\boldsymbol{x}_0=\sum_{k=0}^{\infty}\frac{(s-t_0)^k}{k!}\boldsymbol{CA}^k\boldsymbol{x}_0=0$$

对任意 $s\in[t_0,t_{\mathrm{f}}]$ 成立, 但导不出 $\boldsymbol{x}_0=\boldsymbol{0}$, 这显然与线性定常系统是能观的矛盾, 故 (2) 必成立.

(2) ⇒ (3)　设 (2) 成立. 由于 $\boldsymbol{y}(\cdot)$ 在 $[t_0,t_{\mathrm{f}}]$ 上的取值是已知的, 故有 $\boldsymbol{y}(s)=\boldsymbol{C}\mathrm{e}^{\boldsymbol{A}(s-t_0)}\boldsymbol{x}_0$, 对任意的 $s\in[t_0,t_{\mathrm{f}}]$ 是已知的, 当 $\boldsymbol{y}(s)\equiv\boldsymbol{0}$ 时, 有 $\int_{t_0}^{t_{\mathrm{f}}}\mathrm{e}^{\boldsymbol{A}^{\mathrm{T}}(s-t_0)}\boldsymbol{C}^{\mathrm{T}}\cdot\boldsymbol{C}\mathrm{e}^{\boldsymbol{A}(s-t_0)}\boldsymbol{x}_0\equiv\boldsymbol{0}$. 若 $\operatorname{rank}[\boldsymbol{C}\quad \boldsymbol{CA}\quad \cdots\quad \boldsymbol{CA}^{n-1}]^{\mathrm{T}}=n$, 则一定能导出 $\boldsymbol{x}_0=\boldsymbol{0}$, 即关于 $\boldsymbol{x}_0$ 的上述线性齐次方程组有零解. 因此系数矩阵 $\tilde{\boldsymbol{V}}(t_0,t_{\mathrm{f}})=\int_{t_0}^{t_{\mathrm{f}}}\mathrm{e}^{\boldsymbol{A}^{\mathrm{T}}(s-t_0)}\boldsymbol{C}^{\mathrm{T}}\cdot\boldsymbol{C}\mathrm{e}^{\boldsymbol{A}(s-t_0)}\mathrm{d}s$ 一定是可逆的, 即 (3) 成立.

(3) ⇒ (4)　设 (3) 成立. 这时 $\tilde{\boldsymbol{V}}^{-1}(t_0,t_{\mathrm{f}})$ 存在. 从 $\boldsymbol{y}(s)=\boldsymbol{C}\mathrm{e}^{\boldsymbol{A}(s-t_0)}\boldsymbol{x}_0$, 得到 $\boldsymbol{C}\mathrm{e}^{\boldsymbol{A}(s-t_0)}\boldsymbol{x}_0=\boldsymbol{y}(s)$, 且有

$$\int_{t_0}^{t_{\mathrm{f}}}\mathrm{e}^{\boldsymbol{A}^{\mathrm{T}}(s-t_0)}\boldsymbol{C}^{\mathrm{T}}\boldsymbol{C}\mathrm{e}^{\boldsymbol{A}(s-t_0)}\mathrm{d}s\,\boldsymbol{x}_0=\int_{t_0}^{t_{\mathrm{f}}}\mathrm{e}^{\boldsymbol{A}^{\mathrm{T}}(s-t_0)}\boldsymbol{C}^{\mathrm{T}}y(s)\mathrm{d}s$$

解得 $\boldsymbol{x}_0=\tilde{\boldsymbol{V}}^{-1}(t_0,t_{\mathrm{f}})\int_{t_0}^{t_{\mathrm{f}}}\mathrm{e}^{\boldsymbol{A}^{\mathrm{T}}(s-t_0)}\boldsymbol{C}^{\mathrm{T}}\boldsymbol{y}(s)\mathrm{d}s$, 且可由此式确定系统的初始状态 $\boldsymbol{x}_0$, 即线性定常系统是能观的. 故可由 $\boldsymbol{y}(s)=\boldsymbol{C}\mathrm{e}^{\boldsymbol{A}(s-t_0)}\boldsymbol{x}_0=\boldsymbol{0}(t_0\leqslant s\leqslant t_{\mathrm{f}})$, 导出 $\boldsymbol{x}_0=\boldsymbol{0}$, 因此 (4) 成立.

(4) ⇒ (1)　设 (4) 成立. 由 $\boldsymbol{y}(s)=\boldsymbol{C}\mathrm{e}^{\boldsymbol{A}(s-t_0)}\boldsymbol{x}_0=\boldsymbol{0}$, 对任意 $s\in[t_0,t_{\mathrm{f}}]$, 可导出 $\boldsymbol{x}_0=\boldsymbol{0}$, 因而由定义 3.2 可知, 线性定常系统是能观的, 即 (1) 成立. □

例 3.5　考虑如图 3.3 所示的电路. 取状态变量为电容 C 上的电压降 $x_1(t)$ 及电感 L 上的电流强度为 $x_2(t)$. 输入电压 $u(t)$ 是控制变量, 电流强度 $y(t)$ 作为输出. 试建立此系统的动态方程, 并证明: 若 $R_1=R_2=C=L$, 则系统既是不能控的又是不能观的.

解　由图 3.3 中左边的回路, 得到

$$\dot{x}_1(t)=-\frac{1}{R_1C}x_1(t)+\frac{1}{R_1C}u(t)$$

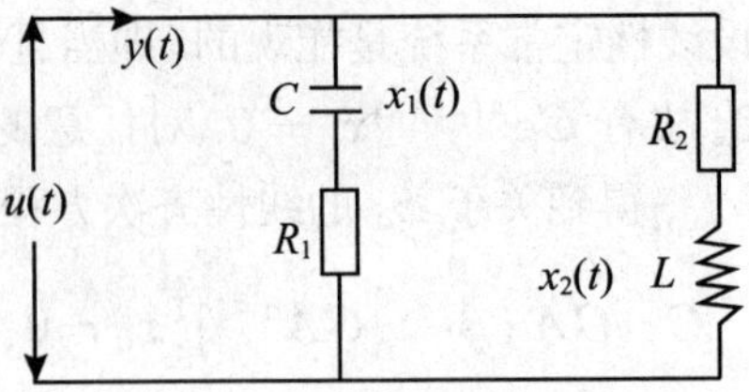

图 3.3

又由图 3.3 中右边的回路, 有

$$\dot{x}_2(t) = -\frac{1}{R_2L}x_2(t) + \frac{1}{R_2L}u(t)$$

且有 $y(t) = -\dfrac{1}{R_1}x_1(t) + x_2(t) + \dfrac{1}{R_1}u(t)$.

若令 $\boldsymbol{x}(t) = [x_1(t), x_2(t)]^{\mathrm{T}}$, 则可导出动态方程

$$\dot{\boldsymbol{x}}(t) = \begin{bmatrix} -\dfrac{1}{R_1C} & 0 \\ 0 & -\dfrac{1}{R_2L} \end{bmatrix}\boldsymbol{x}(t) + \begin{bmatrix} \dfrac{1}{R_1C} \\ \dfrac{1}{R_2L} \end{bmatrix}\boldsymbol{u}(t)$$

且 $\boldsymbol{y}(t) = [-1/R_1, 1]\boldsymbol{x}(t) + \dfrac{1}{R_1}\boldsymbol{u}(t)$.

因为 $n = 2$, 所以 $[\boldsymbol{B} \quad \boldsymbol{AB}] = \begin{bmatrix} \dfrac{1}{R_1C} & -\dfrac{1}{R_1^2C^2} \\ \dfrac{1}{R_2L} & -\dfrac{1}{R_2^2L^2} \end{bmatrix}$, 且 $\det[\boldsymbol{B} \quad \boldsymbol{A}^2\boldsymbol{B}] = 0$. 于是 $\operatorname{rank}[\boldsymbol{B} \quad \boldsymbol{AB}] = 1 < 2 = n$, 系统是不能控的; 又有 $[\boldsymbol{C} \quad \boldsymbol{CA}]^{\mathrm{T}} = \begin{bmatrix} -\dfrac{1}{R_1} & 1 \\ \dfrac{1}{R_1^2C} & -\dfrac{1}{R_2L} \end{bmatrix}$, 且 $\det[\boldsymbol{C} \quad \boldsymbol{CA}^2]^{\mathrm{T}} = 0$, 因此 $\operatorname{rank}[\boldsymbol{C} \quad \boldsymbol{CA}]^{\mathrm{T}} = 1 < 2 = n$, 系统是不能观的.

例 3.6 考虑例 2.6 所描述的地球赤道上人造卫星系统的能控性与能观性. 经过线性化后得到

$$\begin{cases} \dot{\boldsymbol{x}}(t) = \boldsymbol{Ax}(t) + \boldsymbol{Bu}(t) \\ \boldsymbol{y}(t) = \boldsymbol{C}(t)\boldsymbol{x}(t) \quad (t \geqslant 0) \end{cases}$$

这时只要离开标准的圆形轨道的偏差保持很小, 就可用此线性定常系统来分析与控制人造卫星的姿态问题. 由于状态 $\boldsymbol{x}_5(t)$, $\boldsymbol{x}_6(t)$ 及控制作用 $u_3(t)$ 与输出变量 $y_3(t)$ 和其他的量完全无关, 所以此系统是可分解的. 因此可按虚线将各个系数矩

阵分块. 于是可把原来的六阶系统分解为在赤道平面 (r,θ) 做运动的四阶系统:

$$\begin{bmatrix} \dot{x}_1(t) \\ \dot{x}_2(t) \\ \dot{x}_3(t) \\ \dot{x}_4(t) \end{bmatrix} = \begin{bmatrix} 0 & 1 & 0 & 0 \\ 3\omega^2 & 0 & 0 & 2\omega \\ 0 & 0 & 0 & 1 \\ 0 & -2\omega & 0 & 0 \end{bmatrix} \begin{bmatrix} x_1(t) \\ x_2(t) \\ x_3(t) \\ x_4(t) \end{bmatrix} + \begin{bmatrix} 0 & 0 \\ 1 & 0 \\ 0 & 0 \\ 0 & 1 \end{bmatrix} \begin{bmatrix} u_1(t) \\ u_2(t) \end{bmatrix}$$

且 $\begin{bmatrix} y_1(t) \\ y_2(t) \end{bmatrix} = \begin{bmatrix} 1 & 0 & 0 & 0 \\ 0 & 0 & 1 & 0 \end{bmatrix} \begin{bmatrix} x_1(t) \\ x_2(t) \\ x_3(t) \\ x_4(t) \end{bmatrix}$ 与描述人造卫星正交于此平面 φ 为方位角上运动的二阶系统

$$\begin{bmatrix} \dot{x}_5(t) \\ \dot{x}_6(t) \end{bmatrix} = \begin{bmatrix} 0 & 1 \\ -\omega^2 & 0 \end{bmatrix} \begin{bmatrix} x_5(t) \\ x_6(t) \end{bmatrix} + \begin{bmatrix} 0 \\ 1 \end{bmatrix} u_3(t)$$

且 $y_3(t) = [1,0] \begin{bmatrix} x_5(t) \\ x_6(t) \end{bmatrix}$.

现讨论在绕赤道飞行的同步卫星中, 能观测到的输出是距离 $r(t)$、仰角 $\theta(t)$ 的情况. 记 $\boldsymbol{x}(t) = [x_1(t),x_2(t),x_3(t),x_4(t)]^{\mathrm{T}}$, $\boldsymbol{u}(t) = [u_1(t),u_2(t)]^{\mathrm{T}}$,$\boldsymbol{y}(t) = [r(t),\theta(t)]^{\mathrm{T}}$, 则有

$$\dot{\boldsymbol{x}}(t) = \begin{bmatrix} 0 & 1 & 0 & 0 \\ 3\omega^2 & 0 & 0 & 2\omega \\ 0 & 0 & 0 & 1 \\ 0 & -2\omega & 0 & 0 \end{bmatrix} \boldsymbol{x}(t) + \begin{bmatrix} 0 & 0 \\ 1 & 0 \\ 0 & 0 \\ 0 & 1 \end{bmatrix} \boldsymbol{u}(t)$$

且 $\boldsymbol{y}(t) = \begin{bmatrix} 1 & 0 & 0 & 0 \\ 0 & 0 & 1 & 0 \end{bmatrix} \boldsymbol{x}(t)$. 试确定其能控性与能观性.

解　因 $n=4$, 故有

$$[\boldsymbol{B} \quad \boldsymbol{AB} \quad \boldsymbol{A}^2\boldsymbol{B} \quad \boldsymbol{A}^3\boldsymbol{B}] = \begin{bmatrix} 0 & 0 & 1 & 0 & \cdots \\ 1 & 0 & 0 & 2\omega & \cdots \\ 0 & 0 & 0 & 1 & \cdots \\ 0 & 1 & -2\omega & 0 & \cdots \end{bmatrix}$$

且

$$\det\begin{bmatrix}0&0&1&0\\1&0&0&2\omega\\0&0&0&1\\0&1&-2\omega&0\end{bmatrix}=-1\neq 0,\quad \operatorname{rank}[\boldsymbol{B}\quad \boldsymbol{AB}\quad \boldsymbol{A}^2\boldsymbol{B}\quad \boldsymbol{A}^3\boldsymbol{B}]=4$$

因此系统是能控的.

又有

$$\begin{bmatrix}\boldsymbol{C}\\\boldsymbol{CA}\\\boldsymbol{CA}^2\\\boldsymbol{CA}^3\end{bmatrix}=\begin{bmatrix}1&0&0&0\\0&0&1&0\\0&1&0&0\\0&0&0&1\\\vdots&\vdots&\vdots&\vdots\end{bmatrix},\quad 而\quad \det\begin{bmatrix}1&0&0&0\\0&0&1&0\\0&1&0&0\\0&0&0&1\end{bmatrix}=-1\neq 0$$

故 $\operatorname{rank}[\boldsymbol{C}\quad \boldsymbol{CA}\quad \boldsymbol{CA}^2\quad \boldsymbol{CA}^3]=4$, 因此系统也是能观的.

另外, 假定切线方向的观测装置发生故障, 以至只有径向的观测值可用, 此时, 仅由 $\boldsymbol{r}(t)$ 的观测值能否确定系统的状态? 这时, 输出方程为 $\boldsymbol{y}(t)=\boldsymbol{r}(t)=[1,0,0,0]\boldsymbol{x}(t)=\boldsymbol{C}_r\boldsymbol{x}(t)$. 从而有

$$\begin{bmatrix}\boldsymbol{C}_r\\\boldsymbol{C}_r\boldsymbol{A}\\\boldsymbol{C}_r\boldsymbol{A}^2\\\boldsymbol{C}_r\boldsymbol{A}^3\end{bmatrix}=\begin{bmatrix}1&0&0&0\\0&1&0&0\\3\omega^2&0&0&2\omega\\0&-\omega^2&0&0\end{bmatrix}$$

因为 $\operatorname{rank}[\boldsymbol{C}_r\quad \boldsymbol{C}_r\boldsymbol{A}\quad \boldsymbol{C}_r\boldsymbol{A}^2\quad \boldsymbol{C}_r\boldsymbol{A}^3]^{\mathrm{T}}<4$, 所以仅用 $\boldsymbol{r}(t)$ 时, 赤道上的同步卫星是不能观的. 由于 $[\boldsymbol{C}_r\quad \boldsymbol{C}_r\boldsymbol{A}\quad \boldsymbol{C}_r\boldsymbol{A}^2\quad \boldsymbol{C}_r\boldsymbol{A}^3]^{\mathrm{T}}$ 的第三列为零, 故 $\boldsymbol{\theta}(t)\neq\boldsymbol{0}$ 的任何状态都和 $\boldsymbol{\theta}(t)=\boldsymbol{0}$ 的对应状态无区别.

最后, 假定径向观测装置出现故障. 这时, 输出方程变为 $\boldsymbol{y}(t)=\boldsymbol{\theta}(t)=[0,0,1,0]\boldsymbol{x}(t)=\boldsymbol{C}_\theta\boldsymbol{x}(t)$, 且有

$$\begin{bmatrix}\boldsymbol{C}_\theta\\\boldsymbol{C}_\theta\boldsymbol{A}\\\boldsymbol{C}_\theta\boldsymbol{A}^2\\\boldsymbol{C}_\theta\boldsymbol{A}^3\end{bmatrix}=\begin{bmatrix}0&0&1&0\\0&0&0&1\\0&-2\omega&0&0\\-6\omega^3&0&0&-4\omega^2\end{bmatrix}$$

$$\det[\boldsymbol{C}_\theta\quad \boldsymbol{C}_\theta\boldsymbol{A}\quad \boldsymbol{C}_\theta\boldsymbol{A}^2\quad \boldsymbol{C}_\theta\boldsymbol{A}^3]^{\mathrm{T}}=-12\omega^4\neq 0$$

因而单独使用切线方向的观测值时, 赤道上的同步卫星是能观的.

3.3　能控性与能观性的对偶关系

本节介绍由 Kalman 提出的对偶原理. 考虑系统

$$S_1:\begin{cases}\dot{\boldsymbol{x}}(t)=\boldsymbol{A}(t)\boldsymbol{x}(t)+\boldsymbol{B}(t)\boldsymbol{u}(t)\\ \boldsymbol{y}(t)=\boldsymbol{C}(t)\boldsymbol{x}(t),\quad \boldsymbol{x}(t_0)=\boldsymbol{x}_0\quad (t\geqslant t_0)\end{cases}$$

其中 $\boldsymbol{x}(t)\in\mathbb{R}^n,\boldsymbol{u}(t)\in\mathbb{R}^m,\boldsymbol{y}(t)\in\mathbb{R}^r,\boldsymbol{A}(t)\in\mathbb{R}^{n\times n},\boldsymbol{B}(t)\in\mathbb{R}^{n\times m},\boldsymbol{C}(t)\in\mathbb{R}^{r\times n}$, 以及由下列方程定义的对偶系统

$$S_2:\begin{cases}\dot{\boldsymbol{x}}(t)=-\boldsymbol{A}^{\mathrm{T}}(t)\boldsymbol{x}(t)+\boldsymbol{C}^{\mathrm{T}}(t)\boldsymbol{u}(t)\\ \boldsymbol{y}(t)=\boldsymbol{B}^{\mathrm{T}}(t)\boldsymbol{x}(t),\quad \boldsymbol{x}(t_0)=\boldsymbol{x}_0\quad (t\geqslant t_0)\end{cases}$$

设 $\boldsymbol{x}(t)$ 是它们的解, 则有等式

$$\frac{\mathrm{d}}{\mathrm{d}t}[\boldsymbol{x}^{\mathrm{T}}(t)\boldsymbol{x}(t)]=\boldsymbol{u}^{\mathrm{T}}(t)\boldsymbol{C}(t)\boldsymbol{x}(t)+\boldsymbol{u}^{\mathrm{T}}(t)\boldsymbol{B}^{\mathrm{T}}(t)\boldsymbol{x}(t)$$

将上述等式的两端从 t_0 到 t 积分, 就导出两个线性系统 S_1 与 S_2 之间的对偶关系为

$$\boldsymbol{x}^{\mathrm{T}}(t)\boldsymbol{x}(t)-\boldsymbol{x}_0^{\mathrm{T}}\boldsymbol{x}_0=\int_{t_0}^{t}[\boldsymbol{u}^{\mathrm{T}}(s)\boldsymbol{C}(s)\boldsymbol{x}(s)+\boldsymbol{u}^{\mathrm{T}}(s)\boldsymbol{B}^{\mathrm{T}}(s)\boldsymbol{x}(s)]\mathrm{d}s$$

定理 3.7(对偶原理)　系统 S_1:

$$\begin{cases}\dot{\boldsymbol{x}}(t)=\boldsymbol{A}(t)\boldsymbol{x}(t)+\boldsymbol{B}(t)\boldsymbol{u}(t)\\ \boldsymbol{y}(t)=\boldsymbol{C}(t)\boldsymbol{x}(t),\quad \boldsymbol{x}(t_0)=\boldsymbol{x}_0\quad (t\geqslant t_0)\end{cases}$$

是能控的, 当且仅当系统 S_2:

$$\begin{cases}\dot{\boldsymbol{x}}(t)=-\boldsymbol{A}^{\mathrm{T}}(t)\boldsymbol{x}(t)+\boldsymbol{C}^{\mathrm{T}}(t)\boldsymbol{u}(t)\\ \boldsymbol{y}(t)=\boldsymbol{B}^{\mathrm{T}}(t)\boldsymbol{x}(t)\end{cases}$$

是能观的; 反之亦然.

证明　由能控性判别准则知, 系统 S_1 是能控的, 当且仅当存在时间 $t_{\mathrm{f}}>t_0$,

$$\boldsymbol{W}(t_0,t_{\mathrm{f}})=\int_{t_0}^{t_{\mathrm{f}}}\boldsymbol{\Phi}(t_0,s)\boldsymbol{B}(s)\boldsymbol{B}^{\mathrm{T}}(s)\boldsymbol{\Phi}^{\mathrm{T}}(t_0,s)\mathrm{d}s$$

是非奇异的. 这等价于

$$V(t_0,t_{\mathrm{f}})=\int_{t_0}^{t_{\mathrm{f}}}[\boldsymbol{\Phi}^{\mathrm{T}}(t_0,s)]^{\mathrm{T}}[\boldsymbol{B}^{\mathrm{T}}(s)]^{\mathrm{T}}\boldsymbol{B}^{\mathrm{T}}(s)\boldsymbol{\Phi}^{\mathrm{T}}(t_0,s)\mathrm{d}s$$

是非奇异的. 由第 2 章习题第 11 题知, 矩阵 $-\boldsymbol{A}^{\mathrm{T}}(t)$ 的状态转移矩阵为 $-\boldsymbol{\Phi}^{\mathrm{T}}(t_0,t)$, 故上式恰好是对偶系统 S_2 能观性的充要条件.

$$V(t_0,t_{\mathrm{f}})=\int_{t_0}^{t_{\mathrm{f}}}\boldsymbol{\Phi}(t_0,s)\boldsymbol{B}(s)\boldsymbol{B}^{\mathrm{T}}(s)\boldsymbol{\Phi}^{\mathrm{T}}(t_0,s)\mathrm{d}s$$

反之亦然.

定理 3.8 当 $\boldsymbol{A},\boldsymbol{B}$ 和 $\boldsymbol{C}$ 是常数矩阵时, 系统 S_1 是能控的, 当且仅当系统 S_2 是能观的; 反之亦然.

证明 由能控性判别准则知, 系统 S_1 是能控的当且仅当 $\mathrm{rank}[\boldsymbol{B}\quad \boldsymbol{AB}\quad \cdots\quad \boldsymbol{A}^{n-1}\boldsymbol{B}]=n$, 这就等价于 $\mathrm{rank}[\boldsymbol{B}\quad \boldsymbol{AB}\quad \cdots\quad \boldsymbol{A}^{n-1}\boldsymbol{B}]^{\mathrm{T}}=n$. 这恰好是对偶系统 S_2 能观性的充分必要条件. 这是因为 $\det[\boldsymbol{B}\quad \boldsymbol{AB}\quad \cdots \boldsymbol{A}^{n-1}\boldsymbol{B}]^{\mathrm{T}}=\det[\boldsymbol{B}\quad \boldsymbol{AB}\quad \cdots\quad \boldsymbol{A}^{n-1}\boldsymbol{B}]=\det[\boldsymbol{B}\quad -\boldsymbol{AB}\quad \cdots\quad (-\boldsymbol{A})^{n-1}\boldsymbol{B}]^{\mathrm{T}}(-1)^{n(n-1)/2}\neq 0$, 故有 $\mathrm{rank}[\boldsymbol{B}\quad -\boldsymbol{AB}\quad \cdots\quad (-\boldsymbol{A})^{n-1}\boldsymbol{B}]^{\mathrm{T}}=n$.

若不考虑对偶关系, 可把对偶系统 S_2 直接写成

$$\dot{\boldsymbol{x}}(t)=\boldsymbol{A}^{\mathrm{T}}(t)\boldsymbol{x}(t)+\boldsymbol{C}^{\mathrm{T}}(t)\boldsymbol{u}(t),\quad \boldsymbol{y}(t)=\boldsymbol{B}^{\mathrm{T}}(t)\boldsymbol{x}(t)$$

3.4 线性定常控制系统的分解

定理 3.9 设线性定常控制系统

$$\begin{cases}\dot{\boldsymbol{x}}(t)=\boldsymbol{Ax}(t)+\boldsymbol{Bu}(t), & \boldsymbol{x}(0)=\boldsymbol{x}_0\\ \boldsymbol{y}(t)=\boldsymbol{Cx}(t) & (t\geqslant 0)\end{cases}$$

是不能观的, 则有

$$\dot{\boldsymbol{x}}(t)=\begin{bmatrix}\dot{x}_1(t)\\ \dot{x}_2(t)\end{bmatrix}=\begin{bmatrix}A_1 & 0\\ A_2 & A_3\end{bmatrix}\begin{bmatrix}x_1(t)\\ x_2(t)\end{bmatrix}+\begin{bmatrix}B_1\\ B_2\end{bmatrix}\boldsymbol{u}(t) \tag{3.4.1}$$

且 $\boldsymbol{y}(t)=[C_1,0]\begin{bmatrix}x_1(t)\\ x_2(t)\end{bmatrix}$.

证明　应用对偶定理, 从定理 3.3(1) 立即得证. 式 (3.4.1) 通常称为线性定常控制系统的能观性分解. □

应用定理 3.3(1) 和定理 3.9, 可将线性定常系统分解为四部分: 第一部分是能控的, 不能观的; 第二部分是既能控又能观的; 第三部分是既不能控又不能观的; 第四部分是能观的, 不能控的. 即有如下定理:

定理 3.10　线性定常系统 $\dot{\boldsymbol{x}}(t)=\boldsymbol{A}\boldsymbol{x}(t)+\boldsymbol{B}\boldsymbol{u}(t)$, $\boldsymbol{y}(t)=\boldsymbol{C}\boldsymbol{x}(t)$ 可分解为

$$\begin{bmatrix}\dot{x}_1(t)\\\dot{x}_2(t)\\\dot{x}_3(t)\\\dot{x}_4(t)\end{bmatrix}=\begin{bmatrix}A_{11}&A_{12}&A_{13}&A_{14}\\0&A_{22}&0&A_{24}\\0&0&A_{33}&A_{34}\\0&0&0&A_{44}\end{bmatrix}\begin{bmatrix}x_1(t)\\x_2(t)\\x_3(t)\\x_4(t)\end{bmatrix}+\begin{bmatrix}B_1\\B_2\\0\\0\end{bmatrix}\boldsymbol{u}(t)$$

且 $\boldsymbol{y}(t)=[0,C_2,0,C_4]\,[x_1(t),x_2(t),x_3(t),x_4(t)]^{\mathrm{T}}$.

证明　先将原来的系统作能控性分解, 即应用定理 3.3(1), 有

$$\begin{bmatrix}\dot{z}_1(t)\\\dot{z}_2(t)\end{bmatrix}=\begin{bmatrix}A_1&A_2\\0&A_3\end{bmatrix}\begin{bmatrix}z_1(t)\\z_2(t)\end{bmatrix}+\begin{bmatrix}\bar{B}_1\\0\end{bmatrix}\boldsymbol{u}(t)$$

且 $y(t)=[\bar{C}_1,\bar{C}_2]\begin{bmatrix}z_1(t)\\z_2(t)\end{bmatrix}$. 这时, 有

$$\begin{cases}\dot{z}_1(t)=A_1z_1(t)+A_2z_2(t)+\bar{B}_1u(t)\\\dot{z}_2(t)=A_3z_3(t)\end{cases}$$

以及 $y(t)=\bar{C}_1z_1(t)+\bar{C}_2z_2(t)$.

其次, 再将状态 $z_1(t)$ 分解为不能观的部分 $x_1(t)$ 与能观的部分 $x_2(t)$, 并应用对偶定理, 而将状态 $z_2(t)$ 分解为不能控且不能观的部分 $x_3(t)$ 与不能控但能观的部分 $x_4(t)$, 共有四部分. 对 $z_1(t)$, 得到

$$\begin{bmatrix}\dot{x}_1(t)\\\dot{x}_2(t)\end{bmatrix}=\begin{bmatrix}A_{11}&A_{12}\\0&A_{22}\end{bmatrix}\begin{bmatrix}x_1(t)\\x_2(t)\end{bmatrix}+\begin{bmatrix}A_{13}&A_{14}\\0&A_{24}\end{bmatrix}\begin{bmatrix}x_3(t)\\x_4(t)\end{bmatrix}+\begin{bmatrix}B_1\\B_2\end{bmatrix}\boldsymbol{u}(t)$$

$$y_1(t)=[0,C_2]\begin{bmatrix}x_1(t)\\x_2(t)\end{bmatrix}.$$

对 $z_2(t)$, 得到

$$\begin{bmatrix}\dot{x}_3(t)\\\dot{x}_4(t)\end{bmatrix}=\begin{bmatrix}A_{33}&A_{34}\\0&A_{44}\end{bmatrix}\begin{bmatrix}x_3(t)\\x_4(t)\end{bmatrix}$$

$$y_2(t)=[0,C_4]\begin{bmatrix}x_3(t)\\x_4(t)\end{bmatrix}$$

将它们合并为一个矩阵, 则有形式

$$\begin{bmatrix}\dot{x}_1(t)\\\dot{x}_2(t)\\\dot{x}_3(t)\\\dot{x}_4(t)\end{bmatrix}=\begin{bmatrix}A_{11}&A_{12}&A_{13}&A_{14}\\0&A_{22}&0&A_{24}\\0&0&A_{33}&A_{34}\\0&0&0&A_{44}\end{bmatrix}\begin{bmatrix}x_1(t)\\x_2(t)\\x_3(t)\\x_4(t)\end{bmatrix}+\begin{bmatrix}B_1\\B_2\\0\\0\end{bmatrix}\boldsymbol{u}(t)$$

$$y(t)=[0,C_2,0,C_4]\begin{bmatrix}x_1(t)\\x_2(t)\\x_3(t)\\x_4(t)\end{bmatrix}$$ □

根据定理 3.10 知, 线性定常系统的传递矩阵为

$$\begin{aligned}\boldsymbol{F}(s)=&[0,C_2,0,C_1]\\&\cdot\begin{bmatrix}(sI_1-A_{11})^{-1}&*&*&*\\0&(sI_2-A_{22})^{-1}&*&*\\0&0&(sI_3-A_{33})^{-1}&*\\0&0&0&(sI_4-A_{44})^{-1}\end{bmatrix}\begin{bmatrix}B_1\\B_2\\0\\0\end{bmatrix}\\=&\boldsymbol{C}_2(s\boldsymbol{I}_2-\boldsymbol{A}_{22})^{-1}\boldsymbol{B}_2\end{aligned}$$

这表明: 传递矩阵一般不能描述整个系统的动态特性, 仅能描述系统中能控且能观的部分.

另外, 若作线性的状态反馈

$$u(t)=K_1x_1(t)+K_2x_2(t)+K_3x_3(t)+K_4x_4(t)$$

应用分解表达式, 闭环的系数矩阵为

$$\begin{bmatrix}A_{11}+B_1K_1&A_{12}+B_1K_2&A_{13}&A_{14}\\B_2K_1&A_{22}+B_2K_2&0&A_{24}\\0&0&A_{33}&A_{34}\\0&0&0&A_{44}\end{bmatrix}$$

这就表明对不能控部分的特征值应用线性状态反馈, 其值是不能改变的.

3.5 离散时间线性系统的能控性与能观性

对于离散时间线性定常系统

$$\boldsymbol{x}_{k+1}=\boldsymbol{A}\boldsymbol{x}_k+\boldsymbol{B}\boldsymbol{u}_k \quad (k\geqslant 0)$$

假设 $\boldsymbol{A}$ 不是幂零的, 若对给定任意的状态 $\boldsymbol{x}_0$, 存在正整数 n 及控制序列 $\boldsymbol{u}_0,\boldsymbol{u}_1,\cdots,\boldsymbol{u}_{n-1}$, 使得当初始状态为 $\boldsymbol{x}_0$ 时, 有 $\boldsymbol{x}_n=\boldsymbol{0}$, 则称此离散时间系统是能控的.

系统能控的充要条件是 $\operatorname{rank}[\boldsymbol{B}\quad \boldsymbol{AB}\quad \cdots\quad \boldsymbol{A}^{n-1}\boldsymbol{B}]=n$.

事实上, 有

$$\boldsymbol{0}=\boldsymbol{x}_n=\boldsymbol{A}^n\boldsymbol{x}_0+\sum_{i=0}^{n-1}\boldsymbol{A}^{n-i-1}\boldsymbol{B}\boldsymbol{u}_i$$

或者

$$[\boldsymbol{B}\quad \boldsymbol{AB}\quad \cdots\quad \boldsymbol{A}^{n-1}\boldsymbol{B}]\begin{bmatrix} u_0\\ u_1\\ \vdots\\ u_{n-1}\end{bmatrix}=-\boldsymbol{A}^n\boldsymbol{x}_0$$

这时, 此非齐次方程有非零解的充要条件为 $\operatorname{rank}[\boldsymbol{B}\quad \boldsymbol{AB}\quad \cdots\quad \boldsymbol{A}^{n-1}\boldsymbol{B}]=n$. 这也是判别离散时间线性定常系统是否能控的充要条件.

对于离散时间系统

$$\begin{cases}\boldsymbol{x}_{k+1}=\boldsymbol{A}\boldsymbol{x}_k+\boldsymbol{B}\boldsymbol{u}_k\\ \boldsymbol{y}_k=\boldsymbol{C}\boldsymbol{x}_k+\boldsymbol{D}\boldsymbol{u}_k \quad (k\geqslant 0)\end{cases}$$

若设 $\boldsymbol{u}_k=\boldsymbol{0}(k\geqslant 0)$, 则得到 $\boldsymbol{y}_k=\boldsymbol{C}\boldsymbol{A}^k\boldsymbol{x}_0$. 于是, 此离散时间系统是能观的, 当且仅当对某个正整数 n, 由 $\boldsymbol{y}_0=\boldsymbol{0},\cdots,\boldsymbol{y}_{n-1}=\boldsymbol{0}$ 可导出 $\boldsymbol{x}_0=\boldsymbol{0}$.

此离散时间系统能观的充要条件是

$$\operatorname{rank}[\boldsymbol{C}\quad \boldsymbol{CA}\quad \cdots\quad \boldsymbol{C}\boldsymbol{A}^{n-1}]^{\mathrm{T}}=n$$

实际上, 从 $\boldsymbol{C}\boldsymbol{A}^k\boldsymbol{x}_0=\boldsymbol{0}(k=0,1,\cdots,n-1)$, 有 $[\boldsymbol{C}\quad \boldsymbol{CA}\quad \cdots\quad \boldsymbol{C}\boldsymbol{A}^{n-1}]^{\mathrm{T}}\boldsymbol{x}_0=\boldsymbol{0}$.

于是, 此离散时间系统能观的充要条件为

$$\operatorname{rank}[\boldsymbol{C} \quad \boldsymbol{C}\boldsymbol{A} \quad \cdots \quad \boldsymbol{C}\boldsymbol{A}^{n-1}]^{\mathrm{T}} = n$$

对于连续时间的线性定常系统

$$\begin{cases} \dot{\boldsymbol{x}}(t) = \boldsymbol{A}\boldsymbol{x}(t) + \boldsymbol{B}\boldsymbol{u}(t) \\ \boldsymbol{y}(t) = \boldsymbol{C}\boldsymbol{x}(t) \quad (t \geqslant 0) \end{cases}$$

现用采样周期 $\theta > 0$ 进行离散化后, 得离散时间线性定常系统为

$$\begin{cases} \boldsymbol{x}_{k+1} = \boldsymbol{A}_1\boldsymbol{x}_k + \boldsymbol{B}_1\boldsymbol{u}_k \\ \boldsymbol{y}_k = \boldsymbol{C}_1\boldsymbol{x}_k \quad (k \geqslant 0) \end{cases}$$

其中 $\boldsymbol{A}_1 = \exp(\boldsymbol{A}\theta), \boldsymbol{B}_1 = \int_0^\theta \exp(\boldsymbol{A}s)\mathrm{d}s\boldsymbol{B}$, $\boldsymbol{C}_1 = \boldsymbol{C}\boldsymbol{A}_1$.

例如, 考虑连续时间线性定常系统

$$\begin{cases} \dot{\boldsymbol{x}}(t) = \begin{bmatrix} 0 & 1 \\ -1 & 0 \end{bmatrix} \boldsymbol{x}(t) + \begin{bmatrix} 0 \\ 1 \end{bmatrix} \boldsymbol{u}(t) \\ \boldsymbol{y}(t) = [1,0]\boldsymbol{x}(t) \quad (t \geqslant 0) \end{cases}$$

因为 $\operatorname{rank}[\boldsymbol{B} \quad \boldsymbol{A}\boldsymbol{B}] = \operatorname{rank}\begin{bmatrix} 0 & 1 \\ 1 & 0 \end{bmatrix} = 2 = n$ 及 $\operatorname{rank}[\boldsymbol{C} \quad \boldsymbol{C}\boldsymbol{A}]^{\mathrm{T}} = \operatorname{rank}\begin{bmatrix} 1 & 0 \\ 0 & 1 \end{bmatrix}$ $= 2 = n$, 所以系统是既能控又能观的.

下面用采样周期 $\theta > 0$ 将它离散化. 这时, 有

$$\exp(\boldsymbol{A}\theta) = \begin{bmatrix} \cos\theta & \sin\theta \\ -\sin\theta & \cos\theta \end{bmatrix} = \mathcal{A}$$

$$\mathcal{B} = \int_0^\theta \begin{bmatrix} \cos\tau & \sin\tau \\ -\sin\tau & \cos\tau \end{bmatrix} \mathrm{d}\tau \begin{bmatrix} 0 \\ 1 \end{bmatrix} = \begin{bmatrix} 1-\cos\theta \\ \sin\theta \end{bmatrix}$$

$$\boldsymbol{C}_1 = [\cos\theta, \sin\theta]$$

故有 $\det[\mathcal{B} \quad \mathcal{A}\mathcal{B}] = -2\sin\theta(1-\cos\theta)$.

当 $\theta = n\pi$, 对任意的正整数 n, $\det[\mathcal{B} \quad \mathcal{A}\mathcal{B}]$ 都为零. 同样得到 $\det\begin{bmatrix} \boldsymbol{C}_1 \\ \boldsymbol{C}_1\mathcal{A} \end{bmatrix} =$ $\sin\theta$. 这表明离散化后能控性与能观性都可能降低.

习 题 3

1. 设 $\boldsymbol{f}(t)$ 是 t 的连续函数. 证明:

$$\dot{\boldsymbol{x}}(t)=\boldsymbol{A}(t)\boldsymbol{x}(t)+\boldsymbol{B}(t)\boldsymbol{u}(t)+\boldsymbol{f}(t),\quad \boldsymbol{x}(t_0)=\boldsymbol{x}_0\quad (t\geqslant t_0)$$

的能控性与函数 $\boldsymbol{f}(t)$ 是无关的.

2. 设系统 $\dot{\boldsymbol{x}}(t)=\boldsymbol{A}(t)\boldsymbol{x}(t)+\boldsymbol{B}(t)\boldsymbol{u}(t),\boldsymbol{x}(t_0)=\boldsymbol{x}_0(t\geqslant t_0)$ 是能控的.

(1) 对任意的状态 $\boldsymbol{x}_0,\boldsymbol{x}_1\in\mathbb{R}^n$, 有控制作用

$$\boldsymbol{u}(s)=-\boldsymbol{B}^{\mathrm{T}}(s)\boldsymbol{\Phi}^{\mathrm{T}}(t_0,s)\boldsymbol{W}^{-1}(t_0,\tau)[\boldsymbol{x}_0-\boldsymbol{\Phi}(t_0,\tau)\boldsymbol{x}_1]$$

$(t_0\leqslant s\leqslant\tau,\ \tau>t_0)$, 使 $\boldsymbol{x}_0$ 转移到 $\boldsymbol{x}_1$;

(2) 经时间 $\tau>t_0$, 使 $\boldsymbol{x}_0$ 转移到 $\boldsymbol{x}_1$ 的所有控制作用 $\tilde{\boldsymbol{u}}(s)(t_0\leqslant s\leqslant\tau)$ 中, 有 $\int_{t_0}^{\tau}|\tilde{\boldsymbol{u}}(s)|^2\mathrm{d}s\geqslant\int_{t_0}^{\tau}|\boldsymbol{u}(s)|^2\mathrm{d}s$, 即采用 (1) 中的 $\boldsymbol{u}(s)(t_0\leqslant s\leqslant\tau)$, $\int_{t_0}^{\tau}|\boldsymbol{u}(s)|^2\mathrm{d}s$ 的值最小;

(3) 如果 $\tilde{\boldsymbol{u}}(s)=-\boldsymbol{B}^{\mathrm{T}}(s)\boldsymbol{\Phi}^{\mathrm{T}}(\tau,s)\boldsymbol{Q}^{-1}(t_0,\tau)[\boldsymbol{\Phi}(\tau,t_0)\boldsymbol{x}_0-\boldsymbol{x}_1]$, 则有 $\tilde{\boldsymbol{u}}(s)=\boldsymbol{u}(s)$, 其中

$$\boldsymbol{Q}(t_0,\tau)=\int_{t_0}^{\tau}\boldsymbol{\Phi}(\tau,s)\boldsymbol{B}(s)\boldsymbol{B}^{\mathrm{T}}(s)\boldsymbol{\Phi}^{\mathrm{T}}(\tau,s)\mathrm{d}s$$

3. 讨论下列线性时变系统的能控性:

(1) $\dot{\boldsymbol{x}}(t)=\begin{bmatrix}0&-1\\1&0\end{bmatrix}\boldsymbol{x}(t)+\begin{bmatrix}\cos t\\\sin t\end{bmatrix}\boldsymbol{u}(t),\boldsymbol{x}(0)=\boldsymbol{x}_0(t\geqslant 0)$;

(2) $\dot{\boldsymbol{x}}(t)=\begin{bmatrix}0&0\\t&1/t\end{bmatrix}\boldsymbol{x}(t)+\begin{bmatrix}0&1\\t&0\end{bmatrix}\boldsymbol{u}(t),\boldsymbol{x}(t_0)=\boldsymbol{x}_0(t\geqslant t_0>0)$;

(3) $\dot{\boldsymbol{x}}(t)=\begin{bmatrix}t&1&0\\0&t&0\\0&0&t^2\end{bmatrix}\boldsymbol{x}(t)+\begin{bmatrix}0\\1\\1\end{bmatrix}\boldsymbol{u}(t),\boldsymbol{x}(t_0)=\boldsymbol{x}_0(t\geqslant t_0>0)$.

4. 证明: 若线性定常系统 $\dot{\boldsymbol{x}}(t)=\boldsymbol{A}\boldsymbol{x}(t)+\boldsymbol{B}\boldsymbol{u}(t),\boldsymbol{x}(t_0)=\boldsymbol{x}_0(t\geqslant t_0)$ 是能控的, 则在非奇异的线性变换下得到的系统也是能控的; 反之也成立.

5. 设有线性定常系统 $\dot{\boldsymbol{x}}(t)=\boldsymbol{A}\boldsymbol{x}(t)+\boldsymbol{B}\boldsymbol{u}(t)(t\geqslant t_0)$. 假设 $\mathrm{rank}\boldsymbol{B}=m$, 以及 $\boldsymbol{B}\boldsymbol{B}^{\mathrm{T}}=\boldsymbol{I}$, 证明: 存在时间 $\tau>t_0$, 在控制 $\boldsymbol{u}(s)(t_0\leqslant s\leqslant\tau)$ 的作用下从状态 $\boldsymbol{x}_1$ 转移到状态 $\boldsymbol{x}_2$. 其中 $\boldsymbol{A}\in\mathbb{R}^{n\times n},\boldsymbol{B}\in\mathbb{R}^{n\times m},\boldsymbol{x}(t)\in\mathbb{R}^n$.

6. (1) 写出系统 $\ddot{\boldsymbol{z}}(t)=\boldsymbol{u}(t),\boldsymbol{z}(0)=\boldsymbol{\xi}_1,\dot{\boldsymbol{z}}(0)=\boldsymbol{\xi}_2([\xi_1,\xi_2]^{\mathrm{T}}\in\mathbb{R}^2)$ 的状态方程.

(2) 证明: 此系统的控制矩阵 $\boldsymbol{W}(0,\tau)$ 对任意的 $\tau>0$ 是非奇异的.

(3) 求出将状态 $[\xi_1,\xi_2]^{\mathrm{T}}\in\mathbb{R}^2$ 转移到零的控制作用 $\boldsymbol{u}(s)(0\leqslant s\leqslant\tau)$ 及最小值 $\int_0^\tau|\boldsymbol{u}(s)|^2\mathrm{d}s=m$. 考虑 $\xi_1=1,\xi_2=0$ 的情形.

7. 设状态空间为 $\mathbb{R}^n$ 的线性定常系统 $\dot{\boldsymbol{x}}(t)=\boldsymbol{A}\boldsymbol{x}(t)+\boldsymbol{B}\boldsymbol{u}(t)(t\geqslant t_0)$ 是能控的, $\boldsymbol{A}\in\mathbb{R}^{n\times n},\boldsymbol{B}\in\mathbb{R}^{n\times m}$. 证明: 具有状态空间 $\mathbb{R}^{n+m}$ 的线性定常系统

$$\begin{cases}\dot{\boldsymbol{x}}(t)=\boldsymbol{A}\boldsymbol{x}(t)+\boldsymbol{B}\boldsymbol{v}(t)\\ \dot{\boldsymbol{v}}(t)=\boldsymbol{I}_m\boldsymbol{u}(t)\quad(t\geqslant t_0)\end{cases}$$

也是能控的.

8. 在第 2 章习题第 4 题中, 令 $M_1=M_2=1,K_1=K_2=1/2$, 试确定此系统的能控性.

9. 对下列线性定常系统, 试确定参数 α 的值, 使系统不能控:

(1) $$\dot{\boldsymbol{x}}(t)=\begin{bmatrix}-1&1&-1\\0&-1&\alpha\\0&1&3\end{bmatrix}\boldsymbol{x}(t)+\begin{bmatrix}0\\2\\1\end{bmatrix}\boldsymbol{u}(t),\boldsymbol{x}(t_0)=\boldsymbol{x}_0(t\geqslant t_0);$$

(2) $$\dot{\boldsymbol{x}}(t)=\begin{bmatrix}2&\alpha-3\\0&2\end{bmatrix}\boldsymbol{x}(t)+\begin{bmatrix}1&1\\0&\alpha^2-\alpha\end{bmatrix}\boldsymbol{u}(t),\boldsymbol{x}(t_0)=\boldsymbol{x}_0(t\geqslant t_0).$$

让第一个控制变量 $u_1(t)$ 停止工作, 由第二个控制变量 $u_2(t)$ 完成余下的工作. α 取何值时, 系统不能控?

10. 证明: 对线性定常系统, 定理 3.2 的条件是必要的.

11. 设 $\boldsymbol{V}(t,\tau)=\int_t^\tau\boldsymbol{\Phi}^{\mathrm{T}}(s,t)\boldsymbol{C}^{\mathrm{T}}(s)\boldsymbol{C}(s)\boldsymbol{\Phi}(s,t)\mathrm{d}s$, 则对 $t_0\leqslant t\leqslant\tau$, $\boldsymbol{V}(t,\tau)$ 是矩阵微分方程

$$\begin{cases}\dot{\boldsymbol{V}}(t,\tau)=-\boldsymbol{A}^{\mathrm{T}}(t)\boldsymbol{V}(t,\tau)-\boldsymbol{V}(t,\tau)\boldsymbol{A}(t)-\boldsymbol{C}^{\mathrm{T}}(t)\boldsymbol{C}(t)\\ \boldsymbol{V}(\tau,\tau)=\boldsymbol{0}\end{cases}$$

的解.

12. 设有动态系统

$$\begin{cases}\dot{\boldsymbol{x}}(t)=\begin{bmatrix}\lambda_1&0&0&\cdots&0\\0&\lambda_2&0&\cdots&0\\\vdots&\vdots&\vdots&&\vdots\\0&0&0&\cdots&\lambda_n\end{bmatrix}\boldsymbol{x}(t)+\begin{bmatrix}b_1\\b_2\\\vdots\\b_n\end{bmatrix}\boldsymbol{u}(t)\\ \boldsymbol{y}(t)=[C_1,C_2,\cdots,C_n]\boldsymbol{x}(t)\quad(t\geqslant t_0)\end{cases}$$

其中 $\lambda_i, b_i, C_i (i=1,2,\cdots,n)$ 都是实数, 问系统既能控又能观的充要条件是什么?

13. 对例 2.3, 假设 $M>0, K\geqslant 0, B\geqslant 0$ 都是常数.

(1) 若 $y(t)=x_1(t)$, 系统是否是能观的?

(2) 若 $y(t)=x_2(t)$, 系统能观的充要条件是什么?

(3) 若 $y(t)=\dot{x}_2(t)$, 系统能观的充要条件又是什么?

14. 设线性定常系统

$$\begin{cases} \dot{\boldsymbol{x}}(t)=\boldsymbol{A}\boldsymbol{x}(t)+\boldsymbol{B}\boldsymbol{u}(t), \quad \boldsymbol{x}(t_0)=\boldsymbol{x}_0 \\ \boldsymbol{y}(t)=\boldsymbol{C}\boldsymbol{x}(t) \quad (t\geqslant t_0) \end{cases}$$

是既能控又能观的, 证明:

$$\operatorname{rank}[\boldsymbol{C} \quad \boldsymbol{C}\boldsymbol{A} \quad \cdots \quad \boldsymbol{C}\boldsymbol{A}^{n-1}]^{\mathrm{T}}[\boldsymbol{B} \quad \boldsymbol{A}\boldsymbol{B} \quad \cdots \quad \boldsymbol{A}^{n-1}\boldsymbol{B}]=n$$

15. 设线性定常系统的初始状态 $\boldsymbol{x}_0$ 是不能观的, 且 $[\boldsymbol{C} \quad \boldsymbol{C}\boldsymbol{A} \quad \cdots \quad \boldsymbol{C}\boldsymbol{A}^{n-1}]^{\mathrm{T}} \cdot\boldsymbol{x}_0\equiv\boldsymbol{0}$. 证明: 对一切的 $t\geqslant t_0$, 有 $\boldsymbol{y}(t)\equiv\boldsymbol{0}$.

16. 证明: 线性定常系统 $\dot{\boldsymbol{x}}(t)=\boldsymbol{A}\boldsymbol{x}(t)+\boldsymbol{B}\boldsymbol{u}(t)(t\geqslant t_0)$ 的状态能控的必要条件是 $\operatorname{rank}[\boldsymbol{A} \quad \boldsymbol{B}]=n$. 举例说明是不充分的, 并写出它的对偶形式, 其中 $\boldsymbol{A}\in\mathbb{R}^{n\times n}, \boldsymbol{B}\in\mathbb{R}^{n\times m}, \boldsymbol{x}(t)\in\mathbb{R}^n, \boldsymbol{u}(t)\in\mathbb{R}^m$.

17. 设有离散时间线性定常系统 $\boldsymbol{x}_{k+1}=\boldsymbol{A}\boldsymbol{x}_k+\boldsymbol{B}\boldsymbol{u}_k(k\geqslant k_0)$. 当 A 是非奇异的时, 证明: 存在正整数 n, 控制序列 $\boldsymbol{u}_{k_0}, \boldsymbol{u}_{k_0+1}, \cdots, \boldsymbol{u}_{k_0+n-1}$, 把 $\boldsymbol{x}_{k_0}=\boldsymbol{x}_0$ 转移到 $\boldsymbol{x}_n=\boldsymbol{x}_{\mathrm{f}}$, 并将 $\boldsymbol{x}_0-\boldsymbol{A}^{k_0-n}\boldsymbol{x}_{\mathrm{f}}$ 转移到零.

18. 对离散时间线性时变系统

$$\boldsymbol{x}_{k+1}=\mathcal{A}\boldsymbol{x}_k+\mathcal{B}u_k \quad (k\geqslant k_0).$$

若记

$$\boldsymbol{W}(0,n)=\sum_{i=k_0}^{n-1}\boldsymbol{\Phi}(k_0,i+1)\mathcal{B}\mathcal{B}^{\mathrm{T}}\boldsymbol{\Phi}^{\mathrm{T}}(k_0,i+1)$$

且假设是非奇异的, 证明: 存在正整数 n 与控制序列 $u_i(i=k_0,k_0+1,\cdots,k_0+n-1)$, 将 $\boldsymbol{x}_{k_0}=\boldsymbol{x}_0$ 转移到 $\boldsymbol{x}_n=\boldsymbol{x}_{\mathrm{f}}$.

19. 设离散时间线性定常系统为

$$\boldsymbol{x}_{k+1}=\boldsymbol{A}\boldsymbol{x}_k, \quad y_k=\boldsymbol{C}\boldsymbol{x}_k \quad (k\geqslant 0)$$

其中 $\boldsymbol{A}\in\mathbb{R}^{n\times n}, \boldsymbol{C}\in\mathbb{R}^{1\times n}$ 是能观的. 证明: 初始状态 $\boldsymbol{x}_0$ 能用 $y_0, y_1, \cdots, y_{n-1}$ 和

$$\begin{bmatrix} \boldsymbol{C} \\ \boldsymbol{CA} \\ \vdots \\ \boldsymbol{CA}^{n-1} \end{bmatrix}^{-1}$$ 表示.

若 $\boldsymbol{A}=\begin{bmatrix} 1 & 0 & -1 \\ 2 & 0 & -2 \\ 0 & 1 & -3 \end{bmatrix}$, $\boldsymbol{C}=[1,1,-1]$, $y_0=-2, y_1=4, y_2=-1$, 试确定 $\boldsymbol{x}_0$.

20. 设离散时间定常系统为

$$\boldsymbol{x}_{k+1}=\begin{bmatrix} 1 & 1 \\ -1 & 2 \end{bmatrix}\boldsymbol{x}_k+\begin{bmatrix} 1 \\ 1 \end{bmatrix}u_k \quad (k\geqslant 0)$$

(1) 证明该系统是能控的.

(2) 若初始状态为零, 且对一切 $k\geqslant 0$, 有 $|\boldsymbol{u}_k|\leqslant 1$, 当 $k=0,1,2$ 时, 试确定由控制序列 $\boldsymbol{u}_0,\boldsymbol{u}_1$ 及 $\boldsymbol{u}_2$ 能控制到的状态.

第 4 章　稳　定　性

控制系统的数学模型建立后, 除了对它的结构, 即能控性与能观性进行讨论之外, 还应对它的动态性能进行分析和综合. 分析就是在已知系统的结构与参数的条件下, 讨论系统的稳定性问题. 目的是为设计满足特定要求的控制方案提供依据, 从而完成整个自动控制系统的设计, 即综合.

4.1　稳定性的概念

例如, 有对数增长模型

$$\dot{x}(t)=kx(t)\left[1-\frac{x(t)}{r}\right],\quad x(0)=x_0\quad (t\geqslant 0)$$

其中 $k>0$ 称为内增长率, 是常数, 而 $r>0$ 称为环境容量, 也是常数.

令 $\dot{x}(t)\equiv 0$, 得到此模型的平衡解 $x(t)\equiv 0$ 与 $x(t)\equiv r$. 略去平凡解 $x(t)\equiv 0$. 当 $x_0>0$ 时, 解为 $x(t)=r(1+c\mathrm{e}^{-kt})^{-1}$, 其中 $c=(r-x_0)/x_0$, 且有 $\lim\limits_{x\to+\infty}\boldsymbol{x}(t)=r$.

一般地, 考虑系统: $\dot{\boldsymbol{x}}(t)=\boldsymbol{f}(\boldsymbol{x}(t)\ ,t)$, 其中 $\boldsymbol{x}(t)\in\mathbb{R}^n$ 是状态向量, $\boldsymbol{f}\in\mathbb{R}^n$ 是向量函数, 其分量为 $f_i(x_1(t),\cdots,x_n(t),t)(i=1,2,\cdots,n)$. 假设 $\boldsymbol{f}_i\in\mathbb{R}^n$ 不仅连续而且有连续的一阶偏导数, $t\geqslant 0$ 为实数. 故此系统对给定的初始条件下的解存在且唯一.

若对一切的 t , 有 $\boldsymbol{f}(\boldsymbol{r},t)=\boldsymbol{0}$, 其中 $\boldsymbol{r}$ 是某个常向量, 于是对初始条件 $\boldsymbol{x}_0=\boldsymbol{r}$, 就有 $\boldsymbol{x}(t)=\boldsymbol{r}$, 对一切的 $t\geqslant 0$ 成立. 因此, 称 $\boldsymbol{r}$ 是平衡解或临界状态. 易见, 引入

新的变量 $z_i(t)=x_i(t)-r_i(i=1,2,\cdots,n)$, 就能把平衡解转化为原点. 因此, 不失一般性, 对系统 $\dot{\boldsymbol{x}}(t)=\boldsymbol{f}(\boldsymbol{x}(t),t)$, 总有 $\boldsymbol{f}(\boldsymbol{0},t)=\boldsymbol{0}(t\geqslant 0)$.

平衡解 $\boldsymbol{x}=\boldsymbol{0}$ 是稳定的: 对任意给定的正数 ε 及任意的 $t_0\in[0,+\infty)$, 存在正数 $\delta=\delta(\varepsilon,t_0)$, 当 $|\boldsymbol{x}(t_0)|<\delta$ 时, 对一切的 $t\geqslant t_0$, 都有 $|\boldsymbol{x}(t)|<\varepsilon$, 其中 $|\cdot|$ 表示在 $\mathbb{R}^n$ 中的模. 若 δ 与 t_0 无关, 就称平衡解是一致稳定的.

平衡解 $\boldsymbol{x}=\boldsymbol{0}$ 是渐近稳定的: 若 $x=0$ 是稳定的, 且有 $\lim\limits_{t\to+\infty}\boldsymbol{x}(t)=\boldsymbol{0}$.

平衡解 $\boldsymbol{x}=\boldsymbol{0}$ 是不稳定的: 若存在某个正数 ε_0, 使对每个正数 δ, 有 $\boldsymbol{x}(t_0),t_0\in[0,+\infty)$, 当 $|x(t_0)|<\delta$ 时, 存在某个 $t_1>t_0$, 有 $|\boldsymbol{x}(t_1)|\geqslant\varepsilon_0$ 成立.

易见, 对数增长模型的平衡解 $\boldsymbol{r}$ 是渐近稳定的.

例 4.1 考虑一阶系统

$$\dot{\boldsymbol{x}}(t)=\boldsymbol{x}(t)(1-2t),\quad \boldsymbol{x}(t_0)=\boldsymbol{x}_0\quad (t\geqslant t_0)$$

的平衡解 $\boldsymbol{x}(t)=\boldsymbol{0}$ 的稳定性.

解 对 $\boldsymbol{x}(t_0)=\boldsymbol{x}_0$, 系统的解为 $\boldsymbol{x}(t)=\boldsymbol{x}_0\exp(t-t^2)\exp(t_0^2-t_0)$. 对有限的 $t\geqslant t_0$, 使当 $|\boldsymbol{x}(t)|<\varepsilon$ 时, 有 $|\boldsymbol{x}_0|<\varepsilon\exp(t^2-t)\exp(t_0-t_0^2)$. 因为 $\exp(t^2-t)$ 有最小值 $\exp(-1/4)$, 于是可取 $\delta(\varepsilon,t_0)=\varepsilon\exp[-(t_0-1/2)^2]$. 因此, 一般地, δ 除依赖于 ε 之外, 还与 t_0 有关. 这时, 也有 $\lim\limits_{t\to+\infty}\boldsymbol{x}(t)=\boldsymbol{0}$, 故平衡解是渐近稳定的.

4.2 线性定常系统稳定性的代数判据

设有线性定常系统: $\dot{\boldsymbol{x}}(t)=\boldsymbol{A}\boldsymbol{x}(t),\boldsymbol{x}(0)=\boldsymbol{x}_0(t\geqslant 0)$. 它的平衡解为 $\boldsymbol{x}(t)\equiv\boldsymbol{0}$, 其中 $\boldsymbol{A}\in\mathbb{R}^{n\times n}$ 且 $\det\boldsymbol{A}\neq 0$. 该系统可表示开环或闭环系统. 下面导出使此系统的平衡解渐近稳定的充要条件.

定理 4.1 系统 $\dot{\boldsymbol{x}}(t)=\boldsymbol{A}\boldsymbol{x}(t)$ 是渐近稳定的充要条件是 $\boldsymbol{A}$ 为稳定矩阵, 即 $\boldsymbol{A}$ 的一切特征根 $\lambda_k(k=1,2,\cdots,n)$ 都具有负实部; 若存在一个 $\mathrm{Re}\lambda_k>0$, 该系统是不稳定的; 若一切 $\mathrm{Re}\lambda_k>0$, 该系统是完全不稳定的.

证明　系统有解 $\boldsymbol{x}(t)=\mathrm{e}^{\boldsymbol{A}t}\boldsymbol{x}_0$, 且存在非奇异的矩阵 $\boldsymbol{P}$, 使 $\boldsymbol{PAP}^{-1}=\boldsymbol{J}$, 这里的 $\boldsymbol{J}$ 是 Jordan 标准形 $\boldsymbol{J}=\mathrm{diag}(\boldsymbol{J}_1,\boldsymbol{J}_2,\cdots,\boldsymbol{J}_\ell)$, 其中 $\boldsymbol{J}_k$ 是对应于 $\boldsymbol{A}$ 的某个特征值 λ_k 的 Jordan 块, 有 $\boldsymbol{J}_k=\begin{bmatrix}\lambda_k & 1 & & \boldsymbol{0}\\ & \lambda_k & \ddots & \\ & & \ddots & 1\\ \boldsymbol{0} & & & \lambda_k\end{bmatrix}(k=1,2,\cdots,\ell)$, 而 $\lambda_1,\cdots,\lambda_\ell$ 未必完全不相同. 记 $\boldsymbol{R}_k=\begin{bmatrix}0 & 1 & & \\ & 0 & \ddots & 1\\ & & \ddots & 0\end{bmatrix}$, 则有 $\boldsymbol{J}_k=\lambda_k\boldsymbol{I}+\boldsymbol{R}_k(k=1,2,\cdots,\ell)$.

从而有

$$\boldsymbol{P}\mathrm{e}^{\boldsymbol{A}t}\boldsymbol{P}^{-1}=\mathrm{e}^{\boldsymbol{J}t}=\mathrm{diag}(\mathrm{e}^{\boldsymbol{J}_1t},\mathrm{e}^{\boldsymbol{J}_2t},\cdots,\mathrm{e}^{\boldsymbol{J}_\ell t})$$

其中

$$\mathrm{e}^{\boldsymbol{J}_kt}=\mathrm{e}^{\lambda_kt}\mathrm{e}^{\boldsymbol{R}_kt}=\mathrm{e}^{\lambda_kt}\begin{bmatrix}1 & t & \dfrac{t^2}{2!} & \cdots & \dfrac{t^{n_k-1}}{(n_k-1)!}\\ 0 & 1 & 0 & \cdots & 0\\ \vdots & \vdots & \ddots & \ddots & \vdots\\ 0 & 0 & \cdots & \cdots & 1\end{bmatrix}$$

而 n_k 是矩阵 $\boldsymbol{J}_k$ 的阶数. 因为 $\mathrm{e}^{\boldsymbol{A}t}=\boldsymbol{P}^{-1}\mathrm{e}^{\boldsymbol{J}t}\boldsymbol{P}$, 故在 t 的变化区间上, $\mathrm{e}^{\boldsymbol{A}t}$ 与 $\mathrm{e}^{\boldsymbol{J}t}$ 的有界性是相同的; 当 $t\to+\infty$ 时, 它们趋于零的阶也相同. 因此, 当 $\mathrm{Re}\lambda_k=\sigma_k<0(k=1,2,\cdots,\ell)$ 时, 有 $\lim\limits_{t\to+\infty}\boldsymbol{x}(t)=\boldsymbol{0}$, 系统的平衡解是渐近稳定的. 若存在一个 $\mathrm{Re}\lambda_k>0$, 该系统就不稳定. 若对一切 $\mathrm{Re}\lambda_k>0$, 该系统就是完全不稳定的. □

由定理 4.1 知, 应去判断系数矩阵 $\boldsymbol{A}$ 的稳定性问题, 即如何判别 $\boldsymbol{A}$ 的特征多项式的根具有负实部. 我们称一切根都具有负实部的多项式为稳定多项式. 因为线性定常系统的稳定性问题, 就是寻找实系数 $a_1,a_2,\cdots,a_n$ 的特征多项式

$$a(\lambda)=\det(\lambda\boldsymbol{I}-\boldsymbol{A})=\lambda^n+a_1\lambda^{n-1}+\cdots+a_n\quad(\lambda\in\mathbb{C})$$

为稳定多项式的充要条件.

定理 4.2　若实系数多项式

$$a(\lambda)=\lambda^n+a_1\lambda^{n-1}+\cdots+a_n$$

是稳定的, 则必有 $a_i>0(i=1,2,\cdots,n)$.

证明 因 $a(\lambda)$ 是稳定的, 且有实系数, 故有

$$\lambda^n+a_1\lambda^{n-1}+\cdots+a_n=\prod_{j=1}^{n}(\lambda-\lambda_j)$$

现用 $-P_\ell\ (P_\ell>0)$ 表示它的实根, 用 $-\alpha_k\pm\mathrm{i}\beta_k(\alpha_k>0)$ 表示它的复根, 得到

$$\lambda^n+a_1\lambda^{n-1}+\cdots+a_n=\prod_{\ell=1}^{n_1}(\lambda+P_j)\prod_{k=1}^{n_2}(\lambda^2+2\alpha_k\lambda+\alpha_k^2+\beta_k^2)\quad(n=n_1+n_2)$$

由于 P_ℓ, $2\alpha_k$ 与 $\alpha_k^2+\beta_k^2$ 都是正实数, 因此, 该实系数多项式的一切系数都是正的.

虽然对一阶与二阶多项式的情形条件也是充分的 (参看第 3 题), 但对二阶以上的多项式条件不是充分的. 例如 $a(\lambda)=s^3+s^2+s+6=s^2(s+2)-s(s+2)+3(s+2)=(s+2)(s^2-s+3)=0$, 虽然其所有系数都是正的, 但有两个具有正实部的根, 故此三次多项式是不稳定的, 即条件不是充分的. □

Hurwitz 给出了判断 $a(\lambda)$ 稳定的代数判据.

定理 4.3 对 $a(\lambda)=\lambda^n+a_1\lambda^{n-1}+\cdots+a_n$, 其 $n\times n$ Hurwitz 矩阵为

$$\boldsymbol{H}=\begin{bmatrix} a_1 & a_3 & a_5 & \cdots & a_{2n-1}\\ 1 & a_2 & a_4 & \cdots & a_{2n-2}\\ 0 & a_1 & a_3 & \cdots & a_{2n-3}\\ 0 & 1 & a_2 & \cdots & a_{2n-4}\\ \vdots & \vdots & \vdots & & \vdots\\ 0 & 0 & 0 & \cdots & a_n \end{bmatrix}$$

其中 $a_\ell=0(\ell>n)$. 令 H_i 为 $\boldsymbol{H}$ 的第 i 阶主子式, 则 $a(\lambda)$ 的所有根都具有负实部的充要条件是 $H_i>0(i=1,2,\cdots,n)$.

这里将不给出一般的证明. 应用复变函数论的证明可参看文献 [2,4].

对于 $a(\lambda)=\lambda^3+a_1\lambda^2+a_2\lambda+a_3$ 的情形, 这时可设 $a(\lambda)=(\lambda+\alpha_1)(\lambda^2+\alpha_2\lambda+\alpha_3)$, 且 $\alpha_j>0(j=1,2,3)$, 于是 $H_i>0$ 等价于

$$\alpha_1+\alpha_2=a_1=H_1>0$$

$$\alpha_1\alpha_2+\alpha_3=a_2>0$$

$$\alpha_1\alpha_3 = a_3 > 0$$

故 $a_1a_2 - a_3 = \alpha_1^2\alpha_2 + \alpha_1\alpha_2^2 + \alpha_2\alpha_3 > 0$, 即 $H_2 > 0$, $a_3(a_1a_2 - a_3) = H_3 > 0$.

若 $a(\lambda) = \lambda^4 + a_1\lambda^3 + a_2\lambda^2 + a_3\lambda + a_4$, 这时可设 $a(\lambda) = (\lambda^2 + \alpha_1\lambda + \alpha_2)(\lambda^2 + \beta_1\lambda + \beta_2)$, 且 $\alpha_1 > 0, \alpha_2 > 0, \beta_1 > 0, \beta_2 > 0$, 于是有

$$\alpha_1 + \beta_1 = a_1 = H_1 > 0$$

$$\alpha_2 + \beta_2 + \alpha_1\beta_1 = a_2 > 0$$

$$\alpha_2\beta_1 + \alpha_1\beta_2 = a_3 > 0$$

$$\alpha_2\beta_2 = a_4 > 0$$

且有 $a_1a_2 - a_3 = \alpha_1\alpha_2 + \beta_1\beta_2 + \alpha_1^2\beta_1 + \alpha_1\beta_1^2 = H_2 > 0$,

$$a_1a_2a_3 - a_3^2 - a_1^2a_4 = \alpha_1\beta_1[(\alpha_2 - \beta_2)^2 + a_1a_3] = H_3 > 0$$

以及 $a_4(a_1a_2a_3 - a_3^2 - a_1^2a_4) = H_4 > 0$.

例 4.2 考虑多项式 $a(\lambda) = \lambda^4 + \lambda^3 + 5\lambda^2 + 5\lambda + 4$ 的稳定性.

解 虽然 $a(\lambda)$ 的一切系数都是正的, 但 $H_2 = 0$, 因此该多项式是不稳定的.

4.3 离散时间线性系统的稳定性

一般地, 系统 $\boldsymbol{x}_{k+1} = \mathcal{A}\boldsymbol{x}_k (k \geqslant 0)$ 有解: $\boldsymbol{x}_k = \mathcal{A}^k\boldsymbol{x}_0$, 这时 $\lim\limits_{k\to+\infty} \mathcal{A}^k = \mathbf{0}$, 称此离散时间线性系统的平衡解是渐近稳定的. 但判别矩阵 $\mathcal{A}$ 的稳定性不能直接应用定理 4.1 等所给的稳定性代数判据. 设 $\mathcal{A}$ 的特征多项式为

$$\mathcal{A}(\zeta) = \zeta^n + \alpha_1\zeta^{n-1} + \cdots + \alpha_n$$

应将以复变量 ζ 表示的特征多项式 $\mathcal{A}(\zeta)$ 引入一个新的分式坐标变换. 将 ζ 平面上的稳定区域映射到新平面的左半平面上. 令 $\zeta = \dfrac{\omega+1}{\omega-1}$, 则有 $\omega = \dfrac{\zeta+1}{\zeta-1}$. 记

$\zeta=x+\mathrm{i}y,\ \omega=u+\mathrm{i}v,\mathrm{i}=\sqrt{-1}$, 则得到

$$\omega=u+\mathrm{i}v=\frac{x^2+y^2-1}{(x-1)^2+y^2}+\mathrm{i}\frac{-y}{(x-1)^2+y^2}$$

这时, ζ 平面上的单位圆映射到 ω 平面的虚轴; 当 $|\zeta|>1$ 时, 映射成 ω 平面上的右半平面; 当 $|\zeta|<1$ 时, 映射成 ω 平面上的左半平面. 于是, 以 ω 为变量的特征方程仍是实系数的代数方程, 并可用定理 4.1 等进行判断. 由分式变换的一一对应关系知, 它就是 $\mathcal{A}(\zeta)=0$ 的根都在单位圆内的充要条件.

例 4.3 考虑多项式 $\mathcal{A}(\zeta)=\zeta^3+3\zeta^2+2\zeta+1$ 的稳定性.

解 作分式变换 $\zeta=\dfrac{\omega+1}{\omega-1}$, 得到 $a(\omega)=7\omega^3+\omega^2+\omega+1$. 由于 $H_2<0$, 故原来的多项式 $\mathcal{A}(\zeta)$ 是不稳定的.

4.4 线性时变系统的稳定性

设有连续时间的线性时变系统

$$\dot{\boldsymbol{x}}(t)=\boldsymbol{A}(t)\boldsymbol{x}(t),\quad \boldsymbol{x}(t_0)=\boldsymbol{x}_0\quad (t\geqslant t_0)$$

不失一般性, 取平衡解为零. 记此线性系统的状态转移矩阵为 $\boldsymbol{\Phi}(t,t_0)$, 于是有解 $\boldsymbol{x}(t)=\boldsymbol{\Phi}(t,t_0)\boldsymbol{x}_0$.

定理 4.4 设有 $\dot{\boldsymbol{x}}(t)=\boldsymbol{A}(t)\boldsymbol{x}(t)$, $\boldsymbol{x}(t_0)=\boldsymbol{x}_0(t\geqslant t_0)$.

(1) 平衡解是稳定的充要条件是, 存在 $K(t_0)>0$, 对一切 $t\geqslant t_0$, 都有 $\|\boldsymbol{\Phi}(t,t_0)\|\leqslant K(t_0)$, 其中 $\|\cdot\|$ 是矩阵 $\boldsymbol{\Phi}(t,t_0)$ 的范数, 定义为 $\|\boldsymbol{\Phi}\|=\sup\limits_{|\varepsilon|<1}|\boldsymbol{\Phi}\varepsilon|$.

(2) 平衡解是渐近稳定充要条件为是, 对一切 $t\geqslant t_0$, 有 $\lim\limits_{t\to+\infty}\boldsymbol{\Phi}(t,t_0)=\mathbf{0}$.

证明 (1) 充分性. 对任给的 $\varepsilon>0$ 与 t_0, 取 $\delta(\varepsilon,t_0)=\varepsilon/K(t_0)$. 当 $|\boldsymbol{x}_0|<\delta(\varepsilon,t_0)$ 时, 对一切 $t\geqslant t_0$, 有 $|\boldsymbol{x}(t)|=|\boldsymbol{\Phi}(t,t_0)\boldsymbol{x}_0|\leqslant\|\boldsymbol{\Phi}(t,t_0)\||\boldsymbol{x}_0|<K(t_0)\delta(\varepsilon,t_0)=\varepsilon$, 故平衡解是稳定的.

必要性. 给定 $\varepsilon_0>0$ 与 t_0, 有 $|\boldsymbol{\Phi}(t,t_0)\boldsymbol{x}_0|<\varepsilon_0$. 存在 $\delta=\delta(\varepsilon_0,t_0)>0$, 当

$|\boldsymbol{x}_0| < \delta$ 时, 对一切 $t \geqslant t_0$, 有

$$\|\boldsymbol{\Phi}(t,t_0)\| = \sup_{|\varepsilon|<1} |\boldsymbol{\Phi}(t,t_0)\varepsilon| = \sup_{|\varepsilon|=|\boldsymbol{x}_0/\delta|<1} |\boldsymbol{\Phi}(t,t_0)\boldsymbol{x}_0/\delta| = \varepsilon_0/\delta \triangleq K(t_0)$$

(2) 系统有解: $\boldsymbol{x}(t) = \boldsymbol{\Phi}(t,t_0)\boldsymbol{x}_0$. 由渐近稳定的定义知, 此系统的平衡解是渐近稳定的充要条件是 $\lim\limits_{t\to+\infty} \boldsymbol{\Phi}(t,t_0) = \boldsymbol{0}$, 对任意的 t_0 成立. □

4.5　非线性系统的稳定性

4.5.1　非线性定常系统的稳定性

设有非线性定常系统: $\dot{\boldsymbol{x}}(t) = \boldsymbol{f}(\boldsymbol{x}(t)), \boldsymbol{x}(0) = \boldsymbol{x}_0 (t \geqslant 0)$, 且平衡解为零解. 设向量函数 $\boldsymbol{f}(\boldsymbol{x}(t))$ 对状态向量 $\boldsymbol{x}(t)$ 是连续可微的, 故有

$$\dot{\boldsymbol{x}}(t) = \left.\frac{\partial \boldsymbol{f}(\boldsymbol{x}(t))}{\partial \boldsymbol{x}(t)^{\mathrm{T}}}\right|_{\boldsymbol{x}(t)=\boldsymbol{0}}$$

$$\boldsymbol{X}(t) + \boldsymbol{g}(\boldsymbol{X}(t)) = \boldsymbol{A}\boldsymbol{X}(t) + \boldsymbol{g}(\boldsymbol{X}(t))$$

其中

$$\left.\frac{\partial \boldsymbol{f}(\boldsymbol{x}(t))}{\partial \boldsymbol{x}(t)^{\mathrm{T}}}\right|_{\boldsymbol{x}(t)=\boldsymbol{0}} = \left.\begin{bmatrix} \dfrac{\partial f_1(\boldsymbol{x}(t))}{\partial x_1(t)} & \cdots & \dfrac{\partial f_1(\boldsymbol{x}(t))}{\partial x_n(t)} \\ \vdots & & \vdots \\ \dfrac{\partial f_n(\boldsymbol{x}(t))}{\partial x_1(t)} & \cdots & \dfrac{\partial f_n(\boldsymbol{x}(t))}{\partial x_n(t)} \end{bmatrix}\right|_{\boldsymbol{x}(t)=\boldsymbol{0}} = \boldsymbol{A}$$

而 $\boldsymbol{g}(\boldsymbol{x}(t)) = o(\boldsymbol{x}^2(t))$.

对原来的非线性定常系统的稳定性, 能否用线性化后的定常系统稳定性的结论来分析? 有如下结论:

定理 4.5(一次近似定理)　设有非线性定常系统

$$\dot{\boldsymbol{x}}(t) = \boldsymbol{A}\boldsymbol{x}(t) + \boldsymbol{g}(\boldsymbol{x}(t)), \quad \boldsymbol{x}(0) = \boldsymbol{x}_0 \quad (t \geqslant 0).$$

其平衡解为零解. 若系数矩阵 $\boldsymbol{A}$ 的特征值全在左半平面上, 且函数 $\boldsymbol{g}(\boldsymbol{x}(t))$ 在包含原点的区域内连续可微, 满足条件 $|\boldsymbol{g}(\boldsymbol{x}(t))| \leqslant C|\boldsymbol{x}(t)|^2$, 则存在正常数 α 及 δ, 使当 $|\boldsymbol{x}_0| < \delta$ 时, 非线性定常系统的解满足不等式: $|\boldsymbol{x}(t)| \leqslant M|\boldsymbol{x}_0|\mathrm{e}^{-\alpha t}$, 对一切 $t \geqslant 0$ 成立, 其中 M 为某一正常数.

证明 由假设知, 存在正常数 $K > 0, \alpha > 0$, 使 $|\mathrm{e}^{\boldsymbol{A}t}| \leqslant K\mathrm{e}^{-2\alpha t}$, 对一切 $t \geqslant 0$ 成立. 应用常数变易法, 非线性系统的解为

$$\boldsymbol{x}(t) = \mathrm{e}^{\boldsymbol{A}t}\boldsymbol{x}_0 + \int_0^t \mathrm{e}^{\boldsymbol{A}(t-\tau)}\boldsymbol{f}(\boldsymbol{x}(\tau))\mathrm{d}\tau \quad (\forall t \geqslant 0)$$

故有

$$\begin{aligned}|\boldsymbol{x}(t)| &\leqslant K|\boldsymbol{x}_0|\mathrm{e}^{-2\alpha t} + \int_0^t K\mathrm{e}^{-2\alpha(t-\tau)}|\boldsymbol{f}(\boldsymbol{x}(\tau))|\mathrm{d}\tau \\ &\leqslant K|\boldsymbol{x}_0|\mathrm{e}^{-2\alpha t} + \int_0^t cK\mathrm{e}^{-2\alpha(t-\tau)}|\boldsymbol{x}(\tau)|^2\mathrm{d}\tau\end{aligned}$$

若 $|\boldsymbol{x}(\tau)| \leqslant \alpha/(CK)$, 则有

$$\mathrm{e}^{2\alpha t}|\boldsymbol{x}(t)| \leqslant K|\boldsymbol{x}_0| + \int_0^t \alpha\mathrm{e}^{2\alpha\tau}|\boldsymbol{x}(\tau)|\mathrm{d}\tau$$

应用 Gronwall 不等式: 若 γ 是实常数, $\beta(t) \geqslant 0$ 且 $\varphi(t)$ 在 $a \leqslant t \leqslant b$ 上连续, 当 $t \in [a, b]$ 时, 满足

$$\varphi(t) \leqslant \gamma + \int_0^t \beta(\tau)\varphi(\tau)\mathrm{d}\tau$$

则有

$$\varphi(t) \leqslant \gamma\exp[\int_0^t \beta(\tau)\mathrm{d}\tau]$$

可导出

$$\mathrm{e}^{2\alpha t}|\boldsymbol{x}(t)| \leqslant K|\boldsymbol{x}_0|\exp(\int_0^t \alpha\mathrm{d}\tau) = K|\boldsymbol{x}_0|\mathrm{e}^{\alpha t}$$

或者 $|\boldsymbol{x}(t)| \leqslant K|\boldsymbol{x}_0|\mathrm{e}^{-\boldsymbol{\alpha}t} \leqslant K|\boldsymbol{x}_0|$, 对任意的 $t \geqslant 0$ 成立. 现取 $0 < \delta < \eta/K$, 当 $|\boldsymbol{x}_0| \leqslant \delta < \eta/K$ 时, 有 $|\boldsymbol{x}(t)| \leqslant K\delta < \eta$. 对任意的 $t \geqslant 0$, 可得 $\lim\limits_{t\to+\infty} \boldsymbol{x}(t) = \boldsymbol{0}$, 故平衡解是渐近稳定的.

于是, 若线性化的系数矩阵 $\boldsymbol{A}$ 的一切特征值都具有负实部, 则原来的非线性定常系统 $\dot{\boldsymbol{x}}(t) = \boldsymbol{f}(\boldsymbol{x}(t))$ 的平衡解也是渐近稳定的. 这时, 系统的稳定性与高次项 $\boldsymbol{g}(\boldsymbol{x}(t))$ 无关.

若系数矩阵 $\boldsymbol{A}$ 的特征值至少有一个实部为正, 则原非线性定常系统 $\dot{\boldsymbol{x}}(t)=f(\boldsymbol{x}(t))$ 自然是不稳定的.

若系数矩阵 $\boldsymbol{A}$ 的特征值虽然没有实部为正的特征值, 但有实部为零的特征值, 则定理 4.5 失效! □

例 4.4 设有系统 $\dot{\boldsymbol{x}}(t)=\begin{bmatrix}0 & -4\\ 4 & 0\end{bmatrix}\boldsymbol{x}(t)+\begin{bmatrix}\boldsymbol{x}_1^3(t)\\ \boldsymbol{x}_2^3(t)\end{bmatrix}$. 试确定平衡解的稳定性.

解 在 $\bar{\boldsymbol{x}}=\begin{bmatrix}0\\ 0\end{bmatrix}$ 处线性化, 得 $\dot{\boldsymbol{x}}(t)=\begin{bmatrix}0 & -4\\ 4 & 0\end{bmatrix}\boldsymbol{x}(t)$, 而 $\begin{bmatrix}0 & -4\\ 4 & 0\end{bmatrix}$ 的特征值是 $\pm 4\mathrm{i}$. 由于定理 4.5 失效, 故应考虑其他方法 (见例 4.8).

4.5.2 非线性时变系统的稳定性

一般地, 有如下的一次近似定理:

定理 4.6 设有非线性时变系统

$$\dot{\boldsymbol{x}}(t)=\boldsymbol{A}(t)\boldsymbol{x}(t)+\boldsymbol{g}(\boldsymbol{x}(t),t),\quad \boldsymbol{x}(t_0)=\boldsymbol{x}_0\quad (t\geqslant t_0)$$

其平衡解为零解, 且满足下列条件:

(a) $\dot{\boldsymbol{x}}(t)=\boldsymbol{A}(t)\boldsymbol{x}(t)$ 是渐近稳定的;

(b) 对给定的正实数 ε, 存在正实数 δ, 对任意的 $t\geqslant t_0$, 当 $|\boldsymbol{x}(t)|<\delta$ 时, 有 $|\boldsymbol{g}(\boldsymbol{x}(t),t)|<\varepsilon|\boldsymbol{x}(t)|$, 即 $\lim\limits_{t\to+\infty}\dfrac{|\boldsymbol{g}(\boldsymbol{x}(t),t)|}{|\boldsymbol{x}(t)|}=0$.

则非线性时变系统

$$\dot{\boldsymbol{x}}(t)=\boldsymbol{A}(t)\boldsymbol{x}(t)+\boldsymbol{g}(\boldsymbol{x}(t),t)$$

是渐近稳定的.

定理 4.6 的证明也需要采用另外的方法. 这就是下节要介绍的 Lyapunov 稳定性理论.

4.6 Lyapunov 稳定性理论

采用 Lyapunov 方法判别系统的平衡解是否稳定的方法, 常称为直接法. 它与前面介绍的方法的差别是不必求解系统的状态方程, 就能直接对其平衡解状态的稳定性作分析与判断. 该方法基于用能量的观点来分析系统的稳定性. 若系统的平衡状态是渐近稳定的, 则系统受到干扰后, 其储存的能量将随时间的推移而衰减. 当趋于平衡状态时, 能量取到最小值. 反之, 若系统的平衡状态不稳定, 则系统不断地从外界吸收能量, 其存储的能量将越来越大.

例 4.5 考虑例 2.3 中由弹簧 K、质量块 M 与阻尼器 B 组成的机械系统. 当 $f(t)=0$ 时, 状态方程为

$$\begin{cases} \dot{x}_1(t)=x_2(t) \\ \dot{x}_2(t)=-\dfrac{K}{M}x_1(t)-\dfrac{B}{M}x_2(t) \end{cases}$$

这时, 系统中储存的能量是弹簧 K 的位能 $Kx_1^2(t)/2$ 及能量块 M 的动能 $Mx_2^2(t)/2$. 若用能量函数 $V(x(t))$ 表示此系统的能量, 则有

$$V(x(t))=\frac{1}{2}Kx_1^2(t)+\frac{1}{2}Mx_2^2(t)$$

此时系统中的 $V(x(t))$ 总是一个正值函数. 而能量又以热的形式耗散在阻尼器 B 中, 其耗散的速率为

$$\begin{aligned} \dot{V}(x(t)) &= \frac{\partial V}{\partial x}\dot{x}(t)=Kx_1(t)\dot{x}_1(t)+Mx_2(t)\dot{x}_2(t) \\ &= Kx_1(t)x_2(t)-Kx_1(t)x_2(t)-Bx_2^2(t)=-Bx_2^2(t) \end{aligned}$$

其中 “-1” 为耗散的原因, 故 $\dot{V}(x(t))$ 恒为负值, 从而表明储存在系统中的能量 $V(x(t))$ 将随着时间的推移逐渐地趋于零. 于是, 运动的轨迹将随着时间的增加而趋于平衡解, 即坐标原点, 因此平衡解是渐近稳定的.Lyapunov 的稳定性理论就是用 $V(x(t))$ 与 $\dot{V}(x(t))$ 的正负号来判别其系统的稳定性. 自然, 对一般的系

统未必一定能定义一个能量函数. 不过, 他受此启发引进一个虚拟的广义能量函数来判别系统的稳定性. 对一个给定的控制系统, 只要能找到一个正的能量函数 $V(x(t))$, 使 $\dot{V}(x(t))$ 是负的, 这个系统就是渐近稳定的, 并把 $V(x(t))$ 称为 Lyapunov 函数.

4.6.1 正定函数与负定函数

(1) 若在原点的某个邻域 Z 中的非零向量 $\boldsymbol{x}(t)(t\in L)$, 有能量函数 $V(\boldsymbol{x}(t))>0$, 且 $V(\mathbf{0})=0$, 在 Z 及 $t\in L$ 内称 $V(\boldsymbol{x}(t))$ 是正定的.

例如, $V(\boldsymbol{x}(t))=(2t\cos t)[x_1^2(t)+x_2^2(t)]>0$, 且 $V(\mathbf{0})=0$, 故 $V(\boldsymbol{x}(t))$ 在 Z 与 $t\in(0,\pi/2)=L$ 内是正定的.

(2) 若 $-V(\boldsymbol{x}(t))$ 在 Z 与 $t\in L$ 内是正定的, 则称 $V(\boldsymbol{x}(t))$ 在 Z 与 $t\in L$ 内是负定的.

例如, $V(\boldsymbol{x}(t))=-x_1^2(t)-x_2^2(t)$, 且 $V(\mathbf{0})=0$, 故在 Z 与 $t\in\mathbb{R}$ 内是负定的.

(3) 若 $V(\boldsymbol{x}(t))$ 除在坐标原点及某些状态处等于零之外, 在 Z 与 $t\in L$ 内所有的状态都是正的, 则称 $V(\boldsymbol{x}(t))$ 在 Z 与 $t\in L$ 内是半正定的, 有 $V(\boldsymbol{x}(t))\geqslant 0$.

例如, $V(\boldsymbol{x}(t))=(x_1+x_2)^2$, 在 Z 与 $t\in\mathbb{R}$ 内就是半正定的.

(4) 若 $-V(\boldsymbol{x}(t))$ 在 Z 与 $t\in L$ 内是半正定的, 则称 $V(\boldsymbol{x}(t))$ 在 Z 与 $t\in L$ 内是半负定的, 有 $V(\boldsymbol{x}(t))\leqslant 0$.

例如, $V(\boldsymbol{x}(t))=-Bx_2^2(t)$, $-V(\boldsymbol{x}(t))$ 在 Z 与 $t\in\mathbb{R}$ 内是半负定的, 其中 $B>0$.

(5) 若无论 Z 多么小及 $t\in L, V(\boldsymbol{x}(t))$ 既可为正的又可为负的, 就称 $V(\boldsymbol{x}(t))$ 在 Z 与 $t\in L$ 内是不定的.

例如, $V(\boldsymbol{x}(t))=(\boldsymbol{x}_1(t)\boldsymbol{x}_2(t)+\boldsymbol{x}_2^2(t))\mathrm{e}^{-t}$, 在 Z 及 $t\in\mathbb{R}$ 内是不定的.

例 4.6 考察二次型函数

$$V(\boldsymbol{x}(t))=[x_1(t),x_2(t),\cdots,x_n(t)]\boldsymbol{P}\begin{bmatrix}x_1(t)\\x_2(t)\\\vdots\\x_n(t)\end{bmatrix}$$

的正定性, 其中 $\boldsymbol{P}$ 是实对称矩阵.

解 记 $V(\boldsymbol{x}(t))=\boldsymbol{x}^{\mathrm{T}}(t)\boldsymbol{P}\boldsymbol{x}(t)$, 其中 $\boldsymbol{x}(t)=[x_1(t),\cdots,x_n(t)]^{\mathrm{T}}$ 称为二次型函数, 而矩阵 $\boldsymbol{P}=\boldsymbol{P}^{\mathrm{T}}$ 为实常数对称矩阵, $\boldsymbol{P}=[p_{ij}](i,j=1,2,\cdots,n)$.

(a) 二次型函数 $V(\boldsymbol{x}(t))$ 是正定的充要条件是, 矩阵 $\boldsymbol{P}$ 的各阶主子行列式为正.

(b) 二次型函数 $V(\boldsymbol{x}(t))$ 是负定的充要条件是, 矩阵 $\boldsymbol{P}$ 的各阶主子行列式 $\Delta_i(i=1,2,\cdots,n)$ 满足: $\Delta_i>0$, i 为偶数; $\Delta_i<0$, i 为奇数.

4.6.2 Lyapunov 的稳定性判据

定理 4.7 设有非线性时变系统

$$\dot{\boldsymbol{x}}(t)=\boldsymbol{f}(\boldsymbol{x}(t)),\quad \boldsymbol{x}(t_0)=\boldsymbol{x}_0\quad (t\geqslant t_0)$$

其平衡解或平衡状态为使 $\boldsymbol{f}(\boldsymbol{x}(t))=\boldsymbol{0}$ 的解. 不失一般性, 假设系统有唯一的零平衡解. 若存在一个有连续一阶偏微商的数量函数 $V(\boldsymbol{x}(t))$, 满足:

(a) $V(\boldsymbol{x}(t))$ 在 Z 与 $t\in L$ 内是正定的;

(b) 在 Z 与 $t\in L$ 内, $\dot{V}(\boldsymbol{x}(t))$ 是半负定的,

则系统的平衡解是稳定的.

证明 由 $V(\boldsymbol{x}(t))$ 的正定性知, 存在严格单增的连续数量函数 $\varphi(|\boldsymbol{x}|)>0$, 且 $\varphi(0)=0$, 使 $V(\boldsymbol{x}(t))\geqslant\varphi(|\boldsymbol{x}|)$.

对任意给定的正数 ε, 取 $\delta=\varepsilon$. 因 $\varphi(\varepsilon)>0$, $V(0)=0$, 而 $V(\boldsymbol{x}(t))$ 是连续的, 可选取 $\boldsymbol{x}_0$ 充分地接近于坐标原点, 故有 $|\boldsymbol{x}_0|<\delta=\varepsilon$, 使

$$V(\boldsymbol{x}(t_0))<\varphi(\varepsilon)$$

再由 $\dot{V}(\boldsymbol{x}(t_0))\leqslant 0$, 有 $V(\boldsymbol{x}(\tau))\leqslant V(\boldsymbol{x}(t_0))<\varphi(\varepsilon)$, 对 $\tau>t_0$ 成立.

若不然, 假定存在某个 $\tau>t_0$, 使 $|\boldsymbol{x}(\tau)|\geqslant\varepsilon$, 则由 $V(\boldsymbol{x}(t))\geq\varphi(|x|)$, 有

$$V(\boldsymbol{x}(\tau))\geqslant\varphi(|\boldsymbol{x}(\tau)|)\geqslant\varphi(\varepsilon)$$

这与 $V(\boldsymbol{x}(\tau))<\varphi(\varepsilon)$ 矛盾. 因而对一切 $\tau>t_0$ 都有 $|x(\tau)|<\varepsilon$, 即平衡解是稳

定的. □

定理 4.8　设有非线性时变系统: $\dot{\boldsymbol{x}}(t)=\boldsymbol{f}(\boldsymbol{x}(t)),\boldsymbol{x}(t_0)=\boldsymbol{x}_0(t\geqslant t_0)$, 其唯一平衡解为零. 若存在一个有连续一阶偏微商的数量函数 $V(\boldsymbol{x}(t))$, 满足:

(a) $V(\boldsymbol{x}(t))$ 在 Z 与 $t\in L$ 内是正定的;

(b) $\dot{V}(\boldsymbol{x}(t))$ 在 Z 与 $t\in L$ 内是负定的,

则系统的平衡解是渐近稳定的.

(c) 除满足条件 (a) 与 (b) 之外, 还满足 $\lim\limits_{|\boldsymbol{x}|\to+\infty}V(\boldsymbol{x}(t))=+\infty$, 则平衡解是整体或大范围渐近稳定的.

证明　取正数 r, 使闭超球 $B_r=\{\boldsymbol{x}(t)\in\mathbb{R}^n:|\boldsymbol{x}(t)|\leqslant r\}\subset Z$, 则 $f(\boldsymbol{x}(t))$ 在 B_r 上有定义. 令正数 $\alpha=\min\limits_{|\boldsymbol{x}(t)|=r}V(\boldsymbol{x}(t))$, 且 $\alpha\in Z$. 取 $\beta\in(0,\alpha)$, 记集合 $\Omega_\beta=\{\boldsymbol{x}(t)\in B_r:V(\boldsymbol{x}(t))\leqslant\beta\}$, 则 $\Omega_\beta\subset B_r$. 设 $\boldsymbol{x}(t_0)=\boldsymbol{x}_0\in\Omega_\beta$. 从 $\dot{V}(\boldsymbol{x}(t))<0$, 有 $V(\boldsymbol{x}(t))<V(\boldsymbol{x}(t_0))\leqslant\beta$, 对任意的 $t\geqslant t_0$. 这表示 $t=t_0$ 时, 在 Ω_β 内的任何轨迹对任意的 $t\geqslant t_0$ 都仍然在 Ω_β 内.

再由于 $\dot{V}(\boldsymbol{x}(t))<0$ 在 Z 内, 这表示 $V(\boldsymbol{x}(t))$ 沿着 $\boldsymbol{f}(\boldsymbol{x}(t))$ 的解趋于零, 换言之, 当 $t\to+\infty$ 时, 有 $\boldsymbol{x}(t)\to\boldsymbol{0}$, 故平衡解是渐近稳定的.

由条件 (a) 与 (b) 成立, 可知对给定的任何正数 β, 有 $\Omega_\beta=\{\boldsymbol{x}(t)\in\mathbb{R}^n:V(\boldsymbol{x}(t))\leqslant\beta\}$, 且对某个正数 r, 使 $\Omega_\beta\subset B_r=\{\boldsymbol{x}(t)\in\mathbb{R}^n:|\boldsymbol{x}(t)|\leqslant r\}$.

从而看出, $V(\boldsymbol{x}(t))$ 的无界性是指对任何正数 β, 都存在某个正数 r, 当 $|\boldsymbol{x}(t)|>r$ 时, 有 $V(\boldsymbol{x}(t))>\beta$. 故 $\lim\limits_{|\boldsymbol{x}(t)|\to+\infty}V(\boldsymbol{x}(t))=+\infty$.

例 4.7　考虑如图 4.1 所示的单摆运动的稳定性.

解　由牛顿第二定律, 有

$$ml\ddot{\theta}(t)=-mg\sin\theta(t)$$

选择状态变量 $x_1(t)=\theta(t),x_2(t)=\dot{\theta}(t)$, 得状态方程为

$$\begin{cases}\dot{x}_1(t)=x_2(t)\\ \dot{x}_2(t)=-\dfrac{g}{l}\sin x_1(t)\end{cases}$$

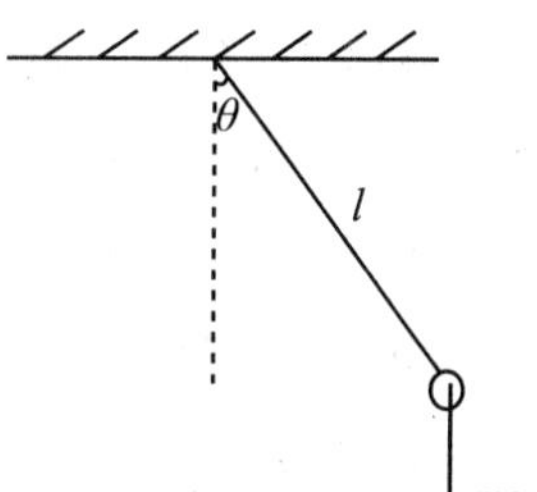

图 4.1　单摆运动

且有唯一平衡解: $x_1(t)=0$, $x_2(t)=0$. 下面讨论它的稳定性.

取能量函数为 Lyapunov 函数

$$V(\boldsymbol{x}(t))=\frac{1}{2}ml_2x_2^2(t)+mgl[1-\cos x_1(t)]$$

当 $\boldsymbol{x}_1(t)\in(-2\pi,2\pi),x_2(t)\in\mathbb{R}$ 时, 系统是正定的, 且有

$$\dot{V}(\boldsymbol{x}(t))=mgl\sin x_1(t)\cdot x_2(t)-ml^2x_2(t)\frac{g}{l}\sin x(t)=0$$

由定理 4.7 知平衡解是稳定的.

对于例 4.5, 若取能量函数为 Lyapunov 函数, 也由定理 4.7 知平衡解是稳定的. 由于定理 4.7 中的条件仅是充分的, 因此, 在例 4.12 中可以选取别的 Lyapunov 函数, 根据定理 4.8 可判定平衡解是渐近稳定的.

例 4.8 考虑如下的系统:

$$\begin{cases}\dot{x}_1(t)=x_2(t)-x_1(t)[x_1^2(t)+x_2^2(t)]\\ \dot{x}_2(t)=-x_1(t)-x_2(t)[x_1^2(t)+x_2^2(t)]\end{cases}$$

试讨论其平衡解的稳定性.

解 此系统有唯一的平衡解: 零解. 现取 Lyapunov 函数为 $V(\boldsymbol{x}(t))=[x_1^2(t)+x_2^2(t)]/2$, 是正定的, 而

$$\begin{aligned}\dot{V}(\boldsymbol{x}(t))&=x_1(t)\{x_2(t)-x_1(t)[x_1^2(t)+x_2^2(t)]\}-x_2(t)\{x_1(t)+x_2(t)[x_1^2(t)+x_2^2(t)]\}\\&=-[x_1^2(t)+x_2^2(t)]^2\end{aligned}$$

是负定的, 且有 $\lim\limits_{|\boldsymbol{x}(t)|\to+\infty}V(\boldsymbol{x}(t))=+\infty$, 故平衡解不仅是渐近稳定的, 还是大范围渐近稳定的.

定理 4.9 设有 $\dot{\boldsymbol{x}}(t)=f(\boldsymbol{x}(t)),\boldsymbol{x}(t_0)=\boldsymbol{x}_0(t\geqslant t_0)$, 其平衡解为零. 若存在一个有连续一阶偏微商的数量函数 $V(\boldsymbol{x}(t))$, 满足:

(a) $V(0)=0$;

(b) $V(\boldsymbol{x}(t))$ 在 Z 及 $t\in L$ 内是正定的;

(c) $\dot{V}(\boldsymbol{x}(t))$ 在 $U=\{\boldsymbol{x}(t)\in Z:|\boldsymbol{x}(t)|\leqslant\varepsilon,V(\boldsymbol{x}(t))>0\}$ 与 $t\in L$ 内也是正定的,

则系统的平衡解是不稳定的.

证明 对任意给定的正数 ε, 由条件 (b) 知 $U\subset Z$, 且 $U\neq\varnothing$ 是有界集合. 考虑点 $\boldsymbol{x}_0\in U$ 与 $t_0\in L$, 有 $V(\boldsymbol{x}_0(t_0))>0$. 又由条件 (c) 知, 存在正数 ε, 有

$V(\boldsymbol{x}_0(t_0))=\varepsilon$, $\dot{V}(\boldsymbol{x}_0(t_0))>0$, 对任意的 $t\geqslant t_0$, 以 $\boldsymbol{x}_0$ 为初始值的解 $\boldsymbol{x}(t)$ 满足 $V(\boldsymbol{x}(t))>\varepsilon>0$.

令 $Q=\{\boldsymbol{x}(t)\in U:|\boldsymbol{x}(t)|\leqslant\varepsilon,V(\boldsymbol{x}(t))\geqslant\varepsilon\}$, 再令 $\gamma=\min\{\dot{V}(\boldsymbol{x}(t)):\boldsymbol{x}(t)\in Q\}$, 因为 $\dot{V}(\boldsymbol{x}(t))$ 在闭区域 Q 上是连续的, 故可取到最小值. 于是有

$$V(\boldsymbol{x}(t))=V(\boldsymbol{x}_0)+\int_{t_0}^{t}\dot{V}(\boldsymbol{x}(\tau))\mathrm{d}\tau\geqslant V(\boldsymbol{x}_0)+\gamma(t-t_0)$$

因为 $V(\boldsymbol{x}(t))$ 在 U 内是有界的, 所以 $\boldsymbol{x}(t)$ 不总在 U 内. 于是轨迹 $\boldsymbol{x}(t)$ 无限地任意接近平衡解, 就必须与 U 的边界相交, 而这个集合的边界是 $|\boldsymbol{x}(t)|=\varepsilon$ 与曲面 $V(\boldsymbol{x}(t))=0$ 的交. 然而轨迹 $\boldsymbol{x}(t)$ 可使 $V(\boldsymbol{x}(t))>\varepsilon$, 故断定 $\boldsymbol{x}(t)$ 穿过曲面 $|\boldsymbol{x}(t)|=\varepsilon$ 而离开集合 U. 于是不能存在正数 δ, 使 $|\boldsymbol{x}_0|<\delta$, 且 $|\boldsymbol{x}(t)|<\varepsilon$, 因此平衡解是不稳定的. □

例 4.9 考虑例 14.4, 有 $\begin{bmatrix}\dot{x}_1(t)\\ \dot{x}_2(t)\end{bmatrix}=\begin{bmatrix}0 & -4\\ 4 & 0\end{bmatrix}\begin{bmatrix}x_1(t)\\ x_2(t)\end{bmatrix}+\begin{bmatrix}x_1^3(t)\\ x_2^3(t)\end{bmatrix}$. 试确定系统平衡解的稳定性.

解 易知平衡解为零解. 取 $V(x(t))=x_1^2(t)+x_2^2(t)>0$, 是正定的, 而 $\dot{V}(\boldsymbol{x}(t))=2x_1(t)\dot{x}_1(t)+2x_2(t)\dot{x}_2(t)=2[x_1^4(t)+x_2^4(t)]>0$, 也是正定的, 且 $V(\boldsymbol{0})=0$. 故由定理 4.9 知平衡解是不稳定的.

如何构造 Lyapunov 函数? 没有一般方法, 只能靠试验. 但有如下的一些特点:

(1) 它是一个数量函数;

(2) 对给定的系统, 若存在 Lyapunov 函数, 则它不是唯一的;

(3) 它的最简单形式是二次型函数 $V(\boldsymbol{x}(t))=\boldsymbol{x}^{\mathrm{T}}(t)\boldsymbol{P}\boldsymbol{x}(t)$, 其中 $\boldsymbol{P}$ 为实对称矩阵.

4.6.3 线性系统情形

定理 4.10 设有线性定常系统: $\dot{\boldsymbol{x}}=\boldsymbol{A}\boldsymbol{x}(t),\boldsymbol{x}(0)=\boldsymbol{x}_0(t\geqslant 0)$. 在平衡解零处渐近稳定的充要条件是, 对任意给定的对称正定矩阵 $\boldsymbol{Q}$, 存在唯一个对称正定矩阵 $\boldsymbol{P}$, 满足 $\boldsymbol{A}^{\mathrm{T}}\boldsymbol{P}+\boldsymbol{P}\boldsymbol{A}=-\boldsymbol{Q}$.

证明 必要性. 假设零解是渐近稳定的, 由定理 4.1 知, $\boldsymbol{A}$ 的特征值都具有负实部, 故积分 $\int_0^{+\infty}\mathrm{e}^{\boldsymbol{A}^{\mathrm{T}}t}\boldsymbol{Q}\mathrm{e}^{\boldsymbol{A}t}\mathrm{d}t$ 收敛. 记 $\int_0^{+\infty}\mathrm{e}^{\boldsymbol{A}^{\mathrm{T}}t}\boldsymbol{Q}\mathrm{e}^{\boldsymbol{A}t}\mathrm{d}t=\boldsymbol{P}$, 则

$$\boldsymbol{A}^{\mathrm{T}}\boldsymbol{P}+\boldsymbol{P}\boldsymbol{A}=\int_0^{+\infty}\frac{\mathrm{d}}{\mathrm{d}t}\mathrm{e}^{\boldsymbol{A}^{\mathrm{T}}t}\boldsymbol{Q}\mathrm{e}^{\boldsymbol{A}t}\mathrm{d}t=\mathrm{e}^{\boldsymbol{A}^{\mathrm{T}}t}\boldsymbol{Q}\mathrm{e}^{\boldsymbol{A}t}\Big|_0^{+\infty}=-\boldsymbol{Q}$$

由于 $\boldsymbol{x}^{\mathrm{T}}(t)\boldsymbol{P}\boldsymbol{x}(t)=\int_0^{+\infty}[\mathrm{e}^{\boldsymbol{A}t}\boldsymbol{x}(t)]^{\mathrm{T}}\boldsymbol{Q}[\mathrm{e}^{\boldsymbol{A}t}\boldsymbol{x}(t)]\mathrm{d}t>0$, 因此 $\boldsymbol{P}$ 是对称正定矩阵.

另外, 若 $\boldsymbol{P}_1$ 是 $\boldsymbol{A}^{\mathrm{T}}\boldsymbol{P}+\boldsymbol{P}\boldsymbol{A}=-\boldsymbol{Q}$ 的另一个解, 则有 $\boldsymbol{A}^{\mathrm{T}}(\boldsymbol{P}-\boldsymbol{P}_1)+(\boldsymbol{P}-\boldsymbol{P}_1)\boldsymbol{A}=\boldsymbol{0}$. 从而得 $\mathrm{e}^{\boldsymbol{A}^{\mathrm{T}}t}\boldsymbol{A}^{\mathrm{T}}(\boldsymbol{P}-\boldsymbol{P}_1)\mathrm{e}^{\boldsymbol{A}t}+\mathrm{e}^{\boldsymbol{A}^{\mathrm{T}}t}(\boldsymbol{P}-\boldsymbol{P}_1)A\mathrm{e}^{\boldsymbol{A}t}=\dfrac{\mathrm{d}}{\mathrm{d}t}[\mathrm{e}^{\boldsymbol{A}^{\mathrm{T}}}(\boldsymbol{P}-\boldsymbol{P}_1)\mathrm{e}^{\boldsymbol{A}t}]=\boldsymbol{0}$. 因此有

$$\mathrm{e}^{\boldsymbol{A}^{\mathrm{T}}t}(\boldsymbol{P}-\boldsymbol{P}_1)\mathrm{e}^{\boldsymbol{A}t}=\boldsymbol{P}-\boldsymbol{P}_1$$

但有 $\lim\limits_{t\to+\infty}\mathrm{e}^{\boldsymbol{A}^{\mathrm{T}}t}(\boldsymbol{P}-\boldsymbol{P}_1)\mathrm{e}^{\boldsymbol{A}t}=\boldsymbol{0}$. 于是得到 $\boldsymbol{P}_1=\boldsymbol{P}$, 即 $\boldsymbol{P}$ 是矩阵方程 $\boldsymbol{A}^{\mathrm{T}}\boldsymbol{P}+\boldsymbol{P}\boldsymbol{A}=-\boldsymbol{Q}$ 的唯一解.

充分性. 若 $\boldsymbol{P}$ 是矩阵方程 $\boldsymbol{A}^{\mathrm{T}}\boldsymbol{P}+\boldsymbol{P}\boldsymbol{A}=-\boldsymbol{Q}$ 的唯一解, 取 $\boldsymbol{V}(\boldsymbol{x}(t))=\boldsymbol{x}^{\mathrm{T}}(t)\boldsymbol{P}\boldsymbol{x}(t)$, 它是正定的, 且

$$\dot{V}(\boldsymbol{x}(t))=\dot{\boldsymbol{x}}^{\mathrm{T}}(t)\boldsymbol{P}\boldsymbol{x}(t)+\boldsymbol{x}^{\mathrm{T}}\boldsymbol{P}\dot{\boldsymbol{x}}(t)=\boldsymbol{x}^{\mathrm{T}}(t)(\boldsymbol{A}^{\mathrm{T}}\boldsymbol{P}+\boldsymbol{P}\boldsymbol{A})\boldsymbol{x}(t)=-\boldsymbol{x}^{\mathrm{T}}(t)\boldsymbol{Q}\boldsymbol{x}(t)$$

是负定的. 由定理 4.8 知平衡解是渐近稳定的. □

注意: 在证明中, 已给出了构造线性定常系统 $\dot{\boldsymbol{x}}(t)=\boldsymbol{A}\boldsymbol{x}(t)$ 的 Lyapunov 函数的方法.

定理 4.11 对线性时变系统: $\dot{\boldsymbol{x}}(t)=\boldsymbol{A}(t)\boldsymbol{x}(t),\boldsymbol{x}(t_0)=\boldsymbol{x}_0(t\geqslant 0)$, 其平衡解为零. 给定一个连续的 $n\times n$ 对称正定矩阵 $\boldsymbol{Q}(t)$, 若存在连续可微的 $n\times n$ 对称正定矩阵 $\boldsymbol{P}(t)$, 使

$$\dot{\boldsymbol{P}}(t)+\boldsymbol{A}^{\mathrm{T}}(t)\boldsymbol{P}(t)+\boldsymbol{P}(t)\boldsymbol{A}(t)+\boldsymbol{Q}(t)=\boldsymbol{0}$$

且 $\|\boldsymbol{P}(t)\|$ 在 $t\in L$ 上有界, 则:

(1) 系统的平衡解是渐近稳定的;

(2) 当给定初始条件 $\boldsymbol{P}(t_0)$ 时, 可验证上述矩阵微分方程的解为

$$\boldsymbol{P}(t)=\boldsymbol{\Phi}^{\mathrm{T}}(t_0,t)\boldsymbol{P}(t_0)\boldsymbol{\Phi}(t_0,t)-\int_{t_0}^{t}\boldsymbol{\Phi}^{\mathrm{T}}(\tau,t)Q(\tau)\boldsymbol{\Phi}(\tau,t)\mathrm{d}\tau$$

其中 $\boldsymbol{\Phi}(t_0,t)$ 是 $\boldsymbol{A}(t)$ 的状态转移矩阵.

证明留作习题.

例 4.10 设有系统 $\dot{\boldsymbol{x}}(t)=\begin{bmatrix}0 & 1\\ -1 & -1\end{bmatrix}\boldsymbol{x}(t)$. 试确定其零解的稳定性.

解 取 $V(\boldsymbol{x}(t))=\boldsymbol{x}^{\mathrm{T}}(t)\boldsymbol{P}\boldsymbol{x}(t)$ 及 $\boldsymbol{Q}=\boldsymbol{I}$(单位矩阵). 设对称矩阵 $\boldsymbol{P}=\begin{bmatrix}p_{11} & p_{12}\\ p_{12} & p_{22}\end{bmatrix}$, 则有

$$\begin{bmatrix}0 & -1\\ 1 & -1\end{bmatrix}\begin{bmatrix}p_{11} & p_{12}\\ p_{12} & p_{22}\end{bmatrix}+\begin{bmatrix}p_{11} & p_{12}\\ p_{12} & p_{22}\end{bmatrix}\begin{bmatrix}0 & 1\\ -1 & -1\end{bmatrix}=\begin{bmatrix}-1 & 0\\ 0 & -1\end{bmatrix}$$

或者

$$\begin{cases}-2p_{12}=-1\\ p_{11}-p_{12}-p_{22}=0\\ 2p_{12}-2p_{22}=-1\end{cases}$$

求解得到 $\boldsymbol{P}=\begin{bmatrix}\dfrac{3}{2} & \dfrac{1}{2}\\ \dfrac{1}{2} & 1\end{bmatrix}$, 于是有

$$V(\boldsymbol{x}(t))=\frac{1}{2}[3x_1^2(t)+2x_1(t)x_2(t)+2x_2^2(t)]$$

它是正定的, 而 $\dot{V}(\boldsymbol{x}(t))=3x_1(t)\dot{x}_1(t)+\dot{x}_1(t)x_2(t)+x_1(t)\dot{x}_2(t)+2x_2(t)\dot{x}_2(t)=-[x_1^2+x_2^2(t)]$ 是负定的, 且当 $|\boldsymbol{x}|\to+\infty$ 时, 有 $V(\boldsymbol{x}(t))\to+\infty$, 故系统的零解是大范围渐近稳定的.

定理 4.6 的证明 按定理 4.11, 由条件 (1) 知, 对给定的连续的 $n\times n$ 对称矩阵 $\boldsymbol{Q}(t)=\boldsymbol{I}$, 存在连续可微及有界的 $n\times n$ 对称正定矩阵 $\boldsymbol{P}(t)$, 满足 $\dot{\boldsymbol{P}}(t)+\boldsymbol{A}^{\mathrm{T}}(t)\boldsymbol{P}(t)+\boldsymbol{P}(t)\boldsymbol{A}(t)=-\boldsymbol{I}$. 取 $V(\boldsymbol{x}(t))=\boldsymbol{x}^{\mathrm{T}}(t)\boldsymbol{P}(t)\boldsymbol{x}(t)$, 它是正定的, 而

$$\dot{V}(\boldsymbol{x}(t))=-\boldsymbol{x}^{\mathrm{T}}(t)\boldsymbol{x}(t)+\boldsymbol{g}^{\mathrm{T}}(\boldsymbol{x}(t))\boldsymbol{P}(t)\boldsymbol{x}(t)+\boldsymbol{x}^{\mathrm{T}}(t)\boldsymbol{P}(t)\boldsymbol{g}(\boldsymbol{x}(t))$$

再由条件 (2) 知, 对任意的正数 ε, 存在正数 δ, 当 $|\boldsymbol{x}(t)|<\delta$ 时, 有 $|\boldsymbol{g}(\boldsymbol{x}(t))|/|\boldsymbol{x}(t)|<\varepsilon,\boldsymbol{P}(t)$ 在 $t\in L$ 上分别成立且有界. 从而有

$$\dot{V}(\boldsymbol{x}(t))=-\boldsymbol{x}^{\mathrm{T}}(t)\boldsymbol{x}(t)+\frac{1}{2}\varepsilon\alpha\boldsymbol{x}^{\mathrm{T}}(t)\boldsymbol{x}(t)$$

为负定的, 只要使 $\varepsilon\alpha<1$ 即可. 因而 $\dot{\boldsymbol{x}}(t)=\boldsymbol{A}(t)\boldsymbol{x}(t)+\boldsymbol{g}(\boldsymbol{x}(t))$ 也是渐近稳定的.

4.6.4 构造 Lyapunov 函数的方法

1. Krasovski 法

设有定常系统 $\dot{\boldsymbol{x}}(t)=\boldsymbol{f}(\boldsymbol{x}(t))$. 此时系统可存在不止一个平衡解. 这里假定平衡解为零解, 且 $\boldsymbol{f}(\boldsymbol{x}(t))$ 对 $x_i(t)(i=1,2,\cdots,n)$ 可微.

Krasovski 建议不用 $\boldsymbol{x}(t)$, 而用 $\dot{\boldsymbol{x}}(t)$ 来构造 Lyapunov 函数, 取

$$V(\boldsymbol{x}(t))=\dot{\boldsymbol{x}}^{\mathrm{T}}(t)\boldsymbol{Q}\dot{\boldsymbol{x}}(t)=\boldsymbol{f}^{\mathrm{T}}(\boldsymbol{x}(t))\boldsymbol{Q}\boldsymbol{f}(\boldsymbol{x}(t))$$

其中 $\boldsymbol{Q}$ 为给定的正定常数矩阵. 在实际使用时, 常取 $\boldsymbol{Q}=\boldsymbol{I}$(单位矩阵). 为了验证 $\dot{V}(\boldsymbol{x}(t))$ 是否为负定的, 可得

$$\dot{V}(\boldsymbol{x}(t))=\dot{\boldsymbol{f}}^{\mathrm{T}}(\boldsymbol{x}(t))\boldsymbol{Q}\boldsymbol{f}(\boldsymbol{x}(t))+\boldsymbol{f}^{\mathrm{T}}(\boldsymbol{x}(t))\boldsymbol{Q}\dot{\boldsymbol{f}}(\boldsymbol{x}(t))$$

注意到 $\dot{\boldsymbol{f}}(\boldsymbol{x}(t))=\dfrac{\partial\boldsymbol{f}}{\partial\boldsymbol{x}}\dot{\boldsymbol{x}}(t)=\dfrac{\partial\boldsymbol{f}}{\partial\boldsymbol{x}}\boldsymbol{f}(\boldsymbol{x})=\boldsymbol{J}(\boldsymbol{x})\boldsymbol{f}(\boldsymbol{x})$, 其中

$$\boldsymbol{J}(\boldsymbol{x})=\frac{\partial\boldsymbol{f}}{\partial\boldsymbol{x}}=\begin{bmatrix}\dfrac{\partial f_1}{\partial x_1} & \cdots & \dfrac{\partial f_1}{\partial x_n}\\ \vdots & & \vdots\\ \dfrac{\partial f_n}{\partial x_1} & \cdots & \dfrac{\partial f_n}{\partial x_n}\end{bmatrix}$$

故有

$$\begin{aligned}\dot{V}(\boldsymbol{x}(t))&=\boldsymbol{f}^{\mathrm{T}}(\boldsymbol{x}(t))[\boldsymbol{J}^{\mathrm{T}}(\boldsymbol{x}(t))\boldsymbol{Q}+\boldsymbol{Q}\boldsymbol{J}(\boldsymbol{x}(t))\boldsymbol{f}(\boldsymbol{x}(t))\\&=\boldsymbol{f}^{\mathrm{T}}(\boldsymbol{x}(t))\tilde{\boldsymbol{J}}(\boldsymbol{x}(t))\boldsymbol{f}(\boldsymbol{x}(t))\end{aligned}$$

这里 $\tilde{\boldsymbol{J}}(\boldsymbol{x}(t))=\boldsymbol{J}^{\mathrm{T}}(\boldsymbol{x}(t))\boldsymbol{Q}+\boldsymbol{Q}\boldsymbol{J}(\boldsymbol{x}(t))$. $\tilde{\boldsymbol{J}}(\boldsymbol{x}(t))$ 是负定的, 则 $\dot{V}(\boldsymbol{x}(t))$ 也是负定的. 于是系统的平衡解是渐近稳定的. 当 $|\boldsymbol{x}|\to+\infty$ 时, $V(\boldsymbol{x}(t))=\boldsymbol{f}^{\mathrm{T}}(\boldsymbol{x}(t))\boldsymbol{Q}\boldsymbol{f}(\boldsymbol{x}(t))\to+\infty$, 这时平衡解是大范围渐近稳定的.

注意: 这仅是平衡解渐近稳定的充分条件, 并非必要条件. 若 $\tilde{\boldsymbol{J}}(\boldsymbol{x}(t))$ 不是负定的, 此法失效!

例 4.11 设有系统

$$\begin{cases} \dot{x}_1(t) = -x_1(t) \\ \dot{x}_2(t) = x_1(t) - x_2(t) - x_2^3(t) \end{cases}$$

试确定零解的稳定性.

解法 1 应用定理 4.5, 即一次近似定理. 这时, 有 $\dot{\boldsymbol{x}}(t) = \begin{bmatrix} -1 & 0 \\ 1 & -1 \end{bmatrix} \boldsymbol{x}(t) + \begin{bmatrix} 0 \\ -x_2^3(t) \end{bmatrix}$, 而 $\boldsymbol{A} = \begin{bmatrix} -1 & 0 \\ 1 & -1 \end{bmatrix}$ 的特征值全具有负实部, 且 $\lim\limits_{|\boldsymbol{x}| \to +\infty} \dfrac{|g(\boldsymbol{x})|}{|\boldsymbol{x}|} = 0$, 故系统的平衡解是渐近稳定的.

解法 2 应用 Krasovski 法. 这时, 有 $\boldsymbol{f}(\boldsymbol{x}(t)) = \begin{bmatrix} -x_1(t) & 0 \\ x_1(t) & x_2(t) - x_2^3(t) \end{bmatrix}$, 取 $\boldsymbol{Q} = \boldsymbol{I}$. 于是,Lyapunov 函数为

$$V(\boldsymbol{x}(t)) = \boldsymbol{f}^{\mathrm{T}}(\boldsymbol{x}(t))\boldsymbol{f}(\boldsymbol{x}(t)) = x_1^2(t) + [x_1(t) - x_2(t) - x_2^3(t)]^2$$

是正定的. 而 $\boldsymbol{J}(\boldsymbol{x}(t)) = \begin{bmatrix} -1 & 0 \\ 1 & -1 - 3x_2^2(t) \end{bmatrix}$, 从而得到

$$\tilde{\boldsymbol{J}}(\boldsymbol{x}(t)) = \begin{bmatrix} -2 & 1 \\ 1 & -2 - 6x_2^2(t) \end{bmatrix}$$

由于 $\Delta_1 = -2 < 0, \Delta_2 = 12x_2^2(t) + 3 > 0$, 故 $\tilde{\boldsymbol{J}}(\boldsymbol{x}(t))$ 是负定的. 于是此系统的平衡解是渐近稳定的.

例 4.12 设有系统

$$\dot{\boldsymbol{x}}(t) = \begin{bmatrix} -x_1^3(t) & -4x_2(t) \\ 3x_1(t) & -x_2^3(t) \end{bmatrix} = \begin{bmatrix} 0 & -4 \\ 3 & 0 \end{bmatrix} x(t) + \begin{bmatrix} -x_1^3(t) \\ -x_2^3(t) \end{bmatrix}$$

试确定其平衡解的稳定性.

解法 1 定理 4.5 在这里失效.

解法 2 采用 Krasovski 法. 这时, 有 $\boldsymbol{J}(\boldsymbol{x}(t)) = \begin{bmatrix} -3x_1^2(t) & -4 \\ 3 & -3x_2^2(t) \end{bmatrix}$, 取 $\boldsymbol{Q} = \boldsymbol{I}$, 得 $\tilde{\boldsymbol{J}}(\boldsymbol{x}(t)) = \begin{bmatrix} -6x_1^2(t) & -1 \\ -1 & -6x_2^2(t) \end{bmatrix}$. 由于 $\Delta_1 = 6x_1^2(t) \leqslant 0, \Delta_2 = 36x_1^2(t)x_2^2(t) - 1$, 故 $\boldsymbol{J}(\boldsymbol{x}(t))$ 不定, 于是此方法也失效. 应再找其他方法.

2. 变量梯度法

先设一个旋度为零的向量场 $S(\boldsymbol{x}(t))=\mathrm{grad}V(\boldsymbol{x}(t))$; 然后, 由它确定不显含 t 的势函数 $V(\boldsymbol{x}(t))$.

若有非线性系统 $\dot{\boldsymbol{x}}(t)=\boldsymbol{f}(\boldsymbol{x}(t)),\boldsymbol{f}(\boldsymbol{0})=\boldsymbol{0}$, 试讨论平衡解为零解处的稳定性.

这时, 它的 Lyapunov 函数 $V(\boldsymbol{x}(t))$ 存在, 且有梯度 $\mathrm{grad}V(\boldsymbol{x}(t))=\left[\frac{\partial V}{\partial x_1},\cdots,\frac{\partial V}{\partial x_n}\right]^{\mathrm{T}}$, 故得

$$\dot{V}(\boldsymbol{x}(t))=[\mathrm{grad}V(\boldsymbol{x}(t))]^{\mathrm{T}}\dot{\boldsymbol{x}}(t)$$

于是, 可假设 $\mathrm{grad}V(\boldsymbol{x}(t))$ 为某种形式.

例如有形式

$$\mathrm{grad}V(\boldsymbol{x}(t))=[S_1(\boldsymbol{x}(t)),\cdots,S_n(\boldsymbol{x}(t))]^{\mathrm{T}}=\begin{bmatrix}p_{11}&\cdots&p_{1n}\\ \vdots&&\vdots\\ p_{n1}&\cdots&p_{nn}\end{bmatrix}\boldsymbol{x}(t)$$

其中 $\boldsymbol{x}(t)=[x_1(t),\cdots,x_n(t)]^{\mathrm{T}}$, $p_{ij}(i,j=1,2,\cdots,n)$ 通常都取为待定常数, 也可以取为 $x_i(t)(i=1,2,\cdots,n)$ 的函数. 再由使 $\dot{V}(\boldsymbol{x}(t))$ 为负定的要求, 选出 $\mathrm{grad}V(\boldsymbol{x}(t))$ 的假设形式中的待定系数 $p_{ij}(i,j=1,2,\cdots,n)$, 并由 $\mathrm{grad}V(\boldsymbol{x}(t))$ 导出数量函数

$$V(\boldsymbol{x}(t))=\int_0^t[\mathrm{grad}V(\boldsymbol{x}(t))]^{\mathrm{T}}\dot{\boldsymbol{x}}(t)\mathrm{d}t=\int_{\boldsymbol{0}}^{\boldsymbol{x}(t)}[\mathrm{grad}V(\boldsymbol{x}(t))]^{\mathrm{T}}\mathrm{d}\boldsymbol{x}(t)$$

且可验证: 若 $V(\boldsymbol{x}(t))$ 是正定的, 它就是所给系统要构造的 Lyapunov 函数.

由于有假设 $\frac{\partial S_i}{\partial x_j}=\frac{\partial S_j}{\partial x_i}(i,j=1,2,\cdots,n)$, 故 $\mathrm{grad}V(\boldsymbol{x}(t))$ 的曲线积分与路径无关. 因此, 可用逐点积分的方法, 得

$$\begin{aligned}V(\boldsymbol{x}(t))=&\int_0^{x_1(t)}S_1(t_1,0,\cdots,0)\mathrm{d}t_1+\int_0^{x_2(t)}S_2(x_1(t),t_2,0,\cdots,0)\mathrm{d}t_2+\cdots\\&+\int_0^{x_n(t)}S_n(x_1(t),\cdots,x_{n-1}(t),t_n)\mathrm{d}t_n\end{aligned}$$

注意: 向量场 $\boldsymbol{S}(\boldsymbol{x}(t))=\mathrm{grad}V(\boldsymbol{x}(t))$ 的充要条件是矩阵 $\begin{bmatrix}p_{11}&\cdots&p_{1n}\\ \vdots&&\vdots\\ p_{n1}&\cdots&p_{nn}\end{bmatrix}$ 是对称的.

事实上, 若设 $\boldsymbol{S}(\boldsymbol{x}(t))=\mathrm{grad}V(\boldsymbol{x}(t))$, 则有

$$S(\boldsymbol{x}(t))=\left[\frac{\partial V}{\partial x_1(t)},\cdots,\frac{\partial V}{\partial x_n(t)}\right]^{\mathrm{T}}=\begin{bmatrix}p_{11}&\cdots&p_{1n}\\\vdots&&\vdots\\p_{n1}&\cdots&p_{nn}\end{bmatrix}\boldsymbol{x}(t)$$

于是, 有

$$\begin{bmatrix}\dfrac{\partial^2 V}{\partial x_1^2(t)}&\cdots&\dfrac{\partial^2 V}{\partial x_1(t)\partial x_n(t)}\\\vdots&&\vdots\\\dfrac{\partial^2 V}{\partial x_n(t)\partial x_1(t)}&\cdots&\dfrac{\partial^2 V}{\partial x_n^2(t)}\end{bmatrix}=\begin{bmatrix}p_{11}&\cdots&p_{1n}\\\vdots&&\vdots\\p_{n1}&\cdots&p_{nn}\end{bmatrix}$$

由于 $\dfrac{\partial^2 V}{\partial x_i(t)\partial x_j(t)}=\dfrac{\partial^2 V}{\partial x_j(t)\partial x_i(t)}(i,j=1,2,\cdots,n)$, 故有 $p_{ij}=p_{ji}(i,j=1,2,\cdots,n)$.

反之, 若 $p_{ij}=p_{ji}(i,j=1,2,\cdots,n)$, 由假设 $\dfrac{\partial S_i}{\partial x_j(t)}=\dfrac{\partial S_j}{\partial x_i(t)}(i,j=1,2,\cdots,n)$, 有偏微商:

$$\begin{aligned}\frac{\partial V}{\partial x_1(t)}&=S_1(x_1(t),0,\cdots,0)+\int_0^{x_2(t)}\frac{\partial S_2}{\partial x_1(t)}(x_1(t),t_2,0,\cdots,0)\mathrm{d}t_2+\cdots\\&\quad+\int_0^{x_n(t)}\frac{\partial S_n}{\partial x_1(t)}(x_1(t),\cdots,x_{n-1}(t),t_n)\mathrm{d}x_n\\&=p_{11}x_1(t)+\int_0^{x_2(t)}\frac{\partial S_1}{\partial x_2(t)}(x_1(t),t_2,0,\cdots,0)\mathrm{d}t_2+\cdots\\&\quad+\int_0^{x_n(t)}\frac{\partial S_1}{\partial x_n(t)}(x_1(t),\cdots,x_{n-1}(t),t_n)\mathrm{d}t_n\\&=p_{11}x_1(t)+S_1(x_1(t),t_2,0,\cdots,0)|_0^{x_2(t)}+\cdots+S_1(x_1(t),\cdots,x_{n-1}(t),t_n)|_0^{x_n(t)}\\&=p_{11}x_1(t)+p_{12}x_2(t)+\cdots+p_{1n}x_n(t)=S_1(x(t))\end{aligned}$$

按相同算法, 有 $\dfrac{\partial V}{\partial x_i(t)}=S_i(\boldsymbol{x}(t))(i=2,3,\cdots,n)$.

例如, 对例 4.11 采用变量梯度法:

先设 $\mathrm{grad}V(\boldsymbol{x}(t))=\begin{bmatrix}p_{11}x_1(t)+p_{12}x_2(t)\\p_{21}x_1(t)+p_{22}x_2(t)\end{bmatrix}$, 验证对称条件, 有 $p_{12}=p_{21}=k$. 若选取 $k=0$, 则有

$$\mathrm{grad}V(\boldsymbol{x}(t))=[p_{11}x_1(t),p_{22}x_2(t)]^{\mathrm{T}}$$

再求 $\dot{V}(\boldsymbol{x}(t))=-p_{11}x_1^4(t)+(-4p_{11}+3p_{22})x_1(t)x_2(t)-p_{22}x_2^4(t)$. 下面确定 $V(\boldsymbol{x}(t))$, 首先有

$$V(\boldsymbol{x}(t))=\int_0^{x_1}p_{11}t_1\mathrm{d}t_1+\int_0^{x_2}p_{22}t_2\mathrm{d}t_2=\frac{1}{2}p_{11}x_1^2(t)+\frac{1}{2}p_{22}x_2^2(t)$$

最后应满足 $V(\boldsymbol{x}(t))>0$ 与 $\dot{V}(\boldsymbol{x}(t))<0$, 当且仅当 $p_{11}>0, p_{22}>0$. 要使 $\dot{V}(\boldsymbol{x}(t))<0$, 可让 $-4p_{11}+3p_{22}=0$, 取 $p_{11}=6>0, p_{22}=8>0$, 故 $V(\boldsymbol{x}(t))=3x_1^2(t)+4x_2^2(t)$ 是正定的, 而 $\dot{V}(\boldsymbol{x}(t))=-6x_1^4(t)-8x_2^4(t)$ 是负定的. 当 $|x|\to+\infty$ 时, 有 $V(\boldsymbol{x}(t))\to+\infty$, 故平衡解是大范围渐近稳定的.

例 4.13 对例 4.5, 有

$$\begin{cases}\dot{x}_1(t)=x_2(t)\\ \dot{x}_2(t)=-\dfrac{K}{M}x_1(t)-\dfrac{B}{M}x_2(t), \quad x(0)=x_0 \quad (K\geqslant 0, t\geqslant 0, B>0, M>0)\end{cases}$$

试确定其平衡解的稳定性.

解 采用变量梯度法.

首先, 设 $\mathrm{grad}V(\boldsymbol{x}(t))=\begin{bmatrix}p_{11}x_1(t)+p_{12}x_2(t)\\ p_{21}x_1(t)+p_{22}x_2(t)\end{bmatrix}$. 应用对称性, 取 $p_{12}=p_{21}=B/M$.

计算

$$\dot{V}(\boldsymbol{x}(t))=-\frac{BK}{M^2}x_1^2(t)+\left(\frac{B}{M}-p_{22}\frac{B}{M}\right)x_2^2(t)+\left(p_{11}-\frac{K}{M}p_{22}-\frac{B^2}{M^2}\right)x_1(t)x_2(t)$$

令 $p_{11}-(K/M)p_{22}-M^2/B^2=0$, 取 $p_{22}=2, p_{11}=2K/M+B^2/M^2$, 则 $\dot{V}(\boldsymbol{x}(t))=-\dfrac{BK}{M^2}x_1^2(t)-\dfrac{B}{M}x_2^2(t)$ 是负定的, 且得

$$\mathrm{grad}V(\boldsymbol{x}(t))=\left[\left(\frac{2K}{M}+\frac{B^2}{M^2}\right)x_1(t)+\frac{B}{M}x_2(t), \frac{B}{M}x_1(t)+2x_2(t)\right]^{\mathrm{T}}.$$

故

$$\begin{aligned}V(\boldsymbol{x}(t))&=\int_0^{x_1(t)}\left(\frac{2K}{M}+\frac{B^2}{M^2}\right)t_1\mathrm{d}t_1+\int_0^{x_2(t)}\left[\frac{B}{M}x_1(t)+2t_2\right]\mathrm{d}t_2\\ &=\frac{1}{2}\left(\frac{2K}{M}+\frac{B^2}{M^2}\right)x_1^2(t)+\frac{B}{M}x_1(t)x_2(t)+x_2^2(t)\end{aligned}$$

是正定的, 从而平衡解是渐近稳定的. 此时的 Lyapunov 函数已失去能量函数的物理意义. 另外, 若采用线性定常系统的方法, 由于 $\boldsymbol{Q}$ 的取法不同, 可得到不同的 Lyapunov 函数. 但 Krasovski 方法将失效!

例 4.14 考虑系统

$$\begin{cases} \dot{x}_1(t) = -ax_1(t) \\ \dot{x}_2(t) = bx_2(t) + x_1(t)x_2^2(t) \end{cases}$$

其中 $a>0, b<0$. 试确定平衡解的稳定性.

解 易见, 零解是平衡解. 今采用变量梯度法, 设

$$\mathrm{grad}V(\boldsymbol{x}(t)) = \begin{bmatrix} p_{11}x_1(t) + p_{12}x_2(t) \\ p_{21}x_1(t) + p_{22}x_2(t) \end{bmatrix}$$

验证对称条件, 有 $p_{12} = p_{21} = k$. 若选取 $k=0$, 则得

$$\mathrm{grad}V(\boldsymbol{x}(t)) = [p_{11}x_1(t), p_{22}x_2(t)]^{\mathrm{T}}.$$

再计算: $\dot{V}(\boldsymbol{x}(t)) = -ap_{11}x_1^2(t) + p_{22}[b + x_1(t)x_2(t)]x_2^2(t)$.

下面确定 $V(\boldsymbol{x}(t))$. 计算得

$$V(\boldsymbol{x}(t)) = \int_0^{x_1(t)} p_{11}t_1\mathrm{d}t_1 + \int_0^{x_2(t)} p_{22}t_2\mathrm{d}t_2 = \frac{1}{2}[p_{11}x_1^2(t) + p_{22}x_2^2(t)]$$

从而看出, 当且仅当 $p_{11}>0$, $p_{22}>0$ 时, $V(\boldsymbol{x}(t))$ 是正定的. 取 $p_{11} = p_{22} = 1$, 有

$$V(\boldsymbol{x}(t)) = \frac{1}{2}x_1^2(t) + \frac{1}{2}x_2^2(t)$$

且 $\dot{V}(\boldsymbol{x}(t)) = -ax_1^2(t) + [b + x_1(t)x_2(t)]x_2^2(t)$.

按假设, 当 $|b| - x_1(t)x_2(t) > 0$ 时, 得到

$$\dot{V}(\boldsymbol{x}(t)) = -ax_1^2(t) - [|b| - x_1(t)x_2(t)]x_2^2(t)$$

是负定的. 故平衡解是渐近稳定的, 但不是大范围渐近稳定的.

4.7 稳定性的频率判据

在 4.6 节所介绍的稳定性的判别法中, 必须知道系统的特征方程, 但实际中的控制系统未必给出数学模型. 此外, 虽然能判别稳定性, 但它无法提供控制系统特征方面的信息. 本节要讨论一种直接从系统的传递函数出发来分析控制系统稳定性的方法. 从传递函数容易画出其频率特性曲线, 若不知道传递函数, 还可由实验测出频率特性. 因此, 可用系统的频率特性来判别系统的稳定性, 且还能提供控制系统特征方面的信息. 这个判别法实质上是复变函数的方法.

4.7.1 n 次多项式的稳定性频率判据

设有 n 次多项式 $a(\lambda)=a_0\lambda^n+a_1\lambda^{n-1}+\cdots+a_n$, 且根为 $\alpha_j(j=1,2,\cdots,n)$, 则有

$$a(\lambda)=a_0\prod_{j=1}^{n}(\lambda-\alpha_j)$$

由图 4.2 可看出, 假设复数 α_l 位于左半平面, 即 $\mathrm{Re}\alpha_l<0$, 当 $x=\mathrm{i}\omega(\mathrm{i}=\sqrt{-1})$, 而频率 ω 从 $-\infty$ 到 $+\infty$ 变化时, 复数 $\mathrm{i}\omega-\alpha_l$ 的辐角变化是从 $-\pi/2$ 变到 $\pi/2$, 即复数 $\mathrm{i}\omega-\alpha_l$ 的辐角变化等于 π ; 当 $\mathrm{Re}\alpha_k>0$ 时, 复数 $\mathrm{i}\omega-\alpha_k$ 中的 ω 从 $-\infty$ 到 $+\infty$ 变化时, 其辐角的变化就等于 $-\pi$. 故当 ω 从 $-\infty$ 变化到 $+\infty$ 时,

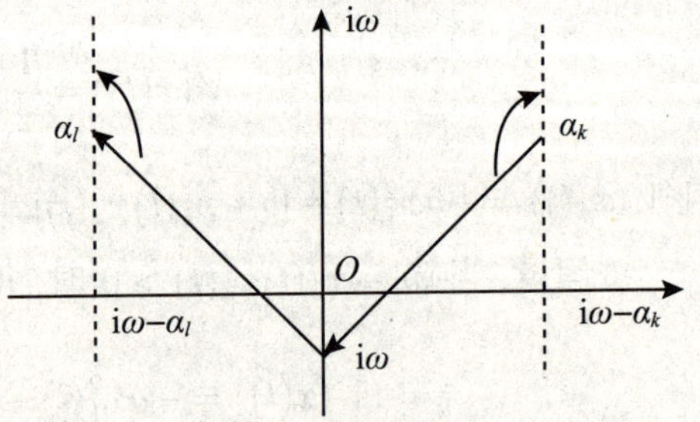

图 4.2

$$a(\mathrm{i}\omega)=a_0\prod_{j=1}^{n}(\mathrm{i}\omega-\alpha_j)$$

的辐角变化就等于复数 $(\mathrm{i}\omega-\alpha_j)(j=1,2,\cdots,n)$ 的辐角变化之和, 即有如下的结论:

定理 4.12 设 $a_0>0$, 且 $a(\lambda)$ 在虚轴上无根, 则 $a(\lambda)$ 稳定的充要条件是, 当 ω 从 $-\infty$ 到 $+\infty$ 变化时, $a(\mathrm{i}\omega)$ 的辐角变化等于 $n\pi$, 即有

$$\Delta_{-\infty}^{+\infty}\arg a(\mathrm{i}\omega)=n\pi$$

其中 n 为 $a(\lambda)$ 的次数.

对实系数多项式, 因有 $a(-\mathrm{i}\omega)=\overline{a(\mathrm{i}\omega)}$, 故当 ω 从 $-\infty$ 变化到 0 时, $a(\mathrm{i}\omega)$ 在复平面上描出的曲线与 ω 从 0 到 $+\infty$ 变化时, $a(\mathrm{i}\omega)$ 在复平面上描出的曲线关于实轴对称. 因此, 实系数多项式 $a(\lambda)$ 稳定的充要条件是, 当 ω 从 0 到 $+\infty$ 变化时, $a(\mathrm{i}\omega)$ 的辐角变化等于 $n\pi/2$, 即

$$\Delta_0^{+\infty}\arg a(\mathrm{i}\omega)=n\pi/2$$

例如, 设 $a(\lambda)=\lambda^3+2\lambda^2+4\lambda+K$, 假设它在虚轴上无根. 首先, 有 $K>0$. 若 $K\leqslant 0$, 当 $K=0$ 时, 有 $\lambda=0$; 当 $K<0$ 时, 由于 $a(0)=K<0$, 而 $a'(\lambda)=3\lambda^2+4\lambda+4$, 故当 $\lambda>0$ 时, 有 $a'(\lambda)>0$. 所以当 λ 增加时, $a(\lambda)$ 也增加, 且必与横轴至少相交一次, 并为正实部的根, 因此 $a(\lambda)$ 是不稳定的. 其次, 当 $K=8$ 时, 在虚轴上有一对纯虚根, 与假定矛盾. 综上, 应有 $0<K<8$. 这时, 有频率特性

$$a(\mathrm{i}\omega)=(K-2\omega^2)+\mathrm{i}(4-\omega^2)\omega$$

故得

$$U(\omega)=K-2\omega^2,\quad V(\omega)=(4-\omega^2)\omega,$$

而

$$\arg a(\mathrm{i}\omega)=\begin{cases}\arctan\dfrac{(4-\omega^2)\omega}{K-2\omega^2} & (\omega\leqslant\sqrt{K/2})\\ \pi+\arctan\dfrac{(4-\omega^2)\omega}{K-2\omega^2} & (\omega>\sqrt{K/2})\end{cases}$$

且有表 4.1.

表 4.1

ω	$\arg a(\mathrm{i}\omega)$	$U(\omega)$	$V(\omega)$
0	0	K	0
2	π	$K-8$	0
$+\infty$	$3\pi/2$	$-\infty^2$	$-\infty^3$

于是, 有 $\Delta_0^{+\infty}\arg a(\mathrm{i}\omega)=3\pi/2=3\times\pi/2$. 故 $a(\lambda)$ 在 $0<K<8$ 时是稳定的, 这与用代数判据得到的结果一致.

4.7.2 开环传递函数为 $G(s)=Q(s)/P(s)$ 的控制系数的稳定频率判据

设开环控制系统的动态方程为 $P\left(\dfrac{\mathrm{d}}{\mathrm{d}t}\right)x(t)=Q\left(\dfrac{\mathrm{d}}{\mathrm{d}t}\right)u(t)$, 则其传递函数为 $G(s)=Q(s)/P(s)$, 这里的 $P(s)$ 与 $Q(s)$ 分别为 n 次与 m 次实系数多项式. 若已知 $P(s)$ 的根全在左半平面上时, 上述开环控制系统是稳定的, 则有如下结果.

定理 4.13 设开环传递函数 $G(s)$ 在右半平面上有 m_1 个零点, 在虚轴上无零点, 则此控制系统是稳定的充要条件是

$$\Delta_{-\infty}^{+\infty}\arg G(\mathrm{i}\omega)=(m-2m_1-n)\pi$$

或者

$$\Delta_{-\infty}^{+\infty}\arg\frac{1}{G(\mathrm{i}\omega)}=(n+2m_1-m)\pi$$

证明 设 $m\leqslant n$. 按假设, $G(s)$ 的零点就是 $Q(s)$ 的零点, 故 $Q(s)$ 在右半平面上恰有 m_1 个零点, 而在左半平面上就有 $m-m_1$ 个零点. 由于

$$\arg G(\mathrm{i}\omega)=\arg Q(\mathrm{i}\omega)-\arg P(\mathrm{i}\omega)$$

故在 ω 从 $-\infty$ 到 $+\infty$ 变化时, 辐角的变化为

$$\Delta_{-\infty}^{+\infty}\arg G(\mathrm{i}\omega)=\Delta_{-\infty}^{+\infty}\arg Q(\mathrm{i}\omega)-\Delta_{-\infty}^{+\infty}\arg P(\mathrm{i}\omega)$$

但

$$\Delta_{-\infty}^{+\infty}\arg Q(\mathrm{i}\omega)=(m-m_1)\pi-m_1\pi=(m-2m_1)\pi$$

应用定理 4.13, 有 $\Delta_{-\infty}^{+\infty}\arg P(\mathrm{i}\omega)=n\pi$ 故得 $\Delta_{-\infty}^{+\infty}\arg G(\mathrm{i}\omega)=(m-2m_1-n)\pi$, 或者有

$$\begin{aligned}\Delta_{-\infty}^{+\infty}\arg\frac{1}{G(\mathrm{i}\omega)}&=\Delta_{-\infty}^{+\infty}\arg\frac{P(\mathrm{i}\omega)}{Q(\mathrm{i}\omega)}\\&=\Delta_{-\infty}^{+\infty}\arg P(\mathrm{i}\omega)-\Delta_{-\infty}^{+\infty}\arg Q(\mathrm{i}\omega)=(n+2m_1-m)\pi\end{aligned}$$

例如, 已知控制系统的开环传递函数为

$$G(s)=\frac{2(s^2-2s+5)}{2s^2+5s+2}$$

试判别其稳定性. 这时, $m=n=2,m_1=2$, 故有 $\Delta_{-\infty}^{+\infty}\arg G(\mathrm{i}\omega)=-4\pi$, 因此, $G(s)$ 表示的控制系统是稳定的.

4.7.3　线性定常系统的 Nyquist 稳定性判据

Nyquist 提出一种判定闭环系统稳定的方法, 称为 Nyquist 稳定性判据. 今讨论如图 4.3 所示的开环传递函数为 $G(s)$ 的简单反馈系统的稳定性. 其中 $G(s)=Q(s)/P(s)$, 而 $P(s)$ 与 $Q(s)$ 分别是 n 次与 m 次实系数既约多项式, 且 $n>m$. 这时, 闭环系统的传递函数为

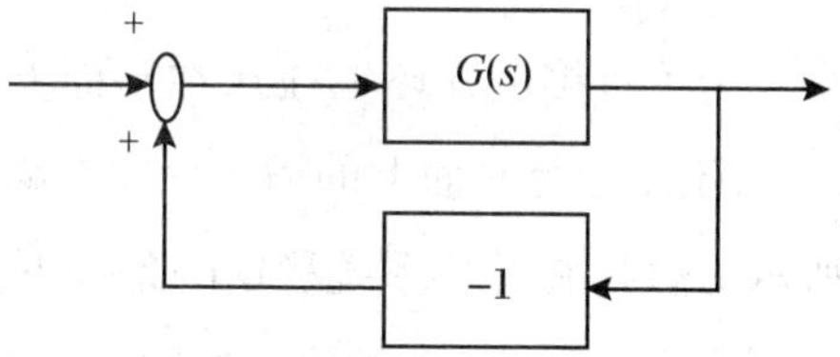

图 4.3

$$\tilde{G}(s)=\frac{G(s)}{1+G(s)}=\frac{Q(s)}{P(s)+Q(s)}$$

且有如下结论:

定理 4.14(Nyquist 稳定性判据)　(1) 设开环系统 $G(s)=Q(s)/P(s)$ 是稳定的, $m<n$, 则简单闭环系统稳定的充要条件是, 其开环系统的频率特性 $G(\mathrm{i}\omega)$ 的轨迹在 $G(\mathrm{i}\omega)$ 平面上, 按顺时针方向行进, 不包含 $G(\mathrm{i}\omega)$ 平面上的点 $(-1,0)$.

(2) 设开环系统不稳定. 假定 $G(s)$ 恰有 n_1 个极点在右半平面上, 且在虚轴上无极点, 则简单闭环系统稳定的充要条件是, 在开环系统的频率特性 $G(\mathrm{i}\omega)$ 平面上的轨迹绕点 $(-1,0)$ 逆时针方向行进 n_1 周.

证明 (1) 由于简单闭环系统的传递函数为 $\tilde{G}=Q(s)/[P(s)+Q(s)]$, 故系统是稳定的充要条件是, n 次实系数方程 $P(s)+Q(s)=0$ 的根全在左半平面上, 或有 $\Delta_{-\infty}^{+\infty}\arg[P(\mathrm{i}\omega)+Q(\mathrm{i}\omega)]=n\pi$. 又因假设开环系统是稳定的, 故由定理 4.13, 知 $\Delta_{-\infty}^{+\infty}\arg P(\mathrm{i}\omega)=n\pi$. 由于

$$\Delta_{-\infty}^{+\infty}\arg[1+G(\mathrm{i}\omega)]=\Delta_{-\infty}^{+\infty}\arg\left[\frac{P(\mathrm{i}\omega)+Q(\mathrm{i}\omega)}{P(\mathrm{i}\omega)}\right]=0,$$

所以在开环系统稳定的条件下, 简单闭环系统稳定的充要条件是 $1+G(\mathrm{i}\omega)$ 在此复平面上的轨迹不包围在 $1+G(\mathrm{i}\omega)$ 平面上的坐标原点, 如图 4.4(a) 所示.

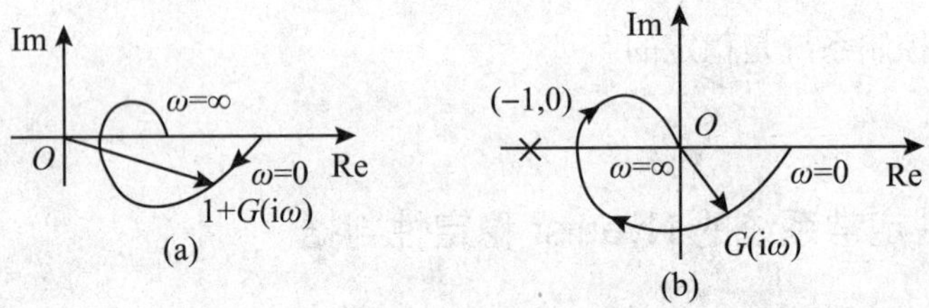

图 4.4

为了直接用开环 $G(\mathrm{i}\omega)$ 在平面上的轨迹来判别简单闭环系统的稳定性, 今将 $1+G(\mathrm{i}\omega)$ 在复平面上的横坐标向右移一个单位后就换成 $G(\mathrm{i}\omega)$ 平面, 如图 4.4(b) 所示. 这时, 在开环系统稳定的条件下, 简单闭环系统稳定的充要条件是, 在 $G(\mathrm{i}\omega)$ 平面上, 开环 $G(\mathrm{i}\omega)$ 的轨迹按顺时针方向行进, 不包含 $G(\mathrm{i}\omega)$ 平面上的点 $(-1,0)$.

(2) 此时 $P(\mathrm{i}\omega)$ 在右半平面上恰有 n_1 个零点, 在虚轴上无零点, 所以有 $\Delta_{-\infty}^{+\infty}\arg P(\mathrm{i}\omega)=(n-2n_1)\pi$, 因此, 简单闭环系统稳定的充要条件是

$$\begin{aligned}\Delta_{-\infty}^{+\infty}\arg[1+G(\mathrm{i}\omega)]&=\Delta_{-\infty}^{+\infty}\arg[P(\mathrm{i}\omega)+Q(\mathrm{i}\omega)]-\Delta_{-\infty}^{+\infty}\arg P(\mathrm{i}\omega)\\&=n\pi-(n-2n_1)\pi=n_1\cdot 2\pi\end{aligned}$$

其中应用到 n 次实系多项式 $P(s)+Q(s)$ 稳定的充要条件, 即全部根在左半平面上, 故 $\Delta_{-\infty}^{+\infty}\arg[P(\mathrm{i}\omega)+Q(\mathrm{i}\omega)]=n\pi$.

例 4.15 试判别其简单闭环系统的稳定性: (1) 设开环传递函数为 $G(s)=1/[(s+1)(2s+1)]$;

(2) 设开环传递函数是 $G(s)=1/[(s-1)(2s+3)]$.

解　(1) 因 $G(s)=1/[(s+1)(2s+1)]$ 本身是稳定的, 且在虚轴上无极点, 是用一阶典型环节组成的开环传递函数, 故可直接看出. 一般情形可用 4.2 节中介绍的代数判据进行确定. 这时, 可应用定理 4.14(1), 有

$$G(\mathrm{i}\omega)=\frac{1-2\omega^2}{(1+\omega^2)(1+4\omega^2)}+\mathrm{i}\frac{-3\omega}{(1+\omega^2)(1+4\omega^2)}=U(\omega)+\mathrm{i}V(\omega)$$

而

$$\arg G(\mathrm{i}\omega)=\begin{cases}\arctan\dfrac{-3\omega}{1-2\omega^2} & (0\leqslant\omega\leqslant\sqrt{1/2})\\ -\pi+\arctan\dfrac{-3\omega}{1-2\omega^2} & (\omega>\sqrt{1/2})\end{cases}$$

如表 4.2 所示.

表 4.2

ω	$\arg G(\mathrm{i}\omega)$	$U(\omega)$	$V(\omega)$
0^+	0	1	0^-
$1/\sqrt{2}$	$-\dfrac{\pi}{2}$	0^+	$-\dfrac{\sqrt{2}}{3}$
$+\infty$	$-\pi$	0^-	0^-

从图 4.5 知, $G(\mathrm{i}\omega)$ 的轨迹按顺时针方向行进, 当 ω 从 $-\infty$ 到 $+\infty$ 时不包含点 $(-1,\mathrm{i}0)$. 由定理 4.14(1) 知, 简单闭环系统是稳定的. 实际上, 有 $2s^2+3s+2$, 而 $a_1=3/2>0, a_2=1>0$.

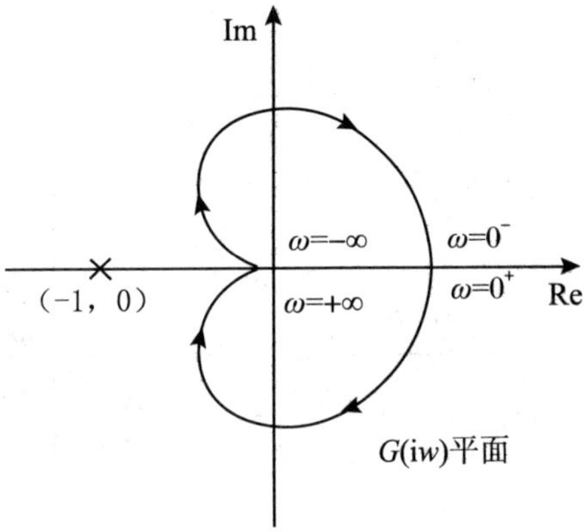

图 4.5

(2) 由于 $G(s)=1/[(s-1)(2s+3)]$ 本身是不稳定的, 且在虚轴上无极点, 所以可应用定理 4.14(2), 有

$$\begin{aligned}G(\mathrm{i}\omega)&=\frac{-(3+2\omega^2)}{(1+\omega^2)(9+4\omega^2)}+\mathrm{i}\frac{3\omega}{(1+\omega^2)(9+4\omega^2)}\\&=U(\omega)+\mathrm{i}V(\omega)\end{aligned}$$

而 $\arg G(\mathrm{i}\omega)=\pi-\arg\dfrac{3\omega}{3+2\omega^2}$, 如表 4.3 所示.

表 4.3

ω	$\arg G(\mathrm{i}\omega)$	$U(\omega)$	$V(\omega)$
0^+	π	$-\dfrac{1}{3}$	0^+
$+\infty$	0	0^-	0^+

从图 4.6 知, $G(\mathrm{i}\omega)$ 的轨迹在其复平面上按顺时针方向行进且不包含点 $(-1,0)$. 由定理 4.14(2) 知, 简单闭环系统是不稳定的. 实际上, 有 $2s^2+s-2, a_1=1/2>0, a_2=-1<0$.

前面总假设多项式 $a(\lambda)$ 在虚轴上无零点, $G(s)$ 在虚轴上无零点且无极点. 当 $a(\lambda)$ 在虚轴上有零点, $G(s)$ 在虚轴上有零点与极点时, 前面的结论是否还成立? 虚轴上的零点或极点算在左半平面内, 还是算在右半平面内?

设 $a(\lambda)=a_0\lambda^n+a_1\lambda^{n-1}+\cdots+a_n$ 在右半平面内有 n_1 个零点, 在虚轴上有 n_0 个零点, 从而在左半平面上还有 $n-n_1-n_0$ 个零点. 现讨论当 λ 沿虚轴变化时, $a(\lambda)$ 的辐角变化情况. 若 $\mathrm{i}\omega_0$ 是 $a(\lambda)$ 的单零点, 在讨论 $\mathrm{i}\omega-\mathrm{i}\omega_0$ 的变化时, 会遇到 $\mathrm{i}\omega-\mathrm{i}\omega_0=0$ 的情况. 这时为绕过点 $\mathrm{i}\omega_0$, 应以 $\mathrm{i}\omega_0$ 为中心、 $\delta>0$ 为半径作圆周 $|\lambda-\mathrm{i}\omega_0|=\delta$. 如图 4.7 所示.

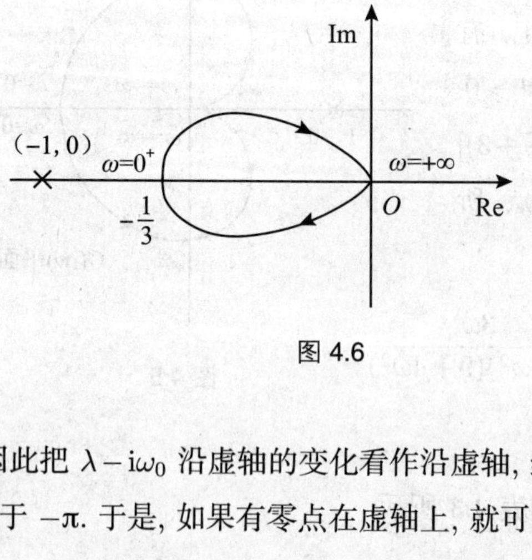

图 4.6

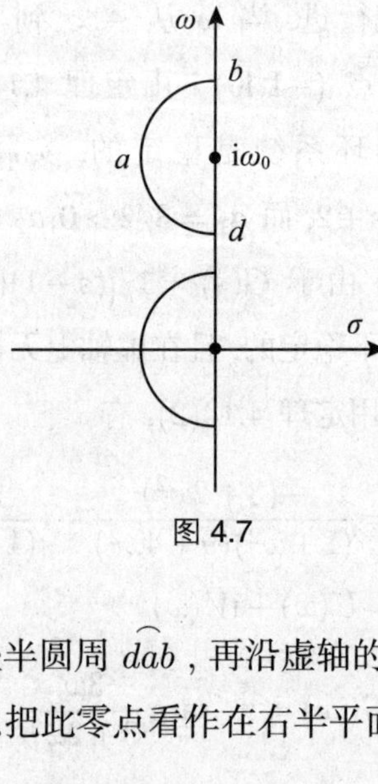

图 4.7

因此把 $\lambda-\mathrm{i}\omega_0$ 沿虚轴的变化看作沿虚轴, 经半圆周 $\overset{\frown}{dab}$, 再沿虚轴的辐角变化, 等于 $-\pi$. 于是, 如果有零点在虚轴上, 就可以把此零点看作在右半平面上. 此

时, 有

$$\begin{aligned}\Delta_{-\infty}^{+\infty}\arg a(\mathrm{i}\omega)&=[(n-n_1-n_0)-n_1-n_0]\pi\\&=[n-2(n_1+n_0)]\pi\end{aligned}$$

因此, 定理 4.13 和定理 4.14 中的 $G(s)$ 在虚轴上有零点与极点时, 结论仍然成立. 不过, 遇到虚轴上的零点或极点时, 应该用充分小的左半圆周来代替虚轴上的那一小段. 也可以把虚轴上的零点或极点看作在左半平面上, 这时仍要用充分小的右半圆周来代替那一小段. 它们的差别在于半圆与虚轴的交点或半圆上的点之像是不同的. 另外, 还与 4.2 节中的代数判据不和谐. 例如, 若 $a(\lambda)=\lambda^3+2\lambda^2+4\lambda+8$, 采用 4.2 节中的代数判据是不稳定的. 若把纯虚根作为左半平面上的点, 系统就是稳定的. 当然, 定理 4.13 和定理 4.14 无任何影响, 仍被常常使用. 不过, 这时在 $G(\mathrm{i}\omega)$ 平面上的轨迹不好画. 因此, 这里把虚轴上的零点或极点归入右半平面上, 并有如下结论成立.

定理 4.15 设开环传递函数 $G(s)$ 在右半平面上有 m_1 个零点, 在虚轴上有 n_0 个零点, 则此系统稳定的充要条件为

$$\Delta_{-\infty}^{+\infty}\arg G(\mathrm{i}\omega)=[m-2(n_1+n_0)-n]\pi$$

或者

$$\Delta_{-\infty}^{+\infty}\arg\frac{1}{G(\mathrm{i}\omega)}=[n+2(n_1+n_0)-m]\pi$$

实际上, 在定理 4.13 中再补进 n_0 个在右半平面上的根.

定理 4.16 (1) 设开环系统的传递函数 $G(s)$ 是稳定的, 且在虚轴上含有零点, $m<n$, 则简单闭环系统稳定的充要条件是, 开环 $G(\mathrm{i}\omega)$ 的轨迹按顺时针方向行进, 不包含 $G(\mathrm{i}\omega)$ 平面上的点 $(-1,\mathrm{i}0)$;

(2) 设开环系统的传递函数 $G(s)$ 是不稳定的, 且在虚轴上含有 n_0 个极点, 而在右半平面上有 n_1 个极点, 则简单闭环系统稳定的充要条件是, $G(\mathrm{i}\omega)$ 的轨迹按逆时针方向行进, 包围 $G(\mathrm{i}\omega)$ 平面上的点 $(-1,\mathrm{i}0)$, 且绕 n_0+n_1 圈.

实际上, 就是在定理 4.14(2) 中再补进 n_0 个在右半平面上的极点.

例 4.16 设开环传递函数为 $G(s)=5/[s(s+1)(s+9)]$. 试判定其简单闭环系统的稳定性.

解 因开环传递函数 $G(s)$ 是不稳定的, 它在虚轴上有一个单极点, 故可应用定理 4.16(2). 这时复变量 s 的变化路径不能完全沿虚轴. 当 ω 从 $-\infty$ 到 $+\infty$ 时, 要用半径很小 $\delta \to 0$ 的左半圆 $\delta e^{i(\pi-\theta)}$ 绕过原点 $s=0$, 如图 4.8(a) 所示, 并在 $\overset{\frown}{bc}$ 段上令 $s=i\omega$, 有

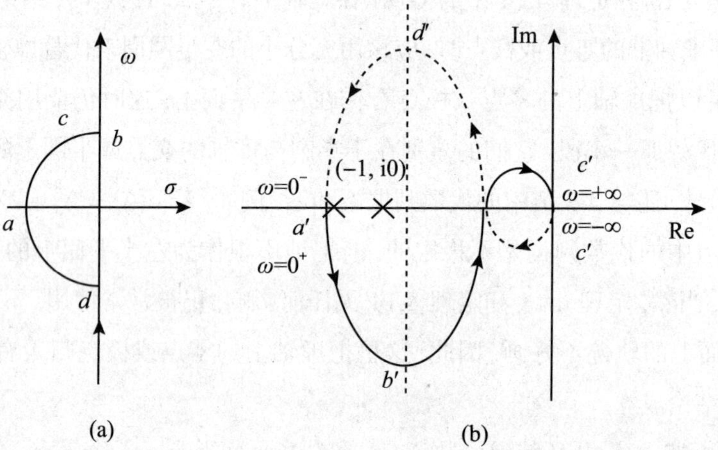

图 4.8

$$G(i\omega)=\frac{-50}{(1+\omega^2)(81+\omega^2)}+i\frac{5(\omega^2-9)}{\omega(1+\omega^2)(81+\omega^2)}=U(\omega)+iV(\omega)$$

且有

$$\arg G(i\omega)=\begin{cases}\pi+\arctan\dfrac{9-\omega^2}{10\omega} & (0\leqslant\omega\leqslant 3)\\[2ex] \pi-\arctan\dfrac{\omega^2-9}{10\omega} & (\omega>3)\end{cases}$$

如表 4.4 所示.

表 4.4

ω	$\arg G(i\omega)$	$U(\omega)$	$V(\omega)$
0^+	$3\pi/2$	$-50/81$	$-\infty$
3	π	$-1/18$	0
$+\infty$	$\pi/2$	0^-	0^+

这时, b 与 c 的像分别是图 4.8(b) 中的 b' 与 c'. 在 $\overset{\frown}{ab}$ 段上, 令 $s=\delta e^{i(\pi-\theta)}$, 且有 $\delta\to 0, 0\leqslant\theta\leqslant\pi/2$, 故得

$$\lim_{\delta\to 0}G(\delta e^{i(\pi-\theta)})=\lim_{\delta\to 0}\frac{5}{9\delta}e^{-i(\pi-\theta)}=\begin{cases}-\infty & (\theta=0, a\leftrightarrow a')\\ i(-\infty) & (\theta=\pi/2, b\leftrightarrow b')\end{cases}$$

这就是图 4.8(b) 中的 a' 与 b'. 利用关于实轴的对称性, 把 ω 从 $-\infty$ 到 0^- 补上就得到图 4.8(b). 从而看出 $G(i\omega)$ 的轨迹按逆时针方向行进, 绕点 $(-1, i0)$ 转 $n_0=1$ 圈, 故简单闭环系统是稳定的. 实际上, 有 $\tilde{G}(s)=5/(s^3+10s^2+9s+5)$, 而 $a_0=1>0, a_1=10>0, a_2=9>0, a_3=5>0, a_1a_2-a_3=90-5>0$, 系统确实是稳定的.

例 4.17　设开环传递函数为 $G(s)=1/[s^2(s+1)]$, 试判别其简单闭环系统的稳定性.

解　因开环传递函数 $G(s)$ 是不稳定的, 虚轴上有一个二重极点. 故可应用定理 4.16(2). 这时要用半径很小 $\delta\to 0$ 的半圆 $[\delta e^{i(\pi-\theta)}]^2$ 绕过原点 $s^2=0$. 如图 4.9(a). 在 $\overset{\frown}{bf}$ 段上令 $s=i\omega$, 得

$$G(i\omega)=\frac{-1}{\omega^2(1+\omega^2)}+i\frac{1}{\omega(1+\omega^2)}=U(\omega)+iV(\omega)$$

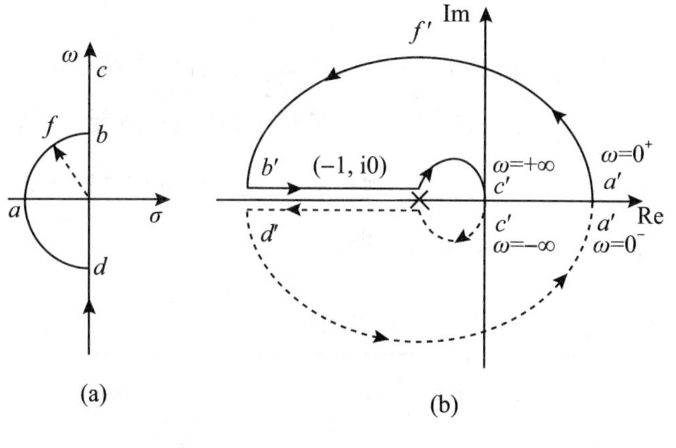

图 4.9

且有

$$\arg G(i\omega)=\pi-\arctan\omega\quad(0\leqslant\omega<+\infty)$$

如表 4.5 所示.

表 4.5

ω	$\arg G(\mathrm{i}\omega)$	$U(\omega)$	$V(\omega)$
0^+	π	$-\infty$	$+\infty$
1	$3\pi/4$	$-\dfrac{1}{2}$	$\dfrac{1}{2}$
$-\infty$	$\pi/2$	0^-	0^+

因此, b 与 c 的像分别是图 4.9(b) 中的 b' 与 c'. 另外, 在 $\widehat{afb}$ 段上, 令 $s=\delta\mathrm{e}^{\mathrm{i}(\pi-\theta)}$ 且 $\delta\to 0$, 得

$$\lim_{\delta\to 0}G(\delta\mathrm{e}^{\mathrm{i}(\pi-\theta)})=\lim_{\delta\to 0}\frac{\mathrm{e}^{-2\mathrm{i}(\pi-\theta)}}{\delta^2}=\begin{cases}+\infty & (\theta=0,a\leftrightarrow a')\\ \mathrm{i}(+\infty) & (\theta=\pi/4,f\leftrightarrow f')\\ -\infty & (\theta=\pi/2,b\leftrightarrow b')\end{cases}$$

这时, a,f,b 的像就分别是图 4.9(b) 中的 a', f', b'. 再由与实轴的对称性, 画出 ω 从 $-\infty$ 到 0 的轨迹. 从而看出, $G(\mathrm{i}\omega)$ 的轨迹按逆时针方向行进, 不包含 $G(\mathrm{i}\omega)$ 平面上的点 $(-1,\mathrm{i}0)$, 即并未绕点 $(-1,\mathrm{i}0)$ 转 $n_0=2$ 圈. 故简单闭环系统是不稳定的. 实际上, 有 $\tilde{G}(s)=1/(s^3+s^2+1)$, 且 $a_1=1>0,H_2=a_1a_2-a_3<0$, 因此系统是不稳定的.

例 4.18 设开环传递函数 $G(s)=\dfrac{1}{s(s-1)}$. 试判别简单闭环系统的稳定性.

解 因开环系统的传递函数 $G(s)$ 显然是不稳定的, 故要应用定理 4.16(2). 在 $\widehat{bc}$ 段上, 令 $s=\mathrm{i}\omega$, 有 $G(\mathrm{i}\omega)=\dfrac{-1}{1+\omega^2}+\mathrm{i}\dfrac{1}{\omega(1+\omega^2)}=U(\omega)+\mathrm{i}V(\omega)$, 且 $\arg G(\mathrm{i}\omega)=\pi-\arctan\dfrac{1}{\omega}(0\leqslant\omega<+\infty)$. 如表 4.6 所示.

表 4.6

ω	$\arg G(\mathrm{i}\omega)$	$U(\omega)$	$V(\omega)$
0	$\dfrac{\pi}{2}$	-1	$+\infty$
1	$3\pi/4$	$-\dfrac{1}{2}$	$\dfrac{1}{2}$
$+\infty$	$\pi/2$	0^-	0^+

于是, b 与 c 的像即分别是如图 4.10(b) 中的 b' 与 c'. 在 $\overset{\frown}{ab}$ 段上, 令 $s=\delta \mathrm{e}^{\mathrm{i}(\pi-\theta)}$, 有

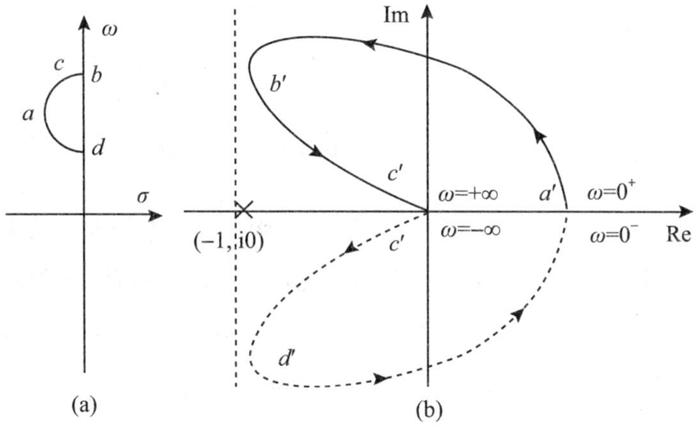

图 4.10

$$
\begin{aligned}
\lim_{\delta\to 0} G(\delta \mathrm{e}^{\mathrm{i}(\pi-\theta)}) &= \lim_{\delta\to 0} \frac{-\mathrm{e}^{-\mathrm{i}(\pi-\theta)}}{\delta} \\
&= \begin{cases} +\infty & (\theta=0) \\ \mathrm{i}(+\infty) & (\theta=\pi/2) \end{cases}
\end{aligned}
$$

即有 $a\leftrightarrow a', b\leftrightarrow b'$. 再由关于实轴的对称性, 画出从 $-\infty$ 到 0 的部分. 因 $G(\mathrm{i}\omega)$ 的轨迹按逆时针方向行进, 不包含点 $(-1,\mathrm{i}0)$, 故简单闭环系统是不稳定的.

4.8　稳定性与控制

在这一章中, 4.1 节到 4.6 节都是讨论不含控制项的系统方程, 本节来考虑具有控制变量的一些稳定性问题. 事实上, Lyapunov 的稳定性理论是随着现代控制理论的建立才受到重视的.

4.8.1 输入 – 输出稳定性

设有非线性动态系统

$$\dot{\boldsymbol{x}}(t)=\boldsymbol{f}(\boldsymbol{x}(t),\boldsymbol{u}(t),t),\quad \boldsymbol{f}(\boldsymbol{0},\boldsymbol{0},t)=\boldsymbol{0},\quad \boldsymbol{x}(t_0)=\boldsymbol{x}_0$$

输出方程 $\boldsymbol{y}(t)=\boldsymbol{g}(\boldsymbol{x}(t),\boldsymbol{u}(t),t)(t\geqslant t_0)$. 若给定 $|\boldsymbol{u}(t)|\leqslant m(t\geqslant t_0)$, 其中 m 是任一正常数, 就存在常数 $\ell>0$, 使 $|y(t)|<\ell(t\geqslant t_0)$, 不管初始状态 $\boldsymbol{x}_0$ 为何值, 就称此控制系统是输入 – 输出稳定的.

对线性定常控制系统

$$\begin{cases}\dot{\boldsymbol{x}}(t)=\boldsymbol{A}\boldsymbol{x}(t)+\boldsymbol{B}\boldsymbol{u}(t), \quad \boldsymbol{x}(0)=\boldsymbol{x}_0\\ \boldsymbol{y}(t)=\boldsymbol{C}\boldsymbol{x}(t)\quad (t\geqslant 0)\end{cases}$$

有如下的必要条件:

定理 4.17 若 $\dot{\boldsymbol{x}}(t)=\boldsymbol{A}\boldsymbol{x}(t),\boldsymbol{x}(0)=\boldsymbol{x}_0(t\geqslant 0)$ 是渐近稳定的, 则线性定常控制系统是输入 – 输出稳定的, 这里假定 $\|\boldsymbol{B}\|$ 与 $\|\boldsymbol{C}\|$ 为正常数.

证明 这时, 有

$$|\boldsymbol{y}(t)|\leqslant\|\boldsymbol{C}\||\boldsymbol{x}(t)|\leqslant\|\boldsymbol{C}\|[\|\exp(\boldsymbol{A}t)\||\boldsymbol{x}_0|]+\|\boldsymbol{C}\|\int_0^t\|\exp[\boldsymbol{A}(t-\tau)]\|\|\boldsymbol{B}\boldsymbol{u}(t)\|\mathrm{d}\tau$$

按假设, $\boldsymbol{A}$ 是渐近稳定的, $\|\exp(\boldsymbol{A}t)\|\leqslant K\exp(-\alpha t)\leqslant K(t\geqslant 0)$, 其中 K 与 α 是正常数. 于是当 $|\boldsymbol{u}(t)|\leqslant m$ 时, 有

$$\begin{aligned}|\boldsymbol{y}(t)|&\leqslant\|\boldsymbol{C}\|K|\boldsymbol{x}_0|+mK\|\boldsymbol{B}\|[1-\exp(-\alpha t)]/\alpha\\&\leqslant\|\boldsymbol{C}\|(K|\boldsymbol{x}_0|+mK\|\boldsymbol{B}\|/\alpha)\quad(t\geqslant 0)\end{aligned}$$

但定理 4.17 对线性时变系统不成立.

例 4.19 考虑一维线性时变系统

$$\dot{x}(t)=-\frac{1}{t+1}x(t)+u(t),\quad x(0)=x_0\quad(t\geqslant 0)$$

(1) 当 $u(t)\equiv 0(t\geqslant 0)$ 时, 平衡解是渐近稳定的;

(2) 当 $u(t)=\begin{cases}1(t\geqslant 0)\\0(t<0)\end{cases}$时, $\lim\limits_{t\to+\infty}x(t)=+\infty$.

定理 4.18　线性定常系统 $\dot{\boldsymbol{x}}(t)=\boldsymbol{A}\boldsymbol{x}(t)+\boldsymbol{B}\boldsymbol{u}(t)(t\geqslant 0)$, 且 $\boldsymbol{A}$ 是稳定矩阵, $\boldsymbol{u}(t)$ 是有界的, 则系统是不能控的.

证明　按假设, 取 $V(\boldsymbol{x}(t))=\boldsymbol{x}^{\mathrm{T}}(t)\boldsymbol{P}\boldsymbol{x}(t)$, 且有 $\boldsymbol{A}^{\mathrm{T}}\boldsymbol{P}+\boldsymbol{P}\boldsymbol{A}=-\boldsymbol{Q}$, 于是, 有

$$\begin{aligned}\dot{V}(\boldsymbol{x}(t))&=-\boldsymbol{x}^{\mathrm{T}}(t)\boldsymbol{Q}\boldsymbol{x}(t)+\boldsymbol{u}^{\mathrm{T}}(t)\boldsymbol{B}^{\mathrm{T}}\boldsymbol{P}\boldsymbol{x}(t)+\boldsymbol{x}^{\mathrm{T}}(t)\boldsymbol{P}\boldsymbol{B}\boldsymbol{u}(t)\\&=-\boldsymbol{x}^{\mathrm{T}}(t)\boldsymbol{Q}\boldsymbol{x}(t)+2\boldsymbol{u}^{\mathrm{T}}(t)\boldsymbol{B}^{\mathrm{T}}\mathrm{grad}V(\boldsymbol{x}(t))\end{aligned}$$

上式最右端的第二项是 $\boldsymbol{x}(t)$ 的线性函数, 且 $\boldsymbol{u}(t)$ 是有界的, 这对充分大的 $|\boldsymbol{x}(t)|$ 也成立, $\dot{V}(\boldsymbol{x}(t))$ 的符号应由二次项决定. 故 $\dot{V}(\boldsymbol{x}(t))=2\dot{\boldsymbol{x}}^{\mathrm{T}}(t)\mathrm{grad}V(\boldsymbol{x}(t))$ 是负定的. 这就说明, 对充分大的常数 C, 可使 $\dot{\boldsymbol{x}}(t)$ 在区域 $V(\boldsymbol{x}(t))=C$ 内. 因此, 在区域外面的点是不能到达原点的, 按能控性的定义知系统是不能控的.

4.8.2　线性反馈控制与稳定性

对于线性定常系统 $\dot{\boldsymbol{x}}(t)=\boldsymbol{A}\boldsymbol{x}(t)+\boldsymbol{B}\boldsymbol{u}(t),\boldsymbol{x}(0)=\boldsymbol{x}_0(t\geqslant 0)$, 其解为

$$\boldsymbol{x}(t;\boldsymbol{x}_0,\boldsymbol{u}(t))=\mathrm{e}^{\boldsymbol{A}t}\boldsymbol{x}_0+\int_0^t\mathrm{e}^{\boldsymbol{A}(t-\tau)}\boldsymbol{B}\boldsymbol{u}(\tau)\mathrm{d}\tau$$

当系数矩阵 $\boldsymbol{A}$ 的一切特征值都具有负实部时, 对于有界的输入 $\boldsymbol{u}(t)$, 对应的状态轨迹也是有界的, 且当 $\int_0^{+\infty}|\boldsymbol{u}(t)|^{\alpha}\mathrm{d}t<+\infty(\alpha\in[1,+\infty)$ 为常数) 时, 有 $\lim\limits_{t\to+\infty}\boldsymbol{x}(t;\boldsymbol{x}_0,\boldsymbol{u}(t))=\boldsymbol{0}$. 但是, 当 $\boldsymbol{A}$ 的某些特征值具有正实部时, 上述良好的性质就没有了, 那么是否存在矩阵 $\boldsymbol{K}\in\mathbb{R}^{m\times n}$, 使 $\boldsymbol{A}+\boldsymbol{B}\boldsymbol{K}$ 是稳定的呢?

考虑线性定常系统 $\dot{\boldsymbol{x}}(t)=\boldsymbol{A}\boldsymbol{x}(t)+\boldsymbol{B}\boldsymbol{u}(t)$. 应用线性状态反馈, 即每个控制变量都是状态变量的线性组合, 则有 $\boldsymbol{u}(t)=\boldsymbol{K}\boldsymbol{x}(t)$, 其中 $\boldsymbol{K}\in\mathbb{R}^{m\times n}$ 是反馈矩阵. 于是得到闭环系统

$$\dot{\boldsymbol{x}}(t)=(\boldsymbol{A}+\boldsymbol{B}\boldsymbol{K})\boldsymbol{x}(t)$$

假设 $\boldsymbol{A}$ 与 $\boldsymbol{B}$ 是实的, 并且 $a(\lambda)=\lambda^n+a_1\lambda^{n-1}+\cdots+a_n$ 是任意的实系数多项式, 今有如下结果.

定理 4.19 设线性定常系统 $\dot{\boldsymbol{x}}(t)=\boldsymbol{A}\boldsymbol{x}(t)+\boldsymbol{B}\boldsymbol{u}(t)$ 是能控的, 则对任给的实系数多项式

$$a(\lambda)=\lambda^n+a_1\lambda^{n-1}+\cdots+a_n$$

存在反馈控制 $\boldsymbol{u}(t)=\boldsymbol{K}\boldsymbol{x}(t)+\boldsymbol{v}(t)$, 使得矩阵 $\boldsymbol{A}+\boldsymbol{B}\boldsymbol{K}$ 的特征多项式为 $a(\lambda)$.

证明 $m=1$ 时, 系统 $\dot{\boldsymbol{x}}(t)=\boldsymbol{A}\boldsymbol{x}(t)+\boldsymbol{b}u(t)$. 设 $\boldsymbol{A}$ 的特征多项式 $\det(\lambda\boldsymbol{I}-\boldsymbol{A})=\lambda^n+\beta_1\lambda^{n-1}+\cdots+\beta_n$. 由 Cayley-Hamliton 定理, 有 $\boldsymbol{A}^n+\beta_1\boldsymbol{A}^{n-1}+\cdots+\beta_n\boldsymbol{I}=\boldsymbol{0}$ 或 $\boldsymbol{A}^n\boldsymbol{b}+\beta_1\boldsymbol{A}^{n-1}\boldsymbol{b}+\cdots+\beta_n\boldsymbol{b}=\boldsymbol{0}$.

令

$$\begin{cases}\boldsymbol{e}_1=\boldsymbol{A}^{n-1}\boldsymbol{b}+\beta_1\boldsymbol{A}^{n-2}\boldsymbol{b}+\cdots+\beta_{n-1}\boldsymbol{b}\\ \boldsymbol{e}_2=\boldsymbol{A}^{n-2}\boldsymbol{b}+\beta_1\boldsymbol{A}^{n-3}\boldsymbol{b}+\cdots+\beta_{n-2}\boldsymbol{b}\\ \cdots\\ \boldsymbol{e}_{n-1}=\boldsymbol{A}\boldsymbol{b}+\beta_1\boldsymbol{b}\\ \boldsymbol{e}_n=\boldsymbol{b}\end{cases}$$

按假设, $\det[\boldsymbol{b}\quad \boldsymbol{A}\boldsymbol{b}\quad \cdots\quad \boldsymbol{A}^{n-1}\boldsymbol{b}]\neq 0$, 故 $\boldsymbol{e}_1,\boldsymbol{e}_2,\cdots,\boldsymbol{e}_n$ 是线性无关的. 这时, 由 $\boldsymbol{e}_1,\boldsymbol{e}_2,\cdots,\boldsymbol{e}_n$ 构成 $\mathbb{R}^n$ 的一组基向量, 且有

$$\begin{cases}\boldsymbol{A}\boldsymbol{e}_1=\boldsymbol{A}^n\boldsymbol{b}+\cdots+\beta_{n-1}\boldsymbol{A}\boldsymbol{b}=-\beta_n\boldsymbol{b}=-\beta_n\boldsymbol{e}_n\\ \cdots\\ \boldsymbol{A}\boldsymbol{e}_n=\boldsymbol{A}\boldsymbol{b}=\boldsymbol{e}_{n-1}-\beta_1\boldsymbol{e}_n\end{cases}$$

若取 $\boldsymbol{e}_1,\boldsymbol{e}_2,\cdots,\boldsymbol{e}_n$ 为 $\mathbb{R}^n$ 的基向量, 就得到

$$\boldsymbol{A}=\begin{bmatrix}0&1&0&\cdots&0&0\\0&0&1&\cdots&0&0\\ \vdots&\vdots&\vdots&&\vdots&\vdots\\0&0&0&\cdots&0&1\\-\beta_n&-\beta_{n-1}&-\beta_{n-2}&\cdots&-\beta_2&-\beta_1\end{bmatrix},\quad \boldsymbol{b}=\begin{bmatrix}0\\0\\ \vdots\\0\\1\end{bmatrix}$$

这时, 线性定常系统 $\dot{\boldsymbol{x}}(t)=\boldsymbol{A}\boldsymbol{x}(t)+\boldsymbol{b}u(t)$ 就化为

$$\begin{cases}\dot{x}_1(t)=x_2(t)\\ \dot{x}_2(t)=x_3(t)\\ \cdots\\ \dot{x}_{n-1}(t)=x_n(t)\\ \dot{x}_n(t)=-\beta_nx_1(t)-\beta_{n-1}x_2(t)-\cdots-\beta_1x_n(t)+u(t)\end{cases}$$

于是, 当控制作用 $u(t)$ 取成反馈形式

$$u(t)=\sum_{j=1}^{n}\alpha_{n-j+1}x_j(t)+v(t)$$

时, 有

$$\begin{cases}\dot{x}_1(t)=x_2(t)\\ \dot{x}_2(t)=x_3(t)\\ \cdots\\ \dot{x}_{n-1}(t)=x_n(t)\\ \dot{x}_n(t)=-\sum\limits_{j=1}(\beta_{n-j+1}-\alpha_{n-j+1})x_j(t)+v(t)\end{cases}$$

故得到特征方程为

$$\det(\lambda \boldsymbol{I}-\boldsymbol{A}^*)=\lambda^n+(\beta_1-\alpha_1)\lambda^{n-1}+\cdots+(\beta_n-\alpha_n)=0$$

其中系数矩阵 $\boldsymbol{A}^*$ 为

$$\boldsymbol{A}^*=\begin{bmatrix}0 & 1 & 0 & \cdots & 0\\ 0 & 0 & 1 & \cdots & 0\\ \vdots & \vdots & \vdots & & \vdots\\ 0 & 0 & 0 & \cdots & 1\\ -(\beta_n-\alpha_n) & -(\beta_{n-1}-\alpha_{n-1}) & -(\beta_{n-2}-\alpha_{n-2}) & \cdots & -(\beta_1-\alpha_1)\end{bmatrix}$$

因此, 对任给的多项式 $a(\lambda)=\lambda^n+a_1\lambda^{n-1}+\cdots+a_n$ 而言, 只要取 $a_j=\beta_j-\alpha_j$ 或 $\alpha_j=\beta_j-a_j(j=1,2,\cdots,n)$, 反馈系统的特征多项式就有任给的多项式的形式.

对于一般的情形, 有 $\boldsymbol{K}\in\mathbb{R}^{m\times n}$, 在反馈控制 $\boldsymbol{u}(t)=\boldsymbol{Kx}(t)+\boldsymbol{v}(t)$ 的作用下, 有

$$\dot{\boldsymbol{x}}(t)=(\boldsymbol{A}+\boldsymbol{BK})\boldsymbol{x}(t)+\boldsymbol{Bv}(t)\quad(t\geqslant 0)$$

对任给的 $\boldsymbol{x}_0\in\mathbb{R}^n$, 存在控制作用 $\boldsymbol{u}(t)$, 使系统 $\dot{\boldsymbol{x}}(t)=\boldsymbol{Ax}(t)+\boldsymbol{Bu}(t)$ 的解为 $\boldsymbol{x}(t;\boldsymbol{x}_0,\boldsymbol{u}(t))=\boldsymbol{0}$. 于是, 令 $\boldsymbol{v}(t)=\boldsymbol{u}(t)-\boldsymbol{Kx}(t;\boldsymbol{x}_0,\boldsymbol{u}(t))$, 则反馈系统的解为

$$\boldsymbol{x}(t)=\boldsymbol{\phi}(t;\boldsymbol{x}_0,\boldsymbol{v}(t))=\boldsymbol{x}(t;\boldsymbol{x}_0,\boldsymbol{u}(t))=\boldsymbol{0}$$

故系统 $\dot{\boldsymbol{x}}(t)=(\boldsymbol{A}+\boldsymbol{KB})\boldsymbol{x}(t)+\boldsymbol{Bv}(t)$ 也是能控的; 反之也正确. 从而得到, 若有 $\operatorname{rank}[\boldsymbol{B}\quad \boldsymbol{AB}\quad \cdots\quad \boldsymbol{A}^{n-1}\boldsymbol{B}]=n$, 则有

$$\operatorname{rank}[\boldsymbol{B}\quad (\boldsymbol{A}+\boldsymbol{KB})\boldsymbol{B}\quad \cdots\quad (\boldsymbol{A}+\boldsymbol{KB})^{n-1}\boldsymbol{B}]=n$$

今设 $\boldsymbol{B}=[\boldsymbol{b}_1 \quad \boldsymbol{b}_2 \quad \cdots \quad \boldsymbol{b}_m]$. 不失一般性, 假定 $\boldsymbol{b}_1,\boldsymbol{b}_2,\cdots,\boldsymbol{b}_m$ 是线性无关的. 于是存在自然数 n_1, 使得 $\boldsymbol{e}_1=\boldsymbol{b}_1,\boldsymbol{e}_2=\boldsymbol{A}\boldsymbol{e}_1+\boldsymbol{b}_1,\cdots,\boldsymbol{e}_{n_1}=\boldsymbol{A}\boldsymbol{e}_{n_1-1}+\boldsymbol{b}_1$ 是线性无关的, 而 $\boldsymbol{A}\boldsymbol{e}_{n_1}$ 可用上述 n_1 个向量线性表示. 若 $n=n_1$ 则停止; 否则由系统的能控性, 有 $\operatorname{rank}[\boldsymbol{B} \quad \boldsymbol{AB} \quad \cdots \quad \boldsymbol{A}^{n-1}\boldsymbol{B}]=n$, 故在 $\boldsymbol{b}_2,\cdots,\boldsymbol{b}_m$ 中必有与 $\boldsymbol{e}_1,\cdots,\boldsymbol{e}_{n_1}$ 线性无关的向量, 例如就是 $\boldsymbol{b}_2$. 于是又存在自然数 n_2, 使得 $\boldsymbol{e}_1,\cdots,\boldsymbol{e}_{n_1},\boldsymbol{e}_{n_1+1}=\boldsymbol{A}\boldsymbol{e}_{n_1}+\boldsymbol{b}_2,\cdots,\boldsymbol{e}_{n_1+n_2}=\boldsymbol{A}\boldsymbol{e}_{n_1+n_2-1}+\boldsymbol{b}_2$ 是线性无关的, 而 $\boldsymbol{A}\boldsymbol{e}_{n_1+n_2}$ 可用它们来线性表示. 若 $n=n_1+n_2$ 则停止; 否则继续进行下去. 因 $\operatorname{rank}[\boldsymbol{B} \quad \boldsymbol{AB} \quad \cdots \quad \boldsymbol{A}^{n-1}\boldsymbol{B}]=n$, 故必存在自然数 n_r, 使 $n_1+\cdots+n_r=n$, 且向量 $\boldsymbol{e}_1,\cdots,\boldsymbol{e}_{n_1},\boldsymbol{e}_{n_1+1},\cdots,\boldsymbol{e}_{n-n_r+1},\cdots,\boldsymbol{e}_n$ 是线性无关的. 它们中的向量还满足关系:

$$\boldsymbol{e}_{j+1}=\boldsymbol{A}\boldsymbol{e}_j+\hat{\boldsymbol{b}_j} \quad (j=1,2,\cdots,n-1)$$

这里 $\hat{\boldsymbol{b}_j}$ 是 $\boldsymbol{b}_1,\cdots,\boldsymbol{b}_m$ 中的某一个, 取 $\hat{\boldsymbol{b}_n}=\boldsymbol{b}_m$. 由 $\boldsymbol{B}=[\boldsymbol{b}_1 \quad \cdots \quad \boldsymbol{b}_m]$ 知, 存在 $\boldsymbol{u}_j(t)\in\mathbb{R}^m$, 使 $\hat{\boldsymbol{b}_j}=\boldsymbol{B}\boldsymbol{u}_j(t)(j=1,2,\cdots,n)$.

设映射 $\boldsymbol{F}:\mathbb{R}^m\to\mathbb{R}^m$ 是按下式定义的线性变换: $\boldsymbol{F}\boldsymbol{e}_j=\boldsymbol{u}_j(t)(j=1,2,\cdots,n)$. 从而由 $\boldsymbol{e}_{j+1}=\boldsymbol{A}\boldsymbol{e}_j+\hat{\boldsymbol{b}_j}=\boldsymbol{A}\boldsymbol{e}_j+\boldsymbol{B}\boldsymbol{u}_j(t)=\boldsymbol{A}\boldsymbol{e}_j+\boldsymbol{BF}\boldsymbol{e}_j=(\boldsymbol{A}+\boldsymbol{BF})\boldsymbol{e}_j(j=1,2,\cdots,n-1)$, 得到 $\boldsymbol{e}_j=(\boldsymbol{A}+\boldsymbol{BF})^{j-1}\boldsymbol{e}_1=(\boldsymbol{A}+\boldsymbol{BF})^{j-1}\boldsymbol{b}_1(j=1,2,\cdots,n)$.

因 $\boldsymbol{e}_1,\cdots,\boldsymbol{e}_{n_1},\cdots,\boldsymbol{e}_n$ 是线性无关的, 即有 $\operatorname{rank}[\boldsymbol{b}_1 \quad (\boldsymbol{A}+\boldsymbol{BF})\boldsymbol{b}_1 \quad \cdots \quad (\boldsymbol{A}+\boldsymbol{BF})^{n-1}\boldsymbol{b}_1]=n$, 故系统 $\dot{\boldsymbol{x}}(t)=(\boldsymbol{A}+\boldsymbol{BF})\boldsymbol{x}(t)+\boldsymbol{b}_1\boldsymbol{u}_1(t)$ 是能控的. 再由 $m=1$ 的情形得到, 存在 $\boldsymbol{k}\in\mathbb{R}^n$, 使矩阵 $\boldsymbol{A}+\boldsymbol{BF}+\boldsymbol{b}_1\boldsymbol{k}^{\mathrm{T}}$ 的特征多项式就是 $a(\lambda)=\lambda^n+a_1\lambda^{n-1}+\cdots+a_n$. 记 $\tilde{\boldsymbol{e}_1}=[1,0,\cdots,0]^{\mathrm{T}}$, 则有 $\boldsymbol{b}_1=\boldsymbol{B}\tilde{\boldsymbol{e}_1}$. 令 $\boldsymbol{K}=\boldsymbol{F}+\tilde{\boldsymbol{e}_1}\boldsymbol{k}^{\mathrm{T}}$, 则 $\boldsymbol{A}+\boldsymbol{BK}$ 的特征多项式是 $a(\lambda)$.

定理 4.19 表明: 若系统 $\dot{\boldsymbol{x}}(t)=\boldsymbol{A}\boldsymbol{x}(t)+\boldsymbol{B}\boldsymbol{u}(t)(t\geqslant 0)$ 是能控的, 则可用反馈控制使闭环系统的特征方程为给定的任意 n 次实系数多项式, 而把做反馈控制使系统稳定的过程为系统的镇定. 此时的闭环系统的状态方程为

$$\dot{\boldsymbol{x}}(t)=(\boldsymbol{A}+\boldsymbol{BK})\boldsymbol{x}(t)+\boldsymbol{B}\boldsymbol{v}(t) \quad (t\geqslant 0)$$

而传递矩阵是 $(s\boldsymbol{I}-\boldsymbol{A}-\boldsymbol{BK})^{-1}\boldsymbol{B}$. 故称系统 $\dot{\boldsymbol{x}}(t)=(\boldsymbol{A}+\boldsymbol{BK})\boldsymbol{x}(t)+\boldsymbol{B}\boldsymbol{v}(t)$ 的极点可任意设置.

定义 4.1 对于线性定常系统 $\dot{\boldsymbol{x}}(t)=\boldsymbol{A}\boldsymbol{x}(t)+\boldsymbol{B}\boldsymbol{u}(t)(t\geqslant 0)$. 若存在矩阵 $\boldsymbol{K}\in$

$\mathbb{R}^{m\times n}$, 使 $\boldsymbol{A}+\boldsymbol{BK}$ 稳定, 就称此系统是能稳定的.

定理 4.20 线性定常系统 $\dot{\boldsymbol{x}}(t)=\boldsymbol{Ax}(t)+\boldsymbol{Bu}(t)(t\geqslant 0)$ 能控的充要条件是, 此系统的极点可任意设置.

证明 若不然, 假设此系统是不能控的. 于是存在非奇异变量 $\boldsymbol{T}\in\mathbb{R}^{n\times n}$, 使得 $\boldsymbol{T}^{-1}\boldsymbol{AT}=\begin{bmatrix}\boldsymbol{A}_1 & \boldsymbol{A}_2\\ \boldsymbol{0} & \boldsymbol{A}_3\end{bmatrix}$, $\boldsymbol{T}^{-1}\boldsymbol{B}=\begin{bmatrix}\boldsymbol{B}_1\\ \boldsymbol{0}\end{bmatrix}$. 对矩阵 $\boldsymbol{K}\in\mathbb{R}^{n\times n}$, 有 $\boldsymbol{A}+\boldsymbol{BK}=\boldsymbol{T}\begin{bmatrix}\boldsymbol{A}_1+\boldsymbol{B}_1\boldsymbol{K}_1 & \boldsymbol{A}_2+\boldsymbol{B}_1\boldsymbol{K}_2\\ \boldsymbol{0} & \boldsymbol{A}_3\end{bmatrix}\boldsymbol{T}^{-1}$, 其中应用到 $\boldsymbol{T}^{-1}\boldsymbol{BKT}=\begin{bmatrix}\boldsymbol{B}_1\\ \boldsymbol{0}\end{bmatrix}[\boldsymbol{K}_1\quad \boldsymbol{K}_2]$. 从而有

$$\begin{aligned}\det\{\boldsymbol{T}^{-1}[\lambda\boldsymbol{I}-(\boldsymbol{A}+\boldsymbol{BK})]\boldsymbol{T}\}&=\det[\lambda\boldsymbol{I}-(\boldsymbol{A}+\boldsymbol{BK})]\\&=\det[\lambda\boldsymbol{I}-(\boldsymbol{A}_1+\boldsymbol{B}_1\boldsymbol{K}_1)]\det(\lambda\boldsymbol{I}-\boldsymbol{A}_3)\end{aligned}$$

故系统相应于 $\boldsymbol{A}_3$ 的特征值是无法通过反馈控制被移动的. 因此, 若此系统是能控的, 就可让系统的极点任意设置.

虽然系统不能控时未必一定是能稳定的, 但是, 由定理 4.18 知不能控的系统是能稳定的.

线性定常系统 $\dot{\boldsymbol{x}}(t)=\boldsymbol{Ax}(t)+\boldsymbol{Bu}(t)(t\geqslant 0)$ 能稳定的条件是什么? 有如下的结论.

定理 4.21 系统能稳定与下列每个条件等价:

(1) $\boldsymbol{A}_3$ 是稳定的;

(2) $\boldsymbol{A}$ 的实部非负的特征值全为 $\boldsymbol{A}_1$ 的特征值;

(3) $\boldsymbol{A}$ 的实部非负的特征值对应的特征向量全在此系统的能控子空间中.

证明 易见, (1) ~ (3) 是等价的. 今证明此系统能稳定的充要条件是 $\boldsymbol{A}_3$ 为稳定的. 实际上, 这时有 $\boldsymbol{T}^{-1}\boldsymbol{AT}=\begin{bmatrix}\boldsymbol{A}_1 & \boldsymbol{A}_2\\ \boldsymbol{0} & \boldsymbol{A}_3\end{bmatrix}$, $\boldsymbol{T}^{-1}\boldsymbol{B}=\begin{bmatrix}\boldsymbol{B}_1\\ \boldsymbol{0}\end{bmatrix}$. 因为子系统 $[\boldsymbol{A}_1\ \boldsymbol{B}_1]$ 是能控的, 故它的极点可任意设置. 因此, $\boldsymbol{A}_3$ 是稳定的就是原系统能稳定的充要条件.

例 4.20 设有系统 $\dot{\boldsymbol{x}}(t)=\begin{bmatrix}-1 & 0\\ 1 & 0\end{bmatrix}\boldsymbol{x}(t)+\begin{bmatrix}0\\ 1\end{bmatrix}\boldsymbol{u}(t)(t\geqslant 0)$. 试确定它的稳定性.

解 因

$$\operatorname{rank}[\boldsymbol{B} \quad \boldsymbol{AB}] = \operatorname{rank}\begin{bmatrix} 0 & 0 \\ 1 & 0 \end{bmatrix} = 1 < 2 = n,$$

故系统是不能控的. 取 $\boldsymbol{T} = \begin{bmatrix} 0 & 1 \\ 1 & 0 \end{bmatrix}$, $\boldsymbol{T}^{-1} = \begin{bmatrix} 0 & 1 \\ 1 & 0 \end{bmatrix}$, 且 $\boldsymbol{T}^{-1}\boldsymbol{AT} = \begin{bmatrix} 0 & 1 \\ 0 & -1 \end{bmatrix}$, 于是 $A_3 = -1$ 是稳定的. 由定理 4.21 知此系统是能稳定的. 事实上, 若设 $\boldsymbol{K} = [k_1, k_2]$, 从

$$\boldsymbol{A} + \boldsymbol{BK} = \begin{bmatrix} -1 & 0 \\ 1 & 0 \end{bmatrix} + \begin{bmatrix} 0 \\ 1 \end{bmatrix}[k_1, k_2] = \begin{bmatrix} -1 & 0 \\ 1 + k_1 & k_2 \end{bmatrix}$$

有

$$\det[\lambda \boldsymbol{I} - (\boldsymbol{A} + \boldsymbol{BK})] = \det\begin{bmatrix} \lambda + 1 & 0 \\ -(1 + k_1) & \lambda - k_2 \end{bmatrix} = (\lambda + 1)(\lambda - k_2)$$

因此, 只要取 $k_2 < 0$, 就可使原系统是稳定的.

若系统 $\dot{\boldsymbol{x}}(t) = \boldsymbol{Ax}(t)$ 及 $\boldsymbol{y}(t) = \boldsymbol{Cx}(t)(t \geqslant 0)$ 是能观的, 由对偶原理知, 系统 $\dot{\boldsymbol{x}}(t) = -\boldsymbol{A}^{\mathrm{T}}\boldsymbol{x}(t) + \boldsymbol{C}^{\mathrm{T}}\boldsymbol{u}(t)(t \geqslant 0)$ 就是能控的, 故存在矩阵 $\boldsymbol{L}^{\mathrm{T}} \in \mathbb{R}^{r \times n}$, 使 $\boldsymbol{A}^{\mathrm{T}} - \boldsymbol{C}^{\mathrm{T}}\boldsymbol{L}^{\mathrm{T}}$ 或 $\boldsymbol{A} - \boldsymbol{LC}$ 是稳定的.

4.9 状态渐近估计器与调节器的设计

为了改善系统的性能, 常用状态的线性反馈把系统的极点设置在需要的位置上, 从而使系统的状态在时间 $t \to +\infty$ 时趋于零状态. 但其条件是所有的状态变量必须都是可及的. 然而, 状态变量一般是不能直接测量的, 而只能通过观测变量来间接确定. 为了解决此问题, 只要求系统的状态变量趋于平衡状态, 而非要求在有限的时间内到达平衡状态. 受此启发, 提出不通过有限时间的观测来确定系统的状态, 而是通过长时间的观测, 渐近地趋于系统的状态.

4.9.1 状态渐近估计器的构造

设有系统

$$\begin{cases} \dot{\boldsymbol{x}}(t)=\boldsymbol{A}\boldsymbol{x}(t)+\boldsymbol{B}\boldsymbol{u}(t), \quad \boldsymbol{x}(0)=\boldsymbol{x}_0 \\ \boldsymbol{y}(t)=\boldsymbol{C}\boldsymbol{x}(t) \quad (t\geqslant 0) \end{cases}$$

假设它是能观的, 且存在矩阵 $\boldsymbol{L}\in\mathbb{R}^{n\times r}$, 使 $\boldsymbol{A}-\boldsymbol{L}\boldsymbol{C}$ 是稳定的. 设状态估计 $\hat{\boldsymbol{x}}(t)$ 满足方程

$$\begin{cases} \dot{\hat{\boldsymbol{x}}}(t)=(\boldsymbol{A}-\boldsymbol{L}\boldsymbol{C})\hat{\boldsymbol{x}}(t)+\boldsymbol{L}\boldsymbol{y}(t)+\boldsymbol{B}\boldsymbol{u}(t) \\ \hat{\boldsymbol{x}}(0)=\boldsymbol{0} \quad (t\geqslant 0) \end{cases}$$

由于 $\boldsymbol{y}(t)$ 与 $\boldsymbol{u}(t)$ 都是可测量的, 由上述方程可解出 $\hat{\boldsymbol{x}}(t)$. 但问题是, 这样的 $\hat{\boldsymbol{x}}(t)$ 能否渐近地趋于原来系统的状态 $\boldsymbol{x}(t)$, 即当 $t\to+\infty$ 时, 差 $\boldsymbol{x}(t)-\hat{\boldsymbol{x}}(t)$ 是否趋于零? 由原来的系统, 有方程

$$\begin{cases} \dot{\boldsymbol{x}}(t)=\boldsymbol{A}\boldsymbol{x}(t)+\boldsymbol{L}[\boldsymbol{y}(t)-\boldsymbol{C}\boldsymbol{x}(t)]+\boldsymbol{B}\boldsymbol{u}(t) \\ \boldsymbol{x}(0)=\boldsymbol{x}_0 \quad (t\geqslant 0) \end{cases}$$

故得到差 $\boldsymbol{x}(t)-\hat{\boldsymbol{x}}(t)$ 应满足的方程

$$\begin{cases} \dfrac{\mathrm{d}}{\mathrm{d}t}[\boldsymbol{x}(t)-\hat{\boldsymbol{x}}(t)]=(\boldsymbol{A}-\boldsymbol{L}\boldsymbol{C})[\boldsymbol{x}(t)-\hat{\boldsymbol{x}}(t)] \\ \boldsymbol{x}(0)-\hat{\boldsymbol{x}}(0)=\boldsymbol{x}_0 \quad (t\geqslant 0) \end{cases}$$

因为 $\boldsymbol{A}-\boldsymbol{L}\boldsymbol{C}$ 是稳定的, 故有 $\lim\limits_{t\to+\infty}[\boldsymbol{x}(t)-\hat{\boldsymbol{x}}(t)]=\boldsymbol{0}$. 因此 $\hat{\boldsymbol{x}}(t)$ 可渐近地给出状态 $\boldsymbol{x}(t)$ 的估计. 所以称

$$\begin{cases} \dot{\hat{\boldsymbol{x}}}(t)=(\boldsymbol{A}-\boldsymbol{L}\boldsymbol{C})\hat{\boldsymbol{x}}(t)+\boldsymbol{L}\boldsymbol{y}(t)+\boldsymbol{B}\boldsymbol{u}(t) \\ \hat{\boldsymbol{x}}(0)=\boldsymbol{0} \quad (t\geqslant 0) \end{cases}$$

是原系统 $\begin{cases} \dot{\boldsymbol{x}}(t)=\boldsymbol{A}\boldsymbol{x}(t)+\boldsymbol{B}\boldsymbol{u}(t),\boldsymbol{x}(0)=\boldsymbol{x}_0 \\ \boldsymbol{y}(t)=\boldsymbol{C}\boldsymbol{x}(t) \quad (t\geqslant 0) \end{cases}$ 的状态渐近估计器.

4.9.2 状态渐近估计器与状态调节器的分离原理

假设系统

$$\begin{cases} \dot{\boldsymbol{x}}(t)=\boldsymbol{A}\boldsymbol{x}(t)+\boldsymbol{B}\boldsymbol{u}(t), \quad \boldsymbol{x}(0)=\boldsymbol{x}_0 \\ \boldsymbol{y}(t)=\boldsymbol{C}\boldsymbol{x}(t) \quad (t\geqslant 0) \end{cases}$$

是既能控又能观的. 这时, 存在矩阵 $\boldsymbol{K}\in\mathbb{R}^{m\times n}$ 与矩阵 $\boldsymbol{L}\in\mathbb{R}^{n\times r}$, 使矩阵 $\boldsymbol{A}+\boldsymbol{B}\boldsymbol{K}$ 与 $\boldsymbol{A}-\boldsymbol{L}\boldsymbol{C}$ 都是稳定的. 若取状态估计线性反馈控制 $\boldsymbol{u}(t)=\boldsymbol{K}\hat{\boldsymbol{x}}(t)$, 则得到整个系统为

$$\begin{cases} \dot{\boldsymbol{x}}(t)=\boldsymbol{A}\boldsymbol{x}(t)+\boldsymbol{B}\boldsymbol{u}(t), \quad \boldsymbol{x}(0)=\boldsymbol{x}_0 \\ \boldsymbol{y}(t)=\boldsymbol{C}\boldsymbol{x}(t) \\ \dot{\hat{\boldsymbol{x}}}(t)=(\boldsymbol{A}-\boldsymbol{L}\boldsymbol{C})\hat{\boldsymbol{x}}(t)+\boldsymbol{L}\boldsymbol{y}(t)+\boldsymbol{B}\boldsymbol{u}(t) \\ \hat{\boldsymbol{x}}(0)=\boldsymbol{0} \\ \boldsymbol{u}(t)=\boldsymbol{K}\hat{\boldsymbol{x}}(t) \end{cases}$$

令 $\tilde{\boldsymbol{x}}(t)=\boldsymbol{x}(t)-\hat{\boldsymbol{x}}(t)$, 则有

$$\begin{cases} \dot{\boldsymbol{x}}(t)=\boldsymbol{A}\boldsymbol{x}(t)+\boldsymbol{B}\boldsymbol{K}[\boldsymbol{x}(t)-\tilde{\boldsymbol{x}}(t)] \\ \dot{\tilde{\boldsymbol{x}}}(t)=(\boldsymbol{A}-\boldsymbol{L}\boldsymbol{C})\tilde{\boldsymbol{x}}(t) \\ \boldsymbol{x}(0)=\boldsymbol{x}_0, \quad \tilde{\boldsymbol{x}}(0)=\boldsymbol{x}_0 \quad (t\geqslant 0) \end{cases}$$

从而得到

$$\begin{cases} \dot{\boldsymbol{x}}(t)=(\boldsymbol{A}+\boldsymbol{B}\boldsymbol{K})\boldsymbol{x}(t)-\boldsymbol{B}\boldsymbol{K}\tilde{\boldsymbol{x}}(t) \\ \dot{\tilde{\boldsymbol{x}}}(t)=(\boldsymbol{A}-\boldsymbol{L}\boldsymbol{C})\tilde{\boldsymbol{x}}(t) \\ \boldsymbol{x}(0)=\boldsymbol{x}_0, \quad \tilde{\boldsymbol{x}}(0)=\boldsymbol{x}_0 \quad (t\geqslant 0) \end{cases}$$

由于矩阵 $\boldsymbol{A}+\boldsymbol{B}\boldsymbol{K}$ 与矩阵 $\boldsymbol{A}-\boldsymbol{L}\boldsymbol{C}$ 都是稳定的, 所以整个系统的系数矩阵 $\begin{bmatrix} \boldsymbol{A}+\boldsymbol{B}\boldsymbol{K} & -\boldsymbol{B}\boldsymbol{K} \\ \boldsymbol{0} & \boldsymbol{A}-\boldsymbol{L}\boldsymbol{C} \end{bmatrix}$ 的特征值是 $\det(\lambda\boldsymbol{I}-\boldsymbol{A}-\boldsymbol{B}\boldsymbol{K})=0$ 与 $\det(\lambda\boldsymbol{I}-\boldsymbol{A}+\boldsymbol{L}\boldsymbol{C})=0$ 的根, 它们全部都在左半平面内. 从而当 $t\to+\infty$ 时, $\boldsymbol{x}(t)$ 与 $\tilde{\boldsymbol{x}}(t)$ 都趋于零. 称

$$\begin{cases} \dot{\boldsymbol{x}}(t)=\boldsymbol{A}\boldsymbol{x}(t)+\boldsymbol{B}\boldsymbol{K}[\boldsymbol{x}(t)-\tilde{\boldsymbol{x}}(t)] \\ \dot{\tilde{\boldsymbol{x}}}(t)=(\boldsymbol{A}-\boldsymbol{L}\boldsymbol{C})\tilde{\boldsymbol{x}}(t) \\ \boldsymbol{x}(0)=\boldsymbol{x}_0, \quad \tilde{\boldsymbol{x}}(0)=\boldsymbol{x}_0 \quad (t\geqslant 0) \end{cases}$$

为整个系统的状态调节器.

另外, 系统的状态调节器与系统的状态渐近估计器的设计还可以分开进行 (图 4.11), 故称为分离原理.

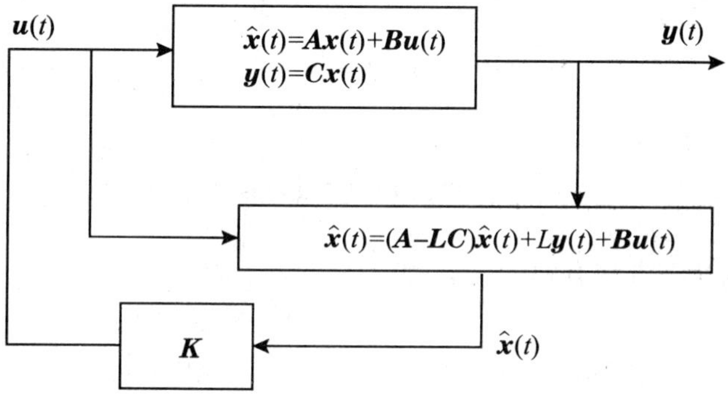

图 4.11　由状态渐近估计器引入状态调节器

因此, 整个系统的极点由下列两部分组成:

(1) $\boldsymbol{A}+\boldsymbol{BK}$ 的极点, 由 $\boldsymbol{K}$ 完全确定, 这些极点将确定状态 $\boldsymbol{x}(t)$ 的性质;

(2) $\boldsymbol{A}-\boldsymbol{LC}$ 的极点, 完全由 $\boldsymbol{L}$ 确定, 这些极点确定状态估计 $\hat{\boldsymbol{x}}(t)$ 与状态 $\boldsymbol{x}(t)$ 之差 $\tilde{\boldsymbol{x}}(t)$ 的性质.

例 4.21　设观测对象的动态方程为

$$\begin{cases} \dot{\boldsymbol{x}}(t)=\begin{bmatrix} -1 & 3 \\ 0 & -2 \end{bmatrix}\boldsymbol{x}(t)+\begin{bmatrix} 1 \\ 1 \end{bmatrix}u(t) \\ y(t)=[1,0]\boldsymbol{x}(t) \quad (t\geqslant 0) \end{cases}$$

试设计一个特征值为 $-9,-10$ 的渐近状态估计器, 且在 $\boldsymbol{u}(t)=\begin{cases} 1 & (t\geqslant 0) \\ 0 & (t<0) \end{cases}$,$\boldsymbol{x}(0)=[0,1]^{\mathrm{T}}$ 与 $\hat{\boldsymbol{x}}(0)=[0,0]^{\mathrm{T}}$ 时, 比较 $\boldsymbol{x}(t)$ 与 $\hat{\boldsymbol{x}}(t)$ 的响应过程.

解　检查观测对象能观性矩阵的秩, 有 $\mathrm{rank}\begin{bmatrix} \boldsymbol{C} \\ \boldsymbol{CA} \end{bmatrix}=\mathrm{rank}\begin{bmatrix} 1 & 0 \\ -1 & 3 \end{bmatrix}=2=n$, 故系统是能观的. 因此, 状态估计器的极点可任意设置. 设矩阵 $\boldsymbol{L}=[\ell_1 \quad \ell_2]^{\mathrm{T}}$, 而 $\boldsymbol{A}-\boldsymbol{LC}=\begin{bmatrix} -1-\ell_1 & 3 \\ -\ell_2 & -2 \end{bmatrix}$, $\det(\lambda \boldsymbol{I}-\boldsymbol{A}+\boldsymbol{LC})=\lambda^2+(3+\ell_1)\lambda+(2+2\ell_1+3\ell_2)$. 由指定的极点所决定的状态估计器期望的特征多项式为 $(\lambda+9)(\lambda+10)=$

$\lambda^2+19\lambda+90$. 令两个多项式相等, 有 $\boldsymbol{L}=[16,56/3]^{\mathrm{T}}$. 从而有

$$\begin{cases}\dot{\tilde{\boldsymbol{x}}}(t)=\begin{bmatrix}-17 & 3\\ -\dfrac{56}{3} & -2\end{bmatrix}\tilde{x}(t)\\ \tilde{\boldsymbol{x}}(0)=\boldsymbol{x}(0)=[0,1]^{\mathrm{T}}\end{cases}$$

且解为

$$\tilde{\boldsymbol{x}}(t)=[3\mathrm{e}^{-9t}-3\mathrm{e}^{-10t},8\mathrm{e}^{-9t}-7\mathrm{e}^{-10t}]^{\mathrm{T}}$$

而观测对象的状态方程有解

$$\boldsymbol{x}(t)=\left[\frac{5}{2}-\mathrm{e}^{-t}-\frac{3}{2}\mathrm{e}^{-2t},\frac{1}{2}+\frac{1}{2}\mathrm{e}^{-2t}\right]^{\mathrm{T}}$$

于是状态估计值为

$$\begin{aligned}\hat{\boldsymbol{x}}(t)&=\boldsymbol{x}(t)-\tilde{\boldsymbol{x}}(t)\\&=\left[\frac{5}{2}-\mathrm{e}^{-t}-\frac{3}{2}\mathrm{e}^{-2t}-3\mathrm{e}^{-9t}+3\mathrm{e}^{-10t},\frac{1}{2}(1+\mathrm{e}^{-2t})-8\mathrm{e}^{-9t}+7\mathrm{e}^{-10t}\right]^{\mathrm{T}}\end{aligned}$$

易见, 虽然 $x_2(t)$ 与 $\hat{x}_2(t)$ 的初始值 $x_2(0)=1$ 与 $\hat{x}(0)=0$ 相差很大, 但 $\hat{x}_2(t)$ 很快就收敛于 $x_2(t)$.

4.9.3 降维状态渐近估计器

在 4.9.2 小节中所述的状态渐近估计器是一种全维状态渐近估计器. 当状态变量的维数较高时, 工作量较大且结构比较复杂, 观测信息没有被充分利用. 例如, 已经直接测量到状态变量 $\boldsymbol{x}(t)$ 的前 p 个分量了, 是否还有必要对这 p 分量进行估计呢? 为了充分利用这些信息, 就产生了降维状态渐近状态估计器的设计问题. 假定状态变量 $\boldsymbol{x}(t)$ 的前 p 个分量是可以直接测量到的. 令 $\boldsymbol{x}(t)=[\boldsymbol{x}_1(t)\quad \boldsymbol{x}_2(t)]^{\mathrm{T}}$, 其中 $\boldsymbol{x}_1(t)\in\mathbb{R}^p$, 而 $\boldsymbol{x}_2(t)\in\mathbb{R}^{n-p}$. 于是系统的动态方程变为

$$\begin{cases}\dot{\boldsymbol{x}}_1(t)=\boldsymbol{A}_1\boldsymbol{x}_1(t)+\boldsymbol{A}_2\boldsymbol{x}_2(t)+\boldsymbol{B}_1\boldsymbol{u}(t)\\ \dot{\boldsymbol{x}}_2(t)=\boldsymbol{A}_3\boldsymbol{x}_1(t)+\boldsymbol{A}_4\boldsymbol{x}_2(t)+\boldsymbol{B}_2\boldsymbol{u}(t)\\ \boldsymbol{y}(t)=\boldsymbol{x}_1(t)\end{cases}$$

且假设此系统是能控又能观的. 这时, 由 $\boldsymbol{x}_1(t)\equiv\boldsymbol{0}$ 与 $\boldsymbol{u}(t)\equiv\boldsymbol{0}$ 可导出状态 $\lim\limits_{t\to+\infty}\boldsymbol{x}(t)=\boldsymbol{0}$, 并由

$$\begin{cases}\boldsymbol{A}_2\boldsymbol{x}_2(t)=\boldsymbol{0}\\ \dot{\boldsymbol{x}}(t)=\boldsymbol{A}_4\boldsymbol{x}_2(t)\end{cases}$$

能推出 $\lim\limits_{t\to+\infty}\boldsymbol{x}_2(t)=\boldsymbol{0}$. 故上述关于状态变量 $\boldsymbol{x}_2(t)$ 的系统是能观的, 于是存在矩阵 $\boldsymbol{L}\in\mathbb{R}^{(n-r)\times p}$ 使 $\boldsymbol{A}_4-\boldsymbol{L}\boldsymbol{A}_2$ 是稳定的. 令 $\boldsymbol{z}(t)=\boldsymbol{x}_2(t)-\boldsymbol{L}\boldsymbol{x}_1(t)$, 则有

$$\dot{\boldsymbol{z}}(t)=\dot{\boldsymbol{x}}_2(t)-\boldsymbol{L}\dot{\boldsymbol{x}}_1(t)=(\boldsymbol{A}_3-\boldsymbol{L}\boldsymbol{A}_1)\boldsymbol{x}_1(t)+(\boldsymbol{A}_4-\boldsymbol{L}\boldsymbol{A}_2)\boldsymbol{x}_2(t)+(\boldsymbol{B}_2-\boldsymbol{L}\boldsymbol{B}_1)\boldsymbol{u}(t)$$

或者

$$\begin{cases}\dot{\boldsymbol{z}}(t)=[(\boldsymbol{A}_3-\boldsymbol{L}\boldsymbol{A}_1)+(\boldsymbol{A}_4-\boldsymbol{L}\boldsymbol{A}_2)\boldsymbol{L}]\boldsymbol{x}_1(t)+(\boldsymbol{A}_4-\boldsymbol{L}\boldsymbol{A}_2)\boldsymbol{z}(t)+(\boldsymbol{B}_2-\boldsymbol{L}\boldsymbol{B}_1)\boldsymbol{u}(t)\\ \boldsymbol{y}(t)=\boldsymbol{x}_1(t)\\ \boldsymbol{z}(0)=\boldsymbol{x}_2(0)-\boldsymbol{L}\boldsymbol{x}_1(0)\end{cases}$$

取此降维系统的状态渐近估计器为

$$\begin{cases}\dot{\hat{\boldsymbol{z}}}(t)=(\boldsymbol{A}_4-\boldsymbol{L}\boldsymbol{A}_2)\hat{\boldsymbol{z}}(t)+[(\boldsymbol{A}_3-\boldsymbol{L}\boldsymbol{A}_1)+(\boldsymbol{A}_4-\boldsymbol{L}\boldsymbol{A}_2)\boldsymbol{L}]\boldsymbol{y}(t)+(\boldsymbol{B}_2-\boldsymbol{L}\boldsymbol{B}_1)\boldsymbol{u}(t)\\ \hat{\boldsymbol{z}}(0)=\boldsymbol{0}\end{cases}$$

其中变量 $\hat{\boldsymbol{z}}(t)$ 是 $\boldsymbol{z}(t)$ 的渐近估计, 记它们之间的误差为 $\tilde{\boldsymbol{z}}(t)=\boldsymbol{z}(t)-\hat{\boldsymbol{z}}(t)$. 由此得到

$$\begin{cases}\dot{\tilde{\boldsymbol{z}}}(t)=(\boldsymbol{A}_4-\boldsymbol{L}\boldsymbol{A}_2)\tilde{\boldsymbol{z}}(t)\\ \tilde{\boldsymbol{z}}(0)=\boldsymbol{x}_2(0)-\boldsymbol{L}\boldsymbol{x}_1(0)\end{cases}$$

且有 $\lim\limits_{t\to+\infty}\tilde{\boldsymbol{z}}(t)=\boldsymbol{0}$. 记 $\hat{\boldsymbol{x}}_2(t)=\hat{\boldsymbol{z}}(t)+\boldsymbol{L}\boldsymbol{y}(t)$, 这就是余下的状态变量 $\boldsymbol{x}_2(t)$ 的渐近估计值.

设矩阵 $\boldsymbol{K}=[\boldsymbol{K}_1\quad\boldsymbol{K}_2]$ 使 $\boldsymbol{A}+\boldsymbol{B}\boldsymbol{K}$ 是稳定的, 矩阵 $\boldsymbol{L}$ 使 $\boldsymbol{A}_4-\boldsymbol{L}\boldsymbol{A}_2$ 是稳定的, 则反馈状态调节器 $\boldsymbol{u}(t)=\boldsymbol{K}_1\boldsymbol{x}_1(t)+\boldsymbol{K}_2\boldsymbol{x}_2(t)$ 使系统

$$\begin{cases}\dot{\boldsymbol{x}}_1(t)=\boldsymbol{A}_1\boldsymbol{x}_1(t)+\boldsymbol{A}_2\boldsymbol{x}_2(t)+\boldsymbol{B}_1\boldsymbol{u}(t)\\ \dot{\boldsymbol{x}}_2(t)=\boldsymbol{A}_3\boldsymbol{x}_1(t)+\boldsymbol{A}_4\boldsymbol{x}_2(t)+\boldsymbol{B}_2\boldsymbol{u}(t)\\ \dot{\hat{\boldsymbol{z}}}(t)=(\boldsymbol{A}_4-\boldsymbol{L}\boldsymbol{A}_2)\hat{\boldsymbol{z}}(t)+[(\boldsymbol{A}_3-\boldsymbol{L}\boldsymbol{A}_1)+(\boldsymbol{A}_4-\boldsymbol{L}\boldsymbol{A}_2)\boldsymbol{L}]\boldsymbol{y}(t)+(\boldsymbol{B}_2-\boldsymbol{L}\boldsymbol{B}_1)\boldsymbol{u}(t)\\ \hat{\boldsymbol{z}}(0)=\boldsymbol{0},\quad \boldsymbol{x}_1(0)=\boldsymbol{x}_{10},\quad \boldsymbol{x}_2(0)=\boldsymbol{x}_{20}\\ \hat{\boldsymbol{x}}_2(t)=\hat{\boldsymbol{z}}(t)+\boldsymbol{L}\boldsymbol{y}(t),\quad \boldsymbol{u}(t)=\boldsymbol{K}_1\boldsymbol{x}_1(t)+\boldsymbol{K}_2\boldsymbol{x}_2(t)\end{cases}$$

是渐近稳定的.

实际上, 有 $\tilde{\boldsymbol{x}}_2(t)=\boldsymbol{x}_2(t)-\hat{\boldsymbol{x}}_2(t)=\boldsymbol{z}(t)-\hat{\boldsymbol{z}}(t)=\tilde{\boldsymbol{z}}(t)$, 故闭环系统

$$\begin{cases}\dot{\boldsymbol{x}}_1(t)=(\boldsymbol{A}_1-\boldsymbol{B}_1\boldsymbol{K}_1)\boldsymbol{x}_1(t)+(\boldsymbol{A}_2-\boldsymbol{B}_2K_2)\boldsymbol{x}_2(t)+\boldsymbol{B}_1\boldsymbol{K}_2\tilde{\boldsymbol{x}}_2(t), & \boldsymbol{x}_1(0)=\boldsymbol{x}_{10}\\ \dot{\boldsymbol{x}}_2(t)=(\boldsymbol{A}_3-\boldsymbol{B}_2\boldsymbol{K}_1)\boldsymbol{x}_1(t)+(\boldsymbol{A}_4-\boldsymbol{B}_2K_2)\boldsymbol{x}_2(t)+\boldsymbol{B}_2\boldsymbol{K}_2\tilde{\boldsymbol{x}}_2(t), & \boldsymbol{x}_2(0)=\boldsymbol{x}_{20}\\ \dot{\tilde{\boldsymbol{x}}}_2(t)=(\boldsymbol{A}_4-\boldsymbol{L}\boldsymbol{A}_2)\tilde{\boldsymbol{x}}_2(t)\\ \tilde{\boldsymbol{x}}_2(0)=\boldsymbol{x}_2(0)-\boldsymbol{L}\boldsymbol{x}_1(0)=\boldsymbol{x}_{20}-\boldsymbol{L}\boldsymbol{x}_{10}\end{cases}$$

是渐近稳定的.

例 4.22 设有系统:

$$\dot{\boldsymbol{x}}(t)=\begin{bmatrix}-6&0&-1\\-11&-1&-1\\13&1&0\end{bmatrix}\boldsymbol{x}(t)+\begin{bmatrix}0\\-1\\0\end{bmatrix}\boldsymbol{u}(t)$$

以及 $\boldsymbol{y}(t)=[1,0,0]\boldsymbol{x}(t)$. 试设计极点为 -3 与 -4 的降维状态渐近估计器.

解 因

$$\operatorname{rank}\begin{bmatrix}\boldsymbol{C}\\\boldsymbol{CA}\\\boldsymbol{CA}^2\end{bmatrix}=\operatorname{rank}\begin{bmatrix}1&0&0\\-6&0&-1\\23&-1&6\end{bmatrix}=3=n$$

故系统是能观的, 因此可构造状态渐近估计器, 且有

$$\begin{cases}\begin{bmatrix}\dot{\boldsymbol{x}}_2(t)\\\dot{\boldsymbol{x}}_3(t)\end{bmatrix}=\begin{bmatrix}-1&-1\\1&0\end{bmatrix}\begin{bmatrix}\boldsymbol{x}_2(t)\\\boldsymbol{x}_3(t)\end{bmatrix}+\begin{bmatrix}1\\0\end{bmatrix}\boldsymbol{u}(t)+\begin{bmatrix}-11\\13\end{bmatrix}\boldsymbol{y}(t)\\ \dot{\boldsymbol{x}}_1(t)=-\boldsymbol{b}\boldsymbol{x}_1(t)-\boldsymbol{x}_3(t)\\ \boldsymbol{y}(t)=\boldsymbol{x}_1(t)\end{cases}$$

因

$$\det\left(\lambda\boldsymbol{I}-\begin{bmatrix}-1&-1\\1&0\end{bmatrix}\right)=\lambda^2+\lambda+1$$

其极点的实部为 $-1/2$, 现期望极点 -3 与 -4 比实部为 $-1/2$ 的更加稳定, 故应满足 $\lambda^2+7\lambda+12=0$. 令 $\boldsymbol{L}=\begin{bmatrix}l_1\\l_2\end{bmatrix}$, 使

$$\lambda^2+7\lambda+12=\det\left(\begin{bmatrix}\lambda+1&1\\-1&\lambda\end{bmatrix}+\begin{bmatrix}\ell_1\\\ell_2\end{bmatrix}[0\ \ -1]\right)=\lambda^2+(1-\ell_2)\lambda+1-\ell_1-\ell_2$$

故得 $\boldsymbol{L}=\begin{bmatrix}-5\\-6\end{bmatrix}$. 因此有

$$\begin{bmatrix}\dot{\hat{\boldsymbol{z}}}_2(t)\\\dot{\hat{\boldsymbol{z}}}_3(t)\end{bmatrix}=\begin{bmatrix}-1&-6\\1&-6\end{bmatrix}\begin{bmatrix}\hat{\boldsymbol{z}}_2(t)\\\hat{\boldsymbol{z}}_3(t)\end{bmatrix}+\begin{bmatrix}60\\80\end{bmatrix}\boldsymbol{y}(t)+\begin{bmatrix}-1\\0\end{bmatrix}\boldsymbol{u}(t)$$

而 $\hat{\boldsymbol{x}}(t)=\begin{bmatrix}\boldsymbol{y}(t)\\\hat{\boldsymbol{z}}_2(t)\\\hat{\boldsymbol{z}}_3(t)\end{bmatrix}$.

习 题 4

1. 试确定系统

$$\begin{cases}\dot{x}_1(t)=x_1(t)-2x_1(t)x_2(t)\\\dot{x}_2(t)=-2x_1(t)+x_1(t)x_2(t)\quad(t\geqslant 0)\end{cases}$$

的平衡解. 应用坐标变换将不是坐标原点的平衡解移动至坐标原点, 并写出新的系统方程.

2. 判断下列系统的稳定性:

(1) $\dot{x}(t)=2tx(t),x(0)=x_0(t\geqslant 0)$;

(2) $\begin{cases}\dot{x}_1(t)=ax_1(t)-x_2(t),\\\dot{x}_2(t)=x_1(t)-ax_2(t),x_1(0)=\alpha,x_2(0)=\beta\ (t\geqslant 0,a\leqslant 0).\end{cases}$

3. 证明实系数多项式 $\lambda+a$, $\lambda^2+a_1\lambda+a_2$ 是稳定的充要条件分别为:

(a) $a>0$;

(b) $a_1>0,a_2>0$.

4. 已知 a,b,c,d 都是正实数, 试判断下列多项式的稳定性:

(1) $-a\lambda^2-b\lambda-c$;

(2) $a\lambda^3+b\lambda^2+c\lambda+d$;

(3) $a\lambda^3+c\lambda+d$;

(4) $-a\lambda^3+b\lambda^2+c\lambda+d$;

(5) $a\lambda^3+b\lambda^2-c\lambda+d$;

(6) $\lambda^4+a\lambda^3+b\lambda^2+c\lambda+d$.

5. 确定线性定常系统中实系数 k 的值, 使系统是渐近稳定的:

$$\dot{\boldsymbol{x}}(t)=\begin{bmatrix}0 & 1 & 0\\ 0 & 0 & 1\\ 5 & -k & k-6\end{bmatrix}\boldsymbol{x}(t),\quad \boldsymbol{x}(0)=\boldsymbol{x}_0\quad (t\geqslant 0)$$

6. (1) 证明: 多项式 $A(\zeta)=\zeta^2+a_1\zeta+a_2$ 的根在单位圆内部的充要条件为 $|a_2|<1, |a_1|<1+a_2$;

(2) 试确定实参数 k 的值, 使 $8\zeta^2-(2k-4)\zeta-k$ 是离散时间系统 $\boldsymbol{x}_{n+1}=\mathcal{A}\boldsymbol{x}_n(n=0,1,2,\cdots)$ 的渐近稳定的多项式.

7. 设有二阶定常系统:

$$\ddot{z}(t)+a[z^2(t)-1]\dot{z}(t)+bz(t)=c$$

且 $a<0,b\neq 0,c$ 都是实常数, 试判断其稳定性.

8. 判断下列函数在 $x\in Z$ 与 $t\in L$ 上的符号:

(1) $V(\boldsymbol{x}(t))=-x_1^4(t)-[x_1(t)+x_2(t)]^2$;

(2) $V(\boldsymbol{x}(t))=x_1^2(t)+2x_1(t)x_2^2(t)+x_1^4(t)+x_2^4(t)$;

(3) $V(\boldsymbol{x}(t),t)=\mathrm{e}^{-t}[x_1^2(t)+x_2^2(t)]$;

(4) $V(\boldsymbol{x}(t))=x_1^2(t)+5x_2^2(t)-x_3^4(t)$;

(5) $V(\boldsymbol{x}(t))=0$;

(6) $V(\boldsymbol{x}(t),t)=(2+\sin t)[x_1^2(t)+x_2^2(t)]$.

9. 线性时变系统 $\dot{\boldsymbol{x}}(t)=\boldsymbol{A}(t)\boldsymbol{x}(t),\boldsymbol{x}(t_0)=\boldsymbol{x}_0(t\geqslant t_0)$ 的平衡解为零解. 给定一个连续的对称正定矩阵 $\boldsymbol{Q}(t)\in\mathbb{R}^{n\times n}$. 若存在连续可微的对称正定矩阵 $\boldsymbol{P}(t)\in\mathbb{R}^{n\times n}$, 使得

$$\dot{\boldsymbol{p}}(t)+\boldsymbol{A}^{\mathrm{T}}(t)\boldsymbol{p}(t)+\boldsymbol{p}(t)\boldsymbol{A}(t)+\boldsymbol{Q}(t)=\boldsymbol{0}$$

这里 $\boldsymbol{p}(t_0)$ 是给定的, 且 $\|\boldsymbol{p}(t)\|$ 在 $t\in L$ 上有界, 则此系统的平衡解是渐近稳定的. 验证矩阵微分方程有解:

$$\boldsymbol{p}(t)=\boldsymbol{\Phi}^{\mathrm{T}}(t_0,t)\boldsymbol{p}(t_0)\boldsymbol{\Phi}(t_0,t)-\int_{t_0}^{t}\boldsymbol{\Phi}^{\mathrm{T}}(\tau,t)\boldsymbol{Q}(\tau)\boldsymbol{\Phi}(\tau,t)\mathrm{d}\tau$$

其中 $\boldsymbol{\Phi}(t,t_0)$ 是 $\boldsymbol{A}(t)\in\mathbb{R}^{n\times n}$ 的状态转移矩阵.

10. 判断下列线性时变系统的稳定性:

(1) $\begin{cases}\dot{x}_1(t)=-x_1(t),\\ \dot{x}_2(t)=-\dfrac{1}{t+1}x_1(t)-x_2(t)(t\geqslant 0);\end{cases}$

(2) $\begin{cases}\dot{x}_1(t)=x_2(t),\\ \dot{x}_2(t)=-\dfrac{1}{t+1}x_1(t)-10x_2(t)(t\geqslant 0).\end{cases}$

11. 考虑下列线性定常系统的平衡解为零解的稳定性:

(1) $\dot{\boldsymbol{x}}(t)=\begin{bmatrix}0 & 1\\ -1 & -1\end{bmatrix}\boldsymbol{x}(t)(t\geqslant 0);$

(2) $\dot{\boldsymbol{x}}(t)=\begin{bmatrix}-1 & -1\\ 2 & -4\end{bmatrix}\boldsymbol{x}(t)(t\geqslant 0).$

12. 试确定下列系统的平衡解为零的稳定性:

(1) $\begin{cases}\dot{x}_1(t)=7x_1(t)+2\sin x_2(t)-x_2^4(t),\\ \dot{x}_2(t)=\exp[x_1(t)]-3x_2(t)+5x_1^2(t)-1;\end{cases}$

(2) $\begin{cases}\dot{x}_1(t)=(3/4)\sin x_1(t)-7x_2(t)[1-x_2(t)]^{1/3}+x_1^3(t),\\ \dot{x}_2(t)=(2/3)x_1(t)-3x_2(t)\cos x_2(t)-11x_2^5(t);\end{cases}$

(3) $\begin{cases}\dot{x}_1(t)=x_2(t)+\beta[x_1^3(t)/3-x_1(t)],\\ \dot{x}_2(t)=-x_1(t),\end{cases}$

(a) $\beta>0$,(b)$\beta=0$,(c)<0.

13. 判别下列系统的稳定性:

(1) $\begin{cases}\dot{x}_1(t)=x_1^3(t)-2x_2^3(t),\\ \dot{x}_2(t)=x_1(t)x_2^2(t)+x_1^2(t)x_2(t)+\dfrac{1}{2}x_2^3(t);\end{cases}$

(2) $\begin{cases}\dot{x}_1(t)=x_2(t)-x_1(t)[x_1^2(t)+x_2^2(t)],\\ \dot{x}_2(t)=-x_1(t)-x_2(t)[x_1^2(t)+x_2^2(t)];\end{cases}$

(3) $\begin{cases}\dot{x}_1(t)=-3x_1(t)+x_2(t),\\ \dot{x}_2(t)=x_1(t)-x_2(t)-x_2^3(t);\end{cases}$

(4) $\begin{cases}\dot{x}_1(t)=-3x_1(t)-x_1^5(t),\\ \dot{x}_2(t)=-2x_2(t)+x_1^5(t);\end{cases}$

(5) $\begin{cases}\dot{x}_1(t)=x_2(t),\\ \dot{x}_2(t)=-x_1(t).\end{cases}$

14. 用频率判据判别下列多项式的稳定性, 并绘出频率曲线的图像:

(1) $a(\lambda)=\lambda^2+2\lambda+1;$

(2) $a(\lambda)=\lambda^2-2\lambda+1$;

(3) $a(\lambda)=\lambda^3+2\lambda^2+4\lambda+8$(提示: 将虚轴上的零点看作在右半平面内);

(4) $a(\lambda)=\lambda^4+2\lambda^3+3\lambda^2+6\lambda+1$.

15. 用 Nyquist 判据判别具有下列开环传递函数的简单闭环系统的稳定性:

(1) $G(s)=\dfrac{3}{s(s+1)}$;

(2) $G(s)=\dfrac{120}{s^2(s+5)}$;

(3) $G(s)=\dfrac{k(1-s)}{s(s+1)}$, 给出 k 值的范围.

16. 设有线性定常系统

$$\dot{\boldsymbol{x}}(t)=\begin{bmatrix}0 & -1 & 0\\ 1 & 0 & 0\\ 0 & 0 & -1\end{bmatrix}\boldsymbol{x}(t)+\begin{bmatrix}0\\ 0\\ 1\end{bmatrix}\boldsymbol{u}(t),\quad \boldsymbol{x}(0)=\boldsymbol{x}_0$$

且 $\boldsymbol{y}(t)=\boldsymbol{x}(t)(t\geqslant 0)$. 若 $|u(t)|\leqslant \ell_1$, 证明:

(1) 此系统是 Lyapunov 稳定的, 而非渐近稳定的;

(2) 此系统是输入 – 输出稳定的.

17. 证明例 4.19.

18. 设有线性定常系统

$$\dot{\boldsymbol{x}}(t)=\begin{bmatrix}1 & -1\\ 2 & 3\end{bmatrix}\boldsymbol{x}(t)+\begin{bmatrix}1\\ 0\end{bmatrix}u(t)\quad (t\geqslant 0)$$

是能控的, 但 $\boldsymbol{A}$ 是不稳定的. 若做状态的线性反馈 $u(t)=k_1x_1(t)+k_2x_2(t)$, 这里有 $\boldsymbol{x}(t)=[x_1(t),x_2(t)]^{\mathrm{T}}$. 用两种方法证明: 闭环系统渐近稳定的充要条件是 $k_1<-4, 2k_2-3k_1<5$.

19. 设有系统

$$\dot{\boldsymbol{x}}(t)=\begin{bmatrix}1 & 2 & 0\\ 3 & -1 & 1\\ 0 & 2 & 0\end{bmatrix}\boldsymbol{x}(t)$$

且 $\boldsymbol{y}(t)=[0,0,2]\boldsymbol{x}(t)(t\geqslant 0)$. 求矩阵 $\boldsymbol{L}\in\mathbb{R}^{3\times 1}$, 使 $\boldsymbol{A}+\boldsymbol{L}\boldsymbol{C}$ 的特征值分别为 $-3,-4$ 与 -5.

20. 设有控制系统

$$\begin{cases} \dot{\boldsymbol{x}}(t)=\begin{bmatrix} 1 & 0 & 0 \\ 3 & -1 & 1 \\ 0 & 2 & 0 \end{bmatrix}\boldsymbol{x}(t)+\begin{bmatrix} 2 \\ 1 \\ 1 \end{bmatrix}u(t) \\ \boldsymbol{y}(t)=[0,0,1]\boldsymbol{x}(t) \quad (t\geqslant 0) \end{cases}$$

试设计状态渐近估计器，使其极点为 $-3,-4$ 和 -5.

21. 已知控制系统为

$$\begin{cases} \dot{\boldsymbol{x}}(t)=\begin{bmatrix} 0 & 1 & 0 \\ 0 & 0 & 1 \\ -6 & -11 & -6 \end{bmatrix}\boldsymbol{x}(t)+\begin{bmatrix} 0 \\ 0 \\ 1 \end{bmatrix}u(t) \\ \boldsymbol{y}(t)=\begin{bmatrix} 1 & 0 & 0 \\ 0 & 1 & 0 \end{bmatrix}\boldsymbol{x}(t) \end{cases}$$

试构造一个降维状态渐近估计器，它有特征值 -5.

第 5 章　线性定常系统的实现

传递函数或传递函数矩阵、状态方程及观测方程是描述控制系统的两种重要的数学模型. 前者又称为控制系统的外部描述, 后者叫作控制系统的内部描述. 在第 2 章中已经给出了从系统的状态方程及观测方程导出系统的传递函数或传递函数矩阵的方法. 由于有许多的计算技巧和计算方法仅仅是基于状态方程及观测方程来描述的控制系统提出来的, 并便于计算机进行计算, 故要应用这些计算技巧和计算方法, 就必须建立起控制系统的内部描述. 当然可以直接建立状态方程及观测方程. 但实际中的许多系统, 由于其内部机构和参数常常是不知道或者不确定的, 因此, 就不能直接导出内部描述. 而一个可能的方法是先用实验来确定出控制系统的输入 – 输出特性, 即外部描述. 故本章要研究的是反问题. 要求从控制系统的传递函数或传递函数矩阵来得到控制系统的状态方程及观测方程. 这样的问题称为线性定常系统的实现问题. 因此, 线性定常系统的实现问题, 就是由控制系统的外部描述导出其内部描述的方法.

5.1　控制系统的外部表示

设线性定常系统的状态方程为

$$\dot{\boldsymbol{x}}(t) = \boldsymbol{A}\boldsymbol{x}(t) + \boldsymbol{B}\boldsymbol{u}(t)$$

且 $\boldsymbol{A}\in\mathbb{R}^{n\times n},\boldsymbol{B}\in\mathbb{R}^{n\times m}$, 观测方程为

$$\boldsymbol{y}(t)=\boldsymbol{C}\boldsymbol{x}(t)+\boldsymbol{D}\boldsymbol{u}(t)$$

其中$\boldsymbol{C}\in\mathbb{R}^{r\times n},\boldsymbol{D}\in\mathbb{R}^{r\times m}$. 于是, 此系统的传递函数矩阵为

$$\boldsymbol{F}(s)=\boldsymbol{C}(s\boldsymbol{I}-\boldsymbol{A})^{-1}\boldsymbol{B}+\boldsymbol{D}$$

且有 $\lim\limits_{s\to+\infty}\boldsymbol{F}(s)=\boldsymbol{D}$. 这时$\boldsymbol{F}(s)$的元素都是关于$s$的真有理函数. 若$\boldsymbol{D}=\boldsymbol{0}$, $\boldsymbol{F}(s)$的元素就是关于s的严格真有理函数. 下面考虑$\boldsymbol{F}(s)$的元素都是关于s的严格真有理函数的情形. 若不是, 则先要转化为严格真有理函数的形式.

利用下面的无穷级数展开式

$$(s\boldsymbol{I}-\boldsymbol{A})^{-1}=\sum_{j=1}^{+\infty}\boldsymbol{A}^{j-1}s^{-j}$$

得

$$\boldsymbol{F}(s)=\sum_{j=1}^{+\infty}\boldsymbol{C}\boldsymbol{A}^{j-1}\boldsymbol{B}s^{-j}=\sum_{j=1}^{+\infty}\boldsymbol{M}_js^{-j}$$

其中 $\boldsymbol{M}_j=\boldsymbol{C}\boldsymbol{A}^{j-1}\boldsymbol{B}\in\mathbb{R}^{r\times m}(j=1,2,\cdots)$ 称为 Markov 参数阵, 一般可用实验方法确定出.

若线性定常系统的内部描述已给出, 这时其传递函数矩阵就完全由 Markov 参数阵$\boldsymbol{M}_j=\boldsymbol{C}\boldsymbol{A}^{j-1}\boldsymbol{B}(j=1,2,\cdots)$确定. 因此当$\boldsymbol{M}_j=\boldsymbol{C}\boldsymbol{A}^{j-1}\boldsymbol{B}(j=1,2,\cdots)$已知时, 可认为传递函数矩阵$\boldsymbol{F}(s)$是已知的.

例 5.1 考虑系统

$$\dot{\boldsymbol{x}}(t)=\begin{bmatrix}0&1\\0&0\end{bmatrix}\boldsymbol{x}(t)+\begin{bmatrix}0\\1\end{bmatrix}u(t)$$

及

$$y(t)=[0,1]\boldsymbol{x}(t)$$

有

$$F(s)=[0,1]\begin{bmatrix}s&-1\\0&s\end{bmatrix}^{-1}\begin{bmatrix}0\\1\end{bmatrix}=\frac{1}{s}$$

这时, $M_1=1, M_j=0(j\geqslant 2)$.

一般来说, 当系数矩阵 $\boldsymbol{A}$ 为幂零矩阵时, $\boldsymbol{F}(s)$ 的级数表达式中只有有限项可能不为零.

定理 5.1 若 $\boldsymbol{A}\in\mathbb{R}^{n\times n}$ 是幂零矩阵, 则系统

$$\dot{\boldsymbol{x}}(t)=\boldsymbol{A}\boldsymbol{x}(t)+\boldsymbol{B}\boldsymbol{u}(t),\quad \boldsymbol{y}(t)=\boldsymbol{C}\boldsymbol{x}(t)$$

的传递函数矩阵 $\boldsymbol{F}(s)=\sum\limits_{j=1}^{n}\boldsymbol{M}_j s^{-j}(s\in\mathbb{C})$.

证明 按假设, 存在自然数 $k\geqslant 0$, 使 $\boldsymbol{A}^k=\boldsymbol{0}$, 故 $\det\boldsymbol{A}^k=0$, 即有 $\det\boldsymbol{A}=0$. 于是 $\boldsymbol{A}$ 的特征值的常数项为零, 故必有零特征值; 反之亦然. 当 $\boldsymbol{A}\in\mathbb{R}^{n\times n}$ 是幂零矩阵时, 应用矩阵的 Jordan 标准形, 其特征值方程为 $\lambda^n=0$. 由 Cayley-Hamliton 定理, 有 $\boldsymbol{A}^n=\boldsymbol{0}$. 因此得 $\sum\limits_{j=1}^{n}\boldsymbol{M}_j s^{-j}$. □

不过, 这不是充分条件.

例 5.2 设有系统

$$\dot{\boldsymbol{x}}(t)=\begin{bmatrix}0&1&0\\0&0&0\\0&0&1\end{bmatrix}\boldsymbol{x}(t)+\begin{bmatrix}0\\1\\0\end{bmatrix}u(t)$$

$$y(t)=[1,1,1]\boldsymbol{x}(t)$$

这时, $\boldsymbol{A}$ 有非零的特征值1, 故它不是幂零的. 由于 $\boldsymbol{A}^2\boldsymbol{B}=\boldsymbol{0}$, 故有 $\boldsymbol{M}_j=\boldsymbol{C}\boldsymbol{A}^{j-1}\boldsymbol{B}=\boldsymbol{0}(j\geqslant 3)$, 因此, $F(s)=s^{-1}+s^{-2}$. 实际上, 这使 $\boldsymbol{C}\boldsymbol{A}^{n-1}=\boldsymbol{0}$ 或 $\boldsymbol{A}^{n-1}\boldsymbol{B}=\boldsymbol{0}(n\geqslant 3)$. 从而可看出这与系统的能观性或能控性有联系.

定理 5.2 若 $\boldsymbol{A}$ 不是幂零矩阵, 而系统

$$\dot{\boldsymbol{x}}(t)=\boldsymbol{A}\boldsymbol{x}(t)+\boldsymbol{B}\boldsymbol{u}(t),\quad \boldsymbol{y}(t)=\boldsymbol{C}\boldsymbol{x}(t)$$

是既能控又能观的, 则 $F(s)$ 中的级数必有无限项不为零.

证明 采用反证法. 若不然, 假定存在自然数 $k\geqslant 1$, 使 $\boldsymbol{M}_j=\boldsymbol{C}\boldsymbol{A}^{j-1}\boldsymbol{B}=\boldsymbol{0}(j\geqslant k)$, 则有 $\boldsymbol{C}\boldsymbol{A}^{j-1}[\boldsymbol{B}\quad \boldsymbol{A}\boldsymbol{B}\quad\cdots\quad \boldsymbol{A}^{n-1}\boldsymbol{B}]=\boldsymbol{0}(j\geqslant k)$. 因系统是能控的, 故必有 $\boldsymbol{C}\boldsymbol{A}^{j-1}=\boldsymbol{0}(j\geqslant k)$, 于是又得到 $[\boldsymbol{C}\quad \boldsymbol{C}\boldsymbol{A}\quad\cdots\quad \boldsymbol{C}\boldsymbol{A}^{n-1}]^{\mathrm{T}}\boldsymbol{A}^{j-1}=\boldsymbol{0}(j\geqslant k)$. 系统又是能观的, 因此必有 $\boldsymbol{A}^{j-1}=\boldsymbol{0}(j\geqslant k)$, 故 $\boldsymbol{A}$ 是幂零的. 这与原假设矛盾. □

定理 5.3　若线性定常系统

$$\dot{\boldsymbol{x}}(t)=\boldsymbol{A}\boldsymbol{x}(t)+\boldsymbol{B}\boldsymbol{u}(t),\quad \boldsymbol{y}(t)=\boldsymbol{C}\boldsymbol{x}(t)$$

是既能控又能观的, 则 $F(s)$ 中的级数仅有有限项不为零的充要条件是 $\boldsymbol{A}$ 为幂零矩阵.

证明　充分性. 若 $F(s)$ 中的级数只有有限项, 且系统是既能控又能观的, 由定理 5.2 知矩阵 $\boldsymbol{A}$ 是幂零的.

必要性. 若矩阵 $\boldsymbol{A}$ 是幂零的, 由定理 5.1 知 $F(s)$ 中的级数仅有有限项. □

另外, 由第 2 章习题第 21 题知, 进行状态变换不会改变系统的外部描述, 故一个传递函数矩阵对应的系统内部描述一般是不唯一的.

对于给定的级数 $F(s)=\sum\limits_{j=1}^{+\infty}M_js^{-j}$, 记

$$\boldsymbol{K}=\begin{bmatrix} M_1 & M_2 & M_3 & \cdots \\ M_2 & M_3 & M_4 & \cdots \\ M_3 & M_4 & M_5 & \cdots \\ \vdots & \vdots & \vdots & \end{bmatrix}$$

称之为 Hankel 矩阵. 这是一个具有无限行、无限列的矩阵.

当 $M_j=\boldsymbol{C}\boldsymbol{A}^{j-1}\boldsymbol{B}(j=1,2,\cdots)$ 时, Hankel 矩阵可分解为

$$\boldsymbol{K}=[\boldsymbol{C}\quad \boldsymbol{C}\boldsymbol{A}\quad \cdots\quad \boldsymbol{C}\boldsymbol{A}^j\quad \cdots]^{\mathrm{T}}[\boldsymbol{B}\quad \boldsymbol{A}\boldsymbol{B}\quad \cdots\quad \boldsymbol{A}^k\boldsymbol{B}\quad \cdots]$$

称这样的 $\boldsymbol{K}$ 为系统 $\dot{\boldsymbol{x}}(t)=\boldsymbol{A}\boldsymbol{x}(t)+\boldsymbol{B}\boldsymbol{u}(t)$, $\boldsymbol{y}(t)=\boldsymbol{C}\boldsymbol{x}(t)$ 的 Hankel 矩阵. 故对给定的线性定常系统 $[\boldsymbol{A}\quad \boldsymbol{B}\quad \boldsymbol{C}]$, 可唯一地确定出它的 Hankel 矩阵.

若用 $\mathbb{R}^\infty$ 记可列分量的实向量的全体, 即有

$$\mathbb{R}^\infty=\{[x^1,x^2,\cdots]\,|\,x^j\in\mathbb{R},j=1,2,\cdots\}$$

(1) 加法:

$$[x^1,x^2,\cdots]+[y^1,y^2,\cdots]=[x^1+y^1,x^2+y^2,\cdots]$$

对任意的 $[x^1,x^2,\cdots],[y^1,y^2,\cdots]\in\mathbb{R}^\infty$;

(2) 数乘:

$$\alpha[x^1, x^2, \cdots] = [\alpha x^1, \alpha x^2, \cdots]$$

对任意的 $\alpha \in \mathbb{R}$ 及 $[x^1, x^2, \cdots] \in \mathbb{R}^\infty$.

因此 $\mathbb{R}^\infty$ 关于上述加法和数乘构成一个线性空间.

Hankel 矩阵 $\boldsymbol{K}$ 的秩定义为组成 $\boldsymbol{K}$ 的列向量中, 线性无关向量组所包含的最多可能的列向量的个数. 当 $\boldsymbol{K}$ 中有无限多线性无关的列向量时, 称矩阵 $\boldsymbol{K}$ 的秩为无穷大, 即若组成 $\boldsymbol{K}$ 的列向量为 $[x_1, x_2, \cdots] \in \mathbb{R}^\infty$, 则有

$$\mathrm{rank}\boldsymbol{K} = \sup\{k \,|\, \boldsymbol{x}_{n_1}, \boldsymbol{x}_{n_2}, \cdots, \boldsymbol{x}_{n_k} \in \mathbb{R}^\infty \text{ 且 } \boldsymbol{x}_{n_1}, \boldsymbol{x}_{n_2}, \cdots, \boldsymbol{x}_{n_k} \text{ 线性无关 }\}$$

其中 $\boldsymbol{x}_{n_i} = [x^1_{n_i}, x^2_{n_i}, \cdots](i = 1, 2, \cdots, k)$, 且矩阵 $\boldsymbol{K}$ 的秩可为 $+\infty$. 若把列向量换成行向量, $\boldsymbol{K}$ 的秩与 $\boldsymbol{K}^{\mathrm{T}}$ 的秩是相同的. 自然, 若 $\boldsymbol{K}$ 的行数或列数是有限的, 则 $\mathrm{rank}\boldsymbol{K}$ 也必为有限的.

定理 5.4 设矩阵 $\boldsymbol{P}$ 的行数是可列无限的, 而列数为 n, 矩阵 $\boldsymbol{Q}$ 的行数为 n, 且列数为可列无限的, 则乘积 $\boldsymbol{PQ} = \boldsymbol{L}$ 是有意义的, 其行数与列数都是可列无限的, 且有

$$\mathrm{rank}(\boldsymbol{PQ}) \leqslant \min\{\mathrm{rank}\boldsymbol{P}, \mathrm{rank}\boldsymbol{Q}\}$$

证明 设

$$\boldsymbol{P} = [\, \boldsymbol{p}_1 \quad \cdots \quad \boldsymbol{p}_k \quad \boldsymbol{p}_{k+1} \quad \cdots \quad \boldsymbol{p}_n \,], \quad \boldsymbol{p}_i \in \mathbb{R}^\infty \ (i = 1, 2, \cdots, n)$$

$$\boldsymbol{Q} = \begin{bmatrix} q_{11} & q_{12} & \cdots \\ \vdots & \vdots & \\ q_{n1} & q_{n2} & \cdots \end{bmatrix}, \quad q_{ij} \in \mathbb{R} \quad (i = 1, 2, \cdots, n; j = 1, 2, \cdots)$$

则有

$$\boldsymbol{PQ} = \boldsymbol{L} = [\, \boldsymbol{l}_1 \quad \boldsymbol{l}_2 \quad \cdots \,] \quad (\boldsymbol{l}_j \in \mathbb{R}^\infty)$$

且 $\boldsymbol{l}_j = \sum\limits_{i=1}^{n} q_{ij}\boldsymbol{p}_i(j = 1, 2, \cdots)$. 故 $\boldsymbol{PQ}$ 中的每个列向量 $\boldsymbol{l}_j(j = 1, 2, \cdots)$ 都是 $\boldsymbol{P}$ 中的列向量 $\boldsymbol{p}_i(i = 1, 2, \cdots, n)$ 的线性组合, 因而有 $\mathrm{rank}(\boldsymbol{PQ}) \leqslant \mathrm{rank}\boldsymbol{P}$.

同样, $\boldsymbol{PQ}$ 中的每个列向量 $\boldsymbol{l}_j(j = 1, 2, \cdots)$ 也是 $\boldsymbol{Q}$ 中的行向量 $(q_{k1}, q_{k2}, \cdots)$ $(k = 1, 2, \cdots, n)$ 的线性组合, 故又有 $\mathrm{rank}(\boldsymbol{PQ}) \leqslant \mathrm{rank}\boldsymbol{Q}$. 从而得到

$$\mathrm{rank}(\boldsymbol{PQ}) \leqslant \min\{\mathrm{rank}\boldsymbol{P}, \mathrm{rank}\boldsymbol{Q}\}$$

□

定理 5.5 设 $\boldsymbol{K}$ 是某个线性定常系统 $[\boldsymbol{A}\quad \boldsymbol{B}\quad \boldsymbol{C}]$ 的Hankel矩阵, 其中 $\boldsymbol{A}\in\mathbb{R}^{n\times n},\boldsymbol{B}\in\mathbb{R}^{n\times m},\boldsymbol{C}\in\mathbb{R}^{r\times n}$, 则有 $\operatorname{rank}\boldsymbol{K}\leqslant n$.

证明 利用行数与列数的有限性, 可得到

$$\operatorname{rank}[\boldsymbol{B}\quad \boldsymbol{AB}\quad \cdots\quad \boldsymbol{A}^k\boldsymbol{B}\quad \cdots]\leqslant n$$

$$\operatorname{rank}[\boldsymbol{C}\quad \boldsymbol{CA}\quad \cdots\quad \boldsymbol{CA}^j\quad \cdots]^{\mathrm{T}}\leqslant n$$

由定理 5.4 知

$$\begin{aligned}\operatorname{rank}\boldsymbol{K}&=\operatorname{rank}\{[\boldsymbol{C}\quad \boldsymbol{CA}\quad \cdots\quad \boldsymbol{CA}^j\quad \cdots]^{\mathrm{T}}[\boldsymbol{B}\quad \boldsymbol{AB}\quad \cdots\quad \boldsymbol{A}^k\boldsymbol{B}\quad \cdots]\}\\&\leqslant\min\{\operatorname{rank}[\boldsymbol{C}\quad \boldsymbol{CA}\quad \cdots\quad \boldsymbol{CA}^j\quad \cdots]^{\mathrm{T}},\operatorname{rank}[\boldsymbol{B}\quad \boldsymbol{AB}\quad \cdots\quad \boldsymbol{A}^k\boldsymbol{B}\quad \cdots]\}\\&\leqslant n\end{aligned}$$

□

上面的定理说明: 若 $\boldsymbol{K}$ 是某个线性定常系统 $[\boldsymbol{A}\quad \boldsymbol{B}\quad \boldsymbol{C}]$ 所确定的Hankel矩阵, 其秩必不会超过状态空间的维数.

不过, Hankel矩阵的秩一般未必总是有限的. 如

$$\boldsymbol{K}=\begin{bmatrix}1 & \frac{1}{2} & \frac{1}{3!} & \frac{1}{4!} & \cdots\\ \frac{1}{2} & \frac{1}{3!} & \frac{1}{4!} & \frac{1}{5!} & \cdots\\ \vdots & \vdots & \vdots & \vdots & \end{bmatrix}$$

就是无限的. 由于有限维线性定常系统的传递函数矩阵中的元素一定是有理函数, 因此, 对所述的Hankel矩阵不可能存在有限维线性定常系统的实现. 由定理 5.5 知, 它不会是一个有限维线性定常控制系统所对应的Hankel矩阵. 自然会问, 若给定一个秩为有限的Hankel矩阵 $\boldsymbol{K}$, 是否可找到一个有限维的线性定常控制系统, 使其对应的Hankel矩阵恰好是 $\boldsymbol{K}$?

5.2 线性定常控制系统的实现

在什么条件下, 对给定的 Hankel 矩阵, 可将其实现为线性定常控制系统?

定理 5.6 若给定的 Hankel 矩阵

$$\boldsymbol{K}=\begin{bmatrix} M_1 & M_2 & M_3 & \cdots \\ M_2 & M_3 & M_4 & \cdots \\ \vdots & \vdots & \vdots & \end{bmatrix}$$

是某个有限维线性定常系统 $[\boldsymbol{A}\quad \boldsymbol{B}\quad \boldsymbol{C}]$ 的 Hankel 矩阵的充要条件是

$$\text{rank}\boldsymbol{K}=n<+\infty$$

即 $\boldsymbol{K}$ 的秩是有限的.

证明 必要性. 设有某个维数为 $n<+\infty$ 的线性定常系统 $[\boldsymbol{A}\quad \boldsymbol{B}\quad \boldsymbol{C}]$, 其 Hankel 矩阵为 $\boldsymbol{K}$. 由定理 5.5 知 $\text{rank}\boldsymbol{K}\leqslant n<+\infty$.

充分性. 假设 $\text{rank}\boldsymbol{K}\leqslant n<+\infty$, 并用 P_n 表示 $\boldsymbol{K}$ 的列向量张成的线性空间, 而 P_n 的维数就是 $\boldsymbol{K}$ 的秩. 设 $\boldsymbol{K}$ 的线性无关列向量组为 $\{\boldsymbol{\phi}^1,\cdots,\boldsymbol{\phi}^n\},\boldsymbol{\phi}^j\in P_n(j=1,2,\cdots,n)$. 必存在自然数 l, 使

$$[\boldsymbol{\phi}^1\quad\cdots\quad\boldsymbol{\phi}^n]=[\boldsymbol{\Phi}_1\quad\boldsymbol{\Phi}_2\quad\cdots\quad\boldsymbol{\Phi}_l]^{\mathrm{T}}=\boldsymbol{\Phi}\in\mathbb{R}^{rl\times n}$$

其中 $\boldsymbol{\Phi}_i\in\mathbb{R}^{r\times n}(i=1,2,\cdots,l)$, 而 $rl\geqslant n$. $[\boldsymbol{M}_1\quad\boldsymbol{M}_2\quad\cdots\quad\boldsymbol{M}_j\quad\cdots]^{\mathrm{T}}$ 的列向量都是 P_n 的元素, 它们都可用 $\boldsymbol{\phi}^1,\cdots,\boldsymbol{\phi}^n$ 的线性组合来表示. 于是存在 $\boldsymbol{A}\in\mathbb{R}^{n\times n}$ 与 $\boldsymbol{B}\in\mathbb{R}^{n\times m}$, 使

$$[\boldsymbol{\Phi}_j\quad\cdots\quad\boldsymbol{\Phi}_{j+l-1}]^{\mathrm{T}}=\boldsymbol{\Phi}\boldsymbol{A}^{j-1}\quad(j=2,3,\cdots)$$

$$[\boldsymbol{M}_i\quad\cdots\quad\boldsymbol{M}_{i+j}\quad\cdots]^{\mathrm{T}}=[\boldsymbol{\Phi}_i\quad\cdots\quad\boldsymbol{\Phi}_{i+l}]^{\mathrm{T}}\boldsymbol{B}\quad(i=1,2,\cdots)$$

并使 $[\,\boldsymbol{I}_r \quad \boldsymbol{0}_r \quad \cdots \quad \boldsymbol{0}_r\,] \in \mathbb{R}^{r\times rl}$, 其中 $\boldsymbol{I}_r$ 与 $\boldsymbol{0}_r$ 分别是 $r\times r$ 单位矩阵与零矩阵. 这时, 有

$$\boldsymbol{C} = [\,\boldsymbol{I}_r \quad \boldsymbol{0}_r \quad \cdots \quad \boldsymbol{0}_r\,][\,\boldsymbol{\Phi}_1 \quad \cdots \quad \boldsymbol{\Phi}_l\,]^{\mathrm{T}}$$

从而得

$$\begin{aligned}
\boldsymbol{CB} &= [\,\boldsymbol{I}_r \quad \boldsymbol{0}_r \quad \cdots \quad \boldsymbol{0}_r\,][\,\boldsymbol{\Phi}_1 \quad \cdots \quad \boldsymbol{\Phi}_l\,]^{\mathrm{T}}\boldsymbol{B}\\
&= [\,\boldsymbol{I}_r \quad \boldsymbol{0}_r \quad \cdots \quad \boldsymbol{0}_r\,][\,\boldsymbol{M}_1 \quad \boldsymbol{M}_2 \quad \cdots \quad \boldsymbol{M}_j \quad \cdots\,]^{\mathrm{T}}\\
&= \boldsymbol{M}_1\\
\boldsymbol{CAB} &= [\,\boldsymbol{I}_r \quad \boldsymbol{0}_r \quad \cdots \quad \boldsymbol{0}_r\,][\,\boldsymbol{\Phi}_1 \quad \cdots \quad \boldsymbol{\Phi}_l\,]^{\mathrm{T}}\boldsymbol{AB}\\
&= [\,\boldsymbol{I}_r \quad \boldsymbol{0}_r \quad \cdots \quad \boldsymbol{0}_r\,][\,\boldsymbol{\Phi}_1 \quad \cdots \quad \boldsymbol{\Phi}_{l+1}\,]^{\mathrm{T}}\boldsymbol{B}\\
&= [\,\boldsymbol{I}_r \quad \boldsymbol{0}_r \quad \cdots \quad \boldsymbol{0}_r\,][\,\boldsymbol{M}_2 \quad \boldsymbol{M}_3 \quad \cdots \quad \boldsymbol{M}_{j+1} \quad \cdots\,]^{\mathrm{T}}\\
&= \boldsymbol{M}_2\\
&\cdots\\
\boldsymbol{CA}^{j-1}\boldsymbol{B} &= [\,\boldsymbol{I}_r \quad \boldsymbol{0}_r \quad \cdots \quad \boldsymbol{0}_r\,][\,\boldsymbol{\Phi}_1 \quad \cdots \quad \boldsymbol{\Phi}_l\,]^{\mathrm{T}}\boldsymbol{A}^{j-1}\boldsymbol{B}\\
&= [\,\boldsymbol{I}_r \quad \boldsymbol{0}_r \quad \cdots \quad \boldsymbol{0}_r\,][\,\boldsymbol{\Phi}_j \quad \boldsymbol{\Phi}_{j+1} \quad \cdots \quad \boldsymbol{\Phi}_{j+l-1}\,]^{\mathrm{T}}\boldsymbol{B}\\
&= [\,\boldsymbol{I}_r \quad \boldsymbol{0}_r \quad \cdots \quad \boldsymbol{0}_r\,][\,\boldsymbol{M}_j \quad \boldsymbol{M}_{j+1} \quad \cdots \quad \boldsymbol{M}_{j+1} \quad \cdots\,]^{\mathrm{T}}\\
&= \boldsymbol{M}_j
\end{aligned}$$

对 $j\geqslant 1$ 成立. 于是, 所构造的系统 $[\boldsymbol{A} \quad \boldsymbol{B} \quad \boldsymbol{C}]$ 的 Hankel 矩阵是 $\boldsymbol{K}$. □

由定理 5.7 知, 若传递函数矩阵

$$\boldsymbol{F}(s) = \sum_{j=1}^{+\infty}\boldsymbol{M}_j s^{-j}, \quad \boldsymbol{M}_j \in \mathbb{R}^{r\times m} \quad (j=1,2,\cdots)$$

而 $\mathrm{rank}\boldsymbol{K} = n$, 一般可用如下方程求出 $\boldsymbol{A}\in\mathbb{R}^{n\times n}, \boldsymbol{B}\in\mathbb{R}^{n\times m}, \boldsymbol{C}\in\mathbb{R}^{r\times m}$:

$$\boldsymbol{A} = (\sum_{i=1}^{l}\boldsymbol{\Phi}_i^{\mathrm{T}}\boldsymbol{\Phi}_i)^{-1}(\sum_{i=1}^{l}\boldsymbol{\Phi}_i^{\mathrm{T}}\boldsymbol{\Phi}_{i+1}) \in \mathbb{R}^{n\times n}$$

$$\boldsymbol{B} = (\sum_{i=1}^{l}\boldsymbol{\Phi}_i^{\mathrm{T}}\boldsymbol{\Phi}_i)^{-1}(\sum_{i=1}^{l}\boldsymbol{\Phi}_i^{\mathrm{T}}\boldsymbol{M}_i) \in \mathbb{R}^{n\times m}$$

其中自然数 l 满足 $\sum\limits_{i=1}^{l}\boldsymbol{\Phi}_i^{\mathrm{T}}\boldsymbol{\Phi}_i \in \mathbb{R}^{n\times n}$ 且 $\det(\sum\limits_{i=1}^{l}\boldsymbol{\Phi}_i^{\mathrm{T}}\boldsymbol{\Phi}_i)\neq 0$.

$$\boldsymbol{C}=[\,\boldsymbol{I}_r \quad \boldsymbol{0}_r \quad \cdots \quad \boldsymbol{0}_r\,]\boldsymbol{\Phi}\in\mathbb{R}^{r\times n}$$

当 $rl=n$, 且 $\det\boldsymbol{\Phi}\neq 0$ 时, $\boldsymbol{A}=\boldsymbol{\Phi}^{-1}[\boldsymbol{\Phi}_2 \quad \cdots \quad \boldsymbol{\Phi}_{l+1}]^{\mathrm{T}}, \boldsymbol{B}=\boldsymbol{\Phi}^{-1}[\boldsymbol{M}_1 \quad \cdots \quad \boldsymbol{M}_l]^{\mathrm{T}}$, $\boldsymbol{C}=[\boldsymbol{I}_r \quad \boldsymbol{0}_r \quad \cdots \quad \boldsymbol{0}_r]\boldsymbol{\Phi}$, 其中 $\boldsymbol{\Phi}=[\boldsymbol{\Phi}_1 \quad \cdots \quad \boldsymbol{\Phi}_l]^{\mathrm{T}}$. 当 $\boldsymbol{M}_j=\boldsymbol{0}(j>k)$ 时, 为使 $\boldsymbol{\Phi}$ 中含有 $\boldsymbol{M}_1,\cdots,\boldsymbol{M}_k$ 的信息, 应取 $l=k$. 由于 $\boldsymbol{F}(s)$ 的各个元素都是真有理分式, 应取 l 使 $\boldsymbol{A}$ 中含有全部分子与分母多项式的系数的信息. 另外, 也可用待定系数法求矩阵 $\boldsymbol{A},\boldsymbol{B}$.

这时, 所得到的线性定常控制系统 $[\boldsymbol{A} \quad \boldsymbol{B} \quad \boldsymbol{C}]$ 就是所给的传递函数矩阵 $\boldsymbol{F}(s)$ 的既能控又能观的实现.

特别地, 假设在 $\boldsymbol{F}(s)$ 的Hankel矩阵 $\boldsymbol{K}=\begin{bmatrix}\boldsymbol{M}_1 & \boldsymbol{M}_2 & \cdots\\ \boldsymbol{M}_2 & \boldsymbol{M}_3 & \cdots\\ \vdots & \vdots & \end{bmatrix}$ 中, 有 $\boldsymbol{M}_j=\boldsymbol{0}(j>k)$, 且 $\boldsymbol{M}_j\in\mathbb{R}^{r\times m}(j=1,2,\cdots)$, 则有

$$\boldsymbol{A}=\begin{bmatrix}\boldsymbol{0}_r & \boldsymbol{I}_r & \boldsymbol{0}_r & \cdots & \boldsymbol{0}_r\\ \boldsymbol{0}_r & \boldsymbol{0}_r & \boldsymbol{I}_r & \cdots & \boldsymbol{0}_r\\ \vdots & \vdots & \vdots & & \vdots\\ \boldsymbol{0}_r & \boldsymbol{0}_r & \boldsymbol{0}_r & \cdots & \boldsymbol{I}_r\\ \boldsymbol{0}_r & \boldsymbol{0}_r & \boldsymbol{0}_r & \cdots & \boldsymbol{0}_r\end{bmatrix}\in\mathbb{R}^{rk\times rk},\quad \boldsymbol{B}=\begin{bmatrix}\boldsymbol{M}_1\\ \vdots\\ \boldsymbol{M}_k\end{bmatrix}\in\mathbb{R}^{rk\times m}$$

$$\boldsymbol{C}=[\,\boldsymbol{I}_r \quad \boldsymbol{0}_r \quad \cdots \quad \boldsymbol{0}_r\,]\in\mathbb{R}^{r\times rk}$$

实际上, 有

$$\begin{aligned}\boldsymbol{F}(s)&=[\,\boldsymbol{I}_r \quad \boldsymbol{0}_r \quad \cdots \quad \boldsymbol{0}_r\,]\begin{bmatrix}s^{-1}\boldsymbol{I}_r & \cdots & s^{-k}\boldsymbol{I}_r\\ & \ddots & \vdots\\ & & s^{-1}\boldsymbol{I}_r\end{bmatrix}\begin{bmatrix}\boldsymbol{M}_1\\ \vdots\\ \boldsymbol{M}_k\end{bmatrix}\\ &=\sum_{j=1}^{k}\boldsymbol{M}_j s^{-j}\end{aligned}$$

可见控制系统 $[\boldsymbol{A} \quad \boldsymbol{B} \quad \boldsymbol{C}]$ 的Hankel矩阵恰是 $\boldsymbol{K}$.

因总有

$$\operatorname{rank}[\,\boldsymbol{C} \quad \boldsymbol{CA} \quad \cdots \quad \boldsymbol{CA}^{rk-1}\,]^{\mathrm{T}} = \operatorname{rank}\begin{bmatrix} \boldsymbol{I}_r & & \boldsymbol{0} \\ & \ddots & \\ \boldsymbol{0} & & \boldsymbol{I}_r \end{bmatrix} = rk$$

故系统必定是能观的, 所以称 $[\boldsymbol{A} \quad \boldsymbol{B} \quad \boldsymbol{C}]$ 是 $\boldsymbol{F}(s)$ 的一个能观实现. 一般的能观实现请参看 5.4 节.

例 5.3 设系统的 Hankel 矩阵为

$$\boldsymbol{K} = \begin{bmatrix} 1 & 2 & 3 & \cdots \\ 2 & 3 & 0 & \cdots \\ 3 & 0 & 0 & \cdots \\ \vdots & \vdots & \vdots & \end{bmatrix}$$

求其实现.

解 按所给条件, 有

$$F(s) = s^{-1} + 2s^{-2} + 3s^{-3}, \quad \boldsymbol{M}_j = \boldsymbol{0} \quad (j > 3)$$

故 $k=3$, 且 $\boldsymbol{M}_j \in \mathbb{R}^{1\times 1}$, 从而有 $r=m=1$. 它的能观实现是

$$\boldsymbol{A} = \begin{bmatrix} 0 & 1 & 0 \\ 0 & 0 & 1 \\ 0 & 0 & 0 \end{bmatrix}, \quad \boldsymbol{B} = \begin{bmatrix} 1 \\ 2 \\ 3 \end{bmatrix}, \quad \boldsymbol{C} = [\,1 \quad 0 \quad 0\,]$$

此时, 因有 $\operatorname{rank}[\,\boldsymbol{B} \quad \boldsymbol{AB} \quad \boldsymbol{A}^2\boldsymbol{B}\,] = 3 = n$, 故系统 $[\boldsymbol{A} \quad \boldsymbol{B} \quad \boldsymbol{C}]$ 是既能控又能观的.

若按定理 5.6 介绍的 Hankel 矩阵法, 因 $\boldsymbol{M}_j = \boldsymbol{0} (j > 3)$, 故存在自然数 $l = 3$. 而 $\operatorname{rank}\boldsymbol{K} = 3 = n$, 因此有

$$\boldsymbol{\Phi} = \begin{bmatrix} 1 & 2 & 3 \\ 2 & 3 & 0 \\ 3 & 0 & 0 \end{bmatrix} \in \mathbb{R}^{3\times 3}$$

且 $rl=n=3, \det\boldsymbol{\Phi}\neq 0$, 从而有

$$\boldsymbol{\Phi}^{-1}=\begin{bmatrix} 0 & 0 & \frac{1}{3} \\ 0 & \frac{1}{3} & -\frac{2}{9} \\ \frac{1}{3} & -\frac{2}{9} & \frac{1}{27} \end{bmatrix}$$

于是

$$\boldsymbol{A}_1=\boldsymbol{\Phi}^{-1}\begin{bmatrix} 2 & 3 & 0 \\ 3 & 0 & 0 \\ 0 & 0 & 0 \end{bmatrix}=\begin{bmatrix} 0 & 0 & 0 \\ 1 & 0 & 0 \\ 0 & 1 & 0 \end{bmatrix},\quad \boldsymbol{B}_1=\boldsymbol{\Phi}^{-1}\begin{bmatrix} 1 \\ 2 \\ 3 \end{bmatrix}=\begin{bmatrix} 1 \\ 0 \\ 0 \end{bmatrix}$$

$$\boldsymbol{C}_1=[\,1,2,3\,]$$

易见, 系统 $[\boldsymbol{A}_1 \quad \boldsymbol{B}_1 \quad \boldsymbol{C}_1]$ 恰是 $[\boldsymbol{A} \quad \boldsymbol{B} \quad \boldsymbol{C}]$ 的对偶系统, 故 $[\boldsymbol{A}_1 \quad \boldsymbol{B}_1 \quad \boldsymbol{C}_1]$ 也是既能控又能观的.

例 5.4 设传递函数矩阵为

$$\boldsymbol{F}(s)=\begin{bmatrix} \frac{1}{s} & -\frac{2}{s^2} & \frac{2}{s} \\ \frac{1}{s^2} & -\frac{2}{s^3} & 0 \end{bmatrix}$$

求其实现.

解 因

$$\boldsymbol{F}(s)=\begin{bmatrix} 1 & 2 \\ 0 & 0 \end{bmatrix}s^{-1}+\begin{bmatrix} -2 & 0 \\ 1 & 0 \end{bmatrix}s^{-2}+\begin{bmatrix} 0 & 0 \\ -2 & 0 \end{bmatrix}s^{-3}$$

其中 $\boldsymbol{M}_j\in\mathbb{R}^{2\times 2}$, 故 $r=m=2$, 且 $\boldsymbol{M}_j=\boldsymbol{0}(j>3)$, 故存在自然数 $l=3$, 它的能观实现为

$$\boldsymbol{A}_1=\begin{bmatrix} 0 & 0 & 1 & 0 & 0 & 0 \\ 0 & 0 & 0 & 1 & 0 & 0 \\ 0 & 0 & 0 & 0 & 1 & 0 \\ 0 & 0 & 0 & 0 & 0 & 1 \\ 0 & 0 & 0 & 0 & 0 & 0 \\ 0 & 0 & 0 & 0 & 0 & 0 \end{bmatrix},\ \boldsymbol{B}_1=\begin{bmatrix} 1 & 2 \\ 0 & 0 \\ -2 & 0 \\ 1 & 0 \\ 0 & 0 \\ -2 & 0 \end{bmatrix},$$

$$C_1 = \begin{bmatrix} 1 & 0 & 0 & 0 & 0 & 0 \\ 0 & 1 & 0 & 0 & 0 & 0 \end{bmatrix}$$

但 $\text{rank}[\ \boldsymbol{B}_1 \quad \boldsymbol{A}_1\boldsymbol{B}_1 \quad \cdots \quad \boldsymbol{A}_1^5\boldsymbol{B}_1\ ] = 4 < 6$, 故系统是不能控的, 因而线性定常控制系统 $[\boldsymbol{A}_1 \quad \boldsymbol{B}_1 \quad \boldsymbol{C}_1]$ 是 $\boldsymbol{F}(s)$ 的一个能观但不能控的实现. 因此, 应做能控性分解. 取能控性矩阵的前四列线性无关的列向量, 再补充两个与它们线性无关的列, 组成做能控性分解的坐标变换矩阵 $\boldsymbol{P}^{-1}$, 再求逆矩阵 $\boldsymbol{P}$, 即有

$$\boldsymbol{P}^{-1} = \begin{bmatrix} 1 & 2 & -2 & 0 & 0 & 0 \\ 0 & 0 & 1 & -2 & 0 & 0 \\ -2 & 0 & 0 & 0 & 0 & 1 \\ 1 & 0 & -2 & 0 & 0 & 0 \\ 0 & 0 & 0 & 0 & 1 & 0 \\ -2 & 0 & 0 & 0 & 0 & 0 \end{bmatrix}, \quad \boldsymbol{P} = \begin{bmatrix} 0 & 0 & 0 & 0 & 0 & -\frac{1}{2} \\ \frac{1}{2} & 0 & 0 & -\frac{1}{2} & 0 & 0 \\ 0 & 0 & 0 & -\frac{1}{2} & 0 & -\frac{1}{4} \\ 0 & -\frac{1}{2} & 0 & -\frac{1}{4} & 0 & -\frac{1}{8} \\ 0 & 0 & 0 & 0 & 1 & 0 \\ 0 & 0 & 1 & 0 & 0 & -1 \end{bmatrix}$$

$$\boldsymbol{P}\boldsymbol{A}_1\boldsymbol{P}^{-1} = \begin{bmatrix} 0 & 0 & 0 & 0 & 0 & 0 \\ 0 & 0 & 0 & 0 & 0 & \frac{1}{2} \\ 1 & 0 & 0 & 0 & 0 & 0 \\ 0 & 0 & 1 & 0 & 0 & 0 \\ 0 & 0 & 0 & 0 & 0 & 0 \\ 0 & 0 & 0 & 0 & 1 & 0 \end{bmatrix}, \quad \boldsymbol{P}\boldsymbol{B}_1 = \begin{bmatrix} 1 & 0 \\ 0 & 1 \\ 0 & 0 \\ 0 & 0 \\ 0 & 0 \\ 0 & 0 \end{bmatrix}$$

$$\boldsymbol{C}_1\boldsymbol{P}^{-1} = \begin{bmatrix} 1 & 2 & -2 & 0 & 0 & 0 \\ 0 & 0 & 1 & -2 & 0 & 0 \end{bmatrix}$$

前四维的子系统就是 $\boldsymbol{F}(s)$ 的既能控又能观的实现.

$$\boldsymbol{A} = \begin{bmatrix} 0 & 0 & 0 & 0 \\ 0 & 0 & 0 & 0 \\ 1 & 0 & 0 & 0 \\ 0 & 0 & 1 & 0 \end{bmatrix}, \quad \boldsymbol{B} = \begin{bmatrix} 1 & 0 \\ 0 & 1 \\ 0 & 0 \\ 0 & 0 \end{bmatrix}, \quad \boldsymbol{C} = \begin{bmatrix} 1 & 2 & -2 & 0 \\ 0 & 0 & -1 & 0 \end{bmatrix}$$

其次, 若按定理 5.6 介绍的 Hankel 矩阵法, 则有

$$
\boldsymbol{K}=\begin{bmatrix}
1 & 2 & -2 & 0 & 0 & 0 & \cdots\\
0 & 0 & 1 & 0 & -2 & 0 & \cdots\\
-2 & 0 & 0 & 0 & 0 & 0 & \cdots\\
1 & 0 & -2 & 0 & 0 & 0 & \cdots\\
0 & 0 & 0 & 0 & 0 & 0 & \cdots\\
-2 & 0 & 0 & 0 & 0 & 0 & \cdots\\
0 & 0 & 0 & 0 & 0 & 0 & \cdots\\
0 & 0 & 0 & 0 & 0 & 0 & \cdots
\end{bmatrix}=\begin{bmatrix}\boldsymbol{\phi}^1 & \boldsymbol{\phi}^2 & \boldsymbol{\phi}^3 & \mathbf{0} & \boldsymbol{\phi}^4 & \mathbf{0} & \cdots\end{bmatrix}
$$

且所给的列向量 $\boldsymbol{\phi}^1,\boldsymbol{\phi}^2,\boldsymbol{\phi}^3,\boldsymbol{\phi}^4$ 是线性无关的, 故 $\operatorname{rank}\boldsymbol{K}=4$. 由于 $\boldsymbol{M}_j\in\mathbb{R}^{2\times 2}$, 因此 $r=m=2$. 这时, 实际上使用了三个 $\boldsymbol{M}_j$, 故必存在自然数 $l=3$, 但有 $\bar{l}=2$, 使 $r\bar{l}=4=n$. 取

$$
\boldsymbol{\Phi}=\begin{bmatrix}\boldsymbol{\Phi}_1\\ \boldsymbol{\Phi}_2\\ \boldsymbol{\Phi}_3\end{bmatrix}=\begin{bmatrix}
1 & 2 & -2 & 0\\
0 & 0 & 1 & -2\\
-2 & 0 & 0 & 0\\
1 & 0 & -2 & 0\\
0 & 0 & 0 & 0\\
-2 & 0 & 0 & 0
\end{bmatrix}
$$

并且有

$$
\sum_{i=1}^{2}\boldsymbol{\Phi}_i^{\mathrm{T}}\boldsymbol{\Phi}_i=\begin{bmatrix}
6 & 2 & -4 & 0\\
2 & 4 & -4 & 0\\
-4 & -4 & 9 & -2\\
0 & 0 & -2 & 4
\end{bmatrix},\quad \sum_{i=1}^{2}\boldsymbol{\Phi}_i^{\mathrm{T}}\boldsymbol{\Phi}_{i+1}=\begin{bmatrix}
-4 & 0 & 0 & 0\\
-4 & 0 & 0 & 0\\
9 & 0 & -2 & 0\\
-2 & 0 & 4 & 0
\end{bmatrix}
$$

而

$$
\left(\sum_{i=1}^{2}\boldsymbol{\Phi}_i^{\mathrm{T}}\boldsymbol{\Phi}_i\right)^{-1}=\begin{bmatrix}
\frac{1}{4} & 0 & \frac{1}{8} & \frac{1}{16}\\
0 & \frac{1}{2} & \frac{1}{4} & \frac{1}{8}\\
\frac{1}{8} & \frac{1}{4} & \frac{5}{16} & \frac{5}{32}\\
\frac{1}{16} & \frac{1}{8} & \frac{5}{32} & \frac{21}{64}
\end{bmatrix}
$$

于是, 有

$$A=\left(\sum_{i=1}^{2}\boldsymbol{\Phi}_i^{\mathrm{T}}\boldsymbol{\Phi}_i\right)^{-1}\sum_{i=1}^{2}\boldsymbol{\Phi}_i^{\mathrm{T}}\boldsymbol{\Phi}_{i+1}=\begin{bmatrix}0&0&0&0\\0&0&0&0\\1&0&0&0\\0&0&1&0\end{bmatrix}$$

$$\begin{aligned}B&=\left(\sum_{i=1}^{2}\boldsymbol{\Phi}_i^{\mathrm{T}}\boldsymbol{\Phi}_i\right)^{-1}\left(\sum_{i=1}^{2}\boldsymbol{\Phi}_i^{\mathrm{T}}\boldsymbol{M}_i\right)\\&=\begin{bmatrix}6&2&-4&0\\2&4&-4&0\\-4&-4&9&-2\\0&0&-2&4\end{bmatrix}^{-1}\begin{bmatrix}6&2\\2&4\\-4&-4\\0&0\end{bmatrix}=\begin{bmatrix}1&0\\0&1\\0&0\\0&0\end{bmatrix}\end{aligned}$$

$$C=L\boldsymbol{\Phi}=\begin{bmatrix}1&2&-2&0\\0&0&1&-2\end{bmatrix}$$

因此, $[A \quad B \quad C]$ 也是 $F(s)$ 的一个既能控又能观的实现, 常称为 $F(s)$ 的最小实现. 于是, 对同样的一个传递函数矩阵或具有有限秩的Hankel 矩阵, 可以有不同阶数的线性定常控制系统的实现. 自然期望所获得的线性定常控制系统的阶数恰好等于 $\mathrm{rank}K=n<+\infty$ 为最好, 即最小实现, 且这样的实现是既能控又能观的.

5.3 最小实现

在传递函数阵 $F(s)$ 的实现中, 维数最小, 即 $\mathrm{rank}K=n<+\infty$ 的实现, 称为 $F(s)$ 的最小实现.

下面来证明本章的主要结果, 即能控、能观与实现这三个概念之间的关系.

定理 5.7 给定传递函数矩阵 $F(s)$ 的实现 $[A \quad B \quad C]$ 是最小实现的充要条件为系统是既能控又能观的.

证明 充分性. $[B \quad AB \quad \cdots \quad A^{n-1}B]$ 与 $[C \quad CA \quad \cdots \quad CA^{n-1}]^{\mathrm{T}}$ 分别是能控矩阵与能观矩阵. 今期望证明 $[A \quad B \quad C]$ 中的 $A\in\mathbb{R}^{n\times n}$ 的 n 为最小的. 若

$[\tilde{\boldsymbol{A}} \quad \tilde{\boldsymbol{B}} \quad \tilde{C}]$是 $\boldsymbol{F}(s)$ 的任一有限维实现, 且 $\tilde{\boldsymbol{A}} \in \mathbb{R}^{\tilde{n}\times\tilde{n}}$, 则由

$$\boldsymbol{K}=[\tilde{\boldsymbol{C}} \quad \tilde{\boldsymbol{C}}\tilde{\boldsymbol{A}} \quad \cdots \quad \tilde{\boldsymbol{C}}\boldsymbol{A}^{\tilde{n}-1} \quad \cdots]^{\mathrm{T}}[\tilde{\boldsymbol{B}} \quad \tilde{\boldsymbol{A}}\tilde{\boldsymbol{B}} \quad \cdots \quad \boldsymbol{A}^{\tilde{n}-1}\tilde{\boldsymbol{B}} \quad \cdots]$$

得到

$$\begin{aligned} n &= \operatorname{rank}\boldsymbol{K} \\ &\leqslant \min\{\operatorname{rank}[\tilde{\boldsymbol{C}} \quad \tilde{\boldsymbol{C}}\tilde{\boldsymbol{A}} \quad \cdots \quad \tilde{\boldsymbol{C}}\boldsymbol{A}^{\tilde{n}-1} \quad \cdots]^{\mathrm{T}}, \operatorname{rank}[\tilde{\boldsymbol{B}} \quad \tilde{\boldsymbol{A}}\tilde{\boldsymbol{B}} \quad \cdots \quad \boldsymbol{A}^{\tilde{n}-1}\tilde{\boldsymbol{B}} \quad \cdots]\} \\ &\leqslant \tilde{n} \end{aligned}$$

因此, 不能有比 n 小的 $\boldsymbol{F}(s)$ 的实现.

必要性. 采用反证法. 假定控制系统 $\dot{\boldsymbol{x}}(t)=\boldsymbol{A}\boldsymbol{x}(t)+\boldsymbol{B}\boldsymbol{u}(t)$ 是不能控的, $\boldsymbol{F}(s)$ 就存在阶数比 n 小的实现. 这时, 有

$$\operatorname{rank}[\boldsymbol{B} \quad \boldsymbol{A}\boldsymbol{B} \quad \cdots \quad \boldsymbol{A}^{n-1}\boldsymbol{B}]=n_1<n$$

且令 $\boldsymbol{u}_1,\cdots,\boldsymbol{u}_{n_1}$ 是矩阵 $[\boldsymbol{B} \quad \boldsymbol{A}\boldsymbol{B} \quad \cdots \quad \boldsymbol{A}^{n-1}\boldsymbol{B}]$ 中的任意 n_1 个线性无关的列向量. 若考虑状态的线性变换 $\boldsymbol{x}(t)=\boldsymbol{P}^{-1}\boldsymbol{z}(t)$, 其中 $\boldsymbol{P}^{-1}\in\mathbb{R}^{n\times n}$,

$$\boldsymbol{P}^{-1}=[\boldsymbol{u}_1 \quad \cdots \quad \boldsymbol{u}_{n_1} \quad \boldsymbol{u}_{n_1+1} \quad \cdots \quad \boldsymbol{u}_n]$$

而列向量 $\boldsymbol{u}_{n_1+1},\cdots,\boldsymbol{u}_n$ 是使 $\boldsymbol{P}^{-1}$ 为非奇异的任何向量. 做能控性分解, 有

$$\hat{\boldsymbol{A}}=\boldsymbol{P}\boldsymbol{A}\boldsymbol{P}^{-1}=\begin{bmatrix}\boldsymbol{A}_1 & \boldsymbol{A}_2\\ \boldsymbol{0} & \boldsymbol{A}_3\end{bmatrix},\quad \hat{\boldsymbol{B}}=\boldsymbol{P}\boldsymbol{B}=\begin{bmatrix}\boldsymbol{B}_1\\ \boldsymbol{0}\end{bmatrix},\quad \hat{\boldsymbol{C}}=\boldsymbol{C}\boldsymbol{P}^{-1}=[\boldsymbol{C}_1 \quad \boldsymbol{C}_2]$$

由第 2 章习题第 21 题有

$$\begin{aligned} \boldsymbol{F}(s) &= \hat{\boldsymbol{C}}(s\boldsymbol{I}-\hat{\boldsymbol{A}})^{-1}\hat{\boldsymbol{B}} \\ &= [\boldsymbol{C}_1 \quad \boldsymbol{C}_2]\begin{bmatrix} s\boldsymbol{I}-\boldsymbol{A}_1 & -\boldsymbol{A}_2\\ \boldsymbol{0} & s\boldsymbol{I}-\boldsymbol{A}_3\end{bmatrix}^{-1}\begin{bmatrix}\boldsymbol{B}_1\\ \boldsymbol{0}\end{bmatrix} \\ &= [\boldsymbol{C}_1 \quad \boldsymbol{C}_2]\begin{bmatrix}(s\boldsymbol{I}-\boldsymbol{A}_1)^{-1} & (s\boldsymbol{I}-\boldsymbol{A}_1)^{-1}\boldsymbol{A}_2(s\boldsymbol{I}-\boldsymbol{A}_3)^{-1}\\ \boldsymbol{0} & (s\boldsymbol{I}-\boldsymbol{A}_3)^{-1}\end{bmatrix}\begin{bmatrix}\boldsymbol{B}_1\\ \boldsymbol{0}\end{bmatrix} \\ &= \boldsymbol{C}_1(s\boldsymbol{I}-\boldsymbol{A}_1)^{-1}\boldsymbol{B}_1 \end{aligned}$$

这表明：系统 $[\boldsymbol{A}_1 \quad \boldsymbol{B}_1 \quad \boldsymbol{C}_1]$ 也是 $\boldsymbol{F}(s)$ 的实现，且阶数 $n_1 < n$. 这与系统 $[\boldsymbol{A} \quad \boldsymbol{B} \quad \boldsymbol{C}]$ 是 $\boldsymbol{F}(s)$ 的最小实现的假设矛盾. 因而系统 $[\boldsymbol{A} \quad \boldsymbol{B} \quad \boldsymbol{C}]$ 必须是能控的. 应用对偶性, 用同样的方法可证明对应的能观性. □

定理 5.8 若系统 $\boldsymbol{R} = [\boldsymbol{A} \quad \boldsymbol{B} \quad \boldsymbol{C}]$ 是 $\boldsymbol{F}(s)$ 的最小实现, 则系统 $\bar{\boldsymbol{R}} = [\bar{\boldsymbol{A}} \quad \bar{\boldsymbol{B}} \quad \bar{\boldsymbol{C}}]$ 是 $\boldsymbol{F}(s)$ 的最小实现的充要条件为

$$\bar{\boldsymbol{A}}\boldsymbol{P} = \boldsymbol{P}\boldsymbol{A}, \quad \bar{\boldsymbol{B}} = \boldsymbol{P}\boldsymbol{B}, \quad \bar{\boldsymbol{C}}\boldsymbol{P} = \boldsymbol{C}$$

证明 充分性. 若 $\bar{\boldsymbol{A}}\boldsymbol{P} = \boldsymbol{P}\boldsymbol{A}, \bar{\boldsymbol{B}} = \boldsymbol{P}\boldsymbol{B}, \bar{\boldsymbol{C}}\boldsymbol{P} = \boldsymbol{C}$, 由第 2 章习题第 21 题知, $\bar{\boldsymbol{R}}$ 是 $F(s)$ 的最小实现, 即 $\bar{\boldsymbol{A}}$ 与 $\boldsymbol{A}$ 的阶数相同.

必要性. 令

$$\boldsymbol{U} = [\boldsymbol{B} \quad \boldsymbol{A}\boldsymbol{B} \quad \cdots \quad \boldsymbol{A}^{n-1}\boldsymbol{B}], \quad \bar{\boldsymbol{U}} = [\bar{\boldsymbol{B}} \quad \bar{\boldsymbol{A}}\bar{\boldsymbol{B}} \quad \cdots \quad \bar{\boldsymbol{A}}^{n-1}\bar{\boldsymbol{B}}]$$
$$\boldsymbol{\Gamma} = [\boldsymbol{C} \quad \boldsymbol{C}\boldsymbol{A} \quad \cdots \quad \boldsymbol{C}\boldsymbol{A}^{n-1}]^{\mathrm{T}}, \quad \bar{\boldsymbol{\Gamma}} = [\bar{\boldsymbol{C}} \quad \bar{\boldsymbol{C}}\bar{\boldsymbol{A}} \quad \cdots \quad \bar{\boldsymbol{C}}\bar{\boldsymbol{A}}^{n-1}]^{\mathrm{T}}$$

分别是最小实现 $\boldsymbol{R}$ 与 $\bar{\boldsymbol{R}}$ 的能控矩阵和能观矩阵. 下面证明必有 $\boldsymbol{P}\boldsymbol{B} = \bar{\boldsymbol{B}}, \bar{\boldsymbol{C}}\boldsymbol{P} = \boldsymbol{C}$ 及 $\boldsymbol{P}\boldsymbol{A} = \bar{\boldsymbol{A}}\boldsymbol{P}$ 成立.

按假设, 有 $\mathrm{rank}\boldsymbol{\Gamma} = \mathrm{rank}\bar{\boldsymbol{\Gamma}} = n$, 故矩阵

$$\boldsymbol{P} = (\bar{\boldsymbol{\Gamma}}^{\mathrm{T}}\bar{\boldsymbol{\Gamma}})^{-1}\bar{\boldsymbol{\Gamma}}^{\mathrm{T}}\boldsymbol{\Gamma}$$

必存在. 因为 $\boldsymbol{A}$ 与 $\bar{\boldsymbol{A}}$ 的阶数相同, 故有

$$\boldsymbol{\Gamma}\boldsymbol{U} = \begin{bmatrix} \boldsymbol{C}\boldsymbol{B} & \boldsymbol{C}\boldsymbol{A}\boldsymbol{B} & \cdots & \boldsymbol{C}\boldsymbol{A}^{n-1}\boldsymbol{B} \\ \boldsymbol{C}\boldsymbol{A}\boldsymbol{B} & \boldsymbol{C}\boldsymbol{A}^2\boldsymbol{B} & \cdots & \boldsymbol{C}\boldsymbol{A}^n\boldsymbol{B} \\ \vdots & \vdots & & \vdots \\ \boldsymbol{C}\boldsymbol{A}^{n-1}\boldsymbol{B} & \boldsymbol{C}\boldsymbol{A}^n\boldsymbol{B} & \cdots & \boldsymbol{C}\boldsymbol{A}^{2n-2}\boldsymbol{B} \end{bmatrix}$$
$$= \bar{\boldsymbol{\Gamma}}\bar{\boldsymbol{U}} = \begin{bmatrix} \bar{\boldsymbol{C}}\bar{\boldsymbol{B}} & \bar{\boldsymbol{C}}\bar{\boldsymbol{A}}\bar{\boldsymbol{B}} & \cdots & \bar{\boldsymbol{C}}\bar{\boldsymbol{A}}^{n-1}\bar{\boldsymbol{B}} \\ \bar{\boldsymbol{C}}\bar{\boldsymbol{A}}\bar{\boldsymbol{B}} & \bar{\boldsymbol{C}}\bar{\boldsymbol{A}}^2\bar{\boldsymbol{B}} & \cdots & \bar{\boldsymbol{C}}\bar{\boldsymbol{A}}^n\bar{\boldsymbol{B}} \\ \vdots & \vdots & & \vdots \\ \bar{\boldsymbol{C}}\bar{\boldsymbol{A}}^{n-1}\bar{\boldsymbol{B}} & \bar{\boldsymbol{C}}\bar{\boldsymbol{A}}^n\bar{\boldsymbol{B}} & \cdots & \bar{\boldsymbol{C}}\bar{\boldsymbol{A}}^{2n-2}\bar{\boldsymbol{B}} \end{bmatrix}$$

用 $(\bar{\boldsymbol{\Gamma}}^{\mathrm{T}}\bar{\boldsymbol{\Gamma}})^{-1}\bar{\boldsymbol{\Gamma}}^{\mathrm{T}}$ 左乘等式 $\boldsymbol{\Gamma}\boldsymbol{U} = \bar{\boldsymbol{\Gamma}}\bar{\boldsymbol{U}}$ 的两端, 有 $\boldsymbol{P}\boldsymbol{U} = \bar{\boldsymbol{U}}$. 由 $\mathrm{rank}\boldsymbol{U} = \mathrm{rank}\bar{\boldsymbol{U}} = n$, 知 $\mathrm{rank}\boldsymbol{P} = n$, 即 $\boldsymbol{P}$ 是非奇异的. 从而得到

$$\boldsymbol{P}[\boldsymbol{B} \quad \boldsymbol{A}\boldsymbol{B} \quad \cdots] = [\bar{\boldsymbol{B}} \quad \bar{\boldsymbol{A}}\bar{\boldsymbol{B}} \quad \cdots]$$

且有 $\boldsymbol{PB}=\bar{\boldsymbol{B}}$ 以及 $\boldsymbol{P}=\bar{\boldsymbol{U}}\boldsymbol{U}^{\mathrm{T}}(\boldsymbol{U}\boldsymbol{U}^{\mathrm{T}})^{-1}$.

再用 $\boldsymbol{U}^{\mathrm{T}}(\boldsymbol{U}\boldsymbol{U}^{\mathrm{T}})^{-1}$ 右乘等式 $\boldsymbol{\Gamma}\boldsymbol{U}=\bar{\boldsymbol{\Gamma}}\bar{\boldsymbol{U}}$ 的两端, 得到 $\boldsymbol{\Gamma}=\bar{\boldsymbol{\Gamma}}\boldsymbol{P}$, 或有

$$[\boldsymbol{C}\quad \boldsymbol{CA}\quad \cdots]^{\mathrm{T}}=[\bar{\boldsymbol{C}}\quad \bar{\boldsymbol{C}}\bar{\boldsymbol{A}}\quad \cdots]^{\mathrm{T}}\boldsymbol{P}$$

从而导出 $\boldsymbol{C}=\bar{\boldsymbol{C}}\boldsymbol{P}$.

最后, 从 $\boldsymbol{M}_j=\boldsymbol{C}\boldsymbol{A}^j\boldsymbol{B}=\bar{\boldsymbol{C}}\bar{\boldsymbol{A}}^j\bar{\boldsymbol{B}}$, 得到

$$\boldsymbol{\Gamma}\boldsymbol{A}\boldsymbol{U}=\bar{\boldsymbol{\Gamma}}\bar{\boldsymbol{A}}\bar{\boldsymbol{U}}$$

于是在上述等式的两端分别左乘 $(\bar{\boldsymbol{\Gamma}}^{\mathrm{T}}\bar{\boldsymbol{\Gamma}})^{-1}\bar{\boldsymbol{\Gamma}}^{\mathrm{T}}$ 与右乘 $\boldsymbol{U}^{\mathrm{T}}(\boldsymbol{U}\boldsymbol{U}^{\mathrm{T}})^{-1}$, 就导出 $\boldsymbol{PA}=\bar{\boldsymbol{A}}\boldsymbol{P}$. □

事实上, 这表示 $\boldsymbol{F}(s)$ 的所有最小实现都是代数等价的. 当Hankel矩阵 $\boldsymbol{K}$ 的秩有限时, 它的最小实现是互相同构的, 或在非奇异变换下是唯一的. 从而再一次看出, 线性定常控制系统的不能控与不能观部分在某传递函数矩阵中是无法体现出来的. 采用Hankel矩阵法做最小实现, 已有一些计算软件可供使用, 故可在计算机上直接算出这种最小实现.

5.4 传递函数矩阵的能控实现与能观实现

考虑有 m 个输入、r 个输出的线性定常控制系统, 其传递函数矩阵 $\boldsymbol{F}(s)$ 为 $r\times m$ 矩阵. 设 $\boldsymbol{F}(s)$ 的元素中至少有一个是真有理分式函数. 用 $\psi(s)$ 表示 $\boldsymbol{F}(s)$ 的各元素的分母的最小公分母, 记为

$$\psi(s)=s^q+\alpha_1 s^{q-1}+\cdots+\alpha_{q-1}s+\alpha_q$$

为此, 应将其严格真有理化, 并改写成 $\boldsymbol{F}(s)=\bar{\boldsymbol{F}}(s)+\boldsymbol{F}_q$, 其中 $\bar{\boldsymbol{F}}(s)$ 的每个元素都是严格真有理分式函数, 且为 $\bar{\boldsymbol{F}}(s)=\boldsymbol{N}(s)[\psi(s)\boldsymbol{I}]^{-1}$. 而 $\boldsymbol{N}(s)=\boldsymbol{F}_0+\boldsymbol{F}_1 s+$

$\cdots+\boldsymbol{F}_{q-1}s^{q-1}$, 这里 $\boldsymbol{F}_0,\boldsymbol{F}_1,\cdots,\boldsymbol{F}_{q-1}\in\mathbb{R}^{r\times m}$ 为常数阵, 则 $\boldsymbol{F}(s)$ 的能控实现为

$$\dot{\boldsymbol{x}}(t)=\begin{bmatrix}\boldsymbol{0}_m & \boldsymbol{I}_m & \boldsymbol{0}_m & \cdots & \boldsymbol{0}_m\\ \boldsymbol{0}_m & \boldsymbol{0}_m & \boldsymbol{I}_m & \cdots & \boldsymbol{0}_m\\ \vdots & \vdots & \vdots & & \vdots\\ \boldsymbol{0}_m & \boldsymbol{0}_m & \boldsymbol{0}_m & \cdots & \boldsymbol{I}_m\\ -\alpha_q\boldsymbol{I}_m & -\alpha_{q-1}\boldsymbol{I}_m & -\alpha_{q-2}\boldsymbol{I}_m & \cdots & -\alpha_1\boldsymbol{I}_m\end{bmatrix}\boldsymbol{x}(t)+\begin{bmatrix}\boldsymbol{0}_m\\ \boldsymbol{0}_m\\ \vdots\\ \boldsymbol{0}_m\\ \boldsymbol{I}_m\end{bmatrix}\boldsymbol{u}(t)$$

$$\boldsymbol{y}(t)=[\,\boldsymbol{F}_0\quad \boldsymbol{F}_1\quad \cdots\quad \boldsymbol{F}_{q-1}\,]\boldsymbol{x}(t)+\boldsymbol{F}_q\boldsymbol{u}(t)$$

其中 $\boldsymbol{0}_m\in\mathbb{R}^{m\times m}$ 与 $\boldsymbol{I}_m\in\mathbb{R}^{m\times m}$ 分别是零矩阵和单位矩阵.

实际上, 这时控制系统的输入与输出的关系是 $\boldsymbol{Y}(s)=\boldsymbol{F}(s)\boldsymbol{U}(s)$, 或 $\boldsymbol{Y}(s)=\boldsymbol{N}(s)[\boldsymbol{\psi}(s)\boldsymbol{I}]^{-1}\boldsymbol{U}(s)+\boldsymbol{F}_q\boldsymbol{U}(s)$.

令 $\boldsymbol{Y}_0(s)=[\psi(s)\boldsymbol{I}]^{-1}\boldsymbol{U}(s)$, 则有 $[\boldsymbol{\psi}(s)\boldsymbol{I}]\boldsymbol{Y}_0(s)=\boldsymbol{U}(s)$, 即

$$s^q\boldsymbol{Y}_0(s)+\alpha_1 s^{q-1}\boldsymbol{Y}_0(s)+\cdots+\alpha_q\boldsymbol{Y}_0(s)=\boldsymbol{U}(s)$$

作 Laplace 逆变换, 得到

$$\boldsymbol{y}_0^{(q)}(t)+\alpha_1\boldsymbol{y}_0^{(q-1)}(t)+\cdots+\alpha_q\boldsymbol{y}_0(t)=\boldsymbol{u}(t)$$

令 $\boldsymbol{y}_0(t)=\boldsymbol{x}_1(t),\boldsymbol{x}_2(t)=\dot{\boldsymbol{x}}_1(t),\cdots,\boldsymbol{x}_q(t)=\dot{\boldsymbol{x}}_{q-1}(t)$, 则有

$$\dot{\boldsymbol{x}}_q(t)=-\alpha_q\boldsymbol{I}_m\boldsymbol{x}_1(t)-\cdots-\alpha_1\boldsymbol{I}_m\boldsymbol{x}_q(t)+\boldsymbol{u}(t)$$

再对

$$\begin{aligned}\boldsymbol{Y}(s)&=\boldsymbol{N}(s)\boldsymbol{Y}_0(s)+\boldsymbol{F}_q\boldsymbol{U}(s)\\&=\boldsymbol{F}_0\boldsymbol{Y}_0(s)+\boldsymbol{F}_1 s\boldsymbol{Y}_0(s)+\cdots+\boldsymbol{F}_{q-1}s^{q-1}\boldsymbol{Y}_0(s)+\boldsymbol{F}_q\boldsymbol{U}(s)\end{aligned}$$

做 Laplace 逆变换, 得到

$$\boldsymbol{y}(t)=\boldsymbol{F}_0\boldsymbol{x}_1(t)+\boldsymbol{F}_1\boldsymbol{x}_2(t)+\cdots+\boldsymbol{F}_{q-1}\boldsymbol{x}_q(t)+\boldsymbol{F}_q u(t)$$

其中 $\boldsymbol{x}_i(t)(i=1,2,\cdots,q)$ 都是 m 维列向量.

若令状态向量 $\boldsymbol{x}(t)=[\,\boldsymbol{x}_1^{\mathrm{T}}(t)\quad\cdots\quad\boldsymbol{x}_q^{\mathrm{T}}(t)\,]^{\mathrm{T}}$, 就可写成前面所给的矩阵形式. 由于总有

$$\operatorname{rank}[\,\boldsymbol{B}\quad\boldsymbol{AB}\quad\cdots\quad\boldsymbol{A}^{mq-1}\boldsymbol{B}\,]=\operatorname{rank}\begin{bmatrix}\boldsymbol{0} & \cdots & \boldsymbol{I}_m\\ \vdots & & \vdots\\ \boldsymbol{I}_m & \cdots & \boldsymbol{0}\end{bmatrix}=mq$$

故控制系统 $[\boldsymbol{A}\quad\boldsymbol{B}\quad\boldsymbol{C}]$ 总是能控的, 称为 $\boldsymbol{F}(s)$ 的能控实现或能控标准形, 但一般是不能观的. 通常对 $m<r$ 的列向量形式的传递函数矩阵 $\boldsymbol{F}(s)$ 较有效, 且 $\operatorname{rank}\boldsymbol{K}=n\leqslant mq$, 当等号成立时, $[\boldsymbol{A}\quad\boldsymbol{B}\quad\boldsymbol{C}]$ 就是 $\boldsymbol{F}(s)$ 的最小实现. 今证明这样构造的控制系统 $[\boldsymbol{A}\quad\boldsymbol{B}\quad\boldsymbol{C}]$ 确实满足 $\boldsymbol{F}(s)=\boldsymbol{C}(s\boldsymbol{I}-\boldsymbol{A})^{-1}\boldsymbol{B}+\boldsymbol{D}$.

为此, 先求矩阵方程 $(s\boldsymbol{I}-\boldsymbol{A})\boldsymbol{Z}=\boldsymbol{B}(\boldsymbol{Z}=[\,\boldsymbol{z}_1^{\mathrm{T}}\quad\cdots\quad\boldsymbol{z}_q^{\mathrm{T}}\,]^{\mathrm{T}})$ 的解.

由所给的控制系统 $[\boldsymbol{A}\quad\boldsymbol{B}\quad\boldsymbol{C}]$ 的系数矩阵 $\boldsymbol{A}$ 与 $\boldsymbol{B}$ 的形式, 得到

$$s\boldsymbol{z}_i=\boldsymbol{z}_{i+1}\quad(i=1,2,\cdots,q-1)$$
$$\alpha_q\boldsymbol{z}_1+\alpha_{q-1}\boldsymbol{z}_2+\cdots+(\alpha_1+s)\boldsymbol{z}_q=\boldsymbol{I}_m$$

或者

$$(s^q+\alpha_1 s^{q-1}+\cdots+\alpha_{q-1}s+\alpha_q)\boldsymbol{z}_1=\boldsymbol{I}_m$$

故有

$$\boldsymbol{z}_1=\psi(s)^{-1}\boldsymbol{I}_m$$

于是得到

$$\begin{aligned}\boldsymbol{C}(s\boldsymbol{I}-\boldsymbol{A})^{-1}\boldsymbol{B}+\boldsymbol{D}&=\boldsymbol{C}(s\boldsymbol{I}-\boldsymbol{A})^{-1}(s\boldsymbol{I}-\boldsymbol{A})\boldsymbol{Z}+\boldsymbol{D}\\&=\boldsymbol{CZ}+\boldsymbol{D}=\sum_{i=0}^{q-1}\boldsymbol{F}_i\boldsymbol{z}_{i+1}+\boldsymbol{D}\\&=\frac{1}{\boldsymbol{\psi}(s)}(\boldsymbol{F}_0+s\boldsymbol{F}_1+\cdots+s^{q-1}\boldsymbol{F}_{q-1})+\boldsymbol{D}\\&=\boldsymbol{N}(s)[\psi(s)\boldsymbol{I}]^{-1}+\boldsymbol{F}_q=\boldsymbol{F}(s)\end{aligned}$$

另外, 假设传递函数矩阵 $\boldsymbol{F}(s)=\boldsymbol{M}_0s^0+\cdots+\boldsymbol{M}_js^{-j}+\cdots$ 是真有理分式 $r\times m$ 函数矩阵. 令 $\boldsymbol{F}(s)$ 中所有元素的最小公分母为 $\psi(s)=s^q+\alpha_1 s^{q-1}+\cdots+\alpha_q$, 则

$\boldsymbol{F}(s)$ 的能观实现为

$$\dot{\boldsymbol{x}}(t)=\begin{bmatrix} \mathbf{0}_r & \boldsymbol{I}_r & \mathbf{0}_r & \cdots & \mathbf{0}_r \\ \mathbf{0}_r & \mathbf{0}_r & \boldsymbol{I}_r & \cdots & \mathbf{0}_r \\ \vdots & \vdots & \vdots & & \vdots \\ \mathbf{0}_r & \mathbf{0}_r & \mathbf{0}_r & \cdots & \boldsymbol{I}_r \\ -\alpha_q\boldsymbol{I}_r & -\alpha_{q-1}\boldsymbol{I}_r & -\alpha_{q-2}\boldsymbol{I}_r & \cdots & -\alpha_1\boldsymbol{I}_r \end{bmatrix}\boldsymbol{x}(t)+\begin{bmatrix} \boldsymbol{M}_1 \\ \boldsymbol{M}_2 \\ \vdots \\ \boldsymbol{M}_{q-1} \\ \boldsymbol{M}_q \end{bmatrix}\boldsymbol{u}(t)$$

$$\boldsymbol{y}(t)=[\,\boldsymbol{I}_r \quad \mathbf{0}_r \quad \cdots \quad \mathbf{0}_r\,]\boldsymbol{x}(t)+\boldsymbol{M}_0\boldsymbol{u}(t)$$

其中 $\boldsymbol{M}_0,\boldsymbol{M}_1,\cdots,\boldsymbol{M}_q\in\mathbb{R}^{r\times m};\mathbf{0}_r,\boldsymbol{I}_r\in\mathbb{R}^{r\times r}$ 分别是零矩阵和单位矩阵.

事实上, 若记

$$\boldsymbol{A}=\begin{bmatrix} \mathbf{0}_r & \boldsymbol{I}_r & \mathbf{0}_r & \cdots & \mathbf{0}_r \\ \mathbf{0}_r & \mathbf{0}_r & \boldsymbol{I}_r & \cdots & \mathbf{0}_r \\ \vdots & \vdots & \vdots & & \vdots \\ \mathbf{0}_r & \mathbf{0}_r & \mathbf{0}_r & \cdots & \boldsymbol{I}_r \\ -\alpha_q\boldsymbol{I}_r & -\alpha_{q-1}\boldsymbol{I}_r & -\alpha_{q-2}\boldsymbol{I}_r & \cdots & -\alpha_1\boldsymbol{I}_r \end{bmatrix},\quad \boldsymbol{B}=\begin{bmatrix} \boldsymbol{M}_1 \\ \boldsymbol{M}_2 \\ \vdots \\ \boldsymbol{M}_{q-1} \\ \boldsymbol{M}_q \end{bmatrix}$$

$$\boldsymbol{C}=[\,\boldsymbol{I}_r \quad \mathbf{0}_r \quad \cdots \quad \mathbf{0}_r\,],\quad \boldsymbol{D}=\boldsymbol{M}_0$$

则有

$$\boldsymbol{C}(s\boldsymbol{I}-\boldsymbol{A})^{-1}\boldsymbol{B}+\boldsymbol{D}=\boldsymbol{D}+\boldsymbol{C}\boldsymbol{B}s^{-1}+\boldsymbol{C}\boldsymbol{A}\boldsymbol{B}s^{-2}+\cdots$$

但由 $\boldsymbol{A},\boldsymbol{B},\boldsymbol{C}$ 的定义, 得到

$$\begin{aligned} &\boldsymbol{C}=[\,\boldsymbol{I}_r \quad \mathbf{0}_r \quad \cdots \quad \mathbf{0}_r\,] \\ &\boldsymbol{C}\boldsymbol{A}=[\,\mathbf{0}_r \quad \boldsymbol{I}_r \quad \mathbf{0}_r \quad \cdots \quad \mathbf{0}_r\,] \\ &\cdots \\ &\boldsymbol{C}\boldsymbol{A}^{q-1}=[\,\mathbf{0}_r \quad \cdots \quad \mathbf{0}_r \quad \boldsymbol{I}_r\,] \end{aligned}$$

再由 $\boldsymbol{B}$ 的定义, 有

$$\boldsymbol{C}\boldsymbol{B}=\boldsymbol{M}_1$$

$$\boldsymbol{C}\boldsymbol{A}\boldsymbol{B}=\boldsymbol{M}_2$$

$$\cdots$$

$$\boldsymbol{C}\boldsymbol{A}^{q-1}\boldsymbol{B}=\boldsymbol{M}_q$$

$$\boldsymbol{D}=\boldsymbol{M}_0$$

从而得

$$\boldsymbol{C}(s\boldsymbol{I}-\boldsymbol{A})^{-1}\boldsymbol{B}+\boldsymbol{D}=\boldsymbol{M}_0+\boldsymbol{M}_1 s^{-1}+\boldsymbol{M}_2 s^{-2}+\cdots=\boldsymbol{F}(s)$$

因有

$$\operatorname{rank}[\,\boldsymbol{C}\quad \boldsymbol{C}\boldsymbol{A}\quad \cdots\quad \boldsymbol{C}\boldsymbol{A}^{q-1}\,]^{\mathrm{T}}=\operatorname{rank}\begin{bmatrix}\boldsymbol{I}_r & & \boldsymbol{0}\\ & \ddots & \\ \boldsymbol{0} & & \boldsymbol{I}_r\end{bmatrix}=rq$$

故系统总是能观的, 但一般不是能控的. 通常对 $r<m$ 的行向量形式的传递函数矩阵较有效, 且有 $\operatorname{rank}\boldsymbol{K}\leqslant rq$. 若等号成立, $[\boldsymbol{A}\quad \boldsymbol{B}\quad \boldsymbol{C}]$ 就是最小实现; 否则, 要进行能控性分解, 分解出既能控又能观部分, 就能导出其最小实现.

特别地, 若 $\boldsymbol{M}_j=\boldsymbol{0}(j>k)$, 则有

$$\boldsymbol{F}(s)=\sum_{j=0}^{k}\boldsymbol{M}_j s^{-j}=\frac{1}{s^k}\sum_{j=0}^{k}\boldsymbol{M}_j s^{k-j}$$

故各元素的最小公分母 $\psi(s)=s^k$, 且 $\alpha_i=0(i=1,2,\cdots,k-1)$. 这时, 若 $\boldsymbol{M}_0=\boldsymbol{0}$, 就变成 5.2 节中所述的特殊情形.

例 5.5 设系统的传递函数为 $G(s)=\dfrac{s^2+8s+15}{s^3+7s^2+14s+8}$. 求其不同形式的最小实现.

解 因 $m=1,\psi(s)=s^3+7s^2+14s+8$, 故 $q=3$, 而 $N(s)=s^2+8s+15$, 且有 $\alpha_1=7,\alpha_2=14,\alpha_3=8,F_0=15,F_1=8,F_2=1$. 于是 $G(s)$ 的能控实现为

$$\begin{aligned}\dot{\boldsymbol{x}}(t)&=\begin{bmatrix}0&1&0\\0&0&1\\-8&-14&-7\end{bmatrix}\boldsymbol{x}(t)+\begin{bmatrix}0\\0\\1\end{bmatrix}\boldsymbol{u}(t)\\&=\boldsymbol{A}\boldsymbol{x}(t)+\boldsymbol{b}\boldsymbol{u}(t)\\ \boldsymbol{y}(t)&=[\,15,8,1\,]\boldsymbol{x}(t)=\boldsymbol{c}\boldsymbol{x}(t)\end{aligned}$$

由于

$$\operatorname{rank}[\,\boldsymbol{c}\quad \boldsymbol{cA}\quad \boldsymbol{cA}^2\,]^{\mathrm{T}}=\operatorname{rank}\begin{bmatrix}15 & 8 & 1\\ -8 & 1 & 1\\ -8 & -22 & -6\end{bmatrix}=3=mq$$

故系统也是能观的, 即为 $\boldsymbol{G}(s)$ 的最小实现.

又因 $r=1$, 由已得到的能控实现的系数矩阵 $\boldsymbol{A},\boldsymbol{b},\boldsymbol{c}$, 可导出 $M_1=\boldsymbol{cb}=1, M_2=\boldsymbol{cAb}=1, M_3=\boldsymbol{cA}^2\boldsymbol{b}=-6, M_4=\boldsymbol{cA}^3\boldsymbol{b}=20, M_5=\boldsymbol{cA}^4\boldsymbol{b}=-64, M_6=\boldsymbol{cA}^5\boldsymbol{b}=216, M_7=\boldsymbol{cA}^6\boldsymbol{b}=-776,\cdots$, 且有 $\psi(s)=s^3+7s^2+14s+8$, 故 $q=3$, 于是 $G(s)$ 的能观实现是

$$\dot{\boldsymbol{x}}(t)=\begin{bmatrix}0 & 1 & 0\\ 0 & 0 & 1\\ -8 & -14 & -7\end{bmatrix}\boldsymbol{x}(t)+\begin{bmatrix}1\\ 1\\ -6\end{bmatrix}\boldsymbol{u}(t)=\boldsymbol{Ax}(t)+\boldsymbol{b}_1\boldsymbol{u}(t)$$

$$\boldsymbol{y}(t)=[\,1,0,0\,]\boldsymbol{x}(t)=\boldsymbol{c}_1\boldsymbol{x}(t)$$

由于

$$\operatorname{rank}[\,\boldsymbol{b}_1\quad \boldsymbol{Ab}_1\quad \boldsymbol{A}^2\boldsymbol{b}_1\,]=\operatorname{rank}\begin{bmatrix}1 & 1 & -6\\ 1 & -6 & 20\\ -6 & 20 & -64\end{bmatrix}=3=rq$$

因此系统是 $G(s)$ 的最小实现.

若采用 Hankel 矩阵法, 因为

$$\boldsymbol{K}=\begin{bmatrix}1 & 1 & -6 & 20 & \cdots\\ 1 & -6 & 20 & -64 & \cdots\\ -6 & 20 & -64 & 216 & \cdots\\ 20 & -64 & 216 & -776 & \cdots\\ \vdots & \vdots & \vdots & \vdots & \end{bmatrix}$$

且前三列 $\boldsymbol{\phi}_1,\boldsymbol{\phi}_2,\boldsymbol{\phi}_3$ 是线性无关的, 故 $\operatorname{rank}\boldsymbol{K}=3=n, r=1, q=3$. 要保证 $s^3+7s^2+14s+8$ 的一切系数都能使用上, 必存在自然数 $l=4,\bar{l}=3$, 使

$$\boldsymbol{\Phi}=\begin{bmatrix}\boldsymbol{\Phi}_1\\ \boldsymbol{\Phi}_2\\ \boldsymbol{\Phi}_3\end{bmatrix}=\begin{bmatrix}1 & 1 & -6\\ 1 & -6 & 20\\ -6 & 20 & -64\end{bmatrix}$$

且有

$$\boldsymbol{\Phi}^{-1}=\begin{bmatrix}-\frac{2}{3} & -\frac{7}{3} & -\frac{2}{3}\\ -\frac{7}{3} & -\frac{25}{6} & -\frac{13}{12}\\ -\frac{2}{3} & -\frac{13}{12} & -\frac{7}{24}\end{bmatrix}$$

从而得到

$$\boldsymbol{A}_1=\boldsymbol{A}^{\mathrm{T}}=\boldsymbol{\Phi}^{-1}\begin{bmatrix}\boldsymbol{\Phi}_2\\ \boldsymbol{\Phi}_3\\ \boldsymbol{\Phi}_4\end{bmatrix}=\boldsymbol{\Phi}^{-1}\begin{bmatrix}1 & -6 & 20\\ -6 & 20 & -64\\ 20 & -64 & 216\end{bmatrix}=\begin{bmatrix}0 & 0 & -8\\ 1 & 0 & -14\\ 0 & 1 & -7\end{bmatrix}$$

$$\boldsymbol{b}_2=\boldsymbol{c}_1^{\mathrm{T}}=\boldsymbol{\Phi}^{-1}\begin{bmatrix}1\\ 1\\ -6\end{bmatrix}=\begin{bmatrix}1\\ 0\\ 0\end{bmatrix}$$

$$\boldsymbol{c}_2=\boldsymbol{b}_1^{\mathrm{T}}=[\,1,1,-6\,]$$

故系统为最小实现.

例 5.6 设控制系统的传递函数矩阵是 $\boldsymbol{F}(s)=\begin{bmatrix}\frac{1}{s} & 0 & -\frac{1}{s^2+1}\end{bmatrix}^{\mathrm{T}}$. 求其最小实现.

解 这时, 有

$$\boldsymbol{F}(s)=\frac{1}{s^3+s}\begin{bmatrix}1+s^2\\ 0\\ -s\end{bmatrix},\quad r=3>1=m$$

而 $\psi(s)=s^3+s, q=3, \alpha_1=0, \alpha_2=1, \alpha_3=0$, 且

$$\boldsymbol{N}(s)=\begin{bmatrix}1\\ 0\\ 0\end{bmatrix}+\begin{bmatrix}0\\ 0\\ -1\end{bmatrix}s+\begin{bmatrix}1\\ 0\\ 0\end{bmatrix}s^2$$

即 $\boldsymbol{F}_0=\begin{bmatrix}1\\0\\0\end{bmatrix},\boldsymbol{F}_1=\begin{bmatrix}0\\0\\-1\end{bmatrix},\boldsymbol{F}_2=\begin{bmatrix}1\\0\\0\end{bmatrix}$. 应用能控实现, 有

$$\dot{\boldsymbol{x}}(t)=\begin{bmatrix}0&1&0\\0&0&1\\0&-1&0\end{bmatrix}\boldsymbol{x}(t)+\begin{bmatrix}0\\0\\1\end{bmatrix}\boldsymbol{u}(t)=\boldsymbol{A}\boldsymbol{x}(t)+\boldsymbol{b}\boldsymbol{u}(t)$$

$$\boldsymbol{y}(t)=\begin{bmatrix}1&0&1\\0&0&0\\0&-1&0\end{bmatrix}\boldsymbol{x}(t)=\boldsymbol{C}\boldsymbol{x}(t)$$

由于

$$\operatorname{rank}\begin{bmatrix}\boldsymbol{C}\\\boldsymbol{C}\boldsymbol{A}\\\boldsymbol{C}\boldsymbol{A}^2\end{bmatrix}=\operatorname{rank}\begin{bmatrix}1&0&1\\0&0&0\\0&-1&0\\0&0&0\\0&0&0\\0&0&-1\\*&*&*\end{bmatrix}=3=mq$$

故系统是能观的, 从而是最小实现.

若采用 Hankel 矩阵法, 则有

$$\boldsymbol{K}=\begin{bmatrix}1&0&0&0&0&0&\cdots\\0&0&0&0&0&0&\cdots\\0&-1&0&1&0&-1&\cdots\\0&0&0&0&0&0&\cdots\\0&0&0&0&0&0&\cdots\\-1&0&1&0&-1&0&\cdots\\0&0&0&0&0&0&\cdots\\0&0&0&0&0&0&\cdots\\0&1&0&-1&0&0&\cdots\\\vdots&\vdots&\vdots&\vdots&\vdots&\vdots&\end{bmatrix}$$

且前三个列向量 $\boldsymbol{\phi}_1, \boldsymbol{\phi}_2, \boldsymbol{\phi}_3$ 是线性无关的, 从而必存在自然数 $l=2$, 有

$$\boldsymbol{\Phi} = \begin{bmatrix} \boldsymbol{\Phi}_1 \\ \boldsymbol{\Phi}_2 \end{bmatrix} = \begin{bmatrix} 1 & 0 & 0 \\ 0 & 0 & 0 \\ 0 & -1 & 0 \\ 0 & 0 & 0 \\ 0 & 0 & 0 \\ -1 & 0 & 1 \end{bmatrix}$$

又

$$\left(\sum_{i=1}^{2} \boldsymbol{\Phi}_i^{\mathrm{T}} \boldsymbol{\Phi}_i \right)^{-1} = \begin{bmatrix} 2 & 0 & -1 \\ 0 & 1 & 0 \\ -1 & 0 & 1 \end{bmatrix}^{-1} = \begin{bmatrix} 1 & 0 & 1 \\ 0 & 1 & 0 \\ 1 & 0 & 2 \end{bmatrix}$$

且 $\sum_{i=1}^{2} \boldsymbol{\Phi}_i^{\mathrm{T}} \boldsymbol{\Phi}_{i+1} = \begin{bmatrix} 0 & -1 & 0 \\ 1 & 0 & -1 \\ 0 & 1 & 0 \end{bmatrix}$, 于是得到

$$\boldsymbol{A}_1 = \begin{bmatrix} 1 & 0 & 1 \\ 0 & 1 & 0 \\ 1 & 0 & 2 \end{bmatrix} \begin{bmatrix} 0 & -1 & 0 \\ 1 & 0 & -1 \\ 0 & 1 & 0 \end{bmatrix} = \begin{bmatrix} 0 & 0 & 0 \\ 1 & 0 & -1 \\ 0 & 1 & 0 \end{bmatrix}$$

$$\boldsymbol{B}_1 = \begin{bmatrix} 1 \\ 0 \\ 0 \end{bmatrix}, \quad \boldsymbol{C}_1 = \begin{bmatrix} 1 & 0 & 0 \\ 0 & 0 & 0 \\ 0 & -1 & 0 \end{bmatrix}$$

经验证, 有

$$\begin{aligned} \boldsymbol{F}(s) &= \begin{bmatrix} 1 & 0 & 0 \\ 0 & 0 & 0 \\ 0 & -1 & 0 \end{bmatrix} \begin{bmatrix} s & 0 & 0 \\ -1 & s & 1 \\ 0 & -1 & s \end{bmatrix}^{-1} \begin{bmatrix} 1 \\ 0 \\ 0 \end{bmatrix} \\ &= \begin{bmatrix} 1 & 0 & 0 \\ 0 & 0 & 0 \\ 0 & -1 & 0 \end{bmatrix} \begin{bmatrix} \dfrac{1}{s} & 0 & 0 \\ \dfrac{1}{s^2+1} & \dfrac{s}{s^2+1} & -\dfrac{1}{s^2+1} \\ \dfrac{1}{s(s^2+1)} & \dfrac{1}{s^2+1} & \dfrac{s}{s^2+1} \end{bmatrix} \begin{bmatrix} 1 \\ 0 \\ 0 \end{bmatrix} \end{aligned}$$

$$= \begin{bmatrix} \dfrac{1}{s} \\ 0 \\ -\dfrac{1}{s^2+1} \end{bmatrix}$$

例 5.7　求 $\boldsymbol{F}(s) = \left[\dfrac{1}{s+1}, \dfrac{1}{(s+1)^2}, \dfrac{1}{(s+1)^4} \right]$ 的最小实现.

解　因 $r=1<m=3$, 故应采用能观实现或 Hankel 矩阵法, 但都要进行展开. 为此, 可考虑

$$\boldsymbol{F}^{\mathrm{T}}(s) = \frac{1}{s^4+4s^3+6s^2+4s+1}\left(\begin{bmatrix} 1 \\ 1 \\ 1 \end{bmatrix} + \begin{bmatrix} 3 \\ 2 \\ 0 \end{bmatrix} s + \begin{bmatrix} 3 \\ 1 \\ 0 \end{bmatrix} s^2 + \begin{bmatrix} 1 \\ 0 \\ 0 \end{bmatrix} s^3 \right)$$

因有 $\psi(s) = s^4+4s^3+6s^2+4s+1$, 且 $q=4, m=1$, 故应用能控实现, 得到 $\boldsymbol{F}^{\mathrm{T}}(s)$ 的实现为

$$\boldsymbol{A}^{\mathrm{T}} = \begin{bmatrix} 0 & 1 & 0 & 0 \\ 0 & 0 & 1 & 0 \\ 0 & 0 & 0 & 1 \\ -1 & -4 & -6 & -4 \end{bmatrix}, \quad \boldsymbol{B}^{\mathrm{T}} = \begin{bmatrix} 0 \\ 0 \\ 0 \\ 1 \end{bmatrix}, \quad \boldsymbol{C}^{\mathrm{T}} = \begin{bmatrix} 1 & 3 & 3 & 1 \\ 1 & 2 & 1 & 0 \\ 1 & 0 & 0 & 0 \end{bmatrix}$$

由于 $\mathrm{rank}\begin{bmatrix} \boldsymbol{C}^{\mathrm{T}} & \boldsymbol{C}^{\mathrm{T}}\boldsymbol{A}^{\mathrm{T}} & \boldsymbol{C}^{\mathrm{T}}(\boldsymbol{A}^{\mathrm{T}})^2 & \boldsymbol{C}^{\mathrm{T}}(\boldsymbol{A}^{\mathrm{T}})^3 \end{bmatrix} = 4 = mq$, 故上述实现是 $\boldsymbol{F}^{\mathrm{T}}(s)$ 的最小实现, 因此, $\boldsymbol{F}(s)$ 的最小实现应为

$$\dot{\boldsymbol{x}}(t) = \begin{bmatrix} 0 & 0 & 0 & -1 \\ 1 & 0 & 0 & -4 \\ 0 & 1 & 0 & -6 \\ 0 & 0 & 1 & -4 \end{bmatrix} \boldsymbol{x}(t) + \begin{bmatrix} 1 & 1 & 1 \\ 3 & 2 & 0 \\ 3 & 1 & 0 \\ 1 & 0 & 0 \end{bmatrix} \boldsymbol{u}(t)$$

$$\boldsymbol{y}(t) = [\,0, 0, 0, 1\,]\boldsymbol{x}(t)$$

例 5.8　设 $\boldsymbol{F}(s) = \begin{bmatrix} 1 & \dfrac{1}{s} & 1-\dfrac{1}{s} \\ 0 & \dfrac{1}{s}+\dfrac{1}{s^2} & 0 \end{bmatrix}$. 求其最小实现.

解　先采用 Hankel 矩阵法. 这时, 有

$$\boldsymbol{F}(s) = \begin{bmatrix} 1 & 0 & 1 \\ 0 & 0 & 0 \end{bmatrix} + \begin{bmatrix} 0 & 1 & -1 \\ 0 & 1 & 0 \end{bmatrix} s^{-1} + \begin{bmatrix} 0 & 0 & 0 \\ 0 & 1 & 0 \end{bmatrix} s^{-2}$$

易知 $\boldsymbol{M}_j \in \mathbb{R}^{2\times 3}, r=2, m=3$, Hankel 矩阵为

$$K=\begin{bmatrix} 0 & 1 & -1 & 0 & 0 & 0 & \cdots \\ 0 & 1 & 0 & 0 & 1 & 0 & \cdots \\ 0 & 0 & 0 & 0 & 0 & 0 & \cdots \\ 0 & 1 & 0 & 0 & 0 & 0 & \cdots \\ \vdots & \vdots & \vdots & \vdots & \vdots & \vdots & \end{bmatrix}$$

由于第二列 $\boldsymbol{\phi}_1$、第三列 $\boldsymbol{\phi}_2$ 与第五列 $\boldsymbol{\phi}_3$ 是线性无关的, 故 rank $\boldsymbol{K}$=3, 且存在自然数 $l=2$, 有

$$\boldsymbol{\Phi}=\begin{bmatrix} \boldsymbol{\Phi}_1 \\ \boldsymbol{\Phi}_2 \\ \boldsymbol{\Phi}_3 \end{bmatrix}=\begin{bmatrix} 1 & -1 & 0 \\ 1 & 0 & 1 \\ 0 & 0 & 0 \\ 1 & 0 & 0 \\ 0 & 0 & 0 \\ 0 & 0 & 0 \end{bmatrix}=\begin{bmatrix} \boldsymbol{\phi}_1 & \boldsymbol{\phi}_2 & \boldsymbol{\phi}_3 \end{bmatrix}$$

故得

$$\begin{aligned} \boldsymbol{A} &= \left(\sum_{i=1}^{2}\boldsymbol{\Phi}_i^{\mathrm{T}}\boldsymbol{\Phi}_i\right)^{-1}\left(\sum_{i=1}^{2}\boldsymbol{\Phi}_i^{\mathrm{T}}\boldsymbol{\Phi}_{i+1}\right) \\ &= \begin{bmatrix} 1 & 1 & -1 \\ 1 & 2 & -1 \\ -1 & -1 & 2 \end{bmatrix}\begin{bmatrix} 1 & 0 & 0 \\ 0 & 0 & 0 \\ 1 & 0 & 0 \end{bmatrix}=\begin{bmatrix} 0 & 0 & 0 \\ 0 & 0 & 0 \\ 1 & 0 & 0 \end{bmatrix} \\ \boldsymbol{B} &= \left(\sum_{i=1}^{2}\boldsymbol{\Phi}_i^{\mathrm{T}}\boldsymbol{\Phi}_i\right)^{-1}\left(\sum_{i=1}^{2}\boldsymbol{\Phi}_i^{\mathrm{T}}\boldsymbol{M}_i\right) \\ &= \begin{bmatrix} 1 & 1 & -1 \\ 1 & 2 & -1 \\ -1 & -1 & 2 \end{bmatrix}\begin{bmatrix} 0 & 3 & -1 \\ 0 & -1 & 1 \\ 0 & 1 & 0 \end{bmatrix}=\begin{bmatrix} 0 & 1 & 0 \\ 0 & 0 & 1 \\ 0 & 0 & 0 \end{bmatrix} \\ \boldsymbol{C} &= \begin{bmatrix} 1 & -1 & 0 \\ 1 & 0 & 1 \end{bmatrix}, \quad \boldsymbol{D}=\begin{bmatrix} 1 & 0 & 1 \\ 0 & 0 & 0 \end{bmatrix} \end{aligned}$$

因而 $\boldsymbol{F}(s)$ 的最小实现为

$$\dot{\boldsymbol{x}}(t)=\begin{bmatrix}0&0&0\\0&0&0\\1&0&0\end{bmatrix}\boldsymbol{x}(t)+\begin{bmatrix}0&1&0\\0&0&1\\0&0&0\end{bmatrix}\boldsymbol{u}(t)$$

即

$$\boldsymbol{y}(t)=\begin{bmatrix}1&-1&0\\1&0&1\end{bmatrix}\boldsymbol{x}(t)+\begin{bmatrix}1&0&1\\0&0&0\end{bmatrix}\boldsymbol{u}(t)$$

其次, 从 $\boldsymbol{F}(s)\in\mathbb{R}^{2\times 3}$, 知 $r=2<3=m$, 故可采用能观实现. 这时, 有 $\psi(s)=s^2,q=2$,

$$\dot{\boldsymbol{z}}(t)=\begin{bmatrix}0&0&1&0\\0&0&0&1\\0&0&0&0\\0&0&0&0\end{bmatrix}\boldsymbol{z}(t)+\begin{bmatrix}0&1&-1\\0&1&0\\0&0&0\\0&1&0\end{bmatrix}\boldsymbol{u}(t)$$

及

$$\bar{\boldsymbol{y}}(t)=\begin{bmatrix}1&0&0&0\\0&1&0&0\end{bmatrix}\boldsymbol{z}(t)+\begin{bmatrix}1&0&1\\0&0&0\end{bmatrix}\boldsymbol{u}(t)$$

但

$$\operatorname{rank}[\,\boldsymbol{B}\quad \boldsymbol{AB}\quad \boldsymbol{A}^2\boldsymbol{B}\quad \boldsymbol{A}^3\boldsymbol{B}\,]=\operatorname{rank}\begin{bmatrix}0&1&-1&0&0\\0&1&0&0&1\\0&0&0&0&0\\0&1&0&0&0\end{bmatrix}=3<4$$

因此, 应做能控性分解. 令

$$\boldsymbol{P}_{\mathrm{c}}^{-1}=\begin{bmatrix}1&-1&0&0\\1&0&1&0\\0&0&0&1\\1&0&0&0\end{bmatrix}\quad 且\quad \boldsymbol{P}_{\mathrm{c}}=\begin{bmatrix}0&0&0&1\\-1&0&0&1\\0&1&0&-1\\0&0&1&0\end{bmatrix}$$

于是得

$$\boldsymbol{P}_{\mathrm{c}}\begin{bmatrix}0&0&1&0\\0&0&0&1\\0&0&0&0\\0&0&0&0\end{bmatrix}\boldsymbol{P}_{\mathrm{c}}^{-1}=\begin{bmatrix}0&0&0&0\\0&0&0&-1\\1&0&0&0\\0&0&0&0\end{bmatrix}$$

$$\boldsymbol{P}_{\mathrm{c}}\begin{bmatrix}0 & 1 & -1\\0 & 1 & 0\\0 & 0 & 0\\0 & 1 & 0\end{bmatrix}=\begin{bmatrix}0 & 1 & 0\\0 & 0 & 1\\0 & 0 & 0\\0 & 0 & 0\end{bmatrix}\begin{bmatrix}1 & 0 & 0 & 0\\0 & 1 & 0 & 0\end{bmatrix}$$

$$\boldsymbol{P}_{\mathrm{c}}=\begin{bmatrix}1 & -1 & 0 & 0\\1 & 0 & 1 & 0\end{bmatrix}$$

由此得到与采用 Hankel 矩阵法相同的最小实现.

最后, 对 $\boldsymbol{F}^{\mathrm{T}}(s)\in\mathbb{R}^{3\times 2}$, $r=3>2=m$, 又可做能控实现. 这时, 仍有 $\psi(s)=s^2, q=2, mq=4$, 而

$$\boldsymbol{N}(s)=\begin{bmatrix}0 & 0\\0 & 1\\0 & 0\end{bmatrix}+\begin{bmatrix}0 & 0\\1 & 1\\-1 & 0\end{bmatrix}s+\begin{bmatrix}1 & 0\\0 & 0\\1 & 0\end{bmatrix}s^2$$

得到能控实现为

$$\boldsymbol{A}_1=\begin{bmatrix}0 & 0 & 1 & 0\\0 & 0 & 0 & 1\\0 & 0 & 0 & 0\\0 & 0 & 0 & 0\end{bmatrix},\quad \bar{\boldsymbol{B}}=\begin{bmatrix}0 & 0\\0 & 0\\1 & 0\\0 & 1\end{bmatrix}$$

$$\bar{\boldsymbol{C}}=\begin{bmatrix}0 & 0 & 0 & 0\\0 & 1 & 1 & 1\\0 & 0 & -1 & 0\end{bmatrix},\quad \boldsymbol{D}^{\mathrm{T}}=\begin{bmatrix}1 & 0\\0 & 0\\1 & 0\end{bmatrix}$$

但它是不能观的, 再做能观性分解, 应取

$$\boldsymbol{P}_0^{-1}=\begin{bmatrix}0 & 1 & 1 & 1\\0 & 0 & -1 & 0\\0 & 0 & 0 & 1\\1 & 0 & 0 & 1\end{bmatrix},\quad \boldsymbol{P}_0=\begin{bmatrix}0 & 0 & 0 & 1\\1 & 1 & -1 & 0\\0 & -1 & 0 & 0\\0 & 0 & 1 & 0\end{bmatrix}$$

就有 $\boldsymbol{F}^{\mathrm{T}}(s)$ 的最小实现

$$\dot{\boldsymbol{x}}(t)=\begin{bmatrix}0 & 0 & 1\\0 & 0 & 0\\0 & 0 & 0\end{bmatrix}\boldsymbol{x}(t)+\begin{bmatrix}1 & 1\\-1 & 0\\0 & 1\end{bmatrix}\boldsymbol{u}(t)$$

$$\boldsymbol{y}(t)=\begin{bmatrix}0&0&0\\1&0&0\\0&1&0\end{bmatrix}\boldsymbol{x}(t)+\begin{bmatrix}1&0\\0&0\\1&0\end{bmatrix}\boldsymbol{u}(t)$$

于是又得到 $\boldsymbol{F}(s)$ 的最小实现

$$\dot{\boldsymbol{x}}(t)=\begin{bmatrix}0&0&0\\0&0&0\\1&0&0\end{bmatrix}\boldsymbol{x}(t)+\begin{bmatrix}0&1&0\\0&0&1\\0&0&0\end{bmatrix}\boldsymbol{u}(t)$$

$$\boldsymbol{y}(t)=\begin{bmatrix}1&-1&0\\1&0&1\end{bmatrix}\boldsymbol{x}(t)+\begin{bmatrix}1&0&1\\0&0&0\end{bmatrix}\boldsymbol{u}(t)$$

例 5.9　设有线性控制系统

$$\begin{cases}\boldsymbol{y}^{(3)}(t)+a_2\ddot{\boldsymbol{y}}(t)+a_1\dot{\boldsymbol{y}}(t)=b\dot{\boldsymbol{u}}(t)+b_2\boldsymbol{u}(t)\\ c_2\ddot{\boldsymbol{z}}(t)+c_1\dot{\boldsymbol{z}}(t)+c_0\boldsymbol{z}(t)=\boldsymbol{y}(t)\quad(c_2\neq 0)\end{cases}$$

求其状态空间实现.

解　如图 5.1 所示, 原系统可看作是两个子系统的串联. 对子系统 1, 令

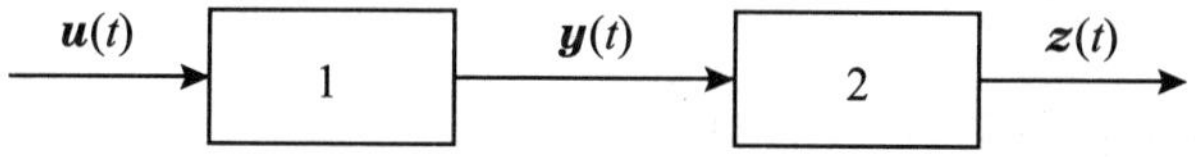

图 5.1

$$\boldsymbol{x}_1(t)=\boldsymbol{y}(t)-\beta_0\boldsymbol{u}(t)$$

$$\boldsymbol{x}_2(t)=\dot{\boldsymbol{x}}_1(t)-\beta_1\boldsymbol{u}(t)=\dot{\boldsymbol{y}}(t)-\beta_0\dot{\boldsymbol{u}}(t)-\beta_1\boldsymbol{u}(t)$$

$$\boldsymbol{x}_3(t)=\dot{\boldsymbol{x}}_2(t)-\beta_2\boldsymbol{u}(t)=\ddot{\boldsymbol{y}}(t)-\beta_0\ddot{\boldsymbol{u}}(t)-\beta_1\dot{\boldsymbol{u}}(t)-\beta_2\boldsymbol{u}(t)$$

$$\boldsymbol{x}_4(t)=\dot{\boldsymbol{x}}_3(t)-\beta_3\boldsymbol{u}(t)=\boldsymbol{y}^{(3)}(t)-\beta_0\boldsymbol{u}^{(3)}(t)-\beta_1\ddot{\boldsymbol{u}}(t)-\beta_2\dot{\boldsymbol{u}}(t)-\beta_3\boldsymbol{u}(t)$$

或写为

$$\boldsymbol{y}(t)=\boldsymbol{x}_1(t)+\beta_0\boldsymbol{u}(t)$$

$$\dot{\boldsymbol{y}}(t)=\boldsymbol{x}_2(t)+\beta_0\dot{\boldsymbol{u}}(t)+\beta_1\boldsymbol{u}(t)$$

$$\ddot{\boldsymbol{y}}(t)=\boldsymbol{x}_3(t)+\beta_0\ddot{\boldsymbol{u}}(t)+\beta_1\dot{\boldsymbol{u}}(t)+\beta_2\boldsymbol{u}(t)$$

$$\boldsymbol{y}^{(3)}(t)=\boldsymbol{x}_4(t)+\beta_0\boldsymbol{u}^{(3)}(t)+\beta_1\ddot{\boldsymbol{u}}(t)+\beta_2\dot{\boldsymbol{u}}(t)+\beta_3\boldsymbol{u}(t)$$

将它代入第一个原始方程, 就有

$$\begin{aligned}&[\boldsymbol{x}_4(t)+a_2\boldsymbol{x}_3(t)+a_1\boldsymbol{x}_2(t)]+\beta_0\boldsymbol{u}^{(3)}(t)+(\beta_1+a_1\beta_0)\ddot{\boldsymbol{u}}(t)\\&+(\beta_2+a_2\beta_1+a_1\beta_0)\dot{\boldsymbol{u}}(t)+(\beta_3+a_2\beta_2+a_1\beta_1)\boldsymbol{u}(t)\\&\quad=b_1\dot{\boldsymbol{u}}(t)+b_2\boldsymbol{u}(t)\end{aligned}$$

比较等式两端的对应项, 得到

$$\boldsymbol{x}_4(t)=-a_1\boldsymbol{x}_2(t)-a_2\boldsymbol{x}_3(t),\quad \beta_0=\beta_1=0,\quad \beta_2=b_1,\quad \beta_3=b_0-a_2b_1$$

故有

$$\begin{aligned}\dot{\boldsymbol{x}}^*(t)&=\begin{bmatrix}0&1&0\\0&0&1\\0&-a_1&-a_2\end{bmatrix}\boldsymbol{x}^*(t)+\begin{bmatrix}0\\b_1\\b_0-a_2b_1\end{bmatrix}\boldsymbol{u}(t)\\ \boldsymbol{y}(t)&=[\,1,0,0\,]\boldsymbol{x}^*(t)\end{aligned}$$

其中 $\boldsymbol{x}^*(t)=[\,\boldsymbol{x}_1(t)\quad \boldsymbol{x}_2(t)\quad \boldsymbol{x}_3(t)\,]^{\mathrm{T}}$.

对于子系统 2, 令 $\boldsymbol{x}_4(t)=\boldsymbol{z}(t),\boldsymbol{x}_5(t)=\dot{\boldsymbol{x}}_4(t)$, 得到

$$\begin{bmatrix}\dot{\boldsymbol{x}}_4(t)\\\dot{\boldsymbol{x}}_5(t)\end{bmatrix}=\begin{bmatrix}0&1\\-\dfrac{c_0}{c_2}&-\dfrac{c_1}{c_2}\end{bmatrix}\begin{bmatrix}\boldsymbol{x}_4(t)\\\boldsymbol{x}_5(t)\end{bmatrix}+\begin{bmatrix}0\\\dfrac{1}{c_2}\end{bmatrix}\boldsymbol{y}(t)$$

由于是串联, 故有 $\boldsymbol{y}(t)=\boldsymbol{x}_1(t)$, 且

$$\begin{aligned}\dot{\boldsymbol{x}}(t)&=\begin{bmatrix}0&1&0&0&0\\0&0&1&0&0\\0&-a_1&-a_2&0&0\\0&0&0&0&1\\0&0&0&-\dfrac{c_0}{c_2}&-\dfrac{c_1}{c_2}\end{bmatrix}\boldsymbol{x}(t)+\begin{bmatrix}0\\b_1\\b_0-a_2b_1\\0\\0\end{bmatrix}\boldsymbol{u}(t)+\begin{bmatrix}0\\0\\0\\0\\\dfrac{1}{c_2}\end{bmatrix}\boldsymbol{x}_1(t)\\ \boldsymbol{z}(t)&=[\,0,0,0,1,0\,]\boldsymbol{x}(t)\end{aligned}$$

其中 $\boldsymbol{x}(t)=[\,\boldsymbol{x}_1(t)\quad \boldsymbol{x}_2(t)\quad \boldsymbol{x}_3(t)\quad \boldsymbol{x}_4(t)\quad \boldsymbol{x}_5(t)\,]^{\mathrm{T}}$. 最后有

$$\begin{cases}\dot{\boldsymbol{x}}(t)=\begin{bmatrix}0&1&0&0&0\\0&0&1&0&0\\0&-a_1&-a_2&0&0\\0&0&0&0&1\\\dfrac{1}{c_2}&0&0&-\dfrac{c_0}{c_2}&-\dfrac{c_1}{c_2}\end{bmatrix}\boldsymbol{x}(t)\quad+\begin{bmatrix}0\\b_1\\b_0-a_2b_1\\0\\0\end{bmatrix}\boldsymbol{u}(t)\\ \boldsymbol{z}(t)=[\,0,0,0,1,0\,]\boldsymbol{x}(t)\end{cases}$$

例 5.10　已知控制系统的传递函数为

$$G(s)=\frac{s+a}{s^3+10s^2+27s+18}$$

(1) 确定 a 的取值, 使系统成为不能控或不能观的;

(2) 在上述 a 的取值下, 求使系统为状态能控的状态空间表达式;

(3) 在上述 a 的取值下, 求使系统为状态能观的状态空间表达式;

(4) 求 $a=1$ 时系统的一个最小实现.

解　先将 $G(s)$ 的分母做因子分解, 有

$$G(s)=\frac{s+a}{(s+1)(s+3)(s+6)}$$

(1) 当 $a=1,3,6$ 时, 因传递函数不是既约的有理分式函数, 故此时系统或是不能控的, 或是不能观的.

(2) 这时, 有 $\psi(s)=s^3+10s^2+27s+18, q=3, r=m=1$, 可做 $G(s)$ 的能控实现:

$$\begin{aligned}\dot{\boldsymbol{x}}(t)&=\begin{bmatrix}0&1&0\\0&0&1\\-18&-27&-10\end{bmatrix}\boldsymbol{x}(t)+\begin{bmatrix}0\\0\\1\end{bmatrix}\boldsymbol{u}(t)\\ \boldsymbol{y}(t)&=[\,a,1,0\,]\boldsymbol{x}(t)\end{aligned}$$

其中 $\boldsymbol{x}(t)=[\,\boldsymbol{x}_1(t)\quad \boldsymbol{x}_2(t)\quad \boldsymbol{x}_3(t)\,]^{\mathrm{T}}$. 由于 $\det[\,\boldsymbol{C}\quad \boldsymbol{CA}\quad \boldsymbol{CA}^2\,]^{\mathrm{T}}=a^3-10a^2+27a+10$ 可为零, 故系统是不能观的.

(3) 应用对偶性, 可做 $G(s)$ 的能观实现:

$$\dot{\boldsymbol{x}}(t)=\begin{bmatrix}0 & 0 & -18\\ 1 & 0 & -27\\ 0 & 1 & -10\end{bmatrix}\boldsymbol{x}(t)+\begin{bmatrix}a\\ 1\\ 0\end{bmatrix}\boldsymbol{u}(t)$$

$$\boldsymbol{y}(t)=[\,0,0,1\,]\boldsymbol{x}(t)$$

这里 $\boldsymbol{x}(t)=[\,\boldsymbol{x}_1(t)\quad \boldsymbol{x}_2(t)\quad \boldsymbol{x}_3(t)\,]^{\mathrm{T}}$. 由于 $\det[\,\boldsymbol{b}\quad \boldsymbol{A}\boldsymbol{b}\quad \boldsymbol{A}^2\boldsymbol{b}\,]^{\mathrm{T}}=a^3-10a^2+27a-18$ 可能为零, 因此系统是不能控的.

(4) 当 a 的取值确定后, 例如取 $a=1$, 这时求最小实现的方法有多种, 如可把 (2) 做能观性分解, 也可把 (3) 做能控性分解, 求出既能控又能观的子系统. 今把 $G(s)$ 化为既约真分式, 然后即可找出它的最小实现, 这时, 有

$$G(s)=\frac{1}{(s+3)(s+6)}=\frac{1}{s^2+9s+18}$$

故有

$$\dot{\boldsymbol{x}}(t)=\begin{bmatrix}0 & 1\\ -18 & -9\end{bmatrix}\boldsymbol{x}(t)+\begin{bmatrix}0\\ 1\end{bmatrix}\boldsymbol{u}(t)$$

$$\boldsymbol{y}(t)=[\,1,0\,]\boldsymbol{x}(t)$$

其中 $\boldsymbol{x}(t)=[\,\boldsymbol{x}_1(t)\quad \boldsymbol{x}_2(t)\,]^{\mathrm{T}}$.

现采用 Hankel 矩阵法求最小实现. 这时, $G(s)=s^{-2}-9s^{-3}+63s^{-4}-5\times 81s^{-5}+\cdots$, 且 $\boldsymbol{M}_j\in\mathbb{R}^{1\times 1}(j=1,2,\cdots)$, 即 $r=m=1$, 于是 Hankel 矩阵为

$$\boldsymbol{K}=\begin{bmatrix}0 & 1 & -9 & \cdots\\ 1 & -9 & 63 & \cdots\\ -9 & 63 & -5\times 81 & \cdots\\ 63 & -5\times 81 & \cdots & \cdots\\ \vdots & \vdots & \vdots & \end{bmatrix}$$

且第一列 $\boldsymbol{\phi}_1$ 与第二列 $\boldsymbol{\phi}_2$ 是线性无关的. 要使系数 1,9 与 18 全都用上, 应存在自然数 $l=2$, 取

$$\boldsymbol{\Phi}=[\,\boldsymbol{\phi}_1\quad \boldsymbol{\phi}_2\,]=\begin{bmatrix}\boldsymbol{\Phi}_1\\ \boldsymbol{\Phi}_2\\ \boldsymbol{\Phi}_3\end{bmatrix}=\begin{bmatrix}0 & 1\\ 1 & -9\\ -9 & 63\end{bmatrix}$$

故有

$$A=\left(\sum_{i=1}^{2}\boldsymbol{\Phi}_i^{\mathrm{T}}\boldsymbol{\Phi}_i\right)^{-1}\left(\sum_{i=1}^{2}\boldsymbol{\Phi}_i^{\mathrm{T}}\boldsymbol{\Phi}_{i+1}\right)$$

$$=\begin{bmatrix}82 & 9\\ 9 & 1\end{bmatrix}\begin{bmatrix}-9 & 63\\ 82 & -9\times 64\end{bmatrix}=\begin{bmatrix}0 & -18\\ 1 & -9\end{bmatrix}$$

$$B=\left(\sum_{i=1}^{2}\boldsymbol{\Phi}_i^{\mathrm{T}}\boldsymbol{\Phi}_i\right)^{-1}\left(\sum_{i=1}^{2}\boldsymbol{\Phi}_i^{\mathrm{T}}\boldsymbol{M}_i\right)=\begin{bmatrix}82 & 9\\ 9 & 1\end{bmatrix}\begin{bmatrix}1\\ -9\end{bmatrix}=\begin{bmatrix}1\\ 0\end{bmatrix}$$

$$C=[\,0,1\,]$$

故 $G(s)$ 的最小实现为

$$\dot{\boldsymbol{x}}=\begin{bmatrix}0 & -18\\ 1 & -9\end{bmatrix}\boldsymbol{x}(t)+\begin{bmatrix}1\\ 0\end{bmatrix}\boldsymbol{u}(t)$$

$$\boldsymbol{y}(t)=[\,0,1\,]\boldsymbol{x}(t)$$

可以像例 5.3 那样, 有

$$A=\begin{bmatrix}0 & 1\\ 1 & -9\end{bmatrix}^{-1}\begin{bmatrix}1 & -9\\ -9 & 63\end{bmatrix},\quad B=\begin{bmatrix}0 & 1\\ 1 & -9\end{bmatrix}^{-1}\begin{bmatrix}0\\ 1\end{bmatrix},\quad C=[\,0,1\,]$$

5.5　离散时间控制系统的参数辨识

设离散时间控制系统的传递函数为

$$G(z)=\frac{b_0z^m+b_1z^{m-1}+\cdots+b_m}{z^n+a_1z^{n-1}+\cdots+a_n}\quad (m\leqslant n)$$

分子、分母为既约多项式, 且对应的差分方程为

$$x_{k+n}+a_1x_{k+n-1}+\cdots+a_nx_k=b_0u_{k+m}+\cdots+b_mu_k+\varepsilon_k\quad (k\geqslant 0)$$

其中 $a_j(j=1,2,\cdots,n)$ 与 $b_\ell(\ell=0,1,2,\cdots,m)$ 统称为系统的参数, 一般来说, 并不清楚地知道它们. 这里假设 n 与 m 是已知的, 即差分方程的阶数是已知的. 若

已通过实验测得输入和输出数据分别为 $u_0,u_1,\cdots,u_{s-1},u_s$ 与 $x_0,x_1,\cdots,x_{s-1},x_s$, 应如何估计出上述差分方程中的参数 $a_j(j=1,2,\cdots,n)$ 与 $b_\ell(\ell=0,1,2,\cdots,m)$? 由于此时有

$$\varepsilon_k - a_1x_{k+n-1} - \cdots - a_1x_k + b_0u_{k+m} + \cdots + b_mu_k = x_{k+m}$$

其中 $k=0,1,2,\cdots,s-n$, 即有常数 $a_j(j=1,2,\cdots,n)$ 与 $b_\ell(\ell=0,1,2,\cdots,m)$ 满足上述等式. 但因观测数据时会产生误差, 要使之成立应加上误差 ε_k. 为此, 期望选择参数 $a_j(j=1,2,\cdots,n)$ 与 $b_\ell(\ell=0,1,2,\cdots,m)$, 使均方误差

$$\sum_{k=0}^{s-n}\left(-\sum_{j=1}^{n}a_jx_{k+n-j}+\sum_{\ell=0}^{m}b_\ell u_{k+m-\ell}-x_{k+n}\right)^2=\min$$

并称这样确定参数的方法为最小二乘法. 若记

$$\boldsymbol{Z}=\begin{bmatrix} x_{n-1} & \cdots & x_0 & u_m & \cdots & u_0 \\ x_n & \cdots & x_1 & u_{m+1} & \cdots & u_1 \\ \vdots & & \vdots & \vdots & & \vdots \\ x_{s-1} & \cdots & x_{s-n} & u_{s-n+m} & \cdots & u_{s-n} \end{bmatrix}$$

$\boldsymbol{x}^{\mathrm{T}}=[x_n,x_{n+1},\cdots,x_s],\boldsymbol{\theta}^{\mathrm{T}}=[-a_1,\cdots,-a_n,b_0,\cdots,b_m]$, 则差分方程可写成矩阵形式

$$\boldsymbol{x}=\boldsymbol{Z\theta}+\boldsymbol{\varepsilon}$$

其中 $\boldsymbol{\varepsilon}^{\mathrm{T}}=[\varepsilon_1,\cdots,\varepsilon_{s-n}]$.

今选择参数 $\boldsymbol{\theta}\in\mathbb{R}^{m+n+1}$, 使均方误差最小:

$$\|\boldsymbol{Z\theta}-\boldsymbol{x}\|^2=\min_{\theta}\sum_{k=0}^{s-n}\varepsilon_k^2$$

实际上, 有

$$\begin{aligned}\|\boldsymbol{Z\theta}-\boldsymbol{x}\|^2&=\langle\boldsymbol{Z\theta}-\boldsymbol{x},\boldsymbol{Z\theta}-\boldsymbol{x}\rangle\\&=\langle\boldsymbol{Z}^{\mathrm{T}}\boldsymbol{Z\theta},\boldsymbol{\theta}\rangle-2\langle\boldsymbol{Z}^{\mathrm{T}}\boldsymbol{x},\boldsymbol{\theta}\rangle+\langle\boldsymbol{x},\boldsymbol{x}\rangle\end{aligned}$$

若 $\boldsymbol{Z}^{\mathrm{T}}\boldsymbol{Z}$ 是非奇异的, 则 $(\boldsymbol{Z}^{\mathrm{T}}\boldsymbol{Z})^{-1}$ 存在, 故得

$$\|\boldsymbol{Z\theta}-\boldsymbol{x}\|^2=\langle\boldsymbol{Z}^{\mathrm{T}}\boldsymbol{Z}[\boldsymbol{\theta}-(\boldsymbol{Z}^{\mathrm{T}}\boldsymbol{Z})^{-1}(\boldsymbol{Z}^{\mathrm{T}}\boldsymbol{x}),\boldsymbol{\theta}-(\boldsymbol{Z}^{\mathrm{T}}\boldsymbol{Z})^{-1}(\boldsymbol{Z}^{\mathrm{T}}\boldsymbol{x})]\rangle$$

$$-\langle(\boldsymbol{Z}^{\mathrm{T}}\boldsymbol{Z})^{-1}(\boldsymbol{Z}^{\mathrm{T}}\boldsymbol{x}),\boldsymbol{Z}^{\mathrm{T}}\boldsymbol{x}\rangle+\langle\boldsymbol{x},\boldsymbol{x}\rangle$$

因 $\boldsymbol{Z}^{\mathrm{T}}\boldsymbol{Z}$ 是正定的, 故当 $\theta=(\boldsymbol{Z}^{\mathrm{T}}\boldsymbol{Z})^{-1}(\boldsymbol{Z}^{\mathrm{T}}\boldsymbol{x})$ 时, 有

$$\begin{aligned}\|\boldsymbol{Z}\theta-x\|^2 &\geqslant \langle\boldsymbol{x},\boldsymbol{x}\rangle-\langle(\boldsymbol{Z}^{\mathrm{T}}\boldsymbol{Z})^{-1}(\boldsymbol{Z}^{\mathrm{T}}\boldsymbol{x}),\boldsymbol{Z}^{\mathrm{T}}\boldsymbol{x}\rangle\\ &=\|\boldsymbol{Z}\boldsymbol{\theta}-\boldsymbol{x}\|^2\big|_{\boldsymbol{\theta}=(\boldsymbol{Z}^{\mathrm{T}}\boldsymbol{Z})^{-1}(\boldsymbol{Z}^{\mathrm{T}}\boldsymbol{x})}=\min\end{aligned}$$

于是, 参数 $a_j(j=1,2,\cdots,n)$ 与 $b_\ell(\ell=0,1,2,\cdots,m)$ 可由如下方程来确定:

$$\boldsymbol{Z}^{\mathrm{T}}\boldsymbol{Z}\boldsymbol{\theta}=\boldsymbol{Z}^{\mathrm{T}}\boldsymbol{x}$$

假设又得到一组新的观测输入和输出数据 $u_{s-n+m+1}$ 与 x_{s+1}, 应如何递推确定新的参数 θ^*?

若记 $\boldsymbol{\alpha}^{\mathrm{T}}=[x_r,x_{r-1},\cdots,x_{r-n+1},u_{s-n+m+1},\cdots,u_{s-n+1}]$, 应用最小二乘法, 新的参数 $\boldsymbol{\theta}^*$ 应由如下方程确定:

$$[\boldsymbol{Z}^{\mathrm{T}}\quad\boldsymbol{\alpha}]\begin{bmatrix}\boldsymbol{Z}\\ \boldsymbol{\alpha}^{\mathrm{T}}\end{bmatrix}\boldsymbol{\theta}^*=\begin{bmatrix}\boldsymbol{Z}\\ \boldsymbol{\alpha}^{\mathrm{T}}\end{bmatrix}^{\mathrm{T}}\begin{pmatrix}\boldsymbol{x}\\ \boldsymbol{x}_{s+1}\end{pmatrix}$$

即有 $(\boldsymbol{Z}^{\mathrm{T}}\boldsymbol{Z}+\boldsymbol{\alpha}\boldsymbol{\alpha}^{\mathrm{T}})\boldsymbol{\theta}^*=\boldsymbol{Z}^{\mathrm{T}}\boldsymbol{x}+\boldsymbol{\alpha}\boldsymbol{x}_{s+1}$, 或

$$\boldsymbol{\theta}^*=(\boldsymbol{Z}^{\mathrm{T}}\boldsymbol{Z}+\boldsymbol{\alpha}\boldsymbol{\alpha}^{\mathrm{T}})^{-1}(\boldsymbol{Z}^{\mathrm{T}}\boldsymbol{x}+\boldsymbol{\alpha}\boldsymbol{x}_{s+1})=\boldsymbol{\theta}+\frac{(\boldsymbol{Z}^{\mathrm{T}}\boldsymbol{Z})^{-1}\boldsymbol{\alpha}}{1+\boldsymbol{\alpha}^{\mathrm{T}}(\boldsymbol{Z}^{\mathrm{T}}\boldsymbol{Z})^{-1}\boldsymbol{\alpha}}(\boldsymbol{x}_{s+1}-\boldsymbol{\alpha}^{\mathrm{T}}\boldsymbol{\theta})$$

其中应用到了

$$(\boldsymbol{Z}^{\mathrm{T}}\boldsymbol{Z}+\boldsymbol{\alpha}\boldsymbol{\alpha}^{\mathrm{T}})^{-1}=(\boldsymbol{Z}^{\mathrm{T}}\boldsymbol{Z})^{-1}-\frac{(\boldsymbol{Z}^{\mathrm{T}}\boldsymbol{Z})^{-1}\boldsymbol{\alpha}\boldsymbol{\alpha}^{\mathrm{T}}(\boldsymbol{Z}^{\mathrm{T}}\boldsymbol{Z})^{-1}}{1+\boldsymbol{\alpha}^{\mathrm{T}}(\boldsymbol{Z}^{\mathrm{T}}\boldsymbol{Z})^{-1}\boldsymbol{\alpha}}$$

实际上, 可导出

$$(\boldsymbol{Z}^{\mathrm{T}}\boldsymbol{Z}+\boldsymbol{\alpha}\boldsymbol{\alpha}^{\mathrm{T}})\left[(\boldsymbol{Z}^{\mathrm{T}}\boldsymbol{Z})^{-1}-\frac{(\boldsymbol{Z}^{\mathrm{T}}\boldsymbol{Z})^{-1}\boldsymbol{\alpha}\boldsymbol{\alpha}^{\mathrm{T}}(\boldsymbol{Z}^{\mathrm{T}}\boldsymbol{Z})^{-1}}{1+\boldsymbol{\alpha}^{\mathrm{T}}(\boldsymbol{Z}^{\mathrm{T}}\boldsymbol{Z})^{-1}\boldsymbol{\alpha}}\right]=\boldsymbol{I}\quad(\text{单位矩阵})$$

因此, 在新增加一组观测数据后, 只要根据 $(\boldsymbol{Z}^{\mathrm{T}}\boldsymbol{Z})^{-1}$ 及 $\boldsymbol{\theta},\boldsymbol{\alpha},x_{s+1}$ 就可确定未知参数 $\boldsymbol{\theta}^*$, 且不会因为观测数据的增加而增加计算机的库存.

习 题 5

1. 设线性定常控制系统 $[\boldsymbol{A}_1\ \ \boldsymbol{B}_1\ \ \boldsymbol{C}_1]$ 与 $[\boldsymbol{A}_2\ \ \boldsymbol{B}_2\ \ \boldsymbol{C}_2]$ 分别是传递函数矩阵 $\boldsymbol{F}_1(s)$ 与 $\boldsymbol{F}_2(s)$ 的实现. 假设 $\boldsymbol{F}_1(s)\boldsymbol{F}_2(s)$ 存在, 证明:

$$\boldsymbol{A}=\begin{bmatrix}\boldsymbol{A}_1 & \boldsymbol{B}_1\boldsymbol{C}_2\\ \boldsymbol{0} & \boldsymbol{A}_2\end{bmatrix},\quad \boldsymbol{B}=\begin{bmatrix}\boldsymbol{0}\\ \boldsymbol{B}_2\end{bmatrix},\quad \boldsymbol{C}=[\boldsymbol{C}_1\ \ \boldsymbol{0}]$$

是 $\boldsymbol{F}_1(s)\boldsymbol{F}_2(s)$ 的实现.

2. 假设线性定常控制系统 $[\boldsymbol{A}\ \ \boldsymbol{B}\ \ \boldsymbol{C}]$ 与 $[\boldsymbol{A}_1\ \ \boldsymbol{B}_1\ \ \boldsymbol{C}_1]$ 都是传递函数矩阵 $\boldsymbol{F}(s)$ 的实现. 证明: $\boldsymbol{C}\exp(\boldsymbol{A}t)\boldsymbol{B}=\boldsymbol{C}_1\exp(\boldsymbol{A}_1t)\boldsymbol{B}_1$.

3. 若 $\hat{\boldsymbol{A}}=\boldsymbol{P}^{-1}\boldsymbol{A}\boldsymbol{P},\hat{\boldsymbol{B}}=\boldsymbol{P}^{-1}\boldsymbol{B},\hat{\boldsymbol{C}}=\boldsymbol{C}\boldsymbol{P}$, 证明:

$$\begin{bmatrix}\boldsymbol{P}^{-1} & \boldsymbol{0}\\ \boldsymbol{0} & \boldsymbol{I}\end{bmatrix}\begin{bmatrix}s\boldsymbol{I}-\boldsymbol{A} & \boldsymbol{B}\\ \boldsymbol{C} & \boldsymbol{0}\end{bmatrix}\begin{bmatrix}\boldsymbol{P} & \boldsymbol{0}\\ \boldsymbol{0} & \boldsymbol{I}\end{bmatrix}=\begin{bmatrix}s\boldsymbol{I}-\hat{\boldsymbol{A}} & \hat{\boldsymbol{B}}\\ \hat{\boldsymbol{C}} & \boldsymbol{0}\end{bmatrix}$$

4. 若 $\boldsymbol{F}(s)=\left[\dfrac{1}{s+1},\dfrac{1}{(s+1)^2},\dfrac{1}{(s+1)^4}\right]$, 求其 Hankel 矩阵 $\boldsymbol{K}$ 和 rank$\boldsymbol{K}$.

5. 设 $\boldsymbol{A}\in\mathbb{R}^{n\times n},\boldsymbol{B}\in\mathbb{R}^{n\times m},\boldsymbol{C}\in\mathbb{R}^{r\times n}$ 是 Hankel 矩阵 $\boldsymbol{K}$ 的一个实现. 若存在正整数 i 与 j, 使 $\mathrm{rank}[\boldsymbol{C}\ \ \boldsymbol{C}\boldsymbol{A}\ \ \cdots\ \ \boldsymbol{C}\boldsymbol{A}^{i-1}]^{\mathrm{T}}[\boldsymbol{B}\ \ \boldsymbol{A}\boldsymbol{B}\ \ \cdots\ \ \boldsymbol{A}^{j-1}\boldsymbol{B}]=n$, 证明: 此实现是 $\boldsymbol{K}$ 的最小实现.

6. 已知线性定常控制系统的传递函数是 $G(s)=\dfrac{1}{s^2+a_1s+a_2}$. 写出其两种不同的实现, 问其系数矩阵 $\boldsymbol{A}$ 的阶数是否相同? 至少是多少?

7. 试求传递函数 $G(s)=\dfrac{s+1}{s^4+5s^3+6s^2+5s+3}$ 的最小实现.

8. 已知传递函数矩阵

$$\boldsymbol{F}(s)=\begin{bmatrix}\dfrac{1}{s} & \dfrac{2}{s+1}\\ \dfrac{1}{s-1} & \dfrac{1}{s}\end{bmatrix}$$

求系统的状态空间实现, 并判断是否是最小实现.

9. 求下列传递函数矩阵的实现, 并判断是否是最小实现. 如果不是, 求其最小实现.

(1) $\boldsymbol{F}(s)=\left[\dfrac{1}{s+1},\dfrac{1}{s^2+3s+2}\right]$;

(2) $\boldsymbol{F}(s)=\begin{bmatrix}\dfrac{s+1}{s+2}\\ \dfrac{s+3}{(s+2)(s+4)}\end{bmatrix}$.

10. 设有系统

$$\begin{cases}\ddot{w}(t)+2\dot{w}(t)+3w(t)-z(t)=u(t)\\ \dot{z}(t)+z(t)+4w(t)=v(t)\end{cases}$$

求此系统的实现, 并判断是否为最小实现.(提示: 看作两个子系统的串联, 如图 5.2 所示.)

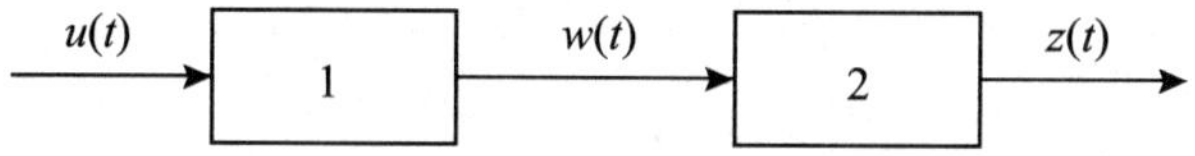

图 5.2

11. 已知 z 传递函数有形式: $G(z)=\dfrac{b}{z^2+a_1z+a_2}$, 其中参数 a_1,a_2,b 未知. 通过测量得到下列输入和输出数据: $u_0=0,u_1=-1,u_2=-2,u_3=1;x_0=0,x_1=1,x_2=1,x_3=-1,x_4=-1$. 试求此离散时间控制系统的参数 a_1,a_2 与 b. 此后又测得 $u_4=1.6,x_5=1$. 试用递推算法, 对 a_1,a_2 与 b 进行修正.

第 6 章　最优控制

本章要介绍控制系统在受控对象的状态方程给定后, 如何使系统的动态性能或其他性能指标最优问题的方法, 进而求出控制装置的运算形式或控制规律, 为控制系统提供设计原理.

6.1　性能指标

6.1.1　性能的度量

考虑一般的非线性时变系统

$$\begin{aligned}\dot{\boldsymbol{x}}(t) &= \boldsymbol{f}(x_1(t),\cdots,x_n(t),u_1(t),\cdots,u_n(t),t)\\ &= \boldsymbol{f}(\boldsymbol{x}(t),\boldsymbol{u}(t),t),\quad \boldsymbol{x}(0)=\boldsymbol{x}_0\quad (t\geqslant 0)\end{aligned}$$

其中 $\boldsymbol{f}$ 的各分量是连续可微的. 当 $\boldsymbol{u}(t)$ 给定后, 系统存在唯一解. 性能指标是数量, 它是评价控制系统性能的测度, 或能对系统的性能给予度量.

(1) 最短时间问题. 这里 $\boldsymbol{u}(t)$ 的选择应使系统的初始状态 $\boldsymbol{x}_0$ 以最短的可能时间, 转移到指定的状态. 它等价于性能指标

$$J(\boldsymbol{x}_0,\boldsymbol{u}(\cdot)) = t_\alpha = \int_0^{t_\alpha} \mathrm{d}t = \min$$

其中 t_α 是达到确定状态的第一时间.

(2) 末端的控制问题. 这时要找状态 $\boldsymbol{x}_\alpha = \boldsymbol{x}(t_\alpha)$ 附近的某些可能的期望状态 $r(t_\alpha)$, 使性能指标

$$J(\boldsymbol{x}_0, \boldsymbol{u}(\cdot)) = \boldsymbol{\theta}(\boldsymbol{x}_\alpha, t_\alpha) = \boldsymbol{e}^{\mathrm{T}}(t_\alpha)\boldsymbol{Q}\boldsymbol{e}(t_\alpha) = \min$$

其中 $\boldsymbol{e}(t) = \boldsymbol{x}(t) - \boldsymbol{r}(t)$, $\boldsymbol{Q} \in \mathbb{R}^{n\times n}$ 是实对称正定矩阵.

(3) 最小控制力问题. 将初始状态转移到零状态（$t_\alpha \geqslant 0$）, 使控制力总费用最小, 其性能指标为

$$J(\boldsymbol{x}_0, \boldsymbol{u}(\cdot)) = \int_0^{t_\alpha} \boldsymbol{u}^{\mathrm{T}}(t)\boldsymbol{R}\boldsymbol{u}(t)\mathrm{d}t = \min$$

其中 $\boldsymbol{R} \in \mathbb{R}^{m\times m}$ 是实对称正定矩阵, 而元素 $r_{ij}\ (i, j = 1, 2, \cdots, m)$ 是加权因子.

(4) 跟踪控制问题. 这个问题的主要目的是在时段 $0 \leqslant t \leqslant t_\alpha$ 内 "跟踪" 可能的某些期望的状态 $r(t)$, 其性能指标为

$$\int_0^{t_\alpha} \boldsymbol{e}^{\mathrm{T}}(t)\boldsymbol{Q}\boldsymbol{e}(t)\mathrm{d}t = \min$$

其中 $\boldsymbol{Q} \in \mathbb{R}^{n\times n}$ 是实对称矩阵. 为了避免某些控制分量 $u_j(t)(j = 1, 2, \cdots, m)$ 是无界的, 通常应把二者结合起来考虑, 就得到二次型性能指标

$$J(\boldsymbol{x}_0, \boldsymbol{u}(\cdot)) = \int_0^{t_\alpha} [\boldsymbol{e}^{\mathrm{T}}(t)\boldsymbol{Q}\boldsymbol{e}(t) + \boldsymbol{u}^{\mathrm{T}}(t)\boldsymbol{R}\boldsymbol{u}(t)]\mathrm{d}t = \min$$

特别地, 若跟踪的为平衡状态, 即 $\boldsymbol{r}(t) = \boldsymbol{0}$, 则有

$$J(\boldsymbol{x}_0, \boldsymbol{u}(\cdot)) = \int_0^{t_\alpha} [\boldsymbol{x}^{\mathrm{T}}(t)\boldsymbol{Q}\boldsymbol{x}(t) + \boldsymbol{u}^{\mathrm{T}}(t)\boldsymbol{R}\boldsymbol{u}(t)]\mathrm{d}t = \min$$

从上面的这些例子可看出, 性能指标是控制目的的数学表达式, 通常是控制函数 $\boldsymbol{u}(t)$ 的显式或隐式泛函, 用它达到最优（最小或最大）来评价某个容许控制 $\boldsymbol{u}(t)$ 的好或坏, 即是否为最优控制. 不过, 评价问题是和评价的对象、评价的地点、评价的目的、评价的时间紧密联系的一个复合体. 某事物的价值并不是指此事物的固有属性, 它是事物之间的相对关系. 所谓 "物以稀为贵". 例如一杯淡水, 在某些地区也许不值一文, 可是在大西北的沙漠地区, 当有人因为干涸而倒下时, 那么一杯淡水的价值, 就抵得上人的生命了！当然, 在实际中往往把这个复合体进行分解, 对种种具体问题总是抓住重要因素, 而略去次要的枝节, 再转化为数学

上的性能指标. 一般来说, 控制系统的性能指标是表明进行控制的费用或损失, 通常归结为Bolza形式：

$$J(\boldsymbol{x}_0,\boldsymbol{u}(\cdot))=\theta(\boldsymbol{x}_\alpha,t_\alpha)+\int_0^{t_\alpha}L(\boldsymbol{x}(t),\boldsymbol{u}(t),t)\mathrm{d}t$$

其中θ和L都是连续可微的数量函数.

另外, 在实际问题中, 控制向量$\boldsymbol{u}(t)$是有一定限制的或受到一定约束的, 它不能任意取值. 一般控制向量$\boldsymbol{u}(t)$在m维欧氏空间$\mathbb{R}^m$中某给定的有界凸集合U上取值, 即有$U=\{\boldsymbol{u}(t)=[u_1(t),\cdots,u_m(t)]^{\mathrm{T}}|u_i(t)(i=1,2,\cdots,m)\}$是分段连续性的有界函数, 称为容许控制集合, 而$\boldsymbol{u}(t)\in U$就称为容许控制.

还有端点条件（包括初始条件）, 它是求某个最优控制问题时, 必须指出的初始值$\boldsymbol{x}(0)=\boldsymbol{x}_0\in\mathbb{R}^n$以及终止条件, 是指终止时刻$t_\alpha$时, 终止状态$\boldsymbol{x}(t_\alpha)=\boldsymbol{x}_\alpha$应满足的条件. 通常$\boldsymbol{x}_\alpha\in Z\subset\mathbb{R}^n$. 若终止状态$\boldsymbol{x}_\alpha$是给定的, 称为固定端点问题, 这时$Z$是$\mathbb{R}^n$中给定的一点；若$Z\subset\mathbb{R}^n$, 这时$\boldsymbol{x}_\alpha$未给定, 称为自由端点问题.

6.1.2 最优控制的存在性与唯一性介绍

例 6.1 设有控制系统

$$\dot{x}_1(t)=u_1(t),\quad \dot{x}_2(t)=u_2(t),\quad \dot{x}_3(t)=1$$

且

$$\boldsymbol{x}(0)=\boldsymbol{x}_0=[0,0,0]^{\mathrm{T}},\quad \boldsymbol{x}(1)=[0,0,1]^{\mathrm{T}},\quad U=\{\boldsymbol{u}(t):u_1^2(t)+u_2^2(t)=1\}$$

以及$J(\boldsymbol{x}_0,\boldsymbol{u}(\cdot))=\int_0^1[x_1^2(t)+x_2^2(t)]\mathrm{d}t$. 求最优控制$\hat{\boldsymbol{u}}(t)$, 使性能指标$J(\boldsymbol{x}_0,\boldsymbol{u}(\cdot))$取到最小.

解 因$\boldsymbol{u}_k(t)=[u_{k_1}(t),u_{k_2}(t)]=[\sin 2k\pi t,\cos 2k\pi t]$都满足条件

$$u_{k_1}^2(t)+u_{k_2}^2(t)=1\quad(k=\pm1,\pm2,\cdots)$$

且

$$x_{k_1}(t)=\frac{1-\cos 2k\pi t}{2k\pi},\quad x_{k_2}(t)=\frac{\sin 2k\pi t}{2k\pi},\quad x_{k_3}(t)=t\quad(k=\pm1,\pm2,\cdots)$$

都是 $\boldsymbol{u}_k(t)$ 对应的唯一解. 此外, $\boldsymbol{x}(1)=[\,0,0,1\,]^{\mathrm{T}}$, 并对一切容许控制 $\boldsymbol{u}(t)$, 都有 $J(\mathbf{0},\boldsymbol{u}(\cdot))\geqslant 0$. 而 $J(\mathbf{0},\boldsymbol{u}_k(\cdot))\leqslant(k\pi)^{-2}(k=\pm1,\pm2,\cdots)$, 且 $\min J(\mathbf{0},\boldsymbol{u}(\cdot))=0$.

若存在最优控制 $\hat{\boldsymbol{u}}(t)$, 则必有 $J(\mathbf{0},\hat{\boldsymbol{u}}(\cdot))=0$.

由于 $J(\mathbf{0},\hat{\boldsymbol{u}}(\cdot))=0$, 故几乎处处有 $\hat{x_1}(t)=0,\hat{x_2}(t)=0$. 但是, 这仅当几乎处处有 $\hat{u_1}(t)=\hat{u_2}(t)=0$. 这时, $\hat{\boldsymbol{u}}(t)\notin U$. 因此, 对例 6.1 而言, 最优控制不存在.

例 6.2　设有一维控制系统: $\dot{x}(t)=u(t),x(0)=0,x(1)=0$, 且容许控制集合 $U=\{u(t):|u(t)|<1\}$,

$$J(0,u(\cdot))=\int_0^1[1-u^2(t)]\mathrm{d}t=\min$$

解　这时, 有 $J(0,u(\cdot))\geqslant 0$. 若对每一个正整数 $n=1,2,\cdots$, 取最优控制

$$\hat{u}(t)=(-1)^k\quad\left(\frac{k}{2^k}\leqslant t\leqslant\frac{k+1}{2^n},k=0,1,\cdots,2^n-1\right)$$

则对于每一个正整数 n, $\hat{u}(t)\in U$, 且 $J(0,\hat{u}(\cdot))=0$. 故每个 $\hat{u}(t)$ 都确实是最优控制, 从而说明例 6.2 存在无穷多个最优控制.

可以证明, 在一定条件下最优控制是存在且唯一的. 今后, 总假设最优控制是存在且唯一的.

6.2　Bellman 方程与 Pontryagin 最大值原理

这一节应用 Bellman 的动态规划法导出较一般的最大值原理.

6.2.1　Bellman 方程与值函数

假设 $W(x(t),t)\in\mathbb{R}$ 是最优控制在 $t\in[0,t_\alpha]$ 时刻的性能指标, 它是定义在 $Z_n\times[0,t_\alpha]$ 上的连续可微函数 (其中 $Z_n\subset\mathbb{R}^n$ 为状态空间), 即 t 时刻状态为 $x(t)$ 的最优值. 为确定起见, 假定为最大值.

Bellman 在《动态规划》中提出了最优性原理:“若将一条最优轨道分成两段, 则最后一段本身也是最优的.”

实际上, 可参看图 6.1.

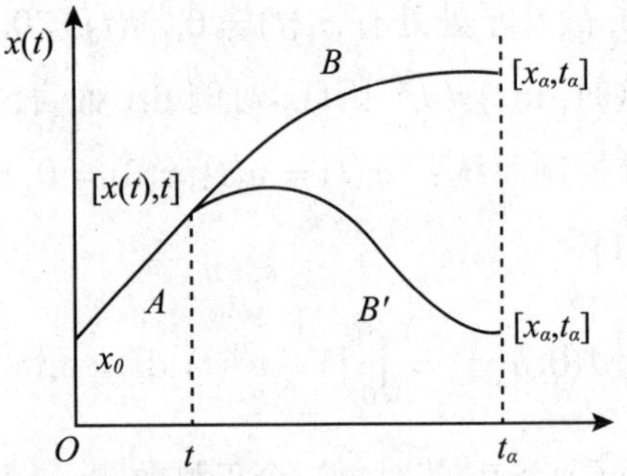

图 6.1 $[0,t_\alpha]\times Z_n$ 中的最优轨道

假定路径 B 不是最优的, 于是应从 $[x(t),t]$ 开始可以找到一条“更优”的路径 B', 就给出一个比路径 B 更大的性能指标值. 今沿轨道 A 到达 $[x(t),t]$, 然后再从 B' 到达最后的 $[x_\alpha,t_\alpha]$, 这必然会给出一个更大的总性能指标值. 这显然与轨道 A+B 是最优的假设矛盾, 从而就证明了最优性原理. 这里假定容许轨道段可连接成一段容许轨道.

今应用最优性原理导出 $W(x(t),t)$ 应满足的方程. 图 6.2 是最优轨道在 $Z_n\times[0,t_\alpha]$ 上的图像. 若取两个邻近点 $[x(t),t]$ 与 $[x(t)+\Delta x,t+\Delta t]$, 其中 Δt 是充分小的时间增量. 这两个邻近点处相应的性能指标的函数值, 从 $W(x(t),t)$ 变化到 $W(x(t)+\Delta x,t+\Delta t)$. 按最优原理知, 性能指标函数值的变化是由两部分引起的. 第一部分是函数 $L(x(t),u(t),t)$ 从 t 到 $t+\Delta t$ 的积分引起的 J 的变化; 第二部分是在时刻 $t+\Delta t$ 的函数值 $W(x(t)+\Delta x,t+\Delta t)$.

现在的控制作用就是要选择容许控制, 使这两项之和达到最大, 写成等式形式为

$$W(x(t),t)=\max_{\substack{u(\tau)\in U\\ \tau\in[t,t+\Delta t]}}\left\{\int_t^{t+\Delta t}L(x(\tau),u(\tau),\tau)\mathrm{d}\tau+W(x(t+\Delta t),t+\Delta t)\right\}$$

其中 Δt 表示 t 的充分小的增量. 由 $L(x(\tau),u(\tau),\tau)$ 的连续性, 上述等式可写成

$$W(x(t),t)=\max_{u(t)\in U}\{L(x(t),u(t),t)\Delta t+W(x(t+\Delta t),t+\Delta t)+o(\Delta t)\}$$

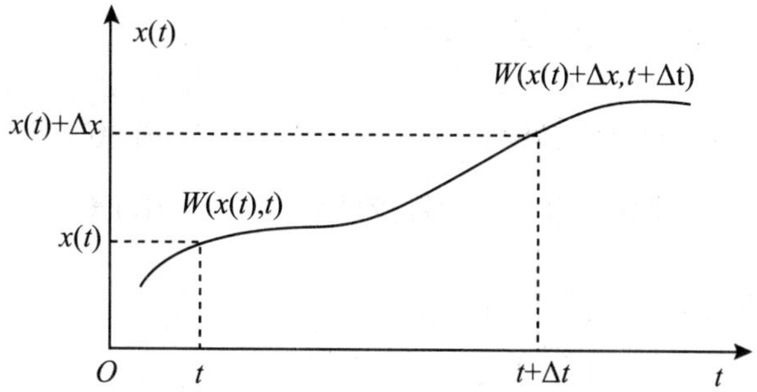

图 6.2

由函数 $W(x(t),t)$ 的可微性, 得到

$$W(x(t+\Delta t),t+\Delta t)=W(x(t),t)+[W_x(x(t),t)\dot{x}(t)+W_t(x(t),t)]\Delta t+o(\Delta t)$$

其中 $W_x(x(t),t)$ 和 $W_t(x(t),t)$ 分别表示 $W(x(t),t)$ 关于 $x(t)$ 与 t 的偏微商. 因为 $\dot{x}(t)=f(x(t),u(t),t)$, 故有

$$\begin{aligned}W(x(t),t)=\max_{u(t)\in U}\{&L(x(t),u(t),t)\Delta t+W(x(t),t)+W_x(x(t),t)f(x(t),u(t),t)\Delta t\\&+W_t(x(t),t)\Delta t+o(\Delta t)\}\end{aligned}$$

令 $\Delta t\to 0$, 就得到如下方程:

$$W_t(x(t),t)=\min_{u(t)\in U}\{L(x(t),u(t),t)+W_x(x(t),t)f(x(t),u(t),t)\}$$

称为 Bellman 方程, 且终止条件为

$$W(x_\alpha,t_\alpha)=\theta(x_\alpha,t_\alpha)$$

也可表示当 $t=t_\alpha$ 时 $W(x(t),t)$ 的函数值, 称为值函数.

定理 6.1　设 $W(x(t),t)$ 满足 Bellman 方程,

$$W_t(x(t),t)=\min_{u(t)\in U}\{L(x(t),u(t),t)+W_x(x(t),t)f(x(t),u(t),t)\}$$

且 $W(x_0,0)=\theta(x_0,0)$.

(1) $J(x_0,u(\cdot))\geqslant W(x_0,t_\alpha)$;

(2) 设有函数 $\hat{U}: Z_n \times [0, t_\alpha] \to \Omega$,

$$
\begin{aligned}
& L(x(t), \hat{U}(x(t), t), t) + W_x(x(t), t) f(x(t), \hat{u}(x(t), t), t) \\
& \leqslant L(x(t), u(t), t) + W_x(x(t), t) f(x(t), u(t), t)
\end{aligned}
$$

$t \in [0, t_\alpha], x(t) \in Z_n, u(t) \in U$, 且有

$$
\begin{cases}
\dot{\hat{x}}(t) = f(\hat{x}(t), \hat{U}(\hat{x}(t), t_\alpha - t), t) \\
\hat{x}(0) = x_0 \quad (0 \leqslant t \leqslant t_\alpha)
\end{cases}
$$

则当 $\hat{u}(t) = \hat{U}(\hat{x}(t), t_\alpha - t)(0 \leqslant t \leqslant t_\alpha)$ 时,

$$
J(x_0, \hat{u}(\cdot)) = W(x_0, t_\alpha)
$$

证明 (1) 令 $w(t) = W(x(t), t_\alpha - t)(0 \leqslant t \leqslant t_\alpha)$, 则有

$$
\dot{w}(t) = -W_t(x(t), t_\alpha - t) + W_x(x(t), t_\alpha - t) f(x(t), u(t), t)
$$

对上式两边从 0 到 t_α 积分, 并注意假设, 有

$$
\begin{aligned}
W(x_\alpha, 0) - W(x_0, t_\alpha) &= \int_0^{t_\alpha} [-W_t(x(t), t_\alpha - t) + W_x(x(t), t_\alpha - t) f(x(t), u(t), t)] \mathrm{d}t \\
&\geqslant -\int_0^{t_\alpha} L(x(t), u(t), t) \mathrm{d}t
\end{aligned}
$$

或者

$$
\theta(x_\alpha, t_\alpha) + \int_0^{t_\alpha} L(x(t), u(t), t) \mathrm{d}t \geqslant W(x_0, t_\alpha)
$$

即有 $J(x_0, u(\cdot)) \geqslant W(x_0, t_\alpha)$.

(2) 应用假设, 并采用与 (1) 类似的方法, 对最优控制 $\hat{u}(t)$ 与对应的输出 $\hat{x}(t)$, 有

$$
\begin{aligned}
W(\hat{x}(t_\alpha), 0) - W(x_0, t_\alpha) &= \int_0^{t_\alpha} [-W_t(\hat{x}(t), t_\alpha - t) + W_x(\hat{x}(t), t_\alpha - t) f(\hat{x}(t), \hat{u}(t), t)] \mathrm{d}t \\
&= \int_0^{t_\alpha} L[\hat{x}(t), \hat{u}(t), t] \mathrm{d}t
\end{aligned}
$$

故得 $W(\hat{x}(t_\alpha), 0) + \int_0^{t_\alpha} L(\hat{x}(t), \hat{u}(t), t) \mathrm{d}t = W(x_0, t_\alpha)$, 即 $J(x_0, \hat{u}(\cdot)) = W(x_0, t_\alpha)$. □

定理 6.2　设 $L(x(t),u(t),t)$ 是非负的连续函数. 假设存在非负函数 $W(x(t))$ 定义在 $Z_n\in\mathbb{R}^n$ 上且连续可微, 并满足方程

$$\min_{u(t)\in U}\{L(x(t),u(t),t)+W_x(x(t))f(x(t),u(t),t)\}=0$$

若对给定的 $u(\cdot)$ 与对应的输出 $x(t)$, 有 $\lim\limits_{t\to+\infty}W(x(t))=0$, 则

$$\int_0^{+\infty}L(x(t),u(t),t)\mathrm{d}t=W(x_0)$$

若 $\hat{u}(t)\in U$, 使

$$L(x(t),\hat{u}(t),t)+W_x(x(t))f(x(t),\hat{u}(t),t)=0$$

而 $\hat{x}(t)$ 是 $\dot{\hat{x}}(t)=f(\hat{x}(t),\hat{u}(t),t),\hat{x}(0)=x_0(t\geqslant 0)$ 的解, 且 $\lim\limits_{t\to+\infty}W(\hat{x}(t))=0$, 则有

$$\int_0^{+\infty}L(x(t),\hat{u}(t),t)\mathrm{d}t=W(x_0)$$

证明　应用定理 6.1 以及 $\theta(x_0)=W(x_0)$. 因函数 $\widetilde{W}(x(t),t)=W(x(t))$ 满足定理 6.1 的一切条件, 故对任意给定的控制 $u(\cdot)$ 与对应的输出 $x(t)$, 有

$$\int_0^{t_\alpha}L(x(t),u(t),t)\mathrm{d}t+W(x_\alpha,t_\alpha)\geqslant W(x_0)$$

令 $t_\alpha\to+\infty$, 就有 $\int_0^{+\infty}L(x(t),u(t),t)\mathrm{d}t\geqslant W(x_0)$.

另外, 对于最优控制 $\hat{u}(t)$ 与对应的输出 $\hat{x}(t)$, 有

$$\int_0^{t_\alpha}L(\hat{x}(t),\hat{u}(t),t)\mathrm{d}t+W(\hat{x}_\alpha,t_\alpha)=W(x_0)$$

因此, 若 $\lim\limits_{t_\alpha\to+\infty}W(\hat{x}_\alpha,t_\alpha)=0$, 则有

$$\int_0^{+\infty}L(\hat{x}(t),\hat{u}(t),t)\mathrm{d}t=W(x_0)$$

□

6.2.2 Pontryagin 最大值原理

若在 6.2.1 小节中的 Bellman 方程里, 令 $W_x(x(t),t)$ 为协状态变量 $\lambda(t)$, 即

$$\lambda(t)=W_x(x(t),t)$$

再引入 Hamilton 函数

$$H(x(t),u(t),W_x,t)=L(x(t),u(t),t)+\lambda(t)f(x(t),u(t),t)$$

则 Bellman 方程可写成

$$0=\max_{u(t)\in U}\{H(x(t),u(t),W_x,t)+W_t(x(t),t)\}$$

若 $\hat{x}(t)$ 与 $\hat{\lambda}(t)$ 是 t 时刻状态变量与协状态变量的最优值, 那么最优控制 $\hat{u}(t)$ 必须满足

$$H(\hat{x}(t),\hat{u}(t),\hat{\lambda}(t),t)+W_t(\hat{x}(t),t)\geqslant H(\hat{x}(t),u(t),\hat{\lambda}(t),t)+W_t(\hat{x}(t),t)$$

对一切的 $u(t)\in U$ 成立, 或有

$$H(\hat{x}(t),\hat{u}(t),\hat{\lambda}(t),t)\geqslant H(\hat{x}(t),u(t),\hat{\lambda}(t),t)$$

对一切的 $u(t)\in U$ 成立. 这称为 Pontryagin 最大值原理.

特别地, 若 Hamilton 函数关于 $u(t)$ 是可微的, 就得到 $\hat{u}(t)$ 满足的最优条件:

(1) $\dfrac{\partial}{\partial u}(H+W_t)=\dfrac{\partial H}{\partial u}=0$, 即

$$\frac{\partial L(x(t),u(t),t)}{\partial u(t)}+\lambda(t)\frac{\partial f(x(t),u(t),t)}{\partial u(t)}=0$$

(2) $\dfrac{\partial}{\partial x}(H+W_t)=L_x+W_xf_x+W_{xx}f+W_{tx}=0$, 应用本章习题第 2 题, 得到

$$\frac{\mathrm{d}W_x}{\mathrm{d}t}=W_{xx}f+W_{xt}$$

或者

$$\frac{\mathrm{d}W_x}{\mathrm{d}t}=-L_x-W_xf_x$$

由此即得

$$\dot{\lambda}(t)=-L_x-\lambda(t)f_x=-\frac{\partial H}{\partial x}$$

由终止条件 $W(x_\alpha,t_\alpha)=\theta(x_\alpha,t_\alpha)$, 得到

$$\lambda(t_\alpha)=\theta_x(x_\alpha,t_\alpha)$$

(3) 由 Hamilton 函数的定义, 可把控制系统的状态方程写成 $\dot{x}(t)=\partial H/\partial\lambda(t)$, $x(0)=x_0$.

若 $\hat{u}(t),\hat{x}(t)$ 分别是最优控制和最优轨道, 则存在非零的 $\hat{\lambda}(t)$, 使

$$\begin{aligned}&\dot{\hat{x}}(t)=f(\hat{x}(t),\hat{u}(t),t),\quad \hat{x}(0)=\hat{x}_0\\&\dot{\hat{\lambda}}(t)=-\frac{\partial H(\hat{x}(t),\hat{u}(t),t)}{\partial\hat{x}(t)},\quad \hat{\lambda}(t_\alpha)=\theta_x(x_\alpha,t_\alpha),\quad \hat{\lambda}(t_\alpha)=0\end{aligned}$$

对于一切 $u(t)\in U,\ t\in[0,t_\alpha]$, 使

$$H(\hat{x}(t),\hat{u}(t),\hat{\lambda}(t),t)\geqslant H(\hat{x}(t),u(t),\hat{\lambda}(t),t)$$

通常把上述的必要条件称为 Pontryagin 最大值原理, 简称为最大值原理.

应用最大值原理时, 一般来说, 必须在 Hamilton 函数取到最大值 $\hat{u}(t)$ 之后, 再求解状态方程与 $\dot{\hat{\lambda}}(t)=-\partial H/\partial\hat{x}(t)$. 但这是两点边值问题, 通常要求得这种问题的解是十分困难的, 不过, 对一些特殊情形还是容易求解的. 例如, 当 $\dot{\hat{\lambda}}(t)=-\partial H/\partial\hat{x}(t)$ 不依赖于状态和控制变量时, 可以先对它求解, 然后给出最优控制 $\hat{u}(t)$, 最后解出对应的状态变量 $\hat{x}(t)$.

例 6.3　设控制系统的状态方程为

$$\dot{x}(t)=x(t)+u(t),\quad x(0)=5$$

且 $u(t)\in U=[0,2]$, $J(x_0,u(\cdot))=\int_0^2[2x(t)-3u(t)-u^2(t)]\mathrm{d}t$. 求 $\hat{u}(t)$, 使 $J(x_0,u(\cdot))=\max$.

解　此时, 有 $t_\alpha=2,\ L=2x(t)-3u(t)-u^2(t),\ \theta(x_\alpha,2)=0$, 而 $f=x(t)+u(t)$, 于是有

$$H=[2+\lambda(t)]x(t)-[u^2(t)+3u(t)-\lambda(t)u(t)]$$

使 Hamilton 函数取到最大值的必要条件为

$$\frac{\partial H}{\partial u}=-2u(t)-3+\lambda(t)=0$$

且 $\partial^2H/\partial u^2=-2<0$, 因此 $\hat{u}(t)=[\hat{\lambda}(t)-3]/2$.

此外, 有 $\dot{\hat{\lambda}}(t)=-\partial H/\partial\hat{x}(t)=-2-\hat{\lambda}(t),\hat{\lambda}(2)=0$, 故有 $\hat{\lambda}(t)=2(\mathrm{e}^{2-t}-1)$. 代入 $\hat{u}(t)$ 后, 得到

$$\hat{u}(t)=\begin{cases}2 & (\mathrm{e}^{2-t}-2.5>2)\\ \mathrm{e}^{2-t}-2.5 & (0\leqslant \mathrm{e}^{2-t}-2.5\leqslant 2)\\ 0 & (\mathrm{e}^{2-t}-2.5<0)\end{cases}$$

代入状态方程后容易求出 $\hat{x}(t)$.

6.2.3 最大值原理的充分条件

现定义 $\bar{H}(x(t),\lambda(t),t)=\max\limits_{u(t)\in U}H(x(t),u(t),\lambda(t),t)$, 称为派生 Hamilton 函数. 假设从上式得到的函数 $\bar{u}(x(t),\lambda(t),t)$ 是存在且唯一的, 则有

$$\bar{H}(x(t),\lambda(t),t)=H(x(t),\bar{u}(x(t),\lambda(t),t),\lambda(t),t)$$

定理 6.3 设 $\hat{u}(t)$ 与对应的 $\hat{x}(t),\hat{\lambda}(t)$ 对一切 $t\in[0,t_\alpha]$ 满足最大值原理的必要条件. 若 $\bar{H}(x(t),\hat{\lambda}(t),t)$ 对于每个 t 是 $x(t)$ 的上凸函数, 且 $\theta(x(t))$ 是 $x(t)$ 的上凸函数, 则 $\hat{u}(t)$ 是最优控制.

证 因为 $H(x(t),u(t),\hat{\lambda}(t),t)\leqslant\bar{H}(x(t),\hat{\lambda}(t),t)$, 故从 $\bar{H}$ 是上凸函数, 知

$$\bar{H}(x(t),\hat{\lambda}(t),t)\leqslant\bar{H}(\hat{x}(t),\hat{\lambda}(t),t)+\bar{H}_x(\hat{x}(t),\hat{\lambda}(t),t)[x(t)-\hat{x}(t)]$$

于是得到

$$H(x(t),u(t),\hat{\lambda}(t),t)\leqslant H(\hat{x}(t),\hat{u}(t),\hat{\lambda}(t),t)+\bar{H}_x(\hat{x}(t),\hat{\lambda}(t),t)[x(t)-\hat{x}(t)]$$

或者

$$\begin{aligned}L(x(t),u(t),t)+\hat{\lambda}(t)f(x(t),u(t),t)\leqslant\ & L(\hat{x}(t),\hat{u}(t),t)+\hat{\lambda}(t)f(\hat{x}(t),\hat{u}(t),t)\\ & -\dot{\hat{\lambda}}(t)[x(t)-\hat{x}(t)]\end{aligned}$$

整理后, 有

$$L(\hat{x}(t),\hat{u}(t),t)-L(x(t),u(t),t)\geqslant\dot{\hat{\lambda}}(t)[x(t)-\hat{x}(t)]+\hat{\lambda}(t)[\dot{x}(t)-\dot{\hat{x}}(t)]$$

另外, 由假设, 知

$$\theta(x_\alpha,t_\alpha)\leqslant\theta(\hat{x}_\alpha,t_\alpha)+\theta_x(\hat{x}_\alpha,t_\alpha)(x_\alpha-\hat{x}_\alpha)$$

或者

$$\theta(\hat{x}_\alpha,t_\alpha)-\theta(x_\alpha,t_\alpha)+\theta_x(\hat{x}_\alpha,t_\alpha)(x_\alpha-\hat{x}_\alpha)\geqslant 0$$

从而得到

$$J(x_0,\hat{u}(\cdot))-J(x_0,u(\cdot))+\theta_x(\hat{x}_\alpha,t_\alpha)(x_\alpha-\hat{x}_\alpha)\geqslant\hat{\lambda}(t_\alpha)(x_\alpha-\hat{x}_\alpha)-\hat{\lambda}(0)(x_0-\hat{x}_0)$$

因为 $\hat{x}_0=x_0=x(0),\hat{\lambda}(t_\alpha)=\theta_x(\hat{x}_\alpha,t_\alpha)$, 故有

$$J(x_0,\hat{u}(\cdot))\geqslant J(x_0,u(\cdot))$$

即 $\hat{u}(t)$ 是一个最优控制. □

例 6.4　证明：例 6.3 的解满足充分条件.

证明　这时, 有 $\bar{H}=(2+\lambda)x-(\bar{u}^2+3\bar{u}-\lambda\bar{u})$, 其中 $\bar{u}(t)$ 由例 6.3 中的 $\hat{u}(t)$ 给出, 而 $\bar{u}$ 仅是 t 的函数, 故 $\bar{H}$ 是关于 x 的上凸函数, 且 $\theta(x)=0$, 因而充分条件成立.

6.3　一般的最大值原理

6.3.1　控制变量受约束的情形

设状态方程为 $\dot{\boldsymbol{x}}(t)=\boldsymbol{f}(\boldsymbol{x}(t),\boldsymbol{u}(t),t),\boldsymbol{x}(0)=\boldsymbol{x}_0$, 其中 $\boldsymbol{x}(t)\in\mathbb{R}^n,\boldsymbol{u}(t)\in\mathbb{R}^m$.

性能指标为 $J(\boldsymbol{x}_0,\boldsymbol{u}(\cdot))=\theta(\boldsymbol{x}_\alpha,t_\alpha)+\int_0^{t_\alpha}L(\boldsymbol{x}(t),\boldsymbol{u}(t),t)\mathrm{d}t$. 这里的 L 是各个自变量的可微函数, t_α 是终止时间. 而容许控制 $\boldsymbol{u}(t)(0\leqslant t\leqslant t_\alpha)$ 是分段连续函数, 且满足约束条件：

$$h(\boldsymbol{x}(t),\boldsymbol{u}(t),t)=[h_1(\boldsymbol{x}(t),\boldsymbol{u}(t),t),\cdots,h_q(\boldsymbol{x}(t),\boldsymbol{u}(t),t)]^{\mathrm{T}}\geqslant 0$$

即 $h_i(\boldsymbol{x}(t),\boldsymbol{u}(t),t)\geqslant 0(i=1,2,\cdots,q)$.

终止状态$\boldsymbol{x}(t_\alpha)=\boldsymbol{x}_\alpha\in Z\subset\mathbb{R}^n$. 这时, 有

$$H(\boldsymbol{x}(t),\boldsymbol{u}(t),\lambda(t),t)=L(\boldsymbol{x}(t),\boldsymbol{u}(t),t)+\lambda(t)f(\boldsymbol{x}(t),\boldsymbol{u}(t),t)$$

为了消除约束, 引入Lagrange乘子向量$\boldsymbol{\mu}\in\mathbb{R}^q$, 有Lagrange函数

$$V(\boldsymbol{x}(t),\boldsymbol{u}(t),\lambda(t),\boldsymbol{\mu},t)=H(\boldsymbol{x}(t),\boldsymbol{u}(t),\lambda(t),t)+\boldsymbol{\mu}\boldsymbol{h}(\boldsymbol{x}(t),\boldsymbol{u}(t),t)$$

这时, 最大值原理化如下: 使$\hat{\boldsymbol{u}}(t)$为最优控制的必要条件是, 存在满足下列条件的$\hat{\boldsymbol{\lambda}}(t)$与$\hat{\boldsymbol{\mu}}$:

$$\dot{\hat{\boldsymbol{x}}}(t)=f(\hat{\boldsymbol{x}}(t),\hat{\boldsymbol{u}}(t),t),\quad \hat{\boldsymbol{x}}(0)=\boldsymbol{x}_0$$

$$\dot{\hat{\lambda}}(t)=-V_{\hat{\boldsymbol{x}}(t)}(\hat{\boldsymbol{x}}(t),\hat{\boldsymbol{u}}(t),\hat{\lambda}(t),\hat{\boldsymbol{\mu}},t)$$

及终止条件$\hat{\lambda}(t_\alpha)\geqslant\theta_{\hat{\boldsymbol{x}}(t)}(\hat{\boldsymbol{x}}_\alpha,t_\alpha)$, 且$\hat{\boldsymbol{x}}_\alpha\in Z\subset\mathbb{R}^n$与$[\hat{\lambda}(t_\alpha)-\theta_{\hat{\boldsymbol{x}}(t)}(\hat{\boldsymbol{x}}_\alpha,t_\alpha)][\boldsymbol{y}-\hat{\boldsymbol{x}}(t_\alpha)]\geqslant 0$, 对一切$\boldsymbol{y}\in Z$, 并对一切容许控制$\boldsymbol{u}(t),t\in[0,t_\alpha]$, 使$h(\hat{\boldsymbol{x}}(t),\boldsymbol{u}(t),t)\geqslant 0$, 有

$$H(\hat{\boldsymbol{x}}(t),\hat{\boldsymbol{u}}(t),\hat{\lambda}(t),t)\geqslant H(\hat{\boldsymbol{x}}(t),\boldsymbol{u}(t),\hat{\lambda}(t),t)$$

且有$\hat{\boldsymbol{u}}$使$\partial V/\partial\boldsymbol{u}|_{\boldsymbol{u}(t)=\hat{\boldsymbol{u}}(t)}=\boldsymbol{0}$, 而条件$\hat{\boldsymbol{\mu}}\geqslant 0$及$\hat{\boldsymbol{\mu}}\boldsymbol{h}(\hat{\boldsymbol{x}}(t),\hat{\boldsymbol{u}}(t),t)=0$成立.

例 6.5 设$\dot{x}(t)=u(t),x(0)=1$, 性能指标为$J(x_0,u(\cdot))=\int_0^1 u(t)\mathrm{d}t$, 且$u(t)\geqslant 0,x(t)-u(t)\geqslant 0$. 求$\hat{u}(t)$, 使$J(x_0,u(\cdot))$达到最大, 而$\lambda(1)=0$.

解 易知$H=[1+\lambda(t)]u(t)$, Lagrange函数为$V=H+\mu_1u(t)+\mu_2[x(t)-u(t)]$, 于是

$$\dot{\lambda}(t)=-V_x=-\mu_2,\quad \lambda(1)=0$$

又有

$$V_u=1+\lambda(t)+\mu_1-\mu_2=0$$

且μ_1和μ_2满足条件:

$$\mu_1\geqslant 0,\quad \mu_1u(t)=0$$

$$\mu_2\geqslant 0,\quad \mu_2[x(t)-u(t)]=0$$

从而得到, 对一切$t\in[0,1]$, 有$\hat{u}(t)=x(t)$, 且$\mu_2>0$.

再从 $x(0)=0$ 及 $\hat{u}(t)=x(t)$, 求得状态方程解为 $\hat{x}(t)=\mathrm{e}^t>0$, 故 $\hat{u}(t)=\mathrm{e}^t>0$, 从而导出 $\mu_1=0$, 并得到 $\mu_2=1+\lambda(t)$.

由 $\dot{\lambda}(t)+\lambda(t)=-1$ 及 $\lambda(1)=0$, 得到

$$1+\lambda(t)=\mathrm{e}^{1-t}>0$$

于是, 总有 $\mu_2=\mathrm{e}^{1-t}>0$ 及 $\hat{x}(t)-\hat{u}(t)=0$. 至此, 证明了必要条件全部成立.

6.3.2 只有状态变量受约束的情形

通常除受 6.3.1 小节中介绍的约束之外, 状态变量的一部分或全部还要受到如下形式的约束:

$$x(t)\geqslant 0 \quad (0\leqslant t\leqslant t_\alpha)$$

由于在约束中不包含控制变量, 故称之为只有状态变量受不等式约束的情形. 若在某个区间内有 $x_i(t)=0$, 且必须有 $x_i(t)\geqslant 0$, 因而 $x_i(t)$ 不会变成负的. 此时, 这个控制问题就须加上 $\dot{x}_i(t)=f_i(x(t),u(t),t)\geqslant 0$ 的约束. 这恰好在所述的区间内有 6.3.1 小节中介绍的那种形式的约束. 因此, 要在已有的 6.3.1 小节中那种形式的约束中, 再加上约束 $f_i(x(t),u(t),t)\geqslant 0$. 当 $x_i(t)=0$ 时, 假设对于这种形式的约束有乘子 η_i, 或有条件 $\eta_i x_i(t)=0$, 当 $x_i(t)>0$ 时, 取 $\eta_i=0$. 于是 Lagrange 函数变为

$$V=H+\mu h+\eta f$$

应用 6.3.1 小节中的最大值原理, 除 6.3.1 小节中的必要条件之外, 还应附加以下必要条件:

$$\hat{\eta}\geqslant 0, \quad \hat{\eta}\hat{x}(t)=0, \quad \hat{\eta}f(\hat{x}(t),\hat{u}(t),t)=0$$

6.3.3 一种通用的公式

在应用中, 还常考虑这样的最优控制问题, 即性能指标中的 $L(\boldsymbol{x}(t),\boldsymbol{u}(t),t)=\varPhi(\boldsymbol{x}(t),\boldsymbol{u}(t))\mathrm{e}^{-\zeta t}$, 且 $\theta(\boldsymbol{x}_\alpha,t_\alpha)=\sigma(\boldsymbol{x}_\alpha)\mathrm{e}^{-\zeta t_\alpha}$, 其中 $\zeta\geqslant 0$, 性能指标为

$$J(\boldsymbol{x}_0,\boldsymbol{u}(\cdot))=\sigma(\boldsymbol{x}_\alpha)\mathrm{e}^{-\zeta t_\alpha}+\int_0^{t_\alpha}\Phi(\boldsymbol{x}(t),\boldsymbol{u}(t))\mathrm{e}^{-\zeta t}\mathrm{d}t$$

在 $h_i(\boldsymbol{x}(t),\boldsymbol{u}(t),t)\geqslant 0(i=1,2,\cdots,q)$ 的约束下, 使此类性能指标取到最大的控制问题.

这时, Hamilton 函数为

$$H^s(\boldsymbol{x}(t),\boldsymbol{u}(t),\lambda^s(t),t)=\mathrm{e}^{-\zeta t}\Phi(\boldsymbol{x}(t),\boldsymbol{u}(t))+\lambda^s(t)f(\boldsymbol{x}(t),\boldsymbol{u}(t),t)$$

而 Lagrange 函数为

$$w^s=H^s(\boldsymbol{x}(t),\boldsymbol{u}(t),\lambda^s(t),t)+\mu^s h(\boldsymbol{x}(t),\boldsymbol{u}(t),t)$$

则有

$$\dot{\lambda}^s(t)=-\frac{\partial w^s}{\partial \boldsymbol{x}(t)},\quad \lambda^s(t_\alpha)=\mathrm{e}^{-\zeta t_\alpha}\sigma_x(x_\alpha)$$

为了定义通用形式的 Hamilton 函数, 令

$$\lambda(t)=\mathrm{e}^{\zeta t}\lambda^s(t),\quad \mu=\mathrm{e}^{\zeta t}\mu^s$$

于是, 有

$$H(\boldsymbol{x}(t),\boldsymbol{u}(t),\lambda(t),t)=\mathrm{e}^{\zeta t}H^s(\boldsymbol{x}(t),\boldsymbol{u}(t),\lambda^s(t),t)=\Phi(\boldsymbol{x}(t),\boldsymbol{u}(t))+\lambda(t)f(\boldsymbol{x}(t),\boldsymbol{u}(t),t)$$

而通用的 Lagrange 函数为

$$w(\boldsymbol{x}(t),\boldsymbol{u}(t),\lambda(t),\mu,t)=\mathrm{e}^{\zeta t}w^s=H+\mu h(\boldsymbol{x}(t),\boldsymbol{u}(t),t)$$

由于 $\mathrm{e}^{\zeta t}>0$, 因此在 t 时刻使 H^s 达到最大的 $\hat{u}(t)$ 与相同时刻 t 使 H 达到最大的 $\hat{\boldsymbol{u}}(t)$ 是等价的. 这时, 有 $\dot{\lambda}(t)=\zeta\lambda(t)-\partial w/\partial x$, $\lambda(t_\alpha)=\sigma_x(\boldsymbol{x}_\alpha)$.

由于 Lagrange 乘子 μ^s 应满足条件:

$$\mu^s\geqslant 0,\quad \mu^s h(\boldsymbol{x}(t),\boldsymbol{u}(t),t)=0$$

因此, 由 $\mu=\mathrm{e}^{\zeta t}\mu^s$ 可知, 通用形式的 Lagrange 乘子 μ 应满足相同的条件:

$$\mu\geqslant 0,\quad \mu h(\boldsymbol{x}(t),\boldsymbol{u}(t),t)=0$$

最后, 得到一种通用形式的最大值原理. 即, 使 $\hat{u}(t)$ 为最优控制的必要条件是, 存在符合下列条件的 $\hat{\lambda}(t)$ 与 $\hat{\mu}$:

$$\dot{\boldsymbol{x}}(t)=f(\hat{\boldsymbol{x}}(t),\hat{\boldsymbol{u}}(t),t),\quad \hat{\boldsymbol{x}}(0)=\boldsymbol{x}_0,\quad \hat{\boldsymbol{x}}(t_\alpha)\in Z\subset\mathbb{R}^n$$

$$\dot{\hat{\lambda}}(t)=\zeta\hat{\lambda}(t)-\frac{\partial w}{\partial x}[\hat{\boldsymbol{x}}(t),\hat{\boldsymbol{u}}(t),\hat{\lambda}(t),\hat{\mu},t]$$

$$[\hat{\boldsymbol{x}}_\alpha-\sigma_{\boldsymbol{x}}(\hat{\boldsymbol{x}}_\alpha)](y-\hat{\boldsymbol{x}}_\alpha)\geqslant 0$$

对任意的 $\boldsymbol{y}\in Z\subset\mathbb{R}^n$ 均成立, 且有

$$H(\hat{\boldsymbol{x}}(t),\hat{\boldsymbol{u}}(t),\hat{\lambda}(t),t)\geqslant H(\hat{\boldsymbol{x}}(t),\boldsymbol{u}(t),\hat{\lambda}(t),t)$$

对一切分段连续的控制 $\boldsymbol{u}(t)$ 成立, 并使

$$h(\hat{\boldsymbol{x}}(t),\hat{\boldsymbol{u}}(t),t)\geqslant 0\quad (0\leqslant t\leqslant t_\alpha)$$

而通用的 Lagrange 乘子 $\hat{\mu}$ 满足

$$\left.\frac{\partial w}{\partial \boldsymbol{u}}\right|_{\boldsymbol{u}(t)=\hat{\boldsymbol{u}}(t)}=\mathbf{0}$$

并有 $\hat{\mu}\geqslant 0$, $\hat{\mu}h(\hat{\boldsymbol{x}}(t),\hat{\boldsymbol{u}}(t),t)=0$.

例 6.6　设 $\dot{x}(t)=\zeta x(t)-u(t),x(0)=x_0\geqslant 0,t_\alpha>0,x(t_\alpha)=0$, 性能指标为 $J(x_0,u(\cdot))=\int_0^{t_\alpha}\mathrm{e}^{-\zeta t}\ln u(t)\mathrm{d}t$, 其中 $\zeta>0$, 求 $u(t)$, 使 $J(x_0,u(t))=\max$.

解　根据通用公式, Hamilton 函数为

$$H(x(t),u(t),\lambda(t),t)=\ln u(t)+\lambda(t)[\zeta x(t)-u(t)]$$

故有 $\dot{\lambda}(t)=-\zeta\lambda(t)$, 其解为 $\lambda(t)=(1/c)\mathrm{e}^{-\zeta t}$, 其中 c 为待定常数.

由 $\dfrac{\partial H}{\partial u}=\dfrac{1}{u(t)}-\lambda(t)=0$, $\dfrac{\partial^2 H}{\partial u^2}=-\dfrac{1}{u^2}<0$, 得到 $\hat{u}(t)=\dfrac{1}{\lambda(t)}$. 代入状态方程, 得到

$$\hat{x}(t)=c_1\mathrm{e}^{\zeta t}-ct\mathrm{e}^{\zeta t}$$

且有 $\hat{x}_0=x_0=c_1$ 及 $\hat{x}(t_\alpha)=x(t_\alpha)=0=x_0\mathrm{e}^{\zeta t_\alpha}-ct_\alpha\mathrm{e}^{\zeta t_\alpha}$, 从而有 $c=x_0/t_\alpha$. 于是, 有 $\lambda(t)=\dfrac{t_\alpha}{x_0}\mathrm{e}^{-\zeta t},\hat{u}(t)=\dfrac{x_0}{t_\alpha}\mathrm{e}^{\zeta t}$. 由此得

$$\hat{x}(t)=\left(1-\frac{t}{t_\alpha}\right)x_0\mathrm{e}^{\zeta t}$$

$$J(x_0,\hat{u}(t))=\int_0^{t_\alpha}\mathrm{e}^{-\zeta t}\left(\ln\frac{x_0}{t_\alpha}+\zeta t\right)\mathrm{d}t=-\frac{1}{\zeta}\mathrm{e}^{-\zeta t}\left(\ln\frac{x_0}{t_\alpha}+\zeta t+1\right)\Big|_0^{t_\alpha}$$
$$=\frac{1}{\zeta}\ln\frac{x_0\mathrm{e}}{t_\alpha}-\frac{1}{\zeta}\mathrm{e}^{-\zeta t_\alpha}\left(\ln\frac{x_0\mathrm{e}}{t_\alpha}+\zeta t_\alpha\right)$$

6.4 线性调节器问题与 Riccati 矩阵微分方程

假设线性时变控制系统的状态方程为

$$\dot{\boldsymbol{x}}(t)=\boldsymbol{A}(t)\boldsymbol{x}(t)+\boldsymbol{B}(t)\boldsymbol{u}(t),\quad \boldsymbol{x}(0)=\boldsymbol{x}_0\in\mathbb{R}^n$$

其中 $\boldsymbol{A}(t)\in\mathbb{R}^{n\times n}$, $\boldsymbol{B}(t)\in\mathbb{R}^{n\times m}$, 状态空间 $Z_n\subset\mathbb{R}^n$, 而容许控制 $u(t)$ 是任何平方可积的函数, $U\subset\mathbb{R}^m$.

假设性能指标有如下形式:

$$J(\boldsymbol{x}_0,\boldsymbol{u}(\cdot))=\frac{1}{2}\boldsymbol{x}_\alpha^{\mathrm{T}}\boldsymbol{P}_0\boldsymbol{x}_\alpha+\frac{1}{2}\int_0^{t_\alpha}[\boldsymbol{x}^{\mathrm{T}}(t)\boldsymbol{Q}(t)\boldsymbol{x}(t)+2\boldsymbol{x}^{\mathrm{T}}(t)\boldsymbol{S}(t)\boldsymbol{u}(t)+\boldsymbol{u}^{\mathrm{T}}(t)\boldsymbol{R}(t)\boldsymbol{u}(t)]\mathrm{d}t$$

其中 t_α 已知, $\boldsymbol{x}_\alpha=\boldsymbol{x}(t_\alpha)$ 自由, $\boldsymbol{P}_0,\boldsymbol{Q}(t)\in\mathbb{R}^{n\times n}$ 是非负对称矩阵, 而 $\boldsymbol{S}(t)\in\mathbb{R}^{n\times m}$. 矩阵 $\boldsymbol{R}(t)\in\mathbb{R}^{m\times m}$ 是对称正定的. 对此系统求 $\hat{u}(t)$, 使性能指标取到最小, 这称为线性调节器问题, 或具有二次型损耗的线性系统最优控制问题.

根据最大值原理, 这时 Hamilton 函数为

$$H=\frac{1}{2}\boldsymbol{x}^{\mathrm{T}}(t)\boldsymbol{Q}(t)\boldsymbol{x}(t)+\boldsymbol{x}^{\mathrm{T}}(t)\boldsymbol{S}(t)\boldsymbol{u}(t)+\frac{1}{2}\boldsymbol{u}^{\mathrm{T}}(t)\boldsymbol{R}(t)\boldsymbol{u}(t)+\lambda(t)[\boldsymbol{A}(t)\boldsymbol{x}(t)+\boldsymbol{B}(t)\boldsymbol{u}(t)]$$

且最优的必要条件为

$$\frac{\partial}{\partial\boldsymbol{u}}\left[\hat{\boldsymbol{x}}^{\mathrm{T}}(t)\boldsymbol{S}(t)\hat{\boldsymbol{u}}(t)+\frac{1}{2}\hat{\boldsymbol{u}}^{\mathrm{T}}(t)\boldsymbol{R}(t)\hat{\boldsymbol{u}}(t)+\hat{\lambda}(t)\boldsymbol{B}(t)\hat{\boldsymbol{u}}(t)\right]$$
$$=\boldsymbol{S}^{\mathrm{T}}(t)\hat{\boldsymbol{x}}(t)+\boldsymbol{R}(t)\hat{\boldsymbol{u}}(t)+\boldsymbol{B}^{\mathrm{T}}(t)\hat{\boldsymbol{\lambda}}(t)=\mathbf{0}$$

因此, 有

$$\hat{\boldsymbol{u}}(t)=-\boldsymbol{R}^{-1}(t)[\boldsymbol{S}^{\mathrm{T}}(t)\hat{\boldsymbol{x}}(t)+\boldsymbol{B}^{\mathrm{T}}(t)\hat{\boldsymbol{\lambda}}(t)]$$

$$
\begin{aligned}
\dot{\hat{\boldsymbol{\lambda}}}(t) &= -\frac{\partial H}{\partial \hat{\boldsymbol{x}}(t)} \\
&= -[\boldsymbol{Q}(t)\hat{\boldsymbol{x}}(t) + \boldsymbol{S}(t)\hat{\boldsymbol{u}}(t) + \boldsymbol{A}^{\mathrm{T}}(t)\hat{\boldsymbol{\lambda}}(t)] \\
&= -\boldsymbol{Q}(t)\hat{\boldsymbol{x}}(t) - \boldsymbol{S}(t)\hat{\boldsymbol{u}}(t) - \boldsymbol{A}^{\mathrm{T}}(t)\hat{\boldsymbol{\lambda}}(t)] \\
&= [\boldsymbol{S}(t)\boldsymbol{R}^{-1}(t)\boldsymbol{S}^{\mathrm{T}}(t) - \boldsymbol{Q}(t)]\hat{\boldsymbol{x}}(t) + [\boldsymbol{S}(t)\boldsymbol{R}^{-1}(t)\boldsymbol{B}^{\mathrm{T}}(t) - \boldsymbol{A}^{\mathrm{T}}(t)]\hat{\boldsymbol{\lambda}}(t) \\
\dot{\hat{\boldsymbol{x}}}(t) &= \boldsymbol{A}(t)\hat{\boldsymbol{x}}(t) - \boldsymbol{B}(t)\boldsymbol{R}^{-1}(t)[\boldsymbol{S}^{\mathrm{T}}(t)\hat{\boldsymbol{x}}(t) + \boldsymbol{B}^{\mathrm{T}}(t)\hat{\boldsymbol{\lambda}}(t)] \\
&= [\boldsymbol{A}(t) - \boldsymbol{B}(t)\boldsymbol{R}^{-1}(t)\boldsymbol{S}^{\mathrm{T}}(t)]\hat{\boldsymbol{x}}(t) - \boldsymbol{B}(t)\boldsymbol{R}^{-1}(t)\boldsymbol{B}^{\mathrm{T}}(t)\hat{\boldsymbol{\lambda}}(t)
\end{aligned}
$$

把这些方程组合成 $2n$ 阶的线性方程:

$$
\begin{bmatrix} \dot{\hat{\boldsymbol{x}}}(t) \\ \dot{\hat{\boldsymbol{\lambda}}}(t) \end{bmatrix} = \begin{bmatrix} \boldsymbol{A}(t) - \boldsymbol{B}(t)\boldsymbol{R}^{-1}(t)\boldsymbol{S}^{\mathrm{T}}(t) & -\boldsymbol{B}(t)\boldsymbol{R}^{-1}(t)\boldsymbol{B}^{\mathrm{T}}(t) \\ \boldsymbol{S}(t)\boldsymbol{R}^{-1}(t)\boldsymbol{S}^{\mathrm{T}}(t) - \boldsymbol{Q}(t) & \boldsymbol{S}(t)\boldsymbol{R}^{-1}(t)\boldsymbol{B}^{\mathrm{T}}(t) - \boldsymbol{A}^{\mathrm{T}}(t) \end{bmatrix} \begin{bmatrix} \hat{\boldsymbol{x}}(t) \\ \hat{\boldsymbol{\lambda}}(t) \end{bmatrix}
$$

$\hat{\boldsymbol{x}}(t_\alpha)$ 自由, 而 $\hat{\boldsymbol{\lambda}}(t_\alpha) = \boldsymbol{\theta}_x(\hat{\boldsymbol{x}}_\alpha, t_\alpha) = \boldsymbol{P}_0\hat{\boldsymbol{x}}_\alpha = \boldsymbol{P}_0\hat{\boldsymbol{x}}(t_\alpha)$.

于是系统有解:

$$
\begin{bmatrix} \hat{\boldsymbol{x}}(t) \\ \hat{\boldsymbol{\lambda}}(t) \end{bmatrix} = \boldsymbol{\Phi}(t,t_\alpha) \begin{bmatrix} \hat{\boldsymbol{x}}(t_\alpha) \\ \hat{\boldsymbol{\lambda}}(t_\alpha) \end{bmatrix} = \begin{bmatrix} \boldsymbol{\Phi}_{11}(t,t_\alpha) & \boldsymbol{\Phi}_{12}(t,t_\alpha) \\ \boldsymbol{\Phi}_{21}(t,t_\alpha) & \boldsymbol{\Phi}_{22}(t,t_\alpha) \end{bmatrix} \begin{bmatrix} \hat{\boldsymbol{x}}(t_\alpha) \\ \hat{\boldsymbol{\lambda}}(t_\alpha) \end{bmatrix}
$$

其中 $\boldsymbol{\Phi}(t,t_\alpha)$ 是 $2n$ 阶线性系统的转移矩阵, 并有

$$
\hat{\boldsymbol{x}}(t) = \boldsymbol{\Phi}_{11}(t,t_\alpha)\hat{\boldsymbol{x}}(t_\alpha) + \boldsymbol{\Phi}_{12}(t,t_\alpha)\hat{\boldsymbol{\lambda}}(t_\alpha) = [\boldsymbol{\Phi}_{11}(t,t_\alpha) + \boldsymbol{\Phi}_{12}(t,t_\alpha)\boldsymbol{P}_0]\hat{\boldsymbol{x}}(t_\alpha)
$$

且转移矩阵 $\boldsymbol{\Phi}_{11}(t,t_\alpha) + \boldsymbol{\Phi}_{12}(t,t_\alpha)\boldsymbol{P}_0$ 对一切 $t \in [0,t_\alpha]$ 是非奇异的. 于是 $[\boldsymbol{\Phi}_{11}(t,t_\alpha) + \boldsymbol{\Phi}_{12}(t,t_\alpha)\boldsymbol{P}_0]^{-1}$ 存在. 由此得

$$
\begin{aligned}
\hat{\boldsymbol{\lambda}}(t) &= \boldsymbol{\Phi}_{21}(t,t_\alpha)\hat{\boldsymbol{x}}(t_\alpha) + \boldsymbol{\Phi}_{22}(t,t_\alpha)\hat{\boldsymbol{\lambda}}(t_\alpha) \\
&= [\boldsymbol{\Phi}_{21}(t,t_\alpha) + \boldsymbol{\Phi}_{22}(t,t_\alpha)\boldsymbol{P}_0]\hat{\boldsymbol{x}}(t_\alpha) \\
&= [\boldsymbol{\Phi}_{21}(t,t_\alpha) + \boldsymbol{\Phi}_{22}(t,t_\alpha)\boldsymbol{P}_0][\boldsymbol{\Phi}_{11}(t,t_\alpha) + \boldsymbol{\Phi}_{12}(t,t_\alpha)\boldsymbol{P}_0]^{-1}\hat{\boldsymbol{x}}(t) \\
&= \boldsymbol{P}(t)\hat{\boldsymbol{x}}(t) \quad (0 \leqslant t \leqslant t_\alpha)
\end{aligned}
$$

于是, 最优控制是状态的线性反馈形式:

$$
\hat{\boldsymbol{u}}(t) = -\boldsymbol{R}^{-1}[\boldsymbol{S}^{\mathrm{T}}(t) + \boldsymbol{B}^{\mathrm{T}}(t)\boldsymbol{P}(t)]\hat{\boldsymbol{x}}(t)
$$

为了确定矩阵 $\boldsymbol{P}(t)$, 对 $\hat{\boldsymbol{\lambda}}(t)=\boldsymbol{P}(x)\hat{\boldsymbol{x}}(t)$ 的两端关于 t 求导数, 有

$$\{\dot{\boldsymbol{P}}(t)+\boldsymbol{P}(t)\boldsymbol{A}(t)+\boldsymbol{A}^{\mathrm{T}}(t)\boldsymbol{P}(t)+\boldsymbol{Q}(t)-[\boldsymbol{S}(t)+\boldsymbol{P}(t)\boldsymbol{B}(t)]\boldsymbol{R}^{-1}(t)[\boldsymbol{S}^{\mathrm{T}}(t)$$
$$+\boldsymbol{B}^{\mathrm{T}}(t)\boldsymbol{P}(t)]\}\hat{\boldsymbol{x}}(t)=\boldsymbol{0}$$

由于上式必须对一切 $t\in[0,t_\alpha]$ 都成立, 故 $\boldsymbol{P}(t)$ 应满足矩阵型微分方程组:

$$\begin{cases}\dot{\boldsymbol{P}}(t)=[\boldsymbol{S}(t)+\boldsymbol{P}(t)\boldsymbol{B}(t)]\boldsymbol{R}^{-1}(t)[\boldsymbol{S}^{\mathrm{T}}(t)+\boldsymbol{B}^{\mathrm{T}}(t)\boldsymbol{P}(t)]-\boldsymbol{P}(t)\boldsymbol{A}(t)\\ \qquad -\boldsymbol{A}^{\mathrm{T}}(t)\boldsymbol{P}(t)-\boldsymbol{Q}(t)\\ \boldsymbol{P}(t_\alpha)=\boldsymbol{P}_0\end{cases}$$

上述方程称为 Riccati 矩阵微分方程. 由于 $\boldsymbol{P}_0$ 是对称的, 因此 $\boldsymbol{P}(t)$ 也是对称的. 从而只需求解 $n(n+1)/2$ 个一阶数量微分方程.

由定理 6.1 知, 最小的损耗为

$$J(\boldsymbol{x}_0,\hat{\boldsymbol{u}}(\cdot))=W(\boldsymbol{x}_0,t_\alpha)$$

例 6.7 应用 Riccati 方程, 对控制系统

$$\dot{x}(t)=x(t)+u(t),\quad x(0)=x_0\quad (t\geqslant 0)$$

确定反馈控制, 使性能指标 $J(x_0,u(\cdot))=\dfrac{1}{2}\int_0^1[3x^2(t)+u^2(t)]\mathrm{d}t$ 取得最优.

解 因 $H=\dfrac{3}{2}x^2(t)+\dfrac{1}{2}u^2(t)+\lambda(t)[x(t)+u(t)]$, 故从 $\dfrac{\partial H}{\partial u}=u(t)+\lambda(t)=0$, 得到 $\hat{u}(t)=-\hat{\lambda}(t)$, 又 $\dot{\hat{\lambda}}(t)=-\partial H/\partial x=-3\hat{x}(t)-\hat{\lambda}(t)$, 故有

$$\begin{bmatrix}\dot{\hat{x}}(t)\\ \dot{\hat{\lambda}}(t)\end{bmatrix}=\begin{bmatrix}1&-1\\-3&-1\end{bmatrix}\begin{bmatrix}\hat{x}(t)\\ \hat{\lambda}(t)\end{bmatrix},\quad \begin{bmatrix}\hat{x}(0)\\ \hat{\lambda}(1)\end{bmatrix}=\begin{bmatrix}x_0\\ 1\end{bmatrix}$$

而 $\begin{bmatrix}1&-1\\-3&-1\end{bmatrix}$ 的转移矩阵

$$\boldsymbol{\varPhi}(t,1)=\begin{bmatrix}\varPhi_{11}(t,1)&\varPhi_{12}(t,1)\\ \varPhi_{21}(t,1)&\varPhi_{22}(t,1)\end{bmatrix}$$
$$=\begin{bmatrix}\dfrac{1}{4}[3\mathrm{e}^{2(t-1)}+\mathrm{e}^{-2(t-1)}]&\dfrac{1}{4}[\mathrm{e}^{-2(t-1)}-\mathrm{e}^{2(t-1)}]\\ \dfrac{3}{4}[\mathrm{e}^{2(t-1)}-\mathrm{e}^{2(t-1)}]&\dfrac{1}{4}[\mathrm{e}^{2(t-1)}+\mathrm{e}^{-2(t-1)}]\end{bmatrix}$$

于是, Riccati 微分方程 $\dot{P}(t)=P^2(t)-2P(t)-3,\ P_0=0$ 有解:

$$P(t)=\frac{\varPhi_{21}(t,1)}{\varPhi_{11}(t,1)}=\frac{3(\mathrm{e}^{-3t}-\mathrm{e}^{-4}\mathrm{e}^{t})}{3\mathrm{e}^{-4}\mathrm{e}^{t}+\mathrm{e}^{-3t}}=-\frac{\dot{z}(t)}{z(t)}$$

因此, 对这种类型的 Riccati 微分方程, 可令 $P(t)=-\dot{z}(t)/z(t)$, 代回后, 有 $\ddot{z}(t)+2\dot{z}(t)-3z(t)=0$. 故有解: $z(t)=c_1\mathrm{e}^{t}+c_2\mathrm{e}^{-3t}$, 而这时, 有

$$P(t)=\frac{3c_2\mathrm{e}^{-3t}-c_1\mathrm{e}^{t}}{c_1\mathrm{e}^{t}+c_2\mathrm{e}^{-3t}}$$

由 $0=3c_2\mathrm{e}^{-3}-c_1\mathrm{e}$, 得到 $c_1=3c_2\mathrm{e}^{-4}$. 于是, 有 $P(t)=\dfrac{3(\mathrm{e}^{-3t}-\mathrm{e}^{-4}\mathrm{e}^{t})}{3\mathrm{e}^{-4}\mathrm{e}^{t}+\mathrm{e}^{-3t}}$, 而 $\hat{\lambda}(t)=P(t)\hat{x}(t)=\dfrac{3(\mathrm{e}^{-3t}-\mathrm{e}^{-4}\mathrm{e}^{t})}{3\mathrm{e}^{-4}\mathrm{e}^{t}+\mathrm{e}^{-3t}}\hat{x}(t)$, 因而得到反馈控制

$$\hat{u}(t)=\frac{3(\mathrm{e}^{-4}\mathrm{e}^{t}-\mathrm{e}^{-3t})}{3\mathrm{e}^{-4}\mathrm{e}^{t}+\mathrm{e}^{-3t}}\hat{x}(t)$$

且有

$$\dot{\hat{x}}(t)=\frac{-4\mathrm{e}^{-4t}}{3\mathrm{e}^{-4}+\mathrm{e}^{-4t}}\hat{x}(t)$$

由此得

$$\hat{x}(t)=\frac{3\mathrm{e}^{-4}+\mathrm{e}^{-4t}}{1+3\mathrm{e}^{-4}}x_0$$

而

$$J(x_0,\hat{u}(\cdot))=\frac{3x_0^2(23\mathrm{e}^{-8}+1)}{4(1+3\mathrm{e}^{-4})^2}$$

6.5　线性调节器问题与稳定性

对于线性定常控制系统

$$\dot{\boldsymbol{x}}(t)=\boldsymbol{A}\boldsymbol{x}(t)+\boldsymbol{B}\boldsymbol{u}(t),\quad \boldsymbol{x}(0)=\boldsymbol{x}_0\quad (t\geqslant 0)$$

现要设计反馈调节器 $\boldsymbol{u}(t)=c\boldsymbol{x}(t)$, 使二次型性能指标

$$J(\boldsymbol{x}_0,\boldsymbol{u}(\cdot))=\int_0^{+\infty}[\boldsymbol{x}^{\mathrm{T}}(t)\boldsymbol{Q}\boldsymbol{x}(t)+2\boldsymbol{x}^{\mathrm{T}}(t)\boldsymbol{S}\boldsymbol{u}(t)+\boldsymbol{u}^{\mathrm{T}}(t)\boldsymbol{R}\boldsymbol{u}(t)]\mathrm{d}t$$

取到最小, 其中$\boldsymbol{Q}=\boldsymbol{Q}^{\mathrm{T}}\in\mathbb{R}^{n\times n}$是非负定的对称矩阵, $\boldsymbol{S}\in\mathbb{R}^{n\times m},\boldsymbol{R}\in\mathbb{R}^{m\times m}$是正定的对称矩阵, 即存在$\delta>0$, 使$\boldsymbol{u}^{\mathrm{T}}(t)\boldsymbol{R}\boldsymbol{u}(t)\geqslant\delta\|\boldsymbol{u}(t)\|$. 称之为线性定常系统的二次最优控制问题, 简称为线性二次最优控制问题. 这里假设$\boldsymbol{u}(t)\in U=[0,+\infty)\times\mathbb{R}^m$与$\boldsymbol{x}(t)\in V=[0,+\infty)\times\mathbb{R}^n$都是平方可积的, 且系统是稳定的. 而它的值函数为$W(\boldsymbol{x}_0)=\min\limits_{\boldsymbol{u}(t)\in U}J(\boldsymbol{x}_0,\boldsymbol{u}(t))$. 记

$$q(\boldsymbol{x}(t),\boldsymbol{u}(t))=\boldsymbol{x}^{\mathrm{T}}(t)\boldsymbol{Q}\boldsymbol{x}(t)+2\boldsymbol{x}^{\mathrm{T}}(t)\boldsymbol{S}\boldsymbol{u}(t)+\boldsymbol{u}^{\mathrm{T}}(t)\boldsymbol{R}\boldsymbol{u}(t)$$

称$\Gamma(\boldsymbol{P})=\boldsymbol{P}\boldsymbol{A}+\boldsymbol{A}^{\mathrm{T}}\boldsymbol{P}+\boldsymbol{Q}-(\boldsymbol{P}\boldsymbol{B}+\boldsymbol{S})\boldsymbol{R}^{-1}(\boldsymbol{B}^{\mathrm{T}}\boldsymbol{P}+\boldsymbol{S}^{\mathrm{T}})=0$为Riccati矩阵代数方程, 且$\boldsymbol{P}$是未知的非负定对称矩阵.

若$\bar{\boldsymbol{P}}$是$\Gamma(\boldsymbol{P})=0$的解, 且对于其他的解$\boldsymbol{P}$都有$\bar{\boldsymbol{P}}\leqslant\boldsymbol{P}$, 就称$\bar{\boldsymbol{P}}$是最小的解.

定理 6.4 若$\boldsymbol{P}$是$\Gamma(\boldsymbol{P})=0$的非负定对称解, 则此方程存在唯一的解$\bar{\boldsymbol{P}}$, 且有反馈控制

$$\hat{\boldsymbol{u}}(t)=-\boldsymbol{R}^{-1}(\boldsymbol{S}^{\mathrm{T}}+\boldsymbol{B}^{\mathrm{T}}\bar{\boldsymbol{P}})\hat{\boldsymbol{x}}(t)\quad(t\geqslant0)$$

使性能指标取到最小值, 它的最小函数值即目标值: $W(\boldsymbol{x}_0)=\boldsymbol{x}_0^{\mathrm{T}}\bar{\boldsymbol{P}}\boldsymbol{x}_0$.

证明 首先假设$\boldsymbol{P}_1(t)$与$\boldsymbol{P}_2(t)(t\geqslant0)$都是Riccati矩阵微分方程的解, 且$\boldsymbol{P}_1(0)\leqslant\boldsymbol{P}_2(0)$. 由于

$$\begin{aligned}J_1(\boldsymbol{x}_0,\boldsymbol{u}(\cdot))&=\int_0^t q(\boldsymbol{x}(s),\boldsymbol{u}(s))\mathrm{d}s+\boldsymbol{x}^{\mathrm{T}}(t)\boldsymbol{P}_1(0)\boldsymbol{x}(t)\\&\leqslant J_2(\boldsymbol{x}_0,\boldsymbol{u}(\cdot))=\int_0^t q(\boldsymbol{x}(s),\boldsymbol{u}(s))\mathrm{d}s+\boldsymbol{x}^{\mathrm{T}}(t)\boldsymbol{P}_2(0)\boldsymbol{x}(t)\end{aligned}$$

故根据定理 6.2, 可知$\boldsymbol{x}_0^{\mathrm{T}}\boldsymbol{P}_1(t)\boldsymbol{x}_0\leqslant\boldsymbol{x}_0^{\mathrm{T}}\boldsymbol{P}_2(t)\boldsymbol{x}_0$, 即$\boldsymbol{P}_1(t)\leqslant\boldsymbol{P}_2(t)$, 对一切$t\geqslant0$成立.

特别地, 若取$\boldsymbol{P}_1(0)=\boldsymbol{0},\boldsymbol{P}_2(0)=\boldsymbol{P}$, 则$\boldsymbol{P}_2(t)=\boldsymbol{P}$, 从而有$\boldsymbol{P}_1(t)\leqslant\boldsymbol{P}$, 对一切$t\geqslant0$成立; 而且$\boldsymbol{P}_1(t)$是有界的、非负定的对称矩阵, 故必存在有限的极限:

$$\bar{p}_{ij}=\lim_{t\to+\infty}\bar{p}_{ij}(t)\quad(i,j=1,2,\cdots,n)$$

这里有$[\bar{p}_{ij}(t)]=\boldsymbol{P}_1(t)(t\geqslant0)$. 从而看出Riccati矩阵微分方程存在有限极限:

$$\lim_{t\to0}\frac{\mathrm{d}}{\mathrm{d}t}\bar{p}_{ij}(t)=\sigma_{ij}=0\quad(i,j=1,2,\cdots,n)$$

否则, 若 $\sigma_{ij}>0$, 则有 $\lim\limits_{t\to+\infty}\bar{p}_{ij}(t)=+\infty$; 若 $\sigma_{ij}<0$, 则有 $\lim\limits_{t\to+\infty}\bar{p}_{ij}(t)=-\infty$. 这都与假设矛盾.

因此, 矩阵 $\bar{\boldsymbol{P}}=[\bar{p}_{ij}]$ 满足 $\Gamma(\boldsymbol{P})=0$ 及 $\bar{\boldsymbol{P}}\leqslant\boldsymbol{P}$.

设 $\hat{\boldsymbol{x}}(t)$ 是与输入 $\hat{\boldsymbol{u}}(t)$ 对应的输出. 由定理 6.2 知, 对任意的 $t_\alpha>0,\boldsymbol{x}_0\in\mathbb{R}^n$, 有

$$\boldsymbol{x}_0^{\mathrm{T}}\bar{\boldsymbol{P}}\boldsymbol{x}_0=\int_0^{t_\alpha}q(\hat{\boldsymbol{x}}(t),\hat{\boldsymbol{u}}(t))\mathrm{d}t+\hat{\boldsymbol{x}}_\alpha^{\mathrm{T}}\bar{\boldsymbol{P}}\hat{\boldsymbol{x}}_\alpha$$

$$\int_0^{t_\alpha}q(\hat{\boldsymbol{x}}(t),\hat{\boldsymbol{u}}(t))\mathrm{d}t\leqslant\boldsymbol{x}_0^{\mathrm{T}}\bar{\boldsymbol{P}}\boldsymbol{x}_0$$

令 $t_\alpha\to+\infty$, 得到 $J(\boldsymbol{x}_0,\hat{\boldsymbol{u}}(\cdot))\leqslant\boldsymbol{x}_0^{\mathrm{T}}\bar{\boldsymbol{P}}\boldsymbol{x}_0$.

另外, 对任意的 $t_\alpha>0$ 及 $\boldsymbol{x}_0\in\mathbb{R}^n$, 又有

$$\boldsymbol{x}_0^{\mathrm{T}}\bar{\boldsymbol{P}}_1(t_\alpha)\boldsymbol{x}_0\leqslant\int_0^{t_\alpha}q(\hat{\boldsymbol{x}}^{\mathrm{T}}(t),\hat{\boldsymbol{u}}(t))\mathrm{d}t\leqslant J(\boldsymbol{x}_0,\hat{\boldsymbol{u}}(\cdot))$$

或者

$$\boldsymbol{x}_0^{\mathrm{T}}\bar{\boldsymbol{P}}\boldsymbol{x}_0\leqslant J(\boldsymbol{x}_0,\hat{\boldsymbol{u}}(\cdot))$$

从而得到 $J(\boldsymbol{x}_0,\hat{\boldsymbol{u}}(\cdot))=\boldsymbol{x}_0^{\mathrm{T}}\bar{\boldsymbol{P}}\boldsymbol{x}_0$.

推论 6.1 对称矩阵 $\bar{\boldsymbol{P}}=\bar{\boldsymbol{P}}^{\mathrm{T}}$ 满足 Riccati 矩阵代数方程:

$$\bar{\boldsymbol{P}}\boldsymbol{A}+\boldsymbol{A}^{\mathrm{T}}\bar{\boldsymbol{P}}+\boldsymbol{Q}-(\bar{\boldsymbol{P}}\boldsymbol{B}+\boldsymbol{S})\boldsymbol{R}^{-1}(\boldsymbol{B}^{\mathrm{T}}\bar{\boldsymbol{P}}+\boldsymbol{S}^{\mathrm{T}})=\boldsymbol{0}$$

证明 由 Bellman 方程和定理 6.2, 有

$$W(\boldsymbol{x}_0)=\min_{\boldsymbol{u}(t)\in U}\left[\int_0^t q(\boldsymbol{x}(s),\boldsymbol{u}(s))\mathrm{d}s+W(\boldsymbol{x}(t),t)\right]$$

记 $W(\boldsymbol{x}(t),t)=\boldsymbol{x}^{\mathrm{T}}(t)\bar{\boldsymbol{P}}\boldsymbol{x}(t)$, 下面证明: $\Gamma(\bar{\boldsymbol{P}})=0$.

固定 $t>0$, 设 $\boldsymbol{u}(\tau)=\boldsymbol{u}$, 对任意的 $\tau\in[0,t]$, 有

$$0\leqslant\frac{1}{t}\int_0^t q(\boldsymbol{x}(\tau),\boldsymbol{u})\mathrm{d}\tau+\frac{1}{t}[\boldsymbol{x}^{\mathrm{T}}(t)\bar{\boldsymbol{P}}\boldsymbol{x}(t)-\boldsymbol{x}_0^{\mathrm{T}}\bar{\boldsymbol{P}}\boldsymbol{x}_0]$$

由 $\boldsymbol{x}(\cdot)$ 的连续性, 当 $t\to0$ 时, 有

$$0\leqslant q(\boldsymbol{x}(t),\boldsymbol{u})\big|_{t=0}+\dot{\boldsymbol{x}}^{\mathrm{T}}(t)\bar{\boldsymbol{P}}\boldsymbol{x}(t)\big|_{t=0}+\boldsymbol{x}^{\mathrm{T}}(t)\bar{\boldsymbol{P}}\dot{\boldsymbol{x}}(t)\big|_{t=0}$$

或者

$$0\leqslant q(\boldsymbol{x}_0,\boldsymbol{u})+(\boldsymbol{A}\boldsymbol{x}_0+\boldsymbol{B}\boldsymbol{u})^{\mathrm{T}}\bar{\boldsymbol{P}}\boldsymbol{x}_0+\boldsymbol{x}_0^{\mathrm{T}}\bar{\boldsymbol{P}}(\boldsymbol{A}\boldsymbol{x}_0+\boldsymbol{B}\boldsymbol{u})$$

$$= \boldsymbol{x}_0^{\mathrm{T}}\boldsymbol{Q}\boldsymbol{x}_0 + 2\boldsymbol{x}_0^{\mathrm{T}}\boldsymbol{S}\boldsymbol{u} + \boldsymbol{u}^{\mathrm{T}}\boldsymbol{R}\boldsymbol{u} + \boldsymbol{x}_0^{\mathrm{T}}\boldsymbol{A}^{\mathrm{T}}\bar{\boldsymbol{P}}\boldsymbol{x}_0 + \boldsymbol{u}_0^{\mathrm{T}}\boldsymbol{B}^{\mathrm{T}}\bar{\boldsymbol{P}}\boldsymbol{x}_0 + \boldsymbol{x}_0^{\mathrm{T}}\bar{\boldsymbol{P}}\boldsymbol{A}\boldsymbol{x}_0 + \boldsymbol{x}_0^{\mathrm{T}}\bar{\boldsymbol{P}}\boldsymbol{B}\boldsymbol{u}$$
$$= \boldsymbol{x}_0^{\mathrm{T}}(\boldsymbol{Q} + \boldsymbol{A}^{\mathrm{T}}\bar{\boldsymbol{P}} + \bar{\boldsymbol{P}}\boldsymbol{A})\boldsymbol{x}_0 + 2\boldsymbol{x}_0^{\mathrm{T}}(\boldsymbol{S} + \bar{\boldsymbol{P}}\boldsymbol{B})\boldsymbol{u} + \boldsymbol{u}^{\mathrm{T}}\boldsymbol{R}\boldsymbol{u}$$

令 $\Gamma(\bar{\boldsymbol{P}}) = \boldsymbol{Q} + \boldsymbol{A}^{\mathrm{T}}\bar{\boldsymbol{P}} + \bar{\boldsymbol{P}}\boldsymbol{A} - (\boldsymbol{B}^{\mathrm{T}}\bar{\boldsymbol{P}} + \boldsymbol{S}^{\mathrm{T}})^{\mathrm{T}}\boldsymbol{R}^{-1}(\boldsymbol{B}^{\mathrm{T}}\bar{\boldsymbol{P}} + \boldsymbol{S}^{\mathrm{T}})$, 经配方后得到

$$\begin{aligned}
0 &\leqslant q(\boldsymbol{x}_0, \boldsymbol{u}) + (\boldsymbol{A}\boldsymbol{x}_0 + \boldsymbol{B}\boldsymbol{u})^{\mathrm{T}}\bar{\boldsymbol{P}}\boldsymbol{x}_0 + \boldsymbol{x}_0^{\mathrm{T}}\bar{\boldsymbol{P}}(\boldsymbol{A}\boldsymbol{x}_0 + \boldsymbol{B}\boldsymbol{u}) \\
&= \boldsymbol{x}_0^{\mathrm{T}}[(\boldsymbol{S} + \bar{\boldsymbol{P}}\boldsymbol{B})\boldsymbol{R}^{-1} + \boldsymbol{u}^{\mathrm{T}}]\boldsymbol{R}[\boldsymbol{u} + \boldsymbol{R}^{-1}(\boldsymbol{B}^{\mathrm{T}}\bar{\boldsymbol{P}} + \boldsymbol{S}^{\mathrm{T}})]\boldsymbol{x}_0 + \boldsymbol{x}_0^{\mathrm{T}}\Gamma(\bar{\boldsymbol{P}})\boldsymbol{x}_0 \\
&\geqslant \boldsymbol{x}_0^{\mathrm{T}}\Gamma(\bar{\boldsymbol{P}})\boldsymbol{x}_0
\end{aligned}$$

故得

$$\min_{\boldsymbol{u}\in\mathbb{R}^m}[q(\boldsymbol{x}_0, \boldsymbol{u}) + (\boldsymbol{A}\boldsymbol{x}_0 + \boldsymbol{B}\boldsymbol{u})^{\mathrm{T}}\bar{\boldsymbol{P}}\boldsymbol{x}_0 + \boldsymbol{x}_0^{\mathrm{T}}\bar{\boldsymbol{P}}(\boldsymbol{A}\boldsymbol{x}_0 + \boldsymbol{B}\boldsymbol{u})] = \boldsymbol{x}_0^{\mathrm{T}}\Gamma(\bar{\boldsymbol{P}})\boldsymbol{x}_0$$

且有 $0 \leqslant \boldsymbol{x}_0^{\mathrm{T}}\Gamma(\bar{\boldsymbol{P}})\boldsymbol{x}_0$.

于是, 对 $\varepsilon > 0$, 由

$$0 = \min_{\boldsymbol{u}(\cdot)\in U}\left[\int_0^t q(\boldsymbol{x}(s), \boldsymbol{u}(s))\mathrm{d}s + \boldsymbol{x}^{\mathrm{T}}(t)\bar{\boldsymbol{P}}\boldsymbol{x}(t) - \boldsymbol{x}_0^{\mathrm{T}}\bar{\boldsymbol{P}}\boldsymbol{x}_0\right]$$

知, 存在 $\boldsymbol{u}(\cdot) \in U$, 使

$$\begin{aligned}
\varepsilon &> \frac{1}{t}\int_0^t q(\boldsymbol{x}(\tau), \boldsymbol{u}(\tau))\mathrm{d}\tau + \frac{1}{t}[\boldsymbol{x}^{\mathrm{T}}(t)\bar{\boldsymbol{P}}\boldsymbol{x}(t) - \boldsymbol{x}_0^{\mathrm{T}}\bar{\boldsymbol{P}}\boldsymbol{x}_0] \\
&= \frac{1}{t}\int_0^t \left[q(\boldsymbol{x}(\tau), \boldsymbol{u}(\tau)) + \frac{\mathrm{d}\boldsymbol{x}^{\mathrm{T}}(\tau)\bar{\boldsymbol{P}}\boldsymbol{x}(\tau)}{\mathrm{d}\tau}\right]\mathrm{d}\tau
\end{aligned}$$

但是

$$\frac{\mathrm{d}\boldsymbol{x}^{\mathrm{T}}(\tau)\bar{\boldsymbol{P}}\boldsymbol{x}(\tau)}{\mathrm{d}\tau} = \boldsymbol{x}^{\mathrm{T}}(\tau)(\bar{\boldsymbol{P}}\boldsymbol{A} + \boldsymbol{A}^{\mathrm{T}}\bar{\boldsymbol{P}})\boldsymbol{x}(\tau) + 2\boldsymbol{x}^{\mathrm{T}}(\tau)\bar{\boldsymbol{P}}\boldsymbol{B}\boldsymbol{u}(\tau)$$

故有

$$\begin{aligned}
\varepsilon &> \frac{1}{t}\int_0^t \{q(\boldsymbol{x}(\tau), \boldsymbol{u}(\tau)) + \boldsymbol{x}^{\mathrm{T}}(\tau)(\bar{\boldsymbol{P}}\boldsymbol{A} + \boldsymbol{A}^{\mathrm{T}}\bar{\boldsymbol{P}})\boldsymbol{x}(\tau) + 2\boldsymbol{x}^{\mathrm{T}}(\tau)\bar{\boldsymbol{P}}\boldsymbol{B}\boldsymbol{u}(\tau)\}\mathrm{d}\tau \\
&\geqslant \frac{1}{t}\int_0^t \min_{\boldsymbol{u}\in\mathbb{R}^m}[q(\boldsymbol{x}(\tau), \boldsymbol{u}(\tau)) + \boldsymbol{x}^{\mathrm{T}}(\tau)(\bar{\boldsymbol{P}}\boldsymbol{A} + \boldsymbol{A}^{\mathrm{T}}\bar{\boldsymbol{P}})\boldsymbol{x}(\tau) + 2\boldsymbol{x}^{\mathrm{T}}(\tau)\bar{\boldsymbol{P}}\boldsymbol{B}\boldsymbol{u}(\tau)]\mathrm{d}\tau \\
&= \frac{1}{t}\int_0^t \boldsymbol{x}^{\mathrm{T}}(\tau)\Gamma(\bar{\boldsymbol{P}})\boldsymbol{x}(\tau)\mathrm{d}\tau
\end{aligned}$$

再令 $t \to 0$, 由 $\boldsymbol{x}(\cdot)$ 的连续性可导出

$$\varepsilon \geqslant \boldsymbol{x}_0^{\mathrm{T}}\Gamma(\bar{\boldsymbol{P}})\boldsymbol{x}_0$$

令 $\varepsilon \to 0$, 有 $0 \geqslant \mathbf{0}^{\mathrm{T}}\Gamma(\bar{\boldsymbol{P}})\boldsymbol{x}_0$. 再根据 $\boldsymbol{x}_0^{\mathrm{T}}\Gamma(\bar{\boldsymbol{P}})\boldsymbol{x}_0 \geqslant 0$, 知 $\boldsymbol{x}_0^{\mathrm{T}}\Gamma(\bar{\boldsymbol{P}})\boldsymbol{x}_0 = 0$, 对任意的 $\boldsymbol{x}_0 \in \mathbb{R}^n$ 成立. 因此, 对称矩阵 $\bar{\boldsymbol{P}} = \bar{\boldsymbol{P}}^{\mathrm{T}}$ 应满足 Riccati 矩阵代数方程:

$$\Gamma(\bar{\boldsymbol{P}}) = \boldsymbol{Q} + \boldsymbol{A}^{\mathrm{T}}\boldsymbol{P} + \boldsymbol{P}\boldsymbol{A} - (\boldsymbol{P}\boldsymbol{B} + \boldsymbol{S})\boldsymbol{R}^{-1}(\boldsymbol{B}^{\mathrm{T}}\boldsymbol{P} + \boldsymbol{S}^{\mathrm{T}}) = 0 \qquad \square$$

例 6.8 设控制对象的状态方程为

$$\dot{\boldsymbol{x}}(t) = \begin{bmatrix} 0 & 1 \\ 0 & 0 \end{bmatrix}\boldsymbol{x}(t) + \begin{bmatrix} 0 \\ 1 \end{bmatrix}u(t), \quad \boldsymbol{x}(0) = \boldsymbol{x}_0 \quad (t \geqslant 0)$$

且性能指标是

$$J(\boldsymbol{x}(\mathbf{0}), u(\cdot)) = \int_0^{+\infty}\{\boldsymbol{x}^{\mathrm{T}}(t)\begin{bmatrix} 1 & 0 \\ 0 & \mu \end{bmatrix}\boldsymbol{x}(t) + u^2(t)\}\mathrm{d}t$$

其中 $\mu > 0$. 求目标值 $W(\boldsymbol{x}_0)$.

解 假设 $\boldsymbol{P} = \boldsymbol{P}^{\mathrm{T}} = \begin{bmatrix} p_{11} & p_{12} \\ p_{12} & p_{22} \end{bmatrix}$. Riccati 矩阵代数方程为

$$\begin{bmatrix} 1 & 0 \\ 0 & \mu \end{bmatrix} + \begin{bmatrix} p_{11} & p_{12} \\ p_{12} & p_{22} \end{bmatrix}\begin{bmatrix} 0 & 1 \\ 0 & 0 \end{bmatrix} + \begin{bmatrix} 0 & 0 \\ 1 & 0 \end{bmatrix}\begin{bmatrix} p_{11} & p_{12} \\ p_{12} & p_{22} \end{bmatrix} - \begin{bmatrix} p_{11} & p_{12} \\ p_{12} & p_{22} \end{bmatrix}$$
$$\cdot\begin{bmatrix} 0 \\ 1 \end{bmatrix}[\,1\,][\,0,1\,]\begin{bmatrix} p_{11} & p_{12} \\ p_{12} & p_{22} \end{bmatrix} = \begin{bmatrix} 0 & 0 \\ 0 & 0 \end{bmatrix}$$

可简化为

$$\begin{bmatrix} 1 & 0 \\ 0 & \mu \end{bmatrix} + \begin{bmatrix} 0 & p_{11} \\ 0 & p_{12} \end{bmatrix} + \begin{bmatrix} 0 & 0 \\ p_{11} & p_{12} \end{bmatrix} - \begin{bmatrix} p_{12}^2 & p_{12}p_{22} \\ p_{12}p_{22} & p_{22}^2 \end{bmatrix} = \begin{bmatrix} 0 & 0 \\ 0 & 0 \end{bmatrix}$$

由此得到

$$\begin{cases} 1 - p_{12}^2 = 0, \quad p_{12} = \pm 1 \quad (\text{舍去 } p_{12} = -1) \\ p_{11} - p_{12}p_{22} = 0, \quad p_{11} = p_{22} \\ \mu + 2p_{12} - p_{22}^2 = 0, \quad p_{22} = \pm\sqrt{\mu + 2} \quad (p_{22} = -\sqrt{\mu + 2}) \end{cases}$$

从而得对称正定矩阵 $\boldsymbol{P} = \begin{bmatrix} \sqrt{\mu+2} & 1 \\ 1 & \sqrt{\mu+2} \end{bmatrix}$, 且有

$$W(\boldsymbol{x}_0) = (x_{10}^2 + x_{20}^2)\sqrt{\mu + 2} + 2x_{10}x_{20}$$

其中 $\boldsymbol{x}_0=[x_{10},x_{20}]^{\mathrm{T}}$.

引理 6.1 设线性定常控制系统如下:

$$\dot{\boldsymbol{x}}(t)=\boldsymbol{A}\boldsymbol{x}(t)+\boldsymbol{B}\boldsymbol{u}(t),\quad \boldsymbol{x}(0)=\boldsymbol{x}_0$$
$$\boldsymbol{y}(t)=\boldsymbol{C}\boldsymbol{x}(t)\quad (t\geqslant 0)$$

(1) 假设对某些对称非负定矩阵 $\boldsymbol{M}$ 与适当阶数的矩阵 $\boldsymbol{K}$, 有

$$\boldsymbol{M}(\boldsymbol{A}-\boldsymbol{B}\boldsymbol{K})+(\boldsymbol{A}-\boldsymbol{B}\boldsymbol{K})^{\mathrm{T}}\boldsymbol{M}=-(\boldsymbol{C}^{\mathrm{T}}\boldsymbol{C}+\boldsymbol{K}^{\mathrm{T}}\boldsymbol{R}\boldsymbol{K})$$

其中 $\boldsymbol{R}$ 是对称正定矩阵, 若系统是能观的, 则矩阵 $\boldsymbol{A}-\boldsymbol{B}\boldsymbol{K}$ 是稳定的;

(2) 若 $\boldsymbol{P}$ 是 Riccati 矩阵代数方程的解, 则有 $\boldsymbol{P}\leqslant\boldsymbol{M}$.

证明 (1) 按假设, 矩阵 $-(\boldsymbol{C}^{\mathrm{T}}\boldsymbol{C}+\boldsymbol{K}^{\mathrm{T}}\boldsymbol{R}\boldsymbol{K})$ 是负定的.

令 $\boldsymbol{S}_1(t)=\mathrm{e}^{(\boldsymbol{A}-\boldsymbol{B}\boldsymbol{K})t}\boldsymbol{x}_0$, 取 Lyapunov 函数为 $\boldsymbol{x}^{\mathrm{T}}(t)\boldsymbol{M}\boldsymbol{x}(t)$, 其中

$$\boldsymbol{M}=\int_0^{+\infty}\boldsymbol{S}_1^{\mathrm{T}}(t)(\boldsymbol{C}^{\mathrm{T}}\boldsymbol{C}+\boldsymbol{K}^{\mathrm{T}}\boldsymbol{R}\boldsymbol{K})\boldsymbol{S}_1(t)\mathrm{d}t$$

故 Lyapunov 函数是正定的. 又由于

$$\begin{aligned}\frac{\mathrm{d}}{\mathrm{d}t}[\boldsymbol{x}^{\mathrm{T}}(t)\boldsymbol{M}\boldsymbol{x}(t)]&=\boldsymbol{x}^{\mathrm{T}}(t)\boldsymbol{M}(\boldsymbol{A}-\boldsymbol{B}\boldsymbol{K})\boldsymbol{x}(t)+\boldsymbol{x}^{\mathrm{T}}(t)(\boldsymbol{A}-\boldsymbol{B}\boldsymbol{K})^{\mathrm{T}}\boldsymbol{M}\boldsymbol{x}(t)\\&=-\boldsymbol{x}^{\mathrm{T}}(t)(\boldsymbol{C}^{\mathrm{T}}\boldsymbol{C}+\boldsymbol{K}^{\mathrm{T}}\boldsymbol{R}\boldsymbol{K})\boldsymbol{x}(t)\end{aligned}$$

是负定的, 故 $\boldsymbol{A}-\boldsymbol{B}\boldsymbol{K}$ 是稳定的.

(2) 令 $\boldsymbol{K}_0=-\boldsymbol{R}^{-1}(\boldsymbol{B}^{\mathrm{T}}\boldsymbol{P}+\boldsymbol{S}^{\mathrm{T}})$, 则 $\boldsymbol{R}\boldsymbol{K}_0=-(\boldsymbol{B}^{\mathrm{T}}\boldsymbol{P}+\boldsymbol{S}^{\mathrm{T}})$, $\boldsymbol{S}+\boldsymbol{P}\boldsymbol{B}=-\boldsymbol{K}_0^{\mathrm{T}}\boldsymbol{R}$, 故有

$$\boldsymbol{P}(\boldsymbol{A}-\boldsymbol{B}\boldsymbol{K})+(\boldsymbol{A}-\boldsymbol{B}\boldsymbol{K})^{\mathrm{T}}\boldsymbol{P}+\boldsymbol{K}^{\mathrm{T}}\boldsymbol{R}\boldsymbol{K}=-\boldsymbol{C}^{\mathrm{T}}\boldsymbol{C}+(\boldsymbol{K}-\boldsymbol{K}_0)^{\mathrm{T}}\boldsymbol{R}(\boldsymbol{K}-\boldsymbol{K}_0)+2\boldsymbol{S}\boldsymbol{K}$$
$$\boldsymbol{M}(\boldsymbol{A}-\boldsymbol{B}\boldsymbol{K})+(\boldsymbol{A}-\boldsymbol{B}\boldsymbol{K})^{\mathrm{T}}\boldsymbol{M}+\boldsymbol{K}^{\mathrm{T}}\boldsymbol{R}\boldsymbol{K}=-\boldsymbol{C}^{\mathrm{T}}\boldsymbol{C}$$

若 $\boldsymbol{V}=\boldsymbol{M}-\boldsymbol{P}$, 则有

$$\boldsymbol{V}(\boldsymbol{A}-\boldsymbol{B}\boldsymbol{K})+(\boldsymbol{A}-\boldsymbol{B}\boldsymbol{K})^{\mathrm{T}}\boldsymbol{V}+(\boldsymbol{K}-\boldsymbol{K}_0)^{\mathrm{T}}\boldsymbol{R}(\boldsymbol{K}-\boldsymbol{K}_0)+2\boldsymbol{S}\boldsymbol{K}=\boldsymbol{0}$$

由于 $\boldsymbol{A}-\boldsymbol{B}\boldsymbol{K}$ 是稳定的, 故有

$$\boldsymbol{V}=\int_0^{+\infty}\boldsymbol{S}_1^{\mathrm{T}}(t)[(\boldsymbol{K}-\boldsymbol{K}_0)^{\mathrm{T}}\boldsymbol{R}(\boldsymbol{K}-\boldsymbol{K}_0)+2\boldsymbol{S}\boldsymbol{K}]\boldsymbol{S}_1(t)\mathrm{d}t\geqslant 0$$

因此, $\boldsymbol{M} \geqslant \boldsymbol{P}$, 其中 $\boldsymbol{P}$ 是 Riccati 矩阵代数方程的解. □

定理 6.5 (1) 若线性定常系统

$$\dot{\boldsymbol{x}}(t) = \boldsymbol{A}\boldsymbol{x}(t) + \boldsymbol{B}\boldsymbol{u}(t), \quad \boldsymbol{x}(0) = \boldsymbol{x}_0$$

$\boldsymbol{y}(t) = \boldsymbol{C}\boldsymbol{x}(t)(t \geqslant 0)$ 是能控的, 则 Riccati 矩阵代数方程有最小的解;

(2) 若系统是能观的, 而 $\boldsymbol{Q} = \boldsymbol{C}^{\mathrm{T}}\boldsymbol{C}$, 则 Riccati 矩阵代数方程有最大的解;

(3) 若 $\boldsymbol{P}$ 是 Riccati 矩阵代数方程的解, 则矩阵 $\boldsymbol{A} - \boldsymbol{B}\boldsymbol{R}^{-1}(\boldsymbol{B}^{\mathrm{T}}\boldsymbol{P} + \boldsymbol{S}^{\mathrm{T}})$ 是稳定的.

证明 (1) 依假设, 系统是能控的, 则有状态反馈 $\boldsymbol{u}(t) = -\boldsymbol{K}\boldsymbol{x}(t)$, 使矩阵 $\boldsymbol{A} - \boldsymbol{B}\boldsymbol{K}$ 是稳定的, 从而可知 $\lim\limits_{t\to+\infty} \boldsymbol{x}(t) = \boldsymbol{0}$ 及 $\lim\limits_{t\to+\infty} \boldsymbol{u}(t) = \boldsymbol{0}$. 于是, 对任意的 $\boldsymbol{x}_0 \in \mathbb{R}^n$, 有

$$J(\boldsymbol{x}_0, \boldsymbol{u}(\cdot)) = \int_0^{+\infty} [\boldsymbol{x}^{\mathrm{T}}(t)\boldsymbol{Q}\boldsymbol{x}(t) + 2\boldsymbol{x}^{\mathrm{T}}(t)\boldsymbol{S}\boldsymbol{u}(t) + \boldsymbol{u}^{\mathrm{T}}(t)\boldsymbol{R}\boldsymbol{u}(t)]\mathrm{d}t < +\infty$$

对于 Riccati 矩阵代数方程的解 $\boldsymbol{P}_1(t)(t \geqslant 0)$, 其具有初始条件 $\boldsymbol{P}_1(0) = \boldsymbol{0}$, 使

$$\boldsymbol{x}_0^{\mathrm{T}}\boldsymbol{P}_1(t_\alpha)\boldsymbol{x}_0 \leqslant J(\boldsymbol{x}_0, \boldsymbol{u}(\cdot)) < +\infty \quad (t_\alpha > 0)$$

这时, 存在 $\lim\limits_{t_\alpha\to+\infty} \boldsymbol{P}_1(t_\alpha) = \boldsymbol{P}$, 且有 $\Gamma(\boldsymbol{P}) = 0$, 故 $\boldsymbol{P}$ 是它的最小解.

(2) 令 $\boldsymbol{\Phi}(t,0) = \mathrm{e}^{(\boldsymbol{A}-\boldsymbol{L}\boldsymbol{C})t}$. 按假设, $\boldsymbol{L}$ 是使 $\boldsymbol{A} - \boldsymbol{L}\boldsymbol{C}$ 稳定的矩阵, 而

$$\boldsymbol{A} - \boldsymbol{B}\boldsymbol{K} = (\boldsymbol{A} - \boldsymbol{L}\boldsymbol{C}) + (\boldsymbol{L}\boldsymbol{C} - \boldsymbol{B}\boldsymbol{K})$$

于是, 有

$$\boldsymbol{x}(t) = \boldsymbol{\Phi}(t,0)\boldsymbol{x}_0 + \int_0^t \boldsymbol{\Phi}(t-\tau,0)(\boldsymbol{L}\boldsymbol{C} - \boldsymbol{B}\boldsymbol{K})\boldsymbol{x}(\tau)\mathrm{d}\tau$$

且 $\lim\limits_{t\to+\infty} \boldsymbol{x}(t) = \boldsymbol{0}$. 因而 $\boldsymbol{A} - \boldsymbol{B}\boldsymbol{K}$ 也是稳定的.

设矩阵 $\boldsymbol{P} \geqslant \boldsymbol{0}$ 与 $\boldsymbol{P}_1 \geqslant \boldsymbol{0}$ 都是 Riccati 矩阵代数方程的解. 令 $\boldsymbol{K} = \boldsymbol{R}^{-1}(\boldsymbol{B}^{\mathrm{T}}\boldsymbol{P} + \boldsymbol{S}^{\mathrm{T}})$, 则有

$$\begin{aligned}
&\boldsymbol{P}(\boldsymbol{A} - \boldsymbol{B}\boldsymbol{K}) + (\boldsymbol{A} - \boldsymbol{B}\boldsymbol{K})^{\mathrm{T}}\boldsymbol{P} + \boldsymbol{C}^{\mathrm{T}}\boldsymbol{C} + \boldsymbol{K}^{\mathrm{T}}\boldsymbol{R}\boldsymbol{K} \\
&= \boldsymbol{P}\boldsymbol{A} + \boldsymbol{A}^{\mathrm{T}}\boldsymbol{P} + \boldsymbol{C}^{\mathrm{T}}\boldsymbol{C} + \boldsymbol{S}\boldsymbol{R}^{-1}\boldsymbol{S}^{\mathrm{T}} - \boldsymbol{P}\boldsymbol{B}\boldsymbol{R}^{-1}\boldsymbol{B}^{\mathrm{T}}\boldsymbol{P} = \boldsymbol{0}
\end{aligned}$$

应用引理 6.1(2), 有 $\boldsymbol{P}_1 \leqslant \boldsymbol{P}$, 故 $\boldsymbol{P}$ 为最大解. 不过, 采用同样的方法, 又有 $\boldsymbol{P}_1 \geqslant \boldsymbol{P}$, 故得到 $\boldsymbol{P}=\boldsymbol{P}_1$.

(3) 由 (2), 立即可导出

$$\boldsymbol{A}-\boldsymbol{B}\boldsymbol{K}=\boldsymbol{A}-\boldsymbol{B}\boldsymbol{R}^{-1}(\boldsymbol{B}^{\mathrm{T}}\boldsymbol{P}+\boldsymbol{S}^{\mathrm{T}})$$

是稳定的. □

例 6.9 设

$$\dot{\boldsymbol{x}}(t)=\boldsymbol{I}\boldsymbol{x}(t)+\begin{bmatrix}0\\1\end{bmatrix}u(t),\quad \boldsymbol{x}(0)=\begin{bmatrix}1\\0\end{bmatrix}u(t)\quad (t\geqslant 0)$$

性能指标为

$$J(\boldsymbol{x}_0,u(\cdot))=\int_0^{+\infty}[x_1^2(t)+x_2^2(t)+u^2(t)]\mathrm{d}t$$

解 因 $\operatorname{rank}[\boldsymbol{B}\quad \boldsymbol{A}\boldsymbol{B}]=\operatorname{rank}\begin{bmatrix}0&0\\1&1\end{bmatrix}=1<2=n$, 故系统是不能控的, 同时又是不稳定的, 从而定理 6.5 失效. 事实上, 这时, 系统有解

$$x_1(t)=\mathrm{e}^t,\quad x_2(t)=\int_0^t \mathrm{e}^{t-\tau}u(\tau)\mathrm{d}\tau$$

即使让 $u(t)\equiv 0$, 仍然有 $J(\boldsymbol{x}_0,0)=\int_0^{+\infty}\mathrm{e}^{2t}\mathrm{d}t=+\infty$. 从而对任意的 $u(t)\in\mathbb{R}$, 都有 $J(\boldsymbol{x}_0,u(\cdot))\geqslant J(\boldsymbol{x}_0,0)$. 其原因是不能控的状态 $x_1(t)=\mathrm{e}^t\to+\infty(t\to+\infty)$.

例 6.10 设有系统

$$\dot{\boldsymbol{x}}(t)=\begin{bmatrix}-1&0\\0&1\end{bmatrix}\boldsymbol{x}(t)+\begin{bmatrix}0\\1\end{bmatrix}u(t),\quad \boldsymbol{x}(0)=\boldsymbol{x}_0\quad (t\geqslant 0)$$

性能指标为

$$J(\boldsymbol{x}_0,u(\cdot))=\int_0^{+\infty}[x_1^2(t)+x_2^2(t)+u^2(t)]\mathrm{d}t$$

解 虽然 $\operatorname{rank}[\boldsymbol{B}\quad \boldsymbol{A}\boldsymbol{B}]=\operatorname{rank}\begin{bmatrix}0&0\\1&1\end{bmatrix}=1<2=n$, 系统是不完全能控的, 但不能控的状态 $x_1(t)=x_{10}\mathrm{e}^{-t}$ 是稳定的, 故可应用定理 6.5, 即问题有解.

设 $\boldsymbol{P}=\begin{bmatrix}p_{11}&p_{12}\\p_{12}&p_{22}\end{bmatrix}$, 则有

$$\begin{bmatrix}1&0\\0&1\end{bmatrix}+\begin{bmatrix}p_{11}&p_{12}\\p_{12}&p_{22}\end{bmatrix}\begin{bmatrix}-1&0\\0&1\end{bmatrix}+\begin{bmatrix}-1&0\\0&1\end{bmatrix}\begin{bmatrix}p_{11}&p_{12}\\p_{12}&p_{22}\end{bmatrix}$$

$$
-\begin{bmatrix} p_{12}^2 & p_{12}p_{22} \\ p_{12}p_{22} & p_{22}^2 \end{bmatrix}
$$

$$
=0
$$

或者

$$
\begin{cases} 1-2p_{11}-p_{12}^2=0 \\ -p_{12}p_{22}=0 \\ 1+2p_{22}-p_{22}^2=0 \end{cases}
$$

舍去负根, 得

$$
\begin{cases} p_{11}=1/2 \\ p_{12}=0 \\ p_{22}=1+\sqrt{2} \end{cases}
$$

由此得到 $\boldsymbol{P}=\begin{bmatrix} 1/2 & 0 \\ 0 & 1+\sqrt{2} \end{bmatrix}$. 于是, 有

$$
\dot{\hat{\boldsymbol{x}}}(t)=\begin{bmatrix} -1 & 0 \\ 0 & -\sqrt{2} \end{bmatrix}\hat{\boldsymbol{x}}(t), \quad \hat{\boldsymbol{x}}(0)=\boldsymbol{x}_0
$$

解得

$$
\hat{\boldsymbol{x}}(t)=\begin{bmatrix} \mathrm{e}^{-t} & 0 \\ 0 & \mathrm{e}^{-\sqrt{2}t} \end{bmatrix}\boldsymbol{x}_0=\begin{bmatrix} x_{10}\mathrm{e}^{-t} \\ x_{20}\mathrm{e}^{-\sqrt{2}t} \end{bmatrix}
$$

因此

$$
\hat{u}(t)=-[0,1]\begin{bmatrix} 1/2 & 0 \\ 0 & 1+\sqrt{2} \end{bmatrix}\hat{\boldsymbol{x}}(t)=-(1+\sqrt{2})x_{20}\mathrm{e}^{-\sqrt{2}t}
$$

而

$$
W(\boldsymbol{x}_0)=[x_{10},x_{20}]\begin{bmatrix} 1/2 & 0 \\ 0 & 1+\sqrt{2} \end{bmatrix}\begin{bmatrix} x_{10} \\ x_{20} \end{bmatrix}=\frac{1}{2}x_{10}^2+(1+\sqrt{2})x_{20}^2
$$

6.6　跟踪给定值问题

在控制理论中, 经常要求控制系统跟踪给定值, 且给定值是按需要确定的. 这里的目的是, 说明跟踪给定值问题粗看起来可以套用前面的结果. 但是这种套用

是不对的, 为了说明问题, 现考虑简单的例题, 目的是说明最优控制问题的恰当提法的重要性, 性能指标的正确选择是重要的基本问题, 否则会出错.

6.6.1 问题的套用提法

设有一阶系统 $\dot{x}(t)=-ax(t)+bu(t),\ x(0)=x_0$, 其中 $a\neq 0,b\neq 0$ 是系统的常参数. 设有某一跟踪给定值 $z\neq x_0$, 这时, 控制的目的是使系统的输出 $x(t)$, 当 $t\to+\infty$ 时, 能跟踪给定值 z, 即要选择控制规律 $u(\cdot)$, 使当 $t\to+\infty$ 时, $x(t)$ 趋于给定值 z. 这时, 自然的套用提法是, 有如下的性能指标:

$$J(x_0,u(\cdot))=\int_0^{+\infty}\{[x(t)-z]^2+u^2(t)\}\mathrm{d}t$$

于是, 要求最优控制 $\hat{u}(t)$, 使上述性能指标取到最小值. 然而, 下面表明这种套用是不正确的. 实际上, 假定存在 $u(\cdot)$, 使上述性能指标收敛, 则必有 $\lim\limits_{t\to+\infty}u(t)=0,\ \lim\limits_{t\to+\infty}x(t)=z$ 与 $\lim\limits_{t\to+\infty}\dot{x}(t)=0$. 但这不满足状态方程 $-az\neq 0$. 这显然与 $x(t)\to z$ 是矛盾的, 故这种最优控制问题是不能适应跟踪给定值的要求的. 所以说, 不应该简单地把二次型线性最优控制问题套用到跟踪给定值问题上来. 关键是当输出趋于给定值 z 时, 控制规律应保持一个不为零的常值, 即当 $x(t)\to z,\ \dot{x}(t)\to 0$ 时, 不应要求 $u(t)\to 0$, 而应要求 $u(t)\to\dfrac{a}{b}z$. 因此可提出如下的性能指标:

$$J(x_0,u(\cdot))=\int_0^{+\infty}\left\{[x(t)-z]^2+\left[u(t)-\frac{a}{b}z\right]^2\right\}\mathrm{d}t$$

若令 $y(t)=x(t)-z,\ v(t)=u(t)-\dfrac{a}{b}z$, 则得到 $\dot{x}(t)=\dot{y}(t),\ u(t)=v(t)+\dfrac{a}{b}z$, 故状态方程为

$$\dot{y}(t)=-ay(t)+bv(t),\quad y(0)=x(0)-z=x_0-z$$

性能指标为

$$J(y_0,v(\cdot))=\int_0^{+\infty}[y^2(t)+v^2(t)]\mathrm{d}t$$

按照已讨论过的最优控制问题, 最优控制规律应是偏差 $y(t)=x(t)-z$ 的比例反馈控制. 此时, 由于不能准确地知道系统的参数 a 与 b 的值, 只知其近似值 a_0 与 b_0.

当按照近似值 a_0 与 b_0 来决定控制时, 若用于实际系统, 能否达到跟踪给定值的目的? 当 $t \to +\infty$ 时, 控制 $u(t) \to \dfrac{b_0}{a_0}z$, 而 $x(t) \to \dfrac{b}{a}\dfrac{a_0}{b_0}z$, 一般未必等于 z, 因此, 这类性能指标也不能解决跟踪给定值的问题.

6.6.2　问题的正确提法

实际上, 应将性能指标改为

$$J(x_0,u(\cdot)) = \frac{1}{2}\int_0^{+\infty}\{[x(t)-z]^2+\dot{u}^2(t)\}\mathrm{d}t$$

若令 $y(t)=x(t)-z$, $v(t)=\dot{u}(t)$, 则原来的状态方程为

$$\ddot{x}(t)+a\dot{x}(t)=b\dot{u}(t)$$

或

$$\ddot{y}(t)+a\dot{y}(t)=bv(t),\quad y(0)=x(0)-z=x_0-z$$

性能指标为

$$J(x_0,v(\cdot))=\int_0^{+\infty}[y^2(t)+v^2(t)]\mathrm{d}t$$

对于这个线性二次型最优控制问题, 其状态方程为

$$\begin{cases}\dot{y}(t)=\dot{y}(t)\\ \ddot{y}(t)=-a\dot{y}(t)+bv(t),\quad y(0)=y_0\quad(t\geqslant 0)\end{cases}$$

于是, 有

$$\boldsymbol{A}=\begin{bmatrix}0 & 1\\ 0 & -a\end{bmatrix},\quad \boldsymbol{B}=\begin{bmatrix}0\\ b\end{bmatrix},\quad \boldsymbol{Q}=\begin{bmatrix}1 & 0\\ 0 & 0\end{bmatrix},\quad R=1$$

因为

$$\mathrm{rank}[\boldsymbol{B}\ \ \boldsymbol{AB}\ ]=\mathrm{rank}\begin{bmatrix}0 & b\\ b & -ab\end{bmatrix}=2=n$$

故此系统是能控的. 由定理 6.5 知, 所给的最优问题有解, 而由 Riccati 矩阵代数方程可得其解 $\boldsymbol{P}>0$, 从而有状态反馈控制:

$$\hat{v}(t)=\dot{\hat{u}}(t)=-\boldsymbol{R}^{-1}\boldsymbol{B}^{\mathrm{T}}\boldsymbol{P}\begin{bmatrix}y(t)\\ \dot{y}(t)\end{bmatrix}=-[\,0,b\,]\begin{bmatrix}p_{11} & p_{12}\\ p_{12} & p_{22}\end{bmatrix}\begin{bmatrix}y(t)\\ \dot{y}(t)\end{bmatrix}$$

$$= -bp_{12}y(t) - bp_{22}\dot{y}(t)$$

积分后得到

$$\hat{u}(t) = \hat{u}(0) + \int_0^t [-bp_{12}y(\tau)]\mathrm{d}\tau + bp_{22}[y(0) - y(t)]$$

这时, 跟踪给定值的最优控制是偏差量 $y(t)$ 的比例与积分控制的线性叠加, 称为PI控制器, 且系统的参数发生变化时, $x(t)$ 仍能跟踪给定值 z.

事实上, 从

$$\ddot{x}(t) + a\dot{x}(t) = -b^2p_{12}[x(t) - z] - b^2p_{22}\dot{x}(t)$$

有

$$\ddot{x}(t) + (a + b^2p_{22})\dot{x}(t) + b^2p_{12}x(t) = b^2p_{12}z$$

而这个闭环系统的静态解为

$$\lim_{t\to+\infty} \ddot{x}(t) = 0, \quad \lim_{t\to+\infty} \dot{x}(t) = 0, \quad \lim_{t\to+\infty} x(t) = z$$

从而看出, 上述最优控制系统对参数的变化是不灵敏的.

6.6.3 二阶系统跟踪给定值的最优设计

设有二阶控制系统

$$\ddot{x}(t) + a_1\dot{x}(t) + a_2x(t) = bu(t), \quad x(0) = x_0 \neq z$$

且 $b \neq 0$, 其中 a_1, a_2, b 与 z 都是实常数, 求最优控制, 使性能指标

$$J(x_0, u(\cdot)) = \frac{1}{2}\int_0^{+\infty} \{[x(t) - z]^2 + \dot{u}^2(t)\}\mathrm{d}t$$

取到最小.

令 $y(t) = x(t) - z$, $v(t) = \dot{u}(t)$, 则有

$$y^{(3)}(t) + a_1y^{(2)}(t) + a_2\dot{y}(t) = bv(t), \quad y(0) = x_0 - z$$

且

$$J(y_0,v(\cdot))=\frac{1}{2}\int_0^{+\infty}[y^2(t)+v^2(t)]\mathrm{d}t$$

这时, 状态方程为

$$\begin{bmatrix}\dot{y}(t)\\ \ddot{y}(t)\\ y^{(3)}(t)\end{bmatrix}=\begin{bmatrix}0&1&0\\0&0&1\\0&-a_2&-a_1\end{bmatrix}\begin{bmatrix}y(t)\\ \dot{y}(t)\\ \ddot{y}(t)\end{bmatrix}+\begin{bmatrix}0\\0\\b\end{bmatrix}v(t)$$

这是线性二次型最优控制问题, 其中

$$\boldsymbol{A}=\begin{bmatrix}0&1&0\\0&0&1\\0&-a_2&-a_1\end{bmatrix},\quad \boldsymbol{B}=\begin{bmatrix}0\\0\\b\end{bmatrix},\quad \boldsymbol{Q}=\begin{bmatrix}1&0&0\\0&0&0\\0&0&0\end{bmatrix}\geqslant 0,\quad R=1$$

因 $b\neq 0$, 故

$$\operatorname{rank}\begin{bmatrix}0&0&b\\0&b&*\\b&-a_1b&*\end{bmatrix}=3=n$$

系统是能控的. 由定理 6.5 知, 所给的最优问题有解. 由 Riccati 矩阵代数方程解得 $\boldsymbol{P}=[p_{ij}]>\mathbf{0}(i,j=1,2,3)$, 从而有

$$\begin{aligned}\hat{v}(t)=\dot{\hat{u}}(t)&=-\boldsymbol{R}^{-1}\boldsymbol{B}^{\mathrm{T}}\boldsymbol{P}\begin{bmatrix}y(t)\\ \dot{y}(t)\\ \ddot{y}(t)\end{bmatrix}\\&=-bp_{31}y(t)-bp_{32}\dot{y}(t)-bp_{33}\ddot{y}(t)\end{aligned}$$

积分后有

$$\hat{u}(t)=\hat{u}(0)-bp_{31}\int_0^t y(s)\mathrm{d}s-bp_{32}y(t)-bp_{33}\dot{y}(t)$$

这是偏差 $y(t)$ 的比例 – 积分 – 微分控制器, 简称为 PID 控制器. 可根据经验调整 PID 中的参数, 以得到满意的控制效果, 且此控制关于系统本身的参数变化也是不灵敏的.

6.6.4 多输入 − 多输出系统的跟踪给定值 z 的问题

设一般的多输入 − 多输出系统为

$$\begin{cases} \dot{\boldsymbol{x}}(t) = \boldsymbol{A}\boldsymbol{x}(t) + \boldsymbol{B}\boldsymbol{u}(t), \quad \boldsymbol{x}(0) = \boldsymbol{x}_0 \\ \boldsymbol{y}(t) = \boldsymbol{C}\boldsymbol{x}(t) \quad (t \geqslant 0) \end{cases}$$

其中 $\boldsymbol{A} \in \mathbb{R}^{n\times n}, \boldsymbol{B} \in \mathbb{R}^{n\times m}, \boldsymbol{C} \in \mathbb{R}^{r\times n}$, $\boldsymbol{x}(t) \in \mathbb{R}^n$, $\boldsymbol{u}(t) \in \mathbb{R}^m, \boldsymbol{y}(t) \in \mathbb{R}^r$. 设 $\boldsymbol{z} \in \mathbb{R}^r$ 是输出 $\boldsymbol{y}(t)$ 要跟踪的常值向量. 这时, 正确的性能指标应为

$$J(\boldsymbol{x}_0, \boldsymbol{u}(\cdot)) = \frac{1}{2}\int_0^{+\infty} \{[\boldsymbol{C}\boldsymbol{x}(t) - \boldsymbol{z}]^{\mathrm{T}} \boldsymbol{Q} [\boldsymbol{C}\boldsymbol{x}(t) - \boldsymbol{z}] + \dot{\boldsymbol{u}}^{\mathrm{T}}(t)\dot{\boldsymbol{u}}(t)\}\mathrm{d}t$$

令偏差量 $\boldsymbol{Z}(t) = \boldsymbol{C}\boldsymbol{x}(t) - \boldsymbol{z}$, 控制变化量为 $\boldsymbol{v}(t) = \dot{\boldsymbol{u}}(t)$, 则系统可表示为

$$\frac{\mathrm{d}}{\mathrm{d}t}\begin{bmatrix} \boldsymbol{Z}(t) \\ \dot{\boldsymbol{x}}(t) \end{bmatrix} = \begin{bmatrix} \boldsymbol{0} & \boldsymbol{C} \\ \boldsymbol{0} & \boldsymbol{A} \end{bmatrix} \begin{bmatrix} \boldsymbol{Z}(t) \\ \dot{\boldsymbol{x}}(t) \end{bmatrix} + \begin{bmatrix} \boldsymbol{0} \\ \boldsymbol{B} \end{bmatrix} \boldsymbol{v}(t)$$

性能指标为

$$J(\boldsymbol{v}(\cdot)) = \frac{1}{2}\int_0^{+\infty} \left\{ \begin{bmatrix} \boldsymbol{Z}(t) \\ \dot{\boldsymbol{x}}(t) \end{bmatrix}^{\mathrm{T}} \begin{bmatrix} \boldsymbol{Q} & \boldsymbol{0} \\ \boldsymbol{0} & \boldsymbol{0} \end{bmatrix} \begin{bmatrix} \boldsymbol{Z}(t) \\ \dot{\boldsymbol{x}}(t) \end{bmatrix} + \boldsymbol{v}^{\mathrm{T}}(t)\boldsymbol{v}(t) \right\} \mathrm{d}t$$

其中

$$\bar{\boldsymbol{A}} = \begin{bmatrix} \boldsymbol{0} & \boldsymbol{C} \\ \boldsymbol{0} & \boldsymbol{A} \end{bmatrix}, \quad \bar{\boldsymbol{B}} = \begin{bmatrix} \boldsymbol{0} \\ \boldsymbol{B} \end{bmatrix}, \quad \bar{\boldsymbol{Q}} = \begin{bmatrix} \boldsymbol{Q} & \boldsymbol{0} \\ \boldsymbol{0} & \boldsymbol{0} \end{bmatrix}, \quad \boldsymbol{R} = \boldsymbol{I}_r$$

若此系统是能控的, 则根据定理 6.5 知, 由 Riccati 矩阵代数方程

$$\bar{\boldsymbol{Q}} + \boldsymbol{P}\bar{\boldsymbol{A}} + \bar{\boldsymbol{A}}^{\mathrm{T}}\boldsymbol{P} - \boldsymbol{P}\bar{\boldsymbol{B}}\bar{\boldsymbol{B}}^{\mathrm{T}}\boldsymbol{P} = \boldsymbol{0}$$

解得 $\boldsymbol{P} > 0$, 故有

$$\hat{\boldsymbol{v}}(t) = \dot{\hat{\boldsymbol{u}}}(t) = -[\,\boldsymbol{0} \quad \boldsymbol{B}^{\mathrm{T}}\,]\boldsymbol{P}\begin{bmatrix} \boldsymbol{Z}(t) \\ \dot{\boldsymbol{x}}(t) \end{bmatrix} = \boldsymbol{K}_1\boldsymbol{Z}(t) + \boldsymbol{K}_2\dot{\boldsymbol{x}}(t)$$

积分后, 就得到原来问题的最优控制

$$\hat{\boldsymbol{u}}(t) = \hat{\boldsymbol{u}}(0) + \boldsymbol{K}_1\int_0^t [\boldsymbol{C}\boldsymbol{x}(s) - \boldsymbol{z}]\mathrm{d}s + \boldsymbol{K}_2\boldsymbol{x}(t)$$

这是状态变量的比例及偏差量积分的控制, 称为PI调节器 (注意: 把一切常值都归于 $\hat{u}(0)$).

例 6.11 设有控制系统:

$$\begin{cases} \dot{\boldsymbol{x}}(t) = \begin{bmatrix} 0 & 1 \\ 0 & 0 \end{bmatrix} \boldsymbol{x}(t) + \begin{bmatrix} 0 \\ 1 \end{bmatrix} \boldsymbol{u}(t) \\ \boldsymbol{y}(t) = [\,1,0\,]\boldsymbol{x}(t), \quad \boldsymbol{x}(0) = \boldsymbol{x}_0 \quad (t \geqslant 0) \end{cases}$$

求 $\hat{\boldsymbol{u}}(t)$, 使性能指标

$$J(\boldsymbol{0},\boldsymbol{u}(\cdot)) = \frac{1}{2}\int_0^{+\infty} \left\{ ([\,1,0\,]\boldsymbol{x}(t) - \boldsymbol{z})^{\mathrm{T}} \begin{bmatrix} 1 & 0 \\ 0 & 0 \end{bmatrix} [[\,1,0\,]\boldsymbol{x}(t) - \boldsymbol{z}] + \dot{u}^2(t) \right\} \mathrm{d}t$$

最小.

解 这时, 有

$$\bar{\boldsymbol{A}} = \begin{bmatrix} 0 & 1 & 0 \\ 0 & 0 & 1 \\ 0 & 0 & 0 \end{bmatrix}, \quad \bar{\boldsymbol{B}} = \begin{bmatrix} 0 \\ 0 \\ 1 \end{bmatrix}, \quad \bar{\boldsymbol{Q}} = \begin{bmatrix} 1 & 0 & 0 \\ 0 & 0 & 0 \\ 0 & 0 & 0 \end{bmatrix}, \quad R = 1$$

由于

$$\mathrm{rank}[\bar{\boldsymbol{B}} \quad \bar{\boldsymbol{A}}\bar{\boldsymbol{B}} \quad \bar{\boldsymbol{A}}^2\bar{\boldsymbol{B}}] = \mathrm{rank} \begin{bmatrix} 0 & 0 & 1 \\ 0 & 1 & 0 \\ 1 & 0 & 0 \end{bmatrix} = 3 = n$$

所以系统是能控的, 从而定理 6.5 的条件成立. 由 Riccati 矩阵代数方程, 解得

$$\boldsymbol{P} = \begin{bmatrix} 2 & 2 & 1 \\ 2 & 3 & 2 \\ 1 & 2 & 2 \end{bmatrix} > 0$$

于是, 有

$$\hat{\boldsymbol{v}}(t) = -[0,0,1]\boldsymbol{P} \begin{bmatrix} \hat{\boldsymbol{Z}}(t) \\ \dot{\hat{\boldsymbol{x}}}(t) \end{bmatrix} = -\hat{\boldsymbol{Z}}(t) - [2,2]\dot{\hat{\boldsymbol{x}}}(t)$$

积分后得到

$$\hat{\boldsymbol{u}}(t) = \hat{\boldsymbol{u}}(0) - \int_0^t [\boldsymbol{C}\boldsymbol{x}(s) - \boldsymbol{z}]\mathrm{d}s - [2,2]\hat{\boldsymbol{x}}(t)$$

习　题　6

1. 证明以下三种形式的性能指标是等价的:

(1) $J(x_0,u(\cdot))=\theta(x_\alpha,t_\alpha)+\int_0^{t_\alpha}L(x(t),u(t),t)\mathrm{d}t$;

(2) $J(x_0,u(\cdot))=\int_0^{t_\alpha}L(x(t),u(t),t)\mathrm{d}t$;

(3) $J(x_0,u(\cdot))=\theta(x_\alpha,t_\alpha)$.

2. 设$\boldsymbol{x}$是有m个分量的向量, 可以是行向量, 也可以是列向量, 即$\boldsymbol{x}=[x_1,\cdots,x_m]$或$\boldsymbol{x}=[x_1,\cdots,x_m]^{\mathrm{T}}$. 若$\boldsymbol{g}$是有$n$个分量$\boldsymbol{x}$的行向量函数, 而$\boldsymbol{f}$是有$n$个分量的$\boldsymbol{x}$的列向量函数. 证明:

(1) $\dfrac{\partial(\boldsymbol{g}\boldsymbol{f})}{\partial\boldsymbol{x}}=\boldsymbol{g}\dfrac{\partial\boldsymbol{f}}{\partial\boldsymbol{x}}+\boldsymbol{f}^{\mathrm{T}}\dfrac{\partial\boldsymbol{g}}{\partial\boldsymbol{x}}$;

(2) 若$m=n,\dfrac{\partial\boldsymbol{g}}{\partial\boldsymbol{x}}=\left(\dfrac{\partial\boldsymbol{g}}{\partial\boldsymbol{x}}\right)^{\mathrm{T}}$, 则有

$$\frac{\partial(\boldsymbol{g}\boldsymbol{f})}{\partial\boldsymbol{x}}=\boldsymbol{g}\frac{\partial\boldsymbol{f}}{\partial\boldsymbol{x}}+\left(\frac{\partial\boldsymbol{g}}{\partial\boldsymbol{x}}\boldsymbol{f}\right)^{\mathrm{T}}$$

3. 设状态方程为

$$\dot{x}(t)=1-u^2(t),\quad x(0)=1$$

性能指标为

$$J(x_0,u(\cdot))=\int_0^{\frac{1}{2}}[x(t)+u(t)]\mathrm{d}t$$

且端点自由. 求$\hat{u}(t)$, 使$J(x_0,u(\cdot))$取到最大值.

4. 设控制系统为

$$\dot{x}(t)=u(t),\quad x(0)=x_0\quad(t\geqslant 0)$$

且端点自由. 求$\hat{u}(t)$, 使性能指标

$$J(x_0,u(\cdot))=\int_0^{t_\alpha}[x^2(t)+ax(t)+bu(t)+cu^2(t)]\mathrm{d}t$$

取到最小值. 其中 $a,b,c>0$ 都是常数.

5. 设控制系统为

$$\dot{x}(t)=f(x(t),u(t)),\quad x(t_0)=x_0\quad (t\geqslant t_0)$$

且端点自由, 性能指标为

$$J(x_0,u(\cdot))=\int_{t_0}^{t_\alpha}L(x(t),u(t))\mathrm{d}t$$

证明: 沿最优轨道的 Hamilton 函数是常数.

6. 设控制系统为

$$\begin{cases}\dot{x}_1(t)=x_1(t)+x_2(t)+u(t), & x_1(0)=15\\ \dot{x}_2(t)=2x_1(t)-u(t), & x_2(0)=20\end{cases}$$

若容许控制为 $u(t)\in[0,1]$. 试求使性能指标

$$J(x_0,u(\cdot))=8x_1(18)+4x_2(18)$$

取到最大值的最优控制 $\hat{u}(t)$.

7. 设

$$\dot{x}(t)=f(x(t))+b(x(t))u(t),\quad x(0)=x_0,\quad x(t_\alpha)=0$$

性能指标为

$$J(x_0,u(\cdot))=-\int_0^{t_\alpha}[g(x(t))+c^2u^2(t)]\mathrm{d}t$$

其中 $g(x(t))\geqslant 0$, 且 $f(x(t))$ 与 $b(x(t))$ 连续可微. 试写出使 $J(x_0,u(\cdot))$ 取到最大值的最优控制 $\hat{u}(t)$ 与对应的最优状态 $\hat{x}(t)$ 应满足的边值条件.

8. 设有控制系统

$$\dot{x}(t)=u(t),\quad x(0)=1$$

且

$$u(t)+1\geqslant 0,\quad 1-u(t)\geqslant 0,\quad x(t)\geqslant 0$$

性能指标为

$$J(x_0,u(\cdot))=\int_0^2[-x(t)]\mathrm{d}t$$

且 $x(2)$ 自由. 试求 $\hat{u}(t)$, 使 $J(x_0,u(\cdot))$ 取到最大值.

9. 设 $x(t)$ 是 t 时刻某种资源的估计量, $u(t)$ 是相应的消耗率, 且系统为

$$\dot{x}(t)=-u(t),\quad x(0)=x_0$$

性能指标为

$$J(x_0,u(\cdot))=\int_0^{t_\alpha}\mathrm{e}^{-\zeta t}\left[u(t)-\frac{1}{2}\beta u^2(t)\right]\mathrm{d}t$$

其中 t_α 已知, $x(t_\alpha)$ 自由, 且 $\beta>0$. 试问采用什么样的 $\hat{u}(t)$ 才使消耗最少, 即使该种资源能用到时刻 t_α?

10. 设控制系统为

$$\dot{x}(t)=ax(t)+u(t),\quad x(0)=x_0\quad (t\geqslant 0)$$

性能指标为

$$J(x_0,u(\cdot))=\frac{1}{2}\int_0^{t_\alpha}[x^2(t)+u^2(t)]\mathrm{d}t$$

求使 $J(x_0,u(\cdot))$ 取到最小值的解.

11. 对于控制系统

$$\begin{cases}\dot{x}_1(t)=-x_1(t)+u(t)\\ \dot{x}_2(t)=\dot{x}_1(t),\quad \boldsymbol{x}(0)=\begin{bmatrix}x_{10}\\ x_{20}\end{bmatrix}\end{cases}\quad (t\geqslant 0)$$

性能指标为

$$J(\boldsymbol{x}_0,\boldsymbol{u}(\cdot))=\int_0^{+\infty}[x_2^2(t)+0.1u^2(t)]\mathrm{d}t$$

求使 $J(\boldsymbol{x}_0,u(\cdot))$ 取到最小值的反馈控制 $\hat{u}(t)$ 与最小值 $W(\boldsymbol{x}_0)$.

12. 设控制系统为

$$\ddot{x}(t)=u(t),\quad x(0)=x_0\quad (t\geqslant 0)$$

性能指标为

$$J(x_0,u(\cdot))=\int_0^{+\infty}\left[x^2(t)+\frac{1}{\omega^4}u^2(t)\right]\mathrm{d}t$$

其中 $\omega>0$. 求使 $J(x_0,u(\cdot))$ 取到最小值的解.

13. 设控制系统

$$\dot{\boldsymbol{x}}(t)=\begin{bmatrix}0&1\\0&0\end{bmatrix}\boldsymbol{x}(t)+\begin{bmatrix}0\\1\end{bmatrix}\boldsymbol{u}(t),\quad \boldsymbol{x}(0)=\boldsymbol{x}_0\quad(t\geqslant 0)$$

若取 $\boldsymbol{Q}=\begin{bmatrix}1&b\\b&a\end{bmatrix}$, $S=0,R=1$, 且 $a-b^2>0$, 求解最优控制问题.

14. 设系统为

$$\dot{\boldsymbol{x}}(t)=\begin{bmatrix}0&1\\0&0\end{bmatrix}\boldsymbol{x}(t)+\begin{bmatrix}0\\1\end{bmatrix}\boldsymbol{u}(t),\quad \boldsymbol{x}(0)=\boldsymbol{x}_0$$

$$\boldsymbol{y}(t)=[1,0]\boldsymbol{x}(t)\quad(t\geqslant 0)$$

性能指标为

$$J(\boldsymbol{x}_0,u(\cdot))=\int_0^{+\infty}[\boldsymbol{y}^2(t)+ru^2(t)]\mathrm{d}t$$

其中 $r>0$. 试求 $\hat{u}(t)$, 使 $J(\boldsymbol{x}_0,u(\cdot))$ 取到最小值.

15. 设有控制系统

$$\dot{x}(t)=-u(t),\quad x(0)=1\quad(t\geqslant 0)$$

试讨论跟踪给定值 $z\neq 1$ 的最优控制问题.

第 7 章　自适应控制

7.1　自适应控制的提出与设计方法

如果被控过程本身的动力学特性未知或不完全掌握, 或者在运行过程中发生了事先未知的变化, 经典控制理论提供的控制器设计方案就无法实现, 或者即便实现了但实际控制效果较差, 达不到性能要求, 甚至可能出现控制系统不稳定的现象. 实际上, 由于种种因素, 要事先完全掌握被控系统的动力学特性几乎是不可能的. 被控系统动态特性的这种未知性质称为不确定性. 引起被控系统不定性的主要原因有以下几个方面:

(1) 构成被控系统组合件本身的特性造成过程的动态特性或多或少具有某些非线性、时变性、分布性和随机性. 复杂系统的动态特性往往通过一定的实验方法来获得描述它的数学模型. 由于实验装置、测量仪器、实验方法以及实验条件的限制, 只能得到某种程度近似的数学模型. 从这个意义上讲, 所有过程的数学模型都是近似的. 被控系统的结构和参数存在不定性是一种普遍的现象.

(2) 系统所处环境的变化而引起的被控对象参数的变动. 例如, 空间飞行器的空气动力学参数随飞行高度、飞行速度和大气条件的变化而在大范围内发生变化, 化学反应过程中的参数随环境温度和湿度的变化而变化, 船舶的动态特性随水域状态的不同而变化等等. 因此, 环境干扰在被控制系统中引入一定的不定性.

(3) 系统本身的变化而引起的参数值的变化. 例如, 导弹的质量和重心随着燃料的消耗而变化, 化学反应速率随着催化剂活性的衰减而变慢, 机械手的动态特性随机械臂的伸展而变化, 等等. 这类变化都具有相当的不定性.

总之, 任何被控系统都存在着不定性, 仅强弱程度不同而已. 因此可以断言: 一个实际系统的数学模型不可能完全描述它的全部动态特性. 未被描述的那部分动态特性称为未建模动力学特性, 已被描述的那部分动态特性称为已建模动力学特性.

7.1.1 自适应控制的提出

具有上述特征的系统的控制, 仅依赖于线性、定常、时不变的经典控制理论和现代控制理论是完全不够的, 甚至是解决不了问题、达不到期望的性能指标. 正是在这种情况下, 有必要提出自适应控制理论与自适应控制系统. 一个理想的自适应控制系统应当具有以下能力:

(1) 有适应工作条件变化和系统要求的能力;

(2) 有学习的能力;

(3) 在变化的工作条件中能产生所需的控制策略;

(4) 在控制器参数失效时, 有自行恢复其功能的能力;

(5) 具有良好的稳健性, 即对系统的参数变化、建模误差以及不确定干扰不敏感.

综合上述, 对于不定性的控制系统, 如何设计出一个令人满意的控制器, 就成了自适应控制的任务. 根据不定性系统的特点, 自适应控制系统的设计思想应当是: 在控制系统运行过程中, 系统本身不断地测量被控系统的状态, 从而辨识和计算出系统当前的参数和运行指标, 并与期望的性能指标相比较, 进而作出决策, 来进行控制器参数的设计, 或根据自适应的规律来改变控制作用, 以保证系统运行在某种意义下的最优或次最优状态.

从自适应控制发展的历史来看, 自控制器设计的初级阶段, 便存在着如何寻找合适的控制器结构及参数等问题. 另一个难题就是, 如何使控制器的调节不仅限于某一个工作点上, 而且适合于全工作区域.

第一次提出控制器参数的自动调节是在 20 世纪 40 年代后期. 早期自适应控

制器用在航空器上, 当时大都是针对具体对象设计方案, 未形成理论体系. 60 年代, 控制理论蓬勃发展所取得的大量研究成果, 如状态空间法、稳定性理论、最优控制、随机控制、参数估计等为自适应控制理论的形成和发展准备了条件. 70 年代以来, 自适应控制理论有了显著的进展, 一些学者分别在确定性的和随机性的、连续和离散系统等自适应控制理论方面作出了贡献, 并在控制方案、控制器结构、系统稳定性和算法收敛等方面都有一定的突破和新的进展, 从而把自适应控制理论推向了一个新的发展阶段. 与此同时, 开始出现较多实际应用的例子, 并取得了好的效果. 到了 80 年代末 90 年代初, 自适应控制理论和设计方法已趋成熟, 内容更加丰富, 应用的领域也日益扩大.

7.1.2 自适应控制的设计方法

对于任何实用的控制算法包括自适应算法, 必须保证其具有两个性质：一个是当输出与设定值之间出现有界偏差时, 它应能使被控系统稳定; 另一个是算法最后应当能够给出一个期望的控制效果. 前一性质叫作稳定性, 后一性质叫作收敛性. 人们在进行系统稳定性和收敛性分析时, 一般作了三个假设, 第一, 被控系统是线性的, 结构是已知的; 第二, 扰动是有界的; 第三, 扰动是具有有理谱密度的平稳过程. 第一个假设是为了简化分析; 第二个假设是为了推导稳定性结果, 许多模型参考自适应控制的文献都假定扰动等于零, 所以这个假设是比较弱的; 第三个假设是导出一个适度的随机收敛体制必不可少的.

根据自适应控制设计的基本思想, 可以从中体会出自适应控制系统的设计可分为三个步骤：

(1) 对系统的参数辨识;

(2) 根据辨识的系统参数和某一性能指标进行控制器的设计;

(3) 进行自校正、自适应过程.

自适应控制就是要使控制器能够适应系统参数的变化, 随着系统参数的变化而实时地调整控制器的参数, 所以及时地在线辨识系统的参数, 常常是自适应控制系统所必需的, 尤其是自校正型的自适应控制, 它是建立在参数在线估计的基础上的.

由自适应控制的提出可以看出, 自适应系统需要根据系统内部和外部变化着的条件不断地认识自己、修正自己, 所以它的首要任务就是要能够估计出自身的特性, 即必须具备"辨识"的功能. 所谓辨识, 就是通过实验的方法确定出过程的动力学特性. 在线辨识是指, 在对系统操作与控制的同时利用计算机实现完成系统的辨识过程. 如果将所有测量的信号先存储起来, 然后离线辨识, 这称为批处理. 如果对每一采样信号立刻进行辨识与控制器参数的计算处理, 则称之为实时处理.

系统的参数辨识已经发展得很完善, 已发展出很多辨识方法、理论以及计算机软件, 所以它是一门独立的理论和课程, 在本书中不是研究的重点. 但是, 必须在已掌握系统辨识的基础上才能进行本书内容的学习, 因为它是自适应控制不可缺少的一部分. 根据自适应控制设计中利用系统辨识参数的方式不同, 设计过程可分为两种:

(1) 间接法, 又称显式法. 首先进行系统的参数辨识, 然后利用所辨识的参数以及有关性能指标进行控制器设计. 间接法将系统辨识与控制器设计分为两个步骤, 把参数估计和控制器设计看成两个独立问题来进行考虑. 这种处理方法在概念上虽然简单, 但没有考虑参数估计与控制器设计之间的相互影响, 特别是没有考虑参数估计的不确定性对控制器设计的影响. 因此, 在某些具体条件下, 需要进一步研究估计与控制器联合考虑的设计方案, 即直接法.

(2) 直接法, 又称隐式法. 直接法将控制器参数作为系统的未知数, 建立一个与控制器参数直接有关的估计模型, 并通过系统辨识的方法进行求解. 此法的计算量比间接法小, 不过需要建立一个合适的估计模型.

在实际应用中, 采用以上两种方法所设计的自适应控制器常常又习惯地称为自校正控制器, 或简称为自校正器. 由此可见, 自校正控制器是在线参数估计和控制器参数在线设计的有机结合. 由于存在多种参数估计和控制器设计方法, 所以自校正控制器的设计方法十分灵活, 这也正是它得到广泛应用的原因所在.

基本的自校正器的一般结构示于图 7.1. 这个结构图也清楚地表现出自校正器的设计过程. 按照图 7.1 中所给的方式进行的设计是包含有"标准"被控过程

模型参数估计器和控制器的设计步骤, 即显式自校正器, 这是因为先估计出系统的参数, 然后再用估计出的参数进行控制器的设计. 另外还可以采用隐式方法设计. 在隐式自校正器中, 其设计步骤可以省略, 但需要重新改写被控过程的模型方程, 以便使估计器的结果直接生成所需控制律的系数, 这就进一步简化了自校正控制算法.

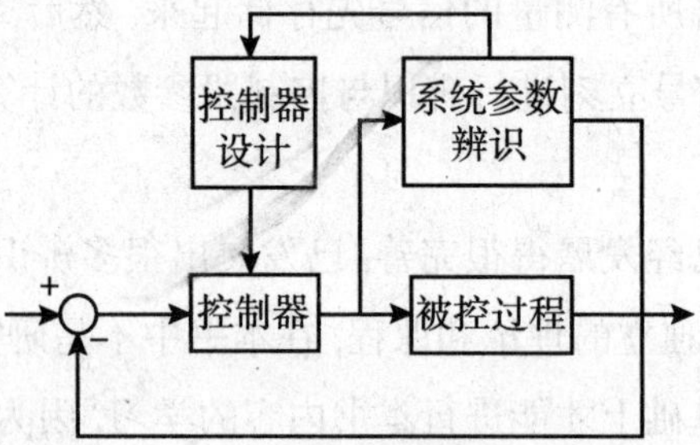

图 7.1 自校正控制系统结构图

在自校正控制器的设计过程中, 同样需要性能指标. 自校正控制技术的性能指标, 根据被控系统的性质以及控制的目的和要求, 可以具有多种不同的结构形式. 控制器的设计可以根据不同的性能指标而采用不同的设计方法, 主要有以下几种形式.

(1) 基于优化控制策略的自校正控制器

① 最小方差控制

它以误差的二次型目标函数作为性能指标, 自校正控制策略则是求保证这个二次型目标函数达到极小时的控制量, 性能指标的形式为

$$J_1 = E(e^2)$$

此处 e 为误差, 可以根据不同需要而有不同的定义.

J_1 中没有控制量, 并且在参数输入为零或恒值时, 仅对系统中的扰动和干扰进行调节的控制, 所以使 J_1 最小时求出的控制策略又称为最小方差调节器.

② 广义最小方差调节

它的性能指标形式为

$$J_2 = E(e^2 + ru^2)$$

与最小方差调节器相比，广义最小方差调节控制多了一项对控制量的控制和限制，所以以 J_1 设计出的又称为自校正调节器，而以 J_2 设计出的为自校正控制器. 此时，参考输入信号不为零，用此设计出的最小方差控制器又称为广义最小方差调节器.

③ 线性高斯 (LQG) 控制

其性能指标为

$$J_3 = E(\boldsymbol{x}^{\mathrm{T}}\boldsymbol{Q}\boldsymbol{x} + \boldsymbol{u}^{\mathrm{T}}\boldsymbol{Q}\boldsymbol{u})$$

与前两者不同的是，线性高斯控制是对以状态空间描述的过程进行的最优控制器的设计，而前两者是以输入 / 输出模型所描述的过程进行控制器的设计.

(2) 基于常规控制策略的自校正器

① 极点配置法

此法不采用性能指标的形式来设计控制器，而是把预测的闭环系统的行为用期望传递函数的 (零) 极点的位置加以事先规定，自校正控制器的策略就是保证实际的闭环系统的 (零) 极点收敛于这一组希望的 (零) 极点.

② 比例 – 积分 – 微分 (PID) 控制器

讨论在常规 PID 控制器作用下如何消除干扰和扰动的特殊问题.

(3) 模型参考自适应控制

对模型参考自适应控制和随机系统自校正器以及极点配置控制策略的基本假设是：对于过程以及扰动参数的任何可能的值，都存在一个固定结构的线性控制器，以使得过程加上控制器所组成的闭环特性具有预先规定的特性，把控制器设计成影响这个闭环控制系统特性的参数，并通过使被控系统达到要求的特性而确定控制器的参数. 所以一般的确定性环境下的线性控制器设计过程如图 7.2 所示.

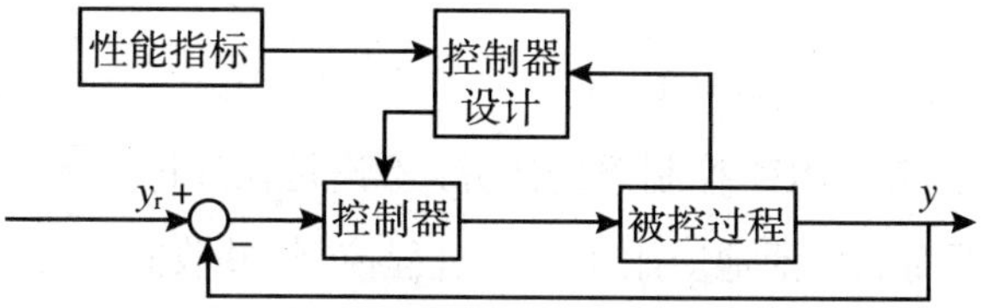

图 7.2　确定性线性系统控制器设计结构图

当对象模型参数未知或时变时, 可以利用其输入、输出数据在线地估计出对象模型参数, 然后进行控制器的设计. 此时的自适应控制结构如图 7.3 所示, 也称为自校正控制.

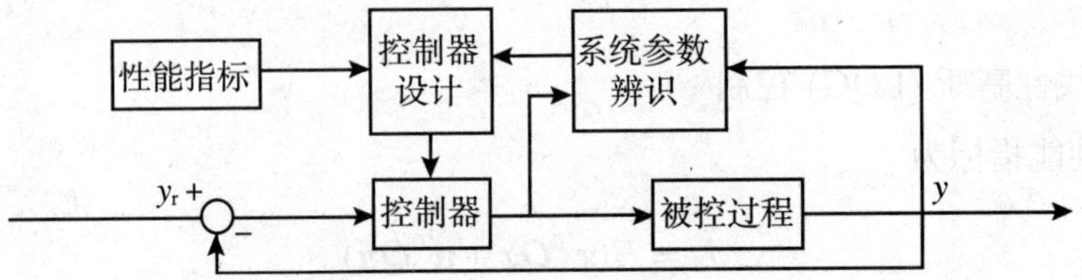

图 7.3　自适应控制系统结构图

将所要求系统的闭环动态性能用一个参考系统模型来表示, 然后用实际对象的输出与参考模型的输出之差来作为一种量度, 此时设计目标则变为：设计一个控制器, 使对象输出与参考模型输出之间的误差在两者相同的初始条件下恒为零. 以此方式使可能发生的误差将按一个确定的动态过程趋于零. 模型参考自适应控制系统结构如图 7.4 所示.

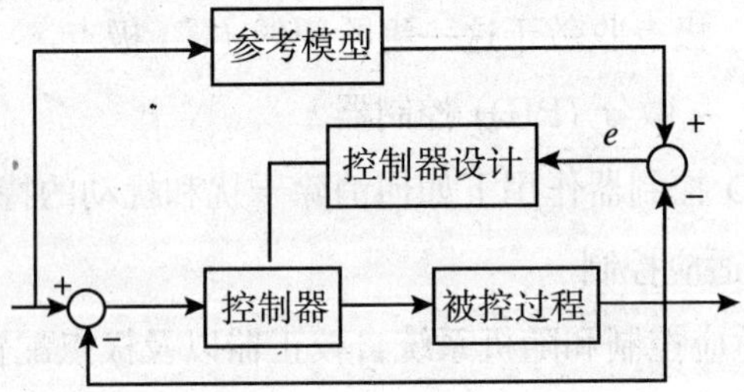

图 7.4　模型参考自适应控制系统结构图

7.2　基于优化控制策略的自校正器

几十年来, 常规的 PID 控制器的研究, 不论是在理论上还是在实践方面都有了较大的进展, 因而被广泛地应用于各种过程控制, 并收到了良好的效果. 随着科学技术和生产的发展, 人们对控制系统的要求越来越高, 特别是对于那些被控参数未知或参数变化或扰动不确定的控制过程, 想要取得满意的控制效果, 就必须进行实时地在线调整控制器的参数. 但是想要对 PID 控制器进行在线参数调整是十分困难的. 如果采用自校正技术, 就能自动调整调节器或控制器的参数, 使系统在较好的性能下运行.

假定被控过程的结构和参数已知, 且系统经常处于随机扰动和干扰之中, 如何设计一个调节器或控制器, 使随机扰动对系统的影响减少到最低程度? 使系统输出的稳态方差最小? 这类控制问题称为最小方差控制问题. 更加细致的说法是, 最小方差控制是对调节器而言的, 而广义最小方差控制主要针对控制器的设计. 最小方差自校正器是指在设计最小方差调节 / 控制器时, 被控过程的参数未知时, 对其参数进行自动整定的调节 / 控制器的设计.

7.2.1 最小方差调节器

现在讨论被控过程的动态方程及参数已知以及控制器结构和参数待定时, 如何按系统输出的方差的极小值来确定系统控制律的问题.

1. 被控过程随机干扰的描述

下面研究单输入 – 单输出、线性、定常离散系统的调节问题. 被控过程由下面的差分方程描述:

$$
\begin{aligned}
&y(k)+a_1y(k-1)+\cdots+a_{n_a}y(k-n_a)\\
&\quad=b_0u(k-d)+b_1u(k-d-1)+\cdots+b_{n_b}u(k-d-n_b)\\
&\qquad+v(k)+c_1v(k-1)+\cdots+c_{n_c}v(k-n_c)
\end{aligned}
$$

式中 $y(k)$ 为 k 时刻的输出, $u(k)$ 为 k 时刻的控制输入, $\{v(k)\}$ 为零均值白噪声序列, 且 $E(v^2(k))=\sigma^2$,d 为响应滞后拍数. 令 q^{-1} 为单位后向平移算子, 则上式可写成

$$A(q^{-1})y(k)=B(q^{-1})q^{-d}u(k)+C(q^{-1})v(k)$$

或

$$y(k)=\frac{B(q^{-1})}{A(q^{-1})}q^{-d}u(k)+\frac{C(q^{-1})}{A(q^{-1})}v(k)$$

式中

$$\begin{cases} A(q^{-1}) = 1 + a_1 q^{-1} + \cdots + a_{n_a} q^{-n_a} \\ B(q^{-1}) = b_0 + b_1 q^{-1} + \cdots + b_{n_b} q^{-n_b} \\ C(q^{-1}) = 1 + c_1 q^{-1} + \cdots + c_{n_c} q^{-n_c} \end{cases}$$

由上式可见，随机扰动对过程的影响等效为

$$n(k) = \frac{C(q^{-1})}{A(q^{-1})} v(k)$$

它直接作用在输出 $y(k)$ 上，$\{v(k)\}$ 是高斯平稳序列，具有有理谱密度，但它已不再是白噪声序列．被控过程的结构方框图如图 7.5 所示．上式称为被控自回归滑动平均 (CARMA) 模型．

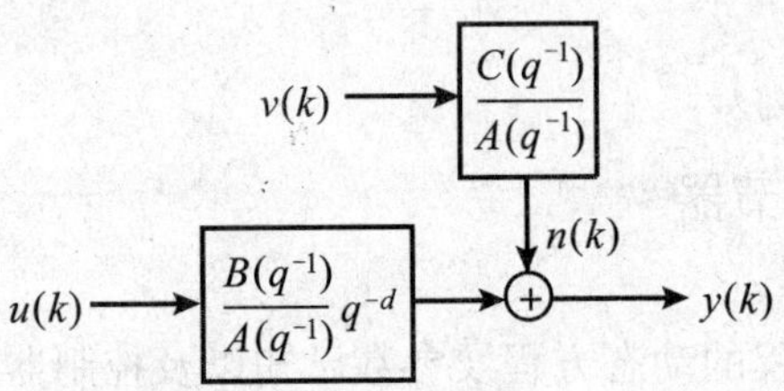

图 7.5　被控过程的结构方框图

2. 性能指标和最小方差控制律问题的提法

(1) 性能指标

选取输出 y 的方差为性能指标．此时，对于调节器问题，若认为参考输入为零，即 $y_{\mathrm{r}}(k) = 0$，则 y 的方差就是 y 的均方值：

$$E(e^2(k)) = E((y_{\mathrm{r}}(k) - y(k))^2) = E(y^2(k))$$

(2) 容许控制律

假定控制律 $u(k)$ 是 k 时刻及其以前的所有输出 $y(k), y(k-1), \cdots$ 与所有过去时刻的控制序列 $u(k-1), u(k-2), \cdots$ 的函数．

最小方差调节的基本思想是这样的：由于系统中信号的传递存在 d 步的延迟，现时的控制作用 $u(k)$ 要滞后 d 个采样周期才能对输出产生影响；而在延迟期间，扰动仍作用在过程中，所以，如果这个扰动对 $k+d$ 时刻的输出影响的最优预测在 k 时刻是可利用的，那么可选择控制信号 $u(k)$ 将此扰动的影响抵消．因此，根据最小方差的概念, 对输出量中的可控干扰部分提前 d 步进行预测, 然后, 根据预测值来设计最小方差调节律 $u(k)$, 以补偿可控部分的随机扰动在 $k+d$ 时刻对输出的影响. 这样, 通过连续不断地进行预测和调节, 可始终保持输出量的稳态方差为最小的. 由此可见, 实现最小方差调节的关键在于预测.

(3) 问题提法

根据上述内容, 实际上性能指标应表示为

$$J_1 = E(y^2(k+d))$$

最小方差控制问题, 就是对 CARMA 模型描述的系统求使上述性能指标为极小值时的容许控制律, 这个控制律称为最小方差控制律.

在某种意义上, 自适应最小方差调节器可以看成是自适应预测器, 而预测器又可以看作是一类特殊的参数估计器, 即估计模型被理解成预测器. 在参数估计的一般性讨论中, 目的是估计模型的参数, 使得模型的输出接近于真实系统的输出, 而自适应预测问题可以用同样的方式来考虑, 只不过系统与模型输出之间的接近程度量被当作一个特别要研究的问题. 预测控制的有效性取决于预测精度, 而预测精度显然与扰动的性质和预测长度 d 有关.

3. d 步预测模型

自适应预测的基本概念就是用给定的直到当前时刻 k 的数据去调整预测器中的参数, 使得过去的预测值接近相应的观测值, 然后用这些参数去产生未来的预测值.

由 CARMA 模型, 可得

$$y(k+d) = \frac{C(q^{-1})}{A(q^{-1})}v(k+d) + \frac{B(q^{-1})}{A(q^{-1})}u(k)$$

前面已经说过, 最小方差控制器的概念是用来补偿干扰 $n(k)$ 中的可控部分, 但因为系统中存在着时间延迟, 在时间 k 时刻的控制量影响的是 $k+d$ 时刻的被控变量, 所以需要对干扰信号 $n(k)$ 在 d 步时刻的补偿进行预测. 为了获得一个有效的预测, 干扰滤波器 $C(q^{-1})/A(q^{-1})$ 必须被分成两部分：与以前所测量的输出 $y(k), y(k-1), \cdots$ 线性无关以及线性相关的两部分.

用长除法将 $C(q^{-1})/A(q^{-1})$ 展开成 q^{-1} 的无穷幂级数后可以发现, 扰动

项 $v(k+d),v(k+d-1),\cdots,v(k+1),v(k),v(k-1),\cdots$ 具有“未来”分量 $v(k+d),v(k+d-1),\cdots,v(k+1)$ 和“先前”分量 $v(k-1),v(k-2)$ 等项, $v(k)$ 之前的所有先前的值能够用 CARMA 模型和实测输入、输出数据 $\{u(k),y(k)\}$ 重构出来, 即随机变量 $v(k),v(k-1),\cdots$ 是与测量值 $y(k),y(k-1),\cdots$ 线性相关的, 但 $v(k)$ 的未来值却是不可预计的, 这是因为 $v(k)$ 为不相关序列, 即随机变量 $v(k+1),\cdots,v(k+d)$ 与 $y(k),y(k-1),\cdots$ 独立. 于是, $C(q^{-1})/A(q^{-1})$ 能够被分解成一个恒等式:

$$\frac{C(q^{-1})}{A(q^{-1})}=F(q^{-1})+\frac{q^{-d}G(q^{-1})}{A(q^{-1})}$$

其中

$$F(q^{-1})=1+f_1q^{-1}+\cdots+f_{n_f}q^{-n_f},\quad G(q^{-1})=g_0+g_1q^{-1}+\cdots+g_{n_g}q^{-n_g}$$

$F(q^{-1})$ 是 $C(q^{-1})/A(q^{-1})$ 的商式, $G(q^{-1})q^{-d}$ 是 $C(q^{-1})/A(q^{-1})$ 的余式. 如果 $F(q^{-1})v(k+d)$ 为 $y(k),y(k-1),\cdots$ 独立的部分, 则 $F(q^{-1})$ 的 n_f 阶次就应当是 $d-1$, 而 $G(q^{-1})$ 的 n_g 阶次应当等于 n_a-1, 即有

$$n_f=d-1,\quad n_g=n_a-1$$

从而可将 $y(k+d)$ 分解为

$$\begin{aligned}y(k+d)&=F(q^{-1})v(k+d)+\frac{q^{-d}G(q^{-1})}{A(q^{-1})}v(k+d)+\frac{B(q^{-1})}{A(q^{-1})}u(k)\\&=F(q^{-1})v(k+d)+\frac{G(q^{-1})}{A(q^{-1})}v(k)+\frac{B(q^{-1})}{A(q^{-1})}u(k)\end{aligned}\tag{7.1}$$

此外, 假定多项式 $F(q^{-1})$ 的所有零点都在单位圆内, 则 CARMA 模型可以改写成

$$v(k)=\frac{A(q^{-1})}{C(q^{-1})}y(k)-\frac{q^{-d}G(q^{-1})}{C(q^{-1})}u(k)$$

将上式代入式 (7.1), 可得

$$y(k+d)=F(q^{-1})v(k+d)+\frac{G(q^{-1})}{C(q^{-1})}y(k)+\frac{B(q^{-1})F(q^{-1})}{C(q^{-1})}u(k)\tag{7.2}$$

称上式为预测模型.

对比式 (7.1) 和式 (7.2), 式 (7.2) 可理解为干扰项中的可预测部分分解后所得到输出预测模型. 根据此预测模型, 可以利用最小方差求得消除可控干扰后的最优预测器, 或利用最小方差求出消除可控干扰的控制律.

4. 最优预测器

令 $\hat{y}(k+d/k)$ 为基于测量数据对输出量 $y(k+d)$ 的预测估计, 简称输出量的 d 步预测估计, 同时令预测误差为 $\tilde{y}(k+d)=y(k+d)-\hat{y}(k+d/k)$, 那么使预测误差的方差为最小的 d 步最优预测, 可通过使性能指标 $J_1=E(y^2(k+d))$ 最小化来求得:

$$\begin{aligned}J_1&=E(y^2(k+d))=E\{[y(k+d)-\hat{y}(k+d/k)]^2\}\\&=E\left(\left[F(q^{-1})v(k+d)+\frac{G(q^{-1})}{C(q^{-1})}y(k)+\frac{B(q^{-1})F(q^{-1})}{C(q^{-1})}u(k)-\hat{y}(k+d/k)\right]^2\right)\\&=E([F(q^{-1})v(k+d)]^2)+E\left(\left[\frac{G(q^{-1})}{C(q^{-1})}y(k)+\frac{B(q^{-1})F(q^{-1})}{C(q^{-1})}u(k)\right.\right.\\&\quad\left.\left.-\hat{y}(k+d/k)\right]^2\right)+2E\left(F(q^{-1})v(k+d)\left(\frac{G(q^{-1})}{C(q^{-1})}y(k)\right.\right.\\&\quad\left.\left.+\frac{B(q^{-1})F(q^{-1})}{C(q^{-1})}u(k)-\hat{y}(k+d/k)\right)\right)\end{aligned}$$

由于 $v(k+1),v(k+2),\cdots,v(k+d)$ 与测量数据独立, 而 $\hat{y}(k+d/k)$ 是测量数据的线性组合, 所以 $v(k+1),v(k+2),\cdots,v(k+d)$ 与 $\hat{y}(k+d/k)$ 也是独立的, $v(k)$ 具有零均值, 所以上式右边中的最后一项为零值. 另外, 上式右边中的第一项是不可预测的. 因此欲使 J_1 最小, 只有使上式右边中的第二项为 0. 此时, 有

$$y^*(k+d/k)=\hat{y}(k+d/k)=\frac{G(q^{-1})}{C(q^{-1})}y(k)+\frac{B(q^{-1})F(q^{-1})}{C(q^{-1})}u(k)$$

最小预测方差为

$$J_{\min}=E\{[F(q^{-1})v(k+d)]^2\}=(1+f_1^2+\cdots+f_{d-1}^2)\sigma^2 \tag{7.3}$$

其中 σ^2 为 $v(k)$ 的方差.

式 (7.3) 称为最优预测器方程, 也称为 Diophantus 方程. 当 $A(q^{-1})$,$B(q^{-1})$, $C(q^{-1})$ 和 d 已知时, 可由它解出 $F(q^{-1})$ 和 $G(q^{-1})$. 这可以利用两边中 q 的同次幂项系数相等, 求解所得的代数方程组而获得.

以上的预测模型以及最优预测器均是在假定 $C(q^{-1})$ 是渐近稳定的前提下得出的, 即分母 $C(q^{-1})$ 的零点全部落在单位圆内, 这就保证了任意的初始条件对最优预测器的作用和影响是以指数型速度而衰减的. 所以 k 足够大时, 如在稳态下预测, 初始条件的影响不会产生任何误差. 有时又称之为最优稳态预测器. 已有人提出 $C(q^{-1})$ 具有单位圆上零点的次最优预测器.

7.2.2 最小方差控制律

下面采用与推导最优预测器相似的方法, 求解最小方差控制律. 即求实际输出 $y(k+d)$ 与希望输出 $y_{\mathrm{r}}(k+d)$ 之间的误差方差 $J=E([y(k+d)-y_{\mathrm{r}}(k+d)]^2)$ 最小时的控制律.

假设多项式 $C(q^{-1})$ 是 Hurwitz 多项式, 即过程具有最小相位或是逆稳定的.

将最优预测器方程代入预测模型, 可得

$$y(k+d)=F(q^{-1})v(k+d)+y^*(k+d/k)$$

因此有

$$\begin{aligned}J&=E([F(q^{-1})v(k+d)+y^*(k+d/k)-y_{\mathrm{r}}(k+d)^2])\\&=E([F(q^{-1})v(k+d)]^2)+E([y^*(k+d/k)-y_{\mathrm{r}}(k+d)]^2)\end{aligned}$$

上式右边中的第一项不可控, 所以欲使 J 最小, 必须使

$$y^*(k+d/k)=y_{\mathrm{r}}(k+d)$$

另外,

$$C(q^{-1})y^*(k+d/k)=G(q^{-1})y(k)+B(q^{-1})F(q^{-1})u(k)$$

整理后, 可得最小方差控制律为

$$B(q^{-1})F(q^{-1})u(k)=y_{\mathrm{r}}(k+d)+[C(q^{-1})-1]y^*(k+d/k)-G(q^{-1})y(k)$$

或

$$u(k)=\frac{1}{b_0}[y_{\rm r}(k+d)+\sum_{i=1}^{n_c}c_iy^*(k+d-i/k-i)-\sum_{i=0}^{n_g}g_iy(k-i)-\sum_{i=1}^{n_f}f_ib_iu(k-i)]$$

从以上推导过程可以看出, 最小方差控制律实际上是, 令 $k+d$ 时刻的最优输出预测值为期望输出时所得到的控制.

对于调节器问题, 可以设 $y_{\rm r}(k+d)=0$. 此时, 最小方差控制律可以简化为

$$B(q^{-1})F(q^{-1})u(k)=-G(q^{-1})y(k)$$

其中

$$u(k)=-\frac{G(q^{-1})}{B(q^{-1})F(q^{-1})}y(k)$$

或

$$u(k)=-\frac{1}{b_0}\left[\sum_{i=0}^{n_g}g_iy(k-i)-\sum_{i=1}^{n_f}f_ib_iu(k-i)\right]$$

上面推导出了以最优预测器为基础的最小方差调节 (控制) 器, 该控制器使我们可以利用过去的输入、输出数据, 来确定未来响应上的扰动中的可测部分, 并通过控制来消除这部分扰动的影响.

比较最小方差预测问题和最小方差控制问题关于最小输出误差的形式, 可以发现输出量的最优控制误差正好等于最优预测误差. 所以, 最小方差控制律可以按以下简单的物理概念来推算：首先求出输出的 d 步最优预测, 然后确定一个最优控制, 使得输出的预测值等于其期望值.

最小方差控制问题的设计步骤如下：

(1) 设被控过程的差分方程为

$$A(q^{-1})y(k)=B(q^{-1})q^{-d}u(k)+C(q^{-1})v(k)$$

其中 $\{v(k)\}$ 是独立高斯 $N(0,\sigma^2)$ 随机白噪声序列, 假定 A, B 和 C 的零点都落在单位圆内, 那么最小方差控制律为

$$u(k)=-\frac{G(q^{-1})}{B(q^{-1})F(q^{-1})}y(k)$$

其中多项式 $F(q^{-1})$ 和 $G(q^{-1})$ 的阶分别为 $d-1$ 和 n_a-1, 多项式的系数可通过求解下列 Diophantus 方程来确定:

$$C(q^{-1})=F(q^{-1})A(q^{-1})+q^{-d}G(q^{-1})$$

(2) 输出误差 $\tilde{y}(k)$ 是 $v(k)$ 的 $d-1$ 阶滑动平均:

$$\tilde{y}(k+d)=F(q^{-1})v(k+d)=(1+f_1+f_2+\cdots+f_{d-1})v(k+d)$$

(3) 输出的最小方差为

$$E(\tilde{y}^2(k+d))=\left(1+\sum_{i=1}^{d-1}f_i^2\right)\sigma^2$$

其中 σ^2 为 $v(k)$ 的方差.

例 7.1 求解以下被控过程的预测模型和最优预测, 并计算其最小预测误差的方差, 以及当期望输出 $y_{\rm r}(k+d)=0$ 时的最小方差调节律:

$$y(k)+a_1y(k-1)=b_0u(k-2)+v(k)+c_1v(k-1)$$

解 根据题意, 已知:

$$\begin{aligned}&A(q^{-1})=1+a_1q^{-1},\quad n_a=1\\&B(q^{-1})=b_0\\&C(q^{-1})=1+c_1q^{-1}\\&d=2\end{aligned}$$

根据 $G(q^{-1})$ 和 $F(q^{-1})$ 的阶分别为 n_a-1 和 $d-1$ 的要求, 可得

$$G(q^{-1})=g_0,\quad F(q^{-1})=1+f_1q^{-1}$$

由 Diophantus 方程, 可得

$$\begin{aligned}1+c_1q^{-1}&=(1+a_1q^{-1})(1+f_1q^{-1})+g_0q^{-2}\\&=1+(f_1+a_1)q^{-1}+(g_0+a_1f_1)q^{-2}\end{aligned}$$

令上式两边中 q 的同幂次项系数相等, 得

$$f_1+a_1=c,\quad g_0+a_1f_1=0$$

解得

$$f_1=c_1-a_1,\quad g_0=a_1(a_1-c_1)$$

由此可求出预测模型、最优预测、最优预测误差的方差, 以及当期望输出 $y_{\mathrm{r}}(k+d)=0$ 时的最小方差控制律, 分别为

$$\begin{aligned}
&y(k+2)=\frac{g_0y(k)+b_0(1+f_1q^{-1})u(k)}{1+c_1q^{-1}}+(1+f_1q^{-1})v(k+2)\\
&y^*(k+2/k)=\frac{g_0y(k)+b_0(1+f_1q^{-1})u(k)}{1+c_1q^{-1}}\\
&E(\tilde{y}^2(k+2))=(1+f_1^2)\sigma^2\\
&u(k)=-\frac{G}{FB}y(k)=-\frac{1}{b_0}\frac{a_1(a_1-c_1)}{1+(c_1-a_1)q^{-1}}y(k)
\end{aligned}$$

若给定值: $a_1=-0.9,b_0=0.5,c_1=0.7$, 则 $g_0=1.44,f_1=1.6$. 从而可得

$$\begin{aligned}
&y(k+2)=\frac{1.44y(k)+0.5u(k)+0.8u(k-1)}{1+0.7q^{-1}}+v(k+2)+1.6v(k+1)\\
&y^*(k+2/k)=\frac{1.44y(k)+0.5u(k)+0.8u(k-1)}{1+0.7q^{-1}}\\
&E(\tilde{y}^2(k+2))=(1+1.6^2)\sigma^2=3.56\sigma^2\\
&u(k)=-\frac{1.44}{0.5+0.8q^{-1}}y(k)\quad 或\quad u(k)=-2.88y(k)-1.6u(k-1)
\end{aligned}$$

如图 7.6 所示.

讨论 (1) 若 $d=1$, 则一步预测误差方差为 σ^2. 这说明预测误差随着预测长度 d 的增加而恶化, 预测精度也随之降低.

(2) 未加控制 (即 $u(k)=0$) 时, 由过程方程可得

$$y(k)=0.9y(k-1)+v(k)+0.7v(k-1)$$

此时, 输出方差为

$$E(\tilde{y}^2(k))=E\{[0.9y(k-1)+v(k)+0.7v(k-1)]^2\}$$

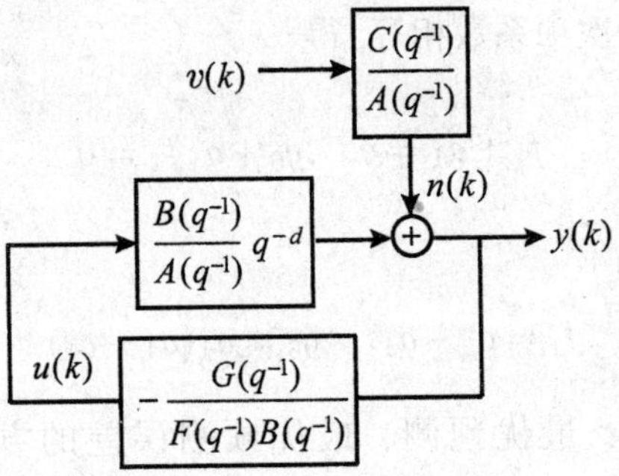

图 7.6 最小方差调节的结构图

输出 $y(k)$ 完全是由白噪声作用的结果, 所以本身也是白噪声, 具有与白噪声相同的特性. 因此有

$$E(y(k-1)v(k-1)) = \sigma^2,$$
$$E(y(k-1)v(k)) = 0,$$
$$E(y(k-1)^2) = E(y(k)^2)$$

所以, 当 $u(k) \equiv 0$ 时, 输出方差为

$$\begin{aligned} E(\tilde{y}^2(k)) &= E(v^2(k) + 0.8y^2(k-1) + 2\times 0.9\times 0.7y(k-1)v(k-1) + 0.49v^2(k-1)) \\ &= \frac{2.75}{0.19}\sigma^2 = 14.47\sigma^2 \end{aligned}$$

是加入最小方差控制后输出方差的 4 倍. 可见, 采用最小方差控制策略, 使输出方差减少了 3/4, 而剩下的 1/4 是不可控部分所造成的.

(3) 最小方差控制律的表达式表明：若 $|b_0|$ 过小, 控制量就可能过大, 从而使得执行机构或数模转换装置处于饱和状态而影响控制品质, 同时也有可能加速执行机构的磨损, 所以这是最小方差调节器的一个基本缺点.

(4) 讨论闭环系统的闭环特性.

将控制律 $u(k)$ 作用于控制对象, 可得下面的闭环系统方程：

$$y(k) = \frac{F(q^{-1})C(q^{-1})}{A(q^{-1})F(q^{-1}) + q^{-d}G(q^{-1})}v(k) = F(q^{-1})v(k)$$

将此式再代回控制律, 得

$$u(k) = -\frac{F(q^{-1})G(q^{-1})}{F(q^{-1})B(q^{-1})}v(k) = -\frac{G(q^{-1})}{B(q^{-1})}v(k)$$

由上式可以看出, 最小方差控制的实质, 就是用控制器的极点对消过程的零点 ($B(q^{-1})$ 的零点). 当 $B(q^{-1})$ 不稳定时, 由于控制器 $u(k) = -\frac{G(q^{-1})}{F(q^{-1})B(q^{-1})}y(k)$ 中具有不稳定的极点而不稳定, $u(k)$ 将随时间按指数规律增长, 此时的输出却将以指数增长而导致不良的控制效果. 因此, 采用最小方差控制时, 除要求过程本身稳定外 (即 $A(q^{-1})$ 稳定), 同时, 过程还必须是逆稳定的 (即系统具有最小相位). 另外, 从最优预测器中可以看出, 能实现最优预测的条件是 $C(q^{-1})$ 必须是稳定的. 所以最小方差控制只能适用于 $A(q^{-1})$,$B(q^{-1})$ 和 $C(q^{-1})$ 均为稳定零点的系统, 这是最小方差调节器的另一个基本缺点.

一个系统的零点是它的逆系统的极点, 所以如果系统的全部零点在稳定区内, 则称该系统为逆稳定系统, 否则称为逆不稳定系统; 如果不仅全部极点, 而且全部零点都在稳定区内, 则称该系统为最小相位系统, 否则称为非最小相位系统.

由一个逆稳定的连续时间系统, 经过零阶保持器采样后, 可能得到一个逆不稳定的离散时间系统. 只有分母的阶次 n 与分子的阶次 m 满足 $n = m + 1$ 或 $n = m$ 时, 离散时间系统才有可能保持原连续时间系统的逆稳定性.

7.2.3　最小方差自校正器

自校正控制技术是将过程参数在线估计与调节器或控制器参数的自动调整相结合的一种自适应控制技术. 将递推最小二乘参数估计与最小方差控制结合起来, 就形成了最小方差自校正器. 这里主要介绍采用直接设计的方法.

1. 最小方差自校正调节器

直接法要求直接估计调节器的参数. 为此, 必须把调节器参数与系统模型参数的估计结合起来, 建立一个参数估计模型. 下面我们从预测模型入手来进行参数辨识模型的推导.

首先, 若 $C(q^{-1})=1$, 重写被控过程的预测模型如下:

$$y(k+d)=Gy(k)+BFu(k)+Fv(k+d)$$

这是一个包括控制器参数在内的闭环系统模型. 为了便于分析, 把预测模型重写为

$$y(k+d)=Gy(k)+F'u(k)+e(k+d)$$

式中

$$F'(q^{-1})=F(q^{-1})B(q^{-1})=1+f_1'q^{-1}+\cdots+f_{n_{f'}}'q^{-n_{f'}}\quad (n_{f'}=n_b+d-1)$$

$$G(q^{-1})=g_0+g_1q^{-1}+\cdots+g_{n_g}q^{-n_g}\quad (n_g=n_a-1)$$

$$e(k)=v(k)+f_1v(k-1)+\cdots+f_{d-1}v(k-d+1)$$

对于 $C(q^{-1})\neq 1$ 的情况, 考虑到

$$[C(q^{-1})]^{-1}=1+c_1'q^{-1}+c_2'q^{-2}+\cdots$$

可以把预测模型改写成

$$\begin{aligned}y(k+d)=&Gy(k)+F'u(k)+c_1'[Gy(k-1)+F'u(k-1)]\\&+c_2'[Gy(k-2)+F'u(k-2)]+\cdots+e(k+d)\end{aligned}\tag{7.4}$$

若参数估计收到真值, 则在采用最小方差控制律 $u(k)=-\dfrac{G(q^{-1})}{F(q^{-1})B(q^{-1})}y(k)$ 对系统进行控制时, 式 (7.4) 右边所有方括号中的项都为零, 其效果等同于 $C(q^{-1})=1$ 的情形. 所以, 不论多项式 $C(q^{-1})$ 取何种形式, 式 (7.4) 均可以作为隐式算法的估计模型.

根据闭环可辨识条件, 知:

(1) n_a, n_b, n_c, d 必须已知;

(2) $\max\{n_{f'}-n_b-d,\ n_g-n_a\}\geqslant 0$.

对本问题, (2) 即为 $\max\{n_b+d-1-n_b-d, n_a-1-n_a\}\geqslant 0$.

为了满足估计模型参数的可辨识性条件, 可以设定多项式 F' 的首项系数 f_0' 为一合理的估计值 $\hat{f}_0'$, 同时令

$$\boldsymbol{\theta}=[g_0g_1\cdots g_{n_g},f_1'f_2'\cdots f_{n_{f'}}']^{\mathrm{T}}$$

$$\boldsymbol{\Phi}^{\mathrm{T}}=[y(k)y(k-1)\cdots y(k-n_g),u(k-1)\cdots u(k-n_{f'})]$$

估计模型可写为

$$y(k)-\hat{f}_0'u(k-d)=\boldsymbol{\Phi}^{\mathrm{T}}(k-d)\boldsymbol{\theta}+e(k)$$

此时, 可利用比如渐消记忆最小二乘递推公式进行参数估计:

$$\begin{cases}\hat{\boldsymbol{\theta}}(k)=\hat{\boldsymbol{\theta}}(k-1)+K(k)[\boldsymbol{y}(k)-f_0'\boldsymbol{u}(k-d)-\boldsymbol{\Phi}^{\mathrm{T}}(k-d)\hat{\boldsymbol{\theta}}(k-1)]\\ K(k)=\dfrac{\boldsymbol{P}(k-1)\boldsymbol{\Phi}(k-d)}{1+\boldsymbol{\Phi}^{\mathrm{T}}(k-d)\boldsymbol{P}(k-1)\boldsymbol{\Phi}(k-d)}\\ \boldsymbol{P}(k)=\dfrac{1}{\rho}[\boldsymbol{I}-\boldsymbol{K}(k)\boldsymbol{P}^{\mathrm{T}}(k-d)]\boldsymbol{P}(k-1)\end{cases}$$

式中 ρ 为遗忘因子, 当 $0<\rho<1$ 时, 其作用是以速度 ρ 指数地减弱先前测量数据对参数的影响, 它在一定程度上能够跟踪慢时变参数; 对于时不变系统, 取 $\rho=1$. $K(k)$ 为权因子, $\boldsymbol{P}(k)=(\boldsymbol{\Phi}^{\mathrm{T}}\boldsymbol{\Phi})^{-1}$ 为正定协方差矩阵.

f_0' 的估计值实际上就是 b_0 的估计值 $\hat{b}_0$.

调节器设计的目的, 就是使最优输出预测为零. 可得最小方差控制律为

$$u(k)=-\frac{1}{\hat{f}_0'}\boldsymbol{\Phi}^{\mathrm{T}}(k)\hat{\boldsymbol{\theta}}(k)$$

已知: n_a,n_b,n_c,d 和 $\hat{f}_0'$. 最小方差自校正调节器的设计步骤如下:

(1) 设置初值 $\hat{\boldsymbol{\theta}}(0)$ 和 $\boldsymbol{P}(0)$, 输入初始数据, 计算 $\boldsymbol{u}(0)$;

(2) 读取新的测量数据 $\boldsymbol{y}(k)$;

(3) 组成测量数据向量 $\boldsymbol{\Phi}(k)$ 和 $\boldsymbol{\Phi}(k-d)$;

(4) 用递推最小二乘估计公式计算最新参数估计向量 $\hat{\boldsymbol{\theta}}(k)$ 和 $\boldsymbol{P}(k)$;

(5) 计算自校正调节律 $\boldsymbol{u}(k)$;

(6) 输出 $\boldsymbol{u}(k)$;

(7) 返回 (2).

初值 $\boldsymbol{P}(0)$ 典型的选值是对角矩阵 $\alpha\boldsymbol{I}$ (α 取非常大的值, 比如 10^4). 这说明 $\hat{\boldsymbol{\theta}}(0)$ 的置信度小, 所以能够使 $\hat{\boldsymbol{\theta}}(k)$ 的初始变化较快. 相反, 当 α 取小值 (如 0.1) 时, 意味着 $\hat{\boldsymbol{\theta}}(0)$ 已是 $\boldsymbol{\theta}$ 的一个合理估值, $\hat{\boldsymbol{\theta}}(k)$ 将变化缓慢.

7.3 LQG 自校正器

在最小方差自校正器的设计中, 采用的目标函数 J 是系统的输出误差, 也只能使其条件均值最小, 而且一般需要已知被控过程的时延, 有时还需要对过程的极点或零点加以限定, 所以它们的适用范围是有限的.

线性二次高斯 (LQG) 自校正器没有这些限制, 它可以用于变化时, 开环不稳定以及逆不稳定的过程, 且可以达到无条件均值最小, 所以具有明显的优点. 它的主要缺点是计算量较大. 由于计算机的帮助, 这个现在已不成问题. 另外一个缺点是, 它对阶次比较敏感, 这在设计时必须认真对待.

线性二次高斯自校正器研究的正是对具有高斯分布的随机扰动和噪声的系统, 采用二次性能指标进行控制的问题.

现在的系统变得较为复杂, 因为对于一个用状态变量描述的系统, 可以用 LQ 状态调节器对系统进行控制, 但此最优控制律的实现需要用于全部状态变量的反馈, 所以, 当可观的状态信息不完全时, 必须先设计一个最优观测器, 进行状态重构, 然后才能进行控制器的设计.

随机控制系统与确定性系统不同, 因为它受到过程扰动以及输出噪声的干扰, 即使系统的状态可直接测量, 但其观测到的数据因受到随机扰动及输出测量噪声等因素的影响而不准确, 所以对于这类系统, 同样必须重新构造状态. 从具有随机扰动和噪声的污染信号或数据中获取真实的有用的数据或信号, 这一任务由滤波器来完成. 所以对于随机系统, 其控制器设计任务分为两步: 第一, 通过采用滤波器将随机扰动和测量噪声消除, 进行状态预测和估计; 第二, 根据所估计的状态进行最优控制器的设计, 这就是 LQG 中应掌握的主要内容.

7.3.1 Kalman 滤波器

考虑系统方程和量测方程

$$\begin{cases} \boldsymbol{X}(k+1)=\boldsymbol{A}\boldsymbol{X}(k)+\boldsymbol{B}\boldsymbol{U}(k)+\boldsymbol{L}\boldsymbol{v}(k) \\ \boldsymbol{y}(k)=\boldsymbol{C}\boldsymbol{X}(k)+\boldsymbol{n}(k) \quad (k=0,1,\cdots) \end{cases}$$

其中 $\{\boldsymbol{v}(k)\},\{\boldsymbol{n}(k)\}$ 是零均值高斯白噪声序列, 并有

$$E(\boldsymbol{v}(k))=E(\boldsymbol{n}(k))=0, \quad E(\boldsymbol{X}(k))=\boldsymbol{X}(0)$$

$$E(\boldsymbol{v}(k)\boldsymbol{v}^{\mathrm{T}}(k))=\boldsymbol{V}\delta_{ij}, \quad E(\boldsymbol{n}(k)\boldsymbol{n}^{\mathrm{T}}(k))=\boldsymbol{N}\delta_{ij}$$

其中

$$\delta_{ij}=\begin{cases} 1 & (i=j) \\ 0 & (i\neq j) \end{cases}$$

$\{\boldsymbol{v}(k)\},\{\boldsymbol{n}(k)\}$ 和 $\boldsymbol{X}(0)$ 之间线性无关 (图 7.7).

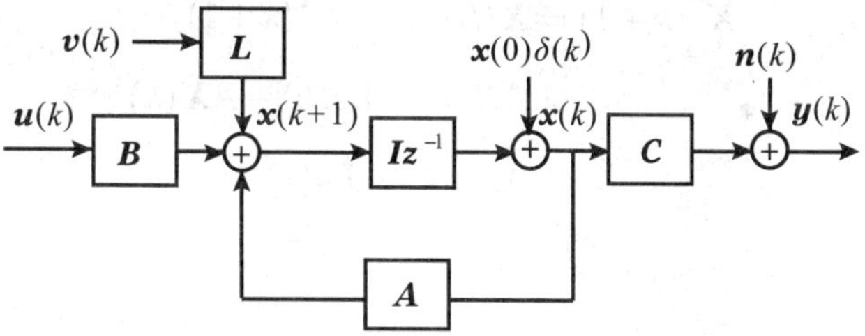

图 7.7 受干扰的被控过程

对含有随机扰动和测量噪声的过程进行最优控制. 由于系统的状态不能直接被采用, 所以其控制问题必须分两个问题来解决: 第一个问题是状态的最优估计, 即根据系统中可以直接获取的输出信息来估计状态变量; 第二个问题是最优控制, 即根据所估计的状态确定最优控制信号.

第一个问题是采用 Kalman 滤波器解决的. Kalman 滤波器的目的是基于测量输出信号 $\boldsymbol{y}(k)$, 在消除干扰和扰动的同时, 估计状态变量 $\boldsymbol{X}(k)$, 被估计的状态用 $\hat{\boldsymbol{X}}(k)$ 表示, 被估计状态的协方差定义为

$$\hat{P}(k)=E\Big(\big[\boldsymbol{X}(k)-\hat{\boldsymbol{X}}(k)\big]\big[\boldsymbol{X}(k)-\hat{\boldsymbol{X}}(k)\big]^{\mathrm{T}}\Big)$$

即状态变量 $\boldsymbol{X}(k)$ 的估计值是在使此协方差最小时获得的.

假定下面的量已知:

(a) 过程系数 $\boldsymbol{A},\boldsymbol{B}$ 和 $\boldsymbol{C}$;

(b) 输入随机扰动矩阵 $\boldsymbol{L}$ 以及噪声互相关矩阵 $\boldsymbol{V}$ 和 $\boldsymbol{N}$;

(c) 估计状态变量和协方差矩阵的初始值 $\hat{\boldsymbol{X}}(0)$ 和 $\hat{\boldsymbol{P}}(0)$.

状态变量 $\boldsymbol{X}(k)$ 的循环估计的算法如下:

(1) 基于最后一次估计的状态 $\hat{\boldsymbol{X}}(k)$, 确定系统在无干扰和噪声情况下状态的预测值 $\boldsymbol{X}^*(k+1)$:

$$\boldsymbol{X}^*(k+1)=\boldsymbol{A}\hat{\boldsymbol{X}}(k)+\boldsymbol{B}\boldsymbol{U}(k)$$

(2) 计算预测状态的误差的方差:

$$P^*(k+1)=E\big(\tilde{\boldsymbol{X}}^*(k+1)\tilde{\boldsymbol{X}}^{*\mathrm{T}}(k+1)\big)$$

由于

$$\begin{aligned}\tilde{\boldsymbol{X}}^*(k+1)&=\boldsymbol{X}(k+1)-\boldsymbol{X}^*(k+1)\\&=\boldsymbol{A}\boldsymbol{X}(k)+\boldsymbol{L}\boldsymbol{v}(k)-\boldsymbol{A}\hat{\boldsymbol{X}}(k)\\&=\boldsymbol{A}\tilde{\boldsymbol{X}}^*(k)+\boldsymbol{L}\boldsymbol{v}(k)\end{aligned}$$

所以

$$P^*(k+1)=\boldsymbol{A}\hat{\boldsymbol{P}}(k)\boldsymbol{A}^{\mathrm{T}}+\boldsymbol{L}\boldsymbol{V}\boldsymbol{L}^{\mathrm{T}}$$

可见, 预测状态的方差与干扰和噪声有关, 而与估计方差有关.

(3) 计算估计状态值. 类似于状态估计器的设计, 根据状态观测器的状态重构方法, 估计状态由它的预测值 (不含扰动和噪声) 加上在 k 时刻测量的过程输出所决定的校正矩阵来确定:

$$\hat{\boldsymbol{X}}(k)=\boldsymbol{X}^*(k)+\boldsymbol{K}_{\mathrm{f}}(k)\big[\boldsymbol{y}(k)-\boldsymbol{C}\boldsymbol{X}^*(k)\big]$$

(4) 计算滤波增益矩阵 $\boldsymbol{K}_{\mathrm{f}}(k)$: 滤波估计误差为

$$\tilde{\hat{\boldsymbol{X}}}(k)=\boldsymbol{X}(k)-\hat{\boldsymbol{X}}(k)=\boldsymbol{X}(k)-\boldsymbol{X}^*(k)-\boldsymbol{K}_{\mathrm{f}}(k)\big[\boldsymbol{y}(k)-\boldsymbol{C}\boldsymbol{X}^*(k)\big]$$

$$=\tilde{\boldsymbol{X}}^*(k)-\boldsymbol{K}_{\mathrm{f}}(k)\left[\boldsymbol{C}\tilde{\boldsymbol{X}}^*(k)+\boldsymbol{n}(k)\right]$$

令估计误差的方差最小, 即 $\hat{P}(k)=E\big(\tilde{\boldsymbol{X}}(k)\tilde{\boldsymbol{X}}^{\mathrm{T}}(k)\big)$ 最小, 可求得 $\boldsymbol{K}_{\mathrm{f}}$. 由

$$\begin{aligned}\hat{P}(k)&=E\Big(\big[\tilde{\boldsymbol{X}}^*-\boldsymbol{K}_{\mathrm{f}}(\boldsymbol{C}\tilde{\boldsymbol{X}}^*+\boldsymbol{n})\big]\big[\tilde{\boldsymbol{X}}^{*\mathrm{T}}-(\boldsymbol{C}\tilde{\boldsymbol{X}}^*+\boldsymbol{n})^{\mathrm{T}}\boldsymbol{K}_{\mathrm{f}}^{\mathrm{T}}\big]\Big)\\&=E\Big(\tilde{\boldsymbol{X}}^*\tilde{\boldsymbol{X}}^{*\mathrm{T}}-\tilde{\boldsymbol{X}}^*(\tilde{\boldsymbol{X}}^{*\mathrm{T}}\boldsymbol{C}^{\mathrm{T}}+\boldsymbol{n}^{\mathrm{T}})\boldsymbol{K}_{\mathrm{f}}^{\mathrm{T}}-\boldsymbol{K}_{\mathrm{k}}(\boldsymbol{C}\tilde{\boldsymbol{X}}^*\tilde{\boldsymbol{X}}^{*\mathrm{T}}+\boldsymbol{n}\tilde{\boldsymbol{X}}^{*\mathrm{T}})\\&\quad+\boldsymbol{K}_{\mathrm{f}}(\boldsymbol{C}\tilde{\boldsymbol{X}}^*\tilde{\boldsymbol{X}}^{*\mathrm{T}}\boldsymbol{C}^{\mathrm{T}}+\boldsymbol{n}\boldsymbol{n}^{\mathrm{T}})\boldsymbol{K}_{\mathrm{f}}^{\mathrm{T}}\Big)\\&=\boldsymbol{P}^*-\boldsymbol{P}^*\boldsymbol{C}^{\mathrm{T}}\boldsymbol{K}_{\mathrm{f}}^{\mathrm{T}}-\boldsymbol{K}_{\mathrm{f}}\boldsymbol{C}\boldsymbol{P}^*+\boldsymbol{K}_{\mathrm{f}}(\boldsymbol{C}\boldsymbol{P}^*\boldsymbol{C}^{\mathrm{T}}+\boldsymbol{N})\boldsymbol{K}_{\mathrm{f}}^{\mathrm{T}}\\&=(\boldsymbol{I}-\boldsymbol{K}_{\mathrm{f}}\boldsymbol{C})\boldsymbol{P}^*+\big[\boldsymbol{K}_{\mathrm{f}}(\boldsymbol{C}\boldsymbol{P}^*\boldsymbol{C}^{\mathrm{T}}+\boldsymbol{N})-\boldsymbol{P}^*\boldsymbol{C}^{\mathrm{T}}\big]\boldsymbol{K}_{\mathrm{f}}^{\mathrm{T}}\end{aligned}$$

上式等号右端的第一项为估计误差的方差值. 令上式等号右端中的第二项为零, 可得

$$\boldsymbol{K}_{\mathrm{f}}(k)=\boldsymbol{P}^*(k)\boldsymbol{C}^{\mathrm{T}}\left[\boldsymbol{C}\boldsymbol{P}^*(k)\boldsymbol{C}^{\mathrm{T}}+\boldsymbol{N}\right]^{-1}$$

(5) 计算滤波估计误差的方差 $\hat{P}(k)$.

由步骤 (4) 的推导过程, 在代入所求的 $\boldsymbol{K}_{\mathrm{f}}(k)$ 值后, 可得

$$\hat{P}(k)=E\big(\tilde{\boldsymbol{X}}(k)\tilde{\boldsymbol{X}}^{\mathrm{T}}(k)\big)=(\boldsymbol{I}-\boldsymbol{K}_{\mathrm{f}}\boldsymbol{C})\boldsymbol{P}^*$$

在实际应用中, 常常采用 Kalman 滤波器的稳态结果, 即用当 $k\to\infty$ 时, 矩阵 $\boldsymbol{K}_{\mathrm{f}}(k)$ 将变为常数的值 $\boldsymbol{K}_{\mathrm{f}}$:

$$\boldsymbol{K}_{\mathrm{f}}(k)=\bar{\boldsymbol{P}}^*(k)\boldsymbol{C}^{\mathrm{T}}\left[\boldsymbol{C}\bar{\boldsymbol{P}}^*(k)\boldsymbol{C}^{\mathrm{T}}+\boldsymbol{N}\right]^{-1}$$

此处 $\bar{\boldsymbol{P}}^*$ 是 Riccati 方程的定常矩阵:

$$\bar{\boldsymbol{P}}^*=\lim_{k\to\infty}\boldsymbol{P}^*(k+1)=\boldsymbol{L}\boldsymbol{V}\boldsymbol{L}^{\mathrm{T}}+\boldsymbol{A}\bar{\boldsymbol{P}}^*\left[\boldsymbol{I}-\boldsymbol{C}^{\mathrm{T}}(\boldsymbol{C}\bar{\boldsymbol{P}}^*\boldsymbol{C}^{\mathrm{T}}+\boldsymbol{N})^{-1}\boldsymbol{C}\bar{\boldsymbol{P}}^*\right]\boldsymbol{A}^{\mathrm{T}}$$

由此可得带有滤波器的系统方程为

$$\begin{aligned}\boldsymbol{X}^*(k+1)&=\boldsymbol{A}\hat{\boldsymbol{X}}(k)+\boldsymbol{B}\boldsymbol{U}(k)\\&=\boldsymbol{A}\Big\{\boldsymbol{X}^*(k)+\boldsymbol{K}_{\mathrm{f}}\big[\boldsymbol{y}(k)-\boldsymbol{X}^*(k)\boldsymbol{C}\big]\Big\}+\boldsymbol{B}(k)\boldsymbol{U}(k)\end{aligned}$$

此时, 系统结构图如图 7.8 所示.

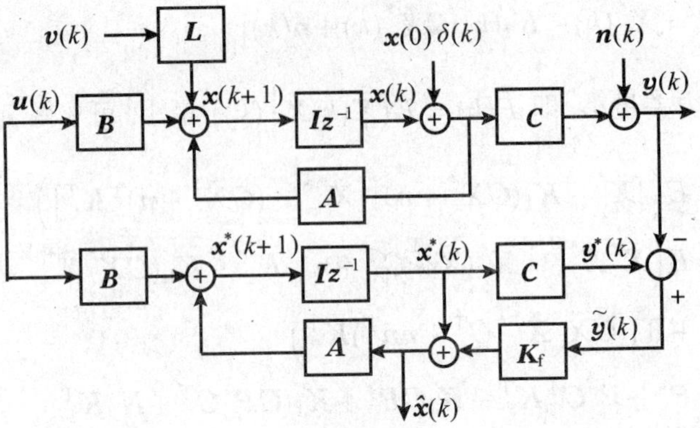

图 7.8 带有 Kalman 波波器的系统结构图

由 Kalman 滤波器所预测状态组成的系统不再含有扰动和噪声.

由以上的推导过程, 可以看出 Kalman 滤波器具有以下特点:

(1) 滤波器估计状态的算法是以“预测 — 校正”的方式进行递推的, 它不要求储存任何观测数据, 所以便于实际计算.

(2) 增益矩阵 $\boldsymbol{K}_{\mathrm{f}}(k)$、误差方差矩阵 $\boldsymbol{P}^*(k+1)$ 及 $\hat{\boldsymbol{P}}(k)$ 与观测数据无关, 所以它们可以事先算好储存起来, 从而可以加速实时处理.

(3) 由 $\boldsymbol{P}^*(k+1)$ 和 $\hat{\boldsymbol{P}}(k)$ 可以获知有关滤波的性能.

(4) 估计误差方差 $\hat{\boldsymbol{P}}(k)$、增益矩阵 $\boldsymbol{K}_{\mathrm{f}}(k)$ 与 V 和 N 紧密相关.

对于不同的 V 和 N 值, 方差与增益随时间的传递特性各异. 若增大过程噪声强度 V 或状态方程中的不确定因素, 则 $\boldsymbol{P}^*(k+1)$ 增大, 此时 $\boldsymbol{K}_{\mathrm{f}}(k)$ 也随之增大. 这说明, 当系统不确定性增加时, Kalman 滤波器能够根据新的误差协方差估计对原预测值进行修正, 从而保证滤波估计状态 $\hat{\boldsymbol{X}}(k)$ 与 $\boldsymbol{X}(k)$ 的接近度.

另外, 当 N 较大时, 估计误差增大. 此时, 应采用减少校正的方式, 方程中的 N 处于逆状态, 说明了 $\boldsymbol{K}_{\mathrm{f}}(k)$ 当 N 增大时, 确实是减少了.

(5) Kalman 滤波估计可以做到无偏估计.

只要初始估计准确, 即有 $\hat{X}(0)=E\big(X(0)\big)$, 则对于一切 $k>0$, 必有 $E\big(\hat{X}(k)\big)=E\big(X(k)\big)$ 成立. 证明略.

7.3.2 滤波器与状态观测器的关系分析

图 7.8 进行适当的调整, 可以转变成图 7.9.

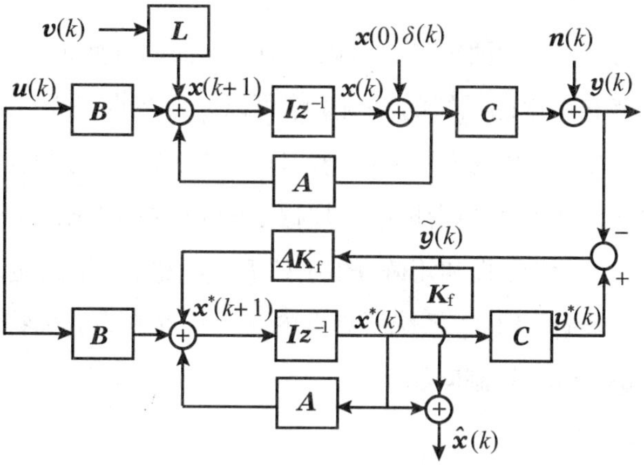

图 7.9 带滤波器系统的另一种结构图

与观测器相比较, 可以很明显地看出, 就输出而言, 状态观测器对应于具有预测状态的 Kalman 滤波器.

Kalman 滤波器是基于观测量值 $\boldsymbol{y}(k)$ 来估计状态 $\hat{\boldsymbol{X}}(k)$ 的. 它相应地也称为现时估计器 (current estimator), 由预测和校正两部分组成. 预测的目的是消除扰动和噪声的影响, 得到系统的状态预测, 其预测值是有偏差的; 而校正的目的是使状态估计能够收敛到真值. 所以可以说, Kalman 滤波器是在状态估计的过程中, 同时消除了干扰, 或者说, Kalman 滤波器是从系统的扰动和噪声中估计了系统的状态.

通过比较状态观测器和 Kalman 滤波器的结构, 可以发现, 状态观测器中的反馈矩阵 $\boldsymbol{H}$ 对应于 Kalman 滤波器中的 $\boldsymbol{AK}_{\mathrm{f}}$, 即如果有 $\boldsymbol{H}=\boldsymbol{AK}_{\mathrm{f}}$, Kalman 滤波器就等效于一个状态观测器. 换句话说, 对于一个含有扰动和噪声的系统, 只要求出 $\boldsymbol{K}_{\mathrm{f}}$, 然后令 $\boldsymbol{H}=\boldsymbol{AK}_{\mathrm{f}}$, 并对状态进行估计, 就完全可以按对确定系统进行带有状态观测器的最优控制来设计. 对具有干扰和噪声的随机系统进行滤波作用与对一个确定系统进行状态重构是一样的. 对确定系统也可用 Kalman 滤波器进行状态估计. 这样做的好处是：所得到的状态是用 k 时刻的观测值得到 k 时刻的状态估计, 而不是 k 时刻的预测值. 这点对实时控制很有好处.

7.3.3 LQG 系统的分离特性

关于 LQG 问题的主要研究结果可以归纳为下面的分离定理:

对于具有干扰和噪声的系统的控制策略可以分成两步完成：最优估计与最优控制. 最优估计只取决于系统方程和不确定性 $\boldsymbol{V},\boldsymbol{N}$ 及 $\boldsymbol{P}(0)$, 与控制无关; 而最优控制只取决于系统方程和性能指标中的加权矩阵 $\boldsymbol{Q}_0,\boldsymbol{Q}$ 和 $\boldsymbol{R}$, 与系统的扰动及噪声无关. 因此, 只要系统方程和矩阵 $\boldsymbol{P}(0),\boldsymbol{V},\boldsymbol{N},\boldsymbol{Q}_0,\boldsymbol{Q}$ 和 $\boldsymbol{R}$ 给定, 估计与控制可以独立地分别进行设计. LQG 系统所具有的这种特性称为分离特性. 利用分离特性可以很容易求解 LQG 控制问题.

7.3.4 随机系统的最优控制律

具有扰动和噪声的随机系统, 经过 Kalman 滤波处理后所得到的是一个由预测及估计状态组成的一个确定性系统. 此时, 可以根据最优控制方法进行最优控制律的设计, 完全使用 7.3.1 小节中的设计方法. 因 Kalman 滤波器系统方程是由预测状态组成的, 所以令 $\boldsymbol{\lambda}(k+1)=\boldsymbol{S}(k+1)\boldsymbol{X}(k+1)$, 并将此式代入状态调节器

$$\boldsymbol{U}(k)=-\boldsymbol{R}^{-1}\boldsymbol{B}^{\mathrm{T}}\boldsymbol{\lambda}(k+1),\quad \boldsymbol{\lambda}(k)=\boldsymbol{Q}\boldsymbol{X}(k)+\boldsymbol{A}^{\mathrm{T}}\boldsymbol{\lambda}(k+1)$$

整理后, 得状态调节律 $\boldsymbol{U}(k)=\boldsymbol{K}_{\mathrm{u}}(k)\hat{\boldsymbol{X}}(k)$ 中的反馈矩阵为

$$\boldsymbol{K}_{\mathrm{u}}(k)=\left[\boldsymbol{R}+\boldsymbol{B}^{\mathrm{T}}\boldsymbol{S}(k+1)\boldsymbol{B}\right]^{-1}\boldsymbol{B}^{\mathrm{T}}\boldsymbol{S}(k+1)\boldsymbol{A}$$

其中

$$\boldsymbol{S}(k)=\boldsymbol{Q}+\boldsymbol{A}^{\mathrm{T}}\boldsymbol{S}(k+1)\left\{\boldsymbol{I}-\boldsymbol{B}\left[\boldsymbol{R}+\boldsymbol{B}^{\mathrm{T}}\boldsymbol{S}(k+1)\boldsymbol{B}\right]^{-1}\boldsymbol{B}^{\mathrm{T}}\boldsymbol{S}(k+1)\right\}\boldsymbol{A}$$

当 $k\to\infty$ 时, $\boldsymbol{K}_{\mathrm{u}}(k)$ 与 $\boldsymbol{S}(k+1)$ 趋于常值:

$$\bar{\boldsymbol{K}}_{\mathrm{u}}=(\boldsymbol{R}+\boldsymbol{B}^{\mathrm{T}}\bar{\boldsymbol{S}}\boldsymbol{B})^{-1}\boldsymbol{B}^{\mathrm{T}}\bar{\boldsymbol{S}}\boldsymbol{A}$$

$$\bar{\boldsymbol{S}} = \boldsymbol{Q} + \boldsymbol{A}^{\mathrm{T}}\bar{\boldsymbol{S}}\left[\boldsymbol{I} - \boldsymbol{B}(\boldsymbol{R} + \boldsymbol{B}^{\mathrm{T}}\bar{\boldsymbol{S}}\boldsymbol{B})^{-1}\boldsymbol{B}^{\mathrm{T}}\bar{\boldsymbol{S}}\right]\boldsymbol{A}$$

$$\boldsymbol{U}(k) = -\bar{\boldsymbol{K}}_{\mathrm{u}}\hat{\boldsymbol{X}}(k)$$

这是实际应用中常使用的时不变线性控制器. 需要注意的是, 因为 $\bar{\boldsymbol{K}}_{\mathrm{u}}$ 中要用到求逆计算, 所以必须保证

$$\det(\boldsymbol{R} + \boldsymbol{B}^{\mathrm{T}}\bar{\boldsymbol{S}}\boldsymbol{B}) \neq 0$$

即要求逆矩阵满秩. 这要求 $\boldsymbol{R}$ 必须是正定的.

带有 Kalman 滤波器的最优控制系统结构图如图 7.10 所示.

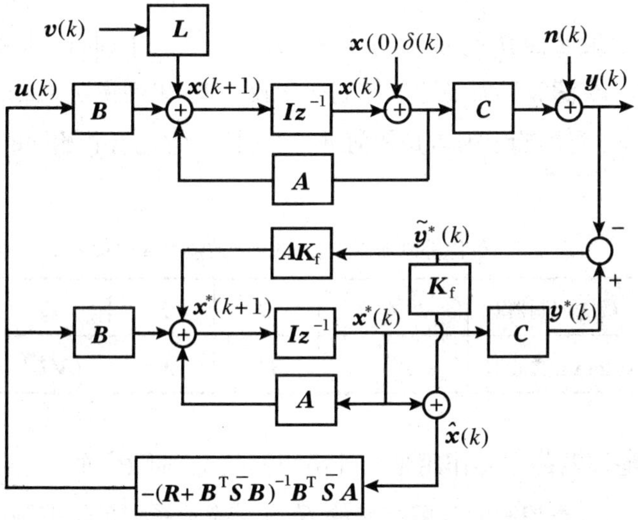

图 7.10　带有 Kalman 滤波器的最优控制系统方框图

具有不可测状态变量或带有随机扰动与输出噪声的过程的控制系统的设计过程, 分为状态估计器与状态控制器两个设计过程. 采用被估计的状态, 可得系统的控制律.

7.3.5　二元性原理 (双重效应)

二元性原理是由 A. 费恩曼首先提出的.

在非线性随机控制系统中, 某些控制作用能够产生双重效应: 它首先直接控

制着系统的状态; 其次, 对影响状态的不确定因素也同时具有控制或消除作用. 控制的这种双重效应称为二元性. 如果一个控制只能控制系统的状态, 而对影响状态的不确定因素没有控制作用, 则称此控制不具有二元性. 例如, LQ 最优控制就不具有二元性.

Kalman 滤波器具有双重效应. 它的 $\boldsymbol{K}_{\mathrm{f}}$ 作用不仅起到了估计系统状态的作用, 而且控制着影响状态的估计误差的方差 $\boldsymbol{P}^{*}(k+1)$, 即起到了估计状态、控制 (消除) 干扰和减少不确定因素的双重效果. 它在改变系统状态的同时, 不断地减少将来状态的不确定性, 即减少状态和参数估计的不确定性, 从而使系统的性能指标达到最优.

为了更加清楚地看清 Kalman 滤波器的双重效应, 下面将最优状态控制器的控制律与 Kalman 滤波器所描述的控制律比较一下, 以便说明 Kalman 滤波器在估计状态的同时, 对不确定因素是如何进行控制的. 它们有着相同的对应关系, 如表 7.1 所示.

表 7.1 最优控制器与 Kalman 滤波器之间的关系

最优控制器	$\boldsymbol{A}$	$\boldsymbol{B}$	$\boldsymbol{R}$	$\boldsymbol{Q}$
Kalman 滤波器	$\boldsymbol{A}^{\mathrm{T}}$	$\boldsymbol{B}^{\mathrm{T}}$	$\boldsymbol{N}$	$\boldsymbol{L}\boldsymbol{V}\boldsymbol{L}^{\mathrm{T}}$

Kalman 滤波器的主要作用是估计系统的状态, 而 $\bar{\boldsymbol{P}}^{*}$ 的求解结果与使性能指标为最小时的状态控制的求解结果的 $\bar{\boldsymbol{S}}$ 有对应关系：最优控制中的限制控制量的加权矩阵 $\boldsymbol{R}$ 对应于 Kalman 滤波器中的输出噪声的相关矩阵 $\boldsymbol{N}$; 而控制状态的权矩阵 $\boldsymbol{Q}$ 对应于随机扰动 $\boldsymbol{L}\boldsymbol{V}\boldsymbol{L}^{\mathrm{T}}$. 从使二次性能指标为最小的最优控制角度来说, Kalman 滤波器等同于使含有随机扰动和输出噪声的二次性能指标为最小时的状态估计, Kalman 滤波器在估计状态的同时, 对扰动和噪声进行了最优的控制.

如果将 Kalman 滤波器看成是参数估计的一种算法, 将它与前面所学习过的递推最小二乘估计算法比较一下, 会发现它们的增益矩阵在形式上都是很相似的.

(1) 对于递推最小的乘法, 增益阵为

$$\boldsymbol{K}(k)=\boldsymbol{P}(k-1)\boldsymbol{\Phi}^{\mathrm{T}}(k-d)\left[\boldsymbol{\Phi}(k)\boldsymbol{P}(k-1)\boldsymbol{\Phi}^{\mathrm{T}}(k-d)+1\right]^{-1}$$

(2) 对于指数加权递推最小乘法, 其增益阵为

$$\boldsymbol{K}(k)=\boldsymbol{P}(k-1)\boldsymbol{\Phi}^{\mathrm{T}}(k-d)\left[\boldsymbol{\Phi}(k)\boldsymbol{P}(k-1)\boldsymbol{\Phi}^{\mathrm{T}}(k-d)+\boldsymbol{\gamma}\right]^{-1}$$

(3) 对于 Kalman 滤波器, 增益为

$$\boldsymbol{K}_{\mathrm{f}}(k)=\boldsymbol{P}^{*}(k)\boldsymbol{C}^{\mathrm{T}}\left[\boldsymbol{C}\boldsymbol{P}^{*}(k)\boldsymbol{C}^{\mathrm{T}}+\boldsymbol{N}\right]^{-1}$$

采用 Kalman 滤波器进行状态估计的优点是：从理论上讲可以获得最小方差估计, 但条件是, 相应的噪声统计特性 $\boldsymbol{N}$ 与 $\boldsymbol{L}$ 必须已知, 对于扰动和噪声协方差 $\boldsymbol{L}$ 与 $\boldsymbol{N}$ 未知的情况, 包括系统其他参数 $\boldsymbol{A},\boldsymbol{B},\boldsymbol{C}$ 未知时, 应采用自校正 LQG 控制; 根据系统输入、输出的运行数据, 在线地对参数进行估计, 随着 $\hat{\boldsymbol{N}}(k)$ 和 $\hat{\boldsymbol{F}}(k)$ 的不断改进, $\hat{\boldsymbol{X}}(k)$ 也将不断地得到改进.

7.3.6 LQG 自校正调节器

LQG 自校正调节器以间接法较多, 即对系统参数的自校正过程分两步：首先是参数辨识, 然后再利用滤波对状态进行最优控制. 因为参数辨识采用的是输入 – 输出特性方程, 而 LQG 调节器的设计是在状态空间里进行的, 所以有必要首先理清两种表达式之间的对应关系.

1. 系统状态方程与输入 – 输出特性之间的关系

对于系统参数的不确定性, 还需要进行参数辨识. 考虑到参数辨识需要用到系统的输入 – 输出特性结构, 所以有必要推导出状态方程系数与输入 – 输出特性系数之间的关系式.

对于系统过程的输入 – 输出表达式

$$\boldsymbol{A}(q^{-1})\boldsymbol{y}(k)=q^{-d}\boldsymbol{B}(q^{-1})\boldsymbol{U}(k)+\boldsymbol{C}(q^{-1})\boldsymbol{v}(k)$$

可将它转化为状态空间的可观标准形如下：

$$\begin{aligned}\boldsymbol{X}(k+1)&=\boldsymbol{A}_0\boldsymbol{X}(k)+\boldsymbol{B}_0\boldsymbol{U}(k)+\boldsymbol{L}_0\boldsymbol{v}(k)\\ \boldsymbol{y}(k)&=\boldsymbol{C}_0^{\mathrm{T}}\boldsymbol{X}(k)+\boldsymbol{v}(k)\end{aligned}$$

式中

$$\dim(\boldsymbol{X})=n+d-1,\quad n=\max\{\deg\boldsymbol{A},\deg\boldsymbol{B},\deg\boldsymbol{C}\}$$

$$\boldsymbol{B}_0=[0,\cdots,0,b_0,b_1,\cdots,b_n]^{\mathrm{T}}$$

$$\boldsymbol{C}_0^{\mathrm{T}}=[1,0,\cdots,0]$$

$$\boldsymbol{L}_0=[c_1-a_1,c_2-a_2,\cdots,c_n-a_n,0,\cdots,0]^{\mathrm{T}}$$

$$\boldsymbol{A}_0=\begin{bmatrix}-a_1 & \\ -a_2 & \\ \vdots & \boldsymbol{I}_{n+d-1} \\ -a_n & \\ 0 & \\ \vdots & \\ 0 & \boldsymbol{0}\end{bmatrix}$$

$$i>\deg\boldsymbol{A},\quad a_i=0$$

$$i>\deg\boldsymbol{B},\quad b_i=0$$

$$i>\deg\boldsymbol{C},\quad c_i=0$$

由可观标准形可以看出, 由辨识出的带干扰的输入 – 输出方程所形成的状态空间表达式简化了方程的参数, 所以这对 $\boldsymbol{K}_{\mathrm{f}}$ 的求法也带来了简便.

由可观标准型, 可得系统预测方程为

$$\boldsymbol{X}^*(k+1)=\boldsymbol{A}_0\hat{\boldsymbol{X}}(k)+\boldsymbol{B}_0\boldsymbol{U}(k)$$

$$\boldsymbol{y}^*(k)=\boldsymbol{C}_0\boldsymbol{X}^*(k)$$

预测状态的误差为

$$\begin{aligned}\tilde{\boldsymbol{X}}^*(k+1)&=\boldsymbol{X}(k+1)-\boldsymbol{X}^*(k+1)\\&=\boldsymbol{A}_0-\boldsymbol{A}_0\boldsymbol{K}_{\mathrm{f}}\boldsymbol{C}\tilde{\boldsymbol{X}}^*+(\boldsymbol{L}_0-\boldsymbol{A}_0\boldsymbol{K}_{\mathrm{f}})\boldsymbol{v}(k)\\&=\boldsymbol{A}_0\boldsymbol{X}+\boldsymbol{B}_0\boldsymbol{U}+\boldsymbol{L}_0\boldsymbol{v}(k)-\boldsymbol{A}_0\left[\boldsymbol{X}^*+\boldsymbol{K}_{\mathrm{f}}\boldsymbol{C}_0\tilde{\boldsymbol{X}}^*+\boldsymbol{K}_{\mathrm{f}}\boldsymbol{v}(k)\right]\end{aligned}$$

采用状态估计器设计方法来求 $\boldsymbol{K}_{\mathrm{f}}$, 即使预测状态 $\boldsymbol{X}^*(k)$ 趋于真值 $\boldsymbol{X}(k)$.

Kalman 滤波器是在估计误差最小时求出的, 在此使预测状态为无偏差估计, 并以此方式来求 $\boldsymbol{K}_{\mathrm{f}}$. 为了减少噪声方差对状态预测的影响, 以及为了保证估计误差方程的稳定性和无偏差性, 取 $\boldsymbol{L}_0-\boldsymbol{A}_0\boldsymbol{K}_{\mathrm{f}}=\boldsymbol{0}$, 即 $\boldsymbol{A}_0\boldsymbol{K}_{\mathrm{f}}=\boldsymbol{L}_0$, 可得一个解为

$$\boldsymbol{K}_{\mathrm{f}}=[1,c_1,c_2,\cdots,c_n,0,\cdots,0]^{\mathrm{T}}$$

进一步, 可得

$$\begin{aligned}\boldsymbol{X}^*(k+1)&=\boldsymbol{A}_0\big[\boldsymbol{X}^*+\boldsymbol{K}_{\mathrm{f}}(\boldsymbol{y}-\boldsymbol{C}_0\boldsymbol{X}^*)\big]+\boldsymbol{B}_0\boldsymbol{U}(k)\\&=(\boldsymbol{A}_0-\boldsymbol{L}_0\boldsymbol{C}_0)\boldsymbol{X}^*+\boldsymbol{L}_0\boldsymbol{y}+\boldsymbol{B}_0\boldsymbol{U}(k)\end{aligned}$$

这就是一个带有状态观测器 $\boldsymbol{H}=\boldsymbol{L}_0$ 的控制系统. 将此式与状态调节律进行比较, 再根据分离原理, 可以看出系统的最优控制律为

$$\boldsymbol{u}(k)=-\boldsymbol{K}_{\mathrm{u}}(k)\hat{\boldsymbol{X}}(k)$$

系统的控制结构图如图 7.11 所示.

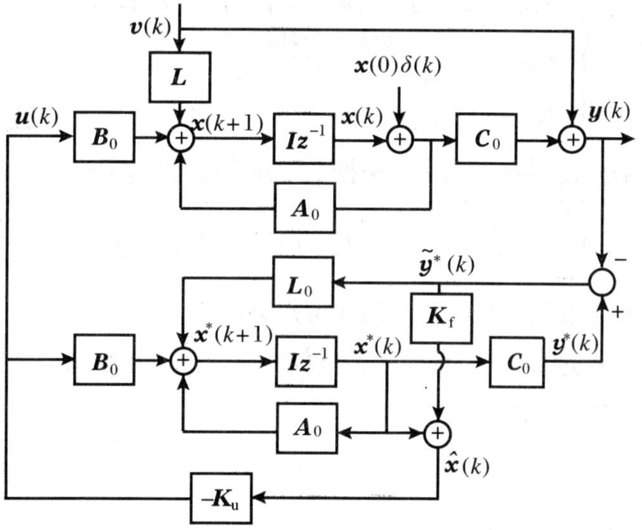

图 7.11　系统的控制结构图

当 $k\to\infty$ 时, $\tilde{\boldsymbol{y}}^*$ 趋于 $\boldsymbol{v}(k)$. 此时, 采用 Kalman 滤波器的目的是, 通过测量输出误差信号 $\tilde{\boldsymbol{y}}^*$ 来重构可测扰动 $\boldsymbol{v}(k)$, 使估计状态 $\hat{\boldsymbol{X}}(k)=\boldsymbol{X}^*(k)+\boldsymbol{K}_{\mathrm{f}}\tilde{\boldsymbol{y}}^*$. 因为

此时由预测状态构成的系统含有随机扰动，而通过修正值校正后，所得的由估计状态构成的系统不含扰动，所以此时可利用确定系统的控制器设计方法设计，而扰动通过被测量值 $\tilde{\boldsymbol{y}}$ 包含在估计值中，此可测量扰动将在最优控制中被消除.

2. LQG 自校正调节器

已知 $n_a, n_b, n_c, d, \boldsymbol{Q}_0, \boldsymbol{Q}$ 和 $\boldsymbol{R}$.

(1) 设置初值 $\hat{\boldsymbol{\theta}}(0)$，输入初始数据;

(2) 读取 $\boldsymbol{y}(k)$;

(3) 用参数辨识法估计 $\hat{\boldsymbol{\theta}}$，即 $\hat{\boldsymbol{A}}, \hat{\boldsymbol{B}}$ 和 $\hat{\boldsymbol{C}}$，进而求得 $\hat{\boldsymbol{A}}_0, \hat{\boldsymbol{B}}_0$ 和 $\hat{\boldsymbol{L}}_0$;

(4) 求出 $\boldsymbol{K}_{\mathrm{f}}$;

(5) 求出 $\boldsymbol{K}_{\mathrm{u}}$;

(6) 求出控制律 $\boldsymbol{U}(k)$;

(7) 返回 (2).

其中 $\boldsymbol{K}_{\mathrm{u}}$ 的计算量最大. 在计算机运算中，如果令

$$\begin{cases} \boldsymbol{S}(k+1) = \boldsymbol{Q}_0 \\ \boldsymbol{S}(k) = \boldsymbol{Q} + \boldsymbol{A}_0^{\mathrm{T}} \boldsymbol{S}(k+1) \left[\boldsymbol{I} - \boldsymbol{K}_m(k) \boldsymbol{B}_0^{\mathrm{T}} \right] \boldsymbol{A}_0 \\ \boldsymbol{K}_{\mathrm{m}}(k) = \dfrac{\boldsymbol{S}(k+1)\boldsymbol{B}_0}{\boldsymbol{R} + \boldsymbol{B}_0^{\mathrm{T}} \boldsymbol{S}(k+1) \boldsymbol{B}_0} \\ \boldsymbol{K}_{\mathrm{u}}(k) = \boldsymbol{A}_0^{\mathrm{T}} \boldsymbol{K}_{\mathrm{m}}(k) \end{cases}$$

这可以作为逆推分式. 在计算机中，根据二元性原理，经过下列替代:

$$\boldsymbol{B}_0 \to \boldsymbol{C}_0^{\mathrm{T}},\ \boldsymbol{A}_0 \to \boldsymbol{A}_0^{\mathrm{T}},\ \boldsymbol{R} \to \boldsymbol{N},\ \boldsymbol{Q} \to \boldsymbol{L}\boldsymbol{V}\boldsymbol{L}^{\mathrm{T}},\ \boldsymbol{K}_{\mathrm{u}} \to \boldsymbol{K}_{\mathrm{f}},\ \boldsymbol{S}(k) \to \boldsymbol{P}^*(k)$$

可计算出预测状态方差 $\boldsymbol{P}^*(k)$ 以及滤波增益矩阵 $\boldsymbol{K}_{\mathrm{f}}$.

通过以上分析过程，确定系统的最优控制以及随机系统的最优控制全都解决了，且其方法是完全相似的.

7.3.7 LQG 自校正控制器

考虑输入 – 输出模型:

$$\boldsymbol{A}(q^{-1})\boldsymbol{y}(k) = \boldsymbol{B}(q^{-1})q^{-d}\boldsymbol{u}(k) + \boldsymbol{C}\boldsymbol{v}(k)$$

跟踪控制的目标函数选为

$$J_6=E\Big(\big[\boldsymbol{y}(N)-\boldsymbol{y}_{\mathrm{r}}(N)\big]^2+\sum_{i=1}^{N-1}\big[[\boldsymbol{y}(i)-\boldsymbol{y}_{\mathrm{r}}(i)]^2+r\boldsymbol{u}^2(i)\big]\Big)$$

为了直接利用前面的结果, 对被控过程和目标函数做一些代数处理. 在过程中引入参数信号 $\boldsymbol{y}_{\mathrm{r}}(k)$, 得下面的差分方程:

$$\boldsymbol{A}[\boldsymbol{y}(k)-\boldsymbol{y}_{\mathrm{r}}(k)]=\boldsymbol{B}\boldsymbol{u}(k-d)-\boldsymbol{A}\boldsymbol{y}_{\mathrm{r}}(k)+\boldsymbol{C}\boldsymbol{v}(k)$$

令

$$\boldsymbol{e}(k)=\boldsymbol{y}(k)-\boldsymbol{y}_{\mathrm{r}}(k)$$

由此可得过程方程为

$$\boldsymbol{A}\boldsymbol{e}(k)=\boldsymbol{B}\boldsymbol{u}(k-d)-\boldsymbol{A}\boldsymbol{y}_{\mathrm{r}}(k)+\boldsymbol{C}\boldsymbol{v}(k)$$

目标函数重写为

$$J_7=E\Big(\boldsymbol{e}^2(k)+\sum_{i=1}^{N-1}\big[\boldsymbol{e}^2(i)+r\boldsymbol{u}^2(i)\big]\Big)$$

将对象转化为观测标准形:

$$\begin{cases}\boldsymbol{X}(k+1)=\boldsymbol{A}_0\boldsymbol{X}(k)+\boldsymbol{B}_0\boldsymbol{U}(k)+\boldsymbol{L}_0\boldsymbol{v}(k)-\boldsymbol{A}_0\boldsymbol{y}_{\mathrm{r}}(k)\\ \boldsymbol{e}(k)=\boldsymbol{C}_0^{\mathrm{T}}\boldsymbol{X}(k)+\boldsymbol{v}(k)\\ \boldsymbol{y}(k)=\boldsymbol{e}(k)+\boldsymbol{y}_{\mathrm{r}}(k)=\boldsymbol{C}_0^{\mathrm{T}}\boldsymbol{X}(k)+\boldsymbol{v}(k)+\boldsymbol{y}_{\mathrm{r}}(k)\end{cases}$$

式中

$$\dim(\boldsymbol{X})=n+d-1,\quad n=\max\{\deg\boldsymbol{A},\deg\boldsymbol{B},\deg\boldsymbol{C}\}$$

$$\boldsymbol{B}_0=[0,\cdots,0,b_0,b_1,\cdots,b_n]^{\mathrm{T}}$$

$$\boldsymbol{C}_0^{\mathrm{T}}=[1,0,\cdots,0]$$

$$\boldsymbol{L}_0=[c_1-a_1,c_2-a_2,\cdots,c_n-a_n,0,\cdots,0]^{\mathrm{T}}$$

$$
\boldsymbol{A}_0=\begin{bmatrix}
-a_1 & \\
-a_2 & \\
\vdots & \boldsymbol{I}_{n+d-1} \\
-a_n & \\
0 & \\
\vdots & \\
0 & \boldsymbol{0}
\end{bmatrix}
$$

由此, 可以按前面的 Kalman 滤波增益矩阵 $\boldsymbol{K}_{\mathrm{f}}$ 的设计方法, 以及最优反馈矩阵 $\boldsymbol{K}_{\mathrm{u}}$ 的设计方法, 得控制律为

$$
\boldsymbol{u}(k)=-\boldsymbol{K}_{\mathrm{u}}(k)\hat{\boldsymbol{X}}(k)
$$

其中 $\boldsymbol{K}_{\mathrm{u}}(k)$ 可以求出, $S(N)=Q_0=\boldsymbol{C}_0\boldsymbol{C}_0^{\mathrm{T}}=Q$, 预测系统方程为

$$
\begin{aligned}
\boldsymbol{X}^*(k+1)&=\boldsymbol{A}_0\hat{\boldsymbol{X}}(k)+\boldsymbol{B}_0\boldsymbol{U}(k)-\boldsymbol{A}_0\boldsymbol{y}_{\mathrm{r}}(k)\\
\hat{\boldsymbol{X}}(k)&=\boldsymbol{X}^*(k)+\boldsymbol{K}_{\mathrm{f}}\left[\boldsymbol{e}(k)-\boldsymbol{C}^{\mathrm{T}}\boldsymbol{X}^*(k)\right]
\end{aligned}
$$

此时, 预测状态的误差为

$$
\begin{aligned}
\tilde{\boldsymbol{X}}^*(k+1)&=\boldsymbol{X}(k+1)-\boldsymbol{X}^*(k+1)\\
&=(\boldsymbol{A}_0-\boldsymbol{A}_0\boldsymbol{K}_{\mathrm{f}}\boldsymbol{C})\tilde{\boldsymbol{X}}^*+(\boldsymbol{L}_0-\boldsymbol{A}_0\boldsymbol{K}_{\mathrm{f}})\boldsymbol{v}(k)
\end{aligned}
$$

同样, 有

$$
\begin{aligned}
&\boldsymbol{A}_0\boldsymbol{K}_{\mathrm{f}}=\boldsymbol{L}_0\\
&\boldsymbol{K}_{\mathrm{f}}=[1,c_1,c_2,\cdots,c_n,0,\cdots,0]^{\mathrm{T}}\\
&\boldsymbol{y}^*(k)=\boldsymbol{C}_0^{\mathrm{T}}\boldsymbol{X}^*(k)+\boldsymbol{y}_{\mathrm{r}}(k)
\end{aligned}
$$

此时所获得的预测状态是无偏估计.

7.4 基于常规控制策略的自校正器

几十年来, 常规的 PID 控制器被广泛地应用于各种过程控制, 并获得了良好的效果. 随着科学技术和生产的发展, 人们对控制系统的要求越来越高, 特别是对于那些被控参数未知、参数变化或存在不确定扰动的控制过程, 想要取得满意的控制效果, 就必须进行实时地在线调整控制器的参数. 但是想要对 PID 控制器进行在线参数调整是十分困难的. 如果采用自校正技术, 就能自动调整调节器或控制器的参数, 使系统在较好的性能下运行.

常规的自动控制系统是根据反馈原理, 采用被控量与参考量之间的偏差进行调节的. 但是, 当系统的参数受环境的变化而发生波动时, 或当有随机扰动对系统产生影响时, 常规调节器就可能补偿不了这些干扰因素产生的偏差, 其控制结果无法达到期望的性能指标, 甚至可能导致系统的不稳定.

为了解决这些问题, 人们基于常规控制策略, 采用了各种方案来改善系统的性能, 其中有以下几种形式:

(1) 采用前馈环节来补偿可测扰动;

(2) 利用条件反馈来增强系统中的误差调节;

(3) 设计一个前置滤波器对变化剧烈的输入信号进行预滤波;

(4) 引入非线性控制特性;

(5) 通过不断的辨识调节系统的参数.

所有这些设计采用不同的控制方式的目的是, 在周围环境或系统内部特性出现变化时, 使系统仍能够达到满意的工作性能.

本节的重点是采用常规的控制器设计方法, 进行参数自适应控制. 其出发点是对随机扰动的系统进行优化, 将其参数自适应控制问题转化为等价的随机系统控制问题进行讨论. 用较多的篇幅介绍各种自校正控制方法. 实际上, 很多基于常规控制策略下的自校正方法在随机控制的意义下并不是最优的, 而仅仅是某种确定性等价近似, 或者只是利用辨识得到的近似模型的零极点配置.

在一些应用场合, 用基于常规控制策略的自校正方法可以获得较为满意的控制效果, 而且算法简单.

自校正控制器是与系统性能有关的. PID 调节器有三个参数, 即 $\boldsymbol{K}_{\mathrm{p}},\boldsymbol{K}_{\mathrm{i}}$ 和 $\boldsymbol{K}_{\mathrm{d}}$. 工程师针对被控对象的当前情况, 调整这三个参数, 以便得到他认为满意的控制性能. 当然, 随着被控对象的动态特性发生变化, 这种控制性能后来是会变坏的, 或者由于校正参数所需的时间太长, "满意"性能还不如被控对象最终可允许的性能. 与此相反, 在自校正控制器中, 用户规定出他所希望的闭环性能, 并由此设计出自校正算法, 尽管被控参数未知或者发生变化, 但能达到他所希望的性能. 这当然意味着, 在控制执行机构的已知饱和条件下, 这种希望的性能对被控对象事实上是能达到的. 甚至在这种情况下, 熟悉被控对象特性的工程师的技能仍是重要的. 当前的自校正理论正努力扩大可控对象的范围, 并尽力用经典控制工程的术语来解释它们, 以使用户对在自校正控制条件下获得的整个闭环性能有一个非常直观的理解.

前面介绍的自校正控制器的设计方法是基于某一性能指标的最优化. 而基于常规控制策略的自校正器, 因为与传统的控制方法密切相关, 所以常常具有直观、工程概念明显、稳健性强、适用范围广和易实现等优点, 而在过程控制中得到广泛的应用.

7.4.1 极点配置自校正调节器

极点配置是一种综合的设计方法. 众所周知, 对于线性定常系统, 不仅系统的稳定性取决于极点的分布, 而且系统的控制品质, 例如上升时间、超调量、振荡次数等, 在很大程度上也是与极点的位置密切相关的. 因此, 设计者只要选择某种控制策略, 将闭环极点移到相应的期望极点位置上, 就可使系统的性能满足预先设定的性能指标, 这就是极点配置的设计思想.

一般地讲, 极点配置法已不是"最优意义"下的控制. 但由于预期极点位置是基于瞬态响应的性能要求的, 所以其设计方法具有工程概念直观、各种工程约束易于考虑的优点.

极点配置方法有两大类：一种是状态反馈极点配置法; 另一种是输出反馈极点配置法. 在自校正控制技术中, 这两种方法都得到了应用.

1. 问题的提出

最小方差自校正器虽然结构和算法都很简单, 但对某些对象和工作条件不能适应, 如不适用于非最小相位系统; 另外, 对控制的无限制可造成控制环境的过饱和现象.

鉴于最小方差控制存在上述问题, 20 世纪 70 年代后期 Åstöm 等相继提出了极点配置自校正调节器的设计方法. 通过对闭环系统的极点按工艺要求重新配置, 不仅可以获得设计者所期望的动态特性, 而且还适用于非最小相位系统.

关于非最小相位系统, 在数字采样控制系统中是可能遇到的, 这是因为对于一个连续的最小相位被控对象, 经过采样和离散化以后, 其脉冲传递函数有可能成为非最小相位的. 例如, 当对象的延时不是计算机采样周期的整倍数时, 其中的分数部分, 经过 Z 变换后, 就可能产生一个绝对值大于 1 的零点, 系统就变成非最小相位的了. 对于慢变过程的被控对象, 如热工、化工等, 由于传输时间远远大于采样时间, 所以分数延时的影响一般可以忽略, 但对于快过程的对象 (如机电系统), 分数延时的影响有时就不能忽略. 因此, 研究简单易行的能用于非最小相位系统的极点配置自校正器的设计方法, 就显得很有意义.

2. 被控对象参数已知时的极点配置调节器

设单输入 – 单输出被控系统参数已知时的模型为

$$y(k)=\frac{B(q^{-1})}{A(q^{-1})}q^{-d}u(k)+\frac{C(q^{-1})}{A(q^{-1})}v(k)$$

其中 $u(k)$ 为控制变量, $y(k)$ 为实测输出, $\{v(k)\}$ 为零均值、方差为 σ^2 的独立随机序列扰动. $A(q^{-1})$, $B(q^{-1})$ 和 $C(q^{-1})$ 为后移一步算子多项式. 为了简单起见, 下面直接用 A,B 和 C 表示, 对于连续时间系统, 它们表示微分算子的多项式. 另外, 假设 A 和 B 是互质的, 即它们没有任何公因子, 且 A 和 C 是首 1 多项式. 在离散时间中, $d=n_a-n_b$ 是过程的延迟拍数.

仿照最小方差调节器的设计, 设系统的反馈控制律的形式为

$$u(k) = -\frac{G(q^{-1})}{F(q^{-1})}y(k)$$

式中 $F(q^{-1})$ 和 $G(q^{-1})$ 为后移一步算子多项式, 且 $F(q^{-1})$ 为首 1 多项式.

将上式代入 SISO 模型, 可得闭环系统从输入扰动 $v(k)$ 到系统输出 $y(k)$ 之间的传递函数为

$$\frac{y(k)}{v(k)} = \frac{FC}{AF+BG}$$

设计的目的就是要根据极点配置法来确定多项式 F 和 G.

极点配置调节器的设计思想是, 使闭环系统的传递函数的极点等于期望的形式 $A_{\mathrm{r}}(q^{-1})$. 此多项式是设计者根据希望的闭环系统的性能要求而事先确定的, 对闭环系统的传递函数零点 $B_{\mathrm{r}}(q^{-1})$ 并没有严格的要求.

所以可以根据闭环期望极点来设计控制器. 为了使设计简单, 可以取闭环期望零点 $B_{\mathrm{r}}(q^{-1}) = F(q^{-1})$, 令闭环系统的传递函数与希望的闭环传递函数相等, 得

$$\frac{FC}{AF+BGq^{-d}} = \frac{F}{A_{\mathrm{r}}}$$

消去 F 后, 可得

$$AF+BGq^{-d} = CA_{\mathrm{r}}$$

上式也是一种 Diophantus 方程. 令上式两端中的同幂项次数相等, 可求解出以与系数 F 和 G 为未知数的联合方程组, 且有

$$n_f = n_b + d - 1$$

$$n_g = n_a - 1$$

$$n_{ar} \leqslant n_a + n_b - n_c + d - 1$$

由此可得系统闭环的方程为

$$y(k) = \frac{FC}{AF+BGq^{-1}}v(k) = \frac{F}{A_{\mathrm{r}}}v(k)$$

控制律为

$$u(k) = \frac{G}{A_{\mathrm{r}}}v(k)$$

控制系统的结构图如图 7.12 所示. 注意, 被控过程的零点 B 不再是闭环系统的特征方程的因子, 所以其控制可以应用于逆不稳定被控过程. 这是极点配置法的一个优于最小方差控制的地方.

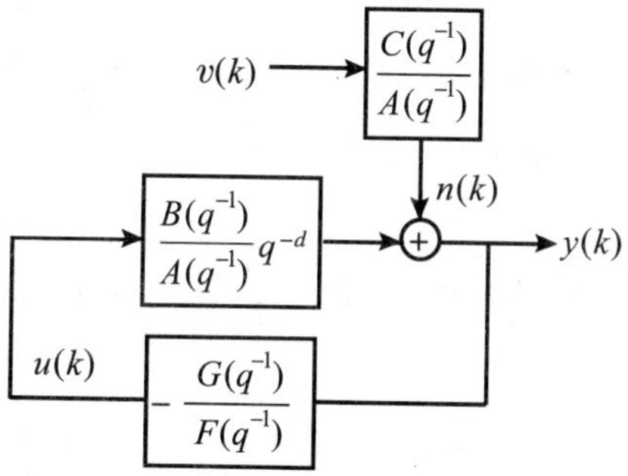

图 7.12　控制系统的结构图

例 7.2　重新考虑 7.2 节中的例 7.1, 用极点配置法做此题. 期望极点 $A_{\mathrm{r}}(q^{-1})=1+\alpha_1 q^{-1}$, 求: $a_1=-0.9, b_0=0.5, c_1=0.7, \alpha_1=-0.5$ 时的控制律 $u(k)$ 和输出方差 $E(y^2(k))$.

解　根据题意, 被控过程的方程为

$$y(k)+a_1 y(k-1)=b_0 u(k-2)+v(k)+c_1 v(k-1)$$

此处有

$$\begin{aligned}
&A(q^{-1})=1+a_1 q^{-1}, \quad n_a=1\\
&B(q^{-1})=b_0\\
&C(q^{-1})=1+c_1 q^{-1}\\
&d=2
\end{aligned}$$

由于

$$n_g=n_a-1=0, \quad n_f=n_b+d-1$$

可取

$$G(q^{-1})=g_0, \quad F(q^{-1})=1+f_1 q^{-1}$$

由恒等式得

$$AF+BGq^{-1}=CA_{\mathrm{r}}$$
$$(1+a_1q^{-1})(1+f_1q^{-1})+b_0g_0q^{-2}=(1+c_1q^{-1})(1+\alpha_1q^{-1})$$
$$1+(f_1+a_1)q^{-1}+(b_0g_0+a_1f_1)q^{-2}=1+(1+c_1+\alpha_1)q^{-1}+c_1\alpha_1q^{-2}$$

比较等式的两边, 解之得

$$f_1=c_1-a_1+\alpha_1,\quad g_0=\frac{1}{b_0}(c_1-a_1)(\alpha_1-a_1)$$

其控制律为

$$u(k)=-\frac{G}{F}y(k)=-\frac{1}{b_0}\frac{(c_1-a_1)(\alpha_1-a_1)}{[1+(c_1-a_1+\alpha_1)q^{-1}]}y(k)$$

系统输出为

$$y(k)=-\frac{F}{A_{\mathrm{r}}}v(k)=\frac{1+(c_1-a_1+\alpha_1)q^{-1}}{1+\alpha_1q^{-1}}v(k)$$

将 $a_1=-0.9,b_0=0.5,c_1=0.7,\alpha_1=-0.5$ 代入上式, 得

$$u(k)=-\frac{1.28}{1+1.1q^{-1}}y(k),\quad y(k)=\frac{1+1.1q^{-1}}{1-0.5q^{-1}}v(k)$$

或

$$u(k)=-1.28y(k)-1.1u(k-1)$$
$$y(k)=0.5y(k-1)+v(k)+1.1v(k-1)$$

其输出方差为

$$E(y^2(k))=4.413\sigma^2$$

与最优预测控制的方差 $3.56\sigma^2$ 相比, 极点配置的输出方差有所增大. 这说明, 极点配置不是最优意义下的控制. 不过, 比较其控制律可以发现, 控制动作变缓和了 (最小方差的调节律为 $u(k)=-2.88y(k)-1.6u(k-1)$).

3. 极点配置自校正调节器算法

为了便于采用标准参数辨识公式, 现将被控系统模型改写为

$$y(k)=-(a_1+a_2q^{-1}+\cdots+a_{n_a}q^{-n_a-1})y(k-1)$$

$$+(b_0q^{-d+1}+\cdots+b_{n_b}q^{-n_b-d+1})u(k-1)+Cv(k)$$

引入记号：

$$\bar{A}(q^{-1})=a_1+a_2q^{-1}+\cdots+a_{n_a}q^{-n_a-1}$$

$$\bar{B}(q^{-1})=b_0q^{-d+1}+\cdots+b_{n_b}q^{-n_b-d+1}=\bar{b}_0+\bar{b}_1q^{-1}+\cdots+\bar{b}_{n_{\bar{b}}}q^{-n_{\bar{b}}}$$

则被控过程模型为

$$y(k)=-\bar{A}y(k-1)+\bar{B}u(k-1)+Cv(k)=\boldsymbol{\Phi}^{\mathrm{T}}(k)\boldsymbol{\theta}+e(k)$$

式中

$$\begin{cases}\boldsymbol{\Phi}^{\mathrm{T}}(k)=[-y(k-1)-y(k-2)-\cdots-y(k-n_a)u(k-1)u(k-2)\cdots u(k-n_{\bar{b}})]\\ \boldsymbol{\theta}=[a_1,a_2,\cdots,a_{n_a},\bar{b}_0,\bar{b}_1,\cdots,\bar{b}_{n_{\bar{b}}}]^{\mathrm{T}}\end{cases}$$

式中 $\boldsymbol{\theta}$ 可利用如递推最小二乘估计公式进行估值, 求出 $\boldsymbol{\theta}$ 的估计值 $\hat{\boldsymbol{\theta}}$ 后, 即可得 $\bar{A}$ 和 $\bar{B}$ 的估计值 $\hat{\bar{A}}$ 和 $\hat{\bar{B}}$; 然后由 Diophantus 方程

$$(1+\hat{\bar{A}}q^{-1})F+\hat{\bar{B}}Gq^{-d}=A_{\mathrm{r}}$$

求出 F 和 G 的估值 $\hat{F}$ 与 $\hat{G}$, 并可求出 $u(k)$ 值.

对于以随机扰动为主的调节问题, 若采用自校正控制, 最简单有效的方法应当是采用前述的最小方差控制策略. 如果遇到非最小相位的被控过程, 最小方差控制将不稳定. 此时, 极点配置控制虽不能获得最小方差调节, 但可获得较佳的动态响应和稳定性. 从这个意义上说, 极点配置调节器是一个不错的控制策略.

7.4.2 极点配置自校正控制器

极点配置控制器是指, 通过在调节器的前端加上一个前向通路, 并选择控制律为如下形式：

$$u(k)=\frac{H(q^{-1})}{F(q^{-1})}y_{\mathrm{r}}(k)-\frac{G(q^{-1})}{F(q^{-1})}y(k)$$

其中 $F(q^{-1})$, $G(q^{-1})$ 和 $H(q^{-1})$ 为待求的多项式, $H(q^{-1})/F(q^{-1})$ 为前置补偿器, $G(q^{-1})/F(q^{-1})$ 为反馈补偿器.

系统结构图如图 7.13 所示.

此时闭环系统的方程为

$$y(k)=\frac{HB}{AF+BGq^{-d}}y_{\mathrm{r}}(k)-\frac{CF}{AF+BGq^{-d}}v(k)$$

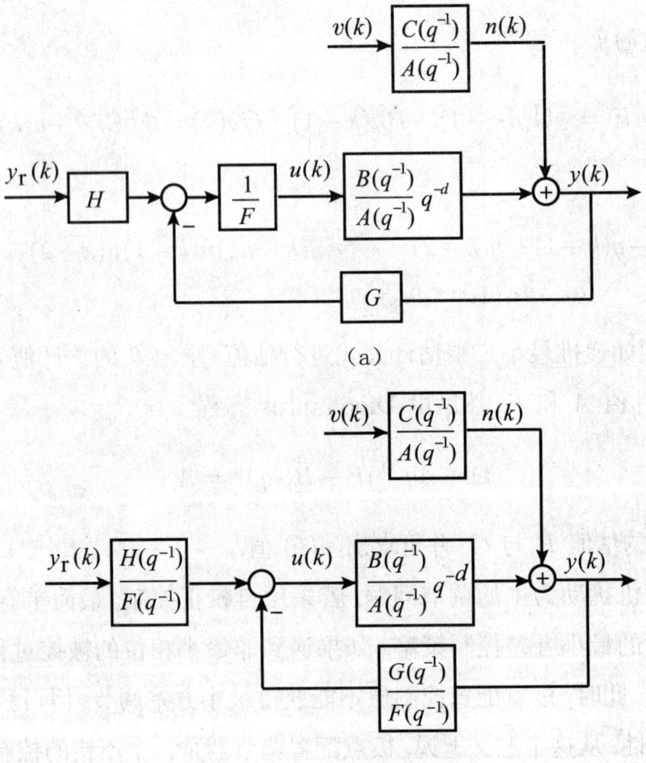

图 7.13 控制系统结构图和等价结构图

控制器设计的目的, 就是通过令图 7.13 所示的系统从参数输入到输出的闭环传递函数等于期望的零极点, 来确定多项式 F,G 和 H. 所以, 为了获得期望的输入 – 输出响应特性, 下面的关系式必须满足:

$$\frac{HB}{AF+BGq^{-d}}=\frac{B_{\mathrm{r}}}{A_{\mathrm{r}}} \tag{*}$$

这样就把系统控制器的设计问题等价为, 找出能使上式成立的多项式 F,G 和 H 的代数问题.

由上式可以看出, 闭环系统的零点是多项式 B 与 H 的零点. 而通常情况是, 闭环系统 BH 的零点的阶数高于期望零点的阶数. 所以, 原系统的闭环传递函数中, 必定存在对消的零极点.

首先考虑多项式 B 的零点. 如果 B 的因子不是 B_{r} 的一个因子, 那么, 它必定是闭环极点的一个因子. 这样, 它必须被系统闭环极点抵消. 由于闭环系统必须是稳定的, 因此, 它只能对消系统的稳定零点. 设 B 可以分解成

$$B = B^+B^-$$

其中 B^+ 的所有零点都在单位圆内, 而 B^- 的所有零点都在单位圆外. 为了得到一个唯一的因式分解, 把 B^+ 中的最高次幂的系数固定为 1, 即这时的 B^+ 为首 1 多项式. 这些零点可以与闭环极点相对消. 当 $B^+=1$ 时, 表示 B 中没有任何零点被对消; 当 $B^-=1$ 时, 表示 B 中的所有零点都可以被对消.

一方面, 因为 B^- 不能是闭环极点的一个因子, 所以它必须保留在 B_{r} 中, 即有

$$B_{\mathrm{r}} = B^-B_{\mathrm{r}}'$$

另一方面, 因为 B^+ 是闭环极点的一个因子, 所以 B^+ 必是 F 的一个因子, 因此应有

$$F = B^+F'$$

由此可得

$$\frac{HB^+B^-}{B^+(AF'+B^-Gq^{-d})} = \frac{B^-B_{\mathrm{r}}'}{A_{\mathrm{r}}}$$

将此等式简化为

$$\frac{H}{AF'+B^-Gq^{-d}} = \frac{B_{\mathrm{r}}'}{A_{\mathrm{r}}}$$

从而可得

$$H(q^{-1}) = B_{\mathrm{r}}'(q^{-1})$$

$$AF'+B^-Gq^{-d} = A_{\mathrm{r}}(q^{-1})$$

实际应用中, 常取 $H(q^{-1})$ 为一简单的常数. 通过终值定理, 得

$$y(\infty) = \lim_{k\to\infty} y(kT) = \lim_{z\to 1}(z-1)y(z)$$

取 $z=1$, 即 $y(1)=y_{\mathrm{r}}(1)$, 可求得 $H(q^{-1})$. 由简化等式可得

$$H=\frac{A_{\mathrm{r}}(1)}{B^{-}(1)}$$

由此可以看出, 既使对于极点配置控制器, 也不必给出期望零点 $B_{\mathrm{r}}(q^{-1})$. 和调节器一样, 只需 $A_{\mathrm{r}}(q^{-1})$ 即可.

在式 (*) 中,

$$n_{f'}=n_{b'}-1,\quad n_g=n_a-1,\quad n_{ar}\leqslant n_a+n_b-d$$

求解 F,G 和 H 的步骤如下:

(1) 按分解式, 分解出 B^+ 和 B^-;

(2) 根据要求确定 A_{r};

(3) 解出 F' 和 G;

(4) $F=B^+F'$;

(5) $H=\dfrac{A_{\mathrm{r}}(1)}{B^{-}(1)}$.

由此设计出的闭环系统方程为

$$y(k)=\frac{HB^-}{A_{\mathrm{r}}}y_{\mathrm{r}}(k)-\frac{CF'}{A_{\mathrm{r}}}v(k)$$

已知: $n_a,n_b,d,A_{\mathrm{r}}(q^{-1})$. 可给出极点配置自校正控制器的设计步骤如下:

(1) 设置初值 $\hat{\theta}(0)$, 输入初始数据;

(2) 读取 $y(k)$;

(3) 采用递推最小二乘估计公式估计模型, 求出估计值 $\hat{\theta}$, 进而获得 $\hat{A}$ 和 $\hat{B}$;

(4) 按上面的步骤求出 F,G 和 H;

(5) 求出 $u(k)$;

(6) 输出 $u(k)$, 转向 (2).

7.4.3 自校正 PID 控制器

自校正 PID 控制器是自校正控制思想与常规 PID 控制器相结合的产物, 它吸收了两者的优点. 自校正 PID 控制器需要镇定的参数少, 而且能够在线调整这

些参数, 从而增强了系统的自适应能力. 因此, 在实际中常常应用这种控制方法.

1. PID 算法

PID 控制器的离散算法虽然可以从对离散系统的控制器的设计获得, 不过更常用的方法是对已经在连续时间系统中求出的 PID 控制器进行 z 变换获得的. 连续型 PID 控制器的理想算式为

$$U(t)=K_P\left[e(t)+\frac{1}{T_{\rm I}}\int e(t){\rm d}t+T_{\rm D}\frac{{\rm d}e(t)}{{\rm d}t}\right]$$

其中 $e(t)$ 为参考输入和实际输出的偏差, 即控制器的输入; $U(t)$ 为控制器的输出; $K_{\rm P}$ 为比例系数, 或称比例增益; $T_{\rm I}$ 为积分时间常数; $T_{\rm D}$ 为微分时间常数.

经过拉普拉斯变换, 可得控制器的传递函数为

$$\begin{aligned}G_{\rm C}(s)&=\frac{U(s)}{E(s)}=K_{\rm P}+\frac{K_{\rm P}}{T_{\rm I}s}+K_{\rm P}T_{\rm D}s\\&=\frac{K_{\rm P}T_{\rm I}T_{\rm D}s^2+K_{\rm P}T_{\rm I}s+K_{\rm P}}{T_{\rm I}s}\end{aligned}$$

其中 $e(t)=y_{\rm r}(t)-y(t),E(s)=L[e(t)]$.

有多种从 S 域向 Z 域变换的方法, 常用的有:

零阶保持器法: $Z(G(s))=\dfrac{z-1}{z}Z\left(\dfrac{G(s)}{s}\right)$;

双线性法: $s=\dfrac{2(z-1)}{Tz+1}$;

定义法: 由 $z={\rm e}^{sT}$, 可得 $s=\dfrac{1}{T}\ln z$;

差分法: ① 前向差分法 $s=\dfrac{z-1}{T}$; ② 后向差分法: $s=\dfrac{z-1}{zT}=\dfrac{1-z^{-1}}{T}$.

采用后向差分来近似系统中的微分项, 可以导出离散型 PID 控制器的差分方程为

$$U(t)=U(t-1)+p_0e(t)+p_1e(t-1)+p_2e(t-2)$$

通过 z 变换, 可以得到 PID 控制器的离散时间的传递函数为

$$\begin{aligned}G_{\rm C}(z)&=\frac{U(z)}{E(z)}=K_{\rm P}+\frac{K_{\rm I}}{1-z^{-1}}+\frac{K_{\rm P}T_{\rm D}(1-z^{-1})}{T_{\rm S}}\\&=\frac{p_0+p_1z^{-1}+p_2z^{-2}}{1-z^{-1}}\end{aligned}$$

其中 $p_0 = K_P + K_I + p_2$, $p_1 = -K_P - 2p_2$, $p_2 = K_D = K_D T_D/T_S$, $K_I = K_P T_S/T_I$. 由上式所表达的控制器可以写成下面的形式:

$$F(z^{-1})u(k) = G(z^{-1})y_r(k) - G(z^{-1})y(k)$$

或更一般的式子:

$$F(z^{-1})u(k) = H(z^{-1})y_r(k) - G(z^{-1})y(k)$$

上式可以代表一大类 PID 控制器, 即包括用最小方差、极点配置等方法来进行设计以获得 PID 型的控制器.

2. 自校正 PID 控制器参数的确定

PID 控制器参数往往是根据性能指标等期望值来确定的, 其方法是多种多样的. 实际上, 多数情况是采用极点配置法加上对常数扰动的消除来进行 PID 控制器设计的.

例 7.3 以一个二阶被控对象为例, 试设计自校正 PID 控制器.

设被控系统方程为

$$A(z^{-1})y(k) = z^{-1}B(z^{-1})u(k) + y_d$$

其中 $A(z^{-1}) = 1 + a_1 z^{-1} + a_2 z^{-2}, B(z^{-1}) = b_0 + b_1 z^{-1}$, y_d 为系统的常值扰动.

解 当采用 PID 控制系统时, 总是希望能够消除常值扰动的影响, 这意味着控制器中必须含有积分器. 因此, 对应的 PID 控制器可表示为

$$u(k) = \frac{H(z^{-1})}{F(z^{-1})}y_r - \frac{G(z^{-1})}{F(z^{-1})}y(k)$$

其中多项式选为

$$F(z^{-1}) = (1 - z^{-1})(1 + f_1 z^{-1}) \quad (-1 < f_1 < 0)$$
$$G(z^{-1}) = g_0 + g_1 z^{-1} + g_2 z^{-2}$$

为了达到消除常值扰动的目的, 在控制器中加上一个积分环节 $(1 - z^{-1})$, 使系统稳定 (即 $z = 1$), 则有 $y(1) = y_r(1)$, 且 $u(1) = 0$, 从而可确定出 $H(z^{-1})$. 由此可得

$$H(z^{-1}) = G(1) = g_0 + g_1 + g_2$$

将 $u(k)$ 的表达式代入控制对象的方程式, 即可得到闭环系统的方程如下:

$$y(k)=\frac{H(z^{-1})z^{-1}B(z^{-1})y_{\mathrm{r}}(k)+F(z^{-1})y_{\mathrm{d}}}{A(z^{-1})F(z^{-1})+z^{-1}B(z^{-1})G(z^{-1})}$$

当 $B(z^{-1})$ 中没有单位圆上的零点, 且 $A(z^{-1})$, $B(z^{-1})$ 已知时, 可通过令闭环特征多项式等于期望的多项式 A_{r}. 例如, 可以选择 A_{r} 为二阶多项式, 它可以从连续时间系统的期望特征多项式 $s^2+2\zeta\omega_n s+\omega_n^2$ 中得到其参数 ζ 和 ω_n^2, 也可以根据希望特征来选定, 它们与 A_{r} 的关系为

$$\begin{aligned}
a_{\mathrm{r}1}&=2\cdot\exp(-\zeta\omega_n T_{\mathrm{S}})\cdot\cos(\omega_n T_{\mathrm{S}}\sqrt{1-\zeta^2})\\
a_{\mathrm{r}2}&=\exp(-2\zeta\omega_n T_{\mathrm{S}})\\
A_{\mathrm{r}}(z^{-1})&=1+a_{\mathrm{r}1}z^{-1}+a_{\mathrm{r}2}z^{-2}
\end{aligned}$$

然后, 令

$$AF+z^{-1}BG=A_{\mathrm{r}}$$

解此 Diophantus 方程, 从中可以求出多项式 F 和 G 的系数.

当参数 A 和 B 未知时, 应采用以下自校正算法.

已知 n_a,n_b 和 $A_m(q^{-1})$, 每一采样周期重复以下三步:

(1) 利用递推参数估计算法, 求得对象 $\hat{A}$ 和 $\hat{B}$;

(2) 分别用 $\hat{A}$ 和 $\hat{B}$ 代替上式中的 A 和 B, 求解 F 和 G;

(3) 按控制律: $Fu(k)=G(1)y_{\mathrm{r}}(k)-Gy(k)$, 求解 $u(k)$.

这种 PID 自校正算法实际上是极点配置算法的一个特例.

例 7.4　已知被控过程模型为

$$G_{\mathrm{P}}(z^{-1})=\frac{y(z^{-1})}{u(z^{-1})}=\frac{bz^{-1}}{1+az^{-1}}$$

试采用极点配置, 设计闭环极点为 $1+a_1z^{-1}+a_2z^{-2}=0$、系统对常数干扰的稳态响应为 0 的 PID 型控制器.

解　因为要求系统对常数干扰的稳态响应为 0, 所以控制器中必须含有积分环节. 根据题意, 可以设计成 PI 型控制器, 其形式为

$$G_{\mathrm{C}}(z^{-1})=\frac{p_0+p_1z^{-1}}{1-z^{-1}}$$

由过程方程 $G_{\mathrm{P}}(z^{-1})$ 和控制器方程 $G_{\mathrm{C}}(z^{-1})$, 可得闭环系统的特征方程为

$$1+G_{\mathrm{P}}(z^{-1})G_{\mathrm{C}}(z^{-1})=0$$

即

$$1+\frac{b(p_0+p_1z^{-1})\cdot z^{-1}}{(1+az^{-1})(1-z^{-1})}=0$$

根据闭环极点配置方程 $1+a_1z^{-1}+a_2z^{-2}=0$, 令其与系统特征方程相等, 可求得控制器的参数为

$$p_0=\frac{1+a-\alpha_2}{b},\quad p_1=\frac{a+\alpha_2}{b}$$

所以, 使系统对常数干扰的稳态响应为 0 的 PID 控制器为

$$G_{\mathrm{C}}(z^{-1})=\frac{u(z^{-1})}{e(z^{-1})}=\frac{(1+a_1-a)+(a+a_2)z^{-1}}{b(1-z^{-1})}$$

或

$$u(k)=\frac{1}{b}[(1+a_1-a)e(k)+(a+a_2)e(k-1)]+u(k-1)$$

7.4.4 有限拍无纹波控制器

有限拍控制器计算工作量小, 特别适合于随动系统设计中的某些特点. 在那些调节过程不允许有振荡的场合 (如机械手控制吊车的行车控制等), 应当采用有限拍无纹波控制器. 它的基本特点是：在阶跃参考输入下, 在有限拍时间内控制量使输出达到期望的跟踪, 且采样点之间没有振荡.

被控系统的传递函数为

$$G_{\mathrm{P}}(z^{-1})=\frac{B(z^{-1})}{A(z^{-1})}z^{-d}$$

控制器的传递函数为

$$G_{\mathrm{C}}(Z)=\frac{U(z)}{E(z)}=\frac{G(z^{-1})}{F(z^{-1})}$$

闭环回路的传递函数为

$$W(Z)=\frac{Y(z)}{Y_{\mathrm{r}}(z)}=\frac{G_{\mathrm{C}}(z)G_{\mathrm{P}}(z)}{1+G_{\mathrm{C}}(z)G_{\mathrm{P}}(z)}$$

从设计角度看, 有限拍控制就意味着, 在有限拍的采样周期内, 输出 $Y(z)$ 能够跟踪上参考信号 $Y_{\mathrm{r}}(z)$. 所需要的采样周期由设计者确定, 由此可将设计转化为:

设计闭环传递函数具有所要求特性的 $W(z)$ 的控制器 $G_{\mathrm{C}}(z)$. 下面来研究如何确定期望的 $W(z)$.

由参考输入 $Y_{\mathrm{r}}(z)$ 到控制量 $U(z)$ 之间的传递函数为

$$
\begin{aligned}
G_{\mathrm{U}}(z) &= \frac{U(z)}{Y_{\mathrm{r}}(z)} = \frac{G_{\mathrm{C}}(z)}{1+G_{\mathrm{C}}(z)G_{\mathrm{P}}(z)} \\
\frac{W(z)}{G_{\mathrm{P}}(z)} &= \frac{W(z)A(z^{-1})}{B(z^{-1})z^{-d}}
\end{aligned}
$$

由于有有限拍控制的要求, 所以 $G_{\mathrm{U}}(z)$ 应当为 z^{-1} 的多项式. 这意味着 $G_{\mathrm{U}}(z)$ 中的分母 $B(z^{-1})z^{-d}$ 应当被 $W(z)$ 消掉. 从另一方面看, 分母中的 z^{-d} 被消掉也是可实现性的要求. 所以 $W(z)$ 中应包含 $B(z^{-1})z^{-d}$ 的项. 设 $W(z)$ 的形式为

$$
W(z) = M(z^{-1})B(z^{-1})z^{-d}
$$

其中 $M(z^{-1})$ 是一个多项式, 由设计者在设计的过程中选定.

现在可以根据期望的闭环传递函数以及被控过程传递函数 $G_{\mathrm{P}}(z)$ 来设计控制器 $G_{\mathrm{C}}(z)$, 从而有

$$
\begin{aligned}
G_{\mathrm{C}}(z) &= \frac{1}{G_{\mathrm{P}}(z)} \cdot \frac{W(z)}{1-W(z)} = \frac{A(z^{-1})}{B(z^{-1})z^{-d}} \cdot \frac{M(z^{-1})B_{\mathrm{r}}(z^{-1})z^{-d}}{1-M(z^{-1})B(z^{-1})z^{-d}} \\
&= \frac{A(z^{-1})M(z^{-1})}{1-M(z^{-1})B(z^{-1})z^{-d}} = \frac{G(z^{-1})}{F(z^{-1})}
\end{aligned}
$$

现在来讨论 $M(z^{-1})$ 的作用和选择.

通过选择不同的 $M(z^{-1})$, 可得到不同阶数的 $W(z)$, 从而可以获得不同拍的控制器. 最简单的就是选择 $M(z^{-1})$ 为一个 0 阶多项式, 即一个常数. 为了获得一个积分型控制器, 以使得稳定时输出能无误差地跟踪参考输入, 令 $W(1)=1$(传递函数中含有 $z=1$ 的极点), 得

$$
\begin{aligned}
M(z^{-1}) &= \frac{1}{B(1)} = \frac{1}{\sum\limits_{i=0}^{n_b} b_i} = m \\
W(z) &= mB(z^{-1})z^{-d} = \frac{y}{y_{\mathrm{r}}}
\end{aligned}
$$

此时, 控制器的传递函数为

$$
G_{\mathrm{C}}(z) = \frac{mA(z^{-1})}{1-mB(z^{-1})z^{-d}}
$$

从而, 控制量 $U(k)$、输出 $y(k)$ 与参考输入之间的关系为

$$\begin{cases} U(k) = \dfrac{A(z^{-1})}{B(1)} y_{\mathrm{r}}(k) \\ y(k) = \dfrac{B(z^{-1})}{B(1)} y_{\mathrm{r}}(k-d) \end{cases}$$

这意味着对于 $y_{\mathrm{r}}(k)$ 的任何变化, 要经过 n_b+d 次采样周期后, 输出 $y(k)$ 即跟踪上参考输入 $y_{\mathrm{r}}(k)$ 且无振荡. 换句话说, 具有这个控制器的设置时间等于过程 $B(z^{-1})$ 的阶数. 如果 $M(z^{-1})$ 被选为一个多项式, 则相应的系统采样设置时间将增加, 但通过对 $M(z^{-1})$ 的不同选择, 可以用来满足某些控制器性能上的希望特性, 而不至于使闭环特性完全取决于被控对象的动态特性.

下面分析来自干扰的传递函数对过程输出的影响.

$$G_{\mathrm{n}}(z) = \frac{Y(z)}{N(z)} = \frac{1}{1 + \dfrac{MBz^{-d}}{1 - mBz^{-d}}} = 1 - mB(z^{-1})z^{-d} = 1 - W(z)$$

由于 m 的选择使控制器中含有积分特性, 即 $W(1)=1$, 所以 $G_n(1)=0$, 即干扰对系统不产生稳态误差.

习 题 7

1. 求以下对象的最优预测器, 并计算其最小预测误差的方差:

$$y(t) + a_1 y(t-1) = b_0 u(t-2) + \varsigma(t) + c_1 \varsigma(t-1)$$

2. 设对象差分方程为

$$(1 - 1.2q^{-1} + 0.35q^{-2}) y(t) = (0.5q^{-2} - 0.8q^{-3}) u(t) + (1 - 0.95q^{-1}) \varepsilon(t)$$

其中 $\varepsilon(t)$ 是零均值、方差为 0.2 的白噪声, 性能指标为

$$J = E\{[y(t+d) - y_{\mathrm{r}}(t)]^2 + [\Lambda u(t)]^2\}$$

试设计最小方差控制器, 并按闭环系统稳定性的要求, 确定 Λ 的范围.

3. 设对象差分方程为

$$(1-1.1q^{-1}+0.3q^{-2})y(t)=q^{-2}(1+1.6q^{-1})u(t)+(1-0.65q^{-1})\varepsilon(t)$$

闭环特征方程 $T(q^{-1})=1-0.5q^{-1}$. 试设计极点配置自校正控制器.

4. 设对象差分方程为

$$(1-1.2q^{-1}+0.4q^{-2})y(t)=q^{-1}(1+1.5q^{-1})u(t)+(1-0.65q^{-1}+0.2q^{-2})\varepsilon(t)$$

其中 $\varepsilon(t)$ 是零均值、方差为 0.1 的白噪声. 试设计最小方差自校正控制的极点配置.

5. 设对象差分方程为

$$(1-1.7q^{-1}+0.6q^{-2})y(t)=(q^{-2}+1.2q^{-3})u(t)+y_{\mathrm{d}}$$

期望多项式为 $A_{\mathrm{m}}(q^{-1})=1-0.6q^{-1}+0.08q^{-2}$. 试设计自校正 PID 控制器.

第 8 章　稳定、镇定与逆最优控制

在这一章, 介绍与稳定、镇定和逆最优控制有关的一些基本概念、基本定理和数学基础, 主要包括 Lyapunov 定理、LaSalle-Yoshizawa 定理、控制 Lyapunov 函数 (CLF) 与 Sontag 公式, 以及随机形式的 Lyapunov 定理、LaSalle 定理、扰动抑制与逆最优控制问题.

8.1　Lyapunov 定理和 LaSalle-Yoshizawa 定理

考虑如下形式的非自治系统:

$$\dot{\boldsymbol{x}} = f(\boldsymbol{x}, t)$$

其中 $f: \mathbb{R}^n \times \mathbb{R}_+ \to \mathbb{R}^n$ 对于变量 $\boldsymbol{x}$ 是局部 Lipschitz 的, 对于变量 t 是分段连续的.

定义 8.1　对于上述非自治系统, 如果

$$f(\mathbf{0}, t) = 0 \quad (\forall t \geqslant 0)$$

成立, 则原点 $\boldsymbol{x} = \mathbf{0}$ 称为该非自治系统的平衡点.

定义 8.2　如果连续函数 $\gamma: \mathbb{R}_+ \to \mathbb{R}_+$ 严格递增, 且满足 $\gamma(0) = 0$, 则称函数 $\gamma(\cdot)$ 属于 K 类函数. 若函数 $\gamma \in K$, 并且当 $t \to \infty$ 时, $\gamma(t) \to \infty$ 成立, 则称函数 $\gamma(\cdot)$ 属于 K_∞ 类函数.

定义 8.3 设连续函数 $\beta:\mathbb{R}_+\times\mathbb{R}_+\to\mathbb{R}_+$, 对于固定的 t, $\beta(s,t)\in K_\infty$. 若 s 固定, $\beta(s,t)$ 随着 t 的增大而递减, 并且当 $t\to\infty$ 时, $\beta(s,t)\to 0$ 成立, 则称函数 β 属于 KL 类函数.

定义 8.4 对于上述非自治系统, 引入如下平衡点稳定性的定义:

(1) 如果存在 K_∞ 类函数 $\gamma(\cdot)$, 满足

$$|\boldsymbol{x}(t)|\leqslant\gamma(|\boldsymbol{x}(t_0)|)\quad(\forall t\geqslant t_0\geqslant 0,\forall\boldsymbol{x}(t_0)\in\mathbb{R}^n)$$

则称该系统的平衡点 $\boldsymbol{x}=\boldsymbol{0}$ 全局一致稳定 (globally uniformly stable);

(2) 如果存在 KL 类函数 $\beta(\cdot,\cdot)$, 满足

$$|\boldsymbol{x}(t)|\leqslant\beta(|\boldsymbol{x}(t_0)|,t-t_0)\quad(\forall t\geqslant t_0\geqslant 0,\forall\boldsymbol{x}(t_0)\in\mathbb{R}^n)$$

则称该系统的平衡点 $\boldsymbol{x}=\boldsymbol{0}$ 全局一致渐近稳定 (globally uniformly asymptotically stable);

(3) 如果该系统的平衡点 $\boldsymbol{x}=\boldsymbol{0}$ 全局一致渐近稳定, 且

$$\beta(s,t)=kse^{-\alpha t}\quad(k>0,\alpha>0)$$

则称该系统的平衡点 $\boldsymbol{x}=\boldsymbol{0}$ 全局指数稳定 (globally exponentially stable).

在上述定义中, 若将 K_∞ 类函数放弱到 K 类函数, 则全局的定义就变成了局部的定义.

引理 8.1(Barbalat 定理) 对于函数 $\phi:\mathbb{R}_+\to\mathbb{R}$, 如果 ϕ 是一致连续的, 且 $\lim\limits_{t\to\infty}\int_0^\infty\phi(\tau)\mathrm{d}\tau$ 存在且有界, 则

$$\lim_{t\to\infty}\phi(t)=0$$

引理 8.1 的证明可采用反证法.

定理 8.1(LaSalle-Yoshizawa 不变集定理) 对于上述非自治系统, 假设 $V:\mathbb{R}^n\times\mathbb{R}_+\to\mathbb{R}_+$ 是连续可微函数, 满足

$$\begin{aligned}&\gamma_1(|\boldsymbol{x}|)\leqslant V(\boldsymbol{x},t)\leqslant\gamma_2(|\boldsymbol{x}|)\\&\dot V=\frac{\partial V}{\partial t}+\frac{\partial V}{\partial\boldsymbol{x}}f(\boldsymbol{x},t)\leqslant -W(\boldsymbol{x})\leqslant 0\quad(\forall t\geqslant 0,\forall\boldsymbol{x}\in\mathbb{R}^n)\end{aligned}$$

其中 γ_1 和 γ_2 都是 K_∞ 函数, W 是连续的非负函数, 则系统平衡点 $\boldsymbol{x}=\mathbf{0}$ 全局一致稳定, 并且满足下面的渐近特性:

$$\lim_{t\to\infty} W(\boldsymbol{x}(t))=0$$

证明 由于 $\dot{V}\leqslant 0$, 由定理中第一个式子, 有

$$\gamma_1(|\boldsymbol{x}(t)|)\leqslant V(\boldsymbol{x}(t),t)\leqslant V(\boldsymbol{x}(t_0),t_0)\leqslant \gamma_2(|\boldsymbol{x}(t_0)|)$$

进一步, 可得 $|\boldsymbol{x}(t)|\leqslant \gamma_1^{-1}(\gamma_2(|\boldsymbol{x}(t_0)|))$. 这就证明了系统的全局一致稳定和系统状态的全局一致有界, 即存在常数 $B>0$, 使对 $\forall t\geqslant 0$, $|\boldsymbol{x}(t)|\leqslant B$.

由于 $V(\boldsymbol{x}(t),t)$ 是取值大于零的递减函数, 假设当 $t\to\infty$ 时, 取有界极限 V_∞, 对定理中第二个式子两边积分, 得到

$$\begin{aligned}\lim_{t\to\infty}\int_{t_0}^{t} W(\boldsymbol{x}(\tau))\mathrm{d}\tau &\leqslant -\lim_{t\to\infty}\int_{t_0}^{t} \dot{V}(\boldsymbol{x}(\tau),\tau)\mathrm{d}\tau\\ &=\lim_{t\to\infty}[V(\boldsymbol{x}(t_0),t_0)-V(\boldsymbol{x}(t),t)]\\ &=V(\boldsymbol{x}(t_0),t_0)-V_\infty\end{aligned}$$

这就证明了 $\int_{t_0}^{\infty} W(\boldsymbol{x}(\tau))\mathrm{d}\tau$ 存在且有界.

下面证明 $W(\boldsymbol{x}(t))$ 是一致连续的. 由于 $|\boldsymbol{x}(t)|\leqslant B$, 且 f 对于 x 是局部 Lipschitz 的, 所以对 $\forall t\geqslant t_0\geqslant 0$, 有

$$|\boldsymbol{x}(t)-\boldsymbol{x}(t_0)|=\left|\int_{t_0}^{t} f(\boldsymbol{x}(\tau),\tau)\mathrm{d}\tau\right|\leqslant L\int_{t_0}^{t}|\boldsymbol{x}(\tau)|\mathrm{d}\tau\leqslant LB|t-t_0|$$

其中 L 是函数 f 在 $|x(t)|\leqslant B$ 上的 Lipschitz 常数. 选择 $\delta(\varepsilon)=\varepsilon/(LB)$, 可得

$$|\boldsymbol{x}(t)-\boldsymbol{x}(t_0)|<\varepsilon\quad(\forall|t-t_0|\leqslant\delta(\varepsilon))$$

这就证明了 $\boldsymbol{x}(t)$ 是一致连续的. 由于 W 是连续的, 在闭集 $|\boldsymbol{x}(t)|\leqslant B$ 上一致连续. 从 W 和 $\boldsymbol{x}(t)$ 的一致连续性, 推得 $W(\boldsymbol{x}(t))$ 是一致连续的. 由引理 8.1, 知 $\lim\limits_{t\to\infty} W(\boldsymbol{x}(t))=0$. □

定理 8.2(Lyapunov 基本定理) 考虑上述非自治系统. 假设连续可微函数 $V:\mathbb{R}^n\times\mathbb{R}_+\to\mathbb{R}_+$ 满足

$$\gamma_1(|\boldsymbol{x}|)\leqslant V(\boldsymbol{x},t)\leqslant\gamma_2(|\boldsymbol{x}|)$$

$$\dot{V}=\frac{\partial V}{\partial t}+\frac{\partial V}{\partial \boldsymbol{x}}f(\boldsymbol{x},t)\leqslant -\gamma_3(|\boldsymbol{x}|)\quad (\forall t\geqslant 0,\forall \boldsymbol{x}\in\mathbb{R}^n)$$

其中 γ_1 和 γ_2 都是 K_∞ 函数, γ_3 是 K 类函数, 则系统平衡点 $\boldsymbol{x}=\boldsymbol{0}$ 一致渐近稳定. 若 γ_3 是 K_∞ 类函数, 则系统平衡点 $\boldsymbol{x}=\boldsymbol{0}$ 全局一致渐近稳定.

证明 令 $W(\boldsymbol{x})=\gamma_3(|\boldsymbol{x}|)$, 它是正定的. 由定理 8.1 可以直接得出结论. □

8.2 控制 Lyapunov 函数与 Sontag 公式

系统如果没有扰动, 一般可以表达为如下形式:

$$\dot{\boldsymbol{x}}=\boldsymbol{f}(\boldsymbol{x})+\boldsymbol{g}(\boldsymbol{x})\boldsymbol{u}$$

其中 $\boldsymbol{f}:\mathbb{R}^n\to\mathbb{R}^n$ 和 $\boldsymbol{g}:\mathbb{R}^n\to\mathbb{R}^{n\times m}$ 对于变量 $\boldsymbol{x}$ 是局部 Lipschitz 的, 控制输入 $\boldsymbol{u}\in\mathbb{R}^m$. 上式关于 $\boldsymbol{u}$ 是线性的, 也称之为仿射非线性系统, 这种形式的系统并不一定是可镇定的. 对该系统, 求其 Lyapunov 函数的时间导数:

$$\dot{V}=\frac{\partial V}{\partial x}\boldsymbol{f}(\boldsymbol{x})+\frac{\partial V}{\partial \boldsymbol{x}}\boldsymbol{g}(\boldsymbol{x})\boldsymbol{u}\triangleq L_{\boldsymbol{f}}V+L_{\boldsymbol{g}}V\boldsymbol{u}$$

其中 $\triangleq$ 表示定义, $L_{\boldsymbol{f}}V$ 称为李导数, 且 $L_{\boldsymbol{f}}V=\dfrac{\partial V}{\partial \boldsymbol{x}}\boldsymbol{f}(\boldsymbol{x}),L_{\boldsymbol{g}}V=\dfrac{\partial V}{\partial \boldsymbol{x}}\boldsymbol{g}(\boldsymbol{x})$. 设计的目标是寻找连续的控制律 $\boldsymbol{u}=\boldsymbol{\alpha}(\boldsymbol{x})$, 使得 $\dot{V}(\boldsymbol{x})$ 负定. 因 Lyapunov 函数 V 是未知的, 所以要同时寻找合适的 Lyapunov 函数 V 和控制律 $\boldsymbol{u}=\boldsymbol{\alpha}(\boldsymbol{x})$, 这样就产生了控制 Lyapunov 函数 (CLF) 的概念.

定义 8.5 一个光滑、正定、径向无界的函数 V, 如果满足下式

$$\inf_{\boldsymbol{u}\in\mathbb{R}^m}(L_{\boldsymbol{f}}V+L_{\boldsymbol{g}}V\boldsymbol{u})<0$$

则称 V 为上述系统的控制 Lyapunov 函数.

这个定义也可等价地作如下描述:

定义 8.6 一个光滑、正定、径向无界的函数 V 称为控制 Lyapunov 函数的充要条件是, 当 $x\neq 0$ 时, $L_{\boldsymbol{g}}V=\boldsymbol{0}\Rightarrow L_{\boldsymbol{f}}V<0$.

上述非自治系统稳定理论的基础是, Lyapunov 函数存在意味稳定. 对于上述仿射非线性系统, 控制 Lyapunov 函数存在意味镇定. 文献 [7] 先从概念上建立了这个结果, Sontag 在文献 [8] 中构造性地证明了这个结果, 并给了一个普适公式 (universal formula), 称为 Sontag 公式.

$$\boldsymbol{u}=\boldsymbol{\alpha}_{\mathrm{S}}(\boldsymbol{x})=\begin{cases}-\dfrac{L_{\boldsymbol{f}}V+\sqrt{(L_{\boldsymbol{f}}V)^2+(L_{\boldsymbol{g}}V(L_{\boldsymbol{g}}V)^{\mathrm{T}})^2}}{L_{\boldsymbol{g}}V(L_{\boldsymbol{g}}V)^{\mathrm{T}}}(L_{\boldsymbol{g}}V)^{\mathrm{T}} & (L_{\boldsymbol{f}}V\neq\boldsymbol{0})\\ 0 & (L_{\boldsymbol{f}}V=\boldsymbol{0})\end{cases}$$

这个控制律可以使系统的平衡点全局一致渐近镇定. 代入系统方程, 可得

$$\dot{V}=-\sqrt{(L_{\boldsymbol{f}}V)^2+[L_{\boldsymbol{g}}V(L_{\boldsymbol{g}}V)^{\mathrm{T}}]^2}$$

现在我们关心的问题是控制策略的连续性. 为此, 先引入如下引理.

引理 8.2 函数

$$\phi(a,b)=\begin{cases}0 & (b=0,a<0)\\ -\dfrac{a+\sqrt{a^2+b^2}}{b} & (\text{其他})\end{cases}$$

在集合 $S=\{(a,b)\in\mathbb{R}^2: b>0 \text{ 或 } a<0\}$ 上是实解析的.

引理 8.2 的证明用到隐函数定理, 可参考文献 [9]. □

引理 8.3 如果 $V(x)$ 是仿射非线性系统的控制 Lyapunov 函数, 则控制律在原点以外是光滑的.

证明 由于 $V(x)$ 是控制 Lyapunov 函数, 对 $\forall x$, $(a,b)=(L_{\boldsymbol{f}}V, L_{\boldsymbol{g}}V(L_{\boldsymbol{g}}V)^{\mathrm{T}})$ 在集合 S 上. 由引理 8.2, 控制律可以写为

$$\boldsymbol{\alpha}_S(\boldsymbol{x})=\begin{cases}-\phi(L_{\boldsymbol{f}}V, L_{\boldsymbol{g}}V(L_{\boldsymbol{g}}V)^{\mathrm{T}}) & (\boldsymbol{x}\neq\boldsymbol{0})\\ 0 & (\boldsymbol{x}=\boldsymbol{0})\end{cases}$$

容易看出该控制律是实解析函数 $\phi(a,b)$、光滑函数 $L_{\boldsymbol{f}}V$ 和 $L_{\boldsymbol{g}}V$ 的组合, 所以, 这个控制律在域 $\mathbb{R}^n\setminus\{\boldsymbol{0}\}$ 上是光滑的. □

前面的分析没有建立原点的连续性, 下面要证明控制律在原点的连续性. 先引入下列定义和引理.

定义 8.7 假设 $V(\boldsymbol{x})$ 是上述仿射非线性系统的控制 Lyapunov 函数. 如果存在一个在 $\mathbb{R}^n$ 上连续的控制律 $\alpha_{\mathrm{C}}(\boldsymbol{x})$ 满足

$$L_{\boldsymbol{f}}V(\boldsymbol{x})+L_{\boldsymbol{g}}V(\boldsymbol{x})\alpha_{\mathrm{C}}(\boldsymbol{x})<0 \quad (\forall\boldsymbol{x}\neq\boldsymbol{0})$$

则称 $V(\boldsymbol{x})$ 满足小控制特性 (small control property, SCP).

引理 8.4　如果 $V(\boldsymbol{x})$ 是满足小控制特性的控制 Lyapunov 函数, 则引理 8.3 中的控制律在 $\mathbb{R}^n$ 上连续.

证明　根据引理 8.3, 我们只需证明 $\boldsymbol{\alpha}_{\mathrm{S}}(\boldsymbol{x})$ 在原点处连续. 根据定义 8.7, 经变换得到

$$|L_{\boldsymbol{f}}V(\boldsymbol{x})| \leqslant |L_{\boldsymbol{g}}V(\boldsymbol{x})||\boldsymbol{\alpha}_{\mathrm{C}}(\boldsymbol{x})|, \quad |L_{\boldsymbol{f}}V(\boldsymbol{x})| \geqslant 0$$

从而有

$$|\boldsymbol{\alpha}_{\mathrm{S}}(\boldsymbol{x})| \leqslant |\boldsymbol{\alpha}_{\mathrm{C}}(\boldsymbol{x})| + \sqrt{|\boldsymbol{\alpha}_{\mathrm{C}}(\boldsymbol{x})|^2 + (L_{\boldsymbol{g}}V(L_{\boldsymbol{g}}V)^{\mathrm{T}})^2}, \quad |L_{\boldsymbol{f}}V(\boldsymbol{x})| \geqslant 0$$

另一方面, 若 $L_{\boldsymbol{f}}V(\boldsymbol{x}) < 0$, 则有

$$0 \leqslant L_{\boldsymbol{f}}V + \sqrt{(L_{\boldsymbol{f}}V)^2 + (L_{\boldsymbol{g}}V(L_{\boldsymbol{g}}V)^{\mathrm{T}})^2} \leqslant L_{\boldsymbol{g}}V(L_{\boldsymbol{g}}V)^{\mathrm{T}}$$

这意味着 $|\boldsymbol{\alpha}_{\mathrm{S}}(\boldsymbol{x})| \leqslant |L_{\boldsymbol{g}}V|$, 也就是说, 对所有的 $\boldsymbol{x}$, 上式都成立. 由于 $\boldsymbol{\alpha}_{\mathrm{C}}(\boldsymbol{x})$ 和 $L_{\boldsymbol{g}}V$ 均为连续函数, 上式成立意味着 $\boldsymbol{\alpha}_{\mathrm{S}}(\boldsymbol{x})$ 在原点连续. □

我们已经证明了: 如果存在一个满足小控制特性的控制 Lyapunov 函数, 那么存在一个在原点连续、原点之外光滑的控制律, 它能镇定该系统; 由 Lyapunov 逆定理, 反之也成立. 所以有如下的 Sontag 定理:

定理 8.3　对于上述仿射非线性系统, 可以经过一个在原点处连续、原点之外光滑的控制律进行反馈镇定的充分必要条件是, 存在一个满足小控制特性的控制 Lyapunov 函数.

8.3　扰动抑制

在这一节, 我们讨论扰动对系统状态的影响. 在有扰动的情况下, 引入输入状态稳定 (input state stable, ISS) 的概念以及相应的控制 Lyapunov 函数. 实际上, 扰动是物理系统中不可避免的因素, 在考虑扰动的情况下, 设计的控制器才具有

稳健性和实际意义. 针对具体的非线性系统, 有许多不同的控制器设计方案. 在这里我们将给出, 如果存在满足小控制特性的控制 Lyapunov 函数, 那么系统是可镇定的.

考察如下带扰动的非线性系统

$$\dot{\boldsymbol{x}} = \boldsymbol{f}(\boldsymbol{x},t) + \boldsymbol{g}_1(\boldsymbol{x},t)\boldsymbol{d}$$

其中 $\boldsymbol{x} \in \mathbb{R}^n$ 是状态变量, $d \in \mathbb{R}^r$ 是扰动, 并假定 $\boldsymbol{f}(\boldsymbol{0},t) = \boldsymbol{0}$.

定义 8.8 对于带扰动的非线性系统, 如果存在一 KL 类函数 β 和一 K 类函数 γ, 对任意的初态 $\boldsymbol{x}(t_0)$ 和 $[0,\infty)$ 上任意有界输入 $d(\cdot)$, 在 $t \geqslant 0$ 时解 $\boldsymbol{x}(t)$ 均存在, 且满足

$$|\boldsymbol{x}(t)| \leqslant \beta(|\boldsymbol{x}(t_0)|, t - t_0) + \gamma\left(\sup_{(t_0 \leqslant \tau \leqslant t)} |d(\tau)|\right) \quad (0 \leqslant t_0 \leqslant t)$$

称该系统是输入状态稳定的.

针对上述输入状态稳定的定义, 我们引入下面的判定定理, 它揭示了 Lyapunov 函数的存在与输入状态稳定性之间的联系.

定理 8.4(Sontag 定理) 对于带扰动的非线性系统, 假定存在一阶连续可微函数 $V: \mathbb{R}^n \times \mathbb{R}_+ \to \mathbb{R}_+$, 对 $\forall x \in \mathbb{R}^n$ 和 $\forall d \in \mathbb{R}^r$, 满足

$$\gamma_1(|\boldsymbol{x}|) \leqslant V(\boldsymbol{x},t) \leqslant \gamma_2(|\boldsymbol{x}|)$$
$$|\boldsymbol{x}| \geqslant \rho(|d|) \quad \Rightarrow \quad \frac{\partial V}{\partial t} + \frac{\partial V}{\partial \boldsymbol{x}} f(\boldsymbol{x},t) + \frac{\partial V}{\partial \boldsymbol{x}} g_1(\boldsymbol{x},t) d \leqslant -\gamma_3(|\boldsymbol{x}|)$$

其中 γ_1, γ_2, ρ 是 K_∞ 类函数, γ_3 是 K 类函数. 那么该系统是输入状态稳定的, 且有 $\gamma = \gamma_1^{-1} \circ \gamma_2 \circ \rho$.

证明 如果初值 $\boldsymbol{x}(t_0)$ 属于集合

$$R_{t_0} = \left\{ \boldsymbol{x} \in \mathbb{R}^n \,\middle|\, |\boldsymbol{x}| \leqslant \rho\left(\sup_{\tau \geqslant t_0} |d(\tau)|\right) \right\}$$

则对于 $t \geqslant t_0$, $\boldsymbol{x}(t)$ 将保持在下面的集合里:

$$S_{t_0} = \left\{ \boldsymbol{x} \in \mathbb{R}^n \,\middle|\, |\boldsymbol{x}| \leqslant \gamma_1^{-1} \circ \gamma_2 \circ \rho\left(\sup_{\tau \geqslant t_0} |d(\tau)|\right) \right\}$$

定义 $B=[t_0,T)$ 为 $\boldsymbol{x}(t)$ 在初值和首次进入 R_{t_0} 之间的时间段, 则有

$$\dot{V}\leqslant-\gamma_3\circ\gamma_2^{-1}(V)\quad(\forall t\in B)$$

根据参考文献 [10] 中的引理 6.1, 存在一个 K_∞ 类函数 β_V, 满足

$$V(t)\leqslant\beta_V(V(t_0),t-t_0)\quad(\forall t\in B)$$

这也意味着下式成立:

$$|\boldsymbol{x}(t)|\leqslant\gamma_1^{-1}(\beta_V(\gamma_2(|\boldsymbol{x}(t_0)|),t-t_0))\triangleq\beta(|x(t_0)|,t-t_0)\quad(\forall t\in B)$$

此外, 还可以得到

$$|\boldsymbol{x}(t)|\leqslant\gamma_1^{-1}\circ\gamma_2\circ\rho\left(\sup_{\tau\geqslant t_0}|d(\tau)|\right)\triangleq\gamma\left(\sup_{\tau\geqslant t_0}|d(\tau)|\right)\quad(\forall t\in[t_0,\infty]\backslash B)$$

结合上面两个式子, 可得

$$|\boldsymbol{x}(t)|\leqslant\beta(|\boldsymbol{x}(t_0)|,t-t_0)+\gamma\left(\sup_{\tau\geqslant t_0}|d(\tau)|\right)\quad(\forall t\geqslant t_0\geqslant 0)$$

由因果性, 即系统在 t 时刻的输出与 t 时刻之后加在系统上的输入无关, 显然有

$$|\boldsymbol{x}(t)|\leqslant\beta(|\boldsymbol{x}(t_0)|,t-t_0)+\gamma\left(\sup_{t_0\leqslant\tau\leqslant t}|d(\tau)|\right)\quad(0\leqslant t_0\leqslant t)$$ □

满足定理 8.4 中条件的函数 V 称为 ISS-Lyapunov 函数. 在文献 [11] 中, 作者证明了定理 8.4 的逆命题也成立, 即如果系统是输入状态稳定的, 则一定存在一个 ISS-Lyapunov 函数.

在上述系统的基础上, 进一步考察带控制项的系统

$$\dot{\boldsymbol{x}}=\boldsymbol{f}(\boldsymbol{x})+\boldsymbol{g}_1(\boldsymbol{x})\boldsymbol{d}+\boldsymbol{g}_2(\boldsymbol{x})\boldsymbol{u}$$

其中控制 $\boldsymbol{u}\in\mathbb{R}^m$, 假设函数 $\boldsymbol{f}$ 满足 $\boldsymbol{f}(\mathbf{0})=\mathbf{0}$. 为简单起见, 我们略去了各函数中的时间变量 t.

定义 8.9 对于上述系统, 如果存在一处处连续控制律 $\boldsymbol{u}=\boldsymbol{\alpha}(\boldsymbol{x})$ (其中 $\boldsymbol{\alpha}(\mathbf{0})=\mathbf{0}$), 使得闭环系统当 $\boldsymbol{d}$ 为扰动输入时, 能达到输入状态稳定, 则称系统是可进行 ISS 镇定的.

定义 8.10 对于上述系统, 假设函数 $V:\mathbb{R}^n\to\mathbb{R}_+$ 是光滑、正定、径向无界的. 如果存在 K_∞ 类函数 ρ, 对于 $\forall \boldsymbol{x}\neq\boldsymbol{0}$ 和 $\boldsymbol{d}\in\mathbb{R}^r$, 下式成立:

$$|\boldsymbol{x}|\geqslant\rho(|\boldsymbol{d}|)\Rightarrow\inf_{\boldsymbol{u}\in\mathbb{R}^m}\{L_{\boldsymbol{f}}V+L_{\boldsymbol{g}_1}V\boldsymbol{d}+L_{\boldsymbol{g}_2}V\boldsymbol{u}\}<0$$

则称函数 V 是 ISS 控制 Lyapunov 函数 (ISS-CLF).

为了以后方便地使用 Sontag 公式, 下面给出一个与定义 8.10 等价的引理.

引理 8.5 假定函数 V 是光滑、正定、径向无界的, 函数 $\rho\in K_\infty$, 则定义 8.10 成立的充要条件是

$$L_{\boldsymbol{g}_2}V(\boldsymbol{x})=0\quad\Rightarrow\quad L_{\boldsymbol{f}}V(\boldsymbol{x})+|L_{\boldsymbol{g}_1}V(\boldsymbol{x})|\rho^{-1}(|\boldsymbol{x}|)<0\quad(\forall\boldsymbol{x}\neq\boldsymbol{0})$$

证明 必要性. 由定义 8.10, 当 $\boldsymbol{x}\neq\boldsymbol{0}$, $L_{\boldsymbol{g}_2}V=\boldsymbol{0}$ 时, 有

$$|\boldsymbol{x}|\geqslant\rho(|\boldsymbol{d}|)\quad\Rightarrow\quad L_{\boldsymbol{f}}V+L_{\boldsymbol{g}_1}V\boldsymbol{d}<0$$

先考虑扰动输入满足 $\rho(|\boldsymbol{d}|)=|\boldsymbol{x}|$, 即

$$\boldsymbol{d}=\frac{(L_{\boldsymbol{g}_1}V)^{\mathrm{T}}}{|L_{\boldsymbol{g}_1}V|}\boldsymbol{\rho}^{-1}(|\boldsymbol{x}|)$$

的情况. 当 $\boldsymbol{x}\neq\boldsymbol{0}$, $L_{\boldsymbol{g}_2}V=\boldsymbol{0}$ 时, 有

$$L_{\boldsymbol{f}}V+|L_{\boldsymbol{g}_1}V|\boldsymbol{\rho}^{-1}(|\boldsymbol{x}|)<0$$

这样, 必要性得证.

下面再证充分性. 当 $|\boldsymbol{x}|\geqslant\rho(|\boldsymbol{d}|)$ 时, 有

$$\begin{aligned}\inf_{\boldsymbol{u}}\{L_{\boldsymbol{f}}V+L_{\boldsymbol{g}_1}V\boldsymbol{d}+L_{\boldsymbol{g}_2}V\boldsymbol{u}\}&\leqslant\inf_{\boldsymbol{u}}\{L_{\boldsymbol{f}}V+|L_{\boldsymbol{g}_1}V||\boldsymbol{d}|+L_{\boldsymbol{g}_2}V\boldsymbol{u}\}\\&\leqslant\inf_{\boldsymbol{u}}\{L_{\boldsymbol{f}}V+|L_{\boldsymbol{g}_1}V|\boldsymbol{\rho}^{-1}(|\boldsymbol{x}|)+L_{\boldsymbol{g}_2}V\boldsymbol{u}\}\\&<0\end{aligned}$$

□

定理 8.3 描述了控制 Lyapunov 函数的存在与可镇定之间的关系. 与之类似, 下面的定理建立了 ISS-CLF 的存在与 ISS 可镇定之间的关系.

定理 8.5 上述带扰动与控制的系统, 利用设计的控制策略 $\boldsymbol{u}$, 达到 ISS 的充要条件是存在一个具有小控制特性的 ISS 控制 Lyapunov 函数.

定理 8.6 上述带扰动与控制的系统是输入状态可镇定的, 当且仅当存在一个 ISS-CLF.

定理 8.5 和定理 8.6 的证明可参考文献 [9, 11].

8.4 随机形式的 Lyapunov 定理与 LaSalle 定理

在 8.3 节中, 讨论的系统的扰动是确定性的, 在这里讨论的扰动信号是随机的. 这一节可以看作是 8.3 节内容的随机版本.

考虑如下形式的非线性随机微分方程

$$\mathrm{d}\boldsymbol{x} = f(\boldsymbol{x})\mathrm{d}t + g(\boldsymbol{x})\mathrm{d}\boldsymbol{w}$$

其中 $\boldsymbol{x} \in \mathbb{R}^n$ 是系统状态, 函数 $f:\mathbb{R}^n \to \mathbb{R}^n$ 和 $g:\mathbb{R}^n \to \mathbb{R}^{n\times r}$ 是局部 Lipschitz 的, 并假定 $f(\mathbf{0})=0$, 随机扰动 $\boldsymbol{w}$ 是定义在概率空间 (Ω, F, P) 上的 r 维相互独立的标准 Wiener 过程向量, 其中 Ω 为样本空间, F 为 σ 代数, P 为概率测度.

定义 8.11 上述系统的平衡点 $\boldsymbol{x}=\mathbf{0}$,

(1) 称为全局依概率稳定的, 如果对 $\forall\varepsilon>0$, 存在一个 K 类函数 $\gamma(\cdot)$, 满足

$$P(|\boldsymbol{x}(t)| < \gamma(|\boldsymbol{x}_0|)) \geqslant 1-\varepsilon \quad (\forall t \geqslant 0, \forall \boldsymbol{x}_0 \in \mathbb{R}^n \backslash \{\mathbf{0}\})$$

(2) 称为全局依概率渐近稳定的, 如果对 $\forall\varepsilon>0$, 存在一个 KL 类函数 $\beta(\cdot,\cdot)$, 满足

$$P(|\boldsymbol{x}(t)| < \beta(|\boldsymbol{x}_0|, t)) \geqslant 1-\varepsilon \quad (\forall t \geqslant 0, \forall \boldsymbol{x}_0 \in \mathbb{R}^n \backslash \{\mathbf{0}\})$$

定义 8.12 对于上述系统, 函数 $V(\boldsymbol{x})$ 对时间的变化率, 又称函数 $V(\boldsymbol{x})$ 的无穷小算子 (infinitesimal generator) L, 定义为

$$LV(\boldsymbol{x}) = \frac{\partial V}{\partial \boldsymbol{x}} f(\boldsymbol{x}) + \frac{1}{2}\mathrm{tr}\left(\boldsymbol{g}_1^{\mathrm{T}} \frac{\partial^2 V}{\partial \boldsymbol{x}^2} \boldsymbol{g}_1\right)$$

其中 tr 表示矩阵的迹, 与确定性系统 Lyapunov 函数微分表达式不同的是, 上式中增加了二阶微分项, 即二阶 Hesse 矩阵函数.

定理 8.7 对于上述系统, 假设存在二阶可导且连续的函数 $V(x)$ 以及 K_∞ 类函数 α_1, α_2, 满足

$$\alpha_1(|\boldsymbol{x}|) \leqslant V(\boldsymbol{x}) \leqslant \alpha_2(|\boldsymbol{x}|)$$

$$LV(\boldsymbol{x}) = \frac{\partial V}{\partial \boldsymbol{x}} f(\boldsymbol{x}) + \frac{1}{2}\mathrm{tr}\left(\boldsymbol{g}_1^{\mathrm{T}} \frac{\partial^2 V}{\partial \boldsymbol{x}^2} \boldsymbol{g}_1\right) \leqslant -W(\boldsymbol{x})$$

其中 $W(\boldsymbol{x})$ 是连续非负函数, 则平衡点 $\boldsymbol{x}=\mathbf{0}$ 是全局依概率稳定的, 且有下面的渐近特性:

$$P(\lim_{t\to\infty} W(\boldsymbol{x}) = 0) = 1$$

证明 由于 $LV \leqslant 0$, $V(\boldsymbol{x})$ 是径向无界的, 对 $\forall \boldsymbol{x}_0 \in \mathbb{R}^n$, 根据参考文献 [12] 中的定理 4.1, 上述系统依概率 1 存在全局的唯一解. 另外, 由于 $LV \leqslant 0$, $V(\boldsymbol{x}) \geqslant 0$, $V(\boldsymbol{x}(t))$ 是一上鞅过程, 所以 $EV(t) \leqslant V_0$. 应用 Chebyshëv 不等式, 对任何 K_∞ 类函数 $\delta(\cdot)$, 有

$$P(V \geqslant \delta(V_0)) \leqslant \frac{EV}{\inf\limits_{V\geqslant\delta(V_0)} V} \leqslant \frac{V_0}{\delta(V_0)} \quad (\forall t \geqslant 0, \forall V_0 \neq 0)$$

所以

$$P(V < \delta(V_0)) \leqslant 1 - \frac{V_0}{\delta(V_0)} \quad (\forall t \geqslant 0, \forall V_0 \neq 0)$$

记 $\rho = \alpha_1^{-1} \circ \delta \circ \alpha_2$, 那么, $V < \delta(V_0)$ 意味着 $|\boldsymbol{x}(t)| < \rho(|\boldsymbol{x}_0|)$. 因此

$$P(|\boldsymbol{x}(t)| < \rho(|\boldsymbol{x}_0|)) \geqslant 1 - \frac{V_0}{\delta(V_0)} \quad (\forall t \geqslant 0, \forall V_0 \neq 0)$$

对已知的 $\varepsilon > 0$, 选择 $\delta(\cdot)$, 满足

$$\delta(V_0) \geqslant \frac{V_0}{\varepsilon} \quad (\forall V_0 \geqslant 0)$$

那么

$$P(|\boldsymbol{x}(t)| < \rho(|\boldsymbol{x}_0|)) \geqslant 1 - \varepsilon \quad (\forall t \geqslant 0, \forall \boldsymbol{x}_0 \in \mathbb{R}^n \setminus \{0\})$$

由定义 8.11, 这就证明了全局依概率稳定.

下面来证明 $W(\boldsymbol{x})$ 的收敛性. 由 Chebyshëv 不等式, 得

$$P\left(\sup_{t\geqslant t_0} |\boldsymbol{x}(t)| \geqslant r\right) \leqslant P\left(\sup_{t\geqslant t_0} V(t) \geqslant \alpha_1(r)\right)$$

$$\leqslant \frac{\sup\limits_{t\geqslant t_0} EV(t)}{\alpha_1(r)} \leqslant \frac{V_0}{\alpha_1(r)} \quad (\forall r>0)$$

即

$$p = P\left(\sup_{t\geqslant t_0}|x(t)|<r\right) \geqslant 1-\frac{V_0}{\alpha_1(r)} \quad (\forall r>0)$$

因为起始于 $\boldsymbol{x}_0$ 的轨迹有界 r, 且 $r>0$, 故存在时间 $\tau(\boldsymbol{x}_0)$, 使得下列三个相互排斥的事件之一成立:

(1) 对 $\forall\varepsilon>0$, 存在 $T>\tau(\boldsymbol{x}_0)$, 满足 $W(\boldsymbol{x}(t))<\varepsilon(\forall t\geqslant T)$;

(2) 存在 $\varepsilon>0$, 满足 $W(\boldsymbol{x}(t))>\varepsilon\ (\forall t\geqslant\tau(\boldsymbol{x}_0))$;

(3) 存在 $\varepsilon_0>0$, 对 $\forall\varepsilon'\in(0,\varepsilon_0)$, 满足在 $t>\tau(x_0)$ 之后, $W(\boldsymbol{x}(t))$ 从 ε' 之下跳到 $2\varepsilon'$ 之上并返回的次数无限大.

这三个事件分别用 A_1,A_2,A_3 表示, 且

$$p_i = P\left(A_i|\sup_{t\geqslant t_0}|x(t)|<r\right) \quad (i=1,2,3)$$

那么 $p_1+p_2+p_3=1$. 从原系统方程, 进行如下计算:

$$\begin{aligned}
&E\left(\sup_{t\leqslant s\leqslant t+h}|\boldsymbol{x}(s)-\boldsymbol{x}(t)|^2\Big|\sup_{t\geqslant t_0}|\boldsymbol{x}(t)|<r\right)\\
&=E\left(\sup_{t\leqslant s\leqslant t+h}\left|\int_t^s f(\boldsymbol{x})\mathrm{d}\tau-\int_t^s g(\boldsymbol{x})\mathrm{d}w\right|^2\Big|\sup_{t\geqslant t_0}|\boldsymbol{x}(t)|<r\right)\\
&\leqslant 2E\left(\sup_{t\leqslant s\leqslant t+h}\left|\int_t^s f(\boldsymbol{x})\mathrm{d}\tau\right|^2\Big|\sup_{t\geqslant t_0}|\boldsymbol{x}(t)|<r\right)\\
&\quad+2E\left(\sup_{t\leqslant s\leqslant t+h}\left|\int_t^s g(\boldsymbol{x})\mathrm{d}w\right|^2\Big|\sup_{t\geqslant t_0}|\boldsymbol{x}(t)|<r\right)\\
&\leqslant \rho_1(r)h^2+2E\left(\sup_{t\leqslant s\leqslant t+h}\left|\int_t^s g(\boldsymbol{x})\mathrm{d}w\right|^2\Big|\sup_{t\geqslant t_0}|\boldsymbol{x}(t)|<r\right)
\end{aligned}$$

上式最后一个不等式的第一项由 $f(x)$ 的连续性得到, 且 $\rho_1(r)$ 是一个 K 类函数. 对第二项, 应用文献 [13] 中的定理 3.4 和文献 [14] 中的引理 3.5, 有

$$\begin{aligned}
&2E\left(\sup_{t\leqslant s\leqslant t+h}\left|\int_t^s g(\boldsymbol{x})\mathrm{d}w\right|^2\Big|\sup_{t\geqslant t_0}|\boldsymbol{x}(t)|<r\right)\\
&\leqslant 8E\left(\left|\int_t^{t+h} g(\boldsymbol{x})\mathrm{d}w\right|^2\Big|\sup_{t\geqslant t_0}|\boldsymbol{x}(t)|<r\right)
\end{aligned}$$

$$
\begin{aligned}
&= 8\int_t^{t+h} E\left(\left|g(\boldsymbol{x})\right|^2 \Big| \sup_{t\geqslant t_0}\left|\boldsymbol{x}(t)\right| < r\right)\mathrm{d}\tau \\
&\leqslant \rho_2(r)h
\end{aligned}
$$

上式最后一个不等式由 $g(x)$ 的连续性得到, 且 $\rho_2(r)$ 是一个 K 类函数. 将此结果代入上式, 得

$$
\begin{aligned}
&E\left(\sup_{t\leqslant s\leqslant t+h}\left|\boldsymbol{x}(s)-\boldsymbol{x}(t)\right|^2 \Big| \sup_{t\geqslant t_0}\left|\boldsymbol{x}(t)\right| < r\right) \\
&\leqslant \rho_1(r)h^2+\rho_2(r)h \leqslant \rho(r)\eta(h) \quad (\forall r>0, \forall h>0)
\end{aligned}
$$

根据文献 [15] 中的推论 A.5, 因 $W(x)$ 是连续函数, 故存在 K 类函数 γ, 满足

$$
\begin{aligned}
&E\left(\sup_{t\leqslant s\leqslant t+h}\left|W(\boldsymbol{x}(s))-W(\boldsymbol{x}(t))\right|^2 \Big| \sup_{t\geqslant t_0}\left|\boldsymbol{x}(t)\right| < r\right) \\
&\leqslant E\left(\sup_{t\leqslant s\leqslant t+h}\gamma(\left|\boldsymbol{x}(s)-\boldsymbol{x}(t)\right|^2) \Big| \sup_{t\geqslant t_0}\left|\boldsymbol{x}(t)\right| < r\right) \\
&\leqslant \gamma(\rho(r)\eta(h))
\end{aligned}
$$

由 Chebyshëv 不等式, 得

$$
E\left(\sup_{t\leqslant s\leqslant t+h}\left|W(\boldsymbol{x}(s))-W(\boldsymbol{x}(t))\right| > \varepsilon' \Big| \sup_{t\geqslant t_0}\left|\boldsymbol{x}(t)\right| < r\right) \leqslant \frac{\gamma(\rho(r)\eta(h))}{\varepsilon'^2}
$$

对 $\forall r>0$, 可以找到一个 $h^*(r,\varepsilon')>0$, 满足

$$
\begin{aligned}
&E\left(\sup_{t\leqslant s\leqslant t+h}\left|W(\boldsymbol{x}(s))-W(\boldsymbol{x}(t))\right| \leqslant \varepsilon' \Big| \sup_{t\geqslant t_0}\left|\boldsymbol{x}(t)\right| < r\right) \\
&\geqslant \left[1-\frac{\gamma(\rho(r)\eta(h))}{\varepsilon'^2}\right] > 0 \quad (\forall h\in(0,h^*])
\end{aligned}
$$

因此

$$
\begin{aligned}
E(V(t)) &= V(t_0)+\int_{t_0}^t E(LV)\,\mathrm{d}s = V(t_0)-\int_{t_0}^t E(W(\boldsymbol{x}))\mathrm{d}s \\
&\leqslant V(t_0)-\int_{t_0}^t \inf_{\sup\limits_{t\geqslant t_0}|\boldsymbol{x}|>r}\{W(\boldsymbol{x})\}(1-p)\mathrm{d}s-\int_{t_0}^t \inf_{W(\boldsymbol{x})<\varepsilon}\{W(\boldsymbol{x})\}p_1p\mathrm{d}s \\
&\quad -\int_{t_0}^t \inf_{W(\boldsymbol{x})\geqslant\varepsilon}\{W(\boldsymbol{x})\}p_2p\mathrm{d}s-p_3phN(t)\varepsilon'\left[1-\frac{\gamma(\rho(r)\eta(h))}{\varepsilon'^2}\right] \\
&\leqslant V(t_0)-\varepsilon p_2p(t-t_0)-p_3phN(t)\varepsilon'\left[1-\frac{\gamma(\rho(r)\eta(h))}{\varepsilon'^2}\right]
\end{aligned}
$$

其中 $N(t)$ 是从 $\tau(\boldsymbol{x}_0)$ 到 t 的跳跃次数, 且当 $t\to\infty$ 时, $N(t)\to\infty$. 如果 p_2, p_3 中任一个是正的, 当 t 足够大时, $E(V(t))$ 将变成负的, 这与 $V(t)$ 的正定性相矛盾. 所以, $p_2=p_3=0$, 且 $p_1=1$. 这意味着

$$
\begin{aligned}
&P\left(\forall\varepsilon>0,\exists T \text{ 使得 } W(\boldsymbol{x}(t))<\varepsilon,\forall t>T \text{ 且 } \sup_{t\geqslant t_0}|x|<r\right)\\
&=P\left(\forall\varepsilon>0,\exists T \text{ 使得 } W(\boldsymbol{x}(t))<\varepsilon,\forall t>T \,\middle|\, \sup_{t\geqslant t_0}|x|<r\right)P\left(\sup_{t\geqslant t_0}|x|<r\right)\\
&=p_1p\geqslant 1-\frac{V(x_0)}{\alpha_1(r)}
\end{aligned}
\tag{8.4.19}
$$

令 $r\to\infty$, 有

$$
P\left(\lim_{t\to\infty}W(\boldsymbol{x}(t))=0\right)=1
$$

□

定理 8.8 对于上述非线性随机系统, 假设存在二阶可导且连续的函数 $V(\boldsymbol{x})$ 以及 K_∞ 类函数 α_1, α_2, K 类函数 α_3, 满足

$$
\begin{aligned}
&\alpha_1(|\boldsymbol{x}|)\leqslant V(\boldsymbol{x})\leqslant\alpha_2(|\boldsymbol{x}|)\\
&LV(\boldsymbol{x})=\frac{\partial V}{\partial\boldsymbol{x}}f(\boldsymbol{x})+\frac{1}{2}\mathrm{tr}\left(\boldsymbol{g}_1^{\mathrm{T}}\frac{\partial^2V}{\partial\boldsymbol{x}^2}\boldsymbol{g}_1\right)\leqslant-\alpha_3(|\boldsymbol{x}|)
\end{aligned}
$$

则平衡点 $\boldsymbol{x}=\boldsymbol{0}$ 是全局依概率渐近稳定的.

这个定理可以看作是定理 8.7 的一个直接推论. 证明略.

8.5 逆最优控制问题

在这一节, 我们介绍逆最优控制问题, 也可以理解为逆优化方法. 逆优化方法可以看作是扰动抑制, 也可以看作是与扰动有关的增益配置, 传统上人们把它当作微分对策问题来研究, 直到近年, 多数学者倾向于把它当作一般化的非线性 H_∞ 问题来研究.

对于非线性系统的最优控制, 通常是给定性能指标, 或者称目标泛函, 寻找一容许控制, 使目标泛函沿系统所有可能的状态轨迹取最小值, 问题最后归结为

求解 Hamilton-Jacobi-Bellman 偏微分方程 (简称 HJB 方程). 在不确定系统中, HJB 方程对应于 Hamilton-Jacobi-Isaacs 偏微分方程 (简称 HJI 方程). 实际上, 在许多情况下, HJI 方程的解是不存在或不唯一的, 因此, 求解 HJI 方程是获得非线性系统最优控制的主要障碍. 为了避免求解 HJI 方程, 20 世纪 90 年代中期, Freeman, Kokotovic 等人系统地提出了逆最优控制问题 [15], 它不是使一个在最优控制设计之前就提出的目标泛函取得极小值, 相反, 而是使已推得的目标泛函取极小值, 这个推得的目标泛函与最优控制策略有关. 这样, 寻求控制策略和 Lyapunov 函数结合在一起, 就形成了所谓控制 Lyapunov 函数的概念. 逆最优控制的基本思想是：对于非线性控制系统, HJI 方程稳定的状态解是一个控制 Lyapunov 函数. 这样, 求解 HJI 方程就转变为寻求闭环系统的控制 Lyapunov 函数. 逆最优控制的主要优点如下：一是它能确保在不确定输入下系统的稳健性, 且在控制器的设计中, 不以显示的形式来考虑这种输入不确定性；二是从理论上解决了非线性系统的全局稳定和全局优化问题, 并取得了一定的实际应用成果. 需要强调的是, 这种方法只限定于严格反馈系统, 或可以反馈等价成这类形式的非线性系统. 逆最优控制问题, 也称为零和微分对策问题, 并和风险灵敏度 (risk-sensitive) 指标最优控制问题密切相关. 类似于线性二次型最优调节器的状态反馈控制, 非线性系统的逆最优控制策略使非线性系统可以获得稳定裕度 (60 度相位裕度, 无穷大幅值裕度), 因而具有局域稳健性. 另外, 逆最优控制的性能指标, 即推得的目标泛函取得的极小值, 和在最优控制设计之前就提出的目标泛函最优性能相比时, 只与初始条件有关.

为了说明逆优化方法与传统的最优控制 (直接优化方法) 的区别, 下面举一个例子来说明解 HJI 方程不仅困难, 有时也是不可能的, 但逆最优控制问题是可解的.

考察如下标量系统：

$$\dot{x} = u + x^2 d$$

其中 u 是控制输入, d 是扰动信号. 其微分对策问题, 也可以说是 “最大最小” 问题是

$$\inf_u \sup_d \int_0^\infty (x^2 + u^2 - \gamma^2 d^2)\mathrm{d}t$$

其中 $\gamma > 0$. 上式的值用 V 表示, 构造 Hamilton 函数如下:

$$H = x^2 + u^2 - \gamma^2 d^2 + \lambda(u + x^2 d)$$

其中 λ 是 Lagrange 常数. 由最优控制的必要条件, 得

$$\begin{aligned}
\frac{\partial H}{\partial u} = 0 \quad &\Rightarrow \quad 2u + \lambda = 0 \quad \Rightarrow \quad u^* = -\frac{1}{2}\lambda \\
\frac{\partial H}{\partial d} = 0 \quad &\Rightarrow \quad -\gamma^2 \times 2d + x^2\lambda = 0 \quad \Rightarrow \quad d = \frac{x^2}{2\gamma^2}\lambda
\end{aligned}$$

令 $\lambda = \partial V/\partial x$, 代入系统的 HJI 方程, 得

$$\begin{aligned}
-\frac{\partial V}{\partial t} &= x^2 + \frac{1}{4}\left(\frac{\partial V}{\partial x}\right)^2 - \gamma^2 \frac{x^4}{4\gamma^4}\left(\frac{\partial V}{\partial x}\right)^2 + \left(\frac{\partial V}{\partial x}\right)^{\mathrm{T}}\left(-\frac{1}{2}\frac{\partial V}{\partial x} + \frac{x^4}{2\gamma^2}\frac{\partial V}{\partial x}\right) \\
&= x^2 - \frac{1}{4}\left(\frac{\partial V}{\partial x}\right)^2 + \frac{x^4}{4\gamma^2}\left(\frac{\partial V}{\partial x}\right)^2 = 0
\end{aligned}$$

进一步, 可推得

$$\left(\frac{x^4}{\gamma^2} - 1\right)\left(\frac{\partial V}{\partial x}\right)^2 = -4x^2$$

容易看出, 在区间 $x \in (-\sqrt{\gamma}, \sqrt{\gamma})$ 之外, 上述方程无解, 在区间内可解得

$$\frac{\partial V}{\partial x} = \frac{2x\gamma}{\sqrt{\gamma^2 - x^4}}$$

考虑到最优控制的必要条件, 最优控制策略是

$$u^* = -\gamma \frac{x}{\sqrt{\gamma^2 - x^4}}$$

可以看出, 在区间 $x \in (-\sqrt{\gamma}, \sqrt{\gamma})$ 之外, 也没有定义. 与此相反, 系统的逆最优控制问题是可解的, 见第 9 章.

第 9 章　逆最优控制

一个仿射系统, 在满足一定的微分几何条件下, 可以化简为严格反馈非线性系统, 大多数实际系统都是满足这个微分几何条件的. 本章介绍受扰非线性系统的逆最优控制与逆最优跟踪, 随机非线性系统的逆最优控制与逆最优跟踪.

9.1　受扰非线性系统的逆最优控制

本节讨论的系统模型既具有未知时变有界扰动又具有未知定常参数的不确定性. 本节针对这一类不确定非线性系统给出了逆最优增益配置可解定理; 使用 Backstepping 算法, 系统地设计了逆最优控制器、参数自适应律, 用这种设计方法同时获得逆最优控制策略和自适应律, 简单明了. 仿真结果表明该控制算法的有效性. 本节还给出了性能估计; 同时指出, 逆最优控制系统具有稳定裕度, 因而具有局域稳健性, 其稳定裕度可以看作是线性二次型最优调节器状态反馈控制在非线性系统中的推广.

9.1.1　问题描述

考察下列具有有界扰动的严格反馈非线性系统:

$$\begin{aligned}\dot{\boldsymbol{x}}_i &= \boldsymbol{x}_{i+1} + \boldsymbol{\varphi}_i^{\mathrm{T}}(x_1,x_2,\cdots,x_i)\boldsymbol{\theta} + \boldsymbol{\eta}_i^{\mathrm{T}}(x_1,x_2,\cdots,x_i)d(t) \\ \dot{\boldsymbol{x}}_n &= \boldsymbol{u} + \boldsymbol{\varphi}_n^{\mathrm{T}}(x)\boldsymbol{\theta} + \boldsymbol{\eta}_n^{\mathrm{T}}(x)\boldsymbol{d}(t)\end{aligned} \quad (1 \leqslant i \leqslant n-1)$$

其中 $\boldsymbol{x} = [x_1,x_2,\cdots,x_n]^{\mathrm{T}}$ 是状态变量; $u \in \mathbb{R}$ 是输入信号; $\boldsymbol{\varphi}_i(x_1,x_2,\cdots,x_i) \in \mathbb{R}^p$ $(i=1,2,\cdots,n)$ 是已知的连续函数向量; $\boldsymbol{\theta} \in \mathbb{R}^p$ 是未知参数常向量. 设 $\boldsymbol{\theta}$ 的估计值是 $\hat{\boldsymbol{\theta}}(t)$, 则误差定义为 $\tilde{\boldsymbol{\theta}}(t) = \boldsymbol{\theta} - \hat{\boldsymbol{\theta}}(t)$; $\boldsymbol{\eta}_i(x_1,x_2,\cdots,x_i) \in \mathbb{R}^r$ $(i=1,2,\cdots,n)$ 是已知的连续函数向量; $\boldsymbol{d} \in \mathbb{R}^r$ 是未知的、任意大的有界时变扰动函数向量. 当 $\boldsymbol{d} = \mathbf{0}$ 时, 上式退化为严格反馈的 Benchmark 系统; 当 $d = 1$ 时, 上式退化为一般的非线性控制系统.

为了研究上式描述的系统, 先考察具有如下结构的非线性系统:

$$\dot{\boldsymbol{x}} = \boldsymbol{f}(\boldsymbol{x},\boldsymbol{\theta}) + \boldsymbol{g}_1(\boldsymbol{x})\boldsymbol{d} + \boldsymbol{g}_2(\boldsymbol{x})\boldsymbol{u}$$

其中 $\boldsymbol{x} \in \mathbb{R}^n$ 是状态变量, $\boldsymbol{d} \in \mathbb{R}^r$ 是扰动函数, $\boldsymbol{u} \in \mathbb{R}^m$ 是输入信号, $\boldsymbol{x} = \mathbf{0}$ 是系统的平衡点.

定理 9.1　构造该非线性系统的辅助系统如下:

$$\dot{\boldsymbol{x}} = \boldsymbol{f}(\boldsymbol{x},\boldsymbol{\theta}) + \boldsymbol{g}_1(\boldsymbol{x})l\gamma(2|L_{\boldsymbol{g}_1}V|)\frac{(L_{\boldsymbol{g}_1}V)^{\mathrm{T}}}{|L_{\boldsymbol{g}_1}V|^2} + \boldsymbol{g}_2(\boldsymbol{x})\boldsymbol{u}$$

其中 $V(\boldsymbol{x},\hat{\boldsymbol{\theta}})$ 是一个构造的控制 Lyapunov 函数, γ 是 K_∞ 类函数, 其导数存在, 且其导数也是 K_∞ 类函数; $L_{\boldsymbol{g}_1}V$ 是李导数, 表示 $\dfrac{\partial V}{\partial \boldsymbol{x}}\boldsymbol{g}_1(\boldsymbol{x})$; $L_{\boldsymbol{g}_2}V$ 表示 $\dfrac{\partial V}{\partial \boldsymbol{x}}\boldsymbol{g}_2(\boldsymbol{x})$; $L_{\boldsymbol{f}}V$ 表示 $\dfrac{\partial V}{\partial \boldsymbol{x}}\boldsymbol{f}(\boldsymbol{x},\boldsymbol{\theta})$. 假定存在一矩阵值函数 $\boldsymbol{R}_2(x) = \boldsymbol{R}_2^{\mathrm{T}}(x) > 0$, 控制策略

$$u = \alpha(\boldsymbol{x},\hat{\boldsymbol{\theta}}) = -\boldsymbol{R}_2^{-1}(\boldsymbol{x})(L_{\boldsymbol{g}_2}V)^{\mathrm{T}}$$

使辅助系统全局渐近稳定, 则控制策略

$$\boldsymbol{u} = \alpha^*(\boldsymbol{x},\hat{\boldsymbol{\theta}}) = \beta\alpha(\boldsymbol{x},\hat{\boldsymbol{\theta}}) = -\beta\boldsymbol{R}_2^{-1}(\boldsymbol{x})(L_{\boldsymbol{g}_2}V)^{\mathrm{T}} \quad (\beta \geqslant 2)$$

通过使下列目标泛函达到极小, 解原非线性系统的逆最优增益配置问题.

$$J(\boldsymbol{u}) = \sup_{d\in D}\left\{\lim_{t\to\infty}[2\beta V(\boldsymbol{x},\hat{\boldsymbol{\theta}}) + \int_0^t (l(\boldsymbol{x},\hat{\boldsymbol{\theta}}) + \boldsymbol{u}^{\mathrm{T}}\boldsymbol{R}_2(\boldsymbol{x})\boldsymbol{u} - \beta\lambda\gamma(|d|/\lambda))\mathrm{d}\tau]\right\}$$

其中 D 是 $\boldsymbol{x}$ 的局部有界函数的集合,

$$l(\boldsymbol{x},\hat{\boldsymbol{\theta}}) = -2\beta\left[L_{\boldsymbol{f}}V - \frac{\beta}{2}L_{\boldsymbol{g}_2}V\boldsymbol{R}_2^{-1}(\boldsymbol{x})(L_{\boldsymbol{g}_2}V)^{\mathrm{T}} + \frac{\lambda}{2}l\gamma(2|L_{\boldsymbol{g}_1}V|)\right] \quad (0 < \lambda \leqslant 2)$$

证明 由于控制策略使辅助系统全局渐近稳定, 根据 LaSalle-Yoshizawa 不变集定理, 存在一连续非负函数 $W(\boldsymbol{x},\hat{\boldsymbol{\theta}}):\mathbb{R}^n\times\mathbb{R}^p\to\mathbb{R}_+$, 满足

$$L_{\boldsymbol{f}}V+l\gamma(2|L_{\boldsymbol{g}_1}V|)-L_{\boldsymbol{g}_2}V\boldsymbol{R}_2^{-1}(\boldsymbol{x})(L_{\boldsymbol{g}_2}V)^{\mathrm{T}}\leqslant -W(\boldsymbol{x},\hat{\boldsymbol{\theta}})$$

从而可得

$$l(\boldsymbol{x},\hat{\boldsymbol{\theta}})\geqslant 2\beta W(\boldsymbol{x},\hat{\boldsymbol{\theta}})+\beta(2-\lambda)l\gamma(2|L_{\boldsymbol{g}_1}V|)+\beta(\beta-2)L_{\boldsymbol{g}_2}V\boldsymbol{R}_2^{-1}(\boldsymbol{x})(L_{\boldsymbol{g}_2}V)^{\mathrm{T}}$$

由于 $\lambda\leqslant 2,\beta\geqslant 2$, 故 $W(\boldsymbol{x},\hat{\boldsymbol{\theta}})$ 是正定的. $l\gamma$ 是 K_∞ 类函数, 所以 $l(x,\hat{\theta})$ 是正定的, 因此, 上面定义的 $J(\boldsymbol{u})$ 是有意义的目标泛函. 把上式代入目标泛函, 可得

$$\begin{aligned}
J(\boldsymbol{u})&=\sup_{\boldsymbol{d}\in D}\left\{\lim_{t\to\infty}\{2\beta V(\boldsymbol{x},\hat{\boldsymbol{\theta}})+\int_0^t[l(\boldsymbol{x},\hat{\boldsymbol{\theta}})+\boldsymbol{u}^{\mathrm{T}}\boldsymbol{R}_2(x)\boldsymbol{u}-\beta\lambda\gamma(|\boldsymbol{d}|/\lambda)]\mathrm{d}\tau\}\right\}\\
&=\sup_{\boldsymbol{d}\in D}\left\{\lim_{t\to\infty}\{2\beta V(\boldsymbol{x},\hat{\boldsymbol{\theta}})+\int_0^t[(-2\beta L_{\boldsymbol{f}}V-\beta\lambda l\gamma(2|L_{\boldsymbol{g}_1}V|)\right.\\
&\quad\left.+\beta^2L_{\boldsymbol{g}_2}V\boldsymbol{R}_2^{-1}(L_{\boldsymbol{g}_2}V)^{\mathrm{T}}+\boldsymbol{u}^{\mathrm{T}}\boldsymbol{R}_2(\boldsymbol{x})\boldsymbol{u}-\beta\lambda\gamma(|\boldsymbol{d}|/\lambda)]\mathrm{d}\tau\}\right\}\\
&=\sup_{\boldsymbol{d}\in D}\left\{\lim_{t\to\infty}[2\beta V(\boldsymbol{x},\hat{\boldsymbol{\theta}})-2\beta\int_0^t(L_{\boldsymbol{f}}V+L_{\boldsymbol{g}_1}V\boldsymbol{d}+L_{\boldsymbol{g}_2}V\boldsymbol{u})\mathrm{d}\tau\right.\\
&\quad+\int_0^t[\boldsymbol{u}^{\mathrm{T}}\boldsymbol{R}_2\boldsymbol{u}+2\beta L_{\boldsymbol{g}_2}V\boldsymbol{u}+\beta^2L_{\boldsymbol{g}_2}V\boldsymbol{R}_2^{-1}(L_{\boldsymbol{g}_2}V)^{\mathrm{T}}]\mathrm{d}\tau\\
&\quad\left.-\int_0^t(\beta\lambda\gamma(|\boldsymbol{d}|/\lambda)-2\beta L_{\boldsymbol{g}_1}V\boldsymbol{d}+\beta\lambda l\gamma(2|L_{\boldsymbol{g}_1}V|))\mathrm{d}\tau]\right\}\\
&=\sup_{\boldsymbol{d}\in D}\left\{\lim_{t\to\infty}[2\beta V(\boldsymbol{x},\hat{\boldsymbol{\theta}})-2\beta\int_0^t\frac{\partial V}{\partial t}\mathrm{d}\tau+\int_0^t(\boldsymbol{u}-\boldsymbol{\alpha}^*)^{\mathrm{T}}\boldsymbol{R}_2(\boldsymbol{u}-\boldsymbol{\alpha}^*)\mathrm{d}\tau\right.\\
&\quad-\beta\int_0^t[\lambda\gamma(|\boldsymbol{d}|/\lambda)-\lambda\gamma((\gamma')^{-1}(2|L_{\boldsymbol{g}_1}V|))\\
&\quad\left.+2(\lambda|L_{\boldsymbol{g}_1}V|(\gamma')^{-1}(2|L_{\boldsymbol{g}_1}V|)-L_{\boldsymbol{g}_1}V\boldsymbol{d}]\mathrm{d}\tau]\right\}\\
&=2\beta V(\boldsymbol{x}(0),\hat{\boldsymbol{\theta}}(0))+\int_0^\infty(\boldsymbol{u}-\boldsymbol{\alpha}^*)^{\mathrm{T}}\boldsymbol{R}_2(\boldsymbol{u}-\boldsymbol{\alpha}^*)\mathrm{d}\tau\\
&\quad+\beta\lambda\sup_{\boldsymbol{d}\in D}\int_0^\infty\left[-\gamma\left(\frac{|\boldsymbol{d}|}{\lambda}\right)+\gamma\left(\frac{|\boldsymbol{d}^*|}{\lambda}\right)-\gamma'\left(\frac{|\boldsymbol{d}^*|}{\lambda}\right)\frac{d^{*\mathrm{T}}}{\lambda|\boldsymbol{d}^*|}(\boldsymbol{d}^*-\boldsymbol{d})\right]\mathrm{d}t
\end{aligned}$$

其中

$$\boldsymbol{d}^*=\lambda\gamma'^{-1}(2|L_{\boldsymbol{g}_1}V|)\frac{(L_{\boldsymbol{g}_1}V)^{\mathrm{T}}}{|L_{\boldsymbol{g}_1}V|}$$

将目标函数中第三项积分号内的三项记为 $\Pi(\boldsymbol{d},\boldsymbol{d}^*)$, 由 FL 变换, 可得

$$\Pi(\boldsymbol{d},\boldsymbol{d}^*)=-\gamma\left(\frac{|\boldsymbol{d}|}{\lambda}\right)-l\gamma\left(\gamma'\left(\frac{|\boldsymbol{d}^*|}{\lambda}\right)\right)+\gamma'\left(\frac{|\boldsymbol{d}^*|}{\lambda}\right)\frac{\boldsymbol{d}^{*\mathrm{T}}}{|\boldsymbol{d}^*|}\frac{\boldsymbol{d}}{\lambda}$$

由 Young 不等式, 可得

$$\Pi(\boldsymbol{d},\boldsymbol{d}^*)\leqslant-\gamma\left(\frac{|\boldsymbol{d}|}{\lambda}\right)-l\gamma\left(\gamma'\left(\frac{|\boldsymbol{d}^*|}{\lambda}\right)\right)+\gamma\left(\frac{|\boldsymbol{d}|}{\lambda}\right)+l\gamma\left(\gamma'\left(\frac{|\boldsymbol{d}^*|}{\lambda}\right)\right)=0$$

且 $\Pi(\boldsymbol{d},\boldsymbol{d}^*)=0$, 当且仅当 $\boldsymbol{d}/\lambda=\gamma'^{-1}(\gamma'(|\boldsymbol{d}^*|/\lambda))\boldsymbol{d}^*/|\boldsymbol{d}^*|$ 成立, 即

$$\boldsymbol{d}=\boldsymbol{d}^*$$

因此

$$\sup_{\boldsymbol{d}\in D}\int_0^{\infty}\Pi(\boldsymbol{d},\boldsymbol{d}^*)\mathrm{d}t=0$$

上式给出了 “最坏情况” 下的扰动. 当 $\boldsymbol{u}=\boldsymbol{\alpha}^*$ 时, 目标函数取得极小值. 因此, 控制策略使目标泛函取极小值, 其值为 $2\beta V(\boldsymbol{x}(0),\hat{\boldsymbol{\theta}}(0))$. □

目标泛函也称为原系统的微分对策问题, 又称为最坏情况下的最优控制, 方程 $l(\boldsymbol{x},\hat{\boldsymbol{\theta}})$ 称为辅助系统关于 $V(\boldsymbol{x},\hat{\boldsymbol{\theta}})$ 的 HJI 方程, β,λ 称为设计的自由度. 任务就是根据定理 9.1 设计原系统全局逆最优稳健自适应控制策略.

9.1.2　逆最优控制器的设计

取 $\gamma(y)=y^2/\mu$, 其中 μ 是任意设定的正常数, 则 $l\gamma(2y)=\mu y^2$. 由定理 9.1 中的辅助系统, 原系统的辅助系统是

$$\begin{pmatrix}\dot{x}_1\\ \dot{x}_2\\ \vdots\\ \dot{x}_n\end{pmatrix}=\begin{pmatrix}x_2+\boldsymbol{\varphi}_1^{\mathrm{T}}\boldsymbol{\theta}\\ x_3+\boldsymbol{\varphi}_2^{\mathrm{T}}\boldsymbol{\theta}\\ \vdots\\ x_n+\boldsymbol{\varphi}_{n-1}^{\mathrm{T}}\boldsymbol{\theta}\\ 0+\boldsymbol{\varphi}_n^{\mathrm{T}}\boldsymbol{\theta}\end{pmatrix}+\mu\boldsymbol{g}_1(L_{\boldsymbol{g}_1}V)^{\mathrm{T}}+\begin{pmatrix}0\\ \vdots\\ 0\\ 1\end{pmatrix}\boldsymbol{u}$$

其中 $\boldsymbol{g}_1=[\boldsymbol{\eta}_1\quad\cdots\quad\boldsymbol{\eta}_n]^{\mathrm{T}}$. 取状态误差变量 z_i 和 Lyapunov 函数 $V(z,\hat{\theta})$ 分别为

$$z_i=x_i-\alpha_{i-1}(x_1,x_2,\cdots,x_{i-1},\hat{\theta},t)\quad(i=1,2,\cdots,n)$$

$$V(\boldsymbol{z},\hat{\boldsymbol{\theta}})=\frac{1}{2}\sum_{i=1}^{n}z_i^2+\frac{1}{2}\tilde{\boldsymbol{\theta}}^{\mathrm{T}}\boldsymbol{P}^{-1}\tilde{\boldsymbol{\theta}}$$

其中 $\boldsymbol{P}$ 是对称正定矩阵. 为了计算的方便, 令 $z_0=0,\alpha_0=0,x_{n+1}=0,\boldsymbol{z}_{n+1}=0.$ 为了后续使用的方便, 先给出下面几个等式:

$$(L_{\boldsymbol{g}_1}V)^{\mathrm{T}}=\sum_{j=1}^{n}\frac{\partial V}{\partial x_j}\eta_j=\sum_{j=1}^{n}\left(\eta_j-\sum_{k=1}^{j-1}\frac{\partial\alpha_{j-1}}{\partial x_k}\eta_k\right)z_j=\sum_{j=1}^{n}\boldsymbol{\omega}_j z_j$$

$$\begin{aligned}\mu\left(\sum_{k=1}^{n}\boldsymbol{\omega}_k z_k\right)^{\mathrm{T}}(\sum_{i=1}^{n}\boldsymbol{\omega}_i z_i)&=\mu|\boldsymbol{\omega}_n|^2z_n^2+\mu z_n(\sum_{k=1}^{n-1}\boldsymbol{\omega}_k^{\mathrm{T}}z_k)\boldsymbol{\omega}_n\\&\quad+\mu\sum_{i=1}^{n-1}(\sum_{k=i+1}^{n}\boldsymbol{\omega}_k^{\mathrm{T}}z_k)\boldsymbol{\omega}_i z_i+\mu\sum_{i=1}^{n-1}(\sum_{k=1}^{i}\boldsymbol{\omega}_k^{\mathrm{T}}z_k)\boldsymbol{\omega}_i z_i\end{aligned}$$

$$\mu\sum_{i=1}^{n-1}(\sum_{k=i+1}^{n}\boldsymbol{\omega}_k^{\mathrm{T}}z_k)\boldsymbol{\omega}_i z_i-\mu\sum_{i=1}^{n-1}(\sum_{k=1}^{i-1}\boldsymbol{\omega}_k^{\mathrm{T}}z_k)\boldsymbol{\omega}_i z_i=\mu z_n(\sum_{k=1}^{n-1}\boldsymbol{\omega}_k^{\mathrm{T}}z_k)\boldsymbol{\omega}_n$$

其中 $\boldsymbol{\omega}_j=\eta_j-\sum\limits_{k=1}^{j-1}\dfrac{\partial\alpha_{j-1}}{\partial x_k}\eta_k$. 利用上面两式, 可得

$$\begin{aligned}\frac{\partial V}{\partial\boldsymbol{x}}\dot{\boldsymbol{x}}&=\boldsymbol{z}_n\boldsymbol{u}+\mu|\boldsymbol{\omega}_n|^2z_n^2+\mu z_n(\sum_{k=1}^{n-1}\boldsymbol{\omega}_k^{\mathrm{T}}z_k)\boldsymbol{\omega}_n-z_n\sum_{k=1}^{n-1}\frac{\partial\alpha_{n-1}}{\partial x_k}x_{k+1}\\&\quad+\mu\sum_{i=1}^{n-1}(\sum_{k=i+1}^{n}\boldsymbol{\omega}_k^{\mathrm{T}}z_k)\boldsymbol{\omega}_i z_i+z_n z_{n-1}\\&\quad+\sum_{i=1}^{n-1}[z_{i-1}+\alpha_i+\mu(\sum_{k=1}^{i}\boldsymbol{\omega}_k^{\mathrm{T}}z_k)\boldsymbol{\omega}_i-\sum_{k=1}^{i-1}\frac{\partial\alpha_{i-1}}{\partial x_k}x_{k+1}]z_i+\sum_{i=1}^{n}\bar{\boldsymbol{\omega}}_i^{\mathrm{T}}\theta z_i\end{aligned}$$

其中

$$\bar{\boldsymbol{\omega}}_i=\boldsymbol{\varphi}_i-\sum_{k=1}^{i-1}\frac{\partial\alpha_{i-1}}{\partial x_k}\boldsymbol{\varphi}_k$$

$$\frac{\partial V}{\partial\hat{\boldsymbol{\theta}}}\dot{\hat{\boldsymbol{\theta}}}=\sum_{i=1}^{n}z_i\left(-\frac{\partial\alpha_{i-1}}{\partial\hat{\boldsymbol{\theta}}}\dot{\hat{\boldsymbol{\theta}}}\right)-\tilde{\boldsymbol{\theta}}^{\mathrm{T}}\boldsymbol{P}^{-1}\dot{\hat{\boldsymbol{\theta}}}$$

$$\frac{\partial V}{\partial t}=\sum_{i=1}^{n}z_i\left(-\frac{\partial\alpha_{i-1}}{\partial t}\right)$$

求 V 函数对时间 t 的导数, 并代入上面各式, 得

$$\dot{V}(\boldsymbol{z},\hat{\boldsymbol{\theta}})=\frac{\partial V}{\partial\boldsymbol{x}}\dot{\boldsymbol{x}}+\frac{\partial V}{\partial\hat{\boldsymbol{\theta}}}\dot{\hat{\boldsymbol{\theta}}}+\frac{\partial V}{\partial t}$$

$$
\begin{aligned}
&= z_n\boldsymbol{u} + \mu|\boldsymbol{\omega}_n|^2\boldsymbol{z}_n^2 + \mu z_n(\sum_{k=1}^{n-1}\boldsymbol{\omega}_k^{\mathrm{T}}z_k)\boldsymbol{\omega}_n - z_n\sum_{k=1}^{n-1}\frac{\partial\alpha_{n-1}}{\partial x_k}x_{k+1}\\
&\quad + \mu\sum_{i=1}^{n-1}(\sum_{k=i+1}^{n}\boldsymbol{\omega}_k^{\mathrm{T}}z_k)\boldsymbol{\omega}_i z_i + z_n z_{n-1} + \sum_{i=1}^{n-1}\Bigg[z_{i-1} + \alpha_i + \mu(\sum_{k=1}^{i}\boldsymbol{\omega}_k^{\mathrm{T}}z_k)\boldsymbol{\omega}_i\\
&\quad - \sum_{k=1}^{i-1}\frac{\partial\alpha_{i-1}}{\partial x_k}x_{k+1}\Bigg]z_i + \sum_{i=1}^{n}\bar{\boldsymbol{\omega}}_i^{\mathrm{T}}\boldsymbol{\theta}z_i + \sum_{i=1}^{n}z_i\left(-\frac{\partial\alpha_{i-1}}{\partial\hat{\boldsymbol{\theta}}}\dot{\hat{\boldsymbol{\theta}}}\right)\\
&\quad - \tilde{\boldsymbol{\theta}}^{\mathrm{T}}\boldsymbol{P}^{-1}\dot{\hat{\boldsymbol{\theta}}} + \sum_{i=1}^{n}z_i\left(-\frac{\partial\alpha_{i-1}}{\partial t}\right)\\
&= \boldsymbol{z}_n\boldsymbol{u} + \mu|\boldsymbol{\omega}_n|^2 z_n^2 + \mu z_n\left(\sum_{k=1}^{n-1}\boldsymbol{\omega}_k^{\mathrm{T}}\boldsymbol{z}_k\right)\omega_n - z_n\sum_{k=1}^{n-1}\frac{\partial\alpha_{n-1}}{\partial x_k}x_{k+1}\\
&\quad + \mu\sum_{i=1}^{n-1}(\sum_{k=i+1}^{n}\boldsymbol{\omega}_k^{\mathrm{T}}z_k)\boldsymbol{\omega}_i z_i + z_n z_{n-1} + \sum_{i=1}^{n}\bar{\boldsymbol{\omega}}_i^{\mathrm{T}}z_i\boldsymbol{\theta}\\
&\quad + \sum_{i=1}^{n-1}\Bigg[z_{i-1} + \alpha_i + \mu\left(\sum_{k=1}^{i}\boldsymbol{\omega}_k^{\mathrm{T}}z_k\right)\boldsymbol{\omega}_i - \sum_{k=1}^{i-1}\frac{\partial\alpha_{i-1}}{\partial x_k}x_{k+1} - \frac{\partial\alpha_{i-1}}{\partial t}\\
&\quad - \frac{\partial\alpha_{i-1}}{\partial\hat{\boldsymbol{\theta}}}\dot{\hat{\boldsymbol{\theta}}}\Bigg]z_i - \frac{\partial\alpha_{n-1}}{\partial t}z_n - z_n\frac{\partial\alpha_{n-1}}{\partial\hat{\boldsymbol{\theta}}}\dot{\hat{\boldsymbol{\theta}}} - \tilde{\boldsymbol{\theta}}^{\mathrm{T}}\boldsymbol{P}^{-1}\dot{\hat{\boldsymbol{\theta}}}
\end{aligned}
$$

在上式中, 设计 α_i 为

$$
\begin{aligned}
\alpha_i &= -z_{i-1} - c_i z_i - \mu|\boldsymbol{\omega}_i|^2 z_i - 2\mu(\sum_{k=1}^{i-1}\boldsymbol{\omega}_k^{\mathrm{T}}z_k)\boldsymbol{\omega}_i + \sum_{k=1}^{i-1}\frac{\partial\alpha_{i-1}}{\partial x_k}x_{k+1}\\
&\quad + \frac{\partial\alpha_{i-1}}{\partial t} - \bar{\boldsymbol{\omega}}^{\mathrm{T}}\hat{\boldsymbol{\theta}} + \frac{\partial\alpha_{i-1}}{\partial\hat{\boldsymbol{\theta}}}\tau_i + (\sum_{k=1}^{i-2}z_{k+1}\frac{\partial\alpha_k}{\partial\hat{\boldsymbol{\theta}}})\boldsymbol{P}\boldsymbol{\omega}_i
\end{aligned}
$$

其中 $c_i > 0(i = 1,2,\cdots,n-1)$, $\tau_i = \tau_{i-1} + \boldsymbol{P}\bar{\boldsymbol{\omega}}_i z_i = \boldsymbol{P}\sum\limits_{k=1}^{i}\bar{\boldsymbol{\omega}}_k z_k$. 将上式代入 V 的导函数, 得

$$
\begin{aligned}
\dot{V}(\boldsymbol{z},\hat{\boldsymbol{\theta}}) &= -\sum_{i=1}^{n-1}c_i z_i^2 + z_n\Bigg[u + z_{n-1} + \mu|\boldsymbol{\omega}_n|^2 z_n + 2\mu\left(\sum_{k=1}^{n-1}\boldsymbol{\omega}_k^{\mathrm{T}}z_k\right)\boldsymbol{\omega}_n\\
&\quad - \left(\sum_{i=1}^{n-2}z_{i+1}\frac{\partial\alpha_i}{\partial\hat{\theta}}\right)\boldsymbol{P}\boldsymbol{\omega}_n - \sum_{k=1}^{n-1}\frac{\partial\alpha_{n-1}}{\partial x_k}x_{k+1} - \frac{\partial\alpha_{n-1}}{\partial\hat{\boldsymbol{\theta}}}\dot{\hat{\boldsymbol{\theta}}} - \frac{\partial\alpha_{n-1}}{\partial t} + \bar{\boldsymbol{\omega}}_n^{\mathrm{T}}\hat{\theta}\Bigg]\\
&\quad + \tilde{\boldsymbol{\theta}}^{\mathrm{T}}\boldsymbol{P}^{-1}(\boldsymbol{\tau}_n - \dot{\hat{\boldsymbol{\theta}}}) - \sum_{i=1}^{n-2}\left(\frac{\partial\alpha_i}{\partial\hat{\boldsymbol{\theta}}}z_{i+1}\right)(\dot{\hat{\boldsymbol{\theta}}} - \boldsymbol{\tau}_n)
\end{aligned}
$$

设计 $\tau_n = \dot{\hat{\theta}}$. 由于 $x_{k+1} = z_{k+1} + \alpha_k (k = 1, 2, \cdots, n-1)$, 当 $z = 0$ 时, 上式括号中后四项将抵消, 因此, 根据均值定理, 存在光滑函数 $\phi_k (k = 1, 2, \cdots, n)$, 使下式成立:

$$-\sum_{k=1}^{n-1} \frac{\partial \alpha_{n-1}}{\partial x_k} x_{k+1} - \frac{\partial \alpha_{n-1}}{\partial \hat{\boldsymbol{\theta}}} \dot{\hat{\boldsymbol{\theta}}} - \frac{\partial \alpha_{n-1}}{\partial t} + \bar{\boldsymbol{\omega}}_n^{\mathrm{T}} \hat{\boldsymbol{\theta}} = \sum_{k=1}^{n} \phi_k z_k$$

则 V 的导函数可写为

$$\dot{V}(\boldsymbol{z}, \hat{\boldsymbol{\theta}}) = -\sum_{i=1}^{n-1} c_i z_i^2 + z_n u + \mu |\boldsymbol{\omega}_n|^2 z_n^2 + z_n \sum_{i=1}^{n} \boldsymbol{\Phi}_i z_i$$

其中

$$\Phi_i = 2\mu \boldsymbol{\omega}_i^{\mathrm{T}} \boldsymbol{\omega}_n + \phi_i \quad (i = 1, 2, \cdots, n-2)$$

$$\Phi_{n-1} = 1 + 2\mu \boldsymbol{\omega}_{n-1}^{\mathrm{T}} \boldsymbol{\omega}_n + \phi_{n-1}$$

$$\Phi_n = \phi_n$$

控制策略 u 取定理 9.1 中的形式, 则

$$R_2(x) = \left(c_n + \mu |\boldsymbol{\omega}_n|^2 + \sum_{i=1}^{n} \frac{\boldsymbol{\Phi}_i^2}{2c_i} \right)^{-1} > 0 \quad (c_n > 0)$$

把上式代入控制律及 V 的导函数, 得

$$\dot{V}(\boldsymbol{z}, \hat{\boldsymbol{\theta}}) = -\frac{1}{2} \sum_{i=1}^{n} c_i z_i^2 - \frac{1}{2} \sum_{i=1}^{n} c_i \left(z_i - \frac{\Phi_i}{c_i} z_n \right)^2$$

由定理 9.1, 可得控制策略

$$u = \beta \alpha(\boldsymbol{x}) = -\beta R_2(\boldsymbol{x})^{-1} (L_{\boldsymbol{g}_2} V)^{\mathrm{T}} = -\beta \left(c_n + \mu |\boldsymbol{\omega}_n|^2 + \sum_{i=1}^{n} \frac{\boldsymbol{\Phi}_i^2}{2c_i} \right) z_n$$

解原系统的逆最优增益配置问题.

α_i 的设计不是唯一的, 具有一定的灵活性. 对于原系统, 在逆最优控制策略的作用下, 令 $\beta = 2, \lambda = 2$, 目标泛函取得极值 $J^* = 2|z(0)|^2 + 2\hat{\boldsymbol{\theta}}^{\mathrm{T}}(0) \boldsymbol{P}^{-1} \hat{\boldsymbol{\theta}}(0)$. 逆最优控制策略是处处连续的, 且 $\alpha(0) = 0$. 对于闭环逆最优控制系统, 当控制策略具有 $\alpha(\boldsymbol{I} + \boldsymbol{\Lambda})$($\alpha \geqslant 1/2$, $\boldsymbol{I}$ 是单位矩阵, $\boldsymbol{\Lambda}$ 是严格无源的) 形式时, 该系统具有 $60°$ 的相位裕度和 $[1/2, \infty]$ 的幅值裕度.

9.1.3 性能估计

定理 9.2 上述原系统与控制律形成的闭环系统满足下面的不等式：

$$\int_0^{\infty}\left(2\sum_{i=1}^{n}c_i\boldsymbol{z}_i^2+\frac{u^2}{c_n+\mu|\boldsymbol{\omega}_n|^2+\sum\limits_{i=1}^{n}\dfrac{\Phi_i^2}{2c_i}}\right)\mathrm{d}t\leqslant\frac{1}{\mu}\|d\|_2^2+2|z(0)|^2+2\hat{\boldsymbol{\theta}}^{\mathrm{T}}(0)P^{-1}\hat{\boldsymbol{\theta}}(0)$$

证明 根据定理 9.1, 控制策略是逆最优控制. 令 $\beta=2,\lambda=2$, 目标函数改写为

$$\begin{aligned}J(u)=&\sup_{\boldsymbol{d}\in D}\left\{\lim_{t\to\infty}\left[4V(\boldsymbol{x},\hat{\boldsymbol{\theta}})+\int_0^t\left(2\sum_{i=1}^{n}c_iz_i^2+2\sum_{i=1}^{n}c_i(z_i-\frac{\boldsymbol{\Phi}_i}{c_i}z_n)^2\right.\right.\right.\\&\left.\left.\left.+\frac{u^2}{c_n+\mu|\boldsymbol{\omega}_n|^2+\sum\limits_{i=1}^{n}\dfrac{\Phi_i^2}{2c_i}}-\frac{1}{\mu}|\boldsymbol{d}|^2\right)\mathrm{d}\tau\right]\right\}\\=&2|\boldsymbol{z}(0)|^2+2\hat{\boldsymbol{\theta}}^{\mathrm{T}}(0)\boldsymbol{P}^{-1}\hat{\boldsymbol{\theta}}(0)\end{aligned}$$

因此

$$\begin{aligned}&\int_0^{\infty}\left(2\sum_{i=1}^{n}c_iz_i^2+\frac{u^2}{c_n+\mu|\boldsymbol{\omega}_n^2|+\sum\limits_{i=1}^{n}\dfrac{\Phi_i^2}{2c_i}}-\frac{1}{\mu}|\boldsymbol{d}|^2\right)\mathrm{d}t\\&\leqslant\int_0^{\infty}\left(2\sum_{i=1}^{n}c_iz_i^2+2\sum_{i=1}^{n}c_i\left(z_i-\frac{\Phi_i}{c_i}z_n\right)^2+\frac{u^2}{c_n+\mu|\boldsymbol{\omega}_n|^2+\sum\limits_{i=1}^{n}\dfrac{\Phi_i^2}{2c_i}}-\frac{1}{\mu}|\boldsymbol{d}|^2\right)\mathrm{d}t\\&\leqslant J^*\end{aligned}$$

□

9.1.4 实例仿真

考察下面的二阶系统

$$\dot{x}_1=x_2+x_1^2\theta+x_1d$$

$$\dot{x}_2 = u + x_1x_2\theta + (x_1^2 + x_2)d$$

取 $\beta=\lambda=2,\mu=1,c_1=c_2=3,\theta=0.5,\hat{\theta}(0)=0.2,P=0.3,x_1(0)=0.5,x_2(0)=0.2$. 假定 $d=\frac{1}{20}[2\sin t+5\sin(\sqrt{13t})+7\cos(15t)+9\cos(19t)]$. 由误差变量、控制律、自适应律表达式, 得

$$\begin{aligned}
u &= -\beta(c_2+\mu|\omega_2|^2+\sum_{i=1}^{2}\frac{\Phi_i^2}{2c_i})z_2 \\
&= -2\left\{3+(3x_1+1.4x_1^2+3x_1^3+x_2)^2+\frac{1}{6}(3+0.6x_1+3x_1^2)^2\right. \\
&\quad +\frac{1}{6}[1+6.04x_1^2+3.2x_1^3+6.3x_1^4+2x_1x_2+0.3x_1(3x_1^2+0.4x_1^3+3x_1^4+x_1x_2) \\
&\quad \left.\cdot(3x_1+0.2x_1^2+x_1^3+x_2)-(3+0.4x_1+3x_1^2)(3+0.2x_1+x_1^2)]^2\right\} \\
&\quad \cdot(x_2+3x_1+0.2x_1^2+x_1^3)
\end{aligned}$$

$$\dot{\hat{\theta}} = P\sum_{k=1}^{n}\varpi_k z_k = 0.3x_1^2z_1+0.3\left(x_1x_2-\frac{\partial\alpha_1}{\partial x_1}x_1^2\right)z_2$$

应用 MATLAB 编程, 仿真结果如图 9.1 所示.

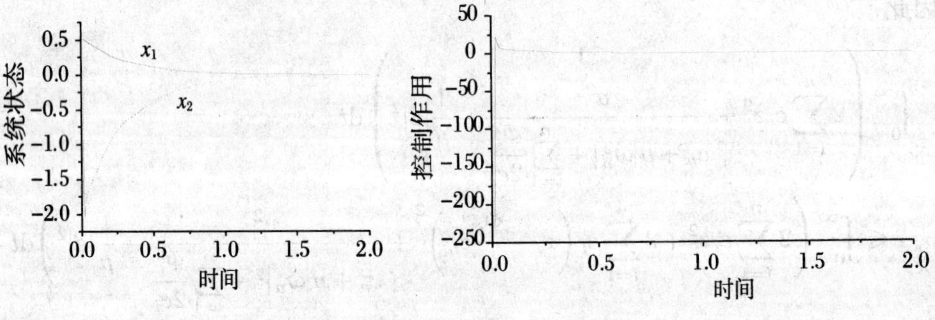

图 9.1 系统仿真结果

从图 9.1 可以看出, 在逆最优控制策略 u 的作用下, 系统状态趋于平衡点, 说明闭环系统是稳定的; 逆最优控制策略 u 在某些时刻取值较大, 容易造成饱和, 此时, 可通过调节参数 μ, $c_i(i=1,2)$ 来改变 u 的大小.

9.2　受扰非线性系统的逆最优跟踪

本节针对具有未知定常参数和未知有界扰动的严格反馈非线性系统, 结合已知的跟踪信号, 构造相应的误差系统, 给出误差系统的逆最优控制问题可解定理, 使用 Backstepping 算法, 设计误差系统稳健自适应逆最优控制器和参数自适应律, 从而解决了原系统的稳健自适应逆最优跟踪问题.

9.2.1　问题描述

考察下列具有扰动输入的严格反馈非线性系统:

$$
\begin{aligned}
&\dot{x}_i = x_{i+1} + \boldsymbol{\varphi}_i^{\mathrm{T}}(\bar{\boldsymbol{x}}_i)\boldsymbol{\theta} + \boldsymbol{\eta}_i^{\mathrm{T}}(\bar{\boldsymbol{x}}_i)\boldsymbol{d} \\
&\dot{x}_n = \boldsymbol{\varphi}_n^{\mathrm{T}}(\boldsymbol{x})\boldsymbol{\theta} + \boldsymbol{\eta}_n^{\mathrm{T}}(\boldsymbol{x})\boldsymbol{d} + u \quad (1 \leqslant i \leqslant n-1) \\
&y = x_1
\end{aligned}
$$

其中 $\bar{\boldsymbol{x}}_i = [x_1, x_2, \cdots, x_i]^{\mathrm{T}}$ 是状态变量; $u \in \mathbb{R}$ 是输入信号; $\boldsymbol{\varphi}_i(\bar{\boldsymbol{x}}_i) \in \mathbb{R}^p, \boldsymbol{\eta}_i(\bar{\boldsymbol{x}}_i) \in \mathbb{R}^r (i = 1, 2, \cdots, n)$ 是已知的连续函数向量; $\boldsymbol{\theta} \in \mathbb{R}^p$ 是未知的参数常向量, 设 $\boldsymbol{\theta}$ 的估计值是 $\hat{\boldsymbol{\theta}}(t)$, 则误差定义为 $\tilde{\boldsymbol{\theta}} = \boldsymbol{\theta} - \hat{\boldsymbol{\theta}}(t)$; $\boldsymbol{d} \in \mathbb{R}^r$ 是未知的、任意有界扰动函数向量.

控制问题是: 输出 y 稳健自适应跟踪一个给定的参考信号 $y_{\mathrm{r}}(t)$, 且使构造的性能指标达到极小, 并保持闭环系统的所有信号都有界.

为了研究上述原系统, 先考察具有如下一般结构的非线性系统:

$$
\begin{aligned}
&\dot{\boldsymbol{x}} = \boldsymbol{f}(\boldsymbol{x}) + \boldsymbol{F}(\boldsymbol{x})\boldsymbol{\theta} + \boldsymbol{g}_1(\boldsymbol{x})\boldsymbol{d} + \boldsymbol{g}_2(\boldsymbol{x})u \\
&y = h(\boldsymbol{x})
\end{aligned}
$$

其中 $\boldsymbol{x} \in \mathbb{R}^n$, $u, y \in \mathbb{R}$, 映射 $\boldsymbol{f}(\boldsymbol{x})$, $\boldsymbol{F}(\boldsymbol{x})$, $\boldsymbol{g}(\boldsymbol{x})$ 和 $\boldsymbol{h}(\boldsymbol{x})$ 是光滑函数, $\boldsymbol{\theta} \in \mathbb{R}^p$ 和 $\boldsymbol{d} \in \mathbb{R}^r$

的定义同原系统. 为了达到上述系统的跟踪控制, 作如下假设:

假设 9.1 给定的参考信号 $y_{\mathrm{r}}(t)$ 及其直至 $n-1$ 阶导数是已知的、光滑的、有界的.

假设 9.2 对于给定的光滑函数 $y_{\mathrm{r}}(t)$, 存在函数 $\boldsymbol{\rho}(t,\boldsymbol{\theta})$ 和 $\boldsymbol{\alpha}_{\mathrm{r}}(t,\boldsymbol{\theta})$, 满足

$$\frac{\mathrm{d}\boldsymbol{\rho}(t,\boldsymbol{\theta})}{\mathrm{d}t}=\boldsymbol{f}(\boldsymbol{\rho}(t,\boldsymbol{\theta}))+\boldsymbol{F}(\boldsymbol{\rho}(t,\boldsymbol{\theta}))\boldsymbol{\theta}+\boldsymbol{g}_1(\boldsymbol{\rho}(t,\boldsymbol{\theta}))\boldsymbol{d}+\boldsymbol{g}_2(\boldsymbol{\rho}(t,\boldsymbol{\theta}))\boldsymbol{\alpha}_{\mathrm{r}}(t,\boldsymbol{\theta})$$

$$y_{\mathrm{r}}(t)=\boldsymbol{h}(\boldsymbol{\rho}(t,\boldsymbol{\theta}))\quad(\forall t\geqslant 0,\forall\theta\in\mathbb{R}^p)$$

因此, 可以得到

$$\frac{\partial}{\partial\boldsymbol{\theta}}\boldsymbol{h}\circ\boldsymbol{\rho}(t,\boldsymbol{\theta})=\boldsymbol{0}\quad(\forall t\geqslant 0,\forall\boldsymbol{\theta}\in\mathbb{R}^p)$$

即 $\boldsymbol{h}(\boldsymbol{\rho}(t,\boldsymbol{\theta}))$ 与 $\boldsymbol{\theta}$ 无关. 所以我们可以把跟踪对象 $\boldsymbol{y}_{\mathrm{r}}(t)=\boldsymbol{h}\circ\boldsymbol{\rho}(t,\boldsymbol{\theta})$ 替换为 $\boldsymbol{y}_{\mathrm{r}}(t)=\boldsymbol{h}\circ\boldsymbol{\rho}(t,\hat{\boldsymbol{\theta}}(t))$, 其中 $\hat{\boldsymbol{\theta}}(t)$ 为 $\boldsymbol{\theta}$ 的估计值, 是时变函数.

取 $\boldsymbol{x}_{\mathrm{r}}(t)=\boldsymbol{\rho}(t,\hat{\boldsymbol{\theta}}(t))$, 则

$$\begin{aligned}\dot{\boldsymbol{x}}_{\mathrm{r}}&=\frac{\partial\boldsymbol{\rho}(t,\hat{\boldsymbol{\theta}})}{\partial t}+\frac{\partial\boldsymbol{\rho}(t,\hat{\boldsymbol{\theta}})}{\partial\hat{\boldsymbol{\theta}}}\dot{\hat{\boldsymbol{\theta}}}\\&=\boldsymbol{f}(\boldsymbol{x}_{\mathrm{r}})+\boldsymbol{F}(\boldsymbol{x}_{\mathrm{r}})\hat{\boldsymbol{\theta}}+\boldsymbol{g}_1(\boldsymbol{x}_{\mathrm{r}})\boldsymbol{d}+\boldsymbol{g}_2(\boldsymbol{x}_{\mathrm{r}})\boldsymbol{\alpha}_{\mathrm{r}}(t,\hat{\boldsymbol{\theta}})+\frac{\partial\boldsymbol{\rho}(t,\hat{\boldsymbol{\theta}})}{\partial\hat{\boldsymbol{\theta}}}\dot{\hat{\boldsymbol{\theta}}}\end{aligned}$$

定义跟踪误差 $\boldsymbol{e}=\boldsymbol{x}-\boldsymbol{x}_{\mathrm{r}}=\boldsymbol{x}-\boldsymbol{\rho}(t,\hat{\boldsymbol{\theta}})$, 得到误差系统

$$\begin{aligned}\dot{\boldsymbol{e}}&=\boldsymbol{f}(\boldsymbol{x})-\boldsymbol{f}(\boldsymbol{x}_{\mathrm{r}})+[\boldsymbol{g}_2(\boldsymbol{x})-\boldsymbol{g}_2(\boldsymbol{x}_{\mathrm{r}})]\boldsymbol{\alpha}_{\mathrm{r}}(t,\hat{\boldsymbol{\theta}})+\boldsymbol{F}(\boldsymbol{x})\boldsymbol{\theta}-\boldsymbol{F}(\boldsymbol{x}_{\mathrm{r}})\hat{\boldsymbol{\theta}}\\&\quad+[\boldsymbol{g}_1(\boldsymbol{x})-\boldsymbol{g}_1(\boldsymbol{x}_{\mathrm{r}})]\boldsymbol{d}-\frac{\partial\boldsymbol{\rho}(t,\hat{\boldsymbol{\theta}})}{\partial\hat{\boldsymbol{t}}}\dot{\hat{\boldsymbol{\theta}}}+\boldsymbol{g}_2(\boldsymbol{x})[\boldsymbol{u}-\boldsymbol{\alpha}_{\mathrm{r}}(t,\hat{\boldsymbol{\theta}})]\\&=\tilde{\boldsymbol{f}}+\tilde{\boldsymbol{F}}\boldsymbol{\theta}+\boldsymbol{F}_{\mathrm{r}}\tilde{\boldsymbol{\theta}}-\frac{\partial\boldsymbol{\rho}}{\partial\hat{\boldsymbol{\theta}}}\dot{\hat{\boldsymbol{\theta}}}+\boldsymbol{g}_2\tilde{\boldsymbol{u}}+\tilde{\boldsymbol{g}_1}\boldsymbol{d}\end{aligned}$$

其中

$$\tilde{\boldsymbol{f}}=\tilde{\boldsymbol{f}}(t,\boldsymbol{e},\hat{\boldsymbol{\theta}})=\boldsymbol{f}(\boldsymbol{x})-\boldsymbol{f}(\boldsymbol{x}_{\mathrm{r}})+[\boldsymbol{g}(\boldsymbol{x})-\boldsymbol{g}(\boldsymbol{x}_{\mathrm{r}})]\boldsymbol{\alpha}_{\mathrm{r}}(t,\hat{\boldsymbol{\theta}})$$

$$\tilde{\boldsymbol{F}}=\tilde{\boldsymbol{F}}(t,\boldsymbol{e},\hat{\boldsymbol{\theta}})=\boldsymbol{F}(\boldsymbol{x})-\boldsymbol{F}(\boldsymbol{x}_{\mathrm{r}})$$

$$\boldsymbol{F}_{\mathrm{r}}=\boldsymbol{F}_{\mathrm{r}}(t,\hat{\boldsymbol{\theta}})=\boldsymbol{F}(\boldsymbol{x}_{\mathrm{r}}),\quad\tilde{\boldsymbol{u}}=\boldsymbol{u}-\boldsymbol{\alpha}_{\mathrm{r}}(t,\hat{\boldsymbol{\theta}}),\quad\tilde{\boldsymbol{g}_1}=\tilde{\boldsymbol{g}_1}(t,\boldsymbol{e},\hat{\boldsymbol{\theta}})=\boldsymbol{g}_1(\boldsymbol{x})-\boldsymbol{g}_1(\boldsymbol{x}_{\mathrm{r}})$$

定义 9.1 称一般结构的非线性系统的自适应跟踪问题是可解的, 如果假设 9.2 成立, 存在连续函数 $\tilde{\alpha}(t,\boldsymbol{e},\hat{\boldsymbol{\theta}})$ 且 $\tilde{\alpha}(t,\boldsymbol{e},\tilde{\boldsymbol{\theta}})\equiv 0$、光滑函数 $\tau(t,\boldsymbol{e},\hat{\boldsymbol{\theta}})$ 和正定对称

的 $p\times p$ 矩阵 $\boldsymbol{\Gamma}$, 满足如下控制律和自适应律:

$$\tilde{\boldsymbol{u}}=\tilde{\alpha}(t,\boldsymbol{e},\hat{\boldsymbol{\theta}}),\quad \dot{\hat{\boldsymbol{\theta}}}=\boldsymbol{\Gamma\tau}(t,\boldsymbol{e},\hat{\boldsymbol{\theta}})$$

确保误差系统的平衡点 $\boldsymbol{e}=\mathbf{0}$, $\tilde{\boldsymbol{\theta}}=\mathbf{0}$ 是全局稳定的.

这里, 用一个修正系统的非自适应稳定性问题来代替原系统的自适应稳定性问题, 这样, 就可以在控制 Lyapunov 函数的框架下, 研究自适应稳定性问题.

定义 9.2　对于任意的 $\boldsymbol{\theta}\in\mathbb{R}^p$, 一个正定的、递减的、径向无界的光滑函数 $V_{\mathrm{a}}(t,\boldsymbol{e},\boldsymbol{\theta}):\mathbb{R}_+\times\mathbb{R}^n\times\mathbb{R}^p\to\mathbb{R}_+$, 称为原系统的自适应跟踪控制 Lyapunov 函数 (ATCLF) 或误差系统的自适应控制 Lyapunov 函数 (ACLF), 如果在假设 9.2 的条件下, 存在一正定对称阵 $\boldsymbol{\Gamma}\in\mathbb{R}^{p\times p}$, 使 $V_{\mathrm{a}}(t,\boldsymbol{e},\boldsymbol{\theta})$ 是修正后的非自适应系统

$$\dot{\boldsymbol{e}}=\tilde{\boldsymbol{f}}+\tilde{\boldsymbol{F}}\boldsymbol{\theta}+\boldsymbol{F\Gamma}\left(\frac{\partial V_{\mathrm{a}}}{\partial\boldsymbol{\theta}}\right)^{\mathrm{T}}-\frac{\partial\boldsymbol{\rho}}{\partial\boldsymbol{\theta}}\boldsymbol{\Gamma}\left(\frac{\partial V_{\mathrm{a}}}{\partial\boldsymbol{e}}\boldsymbol{F}\right)^{\mathrm{T}}+\boldsymbol{g}_2\tilde{\boldsymbol{u}}+\tilde{\boldsymbol{g}}_1\boldsymbol{d}$$

的 CLF, 即 V_{a} 满足

$$\inf_{\tilde{\boldsymbol{u}}\in\mathbb{R}}\left\{\frac{\partial V_{\mathrm{a}}}{\partial t}+\frac{\partial V_{\mathrm{a}}}{\partial\boldsymbol{e}}\left[\tilde{\boldsymbol{f}}+\tilde{\boldsymbol{F}}\boldsymbol{\theta}+\boldsymbol{F\Gamma}\left(\frac{\partial V_{\mathrm{a}}}{\partial\boldsymbol{\theta}}\right)^{\mathrm{T}}-\frac{\partial\boldsymbol{\rho}}{\partial\boldsymbol{\theta}}\boldsymbol{\Gamma}\left(\frac{\partial V_{\mathrm{a}}}{\partial\boldsymbol{e}}\boldsymbol{F}\right)^{\mathrm{T}}+\boldsymbol{g}_2\tilde{\boldsymbol{u}}+\tilde{\boldsymbol{g}}_1\boldsymbol{d}\right]\right\}<0$$

当 $\tilde{\boldsymbol{\theta}}(t)=\mathbf{0}$ 时, 误差系统简化为非自适应系统

$$\dot{\boldsymbol{e}}=\tilde{\boldsymbol{f}}+\tilde{\boldsymbol{F}}\boldsymbol{\theta}+\boldsymbol{g}_2\tilde{\boldsymbol{u}}+\tilde{\boldsymbol{g}}_1\boldsymbol{d}$$

可以看到修正后的非自适应系统相对于上式的修正项为

$$\boldsymbol{F\Gamma}\left(\frac{\partial V_{\mathrm{a}}}{\partial\boldsymbol{\theta}}\right)^{\mathrm{T}}-\frac{\partial\boldsymbol{\rho}}{\partial\boldsymbol{\theta}}\boldsymbol{\Gamma}\left(\frac{\partial V_{\mathrm{a}}}{\partial\boldsymbol{e}}\boldsymbol{F}\right)^{\mathrm{T}}$$

只有当 $\boldsymbol{\Gamma}\neq\mathbf{0}$ 时, 此项才存在, 因此这些项是用来表明自适应效果的. 当 $\boldsymbol{e}=\mathbf{0}$ 时, 对所有 t 和 $\boldsymbol{\theta}$, $V_{\mathrm{a}}(t,\boldsymbol{e},\boldsymbol{\theta})$ 取最小值; 当 $\boldsymbol{e}=\mathbf{0}$ 时, 上面的修正项消失, 故 $\boldsymbol{e}=\mathbf{0}$ 是修正后的非自适应系统的平衡点.

定理 9.3　如果存在一般结构的非线性系统的自适应跟踪控制 Lyapunov 函数 $V_{\mathrm{a}}(t,\boldsymbol{e},\boldsymbol{\theta})$, 对于解误差系统的自适应控制问题或解修正后系统的非自适应控制问题, 其自适应律设计为

$$\dot{\hat{\boldsymbol{\theta}}}=\boldsymbol{\Gamma}\left(\frac{\partial V_{\mathrm{a}}}{\partial\boldsymbol{e}}F(t,\boldsymbol{e},\hat{\boldsymbol{\theta}})\right)^{\mathrm{T}}$$

证明 由于 $V_{\mathrm{a}}(t,\boldsymbol{e},\boldsymbol{\theta})$ 是一般结构的非线性系统自适应跟踪控制 Lyapunov 函数, 即修正后系统的控制 Lyapunov 函数, 故存在 $\tilde{\boldsymbol{\alpha}}(t,\boldsymbol{e},\hat{\boldsymbol{\theta}})$, 且 $\tilde{\boldsymbol{\alpha}}(t,\boldsymbol{0},\hat{\boldsymbol{\theta}})=\boldsymbol{0}$, 正定对称的 $p\times p$ 矩阵 $\boldsymbol{\Gamma}$ 使修正后系统在 $\boldsymbol{e}=\boldsymbol{0}$ 稳定. 由 LaSalle 定理, 存在连续函数 $W(t,\boldsymbol{e},\boldsymbol{\theta}):\mathbb{R}_+\times\mathbb{R}^n\times\mathbb{R}^p\to\mathbb{R}_+(\forall\boldsymbol{\theta}\in\mathbb{R}^p)$ 是 $\boldsymbol{e}$ 的正定函数, 使 $V_{\mathrm{a}}(t,\boldsymbol{e},\boldsymbol{\theta})$ 满足

$$\frac{\partial V_{\mathrm{a}}}{\partial t}+\frac{\partial V_{\mathrm{a}}}{\partial \boldsymbol{e}}\left[\tilde{\boldsymbol{f}}+\tilde{\boldsymbol{F}}\boldsymbol{\theta}+\boldsymbol{F}\boldsymbol{\Gamma}\left(\frac{\partial V_{\mathrm{a}}}{\partial \boldsymbol{\theta}}\right)^{\mathrm{T}}-\frac{\partial \boldsymbol{\rho}}{\partial \boldsymbol{\theta}}\boldsymbol{\Gamma}\left(\frac{\partial V_{\mathrm{a}}}{\partial \boldsymbol{e}}\boldsymbol{F}\right)^{\mathrm{T}}+\boldsymbol{g}_2\tilde{\boldsymbol{\alpha}}+\tilde{\boldsymbol{g}}_2\boldsymbol{d}\right]\leqslant -W(t,\boldsymbol{e},\boldsymbol{\theta})$$

取一般结构的非线性系统的候选控制 Lyapunov 函数

$$V(t,\boldsymbol{e},\hat{\boldsymbol{\theta}})=V_{\mathrm{a}}(t,\boldsymbol{e},\hat{\boldsymbol{\theta}})+\frac{1}{2}(\boldsymbol{\theta}-\hat{\boldsymbol{\theta}})^{\mathrm{T}}\boldsymbol{\Gamma}^{-1}(\boldsymbol{\theta}-\hat{\boldsymbol{\theta}})$$

可得

$$\begin{aligned}
\dot{V}=&\frac{\partial V_{\mathrm{a}}}{\partial t}+\frac{\partial V_{\mathrm{a}}}{\partial \boldsymbol{e}}\left[\tilde{\boldsymbol{f}}+\tilde{\boldsymbol{F}}\boldsymbol{\theta}+\boldsymbol{F}_{\mathrm{r}}\tilde{\boldsymbol{\theta}}-\frac{\partial \boldsymbol{\rho}}{\partial \hat{\boldsymbol{\theta}}}\boldsymbol{\Gamma}\boldsymbol{\tau}(t,\boldsymbol{e},\hat{\boldsymbol{\theta}})+\boldsymbol{g}_2\tilde{\boldsymbol{\alpha}}(t,\boldsymbol{e},\hat{\boldsymbol{\theta}})+\tilde{\boldsymbol{g}}_1\boldsymbol{d}\right]\\
&+\frac{\partial V_{\mathrm{a}}}{\partial \hat{\boldsymbol{\theta}}}\boldsymbol{\Gamma}\boldsymbol{\tau}(t,\boldsymbol{e},\hat{\boldsymbol{\theta}})-\tilde{\boldsymbol{\theta}}^{\mathrm{T}}\boldsymbol{\tau}(t,\boldsymbol{e},\hat{\boldsymbol{\theta}})\\
=&\frac{\partial V_{\mathrm{a}}}{\partial t}+\frac{\partial V_{\mathrm{a}}}{\partial \boldsymbol{e}}\left[\tilde{\boldsymbol{f}}+\tilde{\boldsymbol{F}}\hat{\boldsymbol{\theta}}+\boldsymbol{g}_2\tilde{\boldsymbol{\alpha}}(t,\boldsymbol{e},\hat{\boldsymbol{\theta}})+\tilde{\boldsymbol{g}}_1\boldsymbol{d}\right]+\frac{\partial V_{\mathrm{a}}}{\partial \boldsymbol{e}}\boldsymbol{F}\tilde{\boldsymbol{\theta}}\\
&-\frac{\partial V_{\mathrm{a}}}{\partial \boldsymbol{e}}\frac{\partial \boldsymbol{\rho}}{\partial \hat{\boldsymbol{\theta}}}\boldsymbol{\Gamma}\boldsymbol{\tau}+\frac{\partial V_{\mathrm{a}}}{\partial \boldsymbol{\theta}}\boldsymbol{\Gamma}\boldsymbol{\tau}-\tilde{\boldsymbol{\theta}}^{\mathrm{T}}\boldsymbol{\tau}\\
=&-W(t,\boldsymbol{e},\hat{\boldsymbol{\theta}})-\frac{\partial V_{\mathrm{a}}}{\partial \hat{\boldsymbol{\theta}}}\boldsymbol{\Gamma}\left(\frac{\partial V_{\mathrm{a}}}{\partial \boldsymbol{e}}\boldsymbol{F}\right)^{\mathrm{T}}+\frac{\partial V_{\mathrm{a}}}{\partial \boldsymbol{\theta}}\boldsymbol{\Gamma}\boldsymbol{\tau}+\frac{\partial V_{\mathrm{a}}}{\partial \boldsymbol{e}}\frac{\partial \boldsymbol{\rho}}{\partial \hat{\boldsymbol{\theta}}}\boldsymbol{\Gamma}\left(\frac{\partial V_{\mathrm{a}}}{\partial \boldsymbol{e}}\boldsymbol{F}\right)^{\mathrm{T}}\\
&-\frac{\partial V_{\mathrm{a}}}{\partial \boldsymbol{e}}\frac{\partial \boldsymbol{\rho}}{\partial \hat{\boldsymbol{\theta}}}\boldsymbol{\Gamma}\boldsymbol{\tau}+\tilde{\boldsymbol{\theta}}^{\mathrm{T}}\left(\frac{\partial V_{\mathrm{a}}}{\partial \boldsymbol{e}}\boldsymbol{F}\right)^{\mathrm{T}}-\tilde{\boldsymbol{\theta}}^{\mathrm{T}}\boldsymbol{\tau}
\end{aligned}$$

取

$$\tau(t,\boldsymbol{e},\hat{\boldsymbol{\theta}})=\left(\frac{\partial V_{\mathrm{a}}}{\partial \boldsymbol{e}}\boldsymbol{F}(t,\boldsymbol{e},\hat{\boldsymbol{\theta}})\right)^{\mathrm{T}}$$

即

$$\dot{\boldsymbol{\theta}}=\boldsymbol{\Gamma}\boldsymbol{\tau}=\boldsymbol{\Gamma}\left(\frac{\partial V_{\mathrm{a}}}{\partial \boldsymbol{e}}\boldsymbol{F}(t,\boldsymbol{e},\hat{\boldsymbol{\theta}})\right)^{\mathrm{T}}$$

代入上面的等式, 得到

$$\dot{V}\leqslant -W(t,\boldsymbol{e},\hat{\boldsymbol{\theta}})$$

所以这里设计的自适应律是合理的. □

定理 9.4 构造一般结构的非线性系统的误差系统的辅助系统为

$$\dot{\boldsymbol{e}}=\tilde{\boldsymbol{f}}+\tilde{\boldsymbol{F}}\boldsymbol{\theta}+\boldsymbol{F}\boldsymbol{\Gamma}\left(\frac{\partial V_{\mathrm{a}}}{\partial \boldsymbol{\theta}}\right)^{\mathrm{T}}-\frac{\partial \boldsymbol{\rho}}{\partial \boldsymbol{\theta}}\boldsymbol{\Gamma}\left(\frac{\partial V_{\mathrm{a}}}{\partial \boldsymbol{e}}\boldsymbol{F}\right)^{\mathrm{T}}+\tilde{\boldsymbol{g}}_1\ell\gamma(2|L_{\tilde{\boldsymbol{g}}_1}V_{\mathrm{a}}|)\frac{(L_{\tilde{\boldsymbol{g}}_1}V_{\mathrm{a}})^{\mathrm{T}}}{|L_{\tilde{\boldsymbol{g}}_1}V_{\mathrm{a}}|^2}+\boldsymbol{g}_2\tilde{\boldsymbol{u}}$$

其中 $V_{\mathrm{a}}(t,\boldsymbol{e},\boldsymbol{\theta})$ 是选定的控制 Lyapunov 函数, γ 是 K_∞ 类函数, 其导数存在, 且其导数也是 K_∞ 类函数; $L_{\tilde{\boldsymbol{g}}_1}V_{\mathrm{a}}$ 是李导数, 表示 $\dfrac{\partial V_{\mathrm{a}}}{\partial \boldsymbol{e}}\tilde{\boldsymbol{g}}_1$. 假设存在一矩阵值函数 $\boldsymbol{R}_2(\boldsymbol{e})=\boldsymbol{R}_2(\boldsymbol{e})^{\mathrm{T}}>0$, 控制策略

$$\tilde{\boldsymbol{u}}=\tilde{\boldsymbol{\alpha}}(\boldsymbol{e})=-\boldsymbol{R}_2^{-1}(\boldsymbol{e})(L_{\boldsymbol{g}_2}V_{\mathrm{a}})^{\mathrm{T}}$$

获得辅助系统全局渐近稳定, 则控制策略

$$\tilde{\boldsymbol{u}}=\tilde{\boldsymbol{\alpha}}^*(\boldsymbol{e})=\beta\tilde{\boldsymbol{\alpha}}(\boldsymbol{e})=-\beta\boldsymbol{R}_2^{-1}(\boldsymbol{e})(L_{\boldsymbol{g}_2}V_{\mathrm{a}})^{\mathrm{T}}\quad(\beta\geqslant 2)$$

通过使目标泛函

$$J(\tilde{\boldsymbol{u}})=\sup_{\boldsymbol{d}\in D}\left\{\lim_{t\to\infty}\left[2\beta V_{\mathrm{a}}(t,\boldsymbol{e},\boldsymbol{\theta})+\int_0^t\left(l(t,\boldsymbol{e},\boldsymbol{\theta})+\tilde{\boldsymbol{u}}^{\mathrm{T}}\boldsymbol{R}_2(\boldsymbol{x})\tilde{\boldsymbol{u}}-\beta\lambda\gamma\left(\frac{|\boldsymbol{d}|}{\lambda}\right)\right)\mathrm{d}\tau\right]\right\}$$

达到极小, 解原系统的逆最优增益配置问题. 其中 D 是 $\boldsymbol{x}$ 的局部有界函数的集合, 以及

$$l(\boldsymbol{e},\boldsymbol{\theta})=-2\beta\left[\frac{\partial V_{\mathrm{a}}}{\partial t}+L_{\bar{\boldsymbol{f}}}V_{\mathrm{a}}-\frac{\beta}{2}L_{\boldsymbol{g}_2}V_{\mathrm{a}}\boldsymbol{R}_2^{-1}(\boldsymbol{e})(L_{\boldsymbol{g}_2}V_{\mathrm{a}})^{\mathrm{T}}+\frac{\lambda}{2}\ell\gamma(2|L_{\tilde{\boldsymbol{g}}_1}V_{\mathrm{a}}|)\right]$$

$\lambda\in(0,2]$.

定理 9.4 的证明类似于定理 9.1 的证明, 这里省略. 目标泛函也称为原系统的微分对策问题, 又称为最坏情况下的最优控制, 方程 $l(\boldsymbol{e},\boldsymbol{\theta})$ 称为原系统关于 $V(t,\boldsymbol{e},\boldsymbol{\theta})$ 的 HJI 方程, 其中 β,λ 称为设计的自由度.

9.2.2 逆最优控制器设计

在假设 9.2 之下, 上述严格反馈非线性系统对应的误差系统为

$$\left.\begin{aligned}\dot{e}_i&=e_{i+1}+\tilde{\boldsymbol{\varphi}}_i^{\mathrm{T}}\boldsymbol{\theta}+\boldsymbol{\varphi}_{ri}^{\mathrm{T}}\tilde{\boldsymbol{\theta}}+\tilde{\boldsymbol{\eta}}_i^{\mathrm{T}}\boldsymbol{d}-\frac{\partial\boldsymbol{\rho}_i}{\partial\hat{\boldsymbol{\theta}}}\dot{\hat{\boldsymbol{\theta}}}\\ \dot{e}_n&=\tilde{u}+\tilde{\boldsymbol{\varphi}}_n^{\mathrm{T}}\boldsymbol{\theta}+\boldsymbol{\varphi}_{rn}^{\mathrm{T}}\tilde{\boldsymbol{\theta}}+\tilde{\boldsymbol{\eta}}_n^{\mathrm{T}}\boldsymbol{d}-\frac{\partial\boldsymbol{\rho}_n}{\partial\hat{\boldsymbol{\theta}}}\dot{\hat{\boldsymbol{\theta}}}\end{aligned}\right\}\quad(i=1,\cdots,n-1)$$

其中 $\tilde{u}=u-\alpha_{\mathrm{r}}(t,\hat{\theta})$, $\tilde{\boldsymbol{\varphi}}_i=\tilde{\boldsymbol{\varphi}}_i(t,\bar{\boldsymbol{e}},\hat{\boldsymbol{\theta}})=\boldsymbol{\varphi}_i(\bar{\boldsymbol{x}}_i)-\boldsymbol{\varphi}_{\mathrm{ri}}(\bar{\boldsymbol{x}}_{\mathrm{ri}})$, $\boldsymbol{\varphi}_{\mathrm{ri}}=\boldsymbol{\varphi}_i(t,\hat{\boldsymbol{\theta}})=\boldsymbol{\varphi}_i(\bar{\boldsymbol{x}}_{ri})$, $\tilde{\eta}_i=\tilde{\eta}_i(t,\bar{\boldsymbol{e}},\hat{\boldsymbol{\theta}})=\eta_i(\bar{\boldsymbol{x}}_i)-\eta_i(\bar{\boldsymbol{x}}_{\mathrm{ri}})$.

误差系统对应的非自适应系统为

$$\dot{e}_i = e_{i+1} + \tilde{\boldsymbol{\varphi}}_i^{\mathrm{T}}\boldsymbol{\theta} + \boldsymbol{\varphi}_i^{\mathrm{T}}\boldsymbol{\Gamma}\left(\frac{\partial V_{\mathrm{a}}}{\partial \boldsymbol{\theta}}\right)^{\mathrm{T}} - \frac{\partial \boldsymbol{\rho}_i}{\partial \hat{\boldsymbol{\theta}}}\boldsymbol{\Gamma}\left(\frac{\partial V_{\mathrm{a}}}{\partial \boldsymbol{e}}\boldsymbol{F}\right)^{\mathrm{T}} + \tilde{\boldsymbol{\eta}}_i^{\mathrm{T}}\boldsymbol{d} \quad (i = 1, \cdots, n-1)$$

$$\dot{e}_n = \tilde{u} + \tilde{\boldsymbol{\varphi}}_n^{\mathrm{T}}\boldsymbol{\theta} + \boldsymbol{\varphi}_n^{\mathrm{T}}\boldsymbol{\Gamma}\left(\frac{\partial V_{\mathrm{a}}}{\partial \boldsymbol{\theta}}\right)^{\mathrm{T}} - \frac{\partial \rho_n}{\partial \hat{\boldsymbol{\theta}}}\boldsymbol{\Gamma}\left(\frac{\partial V_{\mathrm{a}}}{\partial \boldsymbol{e}}\boldsymbol{F}\right)^{\mathrm{T}} + \tilde{\boldsymbol{\eta}}_n^{\mathrm{T}}\boldsymbol{d}$$

其中 $\boldsymbol{F} = [\boldsymbol{\varphi}_1^{\mathrm{T}} \quad \cdots \quad \boldsymbol{\varphi}_n^{\mathrm{T}}]^{\mathrm{T}}$. 取 Lyapunov 函数和坐标变换 z_i 如下:

$$V_{\mathrm{a}} = \frac{1}{2}\sum_{i=1}^{n} z_i^2$$

$$z_i = e_i - \tilde{\alpha}_{i-1}(t, \bar{e}_{i-1}, \theta) \quad (i = 1, 2, \cdots, n)$$

其中 $\tilde{\alpha}_i$ 是将要设计的虚拟控制律. 为了记号上的方便, 定义 $z_0 = 0$, $\tilde{\alpha}_0 = 0$. 因此, 有

$$\frac{\partial V_{\mathrm{a}}}{\partial \boldsymbol{\theta}} = -\sum_{j=1}^{n}\frac{\partial \tilde{\alpha}_{j-1}}{\partial \boldsymbol{\theta}} z_j$$

$$\left(\frac{\partial V_{\mathrm{a}}}{\partial \boldsymbol{e}}\boldsymbol{F}\right)^{\mathrm{T}} = \sum_{j=1}^{n}\frac{\partial V_{\mathrm{a}}}{\partial \boldsymbol{e}_j}\boldsymbol{\varphi}_j = \sum_{j=1}^{n}(z_j - \sum_{k=j+1}^{n}\frac{\partial \tilde{\alpha}_{k-1}}{\partial e_j} z_k)\varphi_j = \sum_{j=1}^{n} w z_j$$

其中

$$w_j(t, \bar{e}_j, \boldsymbol{\theta}) = \boldsymbol{\varphi}_j - \sum_{k=1}^{j-1}\frac{\partial \tilde{\alpha}_{j-1}}{\partial e_k}\boldsymbol{\varphi}_k$$

取 $\gamma(y) = y^2/\mu$, 其中 μ 是任意设定的常数, 这里取 $\mu = 1$. 由 FL 变换, 得 $l\gamma(2y) = y^2$. 构造如下的辅助系统:

$$\dot{e}_i = e_{i+1} + \tilde{\boldsymbol{\varphi}}_i^{\mathrm{T}}\boldsymbol{\theta} + \boldsymbol{\varphi}_i^{\mathrm{T}}\boldsymbol{\Gamma}\left(\frac{\partial V_{\mathrm{a}}}{\partial \boldsymbol{\theta}}\right)^{\mathrm{T}} - \frac{\partial \boldsymbol{\rho}_i}{\partial \boldsymbol{\theta}}\boldsymbol{\Gamma}\left(\frac{\partial V_{\mathrm{a}}}{\partial e}\boldsymbol{F}\right)^{\mathrm{T}} + (L_{\tilde{\boldsymbol{g}}_1} V_{\mathrm{a}})\tilde{\boldsymbol{\eta}}_i$$

$$\dot{e}_n = \tilde{u} + \tilde{\boldsymbol{\varphi}}_n^{\mathrm{T}}\boldsymbol{\theta} + \boldsymbol{\varphi}_i^{\mathrm{T}}\boldsymbol{\Gamma}\left(\frac{\partial V_{\mathrm{a}}}{\partial \boldsymbol{\theta}}\right)^{\mathrm{T}} - \frac{\partial \boldsymbol{\rho}_n}{\partial \boldsymbol{\theta}}\boldsymbol{\Gamma}\left(\frac{\partial V_{\mathrm{a}}}{\partial e}\boldsymbol{F}\right)^{\mathrm{T}} + (L_{\tilde{\boldsymbol{g}}_1} V_{\mathrm{a}})\tilde{\boldsymbol{\eta}}_n$$

其中

$$\tilde{\boldsymbol{g}}_1 = [\tilde{\boldsymbol{\eta}}_1^{\mathrm{T}} \quad \cdots \quad \tilde{\boldsymbol{\eta}}_n^{\mathrm{T}}]^{\mathrm{T}}$$

$$(L_{\tilde{\boldsymbol{g}}_1} V_{\mathrm{a}})^{\mathrm{T}} = \sum_{j=1}^{n}\frac{\partial V_{\mathrm{a}}}{\partial e_j}\tilde{\boldsymbol{\eta}}_j = \sum_{j=1}^{n}(z_j - \sum_{k=j+1}^{n}\frac{\partial \tilde{\alpha}_{k-1}}{\partial e_j} z_k)\tilde{\boldsymbol{\eta}}_j = \sum_{j=1}^{n}\tilde{v}_j z_j$$

$$\tilde{v}_1(t,e_1,\boldsymbol{\theta})=\tilde{\boldsymbol{\eta}}_1,\quad \tilde{\boldsymbol{v}}_j(t,\bar{e}_j,\boldsymbol{\theta})=\tilde{\boldsymbol{\eta}}_j-\sum_{k=1}^{j-1}\frac{\partial\tilde{\alpha}_{j-1}}{\partial e_k}\tilde{\boldsymbol{\eta}}_k\quad(j=2,\cdots,n)$$

将上式代入辅助系统, 得到修正后的非自适应系统如下:

$$\dot{e}_i=e_{i+1}+\tilde{\boldsymbol{\varphi}}_i^{\mathrm{T}}\boldsymbol{\theta}-\sum_{j=1}^{n}\frac{\partial\tilde{\alpha}_{j-1}}{\partial\boldsymbol{\theta}}\boldsymbol{\Gamma}\boldsymbol{\varphi}_i\boldsymbol{z}_j-\sum_{j=1}^{n}\frac{\partial\rho_i}{\partial\boldsymbol{\theta}}\boldsymbol{\Gamma}\boldsymbol{w}_j\boldsymbol{z}_j+\left(\sum_{j=1}^{n}\tilde{v}_j\boldsymbol{z}_j\right)^{\mathrm{T}}\tilde{\boldsymbol{\eta}}_i$$

$$\dot{e}_n=\tilde{u}+\tilde{\boldsymbol{\varphi}}_n^{\mathrm{T}}\boldsymbol{\theta}-\sum_{j=1}^{n}\frac{\partial\tilde{\alpha}_{j-1}}{\partial\boldsymbol{\theta}}\boldsymbol{\Gamma}\boldsymbol{\varphi}_n\boldsymbol{z}_j-\sum_{j=1}^{n}\frac{\partial\rho_n}{\partial\boldsymbol{\theta}}\boldsymbol{\Gamma}\boldsymbol{w}_j\boldsymbol{z}_j+\left(\sum_{j=1}^{n}\tilde{v}_j\boldsymbol{z}_j\right)^{\mathrm{T}}\tilde{\boldsymbol{\eta}}_n$$

设计虚拟控制律 $\tilde{\alpha}_i$, 使定义的 V_{a} 成为上述系统的控制 Lyapunov 函数. 为了设计这些函数, 需要使用 Backstepping 算法, 在迭代设计的最后一步, 实际控制 $\tilde{u}$ 取定理 9.4 中的形式, 从而实现逆最优控制. 从变量误差式, 可得

$$\begin{aligned}\dot{\boldsymbol{z}}_1&=\boldsymbol{z}_2+\tilde{\boldsymbol{\alpha}}_1+\tilde{\boldsymbol{\varphi}}_1^{\mathrm{T}}\boldsymbol{\theta}-\sum_{j=1}^{n}\frac{\partial\tilde{\alpha}_{j-1}}{\partial\boldsymbol{\theta}}\boldsymbol{\Gamma}\boldsymbol{\varphi}_1\boldsymbol{z}_j-\sum_{j=1}^{n}\frac{\partial\rho_1}{\partial\boldsymbol{\theta}}\boldsymbol{\Gamma}w_jz_j+\tilde{\boldsymbol{\eta}}_1^{\mathrm{T}}(L_{\tilde{\boldsymbol{g}}_1}V_{\mathrm{a}})\\&=\boldsymbol{z}_2+\tilde{\boldsymbol{\alpha}}_2+\tilde{\boldsymbol{w}}_1^{\mathrm{T}}\boldsymbol{\theta}+\sum_{j=1}^{n}\pi_{ij}\boldsymbol{z}_j+\tilde{\boldsymbol{v}}_1^{\mathrm{T}}(L_{\tilde{\boldsymbol{g}}_1}V_{\mathrm{a}})^{\mathrm{T}}\end{aligned}$$

$$\begin{aligned}\dot{\boldsymbol{z}}_i&=\boldsymbol{z}_{i+1}+\tilde{\boldsymbol{\alpha}}_i+\tilde{\boldsymbol{\varphi}}_i^{\mathrm{T}}\boldsymbol{\theta}-\sum_{j=1}^{n}\frac{\partial\tilde{\boldsymbol{\alpha}}_{j-1}}{\partial\boldsymbol{\theta}}\boldsymbol{\Gamma}\boldsymbol{\varphi}_i\boldsymbol{z}_j-\sum_{j=1}^{n}\frac{\partial\rho_i}{\partial\boldsymbol{\theta}}\boldsymbol{\Gamma}\boldsymbol{w}_j\boldsymbol{z}_j+\tilde{\boldsymbol{\eta}}_i^{\mathrm{T}}(L_{\tilde{\boldsymbol{g}}_1}V_{\mathrm{a}})-\frac{\partial\tilde{\boldsymbol{\alpha}}_{i-1}}{\partial t}\\&\quad-\sum_{k=1}^{i-1}\frac{\partial\tilde{\boldsymbol{\alpha}}_{i-1}}{\partial e_k}\left[\boldsymbol{e}_{k+1}+\tilde{\boldsymbol{\varphi}}_k^{\mathrm{T}}\boldsymbol{\theta}-\sum_{j=1}^{n}\frac{\tilde{\boldsymbol{\alpha}}_{j-1}}{\partial\boldsymbol{\theta}}\boldsymbol{\Gamma}\boldsymbol{\varphi}_k\boldsymbol{z}_j-\sum_{j=1}^{n}\frac{\partial\boldsymbol{\rho}_k}{\partial\boldsymbol{\theta}}\boldsymbol{\Gamma}\boldsymbol{w}_j\boldsymbol{z}_j+\tilde{\boldsymbol{\eta}}_k^{\mathrm{T}}(L_{\tilde{\boldsymbol{g}}_1}V_{\mathrm{a}})^{\mathrm{T}}\right]\\&=\boldsymbol{z}_{i+1}+\tilde{\boldsymbol{\alpha}}_i-\frac{\partial\tilde{\boldsymbol{\alpha}}_{i-1}}{\partial t}-\sum_{k=1}^{i-1}\frac{\partial\tilde{\boldsymbol{\alpha}}_{i-1}}{\partial\boldsymbol{e}_k}\boldsymbol{e}_{k+1}+\tilde{\boldsymbol{w}}_i^{\mathrm{T}}\boldsymbol{\theta}+\sum_{j=1}^{n}\boldsymbol{\pi}_{ij}\boldsymbol{z}_j+\tilde{\boldsymbol{v}}_i^{\mathrm{T}}(L_{\tilde{\boldsymbol{g}}_1}V_{\mathrm{a}})^{\mathrm{T}}\end{aligned}$$

$$\dot{\boldsymbol{z}}_n=\tilde{\boldsymbol{u}}-\frac{\partial\tilde{\boldsymbol{\alpha}}_{n-1}}{\partial t}-\sum_{k=1}^{n-1}\frac{\partial\tilde{\boldsymbol{\alpha}}_{n-1}}{\partial\boldsymbol{e}_k}\boldsymbol{e}_{k+1}+\tilde{\boldsymbol{w}}_n^{\mathrm{T}}\boldsymbol{\theta}+\sum_{j=1}^{n}\boldsymbol{\pi}_{nj}\boldsymbol{z}_j+\tilde{\boldsymbol{v}}_n^{\mathrm{T}}(L_{\tilde{\boldsymbol{g}}_1}V_{\mathrm{a}})^{\mathrm{T}}$$

其中

$$\tilde{w}_1(t,e_1,\boldsymbol{\theta})=\tilde{\varphi}_1,\quad \tilde{\boldsymbol{w}}_j(t,\bar{e}_j,\boldsymbol{\theta})=\tilde{\boldsymbol{\varphi}}_j-\sum_{k=1}^{j-1}\frac{\partial\tilde{\alpha}_{j-1}}{\partial e_k}\tilde{\boldsymbol{\varphi}}_k\quad(j=2,\cdots,n)$$

$$\boldsymbol{\pi}_{ik}=\boldsymbol{\eta}_{ik}+\boldsymbol{\xi}_{ik},\quad \boldsymbol{\eta}_{ik}=-\frac{\partial\tilde{\boldsymbol{\alpha}}_{k-1}}{\partial\boldsymbol{\theta}}\boldsymbol{\Gamma}\boldsymbol{w}_i$$

$$\xi_{ik}=-\left(\frac{\partial\boldsymbol{\rho}_i}{\partial\boldsymbol{\theta}}-\sum_{j=2}^{i-1}\frac{\partial\tilde{\boldsymbol{\alpha}}_{k-1}}{\partial\boldsymbol{e}_j}\frac{\partial\boldsymbol{\rho}_j}{\partial\boldsymbol{\theta}}\right)\boldsymbol{\Gamma}\boldsymbol{w}_k\quad(i,k=1,\cdots,n)$$

$$\sigma_{ik}=-\left(\frac{\partial\tilde{\alpha}_{i-1}}{\partial\boldsymbol{\theta}}+\frac{\partial\rho_i}{\partial\boldsymbol{\theta}}-\sum_{j=2}^{i-1}\frac{\partial\tilde{\alpha}_{i-1}}{\partial e_j}\frac{\partial\rho_j}{\partial\boldsymbol{\theta}}\right)\boldsymbol{\Gamma}\boldsymbol{w}_k\quad(i,k=1,\cdots,n)$$

在对 V_a 求导之前，给出下面几个等式：

$$\begin{aligned}(L_{\tilde{\boldsymbol{g}}_1}V_\mathrm{a})^\mathrm{T}(L_{\tilde{\boldsymbol{g}}_1}V_\mathrm{a})&=\left(\sum_{k=1}^{n}\tilde{\boldsymbol{v}}_k\boldsymbol{z}_k\right)^\mathrm{T}\left(\sum_{i=1}^{n}\tilde{\boldsymbol{v}}_i\boldsymbol{z}_i\right)\\&=|\tilde{\boldsymbol{v}}_n|^2\boldsymbol{z}_n^2+\boldsymbol{z}_n\left(\sum_{k=1}^{n-1}\tilde{\boldsymbol{v}}_k^\mathrm{T}\boldsymbol{z}_k\right)\tilde{\boldsymbol{v}}_n+\sum_{i=1}^{n-1}\left(\sum_{k=i+1}^{n}\tilde{\boldsymbol{v}}_k^\mathrm{T}\boldsymbol{z}_k\right)\tilde{\boldsymbol{v}}_i\boldsymbol{z}_i\\&\quad+\sum_{i=1}^{n-1}\left(\sum_{k=1}^{i}\tilde{\boldsymbol{v}}_k^\mathrm{T}\boldsymbol{z}_k\right)\tilde{\boldsymbol{v}}_i\boldsymbol{z}_i\end{aligned}$$

$$\sum_{i=1}^{n-1}\left(\sum_{k=i+1}^{n}\tilde{\boldsymbol{v}}_k^\mathrm{T}\boldsymbol{z}_k\right)\tilde{\boldsymbol{v}}_i\boldsymbol{z}_i-\sum_{i=1}^{n-1}\left(\sum_{k=1}^{i-1}\tilde{\boldsymbol{v}}_k^\mathrm{T}\boldsymbol{z}_k\right)\tilde{\boldsymbol{v}}_i\boldsymbol{z}_i=\boldsymbol{z}_n\left(\sum_{k=1}^{n-1}\tilde{\boldsymbol{v}}_k^\mathrm{T}\boldsymbol{z}_k\right)\tilde{\boldsymbol{v}}_n$$

由定义式，求得 V_a 的导数如下：

$$\begin{aligned}\dot{V}_\mathrm{a}&=\sum_{i=1}^{n-1}\boldsymbol{z}_i\dot{\boldsymbol{z}}_i-\boldsymbol{z}_n\dot{\boldsymbol{z}}_n\\&=\sum_{i=1}^{n-1}\boldsymbol{z}_i\left[\boldsymbol{z}_{i+1}+\tilde{\boldsymbol{\alpha}}_i-\frac{\partial\tilde{\boldsymbol{\alpha}}_{i-1}}{\partial t}-\sum_{k=1}^{i-1}\frac{\partial\tilde{\boldsymbol{\alpha}}_{i-1}}{\partial\boldsymbol{e}_k}\boldsymbol{e}_{k+1}+\tilde{\boldsymbol{w}}_i^\mathrm{T}\boldsymbol{\theta}+\sum_{j=1}^{n}\boldsymbol{\pi}_{ij}\boldsymbol{z}_j+\tilde{\boldsymbol{v}}_i^\mathrm{T}(L_{\tilde{\boldsymbol{g}}_1}V_\mathrm{a})^\mathrm{T}\right]\\&\quad+\boldsymbol{z}_n\left[\tilde{\boldsymbol{u}}-\frac{\partial\tilde{\boldsymbol{\alpha}}_{n-1}}{\partial t}-\sum_{k=1}^{n-1}\frac{\partial\tilde{\boldsymbol{\alpha}}_{n-1}}{\partial\boldsymbol{e}_k}\boldsymbol{e}_{k+1}+\tilde{\boldsymbol{w}}_n^\mathrm{T}\boldsymbol{\theta}+\sum_{j=1}^{n}\boldsymbol{\pi}_{nj}\boldsymbol{z}_j+\tilde{\boldsymbol{v}}_n^\mathrm{T}(L_{\tilde{\boldsymbol{g}}_1}V_\mathrm{a})^\mathrm{T}\right]\\&=\sum_{i=1}^{n-1}\boldsymbol{z}_i\left[\boldsymbol{z}_{i+1}+\tilde{\boldsymbol{\alpha}}_i-\frac{\partial\tilde{\boldsymbol{\alpha}}_{i-1}}{\partial t}-\sum_{k=1}^{i-1}\frac{\partial\tilde{\boldsymbol{\alpha}}_{i-1}}{\partial\boldsymbol{e}_k}\boldsymbol{e}_{k+1}+\tilde{\boldsymbol{w}}_i^\mathrm{T}\boldsymbol{\theta}+\sum_{j=1}^{n}\boldsymbol{\pi}_{ij}\boldsymbol{z}_j\right]\\&\quad+\boldsymbol{z}_n\left[\tilde{\boldsymbol{u}}-\frac{\partial\tilde{\boldsymbol{\alpha}}_{n-1}}{\partial t}-\sum_{k=1}^{n-1}\frac{\partial\tilde{\boldsymbol{\alpha}}_{n-1}}{\partial\boldsymbol{e}_k}\boldsymbol{e}_{k+1}+\tilde{\boldsymbol{w}}_n^\mathrm{T}\boldsymbol{\theta}+\sum_{j=1}^{n}\boldsymbol{\pi}_{nj}\boldsymbol{z}_j\right]+(L_{\tilde{\boldsymbol{g}}_1}V_\mathrm{a})^\mathrm{T}(L_{\tilde{\boldsymbol{g}}_1}V_\mathrm{a})\\&=\sum_{i=1}^{n-1}\boldsymbol{z}_i\left[\boldsymbol{z}_{i+1}+\tilde{\boldsymbol{\alpha}}_i-\frac{\partial\tilde{\boldsymbol{\alpha}}_{i-1}}{\partial t}-\sum_{k=1}^{i-1}\frac{\partial\tilde{\boldsymbol{\alpha}}_{i-1}}{\partial\boldsymbol{e}_k}\boldsymbol{e}_{k+1}+\tilde{\boldsymbol{w}}_i^\mathrm{T}\boldsymbol{\theta}+\sum_{j=1}^{n}\boldsymbol{\pi}_{ij}\boldsymbol{z}_j\right.\\&\quad\left.+2\left(\sum_{k=1}^{i-1}\tilde{\boldsymbol{v}}_k^\mathrm{T}\boldsymbol{z}_k\right)\tilde{\boldsymbol{v}}_i\right]+\boldsymbol{z}_n\left[\tilde{\boldsymbol{u}}-\frac{\partial\tilde{\boldsymbol{\alpha}}_{n-1}}{\partial t}-\sum_{k=1}^{n-1}\frac{\partial\tilde{\boldsymbol{\alpha}}_{n-1}}{\partial\boldsymbol{e}_k}\boldsymbol{e}_{k+1}+\tilde{\boldsymbol{w}}_n^\mathrm{T}\boldsymbol{\theta}\right.\\&\quad\left.+\sum_{j=1}^{n}\boldsymbol{\pi}_{nj}\boldsymbol{z}_j+|\tilde{\boldsymbol{v}}_n|^2\boldsymbol{z}_n+2\left(\sum_{k=1}^{n-1}\tilde{\boldsymbol{v}}_k^\mathrm{T}\boldsymbol{z}_k\right)\tilde{\boldsymbol{v}}_n\right]\end{aligned}$$

设计 $\tilde{\boldsymbol{\alpha}}_1,\cdots,\tilde{\boldsymbol{\alpha}}_{n-1}$ 如下:

$$\begin{aligned}\tilde{\boldsymbol{\alpha}}_1 &= -c_1\boldsymbol{z}_1-\tilde{\boldsymbol{w}}_1^{\mathrm{T}}\boldsymbol{\theta}-\boldsymbol{\sigma}_{11}\boldsymbol{z}_1\\ \tilde{\boldsymbol{\alpha}}_i &= -\boldsymbol{z}_{i-1}-c_i\boldsymbol{z}_i+\frac{\partial\tilde{\boldsymbol{\alpha}}_{i-1}}{\partial t}+\sum_{k=1}^{i-1}\frac{\partial\tilde{\boldsymbol{\alpha}}_{i-1}}{\partial \boldsymbol{e}_k}\boldsymbol{e}_{k+1}-\tilde{\boldsymbol{w}}_i^{\mathrm{T}}\boldsymbol{\theta}\\ &\quad-\sum_{k=1}^{i-1}(\sigma_{ki}+\sigma_{ik})\boldsymbol{z}_k-\sigma_{ii}\boldsymbol{z}_i-2\Big(\sum_{k=1}^{i-1}\tilde{\boldsymbol{v}}_k^{\mathrm{T}}\boldsymbol{z}_k\Big)\tilde{\boldsymbol{v}}_i\end{aligned}$$

其中 $i=2,\cdots,n-1$. 将以上两式代入 V_{a} 的导数式, 得

$$\begin{aligned}\dot{V}_{\mathrm{a}} &= -\sum_{i=1}^{n-1}c_i\boldsymbol{z}_i^2+\sum_{i=1}^{n-1}\boldsymbol{z}_i(\boldsymbol{z}_{i+1}-\boldsymbol{z}_{i-1})-\sum_{i=1}^{n-1}\boldsymbol{z}_i\Big[\sum_{k=1}^{i-1}(\sigma_{ki}+\sigma_{ik})\boldsymbol{z}_k\Big]-\sum_{i=1}^{n-1}\sigma_{ii}\boldsymbol{z}_i^2\\ &\quad+\sum_{i=1}^{n-1}\boldsymbol{z}_i\Big(\sum_{j=1}^{n}\boldsymbol{\pi}_{ij}\boldsymbol{z}_j\Big)+\boldsymbol{z}_n\Big[\tilde{\boldsymbol{u}}-\frac{\partial\tilde{\boldsymbol{\alpha}}_{n-1}}{\partial t}-\sum_{k=1}^{n-1}\frac{\partial\tilde{\boldsymbol{\alpha}}_{n-1}}{\partial \boldsymbol{e}_k}\boldsymbol{e}_{k+1}+\tilde{\boldsymbol{w}}_n^{\mathrm{T}}\boldsymbol{\theta}+\sum_{j=1}^{n}\boldsymbol{\pi}_{nj}\boldsymbol{z}_j\\ &\quad+|\tilde{\boldsymbol{v}}_n|^2\boldsymbol{z}_n+2\Big(\sum_{k=1}^{n-1}\tilde{\boldsymbol{v}}_k^{\mathrm{T}}\boldsymbol{z}_k\Big)\tilde{\boldsymbol{v}}_n\Big]\\ &= -\sum_{i=1}^{n-1}c_i\boldsymbol{z}_i^2-\boldsymbol{z}_n\sum_{k=1}^{n-1}(\sigma_{nk}+\sigma_{kn})\boldsymbol{z}_k-\sigma_{nn}\boldsymbol{z}_n^2-\sum_{i=1}^{n-1}\boldsymbol{z}_i\Big[\sum_{k=1}^{i-1}(\sigma_{ki}+\sigma_{ik})\boldsymbol{z}_k\Big]\\ &\quad-\sum_{i=1}^{n-1}\sigma_{ii}\boldsymbol{z}_i^2+\sum_{i=1}^{n-1}\boldsymbol{z}_i\Big(\sum_{i=1}^{n}\boldsymbol{\pi}_{ij}\boldsymbol{z}_j\Big)\\ &\quad+\boldsymbol{z}_n\Big[\boldsymbol{z}_{n-1}+\sum_{k=1}^{n-1}(\sigma_{kn}+\sigma_{nk})\boldsymbol{z}_k+\sigma_{nn}\boldsymbol{z}_n+\tilde{\boldsymbol{u}}-\frac{\partial\tilde{\boldsymbol{\alpha}}_{n-1}}{\partial t}-\sum_{k=1}^{n-1}\frac{\partial\tilde{\boldsymbol{\alpha}}_{n-1}}{\partial \boldsymbol{e}_k}\boldsymbol{e}_{k+1}\\ &\quad+\tilde{\boldsymbol{w}}_n^{\mathrm{T}}\boldsymbol{\theta}+|\tilde{\boldsymbol{v}}_n|^2\boldsymbol{z}_n+2\Big(\sum_{k=1}^{n-1}\tilde{\boldsymbol{v}}_k^{\mathrm{T}}\boldsymbol{z}_k\Big)\tilde{\boldsymbol{v}}_n\Big]\\ &= -\sum_{i=1}^{n-1}c_i\boldsymbol{z}_i^2+\boldsymbol{z}_n\Big[\boldsymbol{z}_{n-1}+\sum_{k=1}^{n-1}(\sigma_{kn}+\sigma_{nk})\boldsymbol{z}_k+\sigma_{nn}\boldsymbol{z}_n+\tilde{\boldsymbol{u}}-\frac{\partial\tilde{\boldsymbol{\alpha}}_{n-1}}{\partial t}\\ &\quad-\sum_{k=1}^{n-1}\frac{\partial\tilde{\boldsymbol{\alpha}}_{n-1}}{\partial \boldsymbol{e}_k}\boldsymbol{e}_{k+1}+\tilde{\boldsymbol{w}}_n^{\mathrm{T}}\boldsymbol{\theta}+|\tilde{\boldsymbol{v}}_n|^2\boldsymbol{z}_n+2\Big(\sum_{k=1}^{n-1}\tilde{\boldsymbol{v}}_k^{\mathrm{T}}\boldsymbol{z}_k\Big)\tilde{\boldsymbol{v}}_n\Big]\end{aligned}$$

因为 $\tilde{\boldsymbol{g}}_2=[0,\cdots,1]^{\mathrm{T}}$, 故 $(L_{\tilde{\boldsymbol{g}}_2}V_{\mathrm{a}})^{\mathrm{T}}=\boldsymbol{z}_n$. 为了得到原系统逆最优控制律, 根据定理 9.4, 需取 $\tilde{\boldsymbol{u}}$ 为如下形式:

$$\tilde{\boldsymbol{u}}=\tilde{\boldsymbol{\alpha}}_n(t,\boldsymbol{e},\boldsymbol{\theta})=-r^{-1}(t,\boldsymbol{e},\boldsymbol{\theta})\boldsymbol{z}_n$$

由于 $\boldsymbol{e}_{k+1}=\boldsymbol{z}_{k+1}+\tilde{\boldsymbol{\alpha}}_k(k=1,\cdots,n-1)$, 在 $\boldsymbol{e}=\boldsymbol{0}$ 处 $V_{\rm a}$ 的导数式中最后四项将抵消, 且 $\boldsymbol{e}=\boldsymbol{0}$ 当且仅当 $\boldsymbol{z}=\boldsymbol{0}$, 所以, 存在光滑函数 $\phi_k(k=1,\cdots,n)$, 使下式成立:

$$-\frac{\partial\tilde{\boldsymbol{\alpha}}_{n-1}}{\partial t}-\sum_{k=1}^{n-1}\frac{\partial\tilde{\boldsymbol{\alpha}}_{n-1}}{\partial\boldsymbol{e}_k}\boldsymbol{e}_{k+1}+\tilde{\boldsymbol{w}}_n^{\rm T}\boldsymbol{\theta}+2\Big(\sum_{k=1}^{n-1}\tilde{\boldsymbol{v}}_k^{\rm T}\boldsymbol{z}_k\Big)\tilde{\boldsymbol{v}}_n=\sum_{k=1}^{n}\phi_k\boldsymbol{z}_k$$

因此得

$$\dot{V}_{\rm a}=-\sum_{k=1}^{n-1}c_k\boldsymbol{z}_k^2+\boldsymbol{z}_n\tilde{\boldsymbol{u}}+\sum_{k=1}^{n}\boldsymbol{z}_n\varPhi_k\boldsymbol{z}_k$$

其中

$$\begin{aligned}&\varPhi_k=\sigma_{kn}+\sigma_{nk}+\phi_k\quad(k=1,\cdots,n-2)\\&\varPhi_{n-1}=1+\sigma_{n-1,n}+\sigma_{n,n-1}+\phi_{n-1}\\&\varPhi_n=\sigma_{nn}+\phi_n+|\tilde{\boldsymbol{v}}_n|^2\end{aligned}$$

取

$$r(t,\boldsymbol{e},\boldsymbol{\theta})=\Big(c_n+\sum_{k=1}^{n}\frac{\boldsymbol{\varPhi}_k^2}{2c_k}\Big)^{-1}>0\quad(c_k>0,\forall t,\boldsymbol{e},\boldsymbol{\theta})$$

代入 $V_{\rm a}$ 的导数式, 得

$$\dot{V}_{\rm a}=-\frac{1}{2}\sum_{k=1}^{n}c_k\boldsymbol{z}_k^2-\sum_{k=1}^{n}\frac{c_k}{2}\Big(\boldsymbol{z}_k-\frac{\boldsymbol{\varPhi}_k}{c_k}\boldsymbol{z}_n\Big)^2$$

由定理 9.4, 取 $\beta=2$, 得

$$\tilde{\boldsymbol{u}}=\tilde{\boldsymbol{\alpha}}_n^*(t,\boldsymbol{e},\hat{\boldsymbol{\theta}})=2\tilde{\boldsymbol{\alpha}}_n(t,\boldsymbol{e},\hat{\boldsymbol{\theta}})$$

由定理 9.3, 设计参数自适应律为

$$\dot{\hat{\boldsymbol{\theta}}}=\boldsymbol{\varGamma}\Big(\frac{\partial V_{\rm a}}{\partial\boldsymbol{e}}\boldsymbol{F}\Big)^{\rm T}=\boldsymbol{\varGamma}\sum_{j=1}^{n}\boldsymbol{w}_j\boldsymbol{z}_j$$

定理 9.5 对于由严格反馈非线性系统、控制律与参数自适应律形成的闭环系统, 对已知的跟踪信号, 可实现稳健自适应逆最优跟踪.

在上面推导过程中, 可以发现 $\boldsymbol{z}_i$ 是有界的, 从而 $\boldsymbol{e}_i,\boldsymbol{x}_i$ 是有界的, 因此, 所有信号都是有界的.

9.2.3 数值仿真

考察如下二阶系统:

$$
\begin{aligned}
\dot{x}_1 &= x_2 + x_1^2\theta + x_1 d \\
\dot{x}_2 &= x_2\theta + (x_1^2 + x_2)d + u \\
y &= x_1
\end{aligned}
$$

取

$$
\begin{aligned}
&\beta = \lambda = 2, \quad \mu = 1, \quad c_1 = c_2 = 3, \quad \theta = 0.5, \quad \hat{\theta}(0) = 0.2 \\
&\varGamma = 0.3, \quad x_1(0) = 0.2, \quad x_2(0) = 0.5
\end{aligned}
$$

假定

$$
d = \frac{1}{20}(2\sin t + 5\sin\sqrt{13t} + 7\cos 15t + 9\cos 19t)
$$

由前述算法得控制律和参数自适应律为

$$
\begin{aligned}
\tilde{\alpha}_1 &= -x_1^2\hat{\theta} + y_{\mathrm{r}}^2\hat{\theta} - 3x_1 + 3y_{\mathrm{r}} \\
\tilde{\alpha}_2 &= -2\Big\{3 + [1 + x_1^4 + 2(x_1 - y_{\mathrm{r}})(x_1^2 - y_{\mathrm{r}}^2 + x_2 - \dot{y}_{\mathrm{r}} + y_{\mathrm{r}}^2\hat{\theta} \\
&\quad + y_{\mathrm{r}}(0.1\sin t + 0.25\sin\sqrt{13t} + 0.35\cos 15t + 0.45\cos 19t) \\
&\quad + 3x_1 - 3y_{\mathrm{r}} + 2x_1^2\hat{\theta} - 2x_1 y_{\mathrm{r}}\hat{\theta}) - 6x_1\hat{\theta} - x_1\hat{\theta}^2 - y_{\mathrm{r}}\hat{\theta}^2 - 3\hat{\theta} - 9]^2/6\Big\} \\
&\quad \cdot (x_2 - \dot{y}_{\mathrm{r}} + y_{\mathrm{r}}(0.1\sin t + 0.25\sin\sqrt{13t} + 0.35\cos 15t + 0.45\cos 19t) \\
&\quad + y_{\mathrm{r}}^2\hat{\theta} + x_1^2\hat{\theta} - y_{\mathrm{r}}^2\hat{\theta} + 3x_1 - 3y_{\mathrm{r}}) \\
\tilde{u} &= 2\tilde{\alpha}_2 \\
\dot{\hat{\theta}} &= x_1^2(x_1 - y_{\mathrm{r}}) + \big[x_2 + \big(3 + 2x_1\hat{\theta} - 2y_{\mathrm{r}}\hat{\theta}\big)x_1^2\big][x_2 - \dot{y}_{\mathrm{r}} + y_{\mathrm{r}}^2\hat{\theta} \\
&\quad + y_{\mathrm{r}}\big(0.1\sin t + 0.25\sin\sqrt{13t} + 0.35\cos 15t + 0.45\cos 19t\big) \\
&\quad + 3x_1 + 3y_{\mathrm{r}} + x_1^2\hat{\theta} - y_{\mathrm{r}}^2\hat{\theta}]
\end{aligned}
$$

分别对跟踪信号 $y_r=\sin t$ 和 $y_r=1(t)$ 进行仿真. 仿真结果如图 9.2 所示.

由图 9.2 可见, 在虚拟控制 $\tilde{\alpha}_1$ 和控制 $\tilde{u}$ 以及自适应律的作用下, 跟踪效果是令人满意的, 说明了该控制算法的有效性.

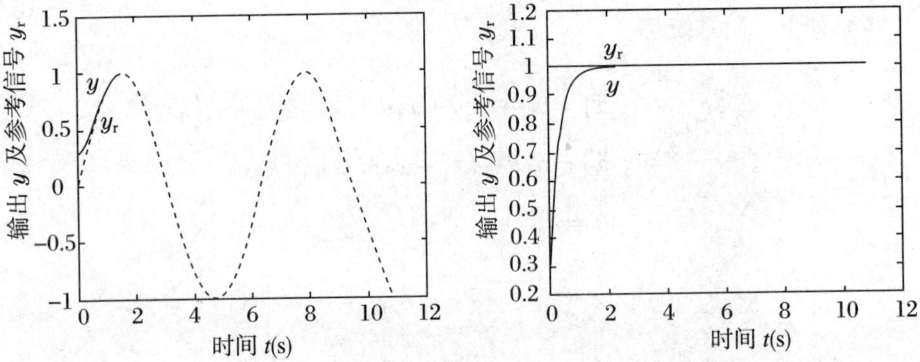

图 9.2 对正弦信号和阶跃信号的跟踪效果

9.3 随机非线性系统自适应逆最优控制

一个简单的构造性方法的发现导致人们重新去认识随机稳定性问题. 当前, 对随机非线性系统的讨论已发展到优化控制设计. 应该说, Florchinger[12] 最早将控制 Lyapunov 函数及 Sontag 公式推广到随机非线性系统, 提出了随机非线性系统依概率稳定问题, 给出了在对随机非线性系统作 Lyapunov 稳定性分析与设计中如何处理二阶 Hesse 矩阵函数的方法. Pan 和 Basar[16] 等则广泛研究了随机非线性系统风险灵敏度指标最优控制问题. Krstic 和 Deng[9] 等将逆最优控制引入到随机非线性系统, 构造了适当形式的四次型随机控制 Lyapunov 函数, 解决了严格反馈系统的镇定和逆最优控制问题. 在这一节, 针对具有标准 Wiener 噪声扰动和未知定常参数的严格反馈随机非线性系统, 在给出自适应逆最优控制问题可解定理的基础上, 基于 Itô 微分规则和自适应 Backstepping 算法, 系统地设计了全局依概率渐近稳定和自适应逆最优控制器以及输出反馈逆最优控制器, 这种方法可同时获得控制律和自适应律, 仿真结果表明该控制算法是有效的.

9.3.1 问题描述

考察下面的参数严格反馈随机非线性系统:

$$\begin{aligned} \mathrm{d}x_i &= x_{i+1}\mathrm{d}t + \boldsymbol{\varphi}_i^{\mathrm{T}}(\bar{x}_i)\boldsymbol{\theta}\mathrm{d}t + \boldsymbol{\eta}_i^{\mathrm{T}}(\bar{x}_i)\mathrm{d}w \\ \mathrm{d}x_n &= u\mathrm{d}t + \boldsymbol{\varphi}_n^{\mathrm{T}}(\bar{x}_n)\boldsymbol{\theta}\mathrm{d}t + \boldsymbol{\eta}_n^{\mathrm{T}}(\bar{x}_n)\mathrm{d}w \end{aligned} \quad (1 \leqslant i \leqslant n-1)$$

其中 $\boldsymbol{x}_i$ 是状态变量, $\bar{\boldsymbol{x}}_i = [x_1, x_2, \cdots, x_i]^{\mathrm{T}} (i = 1, 2, \cdots, n)$; $u \in \mathbb{R}$ 是输入信号; $\boldsymbol{\varphi}_i(\bar{\boldsymbol{x}}_i) \in \mathbb{R}^p$ 是已知的光滑非线性函数向量; $\boldsymbol{\theta} \in \mathbb{R}^p$ 是未知参数常向量或未知参数慢变向量, 设 $\boldsymbol{\theta}$ 的估计值是 $\hat{\boldsymbol{\theta}}(t)$, 则误差定义为 $\tilde{\boldsymbol{\theta}}(t) = \boldsymbol{\theta} - \hat{\boldsymbol{\theta}}(t)$; $\boldsymbol{\eta}_i(\bar{\boldsymbol{x}}_i) \in \mathbb{R}^r$ 是已知的光滑非线性函数向量; $\boldsymbol{w}$ 是定义在概率空间 $(\boldsymbol{\Omega}, F, P)$ 上的 r 维相互独立的标准 Wiener 过程向量, 其中 $\boldsymbol{\Omega}$ 为样本空间, F 为 σ 代数, P 为概率测度. 系统原点是系统的平衡点.

为了研究上述随机非线性系统, 先考察如下结构的一般随机非线性系统:

$$\mathrm{d}\boldsymbol{x} = \boldsymbol{f}(\boldsymbol{x})\mathrm{d}t + \boldsymbol{g}_1(\boldsymbol{x})\mathrm{d}\boldsymbol{w}$$

其中 $\boldsymbol{x} \in \mathbb{R}^n$ 是系统的状态向量, 函数 $\boldsymbol{f}: \mathbb{R}^n \to \mathbb{R}^n$ 和 $\boldsymbol{g}_1: \mathbb{R}^n \to \mathbb{R}^{n\times r}$ 是光滑的, $\boldsymbol{w}$ 的定义同上述随机非线性系统, 且 $\boldsymbol{f}(\mathbf{0}) = \mathbf{0}, \boldsymbol{g}_1(\mathbf{0}) = \mathbf{0}$. 在定义 8.11 和定义 8.12 的基础上, 再给出如下定义.

定义 9.3　相对于一般随机非线性系统, 对于如下一般结构的随机系统:

$$\mathrm{d}\boldsymbol{x} = \boldsymbol{f}(\boldsymbol{x}, \boldsymbol{\theta})\mathrm{d}t + \boldsymbol{g}_1(\boldsymbol{x})\mathrm{d}\boldsymbol{w} + \boldsymbol{g}_2(\boldsymbol{x})\boldsymbol{u}\mathrm{d}t$$

称该系统平衡点 $\boldsymbol{x} = \mathbf{0}$ 是全局依概率渐近稳定的, 如果存在控制策略 $u = \alpha(\boldsymbol{x}, \hat{\boldsymbol{\theta}})$ 和自适应率 $\dot{\hat{\boldsymbol{\theta}}}$, α 处处连续, 且 $\alpha(\mathbf{0}, \hat{\boldsymbol{\theta}}) = 0$, 满足闭环系统的平衡点 $\boldsymbol{x} = \mathbf{0}$ 是全局依概率渐近稳定的.

定义 9.4　称一般结构的随机系统自适应逆最优控制问题是可解的, 如果存在一 K_∞ 类函数 γ_2, 其导数 γ_2' 也是一 K_∞ 类函数; 矩阵值函数 $\boldsymbol{R}_2(\boldsymbol{x})$, 且对所有的 $\boldsymbol{x}$ 是对称、正定的; 正定、径向无界函数 $l(\boldsymbol{x}, \hat{\boldsymbol{\theta}})$; 反馈控制策略 $u = \alpha(\boldsymbol{x}, \hat{\boldsymbol{\theta}})$ 和

自适应率 $\dot{\hat{\boldsymbol{\theta}}}$, α 处处连续, 且 $\alpha(\mathbf{0},\hat{\boldsymbol{\theta}})=0$, 确保该系统在平衡点 $\boldsymbol{x}=\mathbf{0}$ 是全局依概率渐近稳定, 并使下列目标泛函最小:

$$J(u)=E\left\{2\beta\lim_{t\to\infty}V(\boldsymbol{x},\hat{\boldsymbol{\theta}})+\int_0^\infty l(\boldsymbol{x},\hat{\boldsymbol{\theta}})+\gamma_2\left(\left|\boldsymbol{R}_2(\boldsymbol{x})^{1/2}u\right|\right)\mathrm{d}\tau\right\}$$

其中 $V(\boldsymbol{x},\hat{\boldsymbol{\theta}})$ 是候选的控制 Lyapunov 函数, β 是正常数, 称为设计的自由度.

定理 9.6(随机 LaSalle 定理)[9] 考虑一般随机非线性系统, 假设存在正定、径向无界的二阶连续可微函数 $V(\boldsymbol{x})$, 以及连续非负函数 $W(\boldsymbol{x})\geqslant 0$, 使得 $V(\boldsymbol{x})$ 沿一般随机非线性系统的状态轨迹, 对时间的变化率 $LV\leqslant -W(\boldsymbol{x})$ 成立, 则原系统在平衡点 $\boldsymbol{x}=\mathbf{0}$ 达到全局依概率一致稳定, 且有渐近特性

$$P\left(\lim_{t\to\infty}W(\boldsymbol{x})=0\right)=1$$

定理 9.7 考察控制策略

$$u=\alpha(\boldsymbol{x},\hat{\boldsymbol{\theta}})=-\boldsymbol{R}_2^{-1}(L_{\boldsymbol{g}_2}V)^{\mathrm{T}}\frac{\ell\gamma_2(|L_{\boldsymbol{g}_2}V\boldsymbol{R}_2^{-\frac{1}{2}}|)}{|L_{\boldsymbol{g}_2}V\boldsymbol{R}_2^{-\frac{1}{2}}|^2}$$

其中 $V(\boldsymbol{x},\hat{\boldsymbol{\theta}})$ 是一般结构的随机系统的候选控制 Lyapnuov 函数, γ_2 是一 K_∞ 类函数, 其导数 γ_2' 也是一类 K_∞ 函数, $\boldsymbol{R}_2(\boldsymbol{x})$ 是对所有的 $\boldsymbol{x}$ 对称、正定的矩阵值函数, $L_{\boldsymbol{g}_2}V$ 是李导数, 表示 $\dfrac{\partial V}{\partial \boldsymbol{x}}\boldsymbol{g}_2(\boldsymbol{x})$. 对于一般结构的随机系统, 如果上述控制策略获得全局依概率渐近稳定, 那么控制策略

$$u^*=\alpha^*(\boldsymbol{x},\hat{\boldsymbol{\theta}})=-\frac{\beta}{2}\boldsymbol{R}_2^{-1}(L_{\boldsymbol{g}_2}V)^{\mathrm{T}}\frac{{\gamma_2'}^{-1}(|L_{\boldsymbol{g}_2}V\boldsymbol{R}_2^{-\frac{1}{2}}|)}{|L_{\boldsymbol{g}_2}V\boldsymbol{R}_2^{-\frac{1}{2}}|^2}\quad(\beta\geqslant 2)$$

和设计的参数自适应律可以解决一般结构的随机系统的自适应逆最优控制问题, 并使下列目标泛函最小:

$$J(u)=E\left\{2\beta\lim_{t\to\infty}V(\boldsymbol{x},\hat{\boldsymbol{\theta}})+\int_0^\infty\left[l(\boldsymbol{x},\hat{\boldsymbol{\theta}})+\beta^2\gamma_2\left(\frac{2}{\beta}|\boldsymbol{R}_2^{\frac{1}{2}}u|\right)\right]\mathrm{d}\tau\right\}$$

其中

$$\begin{aligned}l(\boldsymbol{x},\hat{\boldsymbol{\theta}})=2\beta&\left[\ell\gamma_2(|L_{\boldsymbol{g}_2}V\boldsymbol{R}_2^{-\frac{1}{2}}|)-L_{\boldsymbol{f}}V-\frac{1}{2}\mathrm{tr}\left(\boldsymbol{g}_1^{\mathrm{T}}\frac{\partial^2 V}{\partial\boldsymbol{x}^2}\boldsymbol{g}_1\right)-\frac{\partial V}{\partial\hat{\boldsymbol{\theta}}}\dot{\hat{\boldsymbol{\theta}}}\right]\\&+\beta(\beta-2)\ell\gamma_2(|L_{\boldsymbol{g}_2}V\boldsymbol{R}_2^{-\frac{1}{2}}|)\end{aligned}$$

式中 $L_{\boldsymbol{f}}V$ 是李导数, 表示 $\dfrac{\partial V}{\partial \boldsymbol{x}}f(\boldsymbol{x},\boldsymbol{\theta})$. 上式称为原一般结构的随机系统关于 $V(\boldsymbol{x},\hat{\boldsymbol{\theta}})$ 的 HJI 方程.

证明　由于定理中的控制策略使一般结构的随机系统全局依概率渐近稳定, 根据定理 9.6, 存在一连续非负函数 $W(\boldsymbol{x},\hat{\boldsymbol{\theta}}):\mathbb{R}^n\times\mathbb{R}^p\to\mathbb{R}_+$ 满足

$$\begin{aligned}LV(\boldsymbol{x},\hat{\boldsymbol{\theta}})&=L_{\boldsymbol{f}}V+\frac{1}{2}\mathrm{tr}\left(\boldsymbol{g}_1^{\mathrm{T}}\frac{\partial^2 V}{\partial \boldsymbol{x}^2}\boldsymbol{g}_1\right)+L_{\boldsymbol{g}_2}V\alpha+\frac{\partial V}{\partial\hat{\boldsymbol{\theta}}}\dot{\hat{\boldsymbol{\theta}}}\\&=-\ell\gamma_2(|L_{\boldsymbol{g}_2}V\boldsymbol{R}_2^{-\frac{1}{2}}|)+L_{\boldsymbol{f}}V+\frac{1}{2}\mathrm{tr}\left(\boldsymbol{g}_1^{\mathrm{T}}\frac{\partial^2 V}{\partial \boldsymbol{x}^2}\boldsymbol{g}_1\right)+\frac{\partial V}{\partial\hat{\boldsymbol{\theta}}}\dot{\hat{\boldsymbol{\theta}}}\\&\leqslant -W(\boldsymbol{x},\hat{\boldsymbol{\theta}})\end{aligned}$$

由 HJI 方程, 得

$$\begin{aligned}l(\boldsymbol{x},\hat{\boldsymbol{\theta}})&=2\beta\left[\ell\gamma_2(|L_{\boldsymbol{g}_2}V\boldsymbol{R}_2^{-\frac{1}{2}}|)-L_{\boldsymbol{f}}V-\frac{1}{2}\mathrm{tr}\left(\boldsymbol{g}_1^{\mathrm{T}}\frac{\partial^2 V}{\partial \boldsymbol{x}^2}\boldsymbol{g}_1\right)-\frac{\partial V}{\partial\hat{\boldsymbol{\theta}}}\dot{\hat{\boldsymbol{\theta}}}\right]\\&\quad+\beta(\beta-2)\ell\gamma_2(|L_{\boldsymbol{g}_2}V\boldsymbol{R}_2^{-\frac{1}{2}}|)\\&\geqslant 2\beta W(\boldsymbol{x},\hat{\boldsymbol{\theta}})+\beta(\beta-2)\ell\gamma_2(|L_{\boldsymbol{g}_2}V\boldsymbol{R}_2^{-\frac{1}{2}}|)\end{aligned}$$

由于 $W(\boldsymbol{x},\hat{\boldsymbol{\theta}})$ 是正定的, $\beta\geqslant 2$, 且 $\ell\gamma_2$ 是一 K_∞ 类函数, 故 $l(\boldsymbol{x},\hat{\boldsymbol{\theta}})$ 是正定、径向无界的. 因此, 定理 9.7 中定义的 $J(u)$ 是有意义的目标泛函.

先证明上述控制策略可使一般结构的随机系统全局依概率渐近稳定. 函数 $V(\boldsymbol{x},\hat{\boldsymbol{\theta}})$ 对时间的变化率为

$$\begin{aligned}LV(\boldsymbol{x},\hat{\boldsymbol{\theta}})&=L_{\boldsymbol{f}}V+\frac{1}{2}\mathrm{tr}\left(\boldsymbol{g}_1^{\mathrm{T}}\frac{\partial^2 V}{\partial \boldsymbol{x}^2}\boldsymbol{g}_1\right)+\frac{\partial V}{\partial\hat{\boldsymbol{\theta}}}\dot{\hat{\boldsymbol{\theta}}}-\frac{\beta}{2}|L_{\boldsymbol{g}_2}V\boldsymbol{R}_2^{-\frac{1}{2}}|(\gamma_2')^{-1}(|L_{\boldsymbol{g}_2}V\boldsymbol{R}_2^{-\frac{1}{2}}|)\\&=L_{\boldsymbol{f}}V+\frac{1}{2}\mathrm{tr}\left(\boldsymbol{g}_1^{\mathrm{T}}\frac{\partial^2 V}{\partial \boldsymbol{x}^2}\boldsymbol{g}_1\right)+\frac{\partial V}{\partial\hat{\boldsymbol{\theta}}}\dot{\hat{\boldsymbol{\theta}}}\\&\quad-\frac{\beta}{2}\left[\ell\gamma_2(|L_{\boldsymbol{g}_2}V\boldsymbol{R}_2^{-\frac{1}{2}}|)+\gamma_2(\gamma_2'^{-1}(|L_{\boldsymbol{g}_2}V\boldsymbol{R}_2^{-\frac{1}{2}}|))\right]\\&\leqslant -W(\boldsymbol{x},\hat{\boldsymbol{\theta}})<0\quad(\forall\boldsymbol{x}\neq\boldsymbol{0})\end{aligned}$$

上面的推导利用了 Young 不等式. 再由定理 9.6 即得证. 现在证明最优性. V 的 Itô 微分是

$$\mathrm{d}V=LV(\boldsymbol{x},\hat{\boldsymbol{\theta}})\mathrm{d}t+\frac{\partial V}{\partial \boldsymbol{x}}\boldsymbol{g}_1(\boldsymbol{x})\mathrm{d}\boldsymbol{w}$$

由于 $\boldsymbol{w}$ 是定义在概率空间 (Ω,F,P) 上的 r 维相互独立的标准 Wiener 过程向量, 根据 Itô 积分的性质, 得

$$E(V(0)-V(t)+\int_0^t LV\mathrm{d}\tau)=0$$

将 HJI 方程和 $l(\boldsymbol{x},\hat{\boldsymbol{\theta}})$ 代入目标函数式 $J(u)$, 并考虑上式, 得

$$\begin{aligned}J(u)&=E\left(2\beta\lim_{t\to\infty}V(\boldsymbol{x},\hat{\boldsymbol{\theta}})+\int_0^\infty\left(l(\boldsymbol{x},\hat{\boldsymbol{\theta}})+\beta^2\gamma_2\left(\frac{2}{\beta}|\boldsymbol{R}_2^{\frac{1}{2}}u|\right)\right)\mathrm{d}\tau\right)\\&=2\beta E(V(\boldsymbol{x}(0),\hat{\boldsymbol{\theta}}(0)))+E\left(\int_0^\infty\left(2\beta LV+l(\boldsymbol{x},\hat{\boldsymbol{\theta}})+\beta^2\gamma_2\left(\frac{2}{\beta}|\boldsymbol{R}_2^{\frac{1}{2}}u|\right)\right)\mathrm{d}\tau\right)\\&=2\beta E(V(\boldsymbol{x}(0),\hat{\boldsymbol{\theta}}(0)))\\&\quad+E\left(\int_0^\infty\left(\beta^2\gamma_2\left(\frac{2}{\beta}|\boldsymbol{R}_2^{\frac{1}{2}}u|\right)+\beta^2\ell\gamma_2(|L_{\boldsymbol{g}_2}V\boldsymbol{R}_2^{-\frac{1}{2}}|)+2\beta L_{\boldsymbol{g}_2}Vu\right)\mathrm{d}\tau\right)\end{aligned}$$

并注意到

$$\gamma_2'\left(\left|\frac{2}{\beta}\boldsymbol{R}_2^{-\frac{1}{2}}u^*\right|\right)=|L_{\boldsymbol{g}_2}V\boldsymbol{R}_2^{-\frac{1}{2}}|$$

得

$$\begin{aligned}J(u)=&\,2\beta E(V(\boldsymbol{x}(0),\hat{\boldsymbol{\theta}}(0)))+E\left(\int_0^\infty\left(\beta^2\gamma_2\left(\frac{2}{\beta}|\boldsymbol{R}_2^{\frac{1}{2}}u|\right)+\beta^2l^2\gamma_2\left(\gamma_2'\left(\left|\frac{2}{\beta}\boldsymbol{R}_2^{\frac{1}{2}}u^*\right|\right)\right)\right.\right.\\&\left.\left.-2\beta\gamma_2'\left(\left|\frac{2}{\beta}\boldsymbol{R}_2^{\frac{1}{2}}u^*\right|\right)\frac{\left(\frac{2}{\beta}\boldsymbol{R}_2^{\frac{1}{2}}u^*\right)^{\mathrm{T}}}{\left|\frac{2}{\beta}\boldsymbol{R}_2^{\frac{1}{2}}u^*\right|}\boldsymbol{R}_2^{\frac{1}{2}}u\right)\mathrm{d}\tau\right)\end{aligned}$$

利用一般的 Young 不等式, 得

$$\begin{aligned}J(u)\geqslant&\,2\beta E(V(\boldsymbol{x}(0),\hat{\boldsymbol{\theta}}(0)))+E\left(\int_0^\infty\left(\beta^2\gamma_2\left(\frac{2}{\beta}|\boldsymbol{R}_2^{\frac{1}{2}}u|\right)+\beta^2\ell\gamma_2\left(\gamma_2'\left(\left|\frac{2}{\beta}\boldsymbol{R}_2^{\frac{1}{2}}u^*\right|\right)\right)\right.\right.\\&\left.\left.-\beta^2\gamma_2\left(\frac{2}{\beta}|\boldsymbol{R}_2^{\frac{1}{2}}u|\right)-\beta^2\ell\gamma_2\left(\gamma_2'\left(\left|\frac{2}{\beta}\boldsymbol{R}_2^{\frac{1}{2}}u^*\right|\right)\right)\right)\mathrm{d}\tau\right)\\=&\,2\beta E\{V(\boldsymbol{x}(0),\hat{\boldsymbol{\theta}}(0))\}\end{aligned}$$

上式等号成立当且仅当

$$\gamma_2'\left(\left|\frac{2}{\beta}\boldsymbol{R}_2^{\frac{1}{2}}u^*\right|\right)\frac{\left(\frac{2}{\beta}\boldsymbol{R}_2^{\frac{1}{2}}u^*\right)^{\mathrm{T}}}{\left|\frac{2}{\beta}R_2^{\frac{1}{2}}u^*\right|}=\gamma_2'\left(\left|\frac{2}{\beta}\boldsymbol{R}_2^{\frac{1}{2}}u\right|\right)\frac{\left(\frac{2}{\beta}\boldsymbol{R}_2^{\frac{1}{2}}u\right)^{\mathrm{T}}}{\left|\frac{2}{\beta}\boldsymbol{R}_2^{\frac{1}{2}}u\right|}$$

即 $u=u^*$, 因此

$$\min_u J(u)=2\beta E(V(\boldsymbol{x}(0),\hat{\boldsymbol{\theta}}(0)))$$

根据定义 9.4, 还要证明 α^* 是连续的, 且 $\alpha^*(\mathbf{0},\hat{\boldsymbol{\theta}})=0$. 因为 $\boldsymbol{g}_2,\boldsymbol{R}_2,\partial V/\partial\boldsymbol{x}$ 是连续函数, $\gamma_2'^{-1}$ 是一 K_∞ 类函数, 所以 $L_{\boldsymbol{g}_2}V\boldsymbol{R}_2^{-\frac{1}{2}}=\mathbf{0}$, α^* 是连续的. 当 $L_{\boldsymbol{g}_2}V\boldsymbol{R}_2^{-\frac{1}{2}}\to 0$ 时, 容易证明 α^* 是连续的. 由于 $\dfrac{\partial V}{\partial\boldsymbol{x}}(\mathbf{0},\hat{\boldsymbol{\theta}})=\mathbf{0},L_{\boldsymbol{g}_2}V(\mathbf{0},\hat{\boldsymbol{\theta}})=\mathbf{0}$ 以及 $f(\mathbf{0},\boldsymbol{\theta})=0$, 所以 $\alpha(\mathbf{0},\hat{\boldsymbol{\theta}})=0$. □

推论 9.1　对于参数严格反馈随机非线性系统

$$\begin{aligned}\mathrm{d}x_i&=x_{i+1}\mathrm{d}t+\boldsymbol{\varphi}_i^{\mathrm{T}}(\bar{x}_i)\boldsymbol{\theta}\mathrm{d}t+\boldsymbol{\eta}_i^{\mathrm{T}}(\bar{x}_i)\mathrm{d}w\\ \mathrm{d}x_n&=u\mathrm{d}t+\boldsymbol{\varphi}_n^{\mathrm{T}}(\bar{x}_n)\boldsymbol{\theta}\mathrm{d}t+\boldsymbol{\eta}_n^{\mathrm{T}}(\bar{x}_n)\mathrm{d}w\end{aligned}\qquad(1\leqslant i\leqslant n-1)$$

如果存在连续正定函数 $M(\boldsymbol{x},\hat{\boldsymbol{\theta}})$, 满足：控制策略

$$u=\alpha(\boldsymbol{x},\hat{\boldsymbol{\theta}})=-M(\boldsymbol{x},\hat{\boldsymbol{\theta}})z_n$$

获得全局依概率渐近稳定, 那么控制策略

$$u^*=\alpha^*(\boldsymbol{x},\hat{\boldsymbol{\theta}})=\frac{2}{3}\beta\alpha(\boldsymbol{x},\hat{\boldsymbol{\theta}})\quad(\beta\geqslant 2)$$

和设计的参数自适应律可以解决该严格反馈随机非线性系统的自适应逆最优控制问题.

证明　取 $\gamma_2(\rho)=\rho^4/4$, $R_2=(4M/3)^{-\frac{3}{2}}$, 由定理 9.7 分别得控制策略 u 和 u^*, 两个表达式相除就可得上式, 由定理 9.6 和推论 9.1 即可得证. □

我们的问题是针对参数严格反馈随机非线性系统, 利用定理 9.7 设计控制策略和参数自适应律, 使目标函数取得极小值.

9.3.2　全局依概率渐近稳定

针对参数严格反馈随机非线性系统, 采用 Backstepping 递归设计方法, 设计全局依概率渐近稳定自适应控制方案. 取状态误差变量 z_i 和控制 Lyapunov 函数 $V(\boldsymbol{z},\hat{\boldsymbol{\theta}})$ 分别为

$$z_i=x_i-\alpha_{i-1}(\bar{x}_{i-1},\hat{\theta})\quad(i=1,2,\cdots,n)$$

$$V(\boldsymbol{z},\hat{\boldsymbol{\theta}})=\frac{1}{4}\sum_{i=1}^{n}z_i^4+\frac{1}{2}\tilde{\boldsymbol{\theta}}^{\mathrm{T}}\boldsymbol{\Gamma}^{-1}\tilde{\boldsymbol{\theta}}$$

其中 $\boldsymbol{\Gamma}$ 是对称正定矩阵, 通常称为自适应增益矩阵. 令 $\alpha_0=0$. 由于原点是系统的平衡点, 当 $\bar{\boldsymbol{x}}_i=\mathbf{0}$ 及 $\bar{\boldsymbol{z}}_i=\mathbf{0}$ 时, 有 $\alpha_i(\bar{x}_i,\hat{\boldsymbol{\theta}})=0$, 其中 $\bar{\boldsymbol{z}}_i=[\boldsymbol{z}_1,\boldsymbol{z}_2,\cdots,\boldsymbol{z}_i]^{\mathrm{T}}$. 由均值定理, $\alpha_i(\bar{\boldsymbol{x}}_i,\hat{\boldsymbol{\theta}})$ 和 $\boldsymbol{\eta}_i(\bar{\boldsymbol{x}}_i)$ 可分别表示为

$$\alpha_i(\bar{\boldsymbol{x}}_i,\hat{\boldsymbol{\theta}})=\sum_{k=1}^{i}\boldsymbol{z}_k\alpha_{ik}(\bar{\boldsymbol{x}}_i,\hat{\boldsymbol{\theta}})$$

$$\eta_i(\bar{\boldsymbol{x}}_i)=\sum_{m=1}^{i}x_m\eta_{im}(\bar{\boldsymbol{x}}_i)=\sum_{m=1}^{i}\boldsymbol{z}_m\psi_{im}(\bar{\boldsymbol{x}}_i,\hat{\boldsymbol{\theta}})$$

其中 $\alpha_{ik}(\bar{\boldsymbol{x}}_i,\hat{\theta}),\eta_{im}(\bar{\boldsymbol{x}}_i),\phi_{im}(\bar{\boldsymbol{x}}_i,\hat{\boldsymbol{\theta}})$ 均是光滑函数. 由 Itô 微分规则, 得

$$\begin{aligned}\mathrm{d}z_i&=\mathrm{d}(x_i-\alpha_{i-1})\\&=\left[z_{i+1}+\alpha_i+\boldsymbol{\varphi}_i^{\mathrm{T}}\boldsymbol{\theta}-\sum_{k=1}^{i-1}\frac{\partial\alpha_{i-1}}{\partial x_k}(x_{k+1}+\boldsymbol{\varphi}_k^{\mathrm{T}}\boldsymbol{\theta})-\frac{1}{2}\sum_{p,q=1}^{i-1}\frac{\partial^2\alpha_{i-1}}{\partial x_p\partial x_q}\boldsymbol{\eta}_p^{\mathrm{T}}\boldsymbol{\eta}_q\right.\\&\quad\left.-\frac{\partial\alpha_{i-1}}{\partial\hat{\theta}}\dot{\hat{\boldsymbol{\theta}}}\right]\mathrm{d}t+\left(\boldsymbol{\eta}_i^{\mathrm{T}}-\sum_{l=1}^{i-1}\frac{\partial\alpha_{i-1}}{\partial x_l}\boldsymbol{\eta}_l^{\mathrm{T}}\right)\mathrm{d}w\end{aligned}$$

其中 $i=1,2,\cdots,n$. 为了记号方便, 约定 $z_{n+1}=0$ 和 $\alpha_n=u$. 由定义 8.12, 并考虑到 $\alpha_i(\bar{\boldsymbol{x}}_i,\hat{\boldsymbol{\theta}})$ 和 $\eta_i(\bar{\boldsymbol{x}}_i)$ 的展开式, 函数 $V(\boldsymbol{z},\hat{\boldsymbol{\theta}})$ 沿参数严格反馈随机非线性系统的时间变化率是

$$\begin{aligned}LV&=\sum_{i=1}^{n}z_i^3\left[z_{i+1}+\alpha_i+\boldsymbol{\varphi}_i^{\mathrm{T}}\boldsymbol{\theta}-\sum_{k=1}^{i-1}\frac{\partial\alpha_{i-1}}{\partial x_k}(x_{k+1}+\boldsymbol{\varphi}_k^{\mathrm{T}}\boldsymbol{\theta})-\frac{1}{2}\sum_{p,q=1}^{i-1}\frac{\partial^2\alpha_{i-1}}{\partial x_p\partial x_q}\boldsymbol{\eta}_p^{\mathrm{T}}\boldsymbol{\eta}_q\right.\\&\quad\left.-\frac{\partial\alpha_{i-1}}{\partial\hat{\boldsymbol{\theta}}}\dot{\hat{\boldsymbol{\theta}}}\right]+\frac{3}{2}\sum_{i=1}^{n}\boldsymbol{z}_i^2\left[\sum_{m=1}^{i}z_m\left(\phi_{im}-\sum_{l=m}^{i-1}\frac{\partial\alpha_{i-1}}{\partial x_l}\phi_{lm}\right)\right]^{\mathrm{T}}\\&\quad\cdot\left[\sum_{k=1}^{i}z_k\left(\phi_{ik}-\sum_{l=k}^{i-1}\frac{\partial\alpha_{i-1}}{\partial x_l}\phi_{lk}\right)\right]-\tilde{\boldsymbol{\theta}}^{\mathrm{T}}\boldsymbol{\Gamma}^{-1}\dot{\hat{\boldsymbol{\theta}}}\\&=z_n^3\left(u-\sum_{k=1}^{n-1}\frac{\partial\alpha_{n-1}}{\partial x_k}x_{k+1}-\frac{1}{2}\sum_{p,q=1}^{n-1}\frac{\partial^2\alpha_{n-1}}{\partial x_p\partial x_q}\boldsymbol{\eta}_p^{\mathrm{T}}\boldsymbol{\eta}_q+\boldsymbol{\varpi}_n^{\mathrm{T}}\boldsymbol{\theta}-\frac{\partial\alpha_{n-1}}{\partial\hat{\boldsymbol{\theta}}}\dot{\hat{\boldsymbol{\theta}}}\right)+\sum_{i=1}^{n-1}z_i^3z_{i+1}\\&\quad+\sum_{i=1}^{n-1}z_i^3\left(\alpha_i-\sum_{k=1}^{i-1}\frac{\partial\alpha_{i-1}}{\partial x_k}x_{k+1}-\frac{1}{2}\sum_{p,q=1}^{i-1}\frac{\partial^2\alpha_{i-1}}{\partial x_p\partial x_q}\boldsymbol{\eta}_p^{\mathrm{T}}\boldsymbol{\eta}_q+\boldsymbol{\varpi}_i^{\mathrm{T}}\boldsymbol{\theta}-\frac{\partial\alpha_{i-1}}{\partial\hat{\boldsymbol{\theta}}}\dot{\hat{\boldsymbol{\theta}}}\right)\end{aligned}$$

$$+\frac{3}{2}\sum_{i=1}^{n}z_i^2\left(\sum_{m=1}^{i}z_m\xi_{im}\right)^{\mathrm{T}}(\sum_{k=1}^{i}z_k\xi_{ik})-\tilde{\boldsymbol{\theta}}^{\mathrm{T}}\boldsymbol{\Gamma}^{-1}\dot{\hat{\boldsymbol{\theta}}}$$

其中

$$\boldsymbol{\varpi}_i=\boldsymbol{\varphi}_i-\sum_{k=1}^{i-1}\boldsymbol{\varphi}_k\frac{\partial\alpha_{i-1}}{\partial x_k},\quad \xi_{im}=\phi_{im}-\sum_{l=m}^{i-1}\frac{\partial\alpha_{i-1}}{\partial x_l}\phi_{lm}\quad(m=1,\cdots,i)$$

为了设计合适的 u, 对上式中第二项, 利用 Young 不等式, 有

$$\sum_{i=1}^{n-1}z_i^3z_{i+1}\leqslant\frac{3}{4}\sum_{i=1}^{n-1}\varepsilon_i^{\frac{4}{3}}z_i^4+\sum_{i=2}^{n}\frac{1}{4\varepsilon_{i-1}^4}z_i^4$$

对任意的 i, 有 $\varepsilon_i>0$. 再对 LV 中的第四项做如下变换:

$$\begin{aligned}
&\frac{3}{2}\sum_{i=1}^{n}z_i^2\left(\sum_{m=1}^{i}z_m\xi_{im}\right)^{\mathrm{T}}\left(\sum_{k=1}^{i}z_k\xi_{ik}\right)\\
&\leqslant\frac{3}{4}\sum_{i=1}^{n}\sum_{m,k=1}^{i}z_mz_kz_i^2(|\xi_{im}|^2+|\xi_{ik}|^2)\\
&\leqslant\frac{3}{4}\sum_{i=1}^{n}\sum_{m,k=1}^{i}(z_i^4|\xi_{im}|^4+\frac{1}{2}z_m^4+\frac{1}{2}z_k^4)\\
&=\frac{3}{4}\sum_{i=1}^{n}iz_i^4\sum_{m=1}^{i}|\xi_{im}|^4+\frac{3}{8}\sum_{i=1}^{n}(n+i)(n+1-i)z_i^4
\end{aligned}$$

这里利用了 Young 不等式、交换求和顺序及求和指标等手段. 需要说明的是, 参考文献 [9] 中有关的推导过程和结果与这里的表达式不同, 这里给出的结果更为简明, 推导过程也简化了. 将以上结果代入 LV 中, 得

$$\begin{aligned}
LV\leqslant{}&z_n^3\Big[u-\sum_{k=1}^{n-1}\frac{\partial\alpha_{n-1}}{\partial x_k}x_{k+1}-\frac{1}{2}\sum_{p,q=1}^{n-1}\frac{\partial^2\alpha_{n-1}}{\partial x_p\partial x_q}\boldsymbol{\eta}_p^{\mathrm{T}}\boldsymbol{\eta}_q+\boldsymbol{\varpi}_n^{\mathrm{T}}\boldsymbol{\theta}-\frac{\partial\alpha_{n-1}}{\partial\hat{\boldsymbol{\theta}}}\dot{\hat{\boldsymbol{\theta}}}\\
&+\frac{1}{4\varepsilon_{n-1}^4}z_n+\frac{3n}{4}\sum_{m=1}^{n}|\xi_{nm}|^4z_n+\frac{3n}{4}z_n\Big]\\
&+z_1^3\left[\alpha_1+\boldsymbol{\varpi}_1^{\mathrm{T}}\boldsymbol{\theta}+\frac{3}{4}\varepsilon_1^{\frac{4}{3}}z_1+\frac{3}{4}|\xi_{11}|^4z_1+\frac{3n}{8}(n+1)z_1\right]\\
&+\sum_{i=2}^{n-1}z_i^3\Big[\alpha_i-\sum_{k=1}^{i-1}\frac{\partial\alpha_{i-1}}{\partial x_k}x_{k+1}-\frac{1}{2}\sum_{p,q=1}^{i-1}\frac{\partial^2\alpha_{i-1}}{\partial x_p\partial x_q}\boldsymbol{\eta}_p^{\mathrm{T}}\boldsymbol{\eta}_q+\boldsymbol{\varpi}_i^{\mathrm{T}}\boldsymbol{\theta}-\frac{\partial\alpha_{i-1}}{\partial\hat{\boldsymbol{\theta}}}\dot{\hat{\boldsymbol{\theta}}}
\end{aligned}$$

$$+\frac{3}{4}\varepsilon_i^{\frac{4}{3}}z_i+\frac{1}{4\varepsilon_{i-1}^4}z_i+\frac{3i}{4}\sum_{m=1}^{i}|\xi_{im}|^4z_i+\frac{3}{8}(n+i)(n+1-i)z_i]-\tilde{\boldsymbol{\theta}}^{\mathrm{T}}\boldsymbol{\Gamma}^{-1}\dot{\hat{\boldsymbol{\theta}}}$$

在上式中, τ_i 设计如下 (令 $\tau_0=0$):

$$\tau_i=\tau_{i-1}+\boldsymbol{\Gamma}\boldsymbol{\varpi}_i^{\mathrm{T}}z_i^3=\boldsymbol{\Gamma}\sum_{k=1}^{i}\boldsymbol{\varpi}_k^{\mathrm{T}}z_k^3\quad(i=1,\cdots,n)$$

α_1,α_i,u 设计如下:

$$\begin{aligned}
\alpha_1=&-c_1z_1-\boldsymbol{\varpi}_1^{\mathrm{T}}\hat{\boldsymbol{\theta}}-\varepsilon_1^{\frac{4}{3}}z_1-\frac{3}{4}|\xi_{11}|^4z_1-\frac{3}{8}(n+1)z_1\\
\alpha_i=&-c_iz_i+\sum_{k=1}^{i-1}\frac{\partial\alpha_{i-1}}{\partial x_k}x_{k+1}+\frac{1}{2}\sum_{p,q=1}^{i-1}\frac{\partial^2\alpha_{i-1}}{\partial x_p\partial x_q}\boldsymbol{\eta}_p^{\mathrm{T}}\boldsymbol{\eta}_q-\boldsymbol{\varpi}_i^{\mathrm{T}}\boldsymbol{\theta}+\frac{\partial\alpha_{i-1}}{\partial\hat{\boldsymbol{\theta}}}\tau_i\\
&+\left(\sum_{k=1}^{i-2}z_{k+1}^3\frac{\partial\alpha_k}{\partial\hat{\theta}}\right)\boldsymbol{\Gamma}\varpi_i-\frac{3}{4}\varepsilon_i^{\frac{4}{3}}z_i-\frac{1}{4\varepsilon_{i-1}^4}z_i-\frac{3i}{4}\sum_{m=1}^{i}|\xi_{im}|^4z_i\\
&-\frac{3}{8}(n+i)(n+1-i)z_i\\
u=&-c_nz_n+\sum_{k=1}^{n-1}\frac{\partial\alpha_{n-1}}{\partial x_k}x_{k+1}+\frac{1}{2}\sum_{p,q=1}^{n-1}\frac{\partial^2\alpha_{n-1}}{\partial x_p\partial x_q}\boldsymbol{\eta}_p^{\mathrm{T}}\boldsymbol{\eta}_q-\boldsymbol{\varpi}_n^{\mathrm{T}}\hat{\boldsymbol{\theta}}+\frac{\partial\alpha_{n-1}}{\partial\hat{\boldsymbol{\theta}}}\dot{\hat{\boldsymbol{\theta}}}\\
&+\left(\sum_{i=1}^{n-2}z_{i+1}^3\frac{\partial\alpha_i}{\partial\hat{\theta}}\right)\boldsymbol{\Gamma}\boldsymbol{\varpi}_n-\frac{1}{4\varepsilon_{n-1}^4}z_n-\frac{3n}{4}\sum_{m=1}^{n}|\xi_{nm}|^4z_n-\frac{3n}{4}z_n
\end{aligned}$$

将以上设计的自适应律、虚拟控制律、控制律代入 LV, 并设计 $\dot{\hat{\theta}}=\tau_n$, 得

$$\begin{aligned}
LV&\leqslant-\sum_{i=1}^{n}c_iz_i^4+\tilde{\boldsymbol{\theta}}^{\mathrm{T}}\boldsymbol{\Gamma}^{-1}(\boldsymbol{\tau}_n-\dot{\hat{\boldsymbol{\theta}}})-\sum_{k=1}^{n-2}\left(\frac{\partial\alpha_k}{\partial\hat{\theta}}z_{k+1}^3\right)(\dot{\hat{\boldsymbol{\theta}}}-\boldsymbol{\tau}_n)\\
&=-\sum_{i=1}^{n}c_iz_i^4\leqslant-c\sum_{i=1}^{n}z_i^4
\end{aligned}$$

其中 $c=\min\{c_i:1\leqslant i\leqslant n\}$. 在处理与参数 θ 有关的项时, 利用了交换求和顺序及求和指标方法, 与文献 [9] 处理方法不同, 这里显得更为新颖.

考虑到 $\dfrac{\mathrm{d}}{\mathrm{d}t}[EV(t)]=E[LV(t)]$, 从上式可推得

$$\frac{\mathrm{d}}{\mathrm{d}t}\left[\frac{1}{4}E(|\boldsymbol{z}|_4^4)+\frac{1}{2}E(|\tilde{\boldsymbol{\theta}}|_{\boldsymbol{\Gamma}}^2)\right]\leqslant-cE(|\boldsymbol{z}|_4^4)$$

由此得出参数误差均方值是有界的, 状态 4 次均方值全局渐近稳定, 即 $E(|\boldsymbol{z}(t)|_4^4) \to 0$. 还可以由定理 9.6 得到

$$P\left(\lim_{t\to\infty}|x(t)|=0\right)=1$$

注意到 $x=0$ 当且仅当 $z=0$, 于是有:

定理 9.8 随机系统

$$\begin{aligned} \mathrm{d}x_i &= x_{i+1}\mathrm{d}t+\boldsymbol{\varphi}_i^{\mathrm{T}}(\bar{\boldsymbol{x}}_i)\boldsymbol{\theta}\mathrm{d}t+\boldsymbol{\eta}_i^{\mathrm{T}}(\bar{\boldsymbol{x}}_i)\mathrm{d}w \\ \mathrm{d}x_n &= u\mathrm{d}t+\boldsymbol{\varphi}_n^{\mathrm{T}}(\bar{\boldsymbol{x}}_n)\boldsymbol{\theta}\mathrm{d}t+\boldsymbol{\eta}_n^{\mathrm{T}}(\bar{\boldsymbol{x}}_n)\mathrm{d}w \end{aligned} \qquad (1\leqslant i\leqslant n-1)$$

在上述控制律及参数自适应律 $\dot{\hat{\boldsymbol{\theta}}}=\boldsymbol{\tau}_n$ 的作用下, 其平衡点是全局依概率渐近稳定的.

根据推论 9.1, 从控制律表达式可以看出, u 还不是自适应逆最优控制器, 为了获得自适应逆最优控制, 对 u 作如下进一步设计.

9.3.3 逆最优控制器设计

由于原点是系统的平衡点, $x_{k+1}=z_{k+1}+\alpha_k(k=1,2,\cdots,n)$, 当 $\bar{\boldsymbol{x}}_i=\boldsymbol{0}$ 及 $\bar{\boldsymbol{z}}_i=\boldsymbol{0}$ 时, 有 $\alpha_i(\bar{\boldsymbol{x}}_i,\hat{\boldsymbol{\theta}})=0$, 其中 $\bar{\boldsymbol{z}}_i=[z_1,z_2,\cdots,z_i]^{\mathrm{T}}$. 由均值定理, 存在光滑函数 χ_k, 满足

$$\boldsymbol{\varpi}_n^{\mathrm{T}}\hat{\boldsymbol{\theta}}-\frac{\partial\alpha_{n-1}}{\partial\hat{\boldsymbol{\theta}}}\boldsymbol{\tau}_n-\left(\sum_{k=1}^{n-2}z_{k+1}^3\frac{\partial\alpha_k}{\partial\hat{\boldsymbol{\theta}}}\right)\boldsymbol{\Gamma}\boldsymbol{\varpi}_n=\sum_{k=1}^{n}\chi_k z_k$$

由 Young 不等式, 得

$$\begin{aligned} z_n^3\sum_{k=1}^{n}\chi_k z_k &= \sum_{k=1}^{n}(z_n^3\chi_k)z_k \leqslant \sum_{k=1}^{n}\left[\frac{3}{4}(\zeta_k\chi_k)^{\frac{4}{3}}z_n^4+\frac{1}{4\zeta_k^4}z_k^4\right] \\ &= \frac{3}{4}z_n^4\sum_{k=1}^{n}(\zeta_k\chi_k)^{\frac{4}{3}}+\frac{1}{4}\sum_{k=1}^{n}\frac{1}{\zeta_k^4}z_k^4 \end{aligned}$$

其中 ζ_k 是可任选的正常数. 根据推论 9.1 中控制策略的形式, 在 9.3.2 小节中对给出的控制律, 还需对第二项、第三项进行处理. 利用 Young 不等式, 改变求和

顺序及指标, 得

$$
\begin{aligned}
&-z_n^3\sum_{k=1}^{n-1}\frac{\partial\alpha_{n-1}}{\partial x_k}x_{k+1}\\
&=-z_n^3\sum_{k=1}^{n-1}\frac{\partial\alpha_{n-1}}{\alpha x_k}\left(z_{k+1}+\sum_{i=1}^{k}z_i\alpha_{ki}\right)\\
&=-z_n^4\frac{\partial\alpha_{n-1}}{\partial x_{n-1}}-\sum_{k=1}^{n-2}z_n^3\frac{\partial\alpha_{n-1}}{\partial x_k}z_{k+1}-\sum_{k=1}^{n-1}z_n^3\frac{\partial\alpha_{n-1}}{\partial x_k}\sum_{i=1}^{k}z_i\alpha_{ki}\\
&\leqslant z_n^4\left[\frac{1}{2}+\frac{1}{2}\left(\frac{\partial\alpha_{n-1}}{\partial x_{n-1}}\right)^2\right]+\sum_{k=1}^{n-2}\left[\frac{3}{4}z_n^4\left(\delta_k\frac{\partial\alpha_{n-1}}{\partial x_k}\right)^{\frac{4}{3}}+\frac{1}{4\delta_k^4}z_{k+1}^4\right]\\
&\quad+\sum_{k=1}^{n-1}\sum_{i=1}^{k}\left[\frac{3}{4}z_n^4\left(\delta_{ki}\frac{\partial\alpha_{n-1}}{\partial x_k}\alpha_{ki}\right)^{\frac{4}{3}}+\frac{1}{4\delta_{ki}^4}z_i^4\right]\\
&=z_n^4\left[\frac{1}{2}+\frac{1}{2}\left(\frac{\partial\alpha_{n-1}}{\partial x_{n-1}}\right)^2+\frac{3}{4}\sum_{k=1}^{n-2}\left(\delta_k\frac{\partial\alpha_{n-1}}{\partial x_k}\right)^{\frac{4}{3}}\right.\\
&\quad\left.+\frac{3}{4}\sum_{k=1}^{n-1}\sum_{i=1}^{k}\left(\delta_{ki}\frac{\partial\alpha_{n-1}}{\partial x_k}\alpha_{ki}\right)^{\frac{4}{3}}\right]+\sum_{i=1}^{n-1}z_i^4\sum_{k=i}^{n-1}\frac{1}{4\delta_{ki}^4}+\sum_{k=2}^{n-1}\frac{1}{4\delta_{k-1}^4}z_k^4
\end{aligned}
$$

$$
\begin{aligned}
-\frac{1}{2}z_n^3\sum_{p,q=1}^{n-1}\frac{\partial^2\alpha_{n-1}}{\partial x_p\partial x_q}\boldsymbol{\eta}_p^{\mathrm{T}}\boldsymbol{\eta}_q&\leqslant\frac{1}{2}\sum_{p,q=1}^{n-1}|z_n|^3\left|\frac{\partial^2\alpha_{n-1}}{\partial x_p\partial x_q}\right||\boldsymbol{\eta}_p||\boldsymbol{\eta}_q|\\
&=\frac{1}{2}\sum_{p,q=1}^{n-1}|z_n|^3\left|\frac{\partial^2\alpha_{n-1}}{\partial x_p\partial x_q}\right|\left|\sum_{m=1}^{p}z_m\phi_{pm}\right|\left|\sum_{k=1}^{q}z_k\phi_{qk}\right|\\
&\leqslant\frac{1}{4}\sum_{p,q=1}^{n-1}\sum_{m=1}^{p}\sum_{k=1}^{q}\left[z_n^6\left(\frac{\partial^2\alpha_{n-1}}{\partial x_p\partial x_q}\right)^2|\phi_{pm}|^2|\phi_{qk}|^2\right]\\
&\quad+\frac{1}{8}\sum_{i=1}^{n-1}n(n-1)(n-i)z_i^4
\end{aligned}
$$

随机项的处理主要体现在上式的推导过程中. 将以上结果代入控制律方程, 并选择 $\delta_{ki}, \delta_{i-1}, \zeta_i$, 满足

$$
\sum_{k=1}^{n-1}\frac{1}{4\delta_{k1}^4}+\frac{1}{8}n(n-1)(n-1)+\frac{1}{4\zeta_1^4}=c_1
$$

$$
\sum_{k=i}^{n-1}\frac{1}{4\delta_{ki}^4}+\frac{1}{4\delta_{i-1}^4}+\frac{1}{8}n(n-1)(n-i)+\frac{1}{4\zeta_i^4}=c_i\quad(i=2,\cdots,n-1)
$$

且

$$u=\alpha(x,\hat{\theta})=-M(x,\hat{\theta})z_n$$

其中

$$\begin{aligned}M(x,\hat{\theta})=&c_n+\frac{1}{2}+\frac{1}{2}\left(\frac{\partial\alpha_{n-1}}{\partial x_{n-1}}\right)^2+\frac{3}{4}\sum_{k=1}^{n-2}\left(\delta_k\frac{\partial\alpha_{n-1}}{\partial x_k}\right)^{\frac{4}{3}}\\&+\frac{3}{4}\sum_{k=1}^{n-1}\sum_{i=1}^{k}\left(\delta_{ki}\frac{\partial\alpha_{n-1}}{\partial x_k}\alpha_{ki}\right)^{\frac{4}{3}}\\&+\frac{1}{4}\sum_{p,q=1}^{n-1}\sum_{m=1}^{p}\sum_{k=1}^{q}\left[z_n^2\left(\frac{\partial^2\alpha_{n-1}}{\partial x_p\partial x_q}\right)^2|\phi_{pm}|^2|\phi_{qk}|^2\right]\\&+\frac{3}{4}\sum_{k=1}^{n}(\zeta_k\chi_k)^{\frac{4}{3}}+\frac{1}{4\zeta_n^4}+\frac{1}{4\varepsilon_{n-1}^4}+\frac{3n}{4}\sum_{m=1}^{n}|\xi_{nm}|^4+\frac{3n}{4}\end{aligned}$$

从上式可以看出 $M(x,\hat{\theta})>0$. 将以上结果代入 LV, 并设计 $\dot{\hat{\theta}}=\tau_n$, 有

$$LV\leqslant-\sum_{i=1}^{n}c_iz_i^4\leqslant-c\sum_{i=1}^{n}z_i^4$$

定理 9.9　由参数严格反馈随机非线性系统、控制律及参数自适应律 $\dot{\hat{\boldsymbol{\theta}}}=\boldsymbol{\tau}_n$ 组成的闭环系统是全局依概率渐近稳定的, 控制策略

$$u^*=-\frac{2\beta}{3}M(\boldsymbol{x},\hat{\boldsymbol{\theta}})z_n\quad(\beta\geqslant2)$$

通过使下列目标泛函最小, 解参数严格反馈随机非线性系统的自适应逆最优控制问题.

$$J(u)=E\left(2\beta\lim_{t\to+\infty}V(\boldsymbol{x},\hat{\boldsymbol{\theta}})+\int_0^{\infty}\left(l(\boldsymbol{x},\hat{\boldsymbol{\theta}})+\frac{27}{16\beta^2}M^{-3}(\boldsymbol{x},\hat{\boldsymbol{\theta}})u^4\right)\mathrm{d}\tau\right)$$

其中 $l(\boldsymbol{x},\hat{\boldsymbol{\theta}})$ 满足定理 9.7 中的条件.

由推论 9.1 证明的选择, 易证定理 9.9. 由定理 9.7 的证明过程, 可得

$$J(u^*)=\min_u J(u)=2\beta E(V(\boldsymbol{x}(0),\hat{\boldsymbol{\theta}}(0)))$$

9.3.4 设计举例

考察二阶随机系统:

$$
\begin{aligned}
\mathrm{d}x_1 &= x_2\mathrm{d}t + x_1^3\theta\mathrm{d}t + \frac{1}{2}x_1^2\mathrm{d}\omega \\
\mathrm{d}x_2 &= u\mathrm{d}t + (x_1^2 + x_2)\theta\mathrm{d}t
\end{aligned}
$$

虚拟控制 α_1 和控制 u 分别是

$$
\begin{aligned}
\alpha_1 &= -c_1 z_1 - z_1^3\hat{\theta} - \frac{3}{4}\varepsilon_1^{\frac{4}{3}} z_1 - \frac{3}{64}z_1^5 - \frac{9}{4}z_1 \\
u &= -M(\boldsymbol{x},\hat{\boldsymbol{\theta}})z_2
\end{aligned}
$$

其中

$$
\begin{aligned}
M(\boldsymbol{x},\hat{\boldsymbol{\theta}}) &= c_2 + 2 + \frac{1}{2}\left(\frac{\partial\alpha_1}{\partial x_1}\right)^2 + \frac{3}{4}\left(\delta_{11}\frac{\partial\alpha_1}{\partial x_1}\alpha_{11}\right)^{\frac{4}{3}} + \frac{1}{16}\left(\frac{\partial^2\alpha_1}{\partial x_1\partial x_1}\right)^2 x_1^4 z_2^2 \\
&\quad + \frac{3}{4}\sum_{k=1}^{2}(\zeta_k\chi_k)^{\frac{4}{3}} + \frac{1}{4\zeta_2^4} + \frac{1}{4\varepsilon_1^4} + \frac{3}{32}\left(\frac{\partial\alpha_1}{\partial x_1}x_1\right)^4 \\
\alpha_{11} &= -c_1 - z_1^2\hat{\theta} - \frac{3}{4}\varepsilon_1^{\frac{4}{3}} - \frac{3}{64}z_1^4 - \frac{9}{4} \\
\chi_1 &= -\left(x_1 + \alpha_{11} - x_1^2\frac{\partial\alpha_1}{\partial x_1}\right)\hat{\theta} - x_1^8 \\
\chi_2 &= -\hat{\theta} - x_1^3\left(x_1^2 + z_2 + \alpha_1 - x_1^3\frac{\partial\alpha_1}{\partial x_1}\right)z_2^2
\end{aligned}
$$

Young 不等式中对应于 ε 的所有常数均取 1, 可算得 $c_1 = 0.75$. 取 $c_2 = c_1$, 并设初始条件 $x_1(0) = -0.5$, $x_2(0) = 0.5$, $\hat{\theta}(0) = 0$, 假设参数真值 $\theta = 1$, 则闭环系统状态及控制仿真结果如图 9.3 所示. 从图 9.3 可以看出, 随机参数严格反馈随机非线性系统在逆最优控制策略 u 和参数自适应律的作用下, 系统状态趋于平衡点, 说明了闭环随机系统的渐近稳定特性.

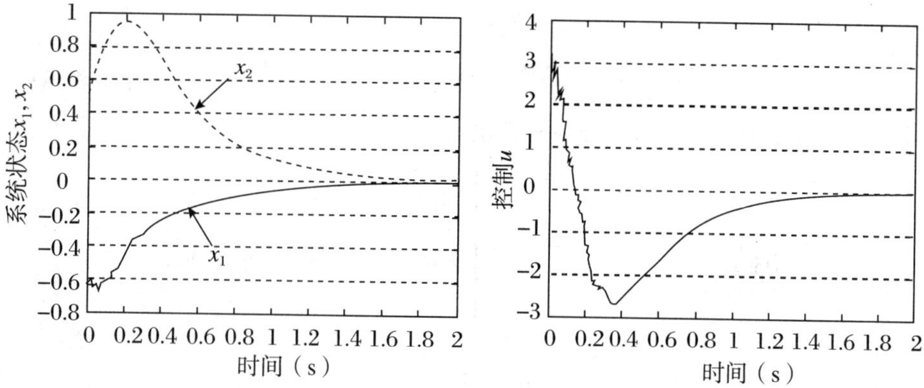

图 9.3　系统仿真结果

9.3.5　输出反馈逆最优控制

前面讨论了状态反馈自适应逆最优控制器的设计, 然而并不是所有系统状态都可以直接测量, 输出可观测反馈控制问题更具有挑战性和实际意义.

考察下列输出反馈随机非线性系统:

$$\mathrm{d}x_i = x_{i+1}\mathrm{d}t + \boldsymbol{\varphi}_i^{\mathrm{T}}(y)\boldsymbol{\theta}\mathrm{d}t + \boldsymbol{\eta}_i^{\mathrm{T}}(y)\mathrm{d}\omega$$
$$\mathrm{d}x_n = u\mathrm{d}t + \boldsymbol{\varphi}_n^{\mathrm{T}}(y)\boldsymbol{\theta}\mathrm{d}t + \boldsymbol{\eta}_n^{\mathrm{T}}(y)\mathrm{d}\omega \quad (1 \leqslant i \leqslant n-1)$$
$$y = x_1$$

其中 $x_i(i=1,2,\cdots,n)$ 是状态变量; $u \in \mathbb{R}$ 是输入信号; $\boldsymbol{\varphi}_i(y) \in \mathbb{R}^r$ 是已知的光滑非线性函数向量; $\boldsymbol{\theta} \in \mathbb{R}^p$ 是未知的参数常向量或未知的参数慢变向量, 设 $\boldsymbol{\theta}$ 的估计值是 $\hat{\boldsymbol{\theta}}(t)$, 则误差定义为 $\tilde{\boldsymbol{\theta}}(t) = \boldsymbol{\theta} - \hat{\boldsymbol{\theta}}(t)$; $\boldsymbol{\eta}_i(y) \in \mathbb{R}^r$ 是已知的光滑非线性函数向量; ω 的定义如前述; y 表示系统可测的输出.

假设 9.3　系统的原点是系统的平衡点.

假设 9.4　设系统参数真值属于一有界闭集 $C_{\boldsymbol{\theta}}$, 即 $\|\boldsymbol{\theta}\| \leqslant M_{\boldsymbol{\theta}}$ $(\forall \boldsymbol{\theta} \in C_{\boldsymbol{\theta}}, M_{\boldsymbol{\theta}} > 0$ 为正常数).

1. 观测器设计

由于 $[x_2,\cdots,x_n]^{\mathrm{T}}$ 是不可测的, 所以不得不使用可利用的在线信息对不可测的状态进行估计. 为了估计不可测状态, 针对输出反馈随机非线性系统, 设计如

下状态观测器:

$$\dot{\hat{x}}_i = \hat{x}_{i+1} + k_i(y - \hat{x}_1) \quad (i = 1, 2, \cdots, n)$$

其中 $\hat{x}_{n+1} = u$. 观测误差 $\tilde{\boldsymbol{x}} = \boldsymbol{x} - \hat{\boldsymbol{x}}$ 满足

$$\begin{aligned} \mathrm{d}\tilde{\boldsymbol{x}} &= \begin{bmatrix} -k_1 & & & \\ -k_2 & & \boldsymbol{I} & \\ \vdots & & & \\ -k_n & 0 & \cdots & 0 \end{bmatrix} \tilde{\boldsymbol{x}}\mathrm{d}t + \boldsymbol{\varphi}^{\mathrm{T}}(y)\boldsymbol{\theta}\mathrm{d}t + \boldsymbol{\eta}^{\mathrm{T}}(y)\mathrm{d}\omega \\ &= \boldsymbol{A}\tilde{\boldsymbol{x}}\mathrm{d}t + \boldsymbol{\varphi}^{\mathrm{T}}(y)\boldsymbol{\theta}\mathrm{d}t + \boldsymbol{\eta}^{\mathrm{T}}(y)\mathrm{d}\omega \end{aligned}$$

其中 $\boldsymbol{\varphi}(y) = [\boldsymbol{\varphi}_1^{\mathrm{T}} \quad \cdots \quad \boldsymbol{\varphi}_n^{\mathrm{T}}]$, $\boldsymbol{\eta}(y) = [\boldsymbol{\eta}_1^{\mathrm{T}} \quad \cdots \quad \boldsymbol{\eta}_n^{\mathrm{T}}]$, 适当选择待定参数 $k_i(i = 1, 2, \cdots, n)$, 使矩阵 $\boldsymbol{A}$ 是 Hurwitz 的, 因此, 存在一正定矩阵 $\boldsymbol{P}$, 满足 Lyapunov 方程 $\boldsymbol{A}^{\mathrm{T}}\boldsymbol{P} + \boldsymbol{P}\boldsymbol{A} = -\boldsymbol{I}$. 具有状态观测器的整个系统方程如下:

$$\begin{aligned} &\mathrm{d}\tilde{\boldsymbol{x}} = \boldsymbol{A}\tilde{\boldsymbol{x}}\mathrm{d}t + \boldsymbol{\varphi}^{\mathrm{T}}(y)\boldsymbol{\theta}\mathrm{d}t + \boldsymbol{\eta}^{\mathrm{T}}(y)\mathrm{d}\omega \\ &\mathrm{d}y = (\hat{x}_2 + \tilde{x}_2)\mathrm{d}t + \boldsymbol{\varphi}_1^{\mathrm{T}}(y)\boldsymbol{\theta}\mathrm{d}t + \boldsymbol{\eta}_1^{\mathrm{T}}(y)\mathrm{d}\omega \\ &\mathrm{d}\hat{x}_2 = [\hat{x}_3 + k_2(y - \hat{x}_1)]\mathrm{d}t \\ &\cdots \\ &\mathrm{d}\hat{x}_n = [u + k_n(y - \hat{x}_1)]\mathrm{d}t \end{aligned}$$

2. 自适应控制器设计

针对观测器部分, 同时考虑到误差系统的反馈连接, 采用自适应 Backstepping 递归设计思想, 设计全局依概率渐近稳定的自适应控制方案. 取状态误差变量 z_i 为

$$\begin{aligned} &z_1 = y \\ &z_i = \hat{x}_i - \alpha_{i-1}(\bar{\hat{x}}_{i-1}, y, \hat{\boldsymbol{\theta}}) \end{aligned}$$

其中 $\bar{\hat{\boldsymbol{x}}}_i = [\hat{x}_1, \cdots, \hat{x}_i]^{\mathrm{T}}$ $(i = 2, \cdots, n)$. 根据 Itô 微分规则, 有

$$\begin{aligned} &\mathrm{d}z_1 = [\hat{x}_2 + \tilde{x}_2 + \boldsymbol{\varphi}_1^{\mathrm{T}}(y)\boldsymbol{\theta}]\mathrm{d}t + \boldsymbol{\eta}_1^{\mathrm{T}}(y)\mathrm{d}\omega \\ &\mathrm{d}z_i = \mathrm{d}(\hat{x}_i - \alpha_{i-1}) \end{aligned}$$

$$
\begin{aligned}
&=\left[\hat{x}_{i+1}+k_i\tilde{x}_1-\sum_{l=2}^{i-1}\frac{\partial\alpha_{i-1}}{\partial\hat{x}_l}(\hat{x}_{l+1}+k_l\tilde{x}_l)-\frac{\partial\alpha_{i-1}}{\partial y}[\hat{x}_2+\tilde{x}_2+\boldsymbol{\varphi}_1^{\mathrm{T}}(y)\boldsymbol{\theta}]\right.\\
&\quad\left.-\frac{1}{2}\frac{\partial^2\alpha_{i-1}}{\partial y^2}\boldsymbol{\eta}_1^{\mathrm{T}}\boldsymbol{\eta}_1-\frac{\partial\alpha_{i-1}}{\partial\hat{\theta}}\dot{\hat{\theta}}\right]\mathrm{d}t+\frac{\partial\alpha_{i-1}}{\partial y}\boldsymbol{\eta}_1^{\mathrm{T}}\mathrm{d}\omega
\end{aligned}
$$

由于原点是系统的平衡点, 故有 $\varphi_i(0)=0$, $\eta_i(0)=0$. 根据均值定理, 有 $\varphi(y)=y\psi(y)$, $\eta(y)=y\phi(y)$, 其中 $\psi(y)$, $\phi(y)$ 是光滑函数. 设计 Lyapunov 函数 $V(\boldsymbol{z},\tilde{\boldsymbol{x}},\hat{\boldsymbol{\theta}})$ 为

$$
V(\boldsymbol{z},\tilde{\boldsymbol{x}},\hat{\boldsymbol{\theta}})=\frac{1}{4}y^4+\frac{1}{4}\sum_{i=2}^{n}z_i^4+\frac{b}{2}(\tilde{\boldsymbol{x}}^{\mathrm{T}}\boldsymbol{P}\tilde{\boldsymbol{x}})^2+\frac{1}{2\rho}\tilde{\boldsymbol{\theta}}^2
$$

其中 b, ρ 是正常数, ρ 常称为自适应增益. 为了记号方便, 约定 $z_{n+1}=0$, 则 $\alpha_n=u$. 由定义 8.12, 函数 $V(\boldsymbol{z},\tilde{\boldsymbol{x}},\hat{\boldsymbol{\theta}})$ 沿输出反馈随机非线性系统的状态轨迹对时间的变化率是

$$
\begin{aligned}
LV&=y^3(\alpha_1+z_2+\tilde{x}_2+\boldsymbol{\varphi}_1^{\mathrm{T}}\boldsymbol{\theta})+\frac{3}{2}y^2\boldsymbol{\eta}_1^{\mathrm{T}}\boldsymbol{\eta}_1+\sum_{i=2}^{n}z_i^3\left[\alpha_i+z_{i+1}+k_i\tilde{x}_1\right.\\
&\quad-\sum_{l=2}^{i-1}\frac{\partial\alpha_{i-1}}{\partial\hat{x}_l}(\hat{x}_{l+1}+k_l\tilde{x}_1)-\frac{\partial\alpha_{i-1}}{\partial y}(\hat{x}_2+\tilde{x}_2+\boldsymbol{\varphi}_1^{\mathrm{T}}\hat{\boldsymbol{\theta}})-\frac{1}{2}\frac{\partial^2\alpha_{i-1}}{\partial y^2}\boldsymbol{\eta}_1^{\mathrm{T}}\boldsymbol{\eta}_1\\
&\quad\left.-\frac{\partial\alpha_{i-1}}{\partial\hat{\theta}}\dot{\hat{\theta}}\right]+\frac{3}{2}\sum_{i=2}^{n}z_i^2(\frac{\partial\alpha_{i-1}}{\partial y})^2\boldsymbol{\eta}_1^{\mathrm{T}}\boldsymbol{\eta}_1-b\tilde{\boldsymbol{x}}^{\mathrm{T}}\boldsymbol{P}\tilde{\boldsymbol{x}}|\tilde{\boldsymbol{x}}|^2+2b\tilde{\boldsymbol{x}}^{\mathrm{T}}\boldsymbol{P}\tilde{\boldsymbol{x}}\tilde{\boldsymbol{x}}^{\mathrm{T}}\boldsymbol{P}\boldsymbol{x}^{\mathrm{T}}\boldsymbol{\theta}\\
&\quad+b\mathrm{tr}\left[\boldsymbol{\eta}(2\boldsymbol{P}\tilde{\boldsymbol{x}}\tilde{\boldsymbol{x}}^{\mathrm{T}}\boldsymbol{P}+\tilde{\boldsymbol{x}}^{\mathrm{T}}\boldsymbol{P}\tilde{\boldsymbol{x}}\boldsymbol{P})\boldsymbol{\eta}^{\mathrm{T}}\right]-\frac{1}{\rho}\tilde{\boldsymbol{\theta}}\dot{\hat{\boldsymbol{\theta}}}\\
&\leqslant-\left[b\lambda_{\min}-\frac{3bn\sqrt{n}}{2\varepsilon_2^2}|\boldsymbol{P}|^2-\frac{1}{4}\sum_{i=2}^{n}\frac{1}{4\xi_i^4}-\frac{1}{4\varepsilon_1^4}-\frac{3bM_{\boldsymbol{\theta}}}{2}\lambda_{\max}\varepsilon_3^{\frac{4}{3}}\right]|\tilde{\boldsymbol{x}}|^4\\
&\quad+y^3\left[\alpha_1+\frac{3}{4}\zeta_1^{\frac{4}{3}}y+\frac{3}{4}\varepsilon_1^{\frac{4}{3}}y+\frac{3}{2}y|\phi_1(y)|^2+\frac{bM_{\boldsymbol{\theta}}}{2\varepsilon_3^4}\lambda_{\max}y|\psi(y)|^4+\frac{3}{4}\sum_{i=2}^{n}\zeta_i^2y|\phi_1(y)|^4\right.\\
&\quad\left.+\frac{3bn\sqrt{n}|\boldsymbol{P}|^2\varepsilon_2^2}{2}y|\phi(y)|^4+\boldsymbol{\varphi}_1^{\mathrm{T}}\hat{\boldsymbol{\theta}}\right]+\sum_{i=2}^{n-1}z_i^3\left[\alpha_i+k_i\tilde{x}_1-\sum_{l=2}^{i-1}\frac{\partial\alpha_{i-1}}{\partial\hat{x}_l}(\hat{x}_{l+1}+k_l\tilde{x}_1)\right.\\
&\quad-\frac{\partial\alpha_{i-1}}{\partial y}(\hat{x}_2+\boldsymbol{\varphi}_1^{\mathrm{T}}\hat{\boldsymbol{\theta}})-\frac{1}{2}\frac{\partial^2\alpha_{i-1}}{\partial y^2}\boldsymbol{\eta}_1^{\mathrm{T}}\boldsymbol{\eta}_1-\frac{\partial\alpha_{i-1}}{\partial\hat{\boldsymbol{\theta}}}\dot{\hat{\boldsymbol{\theta}}}+\frac{1}{4\zeta_{i-1}^4}z_i+\frac{3}{4}\zeta_i^{\frac{4}{3}}z_i\\
&\quad\left.+\frac{3}{4}\xi_i^{\frac{4}{3}}\left(\frac{\partial\alpha_{i-1}}{\partial y}\right)^{\frac{4}{3}}z_i+\frac{3}{4\zeta_i^2}\left(\frac{\partial\alpha_{i-1}}{\partial y}\right)^4z_i\right]+z_n^3\left[\alpha_n+k_n\tilde{x}_1-\sum_{l=2}^{n-1}\frac{\partial\alpha_{n-1}}{\partial\hat{x}_l}(\hat{x}_{l+1}\right.
\end{aligned}
$$

$$+k_l\tilde{x}_1)-\frac{\partial\alpha_{n-1}}{\partial y}(\hat{x}_2+\boldsymbol{\varphi}_1^{\mathrm{T}}\hat{\boldsymbol{\theta}})-\frac{1}{2}\frac{\partial^2\alpha_{n-1}}{\partial y^2}\boldsymbol{\eta}_1^{\mathrm{T}}\boldsymbol{\eta}_1-\frac{\partial\alpha_{n-1}}{\partial\hat{\boldsymbol{\theta}}}\dot{\hat{\boldsymbol{\theta}}}+\frac{1}{4\zeta_{n-1}^4}z_n$$

$$+\frac{3}{4}\xi_n^{\frac{4}{3}}\left(\frac{\partial\alpha_{n-1}}{\partial y}\right)^{\frac{4}{3}}z_n+\frac{3}{4\zeta_n^2}\left(\frac{\partial\alpha_{n-1}}{\partial y}\right)^4 z_n\Bigg]$$

$$-\frac{1}{\rho}\tilde{\boldsymbol{\theta}}\dot{\hat{\boldsymbol{\theta}}}+\boldsymbol{\varphi}_1^{\mathrm{T}}\tilde{\boldsymbol{\theta}}-\sum_{i=2}^{n}z_i^3\frac{\partial\alpha_{i-1}}{\partial y}(\boldsymbol{\varphi}_1^{\mathrm{T}}\tilde{\boldsymbol{\theta}})$$

其中 $\lambda_{\min}>0$, $\lambda_{\max}>0$ 分别是 $\boldsymbol{P}$ 的最小和最大特征值, 推导过程主要使用了 Young 不等式. 设计

$$\dot{\hat{\boldsymbol{\theta}}}=\boldsymbol{\rho}\boldsymbol{\tau}_n=\boldsymbol{\rho}(\boldsymbol{\tau}_{n-1}+z_n^3\boldsymbol{\omega}_n)$$

其中 $\boldsymbol{\tau}_i=\boldsymbol{\tau}_{i-1}+z_i^3\boldsymbol{\omega}_i$, $\boldsymbol{\omega}_i=-\frac{\partial\alpha_{i-1}}{\partial y}\boldsymbol{\varphi}_1^{\mathrm{T}}(i=2,\cdots,n)$, $\boldsymbol{\tau}_1=\boldsymbol{\varphi}_1^{\mathrm{T}}$. 为了保证迭代能够顺利进行, 还要对参数估计的导数项进行处理:

$$\begin{aligned}\sum_{i=1}^{n}z_i^3\frac{\partial\alpha_{i-1}}{\partial\hat{\boldsymbol{\theta}}}\dot{\hat{\boldsymbol{\theta}}}&=\sum_{i=1}^{n}z_i^3\frac{\partial\alpha_{i-1}}{\partial\hat{\boldsymbol{\theta}}}\boldsymbol{\rho}\left(\sum_{j=1}^{i}z_j^3\tau_j+\sum_{j=i+1}^{i}z_j^3\boldsymbol{\tau}_j\right)\\&=\sum_{i=1}^{n}z_i^3\frac{\partial\alpha_{i-1}}{\partial\hat{\boldsymbol{\theta}}}\boldsymbol{\rho}\sum_{j=1}^{i}z_j^3\boldsymbol{\tau}_j+\sum_{j=1}^{n}\sum_{i=1}^{j-1}z_i^3\frac{\partial\alpha_{i-1}}{\partial\hat{\theta}}\rho z_j^3\boldsymbol{\tau}_j\\&=\sum_{i=1}^{n}z_i^3\left[\frac{\partial\alpha_{i-1}}{\partial\hat{\boldsymbol{\theta}}}\boldsymbol{\rho}\sum_{j=1}^{i}z_j^3\boldsymbol{\tau}_j+\left(\sum_{j=1}^{i-1}z_j^3\frac{\partial\alpha_{i-1}}{\partial\hat{\boldsymbol{\theta}}}\boldsymbol{\rho}\boldsymbol{\tau}_i\right)\right]\end{aligned}$$

如果选择 ε_1, ε_2, ε_3, ξ_i, b 满足

$$b\lambda-\frac{3bn\sqrt{n}}{2\varepsilon_2^2}|\boldsymbol{P}|^2-\frac{1}{4}\sum_{i=2}^{n}\frac{1}{\xi_i^4}-\frac{1}{4\varepsilon_1^4}-\frac{3bM_{\boldsymbol{\theta}}}{2}\lambda_{\max}\varepsilon_3^{\frac{4}{3}}=p>0$$

设计

$$\alpha_1=-c_1y-\frac{3}{4}\varsigma_1^{\frac{4}{3}}y-\frac{3}{4}\varepsilon_1^{\frac{4}{3}}y-\frac{3}{2}y|\phi_1(y)|^2-\frac{bM_{\boldsymbol{\theta}}}{2\varepsilon_3^4}\lambda_{\max}y|\psi(y)|^4$$

$$-\frac{3}{4}\sum_{i=2}^{n}\zeta_i^2y|\phi_1(y)|^4-\frac{3bn\sqrt{n}|\boldsymbol{P}|^2\varepsilon_2^2}{2}y|\phi(y)|^4-\boldsymbol{\varphi}_1^{\mathrm{T}}\hat{\boldsymbol{\theta}}$$

$$\alpha_i=-c_iz_i-k_i\tilde{x}_1+\sum_{l=2}^{i-1}\frac{\partial\alpha_{i-1}}{\partial\hat{x}_l}(\hat{x}_{l+1}+k_l\tilde{x}_1)+\frac{\partial\alpha_{i-1}}{\partial y}(\hat{x}_2+\boldsymbol{\varphi}_1^{\mathrm{T}}\hat{\boldsymbol{\theta}})$$

$$+\frac{1}{2}\left(\frac{\partial^2\alpha_{i-1}}{\partial y^2}\right)\boldsymbol{\eta}_1^{\mathrm{T}}\boldsymbol{\eta}_1+\frac{\partial\alpha_{i-1}}{\partial\hat{\boldsymbol{\theta}}}\boldsymbol{\rho}\sum_{j=1}^{i}z_j^3\boldsymbol{\tau}_j+\sum_{j=1}^{i-1}z_j^3\frac{\partial\alpha_{j-1}}{\partial\hat{\theta}}\boldsymbol{\rho}\boldsymbol{\tau}_i-\frac{1}{4\varsigma_{i-1}^4}z_i$$

$$-\frac{3}{4}\varsigma_i^{\frac{4}{3}} z_i-\frac{3}{4}\xi_i^{\frac{4}{3}}\left(\frac{\partial\alpha_{i-1}}{\partial y}\right)^{\frac{4}{3}} z_i-\frac{3}{4\zeta_i^2}\left(\frac{\partial\alpha_{i-1}}{\partial y}\right)^4 z_i$$

$$\begin{aligned}u&=\alpha_n\\&=-c_n z_n-k_n\tilde{x}_1+\sum_{l=2}^{n-1}\frac{\partial\alpha_{n-1}}{\partial\hat{x}_l}(\hat{x}_{l+1}+k_l\tilde{x}_1)+\frac{\partial\alpha_{n-1}}{\partial y}(\hat{x}_2+\boldsymbol{\varphi}_1^{\mathrm{T}}\hat{\boldsymbol{\theta}})\\&\quad+\frac{1}{2}\left(\frac{\partial^2\alpha_{n-1}}{\partial y^2}\right)\boldsymbol{\eta}_1^{\mathrm{T}}\boldsymbol{\eta}_1+\frac{\partial\alpha_{n-1}}{\partial\hat{\theta}}\boldsymbol{\rho}\sum_{j=1}^{n} z_j^3\boldsymbol{\tau}_j+\sum_{j=1}^{n-1} z_j^3\frac{\partial\alpha_{j-1}}{\partial\hat{\theta}}\boldsymbol{\rho}\boldsymbol{\tau}_n-\frac{1}{4\varsigma_{n-1}^4}z_n\\&\quad-\frac{3}{4}\xi_n^{\frac{4}{3}}\left(\frac{\partial\alpha_{n-1}}{\partial y}\right)^{\frac{4}{3}} z_n-\frac{3}{4\zeta_n^2}\left(\frac{\partial\alpha_{n-1}}{\partial y}\right)^4 z_n\end{aligned}$$

其中 $c_i>0$, 那么将上述各式代入 LV 的表达式, 函数 $V(\boldsymbol{z},\tilde{\boldsymbol{x}},\hat{\boldsymbol{\theta}})$ 对时间的变化率是

$$LV\leqslant -p|\tilde{\boldsymbol{x}}|^4-\sum_{i=1}^{n} c_i z_i^4$$

由于 $\dfrac{\mathrm{d}}{\mathrm{d}t}[E(V(t))]=E(LV(t))$, 根据上式, 有下列微分不等式:

$$\frac{\mathrm{d}}{\mathrm{d}t}[E(V(t))]\leqslant -pE(|\tilde{\boldsymbol{x}}|^4)-cE(|\boldsymbol{z}|^4)$$

由于 $\boldsymbol{z}=\mathbf{0}$ 和 $\tilde{\boldsymbol{x}}=\mathbf{0}$ 意味 $\boldsymbol{x}=\mathbf{0}$, 由定理 9.6 可得:

定理 9.10　由输出反馈随机非线性系统、观测器、控制律组成的闭环系统的平衡点 $\boldsymbol{x}=\mathbf{0}$ 是全局依概率稳定的, 且有下列渐近特性:

$$P\left(\lim_{t\to\infty}\boldsymbol{x}(t)=\mathbf{0}\right)=1,\quad P\left(\lim_{t\to\infty}\hat{x}(t)=\mathbf{0}\right)=1,\quad P\left(\lim_{t\to\infty}\hat{\boldsymbol{\theta}}(t)\text{存在且有限}\right)=1$$

LV 是非正定的, $E(V(t))$ 是非增的. 由于 V 有下界零, $E[(V(t))]$ 有极限. 由于 $\boldsymbol{z}(t)$ 和 $\tilde{\boldsymbol{x}}(t)$ 依概率 1 收敛到零, 所以 $E((\tilde{\theta}(t)^2))$ 有极限. 根据推论 9.1, 从以上控制律表达式中可以看出, u 还不是自适应逆最优依概率稳定控制器. 为了获得自适应逆最优依概率稳定性, 对 u 作如下进一步设计.

3. 逆最优依概率稳定性

由于原点是系统的平衡点, 当 $\bar{\hat{\boldsymbol{x}}}_i=\mathbf{0}$ 及 $\bar{\boldsymbol{z}}_i=\mathbf{0}$ 时, $\alpha_i(\bar{\hat{\boldsymbol{x}}}_i,\hat{\boldsymbol{\theta}})=0$, 其中 $\bar{\boldsymbol{z}}_i=[z_1,z_2,\cdots,z_i]^{\mathrm{T}}$. 由均值定理, 存在光滑函数 χ_k, 满足

$$\frac{\partial\alpha_{n-1}}{\partial y}(\boldsymbol{\varphi}_1^{\mathrm{T}}\hat{\boldsymbol{\theta}})+\frac{\partial\alpha_{n-1}}{\partial\hat{\boldsymbol{\theta}}}\boldsymbol{\rho}\sum_{j=1}^{n} z_i^3\boldsymbol{\tau}_j+\sum_{j=1}^{n-1} z_j^3\frac{\partial\alpha_{j-1}}{\partial\hat{\boldsymbol{\theta}}}\boldsymbol{\rho}\boldsymbol{\tau}_n=\sum_{k=1}^{n}\chi_k z_k$$

由 Young 不等式, 得

$$z_n^3\sum_{k=1}^{n}\chi_k z_k\leqslant\frac{3}{4}z_n^4\sum_{k=1}^{n}(\sigma_k\chi_k)^{\frac{4}{3}}+\frac{1}{4}\sum_{k=1}^{n}\frac{1}{\sigma_k^4}z_k^4$$

其中 σ_k 是可任选的正常数. 根据推论 9.1 中控制策略的形式, 在控制律方程中, 还需对第 2~5 项进行处理:

$$z_n^3k_n\tilde{x}_1\leqslant\frac{3}{4}\varepsilon_4^{\frac{4}{3}}z_n^4+\frac{1}{4\varepsilon_4^4}k_n^4\tilde{x}_1^4\leqslant\frac{3}{4}\varepsilon_4^{\frac{4}{3}}z_n^4+\frac{1}{4\varepsilon_4^4}k_n^4|\tilde{\boldsymbol{x}}|^4$$

$$\begin{aligned}
&-z_n^3\sum_{l=2}^{n-1}\frac{\partial\alpha_{n-1}}{\partial\hat{x}_l}\hat{x}_{l+1}-z_n^3\frac{\partial\alpha_{n-1}}{\partial y}\hat{x}_2\\
&\quad=-z_n^3\sum_{l=2}^{n-1}\frac{\partial\alpha_{n-1}}{\partial\hat{x}_l}\left(z_{l+1}+\sum_{i=1}^{l}z_i\alpha_{li}\right)-z_n^3\frac{\partial\alpha_{n-1}}{\partial y}\hat{x}_2\\
&\quad=-\sum_{l=2}^{n-1}z_n^3\frac{\partial\alpha_{n-1}}{\partial\hat{x}_l}z_{l+1}-\sum_{l=1}^{n-1}z_n^3\frac{\partial\alpha_{n-1}}{\partial\hat{x}_l}\sum_{i=1}^{l}z_i\alpha_{li}-z_n^3\frac{\partial\alpha_{n-1}}{\partial y}z_2\\
&\quad\leqslant z_n^4\left[\frac{3}{4}\sum_{l=2}^{n-1}\left(\varepsilon_5\frac{\partial\alpha_{n-1}}{\partial\hat{x}_l}\right)^{\frac{4}{3}}+\frac{3}{4}\left(\varepsilon_5\frac{\partial\alpha_{n-1}}{\partial y}\right)^{\frac{4}{3}}+\frac{1}{4\varepsilon_5^4}\right.\\
&\qquad\left.+\frac{3}{4}\sum_{k=1}^{n-1}\left(\varepsilon_6\sum_{l=k}^{n-1}\frac{\partial\alpha_{n-1}}{\partial\hat{x}_l}\alpha_{lk}\right)^{\frac{4}{3}}\right]+\sum_{i=2}^{n-1}\frac{1}{4\varepsilon_5^4}z_i^4+\sum_{i=2}^{n-1}\frac{1}{4\varepsilon_6^4}z_i^4+\frac{1}{4\varepsilon_6^4}y^4
\end{aligned}$$

$$-z_n^3\sum_{l=2}^{n-1}\frac{\partial\alpha_{n-1}}{\partial\hat{x}_l}k_l\tilde{x}_1\leqslant\frac{3}{4}(\varepsilon_7\sum_{l=2}^{n-1}\frac{\partial\alpha_{n-1}}{\partial\hat{x}_l}k_l)^{\frac{4}{3}}z_n^4+\frac{1}{4\varepsilon_7^4}|\tilde{x}|^4$$

$$\begin{aligned}
-\frac{1}{2}z_n^3\frac{\partial^2\alpha_{n-1}}{\partial y^2}\boldsymbol{\eta}_1^{\mathrm{T}}\boldsymbol{\eta}_1&=-\frac{1}{2}z_n^3\frac{\partial^2\alpha_{n-1}}{\partial y^2}\boldsymbol{\phi}_1^{\mathrm{T}}(y)\boldsymbol{\phi}_1(y)y^2\\
&\leqslant\frac{3}{8}\left[\varepsilon_8\frac{\partial^2\alpha_{n-1}}{\partial y^2}\boldsymbol{\phi}_1^{\mathrm{T}}(y)\boldsymbol{\phi}_1(y)\right]^{\frac{4}{3}}z_n^4+\frac{1}{8\varepsilon_8^4}y^4
\end{aligned}$$

把以上结果代入控制律表达式, 并选择不等式系数满足

$$b\lambda-\frac{3bn\sqrt{n}}{2\varepsilon_2^2}|\boldsymbol{P}|^2-\frac{1}{4}\sum_{i=2}^{n}\frac{1}{\xi_i^4}-\frac{1}{4\varepsilon_1^4}-\frac{3bM_\theta}{2}\lambda_{\max}\varepsilon_3^{\frac{4}{3}}-\frac{1}{4\varepsilon_4^4}k_n^4-\frac{1}{4\varepsilon_7^4}=p>0$$

$$\frac{1}{4\varepsilon_6^4}+\frac{1}{8\varepsilon_8^4}+\frac{1}{4\sigma_1^4}=c_1$$

$$\frac{1}{4\varepsilon_5^4}+\frac{1}{4\varepsilon_6^4}+\frac{1}{4\sigma_i^4}=c_i$$

且

$$u=\alpha(\hat{\boldsymbol{x}},\hat{\boldsymbol{\theta}})=-M(\hat{\boldsymbol{x}},\hat{\boldsymbol{\theta}})z_n$$

其中

$$\begin{aligned}M(y,\hat{\boldsymbol{x}},\hat{\boldsymbol{\theta}})=&c_n+\frac{3}{4}\sum_{k=1}^{n}(\sigma_k\chi_k)^{\frac{4}{3}}+\frac{3}{4}\varepsilon_4^{\frac{4}{3}}+\frac{3}{4}\sum_{l=2}^{n-1}\left(\varepsilon_5\frac{\partial\alpha_{n-1}}{\partial\hat{x}_l}\right)^{\frac{4}{3}}+\frac{3}{4}\left(\varepsilon_5\frac{\partial\alpha_{n-1}}{\partial y}\right)^{\frac{4}{3}}\\&+\frac{1}{4\varepsilon_5^4}+\frac{3}{4}\sum_{k=1}^{n-1}\left(\varepsilon_6\sum_{l=k}^{n-1}\frac{\partial\alpha_{n-1}}{\partial\hat{x}_l}\alpha_{lk}\right)^{\frac{4}{3}}+\frac{3}{4}\left(\varepsilon_7\sum_{l=2}^{n-1}\frac{\partial\alpha_{n-1}}{\partial\hat{x}_l}k_l\right)^{\frac{4}{3}}\\&+\frac{3}{8}\left[\varepsilon_8\frac{\partial^2\alpha_{n-1}}{\partial y^2}\boldsymbol{\phi}_1^{\mathrm{T}}(y)\boldsymbol{\phi}_1(y)\right]^{\frac{4}{3}}+\frac{1}{4\sigma_n^4}\\&+\frac{1}{4\varsigma_{n-1}^4}+\frac{3}{4}\xi_n^{\frac{4}{3}}\left(\frac{\partial\alpha_{n-1}}{\partial y}\right)^{\frac{4}{3}}+\frac{3}{4\zeta_n^2}\left(\frac{\partial\alpha_{n-1}}{\partial y}\right)^4\end{aligned}$$

从上式可以看出 $M(\hat{\boldsymbol{x}},\hat{\boldsymbol{\theta}})>0$.

定理 9.11　由输出反馈随机非线性系统、观测器、控制律组成的闭环系统的平衡点 $\boldsymbol{x}=\mathbf{0}$ 是全局依概率渐近稳定的, 控制策略

$$u^*=-\frac{2\beta}{3}M(\hat{\boldsymbol{x}},\hat{\boldsymbol{\theta}})z_n\quad(\beta\geqslant 2)$$

通过使下列目标泛函最小, 解输出反馈随机非线性系统的自适应逆最优依概率稳定性问题, 并使下面的目标泛函最小:

$$J(u)=E\left(2\beta\lim_{t\to\infty}V(\boldsymbol{x},\hat{\boldsymbol{\theta}})+\int_0^{\infty}\left[l(\boldsymbol{x},\hat{\boldsymbol{\theta}})+\frac{27}{16\beta^2}M^{-3}(\hat{\boldsymbol{x}},\hat{\boldsymbol{\theta}})u^4\right]\mathrm{d}\tau\right)$$

其中 $l(\boldsymbol{x},\hat{\boldsymbol{\theta}})$ 满足定理 9.7.

由推论 9.1 证明的选择, 易证定理 9.11. 由定理 9.7 的证明过程, 可得

$$J(u^*)=\min_u J(u)=2\beta E\left(V(\boldsymbol{x}(0),\tilde{\boldsymbol{x}}(0),\hat{\boldsymbol{\theta}}(0))\right)$$

本节在给出具有未知定常参数和标准 Wiener 噪声扰动的严格反馈随机非线性系统描述的基础上, 基于 Backstepping 方法和 Itô 微分规则, 分别对状态反馈和输出反馈, 系统地给出了全局依概率渐近稳定和自适应逆最优控制策略的设计方法, 同时构造出了适当形式的四次型自适应控制 Lyapunov 函数, 解决了一类随机非线性系统的全局最优控制设计问题.

9.4 统计特性不确定随机系统稳健自适应逆最优控制

在 9.3 节中, 给出了状态反馈和输出反馈逆最优控制器的设计方法, 但系统中噪声扰动是标准的 Wiener 过程. 在这一节中, 我们考虑一类具有更广泛特征的随机非线性系统, 即系统既受随机扰动且 Wiener 噪声的方差是不确定的, 又含有未知参数, 并有指标约束, 针对这一类随机非线性系统给出自适应逆最优控制问题的可解定理, 基于 Itô 微分规则, 采用自适应 Backstepping 设计方法, 系统地设计全局依概率渐近稳定和自适应逆最优控制器, 用这种设计方法可同时获得控制策略和自适应律. 这一节是上一节的延伸, 也可以看作是 9.2 节的随机版本.

9.4.1 问题描述

考察下列方差不确定的参数严格反馈随机非线性系统:

$$\begin{aligned} \mathrm{d}x_i &= x_{i+1}\mathrm{d}t + \boldsymbol{\varphi}_i^{\mathrm{T}}(\bar{x}_i)\boldsymbol{\theta}\mathrm{d}t + \boldsymbol{\eta}_i^{\mathrm{T}}(\bar{x}_i)\mathrm{d}\omega \\ \mathrm{d}x_n &= u\mathrm{d}t + \boldsymbol{\varphi}_n^{\mathrm{T}}(\bar{x}_n)\boldsymbol{\theta}\mathrm{d}t + \boldsymbol{\eta}_n^{\mathrm{T}}(\bar{x}_n)\mathrm{d}\omega \end{aligned} \qquad (1 \leqslant i \leqslant n-1)$$

其中 $\boldsymbol{x} = [x_1, x_2, \cdots, x_n]^{\mathrm{T}} \in \mathbb{R}^n$ 是状态变量, 记 $\bar{\boldsymbol{x}}_i = [x_1, x_2, \cdots, x_i]^{\mathrm{T}}(i = 1, 2, \cdots, n)$; $u \in \mathbb{R}$ 是控制输入信号; $\boldsymbol{\varphi}_i(\bar{\boldsymbol{x}}_i) \in \mathbb{R}^p$ 是已知的光滑非线性向量值函数, 且有 $\boldsymbol{\varphi}_i(\mathbf{0}) = \mathbf{0}$; $\boldsymbol{\theta} \in \mathbb{R}^p$ 是未知的参数常向量或未知的参数缓慢变化向量, 设 $\boldsymbol{\theta}$ 的估计值是 $\hat{\boldsymbol{\theta}}(t)$, 则误差定义为 $\tilde{\boldsymbol{\theta}}(t) = \boldsymbol{\theta} - \hat{\boldsymbol{\theta}}(t)$; $\boldsymbol{\eta}_i(\bar{\boldsymbol{x}}_i) \in \mathbb{R}^r$ 是已知的光滑非线性向量值函数, 且假定 $\boldsymbol{\eta}_i(0) = \mathbf{0}$; 噪声干扰 $\boldsymbol{\omega}$ 是定义在概率空间 (Ω, F, P) 上的 r 维相互独立的 Wiener 过程向量, 其中 Ω 为样本空间, F 为 σ 代数, P 为概率测度, 记增量 $\mathrm{d}\boldsymbol{\omega}$ 的协方差为 $\boldsymbol{\Sigma\Sigma}^{\mathrm{T}}\mathrm{d}t$, 即均值 $E\left(\mathrm{d}\boldsymbol{\omega}\mathrm{d}\boldsymbol{\omega}^{\mathrm{T}}\right) = \boldsymbol{\Sigma}(t)\boldsymbol{\Sigma}(t)^{\mathrm{T}}\mathrm{d}t$, 其中函数矩阵 $\boldsymbol{\Sigma}(t) \in \mathbb{R}^{r\times r}$ 是非负定的、有界的, 但不确定. 为方便起见, 这里利用 ∞ 范数, 将之归结为一个参数 $\Delta = |\boldsymbol{\Sigma\Sigma}^{\mathrm{T}}|_\infty$, 假定它只是缓慢变化, 记 Δ 的估计值为 $\hat{\Delta}$, 则误差定义为 $\tilde{\Delta}(t) = \Delta - \hat{\Delta}(t)$.

为了研究上述系统, 先考虑如下一般形式的随机系统:

$$\mathrm{d}\boldsymbol{x} = \boldsymbol{f}(\boldsymbol{x},\boldsymbol{\theta})\mathrm{d}t + \boldsymbol{g}_1(\boldsymbol{x})\mathrm{d}\boldsymbol{\omega} + \boldsymbol{g}_2(\boldsymbol{x})\boldsymbol{u}\mathrm{d}t$$

其中函数 $\boldsymbol{f}:\mathbb{R}^n\times\mathbb{R}^p\to\mathbb{R}^n$, $\boldsymbol{g}_1:\mathbb{R}^n\to\mathbb{R}^{n\times r}$, $\boldsymbol{g}_2:\mathbb{R}^n\to\mathbb{R}^{n\times m}$ 是光滑的, 且 $\boldsymbol{f}(\mathbf{0},\boldsymbol{\theta})=\mathbf{0}$, $\boldsymbol{g}_1(\mathbf{0})=\mathbf{0}$; $\boldsymbol{\omega}$ 定义如上, 控制输入 $\boldsymbol{u}\in\mathbb{R}^m$.

定义 9.5 称上述一般形式的随机系统的平衡点 $\boldsymbol{x}=\mathbf{0}$ 是全局依概率渐近稳定的, 如果存在控制策略 $\boldsymbol{u}=\boldsymbol{\alpha}(\boldsymbol{x},\hat{\boldsymbol{\theta}},\hat{\Delta})$ 和自适应率 $\dot{\hat{\boldsymbol{\theta}}}$, $\dot{\hat{\Delta}}$, α 处处连续, 且 $\boldsymbol{\alpha}(\mathbf{0},\hat{\boldsymbol{\theta}},\hat{\Delta})=\mathbf{0}$, 闭环系统的平衡点 $\boldsymbol{x}=\mathbf{0}$ 是全局依概率渐近稳定的.

定义 9.6 称上述一般形式的随机系统的自适应逆最优控制问题是可解的, 如果存在 K_∞ 类函数 γ_1, γ_2, 其导数 γ_1', γ_2' 也是 K_∞ 类函数; 矩阵值函数 $\boldsymbol{R}_2(x)$, 且对所有的 $\boldsymbol{x}$ 都是对称、正定的; 正定的、径向无界的函数 $S(\boldsymbol{x}(t),\hat{\boldsymbol{\theta}},\hat{\Delta})$, $l(\boldsymbol{x},\hat{\boldsymbol{\theta}},\hat{\Delta})$; 反馈控制策略 $\boldsymbol{u}=\boldsymbol{\alpha}(\boldsymbol{x},\hat{\boldsymbol{\theta}},\hat{\Delta})$ 和自适应律 $\dot{\hat{\boldsymbol{\theta}}}$, $\dot{\hat{\Delta}}$, α 处处连续, 且 $\boldsymbol{\alpha}(\mathbf{0},\hat{\boldsymbol{\theta}},\hat{\Delta})=\mathbf{0}$, 确保系统在平衡点 $\boldsymbol{x}=\mathbf{0}$ 是全局依概率渐近稳定的, 并使下面的目标泛函最小:

$$J(\boldsymbol{u}) = \sup_{\boldsymbol{\Sigma}\in D}\left\{\lim_{t\to\infty} E\Bigg(S(\boldsymbol{x}(t),\hat{\boldsymbol{\theta}},\hat{\Delta}) + \int_0^t \left(l(\boldsymbol{x},\hat{\boldsymbol{\theta}},\hat{\Delta}) + \gamma_2(|\boldsymbol{R}_2(x)^{\frac{1}{2}}\boldsymbol{u}|) - \gamma_1(|\boldsymbol{\Sigma}\boldsymbol{\Sigma}^{\mathrm{T}}|_{\mathrm{F}})\right)\mathrm{d}\tau\Bigg)\right\}$$

其中 D 是 $\boldsymbol{x}$ 局部有界函数的集合, $|\cdot|_{\mathrm{F}}$ 表示 Frobenius 范数, $|\cdot|$ 表示 Euclid 范数 (2 范数). 上式是一个中性的风险灵敏问题, 也是一个零和微分对策问题, 对手是 $\boldsymbol{\Sigma}\boldsymbol{\Sigma}^{\mathrm{T}}$, 也称为最坏情况下的最优控制.

定理 9.12(随机 LaSalle 定理)[9] 对于上述一般形式的随机系统, 构造适当的控制 Lyapunov 函数 $V(\boldsymbol{x})$, 一般形式的随机系统的状态轨迹对时间的变化率 (infinitesimal generator)

$$LV = \frac{\partial V}{\partial \boldsymbol{x}} f(\boldsymbol{x},\boldsymbol{\theta}) + \frac{1}{2}\mathrm{tr}\left(\boldsymbol{\Sigma}^{\mathrm{T}} g_1^{\mathrm{T}} \frac{\partial^2 V}{\partial \boldsymbol{x}^2}\boldsymbol{g}_1\boldsymbol{\Sigma}\right) \leqslant -W(\boldsymbol{x})$$

成立, 其中 $W(\boldsymbol{x})\geqslant 0$, 则系统在平衡点 $\boldsymbol{x}=\mathbf{0}$ 依概率全局一致稳定, 且有渐近特性:

$$P\left(\lim_{t\to\infty} W(\boldsymbol{x}) = 0\right) = 1$$

与确定性系统 Lyapunov 函数微分表达式不同的是, 上式中增加了二阶微分项, 即二阶 Hesse 矩阵函数.

定理 9.13 考察控制策略

$$\boldsymbol{u}=\boldsymbol{\alpha}(\boldsymbol{x},\hat{\boldsymbol{\theta}},\hat{\Delta})=-\boldsymbol{R}_2^{-1}(L_{\boldsymbol{g}_2}V)^{\mathrm{T}}\frac{l\gamma_2(|L_{\boldsymbol{g}_2}V\boldsymbol{R}_2^{-\frac{1}{2}}|)}{|L_{\boldsymbol{g}_2}V\boldsymbol{R}_2^{-\frac{1}{2}}|^2}$$

其中 $V(\boldsymbol{x},\hat{\boldsymbol{\theta}},\hat{\Delta})$ 是一般形式的随机系统的侯选控制 Lyapunov 函数, γ_1,γ_2 是 K_∞ 类函数, 其导数 γ_1',γ_2' 也是 K_∞ 类函数, $R_2(\boldsymbol{x})$ 是对所有的 $\boldsymbol{x}$ 对称、正定的矩阵值函数.

构造一般形式的随机系统的一个辅助系统如下:

$$\mathrm{d}\boldsymbol{x}=\boldsymbol{f}(\boldsymbol{x},\theta)\mathrm{d}t+\boldsymbol{g}_1(\boldsymbol{x})\mathrm{d}\bar{\boldsymbol{\omega}}+\boldsymbol{g}_2(\boldsymbol{x})\boldsymbol{u}\mathrm{d}t$$

其中 $\bar{\boldsymbol{\omega}}$ 的定义与 $\boldsymbol{\omega}$ 相同, 但方差满足

$$\bar{\boldsymbol{\Sigma}}\bar{\boldsymbol{\Sigma}}^{\mathrm{T}}=2\boldsymbol{g}_1^{\mathrm{T}}\frac{\partial^2V}{\partial\boldsymbol{x}^2}\boldsymbol{g}_1\frac{l\gamma_1\left(\left|\boldsymbol{g}_1^{\mathrm{T}}\dfrac{\partial^2V}{\partial\boldsymbol{x}^2}\boldsymbol{g}_1\right|_{\mathrm{F}}\right)}{\left|\boldsymbol{g}_1^{\mathrm{T}}\dfrac{\partial^2V}{\partial\boldsymbol{x}^2}\boldsymbol{g}_1\right|_{\mathrm{F}}^2}$$

如果定理 9.13 中的控制策略获得辅助系统全局依概率渐近稳定, 那么控制策略

$$\boldsymbol{u}^*=\boldsymbol{\alpha}^*(\boldsymbol{x},\hat{\boldsymbol{\theta}},\hat{\Delta})=-\frac{\beta}{2}\boldsymbol{R}_2^{-1}(L_{\boldsymbol{g}_2}V)^{\mathrm{T}}\frac{\gamma_2'^{-1}(|L_{\boldsymbol{g}_2}V\boldsymbol{R}_2^{-\frac{1}{2}}|)}{|L_{\boldsymbol{g}_2}V\boldsymbol{R}_2^{-\frac{1}{2}}|}\quad(\beta\geqslant 2)$$

和设计的参数自适应律可以解决一般形式的随机系统的自适应逆最优控制问题, 并使下面的目标泛函最小:

$$\begin{aligned}J(\boldsymbol{u})=\sup_{\boldsymbol{\Sigma}\in D}\Bigg\{&\lim_{t\to\infty}E[V(\boldsymbol{x}(t),\hat{\boldsymbol{\theta}},\hat{\Delta})+\int_0^t\left(l(\boldsymbol{x},\hat{\boldsymbol{\theta}},\hat{\Delta})+\beta^2\gamma_2\left(\frac{3}{\beta}\left|\boldsymbol{R}_2^{\frac{1}{2}}\boldsymbol{u}\right|\right)\right.\\&\left.-\beta\lambda\gamma_1\left(\frac{|\boldsymbol{\Sigma}\boldsymbol{\Sigma}^{\mathrm{T}}|_{\mathrm{F}}}{\mu}\right)\mathrm{d}\tau\right\}\end{aligned}$$

其中 $\lambda\in(0,2]$, 且

$$\begin{aligned}l(\boldsymbol{x},\hat{\boldsymbol{\theta}},\hat{\Delta})=&2\beta\left[l\gamma_2(|L_{\boldsymbol{g}_2}V\boldsymbol{R}_2^{-\frac{1}{2}}|)-L_{\boldsymbol{f}}V-l\gamma_1\left(\left|\boldsymbol{g}_1^{\mathrm{T}}\frac{\partial^2V}{\partial\boldsymbol{x}^2}\boldsymbol{g}_1\right|_F\right)-\frac{\partial V}{\partial\hat{\boldsymbol{\theta}}}\dot{\hat{\boldsymbol{\theta}}}-\frac{\partial V}{\partial\hat{\Delta}}\dot{\hat{\Delta}}\right]\\&+\beta(\beta-2)l\gamma_2(|L_{\boldsymbol{g}_2}V\boldsymbol{R}_2^{-\frac{1}{2}}|)+\beta(2-\lambda)l\gamma_1\left(\left|\boldsymbol{g}_1^{\mathrm{T}}\frac{\partial^2V}{\partial\boldsymbol{x}^2}\boldsymbol{g}_1\right|_{\mathrm{F}}\right)\end{aligned}$$

其中 $L_{\boldsymbol{f}}V$ 表示 $\dfrac{\partial V}{\partial\boldsymbol{x}}\boldsymbol{f}(\boldsymbol{x},\theta)$, 参数 β,λ 称为设计的自由度. 上式称为一般形式的随机系统关于 $V(\boldsymbol{x},\hat{\boldsymbol{\theta}},\hat{\Delta})$ 的 HJI 方程.

证明　由于控制策略使系统全局依概率渐近稳定, 根据定理 9.12, 存在一连续非负函数 $W(\boldsymbol{x},\hat{\boldsymbol{\theta}},\hat{\Delta}):\mathbb{R}^n\times\mathbb{R}^p\times\mathbb{R}^{r\times r}\to\mathbb{R}_+$, 满足

$$\begin{aligned}\bar{L}V(\boldsymbol{x},\hat{\boldsymbol{\theta}})&=L_{\boldsymbol{f}}V+\frac{1}{2}\mathrm{tr}\left(\bar{\boldsymbol{\Sigma}}^{\mathrm{T}}g_1^{\mathrm{T}}\frac{\partial^2 V}{\partial\boldsymbol{x}^2}\boldsymbol{g}_1\bar{\boldsymbol{\Sigma}}\right)+L_{\boldsymbol{g}_2}V\boldsymbol{\alpha}+\frac{\partial V}{\partial\hat{\boldsymbol{\theta}}}\dot{\hat{\boldsymbol{\theta}}}+\frac{\partial V}{\partial\hat{\Delta}}\dot{\hat{\Delta}}\\&=L_{\boldsymbol{f}}V+l\gamma_1\left(\left|\boldsymbol{g}_1^{\mathrm{T}}\frac{\partial^2}{\partial\boldsymbol{x}^2}\boldsymbol{g}_1\right|_{\mathrm{F}}\right)-l\gamma_2(|L_{\boldsymbol{g}_2}V\boldsymbol{R}_2^{-\frac{1}{2}}|)+\frac{\partial V}{\partial\hat{\boldsymbol{\theta}}}\dot{\hat{\boldsymbol{\theta}}}+\frac{\partial V}{\partial\hat{\Delta}}\dot{\hat{\Delta}}\\&\leqslant -W(\boldsymbol{x},\hat{\boldsymbol{\theta}},\dot{\hat{\Delta}})\end{aligned}$$

由 HJI 方程, 得

$$\begin{aligned}l(\boldsymbol{x},\hat{\boldsymbol{\theta}},\hat{\Delta})&=2\beta\left[l\gamma_2(|L_{\boldsymbol{g}_2}V\boldsymbol{R}_2^{-\frac{1}{2}}|)-L_{\boldsymbol{f}}V-l\gamma_1\left(\left|\boldsymbol{g}_1^{\mathrm{T}}\frac{\partial^2 V}{\partial\boldsymbol{x}^2}\boldsymbol{g}_1\right|_{\mathrm{F}}\right)-\frac{\partial V}{\partial\hat{\boldsymbol{\theta}}}\dot{\hat{\boldsymbol{\theta}}}-\frac{\partial V}{\partial\hat{\Delta}}\dot{\hat{\Delta}}\right]\\&\quad+\beta(\beta-2)l\gamma_2(|L_{\boldsymbol{g}_2}V\boldsymbol{R}_2^{-\frac{1}{2}}|)+\beta(2-\lambda)l\gamma_1\left(\left|\boldsymbol{g}_1^{\mathrm{T}}\frac{\partial^2 V}{\partial\boldsymbol{x}^2}\boldsymbol{g}_1\right|_{\mathrm{F}}\right)\\&\geqslant 2\beta W(\boldsymbol{x},\hat{\boldsymbol{\theta}},\hat{\Delta})+\beta(\beta-2)l\gamma_2(|L_{\boldsymbol{g}_2}V\boldsymbol{R}_2^{-\frac{1}{2}}|)+\beta(2-\lambda)l\gamma_1\left(\left|\boldsymbol{g}_1^{\mathrm{T}}\frac{\partial^2 V}{\partial\boldsymbol{x}^2}\boldsymbol{g}_1\right|_{\mathrm{F}}\right)\end{aligned}$$

由于 $W(\boldsymbol{x},\hat{\boldsymbol{\theta}},\hat{\Delta})$ 是非负的, $\beta\geqslant 2$, $\lambda\in(0,2]$, 且 $l\gamma_1$, $l\gamma_2$ 是 K_∞ 类函数, 故 $l(\boldsymbol{x},\hat{\boldsymbol{\theta}},\hat{\Delta})$ 是正定的、径向无界的, 因此, 定理中定义的 $J(\boldsymbol{u})$ 是有意义的目标泛函.

现在证明最优性. 将 $l(\boldsymbol{x},\hat{\boldsymbol{\theta}},\hat{\Delta})$ 代入目标泛函 $J(\boldsymbol{u})$, 有

$$\begin{aligned}J(\boldsymbol{u})&=\sup_{\boldsymbol{\Sigma}\in D}\left\{\lim_{r\to\infty}E(2\beta V(\boldsymbol{x}(\tau_r),\hat{\boldsymbol{\theta}},\hat{\Delta})\right.\\&\quad\left.+\int_0^{\tau_r}\left(l(\boldsymbol{x},\hat{\boldsymbol{\theta}},\hat{\Delta})+\beta^2\gamma_2\left(\frac{2}{\beta}|\boldsymbol{R}_2(\boldsymbol{x})^{\frac{1}{2}}u|\right)-\beta\lambda\gamma_1\left(\frac{|\boldsymbol{\Sigma}\boldsymbol{\Sigma}^{\mathrm{T}}|_{\mathrm{F}}}{\lambda}\right)\right)\mathrm{d}\tau\Big]\right\}\\&=\sup_{\boldsymbol{\Sigma}\in D}\left\{\lim_{r\to\infty}E\left(2\beta V(\boldsymbol{x}(0),\hat{\boldsymbol{\theta}}(0),\hat{\Delta}(0))\right.\right.\\&\quad\left.\left.+\int_0^{\tau_r}2\beta LV+\left(l(\boldsymbol{x},\hat{\boldsymbol{\theta}},\hat{\Delta})+\beta^2\gamma_2(\frac{2}{\beta}|\boldsymbol{R}_2(\boldsymbol{x})^{\frac{1}{2}}\boldsymbol{u}|)-\beta\lambda\gamma_1\left(\frac{|\boldsymbol{\Sigma}\boldsymbol{\Sigma}^{\mathrm{T}}|_{\mathrm{F}}}{\lambda}\right)\right)\mathrm{d}\tau\right)\right\}\\&=\sup_{\boldsymbol{\Sigma}\in D}\left\{2\beta E(V(\boldsymbol{x}(0),\hat{\boldsymbol{\theta}}(0),\hat{\Delta}(0)))+\lim_{r\to+\infty}E\left(\int_0^{\tau_r}\beta^2\gamma_2\left(\frac{2}{\beta}|\boldsymbol{R}_2(\boldsymbol{x})^{\frac{1}{2}}\boldsymbol{u}|\right)\right.\right.\\&\quad+\beta^2 l\gamma_2(|L_{\boldsymbol{g}_2}V\boldsymbol{R}_2^{-\frac{1}{2}}|)+2\beta L_{\boldsymbol{g}_2}V\boldsymbol{u}-\beta\lambda\gamma_1\left(\frac{|\boldsymbol{\Sigma}\boldsymbol{\Sigma}^{\mathrm{T}}|_{\mathrm{F}}}{\lambda}\right)-\beta l\gamma_1\left(\left|\boldsymbol{g}_1^{\mathrm{T}}\frac{\partial^2 V}{\partial\boldsymbol{x}^2}\boldsymbol{g}_1\right|_{\mathrm{F}}\right)\\&\quad\left.+\beta\mathrm{tr}\left(\boldsymbol{\Sigma}^{\mathrm{T}}\boldsymbol{g}_1^{\mathrm{T}}\frac{\partial^2 V}{\partial\boldsymbol{x}^2}\boldsymbol{g}_1\boldsymbol{\Sigma}\right)\mathrm{d}\tau\right)\Big)\end{aligned}$$

由一般情况下的 Young 不等式, 有

$$-2\beta L_{\boldsymbol{g}_2}V\boldsymbol{u}=\beta^2\left(\frac{2}{\beta}\boldsymbol{R}_2^{\frac{1}{2}}\boldsymbol{u}\right)^{\mathrm{T}}(-\boldsymbol{R}_2^{-\frac{1}{2}}(L_{\boldsymbol{g}_2}V)^{\mathrm{T}})$$
$$\leqslant\beta^2\gamma_2\left(\left|\frac{2}{\beta}\boldsymbol{R}_2^{\frac{1}{2}}\boldsymbol{u}\right|\right)+\beta^2 l\gamma_2(|L_{\boldsymbol{g}_2}V\boldsymbol{R}_2^{-\frac{1}{2}}|)$$

$$\beta\mathrm{tr}\left(\boldsymbol{\Sigma}^{\mathrm{T}}\boldsymbol{g}_1^{\mathrm{T}}\frac{\partial^2 V}{\partial\boldsymbol{x}^2}\boldsymbol{g}_1\boldsymbol{\Sigma}\right)=\beta(\mathrm{col}(\boldsymbol{\Sigma}\boldsymbol{\Sigma}^{\mathrm{T}}))^{\mathrm{T}}\left(\mathrm{col}\left(\boldsymbol{g}_1^{\mathrm{T}}\frac{\partial^2 V}{\partial\boldsymbol{x}^2}\boldsymbol{g}_1\right)\right)$$
$$\leqslant\beta\lambda\gamma_1\left(\frac{|\boldsymbol{\Sigma}\boldsymbol{\Sigma}^{\mathrm{T}}|_{\mathrm{F}}}{\lambda}\right)+\beta\lambda l\gamma_1\left(\left|\boldsymbol{g}_1^{\mathrm{T}}\frac{\partial^2 V}{\partial\boldsymbol{x}^2}\boldsymbol{g}_1\right|_{\mathrm{F}}\right)$$

当

$$\boldsymbol{u}^*=-\frac{\beta}{2}\boldsymbol{R}_2^{-\frac{1}{2}}(L_{\boldsymbol{g}_2}V)^{\mathrm{T}}\frac{\boldsymbol{R}_2^{-\frac{1}{2}}(\gamma_2')^{-1}(|L_{\boldsymbol{g}_2}V\boldsymbol{R}_2^{-\frac{1}{2}}|)}{|L_{\boldsymbol{g}_2}V\boldsymbol{R}_2^{-\frac{1}{2}}|}$$

且

$$(\boldsymbol{\Sigma}\boldsymbol{\Sigma}^{\mathrm{T}})^*=\lambda(\gamma_1')^{-1}\left(\left|\boldsymbol{g}_1^{\mathrm{T}}\frac{\partial^2 V}{\partial\boldsymbol{x}^2}\boldsymbol{g}_1\right|_{\mathrm{F}}\right)\frac{\boldsymbol{g}_1^{\mathrm{T}}\dfrac{\partial^2 V}{\partial\boldsymbol{x}^2}\boldsymbol{g}_1}{\left|\boldsymbol{g}_1^{\mathrm{T}}\dfrac{\partial^2 V}{\partial\boldsymbol{x}^2}\boldsymbol{g}_1\right|_{\mathrm{F}}}$$

时, 上面两式中等号成立. 若给出最坏情况下的未知方差, 则在最优控制律的作用下, 有

$$\min_{\boldsymbol{u}}J(\boldsymbol{u})=2\beta E\left(V(\boldsymbol{x}(0),\hat{\boldsymbol{\theta}}(0),\hat{\Delta}(0))\right)$$

根据定义 9.6, 选择

$$\boldsymbol{R}_2(\boldsymbol{x})=\begin{cases}\boldsymbol{I}\dfrac{2L_{\boldsymbol{g}_2}V(L_{\boldsymbol{g}_2}V)^{\mathrm{T}}}{\boldsymbol{v}+\sqrt{\boldsymbol{v}^2+[L_{\boldsymbol{g}_2}V(L_{\boldsymbol{g}_2}V)^{\mathrm{T}}]^2}} & (L_{\boldsymbol{g}_2}V\neq\boldsymbol{0})\\ \boldsymbol{I}\cdot\{\text{任何正数}\} & (L_{\boldsymbol{g}_2}V=\boldsymbol{0})\end{cases}$$

其中 $\boldsymbol{v}=L_{\boldsymbol{f}}V+\dfrac{\partial V}{\partial\hat{\boldsymbol{\theta}}}\dot{\hat{\boldsymbol{\theta}}}+\dfrac{\partial V}{\partial\hat{\Delta}}\dot{\hat{\Delta}}+\dfrac{1}{2}\left|\boldsymbol{g}_1^{\mathrm{T}}\dfrac{\partial^2 V}{\partial\boldsymbol{x}^2}\boldsymbol{g}_1\right|_{\mathrm{F}}\boldsymbol{\rho}^{-1}(|\boldsymbol{x}|)$, $\boldsymbol{\rho}(\cdot)$ 是一类与 $|\boldsymbol{\Sigma}\boldsymbol{\Sigma}^{\mathrm{T}}|$ 有关的 K_∞ 函数; 选择 $\gamma_2=r^2/4$, 另外, 选择 $\beta=\lambda=2$. 由 $l\gamma_2(r)=r^2$, 参考上式, 有

$$L_{\boldsymbol{f}}V+\frac{\partial V}{\partial\hat{\boldsymbol{\theta}}}\dot{\hat{\boldsymbol{\theta}}}+\frac{\partial V}{\partial\hat{\Delta}}\dot{\hat{\Delta}}+\frac{\lambda}{2}l\gamma_1\left(\left|\boldsymbol{g}_1^{\mathrm{T}}\frac{\partial^2 V}{\partial\boldsymbol{x}^2}\boldsymbol{g}_1\right|_{\mathrm{F}}\right)-\frac{\beta}{2}l\gamma_2(|L_{\boldsymbol{g}_2}V\boldsymbol{R}_2^{-\frac{1}{2}}|)$$
$$=\frac{1}{2}\left[-v+\sqrt{v^2+(L_{\boldsymbol{g}_2}V(L_{\boldsymbol{g}_2}V)^{\mathrm{T}})^2}\right]-\frac{1}{2}\left|\boldsymbol{g}_1^{\mathrm{T}}\frac{\partial^2 V}{\partial\boldsymbol{x}^2}\boldsymbol{g}_1\right|_{\mathrm{F}}\rho^{-1}(|\boldsymbol{x}|)$$
$$+l\gamma_1\left(\left|\boldsymbol{g}_1^{\mathrm{T}}\frac{\partial^2 V}{\partial\boldsymbol{x}^2}\boldsymbol{g}_1\right|_{\mathrm{F}}\right)$$

由于 $\boldsymbol{g}_1^{\mathrm{T}}\dfrac{\partial^2 V}{\partial \boldsymbol{x}^2}\boldsymbol{g}_1$ 在原点抵消，所以，存在一 K_∞ 类函数 $\pi(\boldsymbol{x})$，满足

$$\left|\boldsymbol{g}_1^{\mathrm{T}}\frac{\partial^2 V}{\partial \boldsymbol{x}^2}\boldsymbol{g}_1\right|_{\mathrm{F}} \leqslant \pi(|\boldsymbol{x}|)$$

令 $\zeta(r)$ 是一 K_∞ 类函数，其导数 ζ' 也是一 K_∞ 类函数，且满足

$$\zeta(r) \leqslant \frac{1}{2} r\rho(\pi^{-1}(r))$$

选择 $\gamma_1 = l\zeta$，由 FL 变换知 $ll\zeta = \zeta$，所以有

$$l\gamma_1(r) = \zeta(r) \leqslant \frac{1}{2} r\rho(\pi^{-1}(r))$$

从而有

$$l\gamma_1\left(\left|\boldsymbol{g}_1^{\mathrm{T}}\frac{\partial^2 V}{\partial \boldsymbol{x}^2}\boldsymbol{g}_1\right|_{\mathrm{F}}\right) \leqslant \frac{1}{2}\left|\boldsymbol{g}_1^{\mathrm{T}}\frac{\partial^2 V}{\partial \boldsymbol{x}^2}\boldsymbol{g}_1\right|_{\mathrm{F}}\rho^{-1}(|\boldsymbol{x}|)$$

选择

$$\begin{aligned} l(\boldsymbol{x},\hat{\boldsymbol{\theta}},\hat{\varDelta}) = {} & 4\left\{\frac{1}{2}\left[-\boldsymbol{v} + \sqrt{\boldsymbol{v}^2 + (L_{\boldsymbol{g}_2}V(L_{\boldsymbol{g}_2}V)^{\mathrm{T}})^2}\right] + \frac{1}{2}\left|\boldsymbol{g}_1^{\mathrm{T}}\frac{\partial^2 V}{\partial \boldsymbol{x}^2}\boldsymbol{g}_1\right|_{\mathrm{F}}\rho^{-1}(|\boldsymbol{x}|)\right. \\ & \left. - l\gamma_1\left(\left|\boldsymbol{g}_1^{\mathrm{T}}\frac{\partial^2 V}{\partial \boldsymbol{x}^2}\boldsymbol{g}_1\right|_{\mathrm{F}}\right)\right\} \\ \geqslant {} & 2\left[-\boldsymbol{v} + \sqrt{\boldsymbol{v}^2 + (L_{\boldsymbol{g}_2}V(L_{\boldsymbol{g}_2}V)^{\mathrm{T}})^2}\right] \end{aligned}$$

这就完成了 $\boldsymbol{R}_2$, l, γ_1, γ_2 的设计.

根据定义 9.6, 还要证明 α^* 是连续的, 且 $\alpha^*(\boldsymbol{0},\hat{\boldsymbol{\theta}},\hat{\varDelta}) = 0$. 因为 $\boldsymbol{g}_2$, $\boldsymbol{R}_2$, $\partial V/\partial \boldsymbol{x}$ 是连续函数, $\gamma_2'^{-1}$ 是一 K_∞ 类函数, 所以 $L_{\boldsymbol{g}_2}V\boldsymbol{R}_2^{-\frac{1}{2}} = \boldsymbol{0}$, α^* 是连续的. 当 $L_{\boldsymbol{g}_2}V\boldsymbol{R}_2^{-\frac{1}{2}} \to \boldsymbol{0}$ 时, 容易证明 α^* 是连续的. 由于 $\dfrac{\partial V}{\partial \boldsymbol{x}}(\boldsymbol{0},\hat{\boldsymbol{\theta}},\hat{\varDelta}) = 0$, $L_{\boldsymbol{g}_2}V(\boldsymbol{0},\hat{\boldsymbol{\theta}},\hat{\varDelta}) = 0$ 以及 $f(\boldsymbol{0},\boldsymbol{\theta}) = 0$, 所以有 $\alpha(\boldsymbol{0},\hat{\boldsymbol{\theta}},\hat{\varDelta}) = 0$.

推论 9.2　对于下列方差不确定的参数严格反馈随机非线性系统：

$$\begin{aligned} \mathrm{d}x_i &= x_{i+1}\mathrm{d}t + \boldsymbol{\varphi}_i^{\mathrm{T}}(\bar{\boldsymbol{x}}_i)\boldsymbol{\theta}\mathrm{d}t + \boldsymbol{\eta}_i^{\mathrm{T}}(\bar{\boldsymbol{x}}_i)\mathrm{d}\omega \\ \mathrm{d}x_n &= u\mathrm{d}t + \boldsymbol{\varphi}_n^{\mathrm{T}}(\bar{\boldsymbol{x}}_n)\boldsymbol{\theta}\mathrm{d}t + \boldsymbol{\eta}_n^{\mathrm{T}}(\bar{\boldsymbol{x}}_n)\mathrm{d}\omega \end{aligned} \qquad (1 \leqslant i \leqslant n-1)$$

如果存在连续正定函数 $M(\boldsymbol{x},\hat{\boldsymbol{\theta}},\hat{\varDelta})$，满足：控制策略

$$u = \alpha(\boldsymbol{x},\hat{\boldsymbol{\theta}}) = -M(\boldsymbol{x},\hat{\boldsymbol{\theta}},\hat{\varDelta})z_n$$

对于适当构造的控制 Lyapunov 函数, 可获得如下系统的全局依概率渐近稳定:

$$\begin{aligned} \mathrm{d}x_i &= x_{i+1}\mathrm{d}t + \boldsymbol{\varphi}_i^{\mathrm{T}}(\bar{\boldsymbol{x}}_i)\boldsymbol{\theta}\mathrm{d}t + \boldsymbol{\eta}_i^{\mathrm{T}}(\bar{\boldsymbol{x}}_i)\mathrm{d}\bar{\boldsymbol{\omega}} \\ \mathrm{d}x_n &= u\mathrm{d}t + \boldsymbol{\varphi}_n^{\mathrm{T}}(\bar{\boldsymbol{x}}_n)\boldsymbol{\theta}\mathrm{d}t + \boldsymbol{\eta}_n^{\mathrm{T}}(\bar{\boldsymbol{x}}_n)\mathrm{d}\bar{\boldsymbol{\omega}} \end{aligned} \qquad (1 \leqslant i \leqslant n-1)$$

其中

$$\bar{\boldsymbol{\Sigma}}\bar{\boldsymbol{\Sigma}}^{\mathrm{T}} = 2\boldsymbol{g}_1^{\mathrm{T}}\frac{\partial^2 V}{\partial z^2}\boldsymbol{g}_1 \frac{l\gamma_1\left(\left|\boldsymbol{g}_1^{\mathrm{T}}\dfrac{\partial^2 V}{\partial z^2}\boldsymbol{g}_1\right|_{\mathrm{F}}\right)}{\left|\boldsymbol{g}_1^{\mathrm{T}}\dfrac{\partial^2 V}{\partial z^2}\boldsymbol{g}_1\right|_{\mathrm{F}}^2}$$

式中 $\boldsymbol{g}_1 = [\boldsymbol{\eta}_1^{\mathrm{T}} \quad \boldsymbol{\eta}_2^{\mathrm{T}} \quad \cdots \quad \boldsymbol{\eta}_n^{\mathrm{T}}]^{\mathrm{T}}$

那么, 控制策略

$$u^* = \alpha^*(\mathbf{0},\hat{\boldsymbol{\theta}},\hat{\Delta}) = \frac{2}{3}\beta\alpha(\boldsymbol{x},\hat{\boldsymbol{\theta}},\hat{\Delta}) \quad (\beta \geqslant 2)$$

和设计的参数自适应律可以解决该系统的自适应逆最优控制问题.

证明 取 $\gamma_2(\rho) = \rho^4/4$, $R_2 = (4M/3)^{-\frac{3}{2}}$. 由定理 9.13 得控制策略 u , u^*, 两个表达式相除就可得上述控制律, 由定理 9.13 即得证. □

我们的问题是: 对方差不确定的参数严格反馈随机非线性系统设计逆最优控制律和两个参数自适应律, 不仅要使系统渐近稳定, 而且还要使目标泛函取极小值.

9.4.2 全局依概率渐近稳定

针对方差不确定的参数严格反馈随机非线性系统, 基于 Itô 微分规则, 采用自适应 Backstepping 递归设计思想, 设计全局依概率渐近稳定自适应控制方案.

作坐标变换

$$z_i = x_i - \alpha_{i-1}(\bar{\boldsymbol{x}}_{i-1},\hat{\boldsymbol{\theta}},\hat{\Delta}) \quad (i = 1,2,\cdots,n)$$

令 $\alpha_0 = 0$, $\boldsymbol{z} = [z_1,z_2,\cdots,z_n]^{\mathrm{T}}$ 是变换后的状态坐标. 因 $\varphi_i(\mathbf{0}) = 0$ 和 $\eta_i(\mathbf{0}) = 0$, 系统的平衡点 $\boldsymbol{x} = \mathbf{0}$ 不受未知参数及噪声的影响, 于是, 可令 $\alpha_i(\mathbf{0},\hat{\boldsymbol{\theta}},\hat{\Delta}) = 0$, 使坐

标变换将 $\boldsymbol{x}=\mathbf{0}$ 对应到 $\boldsymbol{z}=\mathbf{0}$. 由均值定理, 并考虑到坐标变换式, $\alpha_i(\mathbf{0},\hat{\boldsymbol{\theta}},\hat{\Delta})$ 和 $\eta_i(\bar{\boldsymbol{x}}_i)$ 可分别表示为

$$\alpha_i(\bar{\boldsymbol{x}}_i,\hat{\boldsymbol{\theta}},\hat{\Delta})=\sum_{k=1}^{i}z_k\alpha_{ik}(\bar{\boldsymbol{x}}_i,\hat{\boldsymbol{\theta}},\hat{\Delta})$$

$$\eta_i(\bar{\boldsymbol{x}}_i)=\sum_{m=1}^{i}x_m\eta_{im}(\bar{\boldsymbol{x}}_i)=\sum_{m=1}^{i}z_m\phi_{im}(\bar{\boldsymbol{x}}_i,\hat{\boldsymbol{\theta}},\hat{\Delta})$$

其中 $\alpha_{ik}(\bar{\boldsymbol{x}}_i,\hat{\boldsymbol{\theta}},\hat{\Delta})$, $\eta_{im}(\bar{\boldsymbol{x}}_i)$, $\phi_{im}(\bar{\boldsymbol{x}}_i,\hat{\boldsymbol{\theta}},\hat{\Delta})$ 均是光滑的向量函数. 由 Itô 微分规则, 得

$$\begin{aligned}\mathrm{d}z_i&=\mathrm{d}(x_i-\alpha_{i-1})\\&=\Bigg[z_{i+1}+\alpha_i+\boldsymbol{\varphi}_i^{\mathrm{T}}\boldsymbol{\theta}-\sum_{k=1}^{i-1}\frac{\partial\alpha_{i-1}}{\partial x_k}(x_{k+1}+\boldsymbol{\varphi}_k^{\mathrm{T}}\boldsymbol{\theta})-\frac{1}{2}\sum_{p,q=1}^{i-1}\frac{\partial^2\alpha_{i-1}}{\partial x_p\partial x_q}\boldsymbol{\eta}_p^{\mathrm{T}}\boldsymbol{\Sigma}\boldsymbol{\Sigma}^{\mathrm{T}}\eta_q\\&\quad-\frac{\partial\alpha_{i-1}}{\partial\hat{\boldsymbol{\theta}}}\dot{\hat{\boldsymbol{\theta}}}-\frac{\partial\alpha_{i-1}}{\partial\hat{\Delta}}\dot{\hat{\Delta}}\Bigg]\mathrm{d}t+\left(\boldsymbol{\eta}_i^{\mathrm{T}}-\sum_{l=1}^{i-1}\frac{\partial\alpha_{i-1}}{\partial x_l}\boldsymbol{\eta}_l^{\mathrm{T}}\right)\mathrm{d}\omega\end{aligned}$$

其中 $i=1,2,\cdots,n$. 为了记号方便, 约定 $z_{n+1}=0$, $\alpha_n=u$. 取状态 4 次方和参数 2 次方的控制 Lyapunov 函数 $V(z,\hat{\boldsymbol{\theta}},\hat{\Delta})$ 为

$$V(\boldsymbol{z},\hat{\boldsymbol{\theta}},\hat{\Delta})=\frac{1}{4}\sum_{i=1}^{n}z_i^4+\frac{1}{2}\tilde{\boldsymbol{\theta}}^{\mathrm{T}}\boldsymbol{\Gamma}^{-1}\tilde{\boldsymbol{\theta}}+\frac{1}{2\rho}\tilde{\Delta}^2$$

其中 $\boldsymbol{\Gamma}$ 是对称正定矩阵, 常数 $\rho>0$, 常称为自适应增益. 由以上表达式, 函数 $V(\boldsymbol{z},\hat{\boldsymbol{\theta}},\hat{\Delta})$ 沿系统状态轨迹对时间的变化率是

$$\begin{aligned}LV=&\sum_{i=1}^{n}z_i^3\Bigg[z_{i+1}+\alpha_i+\boldsymbol{\varphi}_i^{\mathrm{T}}\boldsymbol{\theta}-\sum_{k=1}^{i-1}\frac{\partial\alpha_{i-1}}{\partial x_k}(x_{k+1}+\boldsymbol{\varphi}_k^{\mathrm{T}}\boldsymbol{\theta})-\frac{1}{2}\sum_{p,q=1}^{i-1}\frac{\partial^2\alpha_{i-1}}{\partial x_p\partial x_q}\boldsymbol{\eta}_p^{\mathrm{T}}\boldsymbol{\Sigma}\boldsymbol{\Sigma}^{\mathrm{T}}\boldsymbol{\eta}_q\\&-\frac{\partial\alpha_{i-1}}{\partial\hat{\boldsymbol{\theta}}}\dot{\hat{\boldsymbol{\theta}}}-\frac{\partial\alpha_{i-1}}{\partial\hat{\Delta}}\dot{\hat{\Delta}}\Bigg]-\tilde{\boldsymbol{\theta}}^{\mathrm{T}}\boldsymbol{\Gamma}^{-1}\dot{\hat{\boldsymbol{\theta}}}-\frac{1}{\rho}\tilde{\boldsymbol{\Delta}}\dot{\hat{\boldsymbol{\Delta}}}\\&+\frac{3}{2}\sum_{i=1}^{n}z_i^2\left[\sum_{m=1}^{i}z_m\Big(\phi_{im}-\sum_{l=m}^{i-1}\frac{\partial\alpha_{i-1}}{\partial x_l}\phi_{lm}\Big)\right]^{\mathrm{T}}\boldsymbol{\Sigma}\boldsymbol{\Sigma}^{\mathrm{T}}\\&\left[\sum_{k=1}^{i}z_k\left(\phi_{ik}-\sum_{l=k}^{i-1}\frac{\partial\alpha_{i-1}}{\partial x_l}\phi_{lk}\right)\right]\end{aligned}$$

$$
\begin{aligned}
&= z_n^3\left(u-\sum_{k=l}^{n-1}\frac{\partial\alpha_{n-1}}{\partial x_k}x_{k+1}-\frac{1}{2}\sum_{p,q=1}^{n-1}\frac{\partial^2\alpha_{n-1}}{\partial x_p\partial x_q}\boldsymbol{\eta}_p^{\mathrm{T}}\boldsymbol{\Sigma}\boldsymbol{\Sigma}^{\mathrm{T}}\boldsymbol{\eta}_q+\boldsymbol{\varpi}_n^{\mathrm{T}}\boldsymbol{\theta}\right.\\
&\quad\left.-\frac{\partial\alpha_{n-1}}{\partial\hat{\boldsymbol{\theta}}}\dot{\hat{\boldsymbol{\theta}}}-\frac{\partial\alpha_{n-1}}{\partial\hat{\Delta}}\dot{\hat{\Delta}}\right)+\sum_{i=1}^{n-1}z_i^3z_{i+1}+\sum_{i=1}^{n-1}z_i^3\left(\alpha_i-\sum_{k=1}^{i-1}\frac{\partial\alpha_{i-1}}{\partial x_k}x_{k+1}\right.\\
&\quad\left.-\frac{1}{2}\sum_{p,q=1}^{i-1}\frac{\partial^2\alpha_{i-1}}{\partial x_p\partial x_q}\boldsymbol{\eta}_p^{\mathrm{T}}\boldsymbol{\Sigma}\boldsymbol{\Sigma}^{\mathrm{T}}\boldsymbol{\eta}_q+\boldsymbol{\varpi}_i^{\mathrm{T}}\boldsymbol{\theta}-\frac{\partial\alpha_{i-1}}{\partial\hat{\boldsymbol{\theta}}}\dot{\hat{\boldsymbol{\theta}}}-\frac{\partial\alpha_{i-1}}{\partial\hat{\Delta}}\dot{\hat{\Delta}}\right)\\
&\quad+\frac{3}{2}\sum_{i=1}^{n}z_i^2\left(\sum_{m=1}^{i}z_m\xi_{im}\right)^{\mathrm{T}}\boldsymbol{\Sigma}\boldsymbol{\Sigma}^{\mathrm{T}}\left(\sum_{k=1}^{i}z_k\xi_{ik}\right)-\tilde{\boldsymbol{\theta}}^{\mathrm{T}}\boldsymbol{\Gamma}^{-1}\dot{\hat{\boldsymbol{\theta}}}-\frac{1}{\rho}\tilde{\Delta}\dot{\hat{\Delta}}
\end{aligned}
$$

其中 $\boldsymbol{\varpi}_i=\boldsymbol{\varphi}_i-\sum\limits_{k=1}^{i-1}\boldsymbol{\varphi}_k\dfrac{\partial\alpha_{i-1}}{\partial x_k}$, $\xi_{im}=\phi_{im}-\sum\limits_{l=m}^{i-1}\dfrac{\partial\alpha_{i-1}}{\partial x_l}\phi_{lm}(m=1,2,\cdots,i)$. 为了设计合适的 u, 上式中第二项利用了 Young 不等式, 有

$$
\sum_{i=1}^{n-1}z_i^3z_{i+1}\leqslant\frac{3}{4}\sum_{i=1}^{n-1}\varepsilon_i^{\frac{4}{3}}z_i^4+\sum_{i=2}^{n}\frac{1}{4\varepsilon_{i-1}^4}z_i^4=\sum_{i=1}^{n}\left(\frac{3}{4}\varepsilon_i^{\frac{4}{3}}+\frac{1}{4\varepsilon_{i-1}^4}\right)z_i^4
$$

式中 $\varepsilon_0=\infty$, $\varepsilon_n=0$ 而 $\varepsilon_i>0(i=1,2,\cdots,n-1)$. 再对 LV 的表达式中的随机项作如下变换 (其中用了展开式)

$$
\begin{aligned}
&-\frac{1}{2}\sum_{i=1}^{n}z_i^3\sum_{p,q=1}^{i-1}\frac{\partial^2\alpha_{i-1}}{\partial x_p\partial x_q}\boldsymbol{\eta}_p^{\mathrm{T}}\boldsymbol{\Sigma}\boldsymbol{\Sigma}^{\mathrm{T}}\boldsymbol{\eta}_q\\
&\leqslant\frac{1}{2}\sum_{i=1}^{n}\sum_{p,q=1}^{i-1}|z_i|^3\left|\frac{\partial^2\alpha_{i-1}}{\partial x_p\partial x_q}\right||\boldsymbol{\eta}_p||\boldsymbol{\eta}_q||\boldsymbol{\Sigma}\boldsymbol{\Sigma}^{\mathrm{T}}|_\infty\\
&\leqslant\frac{1}{2}\Delta\sum_{i=1}^{n}\sum_{p,q=1}^{i-1}|z_i|^3\left|\frac{\partial^2\alpha_{i-1}}{\partial x_p\partial x_q}\right|\left|\sum_{k=1}^{p}z_k\phi_{pk}\right|\left|\sum_{l=1}^{q}z_l\phi_{ql}\right|\\
&\leqslant\frac{1}{4}\Delta\sum_{i=1}^{n}\sum_{p,q=1}^{i-1}\sum_{k=1}^{p}\sum_{l=1}^{q}\left[z_i^6\left(\frac{\partial^2\alpha_{i-1}}{\partial x_p\partial x_q}\right)^2|\phi_{pk}|^2|\phi_{ql}|^2+\frac{1}{2}z_k^4+\frac{1}{2}z_l^4\right]\\
&=\frac{1}{4}\Delta\sum_{i=1}^{n}z_i^6\sum_{p,q=1}^{i-1}\sum_{k=1}^{p}\sum_{l=1}^{q}\left[\left(\frac{\partial^2\alpha_{i-1}}{\partial x_p\partial x_q}\right)^2|\phi_{pk}|^2|\phi_{ql}|^2\right]\\
&\quad+\frac{1}{8}\Delta\sum_{i=1}^{n-1}z_i^4\sum_{k=i+1}^{n}k(k-1)(k-i)
\end{aligned}
$$

$$
\frac{3}{2}\sum_{i=1}^{n}z_i^2\left(\sum_{m=1}^{i}z_m\xi_{im}\right)^{\mathrm{T}}\boldsymbol{\Sigma}\boldsymbol{\Sigma}^{\mathrm{T}}(\sum_{k=1}^{i}z_k\xi_{ik})
$$

$$
\begin{aligned}
&\leqslant \frac{3}{2}\sum_{i=1}^{n} z_i^2\left(\sum_{m=1}^{i} z_m\xi_{im}\right)^{\mathrm{T}}\left(\sum_{k=1}^{i} z_k\xi_{ik}\right)|\boldsymbol{\Sigma}\boldsymbol{\Sigma}^{\mathrm{T}}|_{\infty}\\
&\leqslant \frac{3}{4}\Delta\sum_{i=1}^{n}\sum_{m,k=1}^{i} z_m z_k z_i^2(|\xi_{im}|^2+|\xi_{ik}|^2)\\
&\leqslant \frac{3}{4}\Delta\sum_{i=1}^{n}\sum_{m,k=1}^{i}\left(z_i^4|\xi_{im}|^4+\frac{1}{2}z_m^4+\frac{1}{2}z_k^4\right)\\
&= \frac{3}{4}\Delta\sum_{i=1}^{n} i z_i^4\sum_{m=1}^{i}|\xi_{im}|^4+\frac{3}{8}\Delta\sum_{i=1}^{n}(n+i)(n+1-i)z_i^4
\end{aligned}
$$

随机项的处理主要体现在上面两式中, 这里利用了 Young 不等式、交换求和顺序及求和指标等手段. 需要说明的是, [9] 中有关的推导过程和结果与这里的表达式不同, 这里给出的结果更为简明, 推导过程也简化了. 将上面各式代入 LV 的表达式, 得

$$
\begin{aligned}
LV \leqslant\ & z_n^3\left[u-\sum_{k=1}^{n-1}\frac{\partial\alpha_{n-1}}{\partial x_k}x_{k+1}+\varpi_n^{\mathrm{T}}\boldsymbol{\theta}+\omega_n\Delta-\frac{\partial\alpha_{n-1}}{\partial\hat{\boldsymbol{\theta}}}\dot{\hat{\boldsymbol{\theta}}}-\frac{\partial\alpha_{n-1}}{\partial\hat{\Delta}}\dot{\hat{\Delta}}+\frac{1}{4\varepsilon_{n-1}^4}z_n\right]\\
&+\sum_{i=2}^{n-1} z_i^3\left[\alpha_i-\sum_{k=1}^{i-1}\frac{\partial\alpha_{i-1}}{\partial x_k}x_{k+1}+\varpi_i^{\mathrm{T}}\boldsymbol{\theta}+\omega_i\Delta-\frac{\partial\alpha_{i-1}}{\partial\hat{\boldsymbol{\theta}}}\dot{\hat{\boldsymbol{\theta}}}-\frac{\partial\alpha_{i-1}}{\partial\hat{\Delta}}\dot{\hat{\Delta}}+\frac{3}{4}\varepsilon_i^{\frac{4}{3}}z_i\right.\\
&\left.+\frac{1}{4\varepsilon_{i-1}^4}z_i\right]+z_1^3\left(\alpha_1+\boldsymbol{\varpi}_1^{\mathrm{T}}\boldsymbol{\theta}+\omega_1\Delta+\frac{3}{4}\varepsilon_1^{\frac{4}{3}}z_1\right)-\tilde{\boldsymbol{\theta}}^{\mathrm{T}}\boldsymbol{\Gamma}^{-1}\dot{\hat{\boldsymbol{\theta}}}-\frac{1}{\boldsymbol{\rho}}\tilde{\Delta}\dot{\hat{\Delta}}
\end{aligned}
$$

其中

$$
\begin{aligned}
\omega_n &= \frac{1}{4}z_n^3\sum_{p,q=1}^{n-1}\left[\left(\frac{\partial^2\alpha_{n-1}}{\partial x_p\partial x_q}\right)^2|\phi_{pk}|^2|\phi_{ql}|^2\right]+\frac{3n}{4}z_n\sum_{m=1}^{n}|\xi_{nm}|^4+\frac{3n}{4}z_n\\
\omega_i &= \frac{1}{4}z_i^3\sum_{p,q=1}^{i-1}\sum_{k=1}^{p}\sum_{l=1}^{q}\left[\left(\frac{\partial^2\alpha_{i-1}}{\partial x_p\partial x_q}\right)^2|\phi_{pk}|^2|\phi_{ql}|^2\right]+\frac{3i}{4}z_i\sum_{m=1}^{n}|\xi_{im}|^4\\
&\quad+\frac{1}{8}z_i\sum_{k=i+1}^{n}k(k-1)(k-i)+\frac{3}{8}(n+i)(n+1-i)z_i\quad(i=1,2,\cdots,n-1)
\end{aligned}
$$

式中, 选择 $\tau_i=\tau_{i-1}+\boldsymbol{\Gamma}\boldsymbol{\varpi}_i^{\mathrm{T}}z_i^3=\boldsymbol{\Gamma}\sum\limits_{k=1}^{i}\boldsymbol{\varpi}_k^{\mathrm{T}}z_k^3(i=1,2,\cdots,n)$ 并令 $\tau_0=0$, 设计参数自适应律分别为

$$
\dot{\hat{\boldsymbol{\theta}}}=\boldsymbol{\tau}_n=\boldsymbol{\tau}_{n-1}+\boldsymbol{\Gamma}\boldsymbol{\varpi}^{\mathrm{T}}z_n^3=\boldsymbol{\Gamma}\sum_{k=1}^{n}\boldsymbol{\varpi}_k^{\mathrm{T}}z_k^3
$$

$$\dot{\hat{\Delta}} = \rho \sum_{i=1}^{n} z_i^3 \omega_i$$

虚拟控制 α_i 需要保证 LV 的负定性, 同时各个 α_i 还要能按递归方式逐个求得. 上式中与 z_i^3 相乘的项里包含了 $\dot{\hat{\boldsymbol{\theta}}}$ 及 $\dot{\hat{\Delta}}$, 这会影响递归求解 α_i 的过程, 因此需要对参数微分项进行处理, 这里采用了两种完全不同的算法, 对参数 Δ 的处理以及对参数 $\boldsymbol{\theta}$ 的处理如下:

$$\sum_{i=1}^{n} z_i^3 \frac{\partial \alpha_{i-1}}{\partial \hat{\Delta}} \dot{\hat{\Delta}} = \sum_{i=1}^{n} z_i^3 \left[\frac{\partial \alpha_{i-1}}{\partial \hat{\Delta}} \rho \sum_{j=1}^{i} z_j^3 \omega_j + \left(\sum_{j=1}^{i-1} z_j^3 \frac{\partial \alpha_{i-1}}{\partial \hat{\Delta}} \right) \rho \omega_j \right]$$

$$\alpha_1 = -c_1 z_1 - \boldsymbol{\varpi}_1^{\mathrm{T}} \hat{\boldsymbol{\theta}} - \omega_1 \hat{\Delta} - \frac{3}{4} \varepsilon_1^{\frac{4}{3}} z_1$$

$$\alpha_i = -c_i z_i + \sum_{k=1}^{i-1} \frac{\partial \alpha_{i-1}}{\partial x_k} x_{k+1} - \boldsymbol{\varpi}_i^{\mathrm{T}} \hat{\boldsymbol{\theta}} - \boldsymbol{\omega}_i \hat{\Delta} + \frac{\partial \alpha_{i-1}}{\partial \hat{\theta}} \tau_i + \left(\sum_{k=1}^{i-2} z_{k+1}^3 \frac{\partial \alpha_k}{\partial \hat{\boldsymbol{\theta}}} \right) \boldsymbol{\Gamma} \boldsymbol{\varpi}_i$$
$$+ \frac{\partial \alpha_{i-1}}{\partial \hat{\Delta}} \rho \sum_{j=1}^{i} z_j^3 \omega_j + \left(\sum_{j=1}^{i-1} z_j^3 \frac{\partial \alpha_{j-1}}{\partial \hat{\Delta}} \right) \rho \omega_i - \frac{3}{4} \varepsilon_i^{\frac{4}{3}} z_i - \frac{1}{4 \varepsilon_{i-1}^4} z_i$$

$$u = -c_n z_n + \sum_{k=1}^{n-1} \frac{\partial \alpha_{n-1}}{\partial x_k} x_{k+1} - \boldsymbol{\varpi}_n^{\mathrm{T}} \hat{\boldsymbol{\theta}} - \omega_n \hat{\Delta} + \frac{\partial \alpha_{n-1}}{\partial \hat{\boldsymbol{\theta}}} \tau_n + \left(\sum_{i=1}^{n-2} z_{i+1}^3 \frac{\partial \alpha_i}{\partial \hat{\boldsymbol{\theta}}} \right) \boldsymbol{\Gamma} \boldsymbol{\varpi}_n$$
$$+ \frac{\partial \alpha_{n-1}}{\partial \hat{\Delta}} \rho \sum_{j=1}^{n} z_j^3 \omega_j + \left(\sum_{j=1}^{n-1} z_j^3 \frac{\partial \alpha_{j-1}}{\partial \hat{\Delta}} \right) \rho \omega_n - \frac{1}{4 \varepsilon_{n-1}^4} z_n$$

得

$$LV \leqslant -\sum_{i=1}^{n} c_i z_i^4 + \tilde{\boldsymbol{\theta}}^{\mathrm{T}} \boldsymbol{\Gamma}^{-1} (\boldsymbol{\tau}_n - \dot{\hat{\boldsymbol{\theta}}}) - \sum_{k=1}^{n-2} \left(\frac{\partial \alpha_k}{\partial \hat{\boldsymbol{\theta}}} z_{k+1}^3 \right)$$
$$(\dot{\hat{\boldsymbol{\theta}}} - \boldsymbol{\tau}_n) - \tilde{\Delta} \left(\frac{1}{\rho} \dot{\hat{\Delta}} - \sum_{i=1}^{n} z_i^3 \omega_i \right)$$
$$= -\sum_{i=1}^{n} c_i z_i^4 \leqslant -c \sum_{i=1}^{n} z_i^4$$

其中 $c = \min\{c_i : 1 \leqslant i \leqslant n\}$. 在处理与参数 θ 有关的项时, 利用了交换求和顺序及求和指标的方法.

考虑到 $\dfrac{\mathrm{d}}{\mathrm{d}t}[E(V(t))] = E(LV(t))$, 从上式可推得

$$\frac{\mathrm{d}}{\mathrm{d}t} \left[\frac{1}{4} E(|\boldsymbol{z}|_4^4) + \frac{1}{2} E(|\tilde{\boldsymbol{\theta}}|_{\boldsymbol{\Gamma}}^2) + \frac{1}{2\rho} E(|\tilde{\Delta}|^2) \right] \leqslant -cE(|\boldsymbol{z}|_4^4)$$

其中 $|\cdot|_4$ 表示 4 范数. 由此得出参数误差均方值 $E(|\tilde{\boldsymbol{\theta}}(t)|^2_{\boldsymbol{\Gamma}})$ 和 $E(|\tilde{\Delta}(t)|^2)$ 是有界的, 状态 4 次均方值 $E(|\boldsymbol{z}(t)|^4_4)$ 是全局渐近稳定的, 即 $E(|\boldsymbol{z}(t)|^4_4)\to 0$. 还可以由定理 9.12, 得到

$$P\left(\lim_{t\to\infty}|x(t)|=0\right)=1$$

注意到 $x=0$ 当且仅当 $z=0$, 于是有:

定理 9.14 方差不确定的参数严格反馈随机非线性系统在控制律、虚拟控制律及参数自适应律的作用下, 其平衡点是依概率全局渐近稳定的.

根据推论 9.2, 从控制律表达式中可以看出, u 还不是自适应逆最优控制器. 为了获得自适应逆最优控制, 对 u 作如下进一步设计.

9.4.3 自适应逆最优控制器设计

由于原点是系统的平衡点, $x_{k+1}=\boldsymbol{z}_{k+1}+\alpha_k(k=1,2,\cdots,n)$, 当 $\bar{\boldsymbol{x}}_i=\boldsymbol{0}$ 及 $\bar{\boldsymbol{z}}_i=\boldsymbol{0}$ 时, $\alpha_i(\boldsymbol{0},\hat{\boldsymbol{\theta}},\hat{\Delta})=0$, 其中 $\bar{\boldsymbol{z}}_i=[z_1,z_2,\cdots,z_i]^{\mathrm{T}}$. 由均值定理, 存在光滑函数 χ_k, 满足

$$\begin{aligned}&\boldsymbol{\varpi}_n^{\mathrm{T}}\hat{\boldsymbol{\theta}}+\omega_n\hat{\Delta}-\frac{\partial\alpha_{n-1}}{\partial\hat{\theta}}\tau_n-\left(\sum_{k=1}^{n-2}z_{k+1}^3\frac{\partial\alpha_k}{\partial\hat{\theta}}\right)\boldsymbol{\Gamma}\boldsymbol{\varpi}_n\\&-\frac{\partial\alpha_{n-1}}{\partial\hat{\Delta}}\rho\sum_{j=1}^{n}z_j^3\omega_j-\left(\sum_{j=1}^{n-1}z_j^3\frac{\partial\alpha_{j-1}}{\partial\hat{\Delta}}\right)\rho\omega_n=\sum_{k=1}^{n}\chi_k z_k\end{aligned}$$

由 Young 不等式, 得

$$\begin{aligned}z_n^3\sum_{k=1}^{n}\chi_k z_k&=\sum_{k=1}^{n}(z_n^3\chi_k)z_k\\&\leqslant\sum_{k=1}^{n}\left[\frac{3}{4}(\zeta_k\chi_k)^{\frac{4}{3}}z_n^4+\frac{1}{4\zeta_k^4}z_k^4\right]\\&=\frac{3}{4}z_n^4\sum_{k=1}^{n}(\zeta_k\chi_k)^{\frac{4}{3}}+\frac{1}{4}\sum_{k=1}^{n}\frac{1}{\zeta_k^4}z_k^4\end{aligned}$$

其中 ζ_k 是可任选的正常数. 根据推论 9.2 中控制策略的形式, 在控制律表达式中, 还需对第二项进行处理. 利用上面的两式、Young 不等式, 并改变求和顺序及指

标, 得

$$
\begin{aligned}
&-z_n^3\sum_{k=1}^{n-1}\frac{\partial\alpha_{n-1}}{\partial x_k}x_{k+1}\\
&=-z_n^3\sum_{k=1}^{n-1}\frac{\partial\alpha_{n-1}}{\partial x_k}\Big(z_{k+1}+\sum_{i=1}^{k}z_i\alpha_{ki}\Big)\\
&=-z_n^4\frac{\partial\alpha_{n-1}}{\partial x_{n-1}}-\sum_{k=1}^{n-2}z_n^3\frac{\partial\alpha_{n-1}}{\partial x_k}z_{k+1}-\sum_{k=1}^{n-1}z_n^3\frac{\partial\alpha_{n-1}}{\partial x_k}\sum_{i=1}^{k}z_i\alpha_{ki}\\
&\leqslant z_n^4\left[\frac{1}{2}+\frac{1}{2}\left(\frac{\partial\alpha_{n-1}}{\partial x_{n-1}}\right)^2\right]+\sum_{k=1}^{n-2}\left[\frac{3}{4}z_n^4\left(\delta_k\frac{\partial\alpha_{n-1}}{\partial x_k}\right)^{\frac{4}{3}}+\frac{1}{4\delta_k^4}z_{k+1}^4\right]\\
&\quad+\sum_{k=1}^{n-1}\sum_{i=1}^{k}\left[\frac{3}{4}z_n^4\left(\delta_{ki}\frac{\partial\alpha_{n-1}}{\partial x_k}\alpha_{ki}\right)^{\frac{4}{3}}+\frac{1}{4\delta_{ki}^4}z_i^4\right]\\
&=z_n^4\left[\frac{1}{2}+\frac{1}{2}\left(\frac{\partial\alpha_{n-1}}{\partial x_{n-1}}\right)^2+\frac{3}{4}\sum_{k=1}^{n-2}\left(\delta_k\frac{\partial\alpha_{n-1}}{\partial x_k}\right)^{\frac{4}{3}}\right.\\
&\quad\left.+\frac{3}{4}\sum_{k=1}^{n-1}\sum_{i=1}^{k}\left(\delta_{ki}\frac{\partial\alpha_{n-1}}{\partial x_k}\alpha_{ki}\right)^{\frac{4}{3}}\right]+\sum_{i=1}^{n-1}z_i^4\sum_{k=i}^{n-1}\frac{1}{4\delta_{ki}^4}+\sum_{k=2}^{n-1}\frac{1}{4\delta_{k-1}^4}z_k^4
\end{aligned}
$$

将上面的两式代入 LV 中, 并选择 δ_{ki}, δ_{i-1}, ζ_i, 满足

$$
\sum_{k=1}^{n-1}\frac{1}{4\delta_{k1}^4}+\frac{1}{4\zeta_1^4}=c_1
$$

$$
\sum_{k=i}^{n-1}\frac{1}{4\delta_{ki}^4}+\frac{1}{4\delta_{i-1}^4}+\frac{1}{4\zeta_i^4}=c_i\quad(i=1,2,\cdots,n-1)
$$

且

$$
u=\alpha(\boldsymbol{x},\hat{\boldsymbol{\theta}})=-M(\boldsymbol{x},\hat{\boldsymbol{\theta}},\hat{\Delta})z_n
$$

其中

$$
\begin{aligned}
M(\boldsymbol{x},\hat{\boldsymbol{\theta}},\hat{\Delta})&=c_n+\frac{1}{2}+\frac{1}{2}\left(\frac{\partial\alpha_{n-1}}{\partial x_{n-1}}\right)^2+\frac{3}{4}\sum_{k=1}^{n-2}\left(\delta_k\frac{\partial\alpha_{n-1}}{\partial x_k}\right)^{\frac{4}{3}}\\
&\quad+\frac{3}{4}\sum_{k=1}^{n-1}\sum_{i=1}^{k}\left(\delta_{ki}\frac{\partial\alpha_{n-1}}{\partial x_k}\alpha_{ki}\right)^{\frac{4}{3}}\\
&\quad+\frac{3}{4}\sum_{k=1}^{n}(\zeta_k\chi_k)^{\frac{4}{3}}+\frac{1}{4\zeta_n^4}+\frac{1}{4\varepsilon_{n-1}^4}
\end{aligned}
$$

从上式可以看出 $M(\boldsymbol{x},\hat{\boldsymbol{\theta}},\hat{\Delta})>0$. 将控制律等表达式代入 LV 中, 有

$$LV\leqslant-\sum_{i=1}^{n}c_iz_i^4\leqslant-c\sum_{i=1}^{n}z_i^4$$

定理 9.15 由方差不确定的参数严格反馈随机非线性系统、控制律及参数自适应律组成的闭环系统是依概率全局渐近稳定的, 控制策略

$$u^*=-\frac{2\beta}{3}M(\boldsymbol{x},\hat{\boldsymbol{\theta}},\hat{\Delta})z_n\quad(\beta\geqslant 2)$$

通过使下列目标泛函最小, 可以解决系统的自适应逆最优控制问题:

$$\begin{aligned}J(u)=E\Big(&2\beta\lim_{t\to\infty}V(\boldsymbol{x},\hat{\boldsymbol{\theta}},\hat{\Delta})+\int_0^{\infty}\Big[l(\boldsymbol{x},\hat{\boldsymbol{\theta}},\hat{\Delta})+\frac{27}{16\beta^2}M^{-3}u^4\\&-\beta\lambda\gamma_1\left(\left|\boldsymbol{\Sigma}\boldsymbol{\Sigma}^{\mathrm{T}}\right|_{\mathrm{F}}/\lambda\right)\Big]\mathrm{d}\tau\Big)\end{aligned}$$

其中 $l(\boldsymbol{x},\hat{\boldsymbol{\theta}},\hat{\Delta})$ 满足 HJI 方程.

由推论 9.2 证明的选择, 易证定理 9.15. 由定理 9.13 的证明过程, 可得

$$J(u^*)=\min_u J(u)=2\beta E\Big(V(\boldsymbol{x}(0),\hat{\boldsymbol{\theta}}(0),\hat{\Delta}(0))\Big)$$

9.4.4 设计举例

考察下面的具有方差不确定的 Wiener 噪声扰动的二阶随机系统:

$$\begin{aligned}\mathrm{d}x_1&=x_2\mathrm{d}t+x_1^3\theta\mathrm{d}t+\frac{1}{2}x_1^2\mathrm{d}\omega\\\mathrm{d}x_2&=u\mathrm{d}t+(x_1^2+x_2\sin x_2)\theta\mathrm{d}t\end{aligned}$$

根据前述算法, 虚拟控制 α_1 和控制 u 分别是

$$\begin{aligned}\alpha_1&=-c_1z_1-z_1^3\hat{\theta}-\left(\frac{3}{64}z_1^5+\frac{5}{2}z_1\right)\hat{\Delta}-\frac{3}{4}\varepsilon_1^{\frac{4}{3}}z_1\\u&=-M(\boldsymbol{x},\hat{\theta})z_2\end{aligned}$$

其中

$$M(x,\hat{\theta})=c_2+\frac{1}{2}+\frac{1}{2}\left(\frac{\partial\alpha_1}{\partial x_1}\right)^2+\frac{3}{4}\left(\delta_{11}\frac{\partial\alpha_1}{\partial x_1}\alpha_{11}\right)^{\frac{4}{3}}$$

$$+\frac{3}{4}\sum_{k=1}^{2}(\zeta_k\chi_k)^{\frac{4}{3}}+\frac{1}{4\zeta_2^4}+\frac{1}{4\varepsilon_1^4}$$

$$z_1=x_1,\quad z_2=x_2-\alpha_1,$$

$$\alpha_{11}=-c_1-z_1^2\hat{\theta}-\left(\frac{3}{64}z_1^4+\frac{5}{2}\right)\hat{\Delta}-\frac{3}{4}\varepsilon_1^{\frac{4}{3}},$$

$$\chi_1=-\left(x_1-x_1^2\frac{\partial\alpha_1}{\partial x_1}+\alpha_1\frac{\sin x_2}{x_1}\right)\hat{\theta}-\frac{1}{64}\frac{\partial^2\alpha_1}{\partial x_1^2}x_1^6\hat{\Delta}$$

$$-\varGamma x_1^8-\rho x_1^4(\frac{3}{64}x_1^4+\frac{5}{2})^2$$

$$\chi_2=-(\sin x_2)\hat{\theta}-\left[\frac{3}{32}\left(\frac{\partial\alpha_1}{\partial x_1}x_1\right)^4+\frac{3}{2}\right]\hat{\Delta}$$

$$-\varGamma x_1^3\left(x_1^2+x_2\sin x_2-x_1^3\frac{\partial\alpha_1}{\partial x_1}\right)z_2^2$$

$$-\rho\left(\frac{3}{64}z_1^5+\frac{5}{2}z_1\right)\left[\frac{1}{64}\frac{\partial^2\alpha_1}{\partial x_1^2}z_1^7+\frac{3}{32}\left(\frac{\partial\alpha_1}{\partial x_1}x_1\right)^4z_2+\frac{3}{2}z_2\right]z_2^2$$

Young 不等式中, 对应于 ε 的所有常数均取 1, 可得 $c_1=0.5$, 取 $c_2=0.1$, 并设初始条件 $x_1(0)=-0.5$, $x_2(0)=0.5$, $\hat{\theta}(0)=0$, $\hat{\Delta}(0)=0$. 假设参数真值 $\theta=1$, $\varSigma=2(\varDelta=4)$, 则闭环系统状态响应曲线和控制曲线仿真结果如图 9.4 所示. 从图 9.4 可以看出, 随机例系统在逆最优控制策略 u 和设计的参数自适应律的作用下, 系统状态趋于平衡点, 说明了闭环随机系统的渐近稳定性.

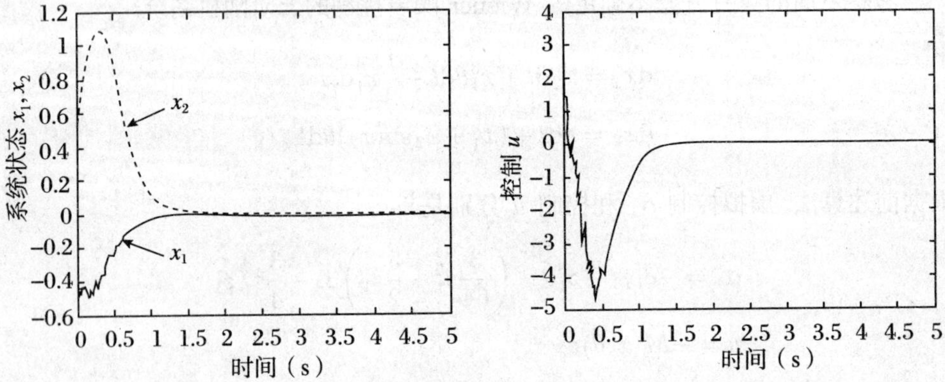

图 9.4　闭环系统状态响应和控制曲线

参数 θ, $\varDelta$ 仿真结果如图 9.5 所示. 从图 9.5 可以看出, 随着时间的变化, 参

数估计 $\hat{\theta}$, $\hat{\Delta}$ 自适应结果不能趋于它们的真值, 但趋于某一恒定值, 表明了其稳定性, 出现这种情况是因为该系统不是持续激励的.

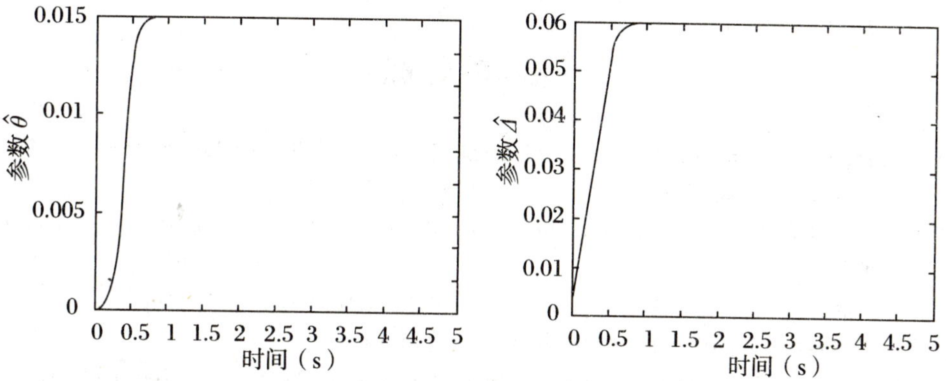

图 9.5　闭环系统参数估计 $\hat{\theta}$, $\hat{\Delta}$ 的自适应曲线

参考文献

[1] Barnett S. Introduction to Mathematical Control Theory [M]. Oxford: Oxford University Press, 2003.

[2] Zabczyk J. An Introduction to Mathematical Control Theory [M]. Boston: Birkhauser, 1995 .

[3] 李训经, 等. 控制理论基础 [M]. 北京：高等教育出版社,2002.

[4] 甘特马赫尔. 矩阵论 [M]. 北京：高等教育出版社,1957.

[5] Marquez H J. Nonlinear Control Systems: Analysis and Design [M]. New York: Wiley, 2003.

[6] Corless M J, Frazho A E. Linear Systems and Control an Operator Perspective[M]. New York: Marcel Dekher INC, 2003.

[7] Sontag E D. A Lyapunov-like characterization of asymptotic controllability [J]. SIAM Journal on Control and Optimization, 1983, 21 (2): 462-471.

[8] Sontag E D. A universal construction of Artstein's theorem on nonlinear stabilization [J]. Systems Control Letters, 1989, 13 (1): 117-123.

[9] Krstic M, Deng H. Stabilization of nonlinear uncertain systems [J]. New York: Springer-Verlag, 1998.

[10] Sontag E D. Smooth stabilization implies coprime factorization [J]. IEEE Trans. on Automatic Control, 1989, 34 (4): 435-443.

[11] Freeman R A, Kokotovic P V. Inverse optimality in robust stabilization [J]. SIAM Journal on Control and Optimization, 1996, 34 (4): 1365-1391.

[12] Khasminskii R Z. Stochastic stability of differential equations [J]. Rockville: S N International Publisher, 1980.

[13] Doob J L. Stochastic Processes [M]. New York: Wiley, 1953.

[14] Ksendal B. Stochastic Differential Equations：An Introduction with Application [M]. New York: Springer-Verlag, 1990.

[15] Freeman R A, Kokotovic P V. Robust Nonlinear Control Design [M]. Boston: Birkhauser, 1996.

[16] 刘允刚，张纪峰，潘子刚. 严格反馈随机非线性系统二次跟踪型风险灵敏度下的输出反馈控制器设计 [C]// 秦化淑, 楮健. 第 21 届中国控制会议论文集. 杭州：浙江大学出版社，2002：685-690.

[17] 季海波，奚宏生，陈志福，等. 具有不确定噪声的随机非线性系统的鲁棒自适应跟踪 [J]. 控制理论与应用, 2003, 20(6):843-848.